全国计算机技术与软件专业技术资格（水平）考试指定用书

嵌入式系统设计师教程

（第2版）

崔西宁　主编／张　亮　张淑平　副主编

U0387575

清华大学出版社
北京

内 容 简 介

本书是全国计算机专业技术资格考试办公室组织编写的考试指定用书,内容紧扣《嵌入式系统设计师考试大纲》(2019 年审定通过),对嵌入式系统设计师资格所要求的主要知识及应用技术进行了阐述。

全书共 11 章,主要内容包括计算机系统基础知识,嵌入式系统硬件基础知识,嵌入式硬件设计,嵌入式系统软件基础知识,嵌入式系统设计与开发,嵌入式程序设计,嵌入式系统的项目开发与维护知识,嵌入式系统软件测试,嵌入式系统安全性基础知识,标准化、信息化与知识产权基础知识,嵌入式系统设计案例分析。

本书内容涉及知识广泛,结构清晰、合理,既可作为全国计算机技术与软件专业技术资格(水平)考试中的嵌入式系统设计师级别的考试用书,也可作为高等院校嵌入式系统相关课程的教材。

图书在版编目(CIP)数据

嵌入式系统设计师教程 / 崔西宁主编. —2 版. —北京:清华大学出版社,2019(2020.9重印)
全国计算机技术与软件专业技术资格(水平)考试指定用书
ISBN 978-7-302-53697-0

I. ①嵌… II. ①崔… III. ①微型计算机-系统设计-资格考试-教材 IV. ①TP360.21

中国版本图书馆 CIP 数据核字(2019)第 178368 号

责任编辑:杨如林
封面设计:何凤霞
责任校对:徐俊伟
责任印制:杨 艳

出版发行:清华大学出版社
　　　　　网　　　址:http://www.tup.com.cn, http://www.wqbook.com
　　　　　地　　　址:北京清华大学学研大厦 A 座　　邮　　编:100084
　　　　　社 总 机:010-62770175　　　　　邮　　购:010-62786544
　　　　　投稿与读者服务:010-62776969,c-service@tup.tsinghua.edu.cn
　　　　　质量反馈:010-62772015,zhiliang@tup.tsinghua.edu.cn
印 装 者:三河市龙大印装有限公司
经　　销:全国新华书店
开　　本:185mm×230mm　　印　张:37.75　　防伪页:1　　字　数:828 千字
版　　次:2006 年 8 月第 1 版　　2019 年 12 月第 2 版　　印　次:2020 年 9 月第 2 次印刷
定　　价:118.00 元

产品编号:084060-01

前　言

全国计算机技术与软件专业技术资格（水平）考试实施至今已经历了二十多年，在社会上产生了很大的影响，对我国软件产业的形成和发展做出了重要的贡献。为了适应我国计算机信息技术发展的需求，人力资源和社会保障部、工业和信息化部决定将考试的级别拓展到计算机信息技术行业的各个方面，以满足社会上对各种计算机信息技术人才的需要。

编者受全国计算机专业技术资格考试办公室的委托，对《嵌入式系统设计师教程》进行改写，以适应新的考试大纲要求。在考试大纲中，要求考生掌握的知识面很广，每个章节的内容都能构成相关领域的一门甚至多门课程，因此编写的难度很高。考虑参加考试的人员已有一定的基础，所以本书中只对考试大纲中所涉及的知识领域的要点加以阐述，但限于篇幅，不能详细地展开，请读者谅解。

全书共 11 章，各章内容安排如下。

第 1 章 计算机系统基础知识，概要介绍嵌入式系统，对计算机系统常用进位计数制、数据的表示和运算、计算机系统硬件基本组成和体系结构以及可靠性与系统性能评测等基础知识进行了简要介绍。

第 2 章 嵌入式系统硬件基础知识，主要介绍嵌入式系统所涉及的硬件知识，重点介绍嵌入式微处理器、嵌入式存储体系、嵌入式系统的输入输出接口、嵌入式系统通信接口等方面的硬件接口基础知识。

第 3 章 嵌入式硬件设计，主要介绍嵌入式硬件设计过程中所涉及的基础知识，包括嵌入式系统电源分类、电源管理和电子电路设计中的 PCB 设计、电子电路测试基础知识。

第 4 章 嵌入式系统软件基础知识，主要介绍嵌入式系统软件相关基础知识，包括嵌入式软件基础知识、嵌入式操作系统、嵌入式文件系统、嵌入式数据库等。

第 5 章 嵌入式系统设计与开发，主要介绍嵌入式软件开发基础知识、嵌入式软件开发环境、嵌入式软件开发过程、嵌入式软件移植等。

第 6 章 嵌入式程序设计，主要介绍程序语言及其翻译基础知识以及汇编语言、C 和 C++编程基础知识。

第 7 章 嵌入式系统的项目开发与维护知识，主要介绍嵌入式系统开发与维护的相关基础知识，主要包括系统开发过程与过程模型、项目管理、系统质量、开发工具与开发环境、系统分析、系统设计、系统实施、系统运行与维护等相关知识。

第 8 章 嵌入式系统软件测试，主要介绍嵌入式软件测试的相关内容，包括软件测试概述、测试过程、测试方法、测试类型、测试工具、测试环境、软件测试实践等。

第 9 章 嵌入式系统安全性基础知识，主要介绍安全性基础知识，包括计算机信息系统安全概述、信息安全基础、安全威胁防范、嵌入式系统安全方案等内容。

第 10 章 标准化、信息化与知识产权基础知识，主要介绍标准化基础知识、信息化基础知识和知识产权基础知识。

第 11 章 嵌入式系统设计案例分析，主要通过案例分析介绍嵌入式系统的整体设计方法和典型嵌入式硬件设计中所涉及的软硬件协同设计、程序设计等内容。

本书第 1 章由张淑平和朱光明编写，第 2 章、第 3 章由张亮和朱光明编写，第 4 章、第 5 章由崔西宁、谌卫军和韩炜编写，第 6 章由张淑平和刘伟编写，第 7 章由霍秋艳编写，第 8 章由周敏刚编写，第 9 章由严体华编写，第 10 章由刘强和王亚平编写，第 11 章由崔西宁、张亮和戴小氏编写，最后由崔西宁、张淑平、张亮统稿。

在本书的编写过程中，参考了许多相关的书籍和资料，编者在此对这些参考文献的作者表示感谢。同时感谢清华大学出版社在本书出版过程中所给予的支持和帮助。

因水平有限，书中难免存在错漏和不妥之处，望读者指正，以利改进和提高。

编 者

2019 年 10 月

目　录

第 1 章　计算机系统基础知识

本章首先概要介绍嵌入式系统，然后对计算机系统常用进位计数制、数据的表示和运算、计算机系统硬件基本组成和体系结构以及可靠性与系统性能评测等基础知识进行简要介绍。

1.1　嵌入式计算机系统概述

嵌入式系统的应用范围非常广泛，可以说除了桌面计算机和服务器外，所有计算设备都属于嵌入式系统，例如从便携式音乐播放器到航天飞机上的实时系统控制。

大多数商用的嵌入式系统都设计成专用任务的低成本产品，同时大多数的嵌入式系统都具有实时性的要求。有些功能需要非常快的主频，但大多数功能并不需要高速的处理能力。这些系统通过特定的器件和软件来满足实时性的要求。

简单地通过速度和成本来定义嵌入式系统是困难的，但对于大批量的产品而言，成本常常对系统设计起决定作用。通常，一个嵌入式系统的很多部分相对系统主要功能来说需要较低的性能，因此与通用 PC 相比，嵌入式系统能够使用一个满足辅助功能的合适的 CPU，从而可以简化系统设计，并降低成本。例如，数字电视的机顶盒需要处理每秒百万兆位的连续数据，但这些数据处理大部分是由定制的硬件来实现的，如解析、管理和编解码多个频道的数字影像。

对于大批量生产的嵌入式系统，如便携式音乐播放器或手机等，降低成本就成为最主要的问题。这些系统通常只有以下几个芯片：一个高度集成的 CPU，一个定制的芯片用于控制其他所有的功能，还有一个存储芯片。在这种设计中，每部分都设计成使用最小的系统功耗。

对于小批量的嵌入式应用，为了降低开发成本，常常使用 PC 体系结构，通过限制程序的执行时间或用一个实时操作系统来替换原先的操作系统。在这种情况下，可以使用一个或多个高性能的 CPU 来替换特殊用途的硬件。

嵌入式系统的软件通常运行在有限的硬件资源上：没有硬盘、操作系统、键盘或屏幕。软件一般也没有文件系统，如果有的话，也会采用 Flash 驱动器。如果有人机交互接口，也是一个小键盘或液晶显示器。

嵌入到机械设备中的嵌入式系统需要长期无故障连续运行，因此它的软件需要比 PC 中的软件更加仔细地开发及更加严格的测试。

根据 IEEE（国际电气电子工程师协会）的定义，嵌入式系统是"控制、监视或者辅助设备、机器和车间运行的装置"。这主要是从应用上加以定义的，从中可以看出嵌入式系统是硬件和软件的综合体，还可以涵盖机械等附属装置。

目前国内一个普遍认同的嵌入式系统定义是：以应用为中心、以计算机技术为基础，软件硬件可裁剪，适应应用系统对功能、可靠性、成本、体积、功耗严格要求的专用计算机系统。

可以这样认为，嵌入式系统是一种专用的计算机系统，作为装置或设备的一部分。通常，嵌入式系统是一个控制程序存储在 ROM 中的嵌入式处理器控制板。事实上，所有带有数字接口的设备，如手表、微波炉、录像机、汽车等，都使用嵌入式系统，有些嵌入式系统还包含操作系统，但大多数嵌入式系统都是单个程序实现整个控制逻辑。

信息时代和数字时代的到来，为嵌入式系统的发展带来了巨大的机遇，同时也向嵌入式系统厂商提出了新的挑战。目前，嵌入式技术与互联网（Internet）技术的结合正在推动着嵌入式系统的飞速发展，嵌入式系统的研究和应用产生了如下新的显著变化：

- 新的微处理器层出不穷，嵌入式操作系统自身结构的设计更加便于移植，能够在短时间内支持更多微处理器。
- 嵌入式系统的开发是一项系统工程，开发厂商不仅要提供嵌入式软硬件系统本身，同时还要提供强大的硬件开发工具和软件支持包。
- 通用计算机上使用的新技术、新观念开始逐步移植到嵌入式系统中，嵌入式软件平台得到进一步完善。
- 各类嵌入式 Linux 操作系统迅速发展，由于具有源代码开放、系统内核小、执行效率高、网络结构完整等特点，很适合信息家电等嵌入式系统的需要，目前已经形成了能与 Windows CE、Palm OS 等嵌入式操作系统进行有力竞争的局面。
- 网络化、信息化的要求随着 Internet 技术的成熟和带宽的提高而日益突出，以往功能单一的设备，如电话、手机、冰箱、微波炉等，其功能不再单一，结构变得更加复杂，网络互联成为必然趋势。
- 精简系统内核，优化关键算法，降低功耗和软硬件成本。
- 提供更加友好的多媒体人机交互界面。

嵌入式系统是为特定应用而设计的专用计算机系统，是由硬件子系统和软件子系统组成的，通过运行程序来协同工作。硬件是物理装置，软件则是程序、数据和相关文档的集合。

1. 计算机硬件

基本的计算机硬件系统由运算器、控制器、存储器、输入设备和输出设备 5 大部件组成，随着网络技术的发展和应用，通信部件也成为计算机系统的基本组件。运算器和控制器及其相关部件已被集成在一起，统称为中央处理单元（Central Processing Unit，CPU）。CPU 是硬件系统的核心，用于数据的加工处理，能完成各种算术、逻辑运算及控制功能。

运算器是对数据进行加工处理的部件，它主要完成算术和逻辑运算。控制器的主要功能是从主存中取出指令并进行分析，以控制计算机的各个部件有条不紊地完成指令的功能。

存储器是计算机系统中的记忆设备，分为内部存储器（Main Memory，MM，简称内存、主存）和外部存储器（简称外存或辅存）。相对而言，内存速度快、容量小，一般用来临时存储计算机运行时所需的程序、数据及运算结果。外存容量大、速度慢，可用于长期保存信息。寄存器是 CPU 中的存储器件，用来临时存放少量的数据、运算结果和正在执行的指令。与内存储器相比，寄存器的速度要快得多。

习惯上将 CPU 和主存储器的有机组合称为主机。输入/输出（I/O）设备位于主机之外，是计算机系统与外界交换信息的装置。所谓输入和输出，都是相对于主机而言的。输入设备的作用是将信息输入到计算机中，输出设备则将运算结果按照人们所要求的形式输出到外部设备或存储介质上。

2．计算机软件

计算机软件是指为管理、运行、维护及应用计算机系统所开发的程序和相关文档的集合。如果计算机系统中仅有硬件系统，则只具备了计算的基础，并不能真正计算，只有将解决问题的步骤编制成机器可识别的程序并加载到计算机内存开始运行，才能完成计算。

软件是计算机系统中的重要组成部分，通常可将软件分为系统软件、中间件和应用软件等类型。系统软件的主要功能是管理系统的硬件和软件资源，应用软件则用于解决应用领域的具体问题，中间件是一类独立的系统软件或服务程序，常用来管理计算资源和网络通信，提供通信处理、数据存取、事务处理、Web 服务、安全、跨平台等服务。

3．计算机分类

从不同角度可对计算机进行不同的分类，个人移动设备、桌面计算机、服务器、集群计算机、超级计算机和嵌入式计算机是其中的一种分类方式。

（1）个人移动设备（Personal Mobile Device，PMD）。指一类带有多媒体用户界面的无线设备，如智能手机、平板电脑等。

（2）桌面计算机。桌面计算机的产品范围非常广泛，包括低端的上网本、台式计算机、笔记本计算机以及高配置的工作站，核心部件是基于超大规模集成电路技术的 CPU。台式计算机和笔记本计算机属于微型计算机，常用于一般性的办公事务处理和应用，工作站则是一种高档的微型计算机，通常配有高分辨率的大屏幕显示器及容量很大的内存储器和外部存储器，具备强大的数据运算与图形、图像处理能力，主要面向工程设计、动画制作、科学研究、软件开发、金融管理、信息服务、模拟仿真等专业应用领域。

（3）服务器。不同于桌面计算机，服务器代替了传统的大型机，主要提供大规模和可靠的文件及计算服务，强调可用性、可扩展性和很高的吞吐率。

（4）集群/仓库级计算机。集群机是将一组桌面计算机或服务器用网络连接在一起，运行方式类似于一个大型的计算机。将数万个服务器连接在一起形成的大规模集群称为仓库级计算机。

（5）超级计算机。超级计算机的基本组成在概念上与个人计算机无太大差异，但规格高，性能要强大许多，具有很强的计算能力，但是能耗巨大。我国的超级计算机主要有银河、天河、曙光、神威四个系列。例如，神威·太湖之光由 40 个运算机柜和 8 个网络机柜组成，共有 40 960 块处理器，每一块处理器相当于 20 余台常规笔记本计算机的计算能力。

（6）嵌入式计算机。嵌入式计算机是专用的，是针对某个特定的应用，如针对网络、通信、音频、视频或针对工业控制，对功能、可靠性、成本、体积、功耗有严格要求的计算机系统。常见的微波炉、洗衣机、数码产品、网络交换机和汽车中都采用嵌入式计算机技术。

1.2　数据表示

二进制是计算机系统广泛采用的一种数制。在计算机内部，数值、文字、声音、图形图像等各种信息都必须经过数字化编码后才能被传送、存储和处理。

1.2.1　进位计数制及转换

在采用进位计数的数字系统中，如果只用 r 个基本符号表示数值，则称其为 r 进制（Radix-r Number System），r 称为该数制的基数（Radix）。不同数制的共同特点如下。

（1）每一种数制都有固定的符号集。例如，二进制数制的基本符号为 0 和 1，而十进制数制的基本符号为 0，1，2，…，9。

（2）每一种数制都使用位置表示法。即处于不同位置的数符所代表的值不同，与它所在位置的权值有关。例如，十进制数 1234.55 可表示为：

$$1234.55 = 1\times10^3 + 2\times10^2 + 3\times10^1 + 4\times10^0 + 5\times10^{-1} + 5\times10^{-2}$$

计算机中常用的进位数制有二进制、八进制、十进制和十六进制，如表 1-1 所示。

表 1-1　常用计数制

进 位 制	二 进 制	八 进 制	十 进 制	十 六 进 制
规则	逢二进一	逢八进一	逢十进一	逢十六进一
基数	$r=2$	$r=8$	$r=10$	$r=16$
数符	0，1	0，1，2，…，7	0，1，2，…，9	0，1，2，…，9，A，B，…，F
权	2^i	8^i	10^i	16^i
形式表示符	B	O	D	H

对任何一种进位计数制,其表示的数都可以写成按权展开的多项式,在此基础上实现不同计数制的相互转换。

1)十进制计数法与二进制计数法的相互转换

在二进制计数制中,$r=2$,基本符号为 0 和 1。二进制数中的一个 0 或 1 称为 1 位(bit)。

将十进制数转换成二进制数时,整数部分和小数部分分别转换,然后再合并。十进制整数转换为二进制整数的方法是"除 2 取余";十进制小数转换为二进制小数的方法是"乘 2 取整"。

【例 1-1】把十进制数 175.71875 转换为相应的二进制数。

算式	商	余数		算式	乘积
175 / 2	87	1		0.71875×2	1.43750
87 / 2	43	1		0.4375×2	0.8750
43 / 2	21	1		0.875×2	1.750
21 / 2	10	1		0.75×2	1.50
10 / 2	5	0		0.5×2	1.0
5 / 2	2	1			
2 / 2	1	0			
1 / 2	0	1			

$$175_{10} = 10101111_2 \qquad 0.71875_{10} = 0.10111_2$$

因此,$175.71875_{10} = 10101111.10111_2$

将十进制数写成按二进制数权的大小展开的多项式,按权值从高到低依次取各项的系数就可得到相应的二进制数。

$$175.71875_{10} = 2^7 + 2^5 + 2^3 + 2^2 + 2^1 + 2^0 + 2^{-1} + 2^{-3} + 2^{-4} + 2^{-5}$$
$$= 10101111.10111_2$$

二进制数转换成十进制数的方法是:将二进制数的每一位数乘以它的权再相加,即可求得对应的十进制数值。

【例 1-2】把二进制数 100110.101 转换成相应的十进制数。

$$100110.101_2 = 1×2^5 + 0×2^4 + 0×2^3 + 1×2^2 + 1×2^1 + 0×2^0 + 1×2^{-1} + 0×2^{-2} + 1×2^{-3}$$
$$= 32 + 0 + 0 + 4 + 2 + 0 + 0.5 + 0 + 0.125$$
$$= 38.625$$

2)八进制计数法与十进制、二进制计数法的相互转换

八进制计数制的基本符号为 0,1,2,…,7。

十进制数转换为八进制数的方法是:对于十进制整数采用"除 8 取余"的方法转换为八进制整数;对于十进制小数则采用"乘 8 取整"的方法转换为八进制小数。

二进制数转换成八进制数的方法是:从小数点起,每三位二进制位分成一组(不足 3 位时,在小数点左边时左边补 0,在小数点右边时右边补 0),然后写出每一组的等值八进制数,顺序排列起来就得到所要求的八进制数。

依照同样的思想，将一位八进制数用三位二进制数表示，就可以直接将八进制数转换成二进制数。

二进制与八进制数、十六进制数之间的对应关系如表 1-2 所示。

表 1-2　二进制、八进制和十六进制数之间的对应关系

二进制	八进制	二进制	十六进制	二进制	十六进制
000	0	0000	0	1000	8
001	1	0001	1	1001	9
010	2	0010	2	1010	A
011	3	0011	3	1011	B
100	4	0100	4	1100	C
101	5	0101	5	1101	D
110	6	0110	6	1110	E
111	7	0111	7	1111	F

3）十六进制计数法与十进制、二进制计数法的相互转换

在十六进制计数制中，$r=16$，基本符号为 0，1，2，…，9，A，B，…，F。

十进制数转换为十六进制数的方法是：十进制数的整数部分"除 16 取余"，十进制数的小数部分"乘 16 取整"。

由于一位十六进制数可以用 4 位二进制数来表示，因此二进制数与十六进制数的相互转换就比较容易。二进制数转换成十六进制数的方法是：从小数点开始，每 4 位二进制数为一组（不足 4 位时，在小数点左边时左边补 0，在小数点右边时右边补 0），将每一组用相应的十六进制数符来表示，即可得到正确的十六进制数。如表 1.2 所示。

【例 1-3】将二进制数 10101111.10111 转换为相应的八进制数和十六进制数。

$$10\,101111.10111_2 = 010\ 101\ 111.101\ 110_2 = 257.56_8$$

$$10\,101111.10111 = 1010\ 1111.1011\ 1000 = AF.B8_{16}$$

1.2.2　数值型数据的表示

数据在计算机中表示的形式称为机器数，其特点是采用二进制计数制，数的符号用 0、1 表示，小数点隐含表示而不占位置。机器数对应的实际数值称为数的真值。

无符号数是指全部二进制位均代表数值，没有符号位。对于有符号数，其机器数的最高位是表示正、负的符号位，其余位则表示数值。若约定小数点的位置在机器数的最低数值位之后，则是纯整数；若约定小数点的位置在机器数的最高数值位之前（符号位之后），则是纯小数。

为了便于运算，带符号的机器数可采用原码、反码、补码和移码等不同的编码方法。

1. 原码、反码、补码和移码

1）原码表示

数值 X 的原码记为[X]原，如果机器字长为 n（即采用 n 个二进制位表示数据），则最高位是符号位，0 表示正号，1 表示负号，其余的 $n-1$ 位表示数值的绝对值。数值零的原码表示有两种形式：[+0]原=00000000，[−0]原=10000000。

【例 1-4】若机器字长 n 等于 8，则

[+1]原=00000001　　　　　　　　[−1]原=10000001

[+127]原=01111111　　　　　　　[−127]原=11111111

[+45]原=00101101　　　　　　　 [−45]原=10101101

[+0.5]原=0◇1000000　　　　　　 [−0.5]原=1◇1000000（其中◇表示小数点所在位置）

2）反码表示

数值 X 的反码记作[X]反，如果机器字长为 n，则最高位是符号位，0 表示正号，1 表示负号，其余的 $n-1$ 位表示数值。正数的反码与原码相同，负数的反码则是其绝对值按位求反。数值 0 的反码表示有两种形式：[+0]反=00000000，[−0]反=11111111。

【例 1-5】若机器字长 n 等于 8，则

[+1]反=00000001　　　　　　　　[−1]反=11111110

[+127]反=01111111　　　　　　　[−127]反=10000000

[+45]反=00101101　　　　　　　 [−45]反=11010010

[+0.5]反=0◇1000000　　　　　　 [−0.5]反=1◇0111111（其中◇表示小数点所在位置）

3）补码表示

数值 X 的补码记作[X]补，如果机器字长为 n，则最高位为符号位，0 表示正号，1 表示负号，其余的 $n-1$ 位表示数值。正数的补码与其原码和反码相同，负数的补码则等于其反码的末尾加 1。在补码表示中，0 有唯一的编码：[+0]补=[−0]补=00000000。

【例 1-6】若机器字长 n 等于 8，则

[+1]补=00000001　　　　　　　　[−1]补=11111111

[+127]补=01111111　　　　　　　[−127]补=10000001

[+45]补=00101101　　　　　　　 [−45]补=11010011

[+0.5]补=0◇1000000　　　　　　 [−0.5]补=1◇1000000（其中◇是小数点的位置）

相对于原码和反码表示，n 位补码表示法有一个例外，当符号位为 1 而数值位全部为 0 时，它表示整数-2^{n-1}，即此时符号位的 1 既表示负数又表示数值。

设计补码时，有意识地引用了模运算在数理上对符号位的处理，即利用模的自动丢弃实现了符号位的自然处理。

4）移码表示

移码表示法是在数 X 上增加一个偏移量来定义的，常用于表示浮点数中的阶码。如果机器字长为 n，在偏移量为 2^{n-1} 时，只要将补码的符号位取反便可获得相应的移码表示。

偏移量也可以是其他值。采用移码表示时，码值大者对应的真值就大。

【例 1-7】若机器字长 n 等于 8，偏移量为 2^7，则

[+1]$_{移}$=10000001　　　　　[−1]$_{移}$=01111111

[+127]$_{移}$=11111111　　　　[−127]$_{移}$=00000001

[+45]$_{移}$=10101101　　　　　[−45]$_{移}$=01010011

[+0]$_{移}$=10000000　　　　　[−0]$_{移}$=10000000

2．定点数和浮点数

1）定点数

所谓定点数，就是表示数据时小数点的位置固定不变。小数点的位置通常有两种约定方式：定点整数（纯整数，小数点在最低有效数值位之后）和定点小数（纯小数，小数点在最高有效数值位之前）。

设机器字长为 n，各种码制表示下的带符号数的范围如表 1-3 所示。当机器字长为 n 时，定点数的补码和移码可表示 2^n 个数，而其原码和反码只能表示 2^n-1 个数（0 表示占用了两个编码），因此，定点数所能表示的数值范围比较小，运算中很容易因结果超出范围而溢出。

表 1-3　机器字长为 n 时各种码制表示的带符号数的范围

码　　制	定 点 整 数	定 点 小 数
原码	$-\left(2^{n-1}-1\right)\ \sim\ +\left(2^{n-1}-1\right)$	$-\left(1-2^{-(n-1)}\right)\ \sim\ +\left(1-2^{-(n-1)}\right)$
反码	$-\left(2^{n-1}-1\right)\ \sim\ +\left(2^{n-1}-1\right)$	$-\left(1-2^{-(n-1)}\right)\ \sim\ +\left(1-2^{-(n-1)}\right)$
补码	$-2^{n-1}\ \sim\ +\left(2^{n-1}-1\right)$	$-1\ \sim\ +\left(1-2^{-(n-1)}\right)$
移码	$-2^{n-1}\ \sim\ +\left(2^{n-1}-1\right)$	$-1\ \sim\ +\left(1-2^{-(n-1)}\right)$

2）浮点数

浮点数是指小数点位置不固定的数，浮点表示法能表示更大范围的数。

在十进制中，一个实数可以写成多种表示形式。例如，83.125 可写成 $10^3\times0.083125$ 或 $10^4\times0.0083125$ 等。同理，一个二进制数也可以写成多种表示形式。例如，二进制数 1011.10101 可以写成 $2^4\times0.101110101$、$2^5\times0.0101110101$ 或 $2^6\times0.00101110101$ 等。

一个含小数点的二进制数 N 可以表示为更一般的形式：

$$N=2^E\times F$$

其中，E 称为阶码，F 为尾数，这种表示数的方法称为浮点表示法。

在浮点表示法中，阶码通常为带符号的纯整数，尾数为带符号的纯小数。浮点数的表示格式一般如下：

阶符	阶码	数符	尾数

显然，一个数的浮点表示不是唯一的。当小数点的位置改变时，阶码也相应改变，因此可以用多种浮点形式表示同一个数。

浮点数所能表示的数值范围主要由阶码决定，所表示数值的精度则由尾数决定。

为了提高数据的表示精度，当尾数的值不为 0 时，规定尾数域的最高有效位应为 1，这称为浮点数的规格化表示，否则需修改阶码左移或右移小数点的位置，使其变为规格化数的形式。

3）工业标准 IEEE 754

IEEE 754 是由 IEEE 制定的有关浮点数的工业标准，被广泛采用。该标准的表示形式如下：

S	P	M

其中，S 为数的符号位，为 0 时表示正数，为 1 时表示负数；P 为指数（阶码），用移码表示（偏移值为 $2^{p-1}-1$，p 为阶码的位数）；M 为尾数，用原码表示。

对于阶码为全 0 或全 1 的情况，IEEE 754 标准有特别的规定：若 P 为全 0 且 M 为 0，则表示真值 ± 0（正负号和数符位有关）。如果 P 为全 1 且 M 是 0，则这个数的真值为 $\pm \infty$（与符号位有关）；如果 P 为全 1 并且 M 不是 0，则规定其不是一个数（NaN）。

目前，计算机中主要使用三种形式的 IEEE 754 浮点数，如表 1-4 所示。

表1-4　三种形式的 IEEE 754 浮点数格式

参　　数	单精度浮点数	双精度浮点数	扩充精度浮点数
浮点数字长	32	64	80
尾数长度	23	52	64
符号位长度	1	1	1
阶码长度	8	11	15
指数偏移量	+127	+1023	+16 383
可表示的实数范围	$10^{-38} \sim 10^{38}$	$10^{-308} \sim 10^{308}$	$10^{-4932} \sim 10^{4932}$

在 IEEE 754 标准中，对于单精度浮点数和双精度浮点数，约定小数点左边隐含有一位，通常这位数就是 1，因此尾数为 $1.\times\times\cdots\times$。

【例 1-8】利用 IEEE 754 标准将数 176.0625 表示为单精度浮点数。

解：首先将该十进制数转换成二进制数，即 $176.0625_{10} = 10110000.0001_2$，其次对二进制数进行规格化处理，即 $10110000.0001 = 1\lozenge 01100000001 \times 2^7$。这就保证了最高位为 1，而且小数点应当在 $\lozenge$ 位置上，将最高位去掉并扩展为单精度浮点数所规定的 23 位尾数，得到 01100000001000000000000。

然后求阶码，上述表示中指数为 7，用移码表示为 10000110（偏移量是 127，因此偏移后的指数值为 7+127=134）。

最后，得到176.0625_{10}的单精度浮点表示形式：

$$0\ 10000110\ 0110000000010000000000000$$

1.2.3　其他数据的表示

各类数据的表示都有相应的基本字符集，任何字符在计算机中都必须转换成二进制表示形式，称为字符编码。

1. 十进制数与字符的编码表示

用 4 位二进制代码表示一位十进制数，称为二-十进制编码，简称 BCD 编码。因为 $2^4=16$，而十进制数只有 0～9 这 10 个不同的数符，故有多种 BCD 编码。根据 4 位代码中每一位是否有确定的权来划分，可分为有权码和无权码两类。

应用最多的有权码是 8421 码，即 4 个二进制位的权从高到低分别为 8、4、2 和 1。无权码中常用余 3 码和格雷码（有多种编码形式）。余 3 码是在 8421 码的基础上，把每个数的代码加上 0011 后构成的。格雷码的编码规则是相邻的两个代码之间只有 1 位不同。

常用的 8421BCD 码、余 3 码、格雷码与十进制数的对应关系如表 1-5 所示。

表 1-5　8421BCD 码、余 3 码、格雷码与十进制数的对应关系

十 进 制 数	8421BCD 码	余 3BCD 码	格 雷 码
0	0000	0011	0000
1	0001	0100	0001
2	0010	0101	0011
3	0011	0110	0010
4	0100	0111	0110
5	0101	1000	0111
6	0110	1001	0101
7	0111	1010	0100
8	1000	1011	1100
9	1001	1100	1101

2. ASCII 码

美国标准信息交换代码（American Standard Code for Information Interchange，ASCII）被国际标准化组织 ISO 采纳，成为一种国际通用的信息交换用标准代码。基本的 ASCII 码采用 7 个二进制位，即 $d_6d_5d_4d_3d_2d_1d_0$ 对字符进行编码：低 4 位组 $d_3d_2d_1d_0$ 用作行编码，高 3 位组 $d_6d_5d_4$ 用作列编码。基本的 ASCII 字符代码表如表 1-6 所示。

表 1-6　7 位 ASCII 代码表

$d_3d_2d_1d_0$ 位 （低 4 位）	$d_6d_5d_4$ 位（高 3 位）							
	000	001	010	011	100	101	110	111
0000	NUL	DLE	SP	0	@	P	`	p
0001	SOH	DC1	!	1	A	Q	a	q
0010	STX	DC2	"	2	B	R	b	r
0011	ETX	DC3	#	3	C	S	c	s
0100	EOT	DC4	$	4	D	T	d	t
0101	ENQ	NAK	%	5	E	U	e	u
0110	ACK	SYN	&	6	F	V	f	v
0111	BEL	ETB	,	7	G	W	g	w
1000	BS	CAN	(	8	H	X	h	x
1001	HT	EM	)	9	I	Y	i	y
1010	LF	SUB	*	:	J	Z	j	z
1011	VT	ESC	+	;	K	[	k	{
1100	FF	FS	'	<	L	\	l	|
1101	CR	GS	-	=	M	]	m	}
1110	SO	RS	.	>	N	↑	n	~
1111	DI	US	/	?	O	↓	o	Del

根据 ASCII 码的构成格式，可以很方便地从对应的代码表中查出每一个字符的编码。例如，字符 0 的 ASCII 码值为 0110000（$2^5+2^4=48$），字符 a 的 ASCII 码值为 1100001（$2^6+2^5+2^0=97$）。

3．汉字编码

计算机中处理汉字时，必须先将汉字代码化，即对汉字进行编码。汉字处理包括汉字的编码输入、汉字的存储和汉字的输出等环节。

西文是拼音文字，基本符号比较少，比较容易编码，在计算机系统中输入、内部处理、存储和输出都可以使用同一代码。汉字种类繁多，编码比拼音文字困难，而且在一个汉字处理系统中，输入、内部处理、存储和输出对汉字代码的要求不尽相同，所以采用的编码也不同。汉字信息处理系统在处理汉字和词语时，关键的问题是要进行一系列的汉字代码转换。

1）输入码

中文字数繁多，字形复杂，字音多变，常用汉字就有 7000 个左右。为了能直接使用西文标准键盘输入汉字，必须为汉字设计相应的编码方法，汉字的输入码主要分为三类：数字编码、拼音码和字形码。

（1）数字编码。数字编码就是用数字串代表一个汉字的输入，常用的是国标区位码。国标区位码将国家标准局公布的 6763 个两级汉字分成 94 个区，每个区 94 位，区码和位码各两位十进制数字。例如，"中"字位于第 54 区 48 位，区位码为 5448。

汉字在区位码表的排列是有规律的。在 94 个分区中，1～15 区用来表示字母、数字和符号，16～87 区为一级和二级汉字。一级汉字以汉语拼音为序排列，二级汉字以偏旁部首进行排列。使用区位码方法输入汉字时，必须先在表中查找汉字对应的代码，才能输入。数字编码输入的优点是无重码，而且输入码和内部编码的转换比较方便，但是数字码有难以记忆的缺点。

（2）拼音码。拼音码是以汉语读音为基础的输入方法。由于汉字同音字太多，输入重码率很高，因此，按拼音输入后还必须进行同音字选择，会影响输入速度。

（3）字形编码。字形编码是以汉字的形状确定的编码。汉字总数虽多，但都是由一笔一划组成，全部汉字的部件和笔划是有限的。因此，把汉字的笔划部件用字母或数字进行编码，按笔划书写的顺序依次输入，就能表示一个汉字，五笔字型、表形码等便是这种编码法。

2）内部码

汉字内部码（简称汉字内码）是汉字在设备和信息处理系统内部存储、处理、传输汉字用的代码。汉字数量多，用一个字节无法区分，采用国家标准局 GB 2312—1980 中规定的汉字国标码，两个字节存放一个汉字的内码，每个字节的最高位置 1，作为汉字机内码。由于两个字节各用 7 位，因此可表示 16 384 个可区别的机内码。以汉字"大"为例，国标码为 3473H，两个字节的高位置 1，得到的机内码为 B4F3H。

GB 18030—2005《信息技术中文编码字符集》是我国最新的内码字符集，与 GB 2312—1980 完全兼容，支持 GB 13000 及 Unicode 的全部统一汉字，共收录汉字 70244 个。

3）字形码

汉字字形码是表示汉字字形的字模数据，通常用点阵、矢量函数等方式表示，用点阵表示字形时，汉字字形码指的就是这个汉字字形点阵的代码。字形码也称字模，是用点阵表示的汉字字形，它是汉字的输出方式。根据输出汉字的要求不同，点阵的多少也不同。简易型汉字为 16×16 点阵，高精度型汉字为 24×24 点阵、32×32 点阵、48×48 点阵等。

字模点阵的信息量是很大的，所占存储空间也很大，以 16×16 点阵为例，每个汉字就需要 32 字节用于机内存储。字库中存储了每个汉字的点阵代码，当显示输出时才检索字库，输出字模点阵得到字形。

汉字的矢量表示法是将汉字看作由笔画组成的图形，提取每个笔画的坐标值，这些坐标值就可以决定每一笔画的位置，将每一个汉字的所有坐标值信息组合起来就是该汉字字形的矢量信息。显然，汉字的字形不同，其矢量信息也就不同，每个汉字都有自己的矢量信息。由于汉字的笔画不同，则矢量信息就不同。所以，每个汉字矢量信息所占的内存大小不一样。同样，将每一个汉字的矢量信息集中在一起就构成了汉字库。当需要汉字输出时，利用汉字字形检索程序根据汉字内码从字模库中找到相应的字形码。

4．Unicode

为了统一地表示世界各国的文字，国际标准化组织 1993 年公布了"通用多八位编码字符集"国际标准 ISO/IEC 10646，简称 UCS（Universal Coded Character Set）。另一个是 Unicode（称为统一码、万国码或单一码）软件制造商协会（unicode.org）开发的可以容纳世界上所有文字和符号的字符编码标准，包括字符集、编码方案等。Unicode 2.0 开始采用与 ISO 10646-1 相同的字库和字码。目前这两个项目独立地公布各自的标准。

UCS 规定了两种编码格式：UCS-2 和 UCS-4。UCS-2 用两个字节编码，UCS-4 用 4 个字节（实际上只用了 31 位，最高位必须为 0）编码。

Unicode 可以通过不同的编码实现，Unicode 标准定义了用于传输和保存的 UTF-8、UTF-16 和 UTF-32 等，其中，UTF 表示 UCS Transformation Format。在网络上广泛使用的 UTF-8 以 8 位（一个字节）为单元对 UCS 进行编码。UCS-2 与 UTF-8 的编码对应关系如表 1-7 所示。

表 1-7　UCS-2 与 UTF-8 的编码对应关系

UCS-2 编码（十六进制）	UTF-8 字节流（二进制）
0000 – 007F	0xxxxxxx
0080 – 07FF	110xxxxx 10xxxxxx
0800 – FFFF	1110xxxx 10xxxxxx 10xxxxxx

例如，"汉"字的 UCS 编码是 6C49（0110 1100 0100 1001），位于 0800-FFFF 之间，所以采用 3 字节模板，其 UTF-8 编码为 11100110 10110001 10001001，也就是 E6B189。

我国相应的国家标准为 GB 13000，等同于国际标准的《通用多八位编码字符集（UCS）》ISO10646.1。

1.2.4　校验码

计算机系统运行时，各个部件之间要进行频繁的数据交换，为了确保数据在传送过程中正确无误，一是提高硬件电路的可靠性；二是提高代码的校验能力，以进行查错和纠错。通常使用校验码的方法来检测所存储和传送的数据是否出错，即对数据可能出现的编码分为合法编码和错误编码两类。合法编码用于存储和传送数据，错误编码是不允许在数据中出现的编码。合理地设计错误编码以及编码规则，使得数据在传送中出现某种错误时就会变成错误编码，这样就可以检测出接收到的数据是否有错。

码距是校验码中的一个重要概念。所谓码距，是指一个编码系统中任意两个合法编码之间至少有多少个二进制位不同。例如，4 位 8421 码的码距为 1，在传输过程中，该代码的一位或多位发生错误，都将变成另外一个合法编码，因此这种代码无差错检验能力。

下面简单介绍常用的三种校验码：奇偶校验码（Parity Codes）、海明码（Hamming Code）和循环冗余校验（Cyclic Redundancy Check，CRC）码。

1. 奇偶校验码

奇偶校验是一种简单有效的校验方法。这种方法通过在编码中增加一个校验位来使编码中 1 的个数为奇数（奇校验）或者偶数（偶校验），从而使码距变为 2。对于奇偶校验，它可以检测代码中奇数位出错的编码，但不能发现偶数位出错的情况，即当合法编码中奇数位发生了错误，也就是编码中的 1 变成 0 或 0 变成 1，则该编码中 1 的个数的奇偶性就发生了变化，从而可以发现错误。8421 码的奇偶校验码如表 1-8 所示。

表 1-8　8421 码的奇偶校验码

十 进 制 数	8421BCD 码	带奇校验位的 8421 码	带偶校验位的 8421 码
0	0000	0000　1	0000　0
1	0001	0001　0	0001　1
2	0010	0010　0	0010　1
3	0011	0011　1	0011　0
4	0100	0100　0	0100　1
5	0101	0101　1	0101　0
6	0110	0110　1	0110　0
7	0111	0111　0	0111　1
8	1000	1000　0	1000　1
9	1001	1001　1	1001　0

从表 1-8 可知，带奇偶校验位的 8421 码由 4 位信息位和 1 位校验位组成，码距为 2，能检查出代码信息中奇数位出错的情况，而错在哪些位是检查不出来的。也就是说，它只能发现错误，而不能校正错误。

常用的奇偶校验码有三种：水平奇偶校验码、垂直奇偶校验码和水平垂直校验码。

（1）水平奇偶校验码。对每一个数据的编码添加校验位，使信息位与校验位处于同一行。

（2）垂直奇偶校验码。这种校验码把数据分成若干组，一组数据占一行，排列整齐，再加一行校验码，针对每一列采用奇校验或偶校验。

【例 1-9】对于 32 位数据 10100101 00110110 11001100 10101011，其垂直奇校验码和垂直偶校验码如表 1-9 所示。

表 1-9　垂直奇校验码和垂直偶校验码

编码分类	垂直奇校验码	垂直偶校验码
数据	1 0 1 0 0 1 0 1 0 0 1 1 0 1 1 0 1 1 0 0 1 1 0 0 1 0 1 0 1 0 1 1	1 0 1 0 0 1 0 1 0 0 1 1 0 1 1 0 1 1 0 0 1 1 0 0 1 0 1 0 1 0 1 1
校验位	0 0 0 0 1 0 1 1	1 1 1 1 0 1 0 0

（3）水平垂直校验码。在垂直校验码的基础上，对每个数据再增加一位水平校验位，便构成水平垂直校验码。

【例 1-10】对于 32 位数据 10100101 00110110 11001100 10101011，其水平垂直奇校验码和水平垂直偶校验码如表 1-10 所示。

表 1-10　水平垂直奇校验码和水平垂直偶校验码

奇偶类	水平垂直奇校验码		水平垂直偶校验码	
分类	水平校验位	数据	水平校验位	数据
数据	1	1 0 1 0 0 1 0 1	0	1 0 1 0 0 1 0 1
	1	0 0 1 1 0 1 1 0	0	0 0 1 1 0 1 1 0
	1	1 1 0 0 1 1 0 0	0	1 1 0 0 1 1 0 0
	0	1 0 1 0 1 0 1 1	1	1 0 1 0 1 0 1 1
垂直校验位	0	0 0 0 0 1 0 1 1	1	1 1 1 1 0 1 0 0

2．海明码

海明码（Hamming Code）是由贝尔实验室的 Richard Hamming 设计的，是一种利用奇偶性来检错和纠错的校验方法。海明码的构成方法是在数据位之间的特定位置上插入 k 个校验位，通过扩大码距来实现检错和纠错。

设数据位是 n 位，校验位是 k 位，则 n 和 k 必须满足以下关系：

$$2^k - 1 \geqslant n + k$$

海明码的编码规则如下。

设 k 个校验位为 $P_k, P_{k-1}, \cdots, P_1$，$n$ 个数据位为 $D_{n-1}, D_{n-2}, \cdots, D_1, D_0$，对应的海明码为 $H_{n+k}, H_{n+k-1}, \cdots, H_1$，那么：

（1）P_i 在海明码的第 2^{i-1} 位置，即 $H_j = P_i$，且 $j = 2^{i-1}$，数据位则依序从低到高占据海明码中剩下的位置。

（2）海明码中的任何一位都是由若干个校验位来校验的。其对应关系如下：被校验的海明位的下标等于所有参与校验该位的校验位的下标之和，而校验位由自身校验。

对于 8 位的数据位，进行海明校验需要 4 个校验位（$2^3 - 1 = 7$，$2^4 - 1 = 15 > 8 + 4$）。令数据位为 $D_7, D_6, D_5, D_4, D_3, D_2, D_1, D_0$，校验位为 P_4, P_3, P_2, P_1，形成的海明码为 $H_{12}, H_{11}, \cdots, H_3, H_2, H_1$，则编码过程如下。

（1）确定 D 与 P 在海明码中的位置，如下所示：

H_{12}	H_{11}	H_{10}	H_9	H_8	H_7	H_6	H_5	H_4	H_3	H_2	H_1
D_7	D_6	D_5	D_4	P_4	D_3	D_2	D_1	P_3	D_0	P_2	P_1

（2）确定校验关系，如表 1-11 所示。

表 1-11   海明码的校验关系表

海 明 码	海明码的下标	校 验 位 组	说明（偶校验）
$H_1(P_1)$	1	P_1	
$H_2(P_2)$	2	P_2	P_1 校验：P_1、D_0、D_1、D_3、D_4、D_6
$H_3(D_0)$	3 = 1+2	P_1,P_2	即 $P_1 = D_0 \oplus D_1 \oplus D_3 \oplus D_4 \oplus D_6$
$H_4(P_3)$	4	P_3	
$H_5(D_1)$	5 = 1+4	P_1,P_3	P_2 校验：P_2、D_0、D_2、D_3、D_5、D_6
$H_6(D_2)$	6 = 2+4	P_2,P_3	即 $P_2 = D_0 \oplus D_2 \oplus D_3 \oplus D_5 \oplus D_6$
$H_7(D_3)$	7 = 1+2+4	P_1,P_2,P_3	
$H_8(P_4)$	8	P_4	P_3 校验：P_3、D_1、D_2、D_3、D_7
$H_9(D_4)$	9 = 1+8	P_1,P_4	即 $P_3 = D_1 \oplus D_2 \oplus D_3 \oplus D_7$
$H_{10}(D_5)$	10 = 2+8	P_2,P_4	
$H_{11}(D_6)$	11 = 1+2+8	P_1,P_2,P_4	P_4 校验：P_4、D_4、D_5、D_6、D_7
$H_{12}(D_7)$	12 = 4+8	P_3,P_4	即 $P_4 = D_4 \oplus D_5 \oplus D_6 \oplus D_7$

若采用奇校验，则将各校验位的偶校验值取反即可。

（3）检测错误。对使用海明编码的数据进行差错检测很简单，只需做以下计算：

$G_1 = P_1 \oplus D_0 \oplus D_1 \oplus D_3 \oplus D_4 \oplus D_6$

$G_2 = P_2 \oplus D_0 \oplus D_2 \oplus D_3 \oplus D_5 \oplus D_6$

$G_3 = P_3 \oplus D_1 \oplus D_2 \oplus D_3 \oplus D_7$

$G_4 = P_4 \oplus D_4 \oplus D_5 \oplus D_6 \oplus D_7$

若采用偶校验，则 $G_4 G_3 G_2 G_1$ 全为 0 时表示接收到的数据无错误（奇校验应全为 1）。当 $G_4 G_3 G_2 G_1$ 不全为 0 时说明发生了差错，而且 $G_4 G_3 G_2 G_1$ 的十进制值指出了发生错误的位置，例如 $G_4 G_3 G_2 G_1 = 1010$，说明 $H_{10}(D_5)$ 出错了，将其取反即可纠正错误。

【例 1-11】设数据为 01101001，试采用 4 个校验位求其偶校验方式的海明码。

解：$D_7 D_6 D_5 D_4 D_3 D_2 D_1 D_0 = 01101001$，根据公式

$P_1 = D_0 \oplus D_1 \oplus D_3 \oplus D_4 \oplus D_6 = 1 \oplus 0 \oplus 1 \oplus 0 \oplus 1 = 1$

$P_2 = D_0 \oplus D_2 \oplus D_3 \oplus D_5 \oplus D_6 = 1 \oplus 0 \oplus 1 \oplus 1 \oplus 1 = 0$

$P_3 = D_1 \oplus D_2 \oplus D_3 \oplus D_7 = 0 \oplus 0 \oplus 1 \oplus 0 = 1$

$P_4 = D_4 \oplus D_5 \oplus D_6 \oplus D_7 = 0 \oplus 1 \oplus 1 \oplus 0 = 0$

求得的海明码为：

H_{12}	H_{11}	H_{10}	H_9	H_8	H_7	H_6	H_5	H_4	H_3	H_2	H_1
D_7	D_6	D_5	D_4	P_4	D_3	D_2	D_1	P_3	D_0	P_2	P_1
0	1	1	0	0	1	0	0	1	1	0	1

3. 循环冗余校验码

循环冗余校验码广泛应用于数据通信领域和磁介质存储系统中。它利用生成多项式为 k 个数据位产生 r 个校验位来进行编码，其编码长度为 $k+r$。CRC 的代码格式为：

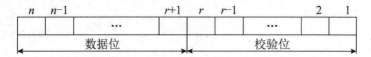

由此可知，循环冗余校验码是由两部分组成的，左边为信息码（数据），右边为校验码。若信息码占 k 位，则校验码就占 $n–k$ 位。其中，n 为 CRC 码的字长，所以又称为（n，k）码。校验码是由信息码产生的，校验码位数越长，该代码的校验能力就越强。在求 CRC 编码时，采用的是模 2 运算。

模 2 加减运算的规则是：按位运算，不发生借位和进位，如下所示：

0+0=0　　1+0=1　　0+1=1　　1+1=0

0–0=0　　1–0=1　　0–1=1　　1–1=0

1.3　算术运算和逻辑运算

基本的算术运算有加法、减法、乘法和除法。逻辑数据的取值只有"真"和"假"，通常以 1 表示"真"，0 表示"假"。基本的逻辑运算有"逻辑与""逻辑或""逻辑非"。

1.3.1　算术运算

1. 二进制算术运算规则

（1）加法：二进制加法的进位规则是"逢二进一"。

0+0=0　　　　1+0=1　　　　0+1=1　　　　1+1=0（有进位）

（2）减法：二进制减法的借位规则是"借一当二"。

0–0=0　　　　1–0=1　　　　1–1=0　　　　0–1=1（有借位）

（3）乘法：

0×0=0　　　　1×0=0　　　　0×1=0　　　　1×1=1

2. 机器数的加减运算

在计算机中，可以只设置加法器，而将减法运算转换为加法运算来实现。

（1）补码加法的运算法则是：和的补码等于补码求和，即 $[X+Y]_补=[X]_补+[Y]_补$。

（2）补码减法的方法是：差的补码等于被减数的补码加上减数取负后的补码。因此，在补码表示中，可将减法运算转换为加法运算，即 $[X–Y]_补=[X]_补+[–Y]_补$。

（3）由 $[X]_补$ 求 $[–X]_补$ 的方法是：$[X]_补$ 的各位取反（包括符号位），末尾加 1。

【例 1-12】设二进制整数 $X=+1000100$，$Y=+1110$，求 $X+Y$、$X–Y$ 的值。

解：设用 8 位补码表示带符号数据，由于 X 和 Y 都是正数，所以 $[X]_补=01000100$，

$[Y]_\text{补}$=00001110，那么$[-Y]_\text{补}$=11110010。

$$
\begin{array}{r}
01000100 \\
+\quad 00001110 \\
\hline
01010010
\end{array}
\qquad
\begin{array}{r}
01000100 \\
-\quad 00001110 \\
\hline
00110110
\end{array}
\qquad
\begin{array}{r}
01000100 \\
+\quad 11110010 \\
\hline
00110110
\end{array}
$$

（a）$[X]_\text{补}+[Y]_\text{补}$　　　　（b）$X-Y$　　　　（c）$[X]_\text{补}+[-Y]_\text{补}$

由于 X 和 Y 均是正数，所以 $X+Y$ 的值就等于$[X]_\text{补}+[Y]_\text{补}$，即 $X+Y$ = +1010010；由于 X 的绝对值大于 Y 的绝对值，所以 $X-Y$ 的值就等于$[X]_\text{补}+[-Y]_\text{补}$，即 $X-Y$ = +110110。

【例 1-13】设二进制整数 X = +110110，Y = -110011，求 $X+Y$、$X-Y$ 的值。

解：设用 8 位补码表示带符号数据，那么，$[X]_\text{补}$=00110110，$[Y]_\text{补}$=11001101，$[-Y]_\text{补}$=00110011。

$$
\begin{array}{r}
00110110 \\
+\quad 11001101 \\
\hline
1\,00000011
\end{array}
\qquad
\begin{array}{r}
00110110 \\
-\quad 00110011 \\
\hline
00000011
\end{array}
\qquad
\begin{array}{r}
00110110 \\
+\quad 00110011 \\
\hline
01101001
\end{array}
$$

自然丢弃　　　（a）$[X]_\text{补}+[Y]_\text{补}$　　　（b）$X+Y=X-|Y|$　　　（c）$[X]_\text{补}+[-Y]_\text{补}$

由于 X 是正数、Y 是负数，且 X 的绝对值大于 Y 的绝对值，所以 $X+Y$ 的值就等于 $X-|Y|$，也等于$[X]_\text{补}+[Y]_\text{补}$，即+11。因此，$X-Y$ 的值就等于 $X+|Y|$，也等于$[X]_\text{补}+[-Y]_\text{补}$，即+1101001。

因此，补码加减运算的规则如下。

（1）参加运算的操作数用补码表示。

（2）符号位参加运算。

（3）若进行相加运算，则两个数的补码直接相加；若进行相减运算，则将减数连同其符号位一起变反加 1 后与被减数相加。

（4）运算结果用补码表示。

与原码减运算相比，补码减运算的过程要简便得多。在补码加减运算中，符号位和数值位一样参加运算，无须作特殊处理。因此，多数计算机都采用补码加减运算法。

3．溢出及判定

在确定了运算的字长和数据的表示方法后，数据的范围也就确定了。一旦运算结果超出所能表示的数据范围，就会发生溢出。发生溢出时，运算结果肯定是错误的。

只有当两个同符号的数相加（或者是相异符号数相减）时，运算结果才有可能溢出。

【例 1-14】设正整数 X=+1000001，Y=+1000011，若用 8 位补码表示，则$[X]_\text{补}$=01000001，$[Y]_\text{补}$=01000011，求$[X+Y]_\text{补}$。

解：计算$[X]_\text{补}+[Y]_\text{补}$

$$
\begin{array}{r}
0\,1000001 \\
+\quad 0\,1000011 \\
\hline
1\,0000100
\end{array}
$$

两个正数相加的结果为一个负数，结果显然是荒谬的。产生错误的原因就是溢出。

【例 1-15】设负整数 $X= -1111000$，$Y= -10010$，字长为 8，则$[X]_补$=10001000，$[Y]_补$=11101110，求$[X+Y]_补$。

解：计算$[X]_补$+$[Y]_补$

$$
\begin{array}{r}
1\,0001000 \\
+\quad 11101110 \\
\hline
1\,01110110
\end{array}
$$

两个负数相加，结果为一个正数，显然也是错误的。

常用的溢出检测机制主要有进位判决法和双符号位判决法等如下几种方法。

（1）双符号位判决法。若采用两位表示符号，即 00 表示正号、11 表示负号，则溢出时两个符号位就不一致了，从而可以判定发生了溢出。

若运算结果两符号分别用 S_2 和 S_1 表示，则判别溢出的逻辑表示式为 VF=$S_2 \oplus S_1$。

【例 1-16】设正整数 $X=+1000001$，$Y= +1000011$，若用 8 位补码表示，则$[X]_补$=00 1000001，$[Y]_补$=00 1000011，求$[X+Y]_补$。

解：计算$[X]_补$+$[Y]_补$

$$
\begin{array}{r}
00\,1000001 \\
+\quad 00\,1000011 \\
\hline
01\,0000100
\end{array}
$$

式中，结果的 S_2 和 S_1 不一致，说明运算过程中有溢出。

（2）进位判决法。令 C_{n-1} 表示最高数值位向最高位的进位，C_n 表示符号位的进位，则 $C_{n-1} \oplus C_n = 1$ 表示溢出。

（3）根据运算结果的符号位和进位标志判别。该方法适用于两同号数求和或异号数求差时判别溢出。根据运算结果的符号位和进位标志，溢出的逻辑表达式为 VF = SF $\oplus$ CF。

（4）根据运算前后的符号位进行判别。若用 Xs、Ys、Zs 分别表示两个操作数及运算结果的符号位，当两个同符号数求和或异符号数求差时，就有可能发生溢出。溢出是否发生可根据运算前后的符号位进行判别，其逻辑表达式为 VF = $Xs \cdot Ys \cdot \overline{Zs} + \overline{Xs} \cdot \overline{Ys} \cdot Zs$。

4．机器数的乘除运算

在计算机中实现乘除法运算，通常有如下三种方式。

（1）纯软件方案，在只有加法器的低档计算机中，没有乘、除法指令，乘除运算是用程序来完成的。这种方案的硬件结构简单，但进行乘除运算时速度很慢。

（2）在现有的能够完成加减运算的算术逻辑单元 ALU 的基础上，通过增加少量的实现左、右移位的逻辑电路，来实现乘除运算。与纯软件方案相比，这种方案增加硬件不多，而乘除运算的速度有了较大提高。

（3）设置专用的硬件阵列乘法器（或除法器），完成乘（除）法运算。该方案需付出较高的硬件代价，可获得最快的执行速度。

5．浮点运算

1）浮点加减运算

设有浮点数 $X=M\times2^i$，$Y=N\times2^j$，求 $X\pm Y$ 的运算过程如下。

（1）对阶。使两个数的阶码相同。令 $K=|i-j|$，把阶码小的数的尾数右移 K 位，使其阶码加上 K。

（2）求尾数和（差）。

（3）结果规格化并判溢出。若运算结果所得的尾数不是规格化的数，则需要进行规格化处理。当尾数溢出时，需要调整阶码。

（4）舍入。在对结果进行右移时，尾数的最低位将因移出而丢掉。另外，在对阶过程中也会将尾数右移使最低位丢掉。这就需要进行舍入处理，以求得最小的运算误差。舍入处理的方法如下。

① 截断法。将要保留的数据末位右边的数据全都截去，不管数据是 0 还是 1。

② 末位恒 1 法。将要保留的末位数据恒置 1，不管右移丢掉的数据是 0 还是 1。

③ 0 舍 1 入法。舍去的数据为 0 时，保持末位原始状态。若舍去的数据为 1，则将末位加 1。这类似于十进制中的四舍五入。但当数据为 0.1111…1，即在尾数全为 1 的特殊情况下，这种舍入会再次产生溢出。遇到这种情况可用硬件判断，并在舍去 1 时末位不再加 1。

（5）溢出判别。以阶码为准。若阶码溢出（超过最大值），则运算结果溢出；若阶码下溢（小于最小值），则结果为 0，否则结果正确无溢出。

2）浮点乘除运算

浮点数相乘，其积的阶码等于两乘数的阶码相加，积的尾数等于两乘数的尾数相乘。浮点数相除，其商的阶码等于被除数的阶码减去除数的阶码，商的尾数等于被除数的尾数除以除数的尾数。乘除运算的结果都需要进行规格化处理并判断阶码是否溢出。

1.3.2　逻辑运算

在逻辑代数中有三种最基本的运算："与"运算、"或"运算、"非"运算，其他逻辑运算可由这三种基本运算进行组合来表示。

1．常用逻辑运算

1）"与"运算

"与"运算又称为逻辑乘，其运算符号常用 AND、$\cap$、$\wedge$或·表示。设 A 和 B 为两个逻辑变量，当且仅当 A 和 B 的取值都为"真"时，A"与"B 的值为"真"；否则 A"与"B 的值为"假"，如表 1-12 所示。

2）"或"运算

"或"运算也称为逻辑加，其运算符号常用 OR、$\cup$、$\vee$或+表示。设 A 和 B 为两个逻辑变量，当且仅当 A 和 B 的取值都为"假"时，A"或"B 的值为"假"；否则 A"或"

B 的值为"真",如表 1-13 所示。

<table>
<tr><th colspan="4" style="text-align:center">表 1-12　"与"运算规则</th></tr>
<tr><th>A</th><th>B</th><th>$A \cdot B$</th></tr>
<tr><td>0</td><td>0</td><td>0</td></tr>
<tr><td>0</td><td>1</td><td>0</td></tr>
<tr><td>1</td><td>0</td><td>0</td></tr>
<tr><td>1</td><td>1</td><td>1</td></tr>
</table>

<table>
<tr><th colspan="3" style="text-align:center">表 1-13　"或"运算规则</th></tr>
<tr><th>A</th><th>B</th><th>$A+B$</th></tr>
<tr><td>0</td><td>0</td><td>0</td></tr>
<tr><td>0</td><td>1</td><td>1</td></tr>
<tr><td>1</td><td>0</td><td>1</td></tr>
<tr><td>1</td><td>1</td><td>1</td></tr>
</table>

3)"非"运算

"非"运算也称为逻辑求反运算,常用 $\overline{A}$ 表示对变量 A 的值求反。其运算规则很简单: $\overline{1}=0$, $\overline{0}=1$ 。

4)"异或"运算

常用的逻辑运算还有"异或"运算,又称为半加运算,其运算符号常用 XOR 或 ⊕ 表示。设 A 和 B 为两个逻辑变量,当且仅当 A、B 的值不同时,A"异或"B 为真。A"异或"B 的运算可由前三种基本运算表示,即 $A \oplus B = \overline{A} \cdot B + A \cdot \overline{B}$ 。

常用的逻辑公式如表 1-14 所示。

表 1-14　常用的逻辑公式

交换律	$A+B=B+A$　　　　$A \cdot B=B \cdot A$	重叠律	$A+A=A$　　$A \cdot A=A$
结合律	$A+(B+C)=(A+B)+C$ $A \cdot (B \cdot C)=(A \cdot B) \cdot C$	互补律	$\overline{A}+A=1$　　$\overline{A} \cdot A=0$
		吸收律	$A+\overline{A}B=A+B$
分配律	$A \cdot (B+C)=A \cdot B+A \cdot C$ $A+(B \cdot C)=(A+B) \cdot (A+C)$	0-1 律	$0+A=A$　　　$0 \cdot A=0$ $1+A=1$　　　$1 \cdot A=A$
反演律	$\overline{A+B}=\overline{A} \cdot \overline{B}$　　　$\overline{A \cdot B}=\overline{A}+\overline{B}$	对合律	$\overline{\overline{A}}=A$
其他公式	$AB+A\overline{B}=A$　　　　$A+AB=A$ $AB+\overline{A}C+BC=AB+\overline{A}C$	$\overline{A \oplus B}=\overline{A} \oplus B=A \oplus \overline{B}$	

2. 逻辑表达式及其化简

逻辑表达式是用逻辑运算符将逻辑变量(或常量)连接在一起表示某种逻辑关系的表达式。常用表格方式来描述一个逻辑表达式与其变量之间的关系,也就是把变量和表达式的各种取值都一一对应列举出来,称之为真值表。

【例 1-17】用真值表 1-15 证明 $AB+A\overline{B}=A$ 。

表 1-15　真值表

A	B	AB	$A\overline{B}$	$AB+A\overline{B}$
0	0	0	0	0
0	1	0	0	0
1	0	0	1	1
1	1	1	0	1

从上表中可以看出，无论 B 取何值，$AB+A\overline{B}$ 的值和 A 的值都是相同的，所以 $AB+A\overline{B}=A$。

利用逻辑运算的规律和一些常用的逻辑恒等式可以对一个逻辑表达式进行化简。

【例1-18】化简逻辑表达式 $(\overline{A}\overline{B}\overline{C}+\overline{A}\overline{B}C+\overline{A}BC+A\overline{B}\overline{C}+A\overline{B}C+ABC)$。

解：$(\overline{A}\overline{B}\overline{C}+\overline{A}\overline{B}C+\overline{A}BC+A\overline{B}\overline{C}+A\overline{B}C+ABC)$

$= (\overline{A}\overline{B}(\overline{C}+C)+(\overline{A}+A)BC+A\overline{B}(\overline{C}+C))$ （结合律、分配律）

$= (\overline{A}\overline{B}+BC+A\overline{B})$ （互补律）

$= ((\overline{A}+A)\overline{B}+BC)$ （结合律、分配律）

$= (\overline{B}+BC)$ （互补律）

$= (\overline{B}+C)$ （吸收律）

1.4 计算机硬件组成及主要部件功能

计算机系统的基本硬件组成包括运算器、控制器、存储器、输入设备和输出设备等，其中运算器、控制器等部件集成在一起统称为中央处理单元（Central Processing Unit，CPU）。存储器是计算机系统中的记忆设备，不同容量、速度和成本的存储器构成层次结构的存储系统。输入设备和输出设备通过总线结构与主机连接。

1.4.1 中央处理单元

中央处理单元（CPU）是计算机系统的核心部件，它负责获取程序指令、对指令进行译码并加以执行。

1．CPU 的功能

（1）程序控制。CPU 通过执行指令来控制程序的执行顺序，这是 CPU 的重要功能。

（2）操作控制。一条指令功能的实现需要若干操作信号配合来完成，CPU 产生每条指令的操作信号并将操作信号送往对应的部件，控制相应的部件按指令的功能要求进行操作。

（3）时间控制。CPU 对各种操作进行时间上的控制，即指令执行过程中操作信号的出现时间、持续时间及出现的时间顺序都需要进行严格控制。

（4）数据处理。CPU 通过对数据进行算术运算及逻辑运算等方式进行加工处理，数据加工处理的结果被人们所利用。所以，对数据的加工处理也是 CPU 最根本的任务。

此外，CPU 还需要对系统内部和外部的中断（异常）做出响应，进行相应的处理。

2．CPU 的组成

CPU 主要由运算器、控制器、寄存器组和内部总线等部件组成，如图1-1所示。

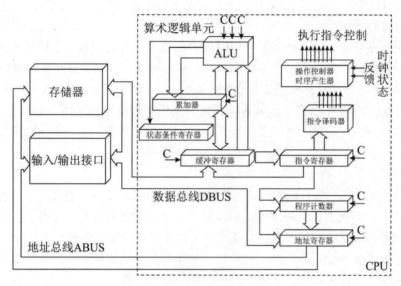

图 1-1　CPU 基本组成结构示意图

1）运算器

运算器由算术逻辑单元（Arithmetic and Logic Unit，ALU）、累加寄存器、数据缓冲寄存器和状态条件寄存器等组成，它是数据加工处理部件，用于完成计算机的各种算术和逻辑运算。相对控制器而言，运算器接受控制器的命令而进行动作，即运算器所进行的全部操作都是由控制器发出的控制信号来指挥的，所以它是执行部件。运算器有如下两个主要功能。

（1）执行所有的算术运算，例如加、减、乘、除等基本运算及附加运算。

（2）执行所有的逻辑运算并进行逻辑测试，例如与、或、非、零值测试或两个值的比较等。

下面简要介绍运算器中各组成部件的功能。

（1）算术逻辑单元（ALU）。ALU 是运算器的重要组成部件，负责处理数据，实现对数据的算术运算和逻辑运算。

（2）累加寄存器（AC）。AC 通常简称为累加器，它是一个通用寄存器，其功能是当运算器的算术逻辑单元执行算术或逻辑运算时，为 ALU 提供一个工作区。例如，在执行一个减法运算前，先将被减数取出暂存在 AC 中，再从内存储器中取出减数，然后同 AC 的内容相减，将所得的结果送回 AC 中。运算的结果是放在累加器中的，运算器中至少要有一个累加寄存器。

（3）数据缓冲寄存器（DR）。在对内存储器进行读/写操作时，用 DR 暂时存放由内存储器读/写的一条指令或一个数据字，将不同时间段内读/写的数据隔离开来。DR 的主要作用为：作为 CPU 和内存、外部设备之间数据传送的中转站；作为 CPU 和内存、外围设备之间在操作速度上的缓冲；在单累加器结构的运算器中，数据缓冲寄存器还可兼作为操作数寄存器。

（4）状态条件寄存器（PSW）。PSW 保存由算术指令和逻辑指令运行或测试的结果建立的各种条件码内容，主要分为状态标志和控制标志，例如运算结果进位标志（C）、运算结果溢出标志（V）、运算结果为 0 标志（Z）、运算结果为负标志（N）、中断标志（I）、方向标志（D）和单步标志等。这些标志通常分别由 1 位触发器保存，保存了当前指令执行完成之后的状态。通常，一个算术操作产生一个运算结果，而一个逻辑操作产生一个判决。

2）控制器

运算器只能完成运算，而控制器用于控制整个 CPU 的工作，它决定了计算机运行过程的自动化。它不仅要保证程序的正确执行，而且要能够处理异常事件。控制器一般包括指令控制逻辑、时序控制逻辑、总线控制逻辑和中断控制逻辑等几个部分。

指令控制逻辑要完成取指令、分析指令和执行指令的操作，其过程分为取指令、指令译码、按指令操作码执行、形成下一条指令地址等步骤。

（1）指令寄存器（IR）。当 CPU 执行一条指令时，先把它从内存储器取到缓冲寄存器中，再送入 IR 暂存，指令译码器根据 IR 的内容产生各种微操作指令，控制其他的组成部件工作，完成所需的功能。

（2）程序计数器（PC）。PC 具有寄存信息和计数两种功能，又称为指令计数器。程序的执行分两种情况，一是顺序执行，二是转移执行。在程序开始执行前，将程序的起始地址送入 PC，该地址在程序加载到内存时确定，因此 PC 的内容即是程序第一条指令的地址。执行指令时，CPU 自动修改 PC 的内容，以便使其保持的总是将要执行的下一条指令的地址。由于大多数指令都是按顺序来执行的，所以修改的过程通常只是简单地对 PC 加 1。当遇到转移指令时，后继指令的地址根据当前指令的地址加上一个向前或向后转移的位移量得到，或者根据转移指令给出的直接转移的地址得到。

（3）地址寄存器（AR）。AR 保存当前 CPU 所访问的内存单元的地址。由于内存和 CPU 存在着操作速度上的差异，所以需要使用 AR 保持地址信息，直到内存的读/写操作完成为止。

（4）指令译码器（ID）。指令包含操作码和地址码两部分，为了能执行任何给定的指令，必须对操作码进行分析，以便识别所完成的操作。指令译码器就是对指令中的操作码字段进行分析解释，识别该指令规定的操作，向操作控制器发出具体的控制信号，控制各部件工作，完成所需的功能。

时序控制逻辑要为每条指令按时间顺序提供应有的控制信号。总线逻辑是为多个功能部件服务的信息通路的控制电路。中断控制逻辑用于控制各种中断请求，并根据优先级的高低对中断请求进行排队，逐个交给 CPU 处理。

3）寄存器组

寄存器组可分为专用寄存器和通用寄存器。运算器和控制器中的寄存器是专用寄存器，其作用是固定的。通用寄存器用途广泛并可由程序员规定其用途，其数目因处理器不同有所差异。

3．多核 CPU

核心又称为内核，是 CPU 最重要的组成部分。CPU 中心那块隆起的芯片就是核心，是由单晶硅以一定的生产工艺制造出来的，CPU 所有的计算、接收/存储命令、处理数据都由核心执行。各种 CPU 核心都具有固定的逻辑结构，一级缓存、二级缓存、执行单元、指令级单元和总线接口等逻辑单元都会有合理的布局。

多核即在一个单芯片上面集成两个甚至更多个处理器内核，其中，每个内核都有自己的逻辑单元、控制单元、中断处理器、运算单元，一级 Cache、二级 Cache 共享或独有，其部件的完整性和单核处理器内核相比完全一致。

CPU 的主要厂商 AMD 和 Intel 的双核技术在物理结构上有所不同。AMD 将两个内核做在一个 Die（晶元）上，通过直连架构连接起来，集成度更高。Intel 则是将放在不同核心上的两个内核封装在一起，因此将 Intel 的方案称为"双芯"，将 AMD 的方案称为"双核"。从用户端的角度来看，AMD 的方案能够使双核 CPU 的管脚、功耗等指标跟单核 CPU 保持一致，从单核升级到双核，不需要更换电源、芯片组、散热系统和主板，只需要刷新 BIOS 软件即可。

多核 CPU 系统最大的优点（也是开发的最主要目的）是可满足用户同时进行多任务处理的要求。

单核多线程 CPU 是交替地转换执行多个任务，只不过交替转换的时间很短，用户一般感觉不出来。如果同时执行的任务太多，就会感觉到"慢"或者"卡"。而多核在理论上则是在任何时间内每个核执行各自的任务，不存在交替问题。因此，单核多线程和多核（一般每核也是多线程的）虽然都可以执行多任务，但多核的速度更快。

虽然采用了 Intel 超线程技术的单核可以视为是双核，4 核可以视为是 8 核。然而，视为是 8 核一般比不上实际是 8 核的 CPU 性能。

要发挥 CPU 的多核性能，就需要操作系统能够及时、合理地给各个核分配任务和资源（如缓存、总线、内存等），也需要应用软件在运行时可以把并行的线程同时交付给多个核心分别处理。

1.4.2　存储器

计算机系统中包括各种存储器，如 CPU 内部的通用寄存器组和 Cache（高速缓存）、CPU 外部的 Cache、主板上的主存储器、主板外的联机（在线）磁盘存储器以及脱机（离线）的磁带存储器和光盘存储器等。不同特点的存储器通过适当的硬件、软件有机地组合在一起形成计算机的存储体系层次结构，位于更高层的存储设备比较低层次的存储设备速度更快、单位比特造价也更高。其中，Cache 和主存之间的交互功能全部由硬件实现，而主存与辅存之间的交互功能可由硬件和软件结合起来实现。

1. 存储器的分类

1) 按存储器所处的位置分类

按存储器所处的位置可分为内存和外存。

（1）内存。也称为主存（Main Memory），设在主机内或主机板上，用来存放机器当前运行所需要的程序和数据，以便向 CPU 提供信息。相对于外存，其特点是容量小、速度快。

（2）外存。也称为辅存，如磁盘、磁带和光盘等，用来存放当前不参加运行的大量信息，而在需要时调入内存。

2) 按存储器的构成材料分类

按构成存储器的材料可分为磁存储器、半导体存储器和光存储器。

（1）磁存储器。磁存储器是用磁性介质做成的，如磁芯、磁泡、磁膜、磁鼓、磁带及磁盘等。

（2）半导体存储器。根据所用元器件又可分为双极型和 MOS 型；根据数据是否需要刷新又可分为静态（Static memory）和动态（Dynamic memory）两类。

（3）光存储器。利用光学方法读/写数据的存储器，如光盘（Optical Disk）。

3) 按存储器的工作方式分类

按存储器的工作方式可分为读/写存储器和只读存储器。

（1）读/写存储器（Random Access Memory，RAM）。它指既能读取数据也能存入数据的存储器。按照存储单元的工作原理，随机存储器又分为静态随机存储器（Static RAM，SRAM)和动态随机存储器（Dynamic RAM，DRAM)。SRAM 比 DRAM 更快，也贵得多。

（2）只读存储器。工作过程中仅能读取的存储器，根据数据的写入方式，这种存储器又可细分为 ROM、PROM、EPROM 和 EEPROM 等类型。

① 固定只读存储器（Read Only Memory，ROM）。这种存储器是在厂家生产时就写好数据的，其内容只能读出，不能改变。一般用于存放系统程序 BIOS 和用于微程序控制。

② 可编程的只读存储器（Programmable Read Only Memory，PROM）。其中的内容可以由用户一次性地写入，写入后不能再修改。

③ 可擦除可编程的只读存储器（Erasable Programmable Read Only Memory，EPROM）。其中的内容既可以读出，也可以由用户写入，写入后还可以修改。改写的方法是写入之前先用紫外线照射 15～20 分钟以擦去所有信息，然后再用特殊的电子设备写入信息。

④ 电擦除可编程的只读存储器（Electrically Erasable Programmable Read Only Memory，EEPROM）。与 EPROM 相似，EEPROM 中的内容既可以读出，也可以进行改写。只不过这种存储器是用电擦除的方法进行数据的改写。

⑤ 闪存（Flash Memory）。闪存是一种非易失性存储器，基于 EEPROM，已成为重

要的存储技术，为大量电子设备包括数码相机、手机、PDA、笔记本、台式机和服务器等计算机系统提供快速且持久的存储能力。

存储在 ROM 设备中的程序通常称为固件（Firmware）。例如，当计算机加电后，它会运行存储在 ROM 中的固件。

4）按访问方式分类

按访问方式可分为按地址访问的存储器和按内容访问的存储器。

5）按寻址方式分类

按寻址方式可分为随机存储器、顺序存储器和直接存储器。

（1）随机存储器（Random Access Memory，RAM）。这种存储器可对任何存储单元存入或读取数据，访问任何一个存储单元所需的时间是相同的。

（2）顺序存储器（Sequentially Addressed Memory，SAM）。访问数据所需要的时间与数据所在的存储位置相关，磁带是典型的顺序存储器。

（3）直接存储器（Direct Addressed Memory，DAM）。介于随机存取和顺序存取之间的一种寻址方式。磁盘是一种直接存取存储器，它对磁道的寻址是随机的，而在一个磁道内则是顺序寻址。

2．相联存储器

相联存储器是一种按内容访问的存储器。其工作原理就是把数据或数据的某一部分作为关键字，按顺序写入信息，读出时并行地将该关键字与存储器中的每一单元进行比较，找出存储器中所有与关键字相同的数据字，特别适合于信息的检索和更新。

相联存储器的结构如图 1-2 所示。

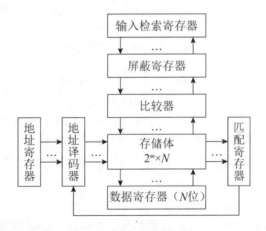

图 1-2　相联存储器的结构框图

相联存储器中，输入检索寄存器用来存放要检索的内容（关键字），屏蔽寄存器用来屏蔽那些不参与检索的字段，比较器将检索的关键字与存储体的每一单元进行比较。为了提高速度，比较器的数量应很大。对于位比较器，应每位对应一个，应有 $2^m \times N$ 个，

对于字比较器应有 2^m 个。匹配寄存器用来记录比较的结果，它应有 2^m 个二进制位，用来记录 2^m 个比较器的结果，1 为相等（匹配），0 为不相等（不匹配）。

相联存储器可用在高速缓冲存储器中，在虚拟存储器中用来作为段表、页表或快表存储器，用在数据库和知识库中。

3．高速缓存

高速缓存（Cache）由快速半导体存储器构成，用来存放当前最活跃的程序和数据，其内容是主存局部域的副本，对程序员来说是透明的。

1）高速缓存的组成

Cache 存储器中控制部分的功能是判断 CPU 要访问的信息是否在 Cache 存储器中，若在即为命中，若不在则没有命中。命中时直接对 Cache 存储器寻址；未命中时，要按照替换原则决定主存的一块信息放到 Cache 存储器的哪一块里。

现代 CPU 中 Cache 分为了多个层级，如图 1-3 所示。

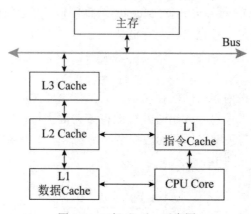

图 1-3   三级 Cache 示意图

在多级 Cache 的计算机中，Cache 分为一级（L1 Cache）、二级（L2 Cache）、三级（L3 Cache）等，CPU 访存时首先查找 L1 Cache，如果不命中，则访问 L2 Cache，直到所有级别的 Cache 都不命中，才访问主存。通常要求 L1 Cache 的速度足够快，以赶上 CPU 的主频。如果 Cache 为两级，则 L1 Cache 的容量一般都比较小，为几千字节到几十千字节；L2 Cache 则具有较高的容量，一般为几百字节到几兆字节，以使高速缓存具有足够高的命中率。

2）高速缓存中的地址映像方法

在 CPU 工作时，送出的是主存单元的地址，而应从 Cache 存储器中读/写信息。这就需要将主存地址转换成 Cache 存储器的地址，这种地址的转换称为地址映像。Cache 的地址映像有如下 3 种方法。

（1）直接映像。直接映像是指主存的块与 Cache 块的对应关系是固定的，如图 1-4 所示。

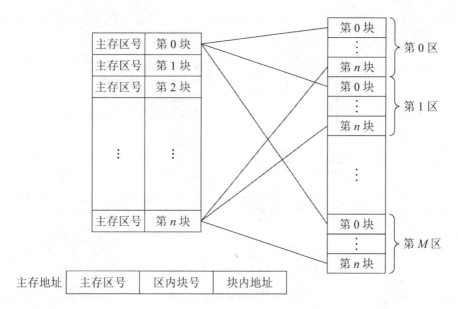

图 1-4 直接映像示意图

在这种映像方式下，由于主存中的块只能存放在 Cache 存储器的相同块号中，因此，只要主存地址中的主存区号与 Cache 中记录的主存区号相同，则表明访问 Cache 命中。一旦命中，由主存地址中的区内块号立即可得到要访问的 Cache 存储器中的块，而块内地址就是主存地址中给出的低位地址。

直接映像方式的优点是地址变换很简单，缺点是灵活性差。例如，不同区号中块号相同的块无法同时调入 Cache 存储器，即使 Cache 存储器中有空闲的块也不能利用。

（2）全相联映像。全相联映像如图 1-5 所示。同样，主存与 Cache 存储器均分成大小相同的块。这种映像方式允许主存的任一块可以调入 Cache 存储器的任何一个块的空间中。

例如，主存为 64MB，Cache 为 32KB，块的大小为 4KB（块内地址需要 12 位），因此主存分为 16384 块，块号从 0～16383，表示块号需要 14 位，Cache 分为 8 块，块号为 0～7，表示块号需 3 位。存放主存块号的相联存储器需要有 Cache 块个数相同数目的单元（该例中为 8），相联存储器中每个单元记录所存储的主存块的块号，该例中相联存储器每个单元应为 14 位，共 8 个单元。

在地址变换时，利用主存地址高位表示的主存块号与 Cache 中相联存储器所有单元中记录的主存块号进行比较，若相同即为命中。这时相联存储器单元的编号就对应要访问 Cache 的块号，从而在相应的 Cache 块中根据块内地址（上例中块内地址是 12 位，Cache 与主存的块内地址是相同的）访问到相应的存储单元。

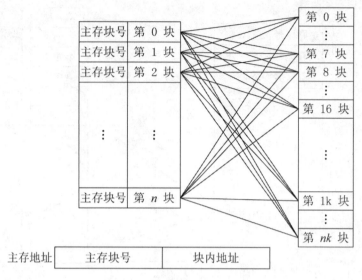

图 1-5   全相联映像示意图

全相联映像的主要优点是主存的块调入 Cache 的位置不受限制，十分灵活。其主要缺点是无法从主存块号中直接获得 Cache 的块号，变换比较复杂，速度比较慢。

（3）组相联映像。这种方式是前面两种方式的折中。具体方法是将 Cache 中的块再分成组。例如，假定 Cache 有 16 块，再将每两块分为 1 组，则 Cache 就分为 8 组。主存同样分区，每区 16 块，再将每两块分为 1 组，则每区就分为 8 组。

组相联映像就是规定组采用直接映像方式而块采用全相联映像方式。也就是说，主存任何区的 0 组只能存到 Cache 的 0 组中，1 组只能存到 Cache 的 1 组中，以此类推。组内的块则采用全相联映像方式，即一组内的块可以任意存放。也就是说，主存一组中的任一块可以存入 Cache 相应组的任一块中。

在这种方式下，通过直接映像方式来决定组号，在一组内再用全相联映像方式来决定 Cache 中的块号。由主存地址高位决定的主存区号与 Cache 中区号比较可决定是否命中。主存后面的地址即为组号。

3）替换算法

替换算法的目标就是使 Cache 获得尽可能高的命中率。常用算法有如下几种。

（1）随机替换算法。就是用随机数发生器产生一个要替换的块号，将该块替换出去。

（2）先进先出算法。就是将最先进入 Cache 的信息块替换出去。

（3）近期最少使用算法。这种方法是将近期最少使用的 Cache 中的信息块替换出去。

（4）优化替换算法。这种方法必须先执行一次程序，统计 Cache 的替换情况。有了这样的先验信息，在第二次执行该程序时便可以用最有效的方式来替换。

4）Cache 性能分析

Cache 的性能是计算机系统性能的重要方面。命中率是 Cache 的一个重要指标，但不是最主要的指标。Cache 设计的目标是在成本允许的条件下达到较高的命中率，使存储系统具有最短的平均访问时间。设 H_c 为 Cache 的命中率，t_c 为 Cache 的存取时间，t_m 为主存的访问时间，则 Cache 存储器的等效加权平均访问时间 t_a 为：

$$t_a = H_c t_c + (1 - H_c) t_m = t_c + (1 - H_c)(t_m - t_c)$$

这里假设 Cache 访问和主存访问是同时启动的，其中，t_c 为 Cache 命中时的访问时间，$(t_m - t_c)$ 为失效访问时间。如果在 Cache 不命中时才启动主存，则

$$t_a = t_c + (1 - H_c) t_m$$

Cache 的命中率与 Cache 容量的关系如图 1-6 所示。Cache 容量越大，则命中率越高，随着 Cache 容量的增加，其失效率接近 0%（命中率逐渐接近 100%）。但是，增加 Cache 容量意味着增加 Cache 的成本和增加 Cache 的命中时间。

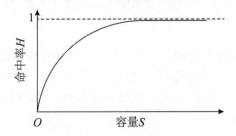

图 1-6　Cache 容量与命中率的关系

在指令流水线中，Cache 访问作为流水线中的一个操作阶段，Cache 失效将影响指令的流水。因此，降低 Cache 的失效率是提高 Cache 性能的一项重要措施。当 Cache 容量比较小时，容量因素在 Cache 失效中占有比较大的比例。降低 Cache 失效率的方法主要有选择恰当的块容量、提高 Cache 的容量和提高 Cache 的相联度等。

4. 虚拟存储器

在概念上，可以将主存存储器看作一个由若干个字节构成的存储空间，每个字节（称为一个存储单元）有一个地址编号，主存单元的该地址称为物理地址（physical address）。当需要访问主存中的数据时，由 CPU 给出要访问数据所在的存储单元地址，然后由主存的读写控制部件定位对应的存储单元，对其进行读（或写）操作来完成访问操作。

现代系统提供了一种对主存的抽象，称为虚拟存储（virtual memory），使用虚拟地址（virtual address，由 CPU 生成）的概念来访问主存，使用专门的 MMU（Memory Management Unit）将虚拟地址转换为物理地址后访问主存。设主存容量为 4GB，则其简化后的访问操作和内存模型如图 1-7 所示。

虚拟存储器实际上是一种逻辑存储器，实质是对物理存储设备进行逻辑化的处理，并将统一的逻辑视图呈现给用户。因此，用户在使用时，操作的是虚拟设备，无需关心底层的物理环境，从而可以充分利用基于异构平台的存储空间，达到最优化的使用效率。

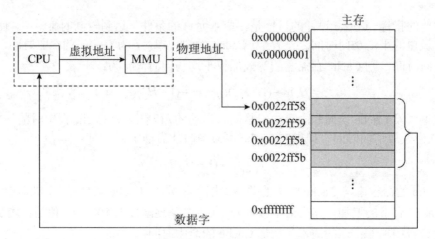

图 1-7　内存模型及使用虚拟地址访存示意图

5．外存储器

外存储器用来存放暂时不用的程序和数据，并且以文件的形式存储。CPU 不能直接访问外存中的程序和数据，只有将其以文件为单位调入主存才可访问。外存储器主要由磁表面存储器（如磁盘、磁带）、光盘存储器及固态硬盘（采用 Flash 芯片或 DRAM 作为存储介质的存储器）构成。

1）磁盘存储器

硬盘是最常见的外存储器。一个硬盘驱动器内可装有多个盘片，组成盘片组，每个盘片都配有一个独立的读/写头。

为了正确地存储信息，将盘片划成许多同心圆，称为磁道（track）。将一个磁道沿圆周划分为若干段，每段称为一个扇区（sector），每个扇区内可存放一个固定长度的数据块，如 512 字节。一组盘片的所有记录面上相同序号的磁道构成一个柱面（cylinder）。

硬盘的寻址信息由硬盘驱动号、柱面号、磁头号（记录面号）、数据块号（或扇区号）以及交换量组成。

磁盘以扇区大小的块来读写数据。对扇区的访问时间（access time）主要包括以下三个部分：寻道时间（seek time）、旋转时间（rotational latency）和传送时间（transfer time）。

（1）寻道时间。为了读取某个目标扇区的内容，需要将读/写头移动到包含目标扇区的磁道上，这称为寻道时间 T_{seek}。显然，寻道时间与读/写头的移动速度以及其之前的位置有关。通过数千次对随机扇区的寻道操作求平均值来测得平均寻道时间，一般为 3～9ms。

（2）旋转时间。一旦读/写头定位至期望的磁道，就等待目标扇区旋转到读/写头的下方，该时间依赖于读/写头到达目标扇区前盘面的位置和旋转速度。在最坏情况下，读/写头刚好错过目标扇区，就必须等待磁盘旋转一周。因此，最大旋转延迟时间 $T_{max\ rotaion}$ 为磁盘旋转速度的倒数，平均旋转时间 $T_{avg\ rotaion}$ 为最大旋转延迟时间的一半。

（3）传送时间。当目标扇区的第一个位位于读/写头下方时，就可以开始读或写该扇区的内容了。一个扇区数据的传送时间依赖与旋转速度和每磁道的扇区数目，因此可以粗略估算一个扇区的平均传送时间 $T_{avg\ transfer}$ 为磁盘旋转速度的倒数乘以每磁道扇区数的倒数。

现代磁盘构造复杂，大容量磁盘采用多区记录技术，将柱面的集合分割成不相交的子集，每个子集称为一个记录区。每个记录区包含一组连续的柱面，一个及记录区中每个柱面的每条磁道有相同数量的扇区，扇区数由最靠近盘片中心的磁道所能包含的扇区数决定。

一个磁盘上可以记录的最大位数称为其最大容量。最大容量由记录密度、磁道密度和面密度决定。

记录密度是指每英寸磁道的段中可以存储的位数。磁道密度是盘片半径方向上每英寸的磁道数。面密度则是记录密度与磁道密度的乘积。

磁盘最大容量等于每扇区字节数×每磁道平均扇区数×每盘面磁道数×每盘片记录面数×盘片数。

磁盘通常以千兆字节（GB）或兆兆字节（TB）为单位来表示磁盘容量，且 $1GB=10^9B$，$1TB=10^{12}B$。

磁盘控制器必须对磁盘进行格式化后才能存储数据。格式化后的容量通常小于最大容量。

2）光盘存储器

根据性能和用途，光盘存储器可分为只读型光盘（CD-ROM）、只写一次型光盘（WORM）和可擦除型光盘。只读型光盘是由生产厂家预先用激光在盘片上蚀刻不能再改写的各种信息，目前这类光盘的使用很普遍。只写一次型光盘是指由用户一次写入、可多次读出但不能擦除的光盘，写入方法是利用聚焦激光束的热能，使光盘表面发生永久性变化而实现的。可擦除型光盘是读/写型光盘，它是利用激光照射引起介质的可逆性物理变化来记录信息。

光盘存储器由光学、电学和机械部件等组成。其特点是记录密度高、存储容量大、采用非接触式读/写信息（光头距离光盘通常为 2mm）、信息可长期保存（其寿命达 10 年以上）、采用多通道记录时数据传送率可超过 200Mb/s、制造成本低、对机械结构的精度要求不高、存取时间较长。

3）固态硬盘

固态硬盘（Solid State Disk，SSD）的存储介质分为两种，一种是采用闪存（FLASH芯片）作为存储介质；另一种是采用 DRAM 作为存储介质。

基于闪存的固态硬盘是固态硬盘的主要类别，其主体是一块 PCB 板，板上最基本的配件就是控制芯片、缓存芯片和用于存储数据的闪存芯片。主控芯片是固态硬盘的大脑，其作用有两个：一是合理调配数据在各个闪存芯片上的负荷；二是承担数据中转的作用，连接闪存芯片和外部 SATA 或 USB 接口。不同主控芯片差异很大，在数据处理能力、算法，对闪存芯片的读写控制方面会有非常大的不同，直接会导致固态硬盘产品在性能上差距很大。

一个闪存由多个块、每块由多页组成，通常页的大小为 512B～4KB，块的大小为 32～128 页。在闪存中，数据是以页为单位读写的。只有在一个页所在的块被整体擦除后，才能写入该页。写一个块重复写入限定次数（例如 100000）后，该块就会磨损坏而不能再使用。如果一个固态硬盘的主控芯片中磨损逻辑处理得好，就可以用很多年。

SSD 的读操作比写操作要快，顺序读写操作比随机读写操作要快。进行随机写操作时，要擦除整块，因此需要较长的时间。另外，如果写操作试图修改一个包含其他有用数据的块，则需要将有用数据复制到一个新擦除的块中，然后才能进行写入操作。

固态硬盘的接口规范和定义、功能及使用方法上与普通硬盘基本相同，外形和尺寸也基本与普通的 2.5 英寸硬盘一致。

固态硬盘虽然价格仍较为昂贵，容量较低，但是由于具有传统机械硬盘不具备的快速读写、质量轻、能耗低以及体积小等特点，因此常作为传统机械式硬盘的替代品使用。

6. 磁盘阵列技术

磁盘阵列是由多台磁盘存储器组成的一个快速、大容量、高可靠的外存子系统。现在常见的磁盘阵列称为廉价冗余磁盘阵列（Redundant Array of Independent Disk，RAID）。

虽然 RAID 包含多块硬盘，但从用户视角看则是一个独立的大型存储设备。RAID 可以充分发挥出多块硬盘的优势，实现远超出任何一块单独硬盘的速度和吞吐量。除了性能上的提高之外，RAID 还可以提供良好的容错能力。RAID 技术分为几种不同的等级，分别可以提供不同的速度、安全性和性价比。

目前，常见的 RAID 如表 1-16 所示。

表 1-16　廉价冗余磁盘阵列

RAID 级别	说　　明
RAID-0	RAID-0 是一种不具备容错能力的磁盘阵列。由 N 个磁盘存储器组成的 0 级阵列，其平均故障间隔时间（MTBF）是单个磁盘存储器的 N 分之一，但数据传输率是单个磁盘存储器的 N 倍
RAID-1	RAID-1 是采用镜像容错改善可靠性的一种磁盘阵列
RAID-2	RAID-2 是采用海明码进行错误检测的一种磁盘阵列
RAID-3	RAID-3 减少了用于检验的磁盘存储器的个数，从而提高了磁盘阵列的有效容量。一般只有一个检验盘
RAID-4	RAID-4 是一种可独立地对组内各磁盘进行读/写的磁盘阵列，该阵列也只用一个检验盘
RAID-5	RAID-5 是对 RAID-4 的一种改进，它不设置专门的检验盘。同一个磁盘上既记录数据，也记录检验信息，这就解决了前面多个磁盘机争用一个检验盘的问题
RAID-6	RAID-6 磁盘阵列采用两级数据冗余和新的数据编码以解决数据恢复问题，使在两个磁盘出现故障时仍然能够正常工作。在进行写操作时，RAID-6 分别进行两个独立的校验运算，形成两个独立的冗余数据，写入两个不同的磁盘

除此之外，上述各种类型的 RAID 还可以组合起来，构成复合型的 RAID，此处不再赘述。

7．存储域网络

存储域网络是连接服务器与存储设备的网络，它能够将多个分布在不同地点的 RAID 组织成一个逻辑存储设备，供多个服务器共享访问，如图 1-8 所示。通过网络将一个或多个服务器与多个存储设备连接起来，每个存储设备可以是 RAID、磁带备份系统、磁带库和 CD-ROM 库等，构成了存储域网络（Storage Area Network，SAN）。这样的网络不仅解决服务器对存储容量的要求，还可以使多个服务器之间可以共享文件系统和辅助存储空间，避免数据和程序代码的重复存储，提高存储器的利用率。另外，SAN 还实现了分布式存储系统的集中管理，降低了大容量存储系统的管理成本，提高了管理效率。

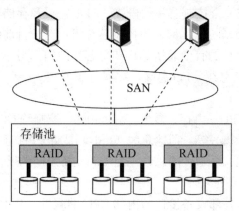

图 1-8　SAN 的结构

1.4.3　总线

计算机系统中的总线（Bus）是指计算机设备和设备之间传输信息的公共数据通道，是连接计算机硬件系统内多种设备的通信线路，它的一个重要特征是由总线上的所有设备共享，因此可以将计算机系统内的多种设备以总线方式进行连接。

1．总线的分类

按照所传输的信号类型可将总线分为数据总线、地址总线和控制总线 3 类。不同型号的 CPU 芯片，其数据总线、地址总线和控制总线的条数可能不同。

- 数据总线（Data Bus，DB）用来传送数据信息，是双向的。CPU 既可通过 DB 从内存或输入设备读入数据，也可通过 DB 将内部数据送至内存或输出设备。DB 的宽度决定了 CPU 和计算机其他设备之间每次交换数据的位数。
- 地址总线（Address Bus，AB）用于传送 CPU 发出的地址信息，是单向的。传送地址信息的目的是指明与 CPU 交换信息的内存单元或 I/O 设备。存储器是按地址访问的，所以每个存储单元都有一个固定地址，要访问 1MB 存储器中的任一单元，

需要给出 2^{20} 个地址，即需要 20 位地址（2^{20}=1M）。因此，地址总线的宽度决定了 CPU 的最大寻址能力。

- 控制总线（Control Bus，CB）用来传送控制信号、时序信号和状态信息等。其中有的信号是 CPU 向内存或外部设备发出的信息，有的是内存或外部设备向 CPU 发出的信息。显然，CB 中的每一条线的信息传送方向是单方向且确定的，但 CB 作为一个整体则是双向的。所以，在各种结构框图中，凡涉及到控制总线 CB，均是以双向线表示。

总线的性能直接影响到整机系统的性能，而且任何系统的研制和外围模块的开发都必须依从所采用的总线规范。总线技术随着微机结构的改进而不断发展与完善。

在计算机的概念模型中，CPU 通过系统总线和存储器之间直接进行通信。实际上在现代的计算机中，存在一个控制芯片的模块。CPU 需要和存储器，I/O 设备等进行交互，会有多种不同功能的控制芯片，称之为控制芯片组。对于目前的计算机结构来说，控制芯片集成在主板上，典型的有南北桥结构和单芯片结构。与芯片相连接的总线可以分为前端总线（FSB）、存储总线、I/O 总线、扩展总线等。

1）南北桥芯片结构

北桥芯片直接与 CPU、内存、显卡、南桥相连，控制着 CPU 的类型、主板的总线频率、内存控制器、显示核心等。前端总线（FSB）是将 CPU 连接到北桥芯片的总线。内存总线是将内存连接到北桥芯片的总线。用于和北桥之间的通信，显卡则通过 I/O 总线连接到北桥芯片。

南桥芯片主要负责外部设备接口与内部 CPU 的联系，其中，通过 I/O 总线连接外部 I/O 设备连接到南桥，例如 USB 设备、ATA 和 SATA 设备以及一些扩展接口，扩展总线则指是主板上提供的一些 PCI、ISA 等插槽。

2）单芯片结构

单芯片组方式取消了北桥。由于 CPU 中内置了内存控制器，不再需要通过北桥来控制，这样就能提高内存控制器的频率，减少延迟。还有一些 CPU 还集成了显示单元，使得显示芯片的频率更高，延迟更低。

2．常见总线

（1）ISA 总线。ISA 是工业标准总线，只支持 16 位 I/O 设备，数据传输率大约是 16Mb/s，也称为 AT 标准。

（2）EISA 总线。EISA 是在 ISA 总线的基础上发展起来的 32 位总线。该总线定义 32 位地址线、32 位数据线以及其他控制信号线、电源线、地线等共 196 个接点。总线传输速率达 33MB/s。

（3）PCI 总线。PCI 总线是目前微型机上广泛采用的内总线，采用并行传输方式。PCI 总线有适于 32 位机的 124 个信号的标准和适于 64 位机的 188 个信号的标准。PCI 总线的传输速率至少为 133MB/s，64 位 PCI 总线的传输速率为 266MB/s。PCI 总线的工作与

CPU 的工作是相互独立的，也就是说，PCI 总线时钟与处理器时钟是独立的、非同步的。PCI 总线上的设备是即插即用的。接在 PCI 总线上的设备均可以提出总线请求，通过 PCI 管理器中的仲裁机构允许该设备成为主控设备，主控设备与从属设备间可以进行点对点的数据传输。PCI 总线能够对所传输的地址和数据信号进行奇偶校验检测。

（4）PCI Express 总线。PCI Express 简称为 PCI-E，采用点对点串行连接，每个设备都有自己的专用连接，不需要向整个总线请求带宽，而且可以把数据传输率提高到一个很高的频率。相对于传统 PCI 总线在单一时间周期内只能实现单向传输，PCI Express 的双单工连接能提供更高的传输速率和质量。

PCI Express 的接口根据总线位宽不同而有所差异，包括 X1、X4、X8 以及 X16（X2 模式将用于内部接口而非插槽模式），其中 X1 的传输速度为 250MB/s，而 X16 就是等于 16 倍于 X1 的速度，即是 4GB/s。较短的 PCI Express 卡可以插入较长的 PCI Express 插槽中使用。PCI Express 接口能够支持热拔插。同时，PCI Express 总线支持双向传输模式，还可以运行全双工模式，它的双单工连接能提供更高的传输速率和质量，它们之间的差异与半双工和全双工类似。因此连接的每个装置都可以使用最大带宽。

（5）前端总线。微机系统中，前端总线（Front Side Bus，FSB）是将 CPU 连接到北桥芯片的总线。需要注意主板和 CPU 的搭配问题。一般来说，如果 CPU 不超频，那么前端总线是由 CPU 决定的，如果主板不支持 CPU 所需要的前端总线，系统就无法工作。

通常情况下，一个 CPU 默认的前端总线是唯一的。北桥芯片负责联系内存、显卡等数据吞吐量最大的部件，并与南桥芯片连接。CPU 通过前端总线（FSB）连接到北桥芯片，进而通过北桥芯片与内存、显卡交换数据。FSB 是 CPU 和外界交换数据的最主要通道，因此 FSB 的数据传输能力对计算机整体性能作用很大，如果没足够快的 FSB，再强的 CPU 也不能明显提高计算机整体速度。

（6）RS-232C。RS-232C 是一条串行外总线，其主要特点是所需传输线比较少，只需三条线（一条发、一条收、一条地线）即可实现全双工通信。传送距离远，用电平传送为 15m，电流环传送可达千米。有多种可供选择的传送速率。采用非归零码负逻辑工作，电平≤−3V 为逻辑 1，而电平≥+3V 为逻辑 0，具有较好的抗干扰性。

（7）SCSI 总线。小型计算机系统接口（SCSI）是一条并行外总线，广泛用于连接软硬磁盘、光盘、扫描仪等。该接口总线早期是 8 位的，后来发展到 16 位。传输速率由 SCSI−1 的 5MB/s 到 16 位的 Ultra2 SCSI 的 80MB/s。今天的传输速率已高达 320MB/s。该总线上最多可接 63 种外设，传输距离可达 20m（差分传送）。

（8）SATA。SATA 是 Serial ATA 的缩写，即串行 ATA。它主要用作主板和大量存储设备（如硬盘及光盘驱动器）之间的数据传输之用。SATA 总线使用嵌入式时钟信号，具备了更强的纠错能力，与以往相比其最大的区别在于能对传输指令（不仅仅是数据）进行检查，如果发现错误会自动矫正，这在很大程度上提高了数据传输的可靠性。串行接口还具有结构简单、支持热插拔的优点。

（9）USB。通用串行总线（USB）当前风头正劲，近几年得到十分广泛的应用。USB由4条信号线组成，其中两条用于传送数据，另外两条传送+5V容量为500mA的电源。可以经过集线器（Hub）进行树状连接，最多可达5层。该总线上可接127个设备。USB 1.0有两种传送速率：低速为1.5MB/s，高速为12MB/s。USB 2.0的传送速率为480MB/s。USB总线最大的优点还在于它支持即插即用，并支持热插拔。

（10）IEEE-1394。IEEE-1394是高速串行外总线，近几年得到广泛应用。IEEE-1394也支持外设热插拔，可为外设提供电源，省去了外设自带的电源，能连接多个不同设备，支持同步和异步数据传输。IEEE-1394由6条信号线组成，其中两条用于传送数据，两条传送控制信号，另外两条传送8～40V容量为1500mA的电源，IEEE-1394总线理论上可接63个设备。IEEE-1394的传送速率从400MB/s、800MB/s、1600MB/s直到3.2GB/s。

（11）IEEE-488总线。IEEE-488是并行总线接口标准。微计算机、数字电压表、数码显示器等设备及其他仪器仪表均可用IEEE-488总线连接装配，它按照位并行、字节串行双向异步方式传输信号，连接方式为总线方式，仪器设备不需中介单元直接并联于总线上。总线上最多可连接15台设备。最大传输距离为20m，信号传输速度一般为500Kb/s，最大传输速度为1MB/s。

1.4.4　输入/输出控制

从硬件角度看，输入/输出（I/O）设备是电子芯片、导线、电源、电子控制设备、电机等组成的物理设备，从软件角度只关注输入/输出设备的编程接口。

1. I/O设备概述

可将I/O设备分为块设备和字符设备两类。块设备把信息存放在固定大小的块中，每个块都有自己的地址，独立于其他块，可寻址。例如磁盘、USB闪存、CD-ROM等。字符设备以字符为单位接收或发送一个字符流，字符设备不可以寻址。例如打印机、网卡、鼠标键盘等。

I/O设备一般都包含设备控制器，一般以芯片的形式出现，如南桥芯片。不同的控制器可以控制不同的设备。南桥芯片中包含了多种设备的控制器，如硬盘控制器、USB控制器、网卡、声卡控制器等。I/O设备通过总线以及卡槽与计算机其他部件进行连接，如PCI、PCI-E、SATA、USB等。

不同设备控制器的操作控制通过专门的软件即驱动程序进行控制。每个控制器都有几个寄存器与CPU进行通信。通过写入这些寄存器，可以命令设备发送或接受数据，开启或关闭。通过读这些寄存器就能知道设备的状态。由于寄存器数量和大小是有限的，所以设备一般会有一个RAM性质的缓冲区，来存放一些数据。例如硬盘的读写缓存、显卡的显存等。一方面提供数据存放，另一方面是提高I/O操作的速度。

CPU与I/O设备控制器中的寄存器或数据缓冲区如何进行通信？存在以下两个可选方案：

（1）为每个控制器分配一个I/O端口号，所有的控制器可以形成一个I/O端口空间，这些信息存放在内存中，一般程序不能访问，操作系统则通过特殊的指令和端口号来从设备读取或是写入数据。早期计算机基本都是这种方式，通常使用汇编语言进行操作。

（2）将所有控制器的寄存器映射到内存空间，于是每个设备的寄存器都有一个唯一的地址。这种称为内存映射 I/O。由于不需要特殊的指令控制，对待 I/O 设备和其他普通数据访问方式是相同的，因此可以使用 C 语言来编程。

也可以将上述两种方式相结合，例如，寄存器拥有 I/O 端口，而数据缓冲区则映射到内存空间。

CPU 无论是从内存还是 I/O 设备读取数据，都需要把地址放到地址总线上，然后向控制总线传递一个读信号，还要用一条信号线来表示是从内存还是 I/O 读取数据。

2．程序控制方式

程序控制 I/O 是指外设数据的输入/输出过程是在 CPU 执行程序的控制下完成的。这种方式分为无条件传送和程序查询方式两种情况。

（1）无条件传送。在此情况下，外设总是准备好的，它可以无条件地随时接收 CPU 发来的输出数据，也能够无条件地随时向 CPU 提供需要输入的数据。

（2）程序查询方式。通过 CPU 执行程序来查询外设的状态，判断外设是否准备好接收数据或准备好了向 CPU 输入的数据。根据这种状态，CPU 有针对性地为外设的输入/输出服务。

通常，一个计算机系统中可以存在着多种不同的外设，如果这些外设是用查询方式工作，则 CPU 应对这些外设逐一进行查询，发现哪个外设准备就绪就对该外设服务。这种工作方式有两大缺点：一是降低了 CPU 的效率；二是对外部的突发事件无法做出及时响应。

计算机系统中的 CPU 是稀缺资源，应尽量提高其利用率，减少等待 I/O 操作的时间。

3．中断方式

在中断方式下，I/O 设备工作时 CPU 不再等待，而是进行其他的操作，当 I/O 设备完成后，通过一个硬件中断信号通知 CPU，CPU 再来处理接下来的工作。

利用中断方式完成数据的输入/输出过程为：当系统与外设交换数据时，CPU 无须等待也不必去查询 I/O 设备的状态，而是处理其他任务。当 I/O 设备准备好以后，就发出中断请求信号通知 CPU，CPU 接到中断请求信号后，保存正在执行程序的现场，转入 I/O 中断服务程序的执行，完成与 I/O 系统的数据交换，然后再返回被打断的程序继续执行。与程序控制方式相比，中断方式因为 CPU 无须等待而提高了效率。

在系统中具有多个中断源的情况下，常用的处理方法有多中断信号线法（multiple interrupt lines）、中断软件查询法（software poll）、菊花链法（daisy chain）、总线仲裁法和中断向量表法。

（1）多中断信号线法。每个中断源都有属于自己的一根中断请求信号线向 CPU 提出中断请求。

（2）中断软件查询法。当 CPU 检测到一个中断请求信号以后，即转入到中断服务程序去轮询每个中断源以确定是谁发出了中断请求信号。对各个设备的响应优先级由软件设定。

（3）菊花链法。软件查询的缺陷在于花费的时间太多。菊花链法实际上是一种硬件查询法。所有的 I/O 模块共享一根共同的中断请求线，而中断确认信号则以链式在各模块间相连。当 CPU 检测到中断请求信号时，则发出中断确认信号。中断确认信号依次在 I/O 模块间传递，直到发出请求的模块，该模块则把它的 ID 送往数据线由 CPU 读取。

（4）总线仲裁法。一个 I/O 设备在发出中断请求之前，必须先获得总线控制权，所以可由总线仲裁机制来裁定谁可以发出中断请求信号。当 CPU 发出中断响应信号后，该设备即把自己的 ID 发往数据线。

（5）中断向量表法。中断向量表用来保存各个中断源的中断服务程序的入口地址。当外设发出中断请求信号（INTR）以后，由中断控制器（INTC）确定其中断号，并根据中断号查找中断向量表来取得其中断服务程序的入口地址，同时 INTC 把中断请求信号提交给 CPU，如图 1-9 所示。中断源的优先级由 INTC 来控制。

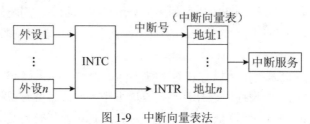

图 1-9   中断向量表法

在具有多个中断源的计算机系统中，各中断源对服务的要求紧迫程度可能不同。在这样的计算机系统中，就需要按中断源的轻重缓急来安排对它们的服务。

在中断优先级控制系统中，给最紧迫的中断源分配高的优先级，而给那些要求相对不紧迫（例如几百微秒到几毫秒）的中断源分配低一些的优先级。在进行优先级控制时解决以下两种情况。

（1）当不同优先级的多个中断源同时提出中断请求时，CPU 应优先响应优先级最高的中断源。

（2）当 CPU 正在对某一个中断源服务时，又有比它优先级更高的中断源提出中断请求，CPU 应能暂时中断正在执行的中断服务程序而转去对优先级更高的中断源服务，服务结束后再回到原先被中断的优先级较低的中断服务程序继续执行，这种情况称为中断嵌套，即一个中断服务程序中嵌套着另一个中断服务程序。

4．DMA 方式

在计算机与外设交换数据的过程中，无论是无条件传送、利用查询方式传送还是利用中断方式传送，都需要由 CPU 通过执行程序来实现，这就限制了数据的传送速度。

直接内存存取（Direct Memory Access，DMA）是指数据在内存与 I/O 设备间的直接成块传送，即在内存与 I/O 设备间传送一个数据块的过程中，不需要 CPU 的任何干涉，只需要 CPU 在过程开始启动（即向设备发出"传送一块数据"的命令）与过程结束（CPU 通过轮询或中断得知过程是否结束和下次操作是否准备就绪）时的处理，实际操作由 DMA 硬件直接执行完成，CPU 在此传送过程中可做别的事情。

DMA 传送的一般过程如图 1-10 所示。

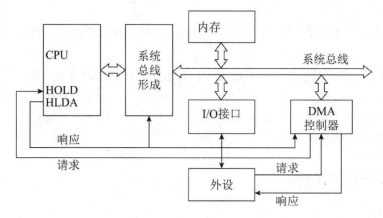

图 1-10　DMA 过程示意图

（1）外设向 DMA 控制器（DMAC）提出 DMA 传送的请求。

（2）DMA 控制器向 CPU 提出请求，其请求信号通常加到 CPU 的保持请求输入端 HOLD 上。

（3）CPU 在完成当前的总线周期后立即对此请求作出响应，CPU 的响应包括两个方面的内容：一方面，CPU 将有效的保持响应信号 HLDA 输出加到 DMAC 上，告诉 DMAC 它的请求已得到响应；另一方面，CPU 将其输出的总线信号置为高阻，这就意味着 CPU 放弃了对总线的控制权。

（4）此时，DMAC 获得了对系统总线的控制权，开始实施对系统总线的控制。同时向提出请求的外设送出 DMAC 的响应信号，告诉外设其请求已得到响应，现在准备开始进行数据的传送。

（5）DMAC 送出地址信号和控制信号，实现数据的高速传送。

（6）当 DMAC 将规定的字节数传送完时，它就将 HOLD 信号变为无效并加到 CPU 上，撤销对 CPU 的请求。CPU 检测到无效的 HOLD 就知道 DMAC 已传送结束，CPU 就送出无效的 HLDA 响应信号，同时重新获得系统总线的控制权，接着 DMA 前的总线周期继续执行下面的总线周期。

在此再强调说明，在 DMA 传送过程中无须 CPU 的干预，整个系统总线完全交给了 DMAC，由它控制系统总线完成数据传送。在 DMA 传送数据时要占用系统总线，根据占用总线方法的不同，DMA 可以分为中央处理器停止法、总线周期分时法和总线周期挪用法等。无论采用哪种方法，在 DMA 传送数据期间，CPU 不能使用总线。

5．输入/输出处理机

DMA 方式的出现减轻了 CPU 对 I/O 操作的控制，使得 CPU 的效率显著提高，而通道的出现则进一步提高了 CPU 的效率。

通道是一个具有特殊功能的处理器，又称为输入/输出处理器（Input/Output Processor），它分担了 CPU 的一部分功能，可以实现对外围设备的统一管理，完成外围设备与主存之间的数据传送。

通道方式大大提高了 CPU 的工作效率，然而这种效率的提高是以增加更多的硬件为代价的。

外围处理机（Peripheral Processor Unit，PPU）方式是通道方式的进一步发展。PPU 是专用处理机，它根据主机的 I/O 命令，完成对外设数据的输入/输出。在一些系统中，设置了多台 PPU，分别承担 I/O 控制、通信、维护诊断等任务。从某种意义上说，这种系统已变成分布式的多机系统。

1.5　计算机体系结构

1．计算机系统结构概述

1964 年，阿姆达尔（G. M. Amdahl）在介绍 IBM360 系统时指出：计算机体系结构是站在程序员的角度所看到的计算机属性，即程序员要能编写出可在机器上正确运行的程序所必须了解的概念性结构和功能特性。

1982 年，梅尔斯（G. J. Myers）在其所著的《计算机体系结构的进展》（Advances in Computer Architecture）一书中定义了组成计算机系统的若干层次，每一层都提供一定的功能支持它上面的一层，并把不同层之间的界面定义为某种类型的体系结构。Myers 的定义发展了Amdahl的概念性结构思想,明确了传统体系结构就是指硬件与软件之间的界面,即指令集体系结构。

1984 年，拜尔（J. L. Baer）在一篇题为"计算机体系结构"的文章中给出了一个含义更加广泛的定义：体系结构是由结构、组织、实现、性能 4 个基本方面组成。其中，结构指计算机系统各种硬件的互连，组织指各种部件的动态联系与管理，实现指各模块设计的组装完成，性能指计算机系统的行为表现。这个定义发展了阿姆达尔的功能特性思想。显然，这里的计算机系统组织又成为体系结构的一个子集。

计算机体系结构、计算机组织和计算机实现三者的关系如下。

（1）计算机体系结构（computer architecture）是指计算机的概念性结构和功能属性。

（2）计算机组织（computer organization）是指计算机体系结构的逻辑实现，包括机器内的数据流和控制流的组成以及逻辑设计等（常称为计算机组成原理）。

（3）计算机实现（computer implementation）是指计算机组织的物理实现。

2. 计算机体系结构分类

（1）从宏观上按处理机的数量进行分类，分为单处理系统、并行处理与多处理系统和分布式处理系统。

- 单处理系统（uni-processing system）。利用一个处理单元与其他外部设备结合起来，实现存储、计算、通信、输入与输出等功能的系统。
- 并行处理与多处理系统（parallel processing and multiprocessing system）。为了充分发挥问题求解过程中处理的并行性，将两个以上的处理机互连起来，彼此进行通信协调，以便共同求解一个大问题的计算机系统。
- 分布式处理系统（distributed processing system）。指物理上远距离而松耦合的多计算机系统。其中，物理上的远距离意味着通信时间与处理时间相比已不可忽略，在通信线路上的数据传输速率要比在处理机内部总线上传输慢得多，这也正是松耦合的含义。

（2）从微观上按并行程度分类，有 Flynn 分类法、冯泽云分类法、Handler 分类法和 Kuck 分类法。

- Flynn 分类法。1966 年，M. J. Flynn 提出按指令流和数据流的多少进行分类。指令流为机器执行的指令序列，数据流是由指令调用的数据序列。Flynn 把计算机系统的结构分为单指令流、单数据流（Single Instruction stream Single Data stream，SISD），单指令流、多数据流（Single Instruction stream Multiple Data stream，SIMD），多指令流、单数据流（Multiple Instruction stream Single Data stream，MISD）和多指令流、多数据流（Multiple Instruction stream Multiple Data stream，MIMD）4 类。
- 冯泽云分类法。1972 年，美籍华人冯泽云（Tse-yun Feng）提出按并行度对各种计算机系统进行结构分类。所谓最大并行度 Pm 是指计算机系统在单位时间内能够处理的最大二进制位数。冯泽云把计算机系统分成字串行位串行（WSBS）计算机、字并行位串行（WPBS）计算机、字串行位并行（WSBP）计算机和字并行位并行（WPBP）计算机 4 类。
- Handler 分类法。1977 年，德国的汉德勒（Wolfgang Handler）提出一个基于硬件并行程度计算并行度的方法，把计算机的硬件结构分为 3 个层次：处理机级、每个处理机中的算逻单元级、每个算逻单元中的逻辑门电路级。分别计算这三级中可以并行或流水处理的程序，即可算出某系统的并行度。
- Kuck 分类法。1978 年，美国的库克（David J. Kuck）提出与 Flynn 分类法类似的方法，用指令流和执行流（execution stream）及其多重性来描述计算机系统控制结构的特征。Kuck 把系统结构分为单指令流单执行流（SISE）、单指令流多执行流（SIME）、多指令流单执行流（MISE）和多指令流多执行流（MIME）4 类。

3. 指令系统

一个处理器支持的指令和指令的字节级编码称为其指令集体系结构（Instruction Set

Architecture，ISA），不同的处理器族支持不同的指令集体系结构，因此，某个程序在某种型号机器上编译通过，往往不能在另一种型号机器上通过。

1）指令集体系结构的分类

从体系结构的观点对指令集进行分类，可以根据下述5个方面。

（1）操作数在CPU中的存储方式，即操作数从主存中取出后保存在什么地方。

（2）显式操作数的数量，即在典型的指令中有多少个显式命名的操作数。

（3）操作数的位置，即任一个ALU指令的操作数能否放在主存中，如何定位。

（4）指令的操作，即在指令集中提供哪些操作。

（5）操作数的类型与大小。

按暂存机制分类，根据在CPU内部存储操作数的区别，可以把指令集体系分为3类：堆栈（stack）、累加器（accumulator）和寄存器组（a set of registers）。

通用寄存器机（General-Purpose Register Machines，GPR机）的关键性优点是编译程序能有效地使用寄存器，无论是计算表达式的值，还是从全局的角度使用寄存器来保存变量的值。在求解表达式时，寄存器比堆栈或者累加器能提供更加灵活的次序。更重要的是，寄存器能用来保存变量。当变量分配给寄存器时，访存流量（memory traffic）就会减少，程序运行就会加速，而且代码密度也会得到改善。用户可以用指令集的两个主要特征来区分GPR体系结构。第一个是ALU指令有两个或3个操作数。在三操作数格式中，指令包括两个源操作数和一个目的操作数；在二操作数格式中，有一个操作数既是源操作数又是目的操作数。第二个是ALU指令中有几个操作数是存储器地址，对于典型的ALU指令，这个数可能在1~3之间。

2）CISC和RISC

CISC和RISC是指令集发展的两种途径。

（1）复杂指令集计算机（Complex Instruction Set Computer，CISC）的基本思想是进一步增强原有指令的功能，用更为复杂的新指令取代原先由软件子程序完成的功能，实现软件功能的硬化，导致机器的指令系统越来越庞大、复杂。事实上，目前使用的绝大多数计算机都属于CISC类型。

CISC的主要弊端如下。

① 指令集过分庞杂。

② 微程序技术是CISC的重要支柱，每条复杂指令都要通过执行一段解释性微程序才能完成，这就需要多个CPU周期，从而降低了机器的处理速度。

③ 由于指令系统过分庞大，使高级语言编译程序选择目标指令的范围很大，并使编译程序本身冗长、复杂，从而难以优化编译使之生成真正高效的目标代码。

④ CISC强调完善的中断控制，势必导致动作繁多、设计复杂、研制周期长。

⑤ CISC给芯片设计带来很多困难，使芯片种类增多，出错几率增大，成本提高而成品率降低。

（2）精简指令集计算机（Reduced Instruction Set Computer，RISC）的基本思想是通过减少指令总数和简化指令功能降低硬件设计的复杂度，使指令能单周期执行，并通过优化编译提高指令的执行速度，采用硬布线控制逻辑优化编译程序。RISC 在 20 世纪 70 年代末开始兴起，导致机器的指令系统进一步精炼而简单。

RISC 的关键技术如下。

① 重叠寄存器窗口技术。在伯克利的 RISC 项目中首先采用了重叠寄存器窗口（overlapping register windows）技术。其基本思想是在处理机中设置一个数量比较大的寄存器堆，并把它划分成很多个窗口。每个过程使用其中相邻的 3 个窗口和一个公共的窗口，而在这些窗口中有一个窗口是与前一个过程共用，还有一个窗口是与下一个过程共用的。与前一过程共用的窗口可以用来存放前一过程传送给本过程的参数，同时也存放本过程传送给前一过程的计算结果。同样，与下一过程共用窗口可以用来存放本过程传送给下一过程的参数和存放下一过程传送给本过程的计算结果。

② 优化编译技术。RISC 使用了大量的寄存器，如何合理地分配寄存器、提高寄存器的使用效率及减少访存次数等，都应通过编译技术的优化来实现。

③ 超流水及超标量技术。为了进一步提高流水线速度而采用的技术。

④ 硬布线逻辑与微程序相结合在微程序技术中。

（3）优化。为了提高目标程序的实现效率，人们对大量的机器语言目标代码及其执行情况进行了统计。对程序中出现的各种指令以及指令串进行统计得到的百分比称为静态使用频度。在程序执行过程中，对出现的各种指令以及指令串进行统计得到的百分比称为动态使用频度。按静态使用频度来改进目标代码可减少目标程序所占的存储空间，按动态使用频度来改进目标代码可减少目标程序运行的执行时间。大量统计表明，动态和静态使用频度两者非常接近，最常用的指令是存、取、条件转移等。对它们加以优化，既可以减少程序所需的存储空间，又可以提高程序的执行速度。

面向高级程序语言的优化思路是尽可能缩小高级语言与机器语言之间的语义差距，以利于支持高级语言编译系统，缩短编译程序的长度和编译所需的时间。

面向操作系统的优化思路是进一步缩小操作系统与体系结构之间的语义差距，以利于减少操作系统运行所需的辅助时间，节省操作系统软件所占用的存储空间。操作系统的实现依赖于体系结构对它的支持。许多传统机器指令，例如算术逻辑指令、字符编辑指令、移位指令和控制转移指令等，都可用于操作系统的实现。此外，还有相当一部分指令是专门为实现操作系统的各种功能而设计的。

3）指令的流水处理

（1）指令控制方式。指令控制方式有顺序方式、重叠方式和流水方式 3 种。

① 顺序方式。顺序方式是指各条机器指令之间顺序串行地执行，执行完一条指令后才取下一条指令，而且每条机器指令内部的各个微操作也是顺序串行地执行。这种方式的优点是控制简单。缺点是速度慢，机器各部件的利用率低。

② 重叠方式。重叠方式是指在解释第 *K* 条指令的操作完成之前就可以开始解释第 *K*+1 条指令，如图 1-11 所示。通常采用的是一次重叠，即在任何时候，指令分析部件和指令执行部件都只有相邻两条指令在重叠解释。这种方式的优点是速度有所提高，控制也不太复杂。缺点是会出现冲突、转移和相关等问题，在设计时必须想办法解决。

图 1-11   一次重叠处理

③ 流水方式。流水方式是模仿工业生产过程的流水线（如汽车装配线）而提出的一种指令控制方式。流水（pipelining）技术是把并行性或并发性嵌入到计算机系统里的一种形式，它把重复的顺序处理过程分解为若干子过程，每个子过程能在专用的独立模块上有效地并发工作，如图 1-12 所示。

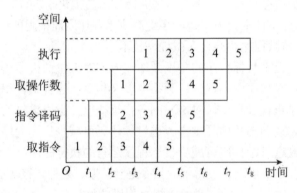

图 1-12   流水处理的时空图

在概念上，"流水"可以看成是"重叠"的延伸。差别仅在于"一次重叠"是把一条指令解释分解为两个子过程，而"流水"则是分解为更多的子过程。

（2）流水线的种类。

① 从流水的级别上，可分为部件级、处理机级以及系统级的流水。

② 从流水的功能上，可分为单功能流水线和多功能流水线。

③ 从流水的连接上，可分为静态流水线和动态流水线。

④ 从流水是否有反馈回路，可分为线性流水线和非线性流水线。

⑤ 从流水的流动顺序上，可分为同步流水线和异步流水线。

⑥ 从流水线的数据表示上，可分为标量流水线和向量流水线。

（3）流水的相关处理。由于流水时机器同时解释多条指令，这些指令可能有对同一主存单元或同一寄存器的"先写后读"的要求，这时就出现了相关。这种相关包括指令相关、访存操作数相关以及通用寄存器组相关等，它只影响相关的两条或几条指令，而且最多影响流水线的某些段推后工作，并不会改动指令缓冲器中预取到的指令内容，影响是局部的，所以称为局部性相关。解决局部性相关有两种方法：推后法和通路法。推后法是推后对相关单元的读，直至写入完成。通路法设置相关专用通路，使得不必先把运算结果写入相关存储单元，再从这里读出后才能使用，而是经过相关专用通路直接使用运算结果，以加快速度。

转移指令（尤其是条件转移指令）与它后面的指令之间存在关联，使之不能同时解释。执行转移指令时，可能会改动指令缓冲器中预取到的指令内容，从而会造成流水线吞吐率和效率下降，比局部性相关的影响要严重得多，所以称为全局性相关。

解决全局性相关有 3 种方法：猜测转移分支、加快和提前形成条件码、加快短循环程序的处理。

条件转移指令有两个分支，一个分支是按原来的顺序继续执行下去，称为转移不成功分支；另一个分支是按转移后的新指令序列执行，称为转移成功分支。许多流水机器都猜选转移不成功分支，若猜对的几率很大，流水线的吞吐率和效率就会比不采用猜测法时高得多。

尽早获得条件码以便对流水线简化条件转移的处理。例如，一个乘法运算所需的时间较长，但在运算之前就能知道其结果为正或为负，或者是否为 0，因此，加快单条指令内部条件码的形成，或者在一段程序内提前形成条件码，对转移问题的顺利解决是很有好处的。

由于程序中广泛采用循环结构，因此流水线大多采用特殊措施以加快循环程序的处理。例如，使整个循环程序都放入指令缓冲存储器中，对提高流水效率和吞吐率均有明显效果。中断和转移一样，也会引起流水线断流。好在中断出现的概率要比条件转移出现的概率低得多，因此只要处理好断点现场保护及中断后的恢复，尽量缩短断流时间即可。

RISC 中采用的流水技术有 3 种：超流水线、超标量以及超长指令字。

① 超流水线（super pipe line）技术。它通过细化流水、增加级数和提高主频，使得在每个机器周期内能完成一个甚至两个浮点操作。其实质是以时间换取空间。超流水机器的特征是在所有的功能单元都采用流水，并有更高的时钟频率和更深的流水深度。由于它只限于指令级的并行，所以超流水机器的 CPI（Clock cycles Per Instruction，每个指令需要的机器周期数）值稍高。

② 超标量（super scalar）技术。它通过内装多条流水线来同时执行多个处理，其时钟频率虽然与一般流水接近，却有更小的 CPI。其实质是以空间换取时间。

③ 超长指令字（Very Long Instruction Word，VLIW）技术。VLIW 和超标量都是 20 世纪 80 年代出现的概念，其共同点是要同时执行多条指令，其不同在于超标量依靠硬件来实现并行处理的调度，VLIW 则充分发挥软件的作用，而使硬件简化，性能提高。VLIW 有更小的 CCPI 值，但需要有足够高的时钟频率。

（4）吞吐率和流水建立时间。吞吐率是指单位时间内流水线处理机流出的结果数。对指令而言，就是单位时间内执行的指令数。如果流水线的子过程所用时间不一样，则吞吐率 p 应为最长子过程的倒数，即

$$p = 1 / \max \{\Delta t_1, \Delta t_2, \cdots, \Delta t_m\}$$

流水线开始工作，需经过一定时间才能达到最大吞吐率，这就是建立时间。若 m 个子过程所用时间一样，均为 Δt_0，则建立时间 $T_0 = m\Delta t_0$。

4. 阵列处理机、并行处理机和多处理机

并行性包括同时性和并发性。其中，同时性是指两个或两个以上的事件在同一时刻发生，并发性是指两个或两个以上的事件在同一时间间隔内连续发生。

从计算机信息处理的步骤和阶段的角度看，并行处理可分为如下几类。

（1）存储器操作并行；

（2）处理器操作步骤并行（流水线处理机）；

（3）处理器操作并行（阵列处理机）；

（4）指令、任务、作业并行（多处理机、分布处理系统、计算机网络）。

1）阵列处理机

阵列处理机将重复设置的多个处理单元（PU）按一定方式连成阵列，在单个控制部件（CU）控制下，对分配给自己的数据进行处理，并行地完成一条指令所规定的操作。这是一种单指令流多数据流计算机，通过资源重复实现并行性。

2）并行处理机

SIMD 和 MIMD 是典型的并行计算机，SIMD 有共享存储器和分布存储器两种形式。

在具有共享存储器的 SIMD 结构（如图 1-13 所示）中，将若干个存储器构成统一的并行处理机存储器，通过互联网络 ICN 为整个并行系统的所有处理单元共享。其中，PE 为处理单元，CU 为控制部件，M 为共享存储器，ICN 为互联网络。

分布式存储器的 SIMD 处理机如图 1-14 所示，其中，PE 为处理单元，CU 为控制部件，PEM 为局部存储器，ICN 为互联网络。含有多个同样结构的处理单元，通过寻径网络 ICN 以一定的方式互相连接。

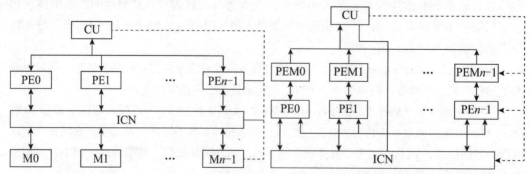

图 1-13　具有共享存储器的 SIMD 结构　　　图 1-14　具有分布存储器的 SIMD 结构

分布存储器的并行处理机结构中有两类存储器，一类存储器附属于主处理机，主处理机实现整个并行处理机的管理，在其附属的存储器内常驻操作系统；另一类是分布在各个处理单元上的存储器（即 PEM），这类存储器用来保存程序和数据。在阵列控制部件的统一指挥下，实现并行操作。程序和数据通过主机装入控制存储器。通过控制部件的是单指令流，所以指令的执行顺序还是和单处理机一样，基本上是串行处理。指令送到控制部件进行译码。划分后的数据集合通过向量数据总线分布到所有 PE 的本地存储器 PEM。PE 通过数据寻径网络互连。数据寻径网络执行 PE 间的通信。控制部件通过执行程序来控制寻径网络。PE 的同步由控制部件的硬件实现。

3）多处理机

多处理机系统是由多台处理机组成的系统，每台处理机有属于自己的控制部件，可以执行独立的程序，共享一个主存储器和所有的外部设备。它是多指令流多数据流计算机。在多处理机系统中，机间的互连技术决定了多处理机的性能。多处理机之间的互连要满足高频带、低成本、连接方式的多样性以及在不规则通信情况下连接的无冲突性。

4）其他计算机

集群一般是指连接在一起的两个或多个计算机（结点）。集群计算机是一种并行或分布式处理系统，由很多连接在一起的独立计算机组成，像一个单集成的计算机资源一样协同工作，主要用来解决大型计算问题。计算机结点可以是一个单处理器或多处理器的系统，拥有内存、I/O 设备和操作系统。连接在一起的计算机集群对用户和应用程序来说像一个单一的系统，这样的系统可以提供一种价格合理的且可获得所需性能和快速而可靠的服务的解决方案。

1.6　可靠性与系统性能评测基础知识

1.6.1　计算机可靠性

1．计算机可靠性概述

计算机系统的硬件故障通常是由元器件的失效引起的。对元器件进行寿命试验并根据实际资料统计得知，元器件的可靠性可分成 3 个阶段，在开始阶段，元器件的工作处于不稳定期，失效率较高；在第二阶段，元器件进入正常工作期，失效率最低，基本保持常数；在第三阶段，元器件开始老化，失效率又重新提高，这就是所谓的"浴盆曲线"。因此，应保证在计算机中使用的元器件处于第二阶段。在第一阶段应对元器件进行老化筛选，而到了第 3 个阶段，则淘汰该计算机。

计算机系统的可靠性是指从它开始运行（$t=0$）到某时刻 t 这段时间内能正常运行的概率，用 $R(t)$ 表示。所谓失效率，是指单位时间内失效的元器件数与元器件总数的比例，用 λ 表示，当 λ 为常数时，可靠性与失效率的关系为

$$R(t) = e^{-\lambda t}$$

典型的失效率与时间的关系曲线如图 1-15 所示。

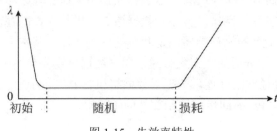

图 1-15　失效率特性

两次故障之间系统能正常工作的时间的平均值称为平均无故障时间（MTBF），即

$$MTBF = 1/\lambda$$

通常用平均修复时间（MTRF）来表示计算机的可维修性，即计算机的维修效率，指从故障发生到机器修复平均所需要的时间。计算机的可用性是指计算机的使用效率，它以系统在执行任务的任意时刻能正常工作的概率 A 来表示，即

$$A = \frac{MTBF}{MTBF + MTRF}$$

计算机的 RAS 是指用可靠性 R、可用性 A 和可维修性 S 这 3 个指标衡量一个计算机系统。但在实际应用中，引起计算机故障的原因除了元器件以外还有组装工艺、逻辑设计等因素。因此，不同厂家生产的兼容机即使采用相同的元器件，其可靠性及 MTBF 也可能相差很大。

2．计算机可靠性模型

计算机系统是一个复杂的系统，而且影响其可靠性的因素非常复杂，很难直接对其进行可靠性分析。但通过建立适当的数学模型，把大系统分割成若干子系统，可以简化其分析过程。常见的系统可靠性数学模型有以下 3 种。

（1）串联系统。假设一个系统由 N 个子系统组成，当且仅当所有的子系统都能正常工作时系统才能正常工作，这种系统称为串联系统，如图 1-16 所示。

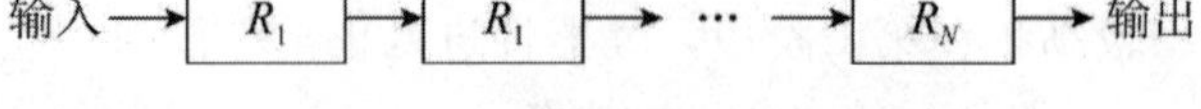

输入 → R_1 → R_1 → … → R_N → 输出

图 1-16　串联系统的可靠性模型

设系统中各个子系统的可靠性分别用 R_1, R_2, …, R_N 来表示，则系统的可靠性 R 可由下式求得。

$$R = R_1 R_2 \cdots R_N$$

如果系统的各个子系统的失效率分别用 λ_1, λ_2, …, λ_N 来表示，则系统的失效率 λ 可由下式求得。

$$\lambda = \lambda_1 + \lambda_2 + \cdots + \lambda_N$$

【例 1-19】设计算机系统由 CPU、存储器、I/O 三部分组成，其可靠性分别为 0.95、0.90 和 0.85，求计算机系统的可靠性。

解：$R = R_1 \cdot R_2 \cdot R_3 = 0.95 \times 0.90 \times 0.85 = 0.73$

计算机系统的可靠性为 0.73。

（2）并联系统。假如一个系统由 N 个子系统组成，只要有一个子系统正常工作，系统就能正常工作，这样的系统称为并联系统，如图 1-17 所示。设每个子系统的可靠性分别以 $R_1, R_2, \cdots, R_N$ 表示，整个系统的可靠性可由下式求得。

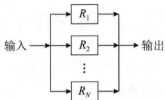

图 1-17　并联系统的可靠性模型

$$R = 1 - (1 - R_1)(1 - R_2) \cdots (1 - R_N)$$

假如所有子系统的失效率均为 λ，则系统的失效率 μ 为

$$\mu = \frac{1}{\dfrac{1}{\lambda} \displaystyle\sum_{j=1}^{N} \dfrac{1}{j}}$$

在并联系统中只有一个子系统是真正需要的，其余 $N-1$ 个子系统称为冗余子系统，随着冗余子系统数量的增加，系统的平均无故障时间也增加了。

【例 1-20】设一个系统由 3 个相同的子系统构成，其可靠性为 0.9，平均无故障时间为 10 000 小时，求系统的可靠性和平均无故障时间。

解：$R_1 = R_2 = R_3 = 0.9$　　$\lambda_1 = \lambda_2 = \lambda_3 = 1 / 10\,000 = 1 \times 10^4$（小时）

系统可靠性 $R = 1 - (1 - R_1)^3 = 0.999$

系统平均无故障时间为

$$\mathrm{MTBF} = \frac{1}{\mu} = \frac{1}{\lambda} \sum_{j=1}^{3} \frac{1}{j} = \frac{1}{\lambda} \times \left(1 + \frac{1}{2} + \frac{1}{3}\right) = 18\,333 \text{（小时）}$$

（3）N 模冗余系统。N 模冗余系统由 N 个（$N=2n+1$）相同的子系统和一个表决器组成，表决器把 N 个子系统中占多数相同结果的输出作为系统的输出，如图 1-18 所示。

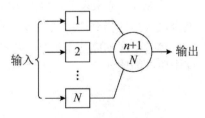

图 1-18　N 模冗余系统

在 N 个子系统中，只要有 $n+1$ 个或 $n+1$ 个以上的子系统能正常工作，系统就能正常工作，输出正确的结果。假设表决器是完全可靠的，每个子系统的可靠性为 R_0，则 N 模冗余系统的可靠性为

$$R = \sum_{i=n+1}^{N} \binom{j}{N} \times R_0^i \left(1 - R_0\right)^{N-i}$$

其中，$\binom{j}{N}$ 表示从 N 个元素中取 j 个元素的组合数。

提高计算机的可靠性一般采取如下两项措施。

（1）提高元器件质量，改进加工工艺与工艺结构，完善电路设计。

（2）发展容错技术，使得在计算机硬件有故障的情况下，计算机仍能继续运行，得出正确的结果。

1.6.2　计算机系统的性能评价

无论是生产计算机的厂商还是使用计算机的用户，都需要有某种方法来衡量计算机的性能，作为设计、生产、购买和使用的依据。但是，由于计算机系统是一个极复杂的系统，其体系结构、组成和实现都有若干种策略，而且其应用领域也千差万别，所以很难找到统一的规则或标准去评测所有的计算机。

1．性能评测的常用方法

（1）时钟频率。计算机的时钟频率在一定程度上反映了机器速度，一般来讲，主频越高，速度越快。但是，相同频率、不同体系结构的机器，其速度可能会相差很多，因此还需要用其他方法来测定机器性能。

（2）指令执行速度。在计算机发展初期，曾用加法指令的运算速度来衡量计算机的速度，速度是计算机的主要性能指标之一。因为加法指令的运算速度大体上可反映出乘法、除法等其他算术运算的速度，而且逻辑运算、转移指令等简单指令的执行时间往往被设计成与加法指令相同，因此加法指令的运算速度有一定的代表性。当时表征机器运算速度的单位是 KIPS（每秒千条指令），后来随着机器运算速度的提高，计量单位发展到 MIPS（每秒百万条指令）。

另一种描述计算机指令执行速度的指标是每秒钟执行浮点数的百万次操作的数量 MFLOPS。

（3）等效指令速度法。随着计算机指令系统的发展，指令的种类大大增加，用单种指令的 MIPS 值来表征机器的运算速度的局限性日益暴露，因此出现了吉普森（Gibson）混合法或等效指令速度法等改进的办法。

等效指令速度法统计各类指令在程序中所占的比例，并进行折算。设某类指令 i 在程序中所占的比例为 w_i，执行时间为 t_i，则等效指令的执行时间为

$$T = \sum_{i=1}^{n} (w_i \times t_i)$$

其中，n 为指令的种类数。

（4）数据处理速率（Processing Data Rate，PDR）法。因为在不同程序中，各类指令的使用频率是不同的，所以固定比例方法存在着很大的局限性，而且数据长度与指令功能的强弱对解题的速度影响极大。同时，这种方法也不能反映现代计算机中高速缓冲存储器、流水线和交叉存储等结构的影响。具有这种结构的计算机的性能不仅与指令的执行频率有关，而且与指令的执行顺序与地址分布有关。

PDR 法采用计算 PDR 值的方法来衡量机器性能，PDR 值越大，机器性能越好。PDR 与每条指令和每个操作数的平均位数以及每条指令的平均运算速度有关，其计算方法如下：

$$PDR = L / R$$

其中，$L = 0.85G + 0.15H + 0.4J + 0.15K$，$R = 0.85M + 0.09N + 0.06P$。

式中：G——每条定点指令的位数；

H——每条浮点指令的位数；

J——定点操作数的位数；

K——浮点操作数的位数；

M——平均定点加法时间；

N——平均浮点加法时间；

P——平均浮点乘法时间。

此外，还做了如下规定：$G>20$ 位，$H>30$ 位；从主存取一条指令的时间等于取一个字的时间；指令与操作数存放在主存，无变址或间址操作；允许有并行或先行取指令功能，此时选择平均取指令时间。PDR 值主要对 CPU 和主存储器的速度进行度量，但不适合衡量机器的整体速度，因为它没有涉及 Cache、多功能部件等技术对性能的影响。

（5）核心程序法。上述性能评价方法主要是针对 CPU（有时包括主存），它没有考虑诸如 I/O 结构、操作系统、编译程序的效率等系统性能的影响，因此难以准确评价计算机的实际工作能力。

核心程序法是研究较多的一种方法，它把应用程序中用得最频繁的那部分核心程序作为评价计算机性能的标准程序，在不同的机器上运行，测得其执行时间，作为各类机器性能评价的依据。机器软/硬件结构的特点能在核心程序中得到反映，但是核心程序各部分之间的联系较小。由于程序短，所以访问存储器的局部性特征很明显，以至于 Cache 的命中率比一般程序高。

2．基准测试程序

基准程序法（Benchmark）是目前被用户一致承认的测试性能的较好方法，有多种多样的基准程序，例如主要测试整数性能的基准程序、测试浮点性能的基准程序等。

（1）整数测试程序。Dhrystone 是一个综合性的基准测试程序，它是为了测试编译器及 CPU 处理整数指令和控制功能的有效性，人为地选择一些"典型指令"综合起来形成的测试程序。

Dhrystone 程序测试的结果由每秒多少个 Dhrystones 来表示机器的性能，这个数值越大，性能越好。VAX11/780 的测试结果为每秒 1757Dhrystones。为便于比较，人们假设 1VAX MIPS = 每秒 1757Dhrystones，将被测机器的结果除以 1757，就得到被测机器相对 VAX11/780 的 MIPS 值。有些厂家在宣布机器性能时就用 Dhrystone MIPS 值作为机器的 MIPS 值。

不过不同的厂家在测试 MIPS 值时，使用的基准程序一般是不一样的，因此不同厂家机器的 MIPS 值有时虽然是相同的，但其性能却可能差别很大，那是因为各厂家在设计计算机时针对不同的应用领域，如科学和工程应用、商业管理应用、图形处理应用等，而采用了不同的体系结构和实现方法。同一厂家的机器，采用相同的体系结构，用相同的基准程序测试，得到的 MIPS 值越大，一般说明机器速度越快。

（2）浮点测试程序。在科学计算和工程应用领域内，浮点计算工作量占很大比例，因此机器的浮点性能对系统的应用有很大的影响。有些机器只标出单个浮点操作性能，如浮点加法、浮点乘法时间，而大部分工作站则标出用 Linpack 和 Whetstone 基准程序测得的浮点性能。Linpack 主要测试向量性能和高速缓存性能。Whetstone 是一个综合性测试程序，除测试浮点操作外，还测试整数计算和功能调用等性能。

① 理论峰值浮点速度。巨型机和小巨型机在说明书中经常给出"理论峰值速度"的 MFLOPS 值，它不是机器实际执行程序时的速度，而是机器在理论上最大能完成的浮点处理速度。它不仅与处理机时钟周期有关，而且还与一个处理机里能并行执行操作的流水线功能部件数目和处理机的数目有关。多个 CPU 机器的峰值速度是单个 CPU 的峰值速度与 CPU 个数的乘积。

② Linpack 基准测试程序。Linpack 基准程序是一个用 FORTRAN 语言写成的子程序软件包，称为基本线性代数子程序包，此程序完成的主要操作是浮点加法和浮点乘法操作。在测量计算机系统的 Linpack 性能时，让机器运行 Linpack 程序，测量运行时间，将结果用 MFLOPS 表示。

当解 n 阶线性代数方程组时，n 越大，向量化程度越高。其关系如表 1-17 所示。

表 1-17　矩阵的向量化程度

矩阵规模	100×100	300×300	1000×1000
向量化百分比	80%	95%	98%

向量化百分比指含向量成分的计算量占整个程序计算量的百分比。在同一台机器中，向量化程度越高，机器的运算速度越快，因为不管 n 的大小，求解方程时花在非向量操作上的时间差不多是相等的。

③ Whetstone 基准测试程序。Whetstone 是用 FORTRAN 语言编写的综合性测试程序，主要由执行浮点运算、整数算术运算、功能调用、数组变址、条件转移和超越函数的程序组成。Whetstone 的测试结果用 Kwips 表示，1Kwips 表示机器每秒钟能执行 1000 条 Whetstone 指令。

（3）SPEC 基准程序（SPEC Benchmark）。SPEC（System Performance Evaluation Cooperation）是由几十家世界知名的计算机厂商所支持的非盈利的合作组织，旨在开发共同认可的标准基准程序，目前已更名为 Standard Performance Evaluation Cooperation。

SPEC 最初于 1989 年建立了重点面向处理器性能的基准程序集（现在称为 SPEC89），主要版本有 SPEC CPU89、SPEC CPU92、SPEC CPU95、SPEC CPU2000、SPEC CPU2006等，SPEC CPU2006 包括 12 个整数基准程序集（CINT2006）和 17 个浮点基准程序集（CFP2006）。CINT2006 包括 C 编译程序、量子计算机仿真、下象棋程序等，CFP2006 包括有限元模型结构化网格法、分子动力学质点法、流体动力学稀疏线性代数法等。

为了简化测试结果，SPEC 决定使用单一的数字来归纳 12 种整数基准程序。具体方法是将被测计算机的执行时间标准化，即将被测计算机的执行时间除以一个参考处理器的执行时间，结果称为 SPECratio。SPECratio 值越大，表示性能越快（因为 SPECratio 是执行时间的倒数）。CINT2006 或 CFP2006 的综合测试结果是取 SPECratio 的几何平均值。

SPEC 原来主要测试 CPU 性能，现在则强调开发能反映真实应用的基准测试程序集，并已推广至测试高性能计算机系统、网络服务器上商业应用服务器等。

（4）TPC 基准程序。事务处理委员会（Transaction Processing Council，TPC）基准程序是由 TPC 开发的评价计算机事务处理性能的测试程序，用于评测计算机在事务处理、数据库处理、企业管理与决策支持系统等方面的性能。其中，TPC-C 是在线事务处理（Online Transaction Processing，OLTP）的基准程序，TPC-D 是决策支持的基准程序。TPC-E 作为大型企业信息服务的基准程序。与 TPC-C 一样，TPC-E 的测试结果也主要有两个指标：性能指标（tpsE，transactions per second E）和性价比（美元/tpsE）。其中，前者是指系统在执行多种交易时，每秒钟可以处理多少交易，其指标值越大越好；后者则是指系统价格与前一指标的比值，数值越小越好。

TPC 基准测试程序在商业界范围内建立了用于衡量机器性能以及性能价格比的标准。但是，任何一种测试程序都有一定的适用范围，TPC 也不例外。

第 2 章　嵌入式系统硬件基础知识

本章主要介绍嵌入式系统所涉及的硬件知识，重点是嵌入式微处理器、嵌入式存储体系、嵌入式系统的输入/输出接口、嵌入式系统通信接口等方面进行的硬件接口基础知识。

2.1　数字电路基础

2.1.1　信号特征

现代计算机内部的电子元器件都是数字式的。数字式的电子元器件工作状态是二值电平：高电平和低电平。这也是计算机采用二进制的主要原因。通常不指定具体的电平值，而是采用信号来表示，如，用"逻辑真""1"或"确定"来表示高电平，而用"逻辑假""0"或"不确定"来表示低电平。1 和 0 称为互补信号。

根据电路是否具有存储功能，将逻辑电路划分为两种类型：组合逻辑电路和时序逻辑电路。组合逻辑电路不含存储功能，它的输出值仅取决于当前的输入值；时序逻辑电路含存储功能，它的输出值不仅取决于当前输入状态，还取决于存储单元中的值。

2.1.2　组合逻辑电路和时序逻辑电路

1．组合逻辑电路

所谓组合逻辑电路，是指该电路在任一时刻的输出，仅取决于该时刻的输入信号，而与输入信号作用前电路的状态无关。组合逻辑电路一般由门电路组成，不含记忆元器件，输入与输出之间无反馈。常用的组合逻辑电路有译码器和多路选择器等。

1）真值表

由于组合电路中不包含任何存储单元，所以组合电路的输出值可由当前输入值完全确定。这种确定的对应关系可以由真值表（true table）来描述。例如，对于有 n 个输入的逻辑电路，对应的真值表有 2^n 种输入组合，每一种输入组合表示一组输入状态集，分别对应一个确定的输出。

通常，真值表能够完全描述任何一种组合逻辑函数，但是表的大小随着输入个数的增加呈指数增长，而且不够清晰。

2）布尔代数

描述逻辑函数的另外一种方法是逻辑表达式，可以通过布尔代数（Boolean algebra）

实现。布尔代数中有 3 种典型的操作符：OR、AND 和 NOT。

- OR（"或"）操作符，记为 "+"，也称为逻辑和（logical sum）。如 $A+B$，若 A 和 B 中至少有一位为 1 时，则结果为 1。
- AND（"与"）操作符，记为 "·"，也称为逻辑乘（logical product）。如 $A \cdot B$，当且仅当输入值都为 1 时，其结果才为 1。
- NOT（"非"）操作符，记为 "$\overline{A}$"，也称为逻辑非。当输入为 0 时，输出为 1；当输入为 1 时，输出为 0。

3）门电路

门电路可以实现基本的逻辑功能。基本的门电路如图 2-1 所示，包括与门、或门和非门。

与门　　　或门　　　非门

图 2-1　基本门电路

通常在信号的输入或输出端加上一个 "。" 表示对输入/输出信号取非。任何一个逻辑表达式都可以用与门、非门和或门的组合来表示。如果允许某个门电路取非，那么任何一个逻辑图函数都可以仅用与门或仅用或门实现。常见的两种反向门电路为 NOR 和 NAND，它们分别对应或门、与门的取非。NOR 和 NAND 的门电路称为全能门电路，因为任何一种逻辑函数可以用这种门电路得以实现。

4）译码器

译码器又称为解码器（decoder），译码器是一种多输入多输出的组合逻辑网络，它有 n 个输入端，m 个输出端。与译码器对应的是编码器（encoder），它实现的是译码器的逆功能。译码器的框图如图 2-2 所示。

图 2-2　译码器

每输入一个 n 位的二进制代码，在 m 个输出端中最多有一个有效。译码器的输入端和输出端之间应满足下列关系：

$$m \leqslant 2^n$$

$m=2^n$ 时，称为全译码；当 $m<2^n$ 时，称为部分译码。

5）数据选择器和数据分配器

数据选择器又称多路开关，它是以"与或"门或"与或非"门为主的电路。它可以在选择信号的作用下，从多个输入通道中选择某一个通道的数据作为输出。常见的数据选择器有二选一、四选一、八选一、十六选一等。

数据选择器除有选择输入信号的功能外，还可利用它实现任意组合逻辑函数。例如四选一的数据选择器可以实现三个变量的组合逻辑函数，$2n$ 个数据输入的多路选择器可实现 $n+1$ 个变量的组合逻辑函数。

数据分配器又称多路分配器，它有一个输入端和多个输出端，其逻辑功能是将一个输入端的信号送至多个输出端中的某一个，简称 DMUX，作用与 MUX 正好相反。数据分配器的核心部分实际上是一个带有使能端的全译码器，可以把数据分配器理解为是输出受 X 控制的译码器。

2．时序逻辑线路

所谓时序逻辑电路，是指电路任一时刻的输出不仅与该时刻的输入有关，而且还与该时刻电路的状态有关。因此，时序逻辑电路中必须包含记忆元器件。触发器是构成时序逻辑电路的基础。常用的时序逻辑电路有寄存器和计数器等。

1）时钟信号

时钟信号是时序逻辑的基础，它用于决定逻辑单元中的状态何时更新。时钟信号是指固定周期并与运行无关的信号量，时钟频率（Clock Frequency，CF）是时钟周期的倒数。如图 2-3 所示，时钟周期（Clock cycle Time）由两部分内容组成：高电平和低电平。时钟边沿触发信号（Edge-triggered 时钟周期 locking）意味着所有的状态变化都发生在时钟边沿到来时刻。

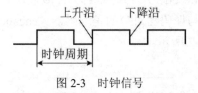

图 2-3　时钟信号

在边沿触发机制中，只有上升沿或下降沿才是有效信号，才能控制逻辑单元状态量的变。至于到底是上升沿还是下降沿作为有效触发信号，则取决于逻辑设计的技术。

同步是时钟控制系统中的主要制约条件。同步就是指在有效信号沿发生时刻，希望写入单元的数据也有效。数据有效则是指数据量比较稳定（不发生改变），并且只有当输入发生变化时数值才会发生变化。由于组合电路无法实现反馈，所以只要输入量不发生变化，输出值最终会是一个稳定有效的量。

2）触发器

触发器种类很多。按时钟控制方式来分，有电位触发、边沿触发、主-从触发等方式。按功能分类，有 R-S 型、D 型、J-K 型等功能。同一功能触发器可以由不同触发方式来实现。对使用者来说，在选用触发器时，触发方式是必须考虑的因素。因为相同功能的触发器，若触发方式选用不当，系统达不到预期设计要求。这里将以触发方式为线索，介绍几种常用的触发器。

（1）电位触发方式触发器。当触发器的同步控制信号 E 为约定"1"或"0"电平时，触发器接收输入数据，此时输入数据 D 的任何变化都会在输出 Q 端得到反映；当 E 为非约定电平时，触发器状态保持不变。鉴于它接收信息的条件是 E 出现约定的逻辑电平，故称它为电位触发方式触发器，简称电位触发器。

电位触发器具有结构简单的优点。在计算机中常用它来组成暂存器。

（2）边沿触发方式触发器。具有如下所述特点的触发器称为边沿触发方式触发器，简称边沿触发器。触发器是时钟脉冲 CP 的某一约定跳变（正跳变或负跳变）来到时的输入数据。在 CP=1 及 CP=0 期间以及 CP 非约定跳变到来时，触发器不接收数据。

常用的正边沿触发器是 D 触发器，图 2-4 给出了它的逻辑图及功能表。

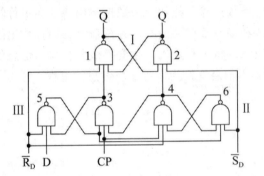

功能表

$\overline{R}_D$	$\overline{S}_D$	CP	D	Q	$\overline{Q}$
0	1	×	×	0	1
1	0	×	×	1	0
1	1	↑	0	0	0
1	1	↑	1	1	0

图 2-4　D 触发器逻辑图

下面比较边沿触发器和电位触发器。

电位触发器在 E=1 期间来到的数据会立刻被接收。但对于边沿触发器，在 CP=1 期间来到的数据，必须"延迟"到该 CP=1 过后的下一个 CP 边沿来到时才被接收。因此边沿触发器又称延迟型触发器。

边沿触发器在 CP 正跳变（对正边沿触发器）以外期间出现在 D 端的数据和干扰不会被接收，因此有很强的抗数据端干扰的能力而被广泛应用，它除用来组成寄存器外，还可用来组成计数器和移位寄存器等。

至于电位触发器，只要 E 为约定电平，数据来到后就可立即被接收，它不需像边沿触发器那样保持到约定控制信号跳变到来才被接收。

（3）触发器的开关特性。描述触发器的参数很多，其中既有描述传输延迟的参数，也有描述各输入波形宽度要求的参数，还有描述各输入波形之间时间配合要求的参数。如果在使用时不能满足参数的要求，电路就不能正常地工作。

3）寄存器与移位器

寄存器主要用来接收信息、寄存信息或传送信息，通常采用并行输入—并行输出的方式。由于一个触发器仅能寄存一位二进制代码，所以要寄存 n 位进制代码，就需要具备 n 个触发器。随着组成寄存器的触发器的触发方式不同，寄存器也有不同的触发方式，最常用的是正跳沿触发的 D 触发器，这种寄存器的各位在同一时刻（CP 脉冲的上升沿作用下）接收信息。也有一些寄存器的信息接收是通过电位信号（使能 G）控制的，即高电平触发，这种寄存器又称为锁存器，其主要用途是把一些短暂的信号锁存（锁住并保存）起来，以达到时间上的扩展。

寄存器中除具有若干触发器以外，还应有门电路构成的控制电路，以保证信息的正确接收、发送和清除。

在时钟信号控制下，将所寄存的信息向左或向右移位的寄存器称为移位寄存器。按照信息移动方向的不同，移位寄存器可以分为单向（左移或右移）及双向移位寄存器。按照信息的输入/输出方式不同，移位寄存器可以分为：串行输入—串行输出、串行输入—并行输出和并行输入—串行输出 3 种工作方式。从移位寄存器的外部特征来看，串行输入—串行输出的移位器仅需要一条数据输入线和一条数据输出线，而串行输入—并行输出的移位器需要一条数据输入线和多条数据输出线，并行输入—串行输出的移位器需要多条数据输入线和一条数据输出线。将串行输入信息变换成并行输出信息的过程，称为"串—并变换"，反之，将并行输入信息变换为串行输出信息的过程，称为"并—串变换"，这在计算机的接口电路中使用十分广泛。

2.1.3　信号转换

1. 数字集成电路的分类

按照开关元件的不同，数字集成电路可以分为两大类：一类是双极型集成电路，采用晶体管作为开关元件，管内参与导电的有电子和空穴两种极性的载流子。另一类采用绝缘栅场效应晶体管作开关元件，称为金属氧化物半导体（Metal-oxide Semiconductor，MOS）集成电路。这种管子内部只有一种载流子——电子或空穴参与导电，故又称单极型集成电路。

晶体管–晶体管逻辑电路（Transistor-Transistor Logic，TTL）是目前双极型数字集成电路中用得最多的一种。它具有比较快的开关速度、比较强的抗干扰能力以及足够大的输出幅度，并且带负载能力也比较强，所以得到了最为广泛的应用。在双极型数字集成电路中，除了 TTL 电路以外，还有二极管–三极管逻辑（Diode-Transistor Logic，DTL）、高阈值逻辑（High Threshold Logic，HTL）、发射极耦合逻辑（Emitter Coupled Logic，ECL）和集成注入逻辑（Integrated Injection Logic，IL）等几种逻辑电路。

ECL 电路中的三极管工作在非饱和状态，是一种非饱和电路，有极高的工作速度，此外它还具有输出阻抗低，带负载能力强，电路内部开关噪声低，使用方便灵活等优点。它的主要缺点是：噪声容限低，电路功耗大，输出电平的稳定性较差。目前 ECL 电路主要用于高速、超高速数字系统中。

按照所用 MOS 管类型的不同，可分为 3 种：由 PMOS 管构成的 PMOS 集成电路；由 NMOS 管构成的 NMOS 集成电路；由 PMOS 管和 NMOS 管构成的互补（Complementary）MOS 集成电路，简称 CMOS。PMOS 和 NMOS 组件中各只含有一种 MOS 管，习惯上称它们为 MOS 集成电路，以与 CMOS 集成电路相区别。

PMOS 集成电路问世较早，但由于其速度低，现已很少使用；NMOS 集成电路速度稍高，且直流电源电压较低，在工艺上可以制造出开启电压较低的器件，故 NMOS 集成电路仍在使用中。CMOS 电路由于其静态功耗极低，工作速度较高，抗干扰能力强，故被广泛采用。

2．常用电平接口技术

虽然 TTL 电路具有很多优点，但它毕竟不能满足生产中不断提出来的各种特殊要求，例如高速、高抗干扰、低功耗等，因而在工程中还经常用到 ECL、CMOS 等数字集成电路。在微机测控系统中，习惯于用 TTL 电路作为基本电路元件，根据需要可能采用 CMOS、ECL 等芯片，因此存在 TTL 电路与这些数字电路的接口问题。

ECL 的特点是速度快，但抗干扰性能差，功耗也高；TTL 的应用广泛，成本低廉，有许多种类可供选择；CMOS 功耗最低，抗干扰性能优良，不仅适用于中、小规模集成电路，而且在大规模集成组件中应用也很普遍。

下面讨论 TTL 与 ECL 和 CMOS 之间的电平转换接口。

1）TTL 与 ECL 电平转换接口

ECL 电路电压一般为-5.2V（CE10K 系列），逻辑高电平输出为 $VOH=-0.9V$，低电平为-1.75V；对 CE100K 系列电源电压为-4.5V，输出高电平为 $VOH=-0.955V$，低电平 $VOL=-1.705V$。

（1）TTL→ECL 转换。利用集成芯片 CE1024 即可完成 TTL 到 ECL 的电平转换。它有一个公共的选通脉冲输入端 B，若 B 为低电平，ECL 的所有 Y 为低电平，$\bar{Y}$ 为高电平。

（2）ECL→TTL 转换。CE10125 为四 ECL—TTL 电平转换器，它的输入与 ECL 电平兼容，具有差分输入和抑制±1V 共态干扰输入能力，输出是 TTL 电平。如果有某路不用时，须将其一个输入端接到 VBB 端上，以保证电路的工作稳定性。

在小型系统中，ECL 和 TTL 可能均使用+5V 电源，此时需用分立元件来实现接口。

2）TTL 与 CMOS 电平转换接口

CMOS 反相器当其使用电源电压为 5V 时，输出低电平电压最大值为 0.05V，高电平最小值为 4.95V，输出低电平电流最小为 0.5mA，高电平电流最小为-0.5mA；对于带缓冲门的 CMOS 电路，当供电电源电压为 5V 时，VIL≤1.5V，VIH≥3.5V。而对于不带缓冲门的 CMOS 电路，VIL≤1V，VIH≥4V。

（1）TTL→CMOS 转换。由于 TTL 电路输出高电平的规范值为 2.4V，在电源电压为 5V 时，CMOS 电路输入高电平 VIH≥3.5V。这样就造成了 TTL 与 CMOS 电路接口上的困难。解决的办法是在 TTL 电路输出端与电源之间接一上拉电阻 R。上拉电阻 R 的取值由 TTL 的高电平输出漏电流 IOH 来决定，不同系列的 TTL 应选用不同的 R 值。一般有：

- 74 系列，$4.7\text{k}\Omega \geqslant R \geqslant 390\Omega$。
- 74H 系列，$4.7\text{k}\Omega \geqslant R \geqslant 270\Omega$。
- 74L 系列，$27\text{k}\Omega \geqslant R \geqslant 1.5\text{k}\Omega$。
- 74LS 系列，$12\text{k}\Omega \geqslant R \geqslant 820\Omega$。

如果 CMOS 电路的电源电压高于 TTL 电路的电源电压。同时 CMOS 电路应使用具有电平移位功能的电路，如 CC4504、CC40109 及 BH017 等，至于 CMOS 电路的电源电压可在 5～15V 范围内任意选定。

（2）CMOS→TTL 转换。关于 CMOS 到 TTL 的接口，由于 TTL 电路输入短路电流较大，就要求 CMOS 电路在 VOL 为 0.5V 时能给出足够的驱动电流，因此需使用 CC4049、CC4050 等作为接口器件。

2.1.4　可编程逻辑器件

随着微电子技术的发展，设计与制造集成电路的任务已不完全由半导体厂商来独立承担。系统设计师们更愿意自己设计专用集成电路（Application Specific Integrated Circuit，ASIC）芯片，而且希望 ASIC 的设计周期尽可能短，最好是在实验室里就能设计出合适的 ASIC 芯片，并且立即投入实际应用之中，因而出现了现场可编程逻辑器件（Field Programmable Logic Device，FPLD），其中应用最广泛的当属现场可编程门阵列（Field Programmable Gate Array，FPGA）和复杂可编程逻辑器件（Complex Programmable Logic Dvice，CPLD）。

早期的可编程逻辑器件只有可编程只读存储器（PROM）、紫外线可擦除只读存储器（EPROM）和电可擦除只读存储器（EEPROM）3 种。由于结构的限制，它们只能完成简单的数字逻辑功能。

其后，出现了一类结构上稍复杂的可编程芯片，即可编程逻辑器件（PLD），它能够完成各种数字逻辑功能。典型的 PLD 由一个"与"门和一个"或"门阵列组成，而任意一个组合逻辑都可以用"与-或"表达式来描述，所以，PLD 能以乘积和的形式完成大量的组合逻辑功能。

这一阶段的产品主要有可编程阵列逻辑（Programmable Array Logic，PAL）和通用阵列逻辑（Generic Array Logic，GAL）。PAL 由一个可编程的"与"平面和一个固定的"或"平面构成，"或"门的输出可以通过触发器有选择地被置为寄存状态。PAL 器件是现场可编程的，它的实现工艺有反熔丝技术、EPROM 技术和 EEPROM 技术。还有一类结构更为灵活的逻辑器件是可编程逻辑阵列，它也由一个"与"平面和一个"或"平面构成，但是这两个平面的连接关系是可编程的。PLA 器件既有现场可编程的，也有掩膜可编程的。在 PAL 的基础上，又发展了一种通用阵列逻辑，如 GAL16V8 和 GAL22V10 等。它采用了 EEPROM 工艺，实现了电可擦除、电可改写，其输出结构是可编程的逻辑宏单元，因而它的设计具有很强的灵活性，至今仍有许多人使用。这些早期的 PLD 器件的一个共同特点是可以实现速度特性较好的逻辑功能，但其过于简单的结构也使它们只能实现规模较小的电路。

为了弥补这一缺陷，20 世纪 80 年代中期，Altera 和 Xilinx 公司分别推出了类似于 PAL 结构的扩展型复杂可编程逻辑器件和与标准门阵列类似的现场可编程门阵列，它们都具有体系结构和逻辑单元灵活、集成度高以及适用范围宽等特点。这两种器件兼容了 PLD 和通用门阵列的优点，可实现较大规模的电路，编程也很灵活。与门阵列等其他专用集成电路相比，它们又具有设计开发周期短、设计制造成本低、开发工具先进、标准产品无需测试、质量稳定以及可实时在线检验等优点，因此被广泛应用于产品的原型设计和产品生产（一般在 10000 件以下）之中。几乎所有应用门阵列、PLD 和中小规模通用数字集成电路的场合均可应用 FPGA 和 CPLD 器件。

2.2　嵌入式微处理器基础

嵌入式操作系统硬件架构的核心是处理器（Central Processing Unit，CPU），负责从内存中取指并执行。在每个 CPU 的指令执行周期中，包括从内存取出指令，解码确定类型和操作数后再执行该条指令；然后再取指、解码并执行下一条指令，循环往复直至程序执行完毕。处理器的架构可采用冯·诺依曼结构（见图 2-5）或者哈佛结构（见图 2-6）。

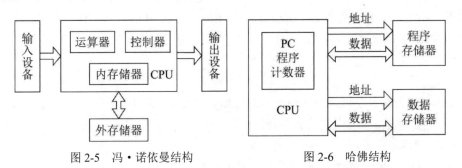

图 2-5　冯·诺依曼结构　　　　　　图 2-6　哈佛结构

每个 CPU 都有其一套可执行的专门指令集。早期的计算机硬件结构比较简单，因而其指令系统很简单，指令种类较少，功能较简单。随着计算机硬件成本的降低，促使 CPU 的设计者在指令系统中增加了更多指令，其功能更强，当然其设置更为复杂。指令系统愈加复杂。通常将具有复杂指令系统的计算机称为复杂指令集计算机（Complex Instruction Set Computer，CISC），与之相对为精简指令集计算机（Reduced Instruction Set Computer，RISC）。两者的特点及对比见表 2-1 所示。

表 2-1   复杂指令集和精简指令集的比较

条　目	CISC	RISC
价格	由硬件完成部分软件功能，硬件复杂性增加，芯片成本高	由软件部分完成部分硬件功能,软件复杂性增加，芯片成本低
性能	减少代码尺寸，增加指令的执行周期数	使用流水线降低指令的执行周期数,增加代码尺寸
指令集	指令系统复杂,指令数目多达 200～3000 条	只设置使用频度高的一些简单指令,复杂指令的功能由多条简单指令组合而实现
高级语言支持	硬件完成	软件完成
寻址方式	较多的寻址方式	寻址方式种类少
控制器	大多采取微程序控制器实现	用硬件实现，采用组合逻辑控制器
寄存器数量	通用寄存器较少	大量的通用寄存器

在实际使用中，人们发现：典型程序中 80%的语句仅使用到指令系统中 20%的指令，而且使用频度较高的指令都是简单的基本指令。复杂指令的设计更为复杂，使得其执行速度受限。精简指令集计算机（RISC），其设计特点是简化指令集，只设置使用频度高的一些简单指令，复杂指令功能由多条简单指令组合来实现。

在嵌入式系统中，通过访问内存得到指令或者数据的时间远大于 CPU 执行指令所花费的时间。因此在 CPU 内部都有一些用来保存关键变量和临时数据的寄存器。一般而言，CPU 主要由如下部件构成。

1）通用寄存器组

以 Intel 8086 CPU 为例，其内部包含 8 个通用寄存器 AX、BX、CX、DX、BP、SP、SI、DI。它们均为 16 位寄存器，功能上略有不同：AX、BX、CX、DX 为通用数据寄存器；BX、BP 为基址寄存器；SI、DI 用于寄存器间接、变址寻址功能；SP 为堆栈指针，用于堆栈操作。

2）运算器

核心部件为算术逻辑单元（Arithmetic&logical Unit，ALU），可完成各种算术和逻辑运算，同时配合 ALU 工作的有暂存器。

3）控制器

构成 CPU 的另一重要部件，主要有以下几种：

（1）程序计数器（Program Counter，PC），存放着下一条需要执行指令的内存地址。

（2）程序状态字（Program Status Word，PSW），存放着指令执行结果状态及一些特定标志，例如溢出标志 OF、进位标志 CF 等。

（3）指令寄存器（Instruction Register，IR），存放当前执行指令。

（4）时序部件，用于产生所需时序信号。

随着计算机的发展，现有 CPU 内部还集成了高速缓存（Cache）、流水线等部件。

2.2.1　嵌入式微处理器的结构和类型

1．8 位、16 位、32 位处理器的体系结构特点

1）常用 8 位处理器的体系结构特点

8 位微处理器是指使用 8 位数据总线的微处理器。大部分的 8 位微处理器有 16 位的地址总线，其能够访问 64KB 的地址空间，而 8 位的数据总线则可以通过多重内存存取的方式来处理更多的数据。最早的 8 位微处理器是 1973 年由 Intel 公司开发的 8080 微处理器芯片，随后各大厂商也陆续推出 8 位微处理器，如 Zilog 公司的 Z80、Motorola 公司的 6800、National 半导体公司的 NSC800 及 Intel 公司的 8085 等。

由于 8 位微处理器具有低成本、可扩充内存及接口设备等特点，目前仍然在嵌入式系统领域得到广泛应用。8 位的微处理器有许多种不同时代的产品，其中有两个比较著名，一个是 Intel 公司推出的 8048，另一个则是 Fairchild 及 Mostek 公司推出的 3870。Intel 公司的 8048 在当时是一种新的体系结构，并未延续其他已存在的微处理器体系结构，因此在指令集及体系结构的开发上变的有些困难，但因为它是定位在具可伸缩性并且低成本的产品控制单元，所以至今仍被广泛地使用。另外，其所衍生的第二代产品 8051，更是目前应用最广泛的 8 位微处理器系列。Intel 的 8041 及 8042 是延续 8048 的系统，并作为从处理器（Slave Processor）使用。8044 是 8051 的延续微处理器，它包含了一个额外的链表接口，可以连到主微处理器，做其他的数据处理。

2）常用 16 位处理器的体系结构特点

继 8 位的微处理器后，许多厂商为了满足更复杂的应用，推出了 16 位微处理器。16 位微处理器是指内部总线宽度为 16 位的微处理器。16 位微处理器的操作速度及数据吞吐能力在性能上比 8 位微处理器有较大的提高，它的数据宽度增加了一倍，实时处理能力更强，主频更高，集成度、RAM 和 ROM 都有较大的增加，而且有更多的中断源，同时配置了多路的 A/D 转换通道和高速处理单元，适用于更复杂的控制系统。

Intel 公司的 8086 是第一款 16 位微处理器，当时 IBM 公司推出的个人计算机都是采用 8086 作为个人计算机的数据处理及控制核心。8086 微处理器延续了 Intel 公司之前的 8080 及 8085 微处理器的基本体系结构，再加上一些增强式的硬件体系结构与指令集。Intel 公司随后又在 1982 年 2 月，推出了第二代的 8086 产品 80286 微处理器，集成了以往许多微处理器需额外加上的外围设备组件，包括：一个时钟产生器、两个直接内存访问信道、一个中断信号控制器、3 个可程序化计时单元、可程序化芯片选择逻辑单元以及一个等待状态产生器；并且和 8086 及 8088 微处理器的软件兼容，因而受到市场的欢迎。

目前 16 位微控制器以 Intel 公司的 MCS-96/196 系列、TI 公司的 MSP430 系列和 Motorola 公司的 68H12 系列为主，它们主要应用于便携式设备、工业控制及智能仪器仪表等。

3）常用 32 位处理器的体系结构特点

32 位处理器采用 32 位的地址和数据总线，其地址空间达到了 4GB。目前主流的 32 位嵌入式微处理器系列主要有 ARM 系列、MIPS 系列、PowerPC 系列等。属于这些系列的嵌入式微处理器产品很多，有千种以上。

（1）ARM。作为一种 RISC 体系结构的微处理器，ARM 处理器具有 RISC 体系结构的典型特征，同时具有以下特点：

- 在每条数据处理指令当中，都控制算术逻辑单元 ALU 和移位器，以使 ALU 和移位器获得最大的利用率。
- 自动递增和自动寻址模式，以优化程序中的循环。
- 同时执行 Load 和 Store 多条指令，以增加数据吞吐量。
- 所有指令都可以条件执行，以执行吞吐量。

这些是对基本 RISC 体系结构的增强，使得 ARM 处理器可以在高性能、小代码尺寸、低功耗和小芯片面积之间获得好的平衡。

ARM 的数据类型：

- 字（Word）：在 ARM 体系结构中，字的长度为 32 位，而在 8 位/16 位处理器体系结构中，字的长度一般为 16 位。
- 半字（Half-Word）：在 ARM 体系结构中，半字的长度为 16 位，与 8 位/16 位处理器体系结构中字的长度一致。
- 字节（Byte）：在 ARM 体系结构和 8 位/16 位处理器体系结构中，字节的长度均为 8 位。

ARM 微处理器支持 7 种运行模式：

- 用户模式（USR）：ARM 处理器正常的程序执行状态。
- 快速中断模式（FIQ）：用于高速数据传输或通道处理。
- 外部中断模式（IRQ）：用于通用的中断处理。
- 管理模式（SVC）：操作系统使用的保护模式。
- 数据访问终止模式（ABT）：当数据或指令预取终止时进入该模式，可用于虚拟存储及存储保护。
- 系统模式（SYS）：运行具有特权的操作系统任务。
- 定义指令中止模式（UND）：当未定义的指令执行时进入该模式，可用于支持硬件协处理器的软件仿真。

（2）MIPS。MIPS 32 架构刷新了 32 位嵌入式处理器的性能标准。它是 MIPS 科技公司下一代高性能 MIPS-Based 处理器 SoC 发展蓝图的基础，并向上兼容 MIPS 64 位架构。MIPS 架构拥有强大的指令集、从 32 位到 64 位的可扩展性、广泛的软件开发工具以及众多 MIPS 科技公司授权厂商的支持，是领先的嵌入式架构。

MIPS 32 架构是以前的 MIPS I 和 MIPS II 指令集架构的扩展集，整合了专门用于嵌入式应用的功能强大的新指令，以及以往只在 64 位 R4000 和 R5000 MIPS 处理器中能见到的已经验证的存储器管理和特权模式控制机制。通过整合强大的新功能、标准化特权模式指令以及支持前代 ISA，MIPS 32 架构为未来所有基于 32 位 MIPS 的开发提供了一个坚实的高性能基础。

MIPS 32 架构基于一种固定长度的定期编码指令集，并采用导入/存储（load/store）数据模型。经改进，这种架构可支持高级语言的优化执行。其算术和逻辑运算采用三个操作数的形式，允许编译器优化复杂的表达式。此外，它还带有 32 个通用寄存器，让编译器能够通过保持对寄存器内数据的频繁存取进一步优化代码的生成性能。

（3）PowerPC。PowerPC 体系结构分为三个级别。通过对体系结构以这种方式进行划分，为实现可以选择价格/性能比平衡的复杂性级别留出了空间，同时还保持了实现间的代码兼容性。

- Book I 用户指令集体系结构。定义了通用于所有 PowerPC 实现的用户指令和寄存器的基本集合。这些是非特权指令，为大多数程序所用。
- Book II 虚拟环境体系结构。定义了常规应用软件要求之外的附加用户级功能，例如高速缓存管理、原子操作和用户级计时器支持。虽然这些操作也是非特权的，但是程序通常还是通过操作系统调用来访问这些函数。
- Book III 操作环境体系结构。定义了操作系统所需要的内容。其中包括用于内存管理、异常向量处理、特权寄存器访问、特权计时器访问的函数。Book III 中详细说明了对各种系统服务和功能的直接硬件支持。从最初的 PowerPC 体系结构的开发开始，就根据特定的市场需求而发生分支。

2. DSP 处理器的体系结构特点

DSP 的全称是 Digital Signal Process，即数字信号处理技术。DSP 芯片即指能够实现数字信号处理技术的芯片。DSP 芯片是一种具有特殊结构的微处理器。该芯片的内部采用程序和数据分开的哈佛结构，具有专门的硬件乘法器，广泛采用流水线操作，提供特殊的指令，可以用来快速地实现各种数字信号处理算法。

根据数字信号处理的要求，DSP 芯片一般具有如下主要特点：

（1）在一个指令周期内可完成一次乘法和一次加法。
（2）程序和数据空间分开，可以同时访问指令和数据。
（3）片内具有快速 RAM，通常可通过独立的数据总线在两块中同时访问。
（4）具有低开销或无开销循环及跳转的硬件支持。
（5）快速的中断处理和硬件 I/O 支持。
（6）具有在单周期内操作的多个硬件地址产生器。
（7）可以并行执行多个操作。
（8）支持流水线操作，使取指、译码和执行等操作可以重叠执行。

当然，与通用微处理器相比，DSP 芯片的其他通用功能相对较弱些。近年来，数字信号处理器（DSP）芯片已经广泛用于自动控制、图像处理、通信技术、网络设备、仪器仪表和家电等领域。DSP 为数字信号处理提供了高效而可靠的硬件基础。

DSP 有分开的代码和数据总线即"哈佛结构"，这样在同一个时钟周期内可以进行多次存储器访问——这是因为数据总线也往往有好几组。利用这种体系结构，DSP 就可以在单个时钟周期内取出一条指令和一个或者两个（或者更多）的操作数。

DSP 具有流水结构，即每条指令都由片内多个功能单元分别完成取指、译码、取数、执行等步骤，这样可以极大提高系统的执行效率。但流水线的采用也增加了软件设计的难度，要求设计者在程序设计中考虑流水的需要。

DSP 有专用的硬件地址发生单元，这样它可以支持许多信号处理算法所要求的特定数据地址模式。这包括前（后）增（减）、环状数据缓冲的模地址以及快速傅里叶变换（FFT）的比特倒置地址。地址发生器单元与主 ALU 和乘法器并行工作，这就进一步增加了 DSP 在一个时钟周期内可以完成的工作量。

信号处理算法常常需要执行紧密的指令循环。对硬件辅助循环的支持，可以让 DSP 高效的循环执行代码块，而无需让流水线停转或者让软件来测试循环的终止条件。

DSP 的功耗较小，通常在 0.5W 到 4W，采用低功耗的 DSP 甚至只有 0.05W，可用电池供电，很适合嵌入式系统。

3．多核处理器的体系结构特点

多核处理器是指在一枚处理器中集成两个或多个完整的计算引擎（内核），此时处理器能支持系统总线上的多个处理器，由总线控制器提供所有总线控制信号和命令信号，从而提高计算能力。按计算内核的对等与否，多核处理器可分为同构多核和异构多核。计算内核相同，地位对等的称为同构多核，反之称为异构多核，异构多核多采用"主处理核+协处理核"的设计思路。

1）同构多核处理器

（1）Intel 酷睿架构处理器。酷睿（Core）是 Intel 公司的 CPU 品牌，而 i7/i5/i3 是酷睿品牌下的三个子品牌，分别代表高、中、低端。具体来说，桌面型号的 i7/i5/i3 几代的区别都比较明显：i7 是至少 8 个线程（4 核 8 线程到 6 核 12 线程），支持 Turbo Boost 动态频率技术；i5 是 4 个线程（双核 4 线程或 4 核 4 线程），支持 Turbo Boost；i3 全部是双核 4 线程，不支持 Turbo Boost。

（2）TI keystone 架构。TMS320C6678（简称 C6678）是基于 KeyStone 构架的高性能多核 DSP，片内集成 8 个 C66x 核，单融合定点和浮点处理功能，每周期定点性能达 32MAC，浮点性能达 16FLOP，处理速率为 1.25GHz，C6678 累计处理速率高达 10GHz。KeyStone 构架将 RISC、DSP 核和协处理器、I/O 口技术相结合，为片上的 8 个 C66x 核、外设、协处理器和 I/O 口之间提供无阻塞通信。C6678 平台架构如图 2-7 所示。

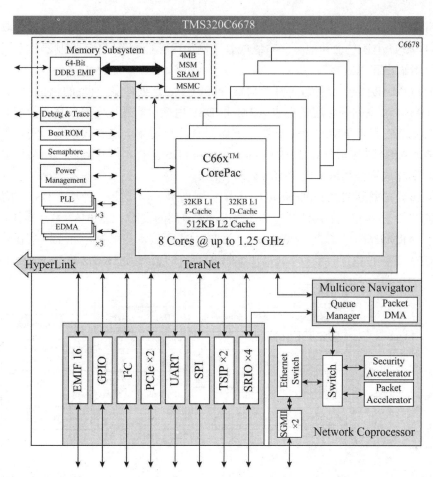

注：Memory Subsystem：存储子系统；64-Bit DDR3 EMIF：64 位的 DDR3 外部存储器接口；4MB MSM SRAM：4MB 的片上 SRAM；Debug&Trace：调试跟踪；Boot ROM：系统启动的只读 ROM；Semaphore：信号量；Power Management：电源管理；PLL：锁相环；EDMA：扩展的直接内存访问控制器；32KB L1 P-Cache：32KB L1 指令缓冲；32KB L1 D-Cache：32KB L1 数据缓冲；EMIF：外部存储访问接口；GPIO：通用的输入/输出接口；UART：通用异步收发传输器；SPI：串行外设接口；TSIP：电信串行接口；SRIO：串行的快速 IO 接口；Ethernet Switch：以太网交换机；SGMII：串行的千兆媒体独立接口；Switch：交换机；Security Accelerator：安全加速器；Packet Accelerator：包加速器；Network Coprocessor：网络协处理器；Queue Manager：队列管理器；Packet DMA：包 DMA；Multicore Navigator：多核导航器

图 2-7　TI 的 TMS320C6678 平台架构

2）异构多核处理器

（1）AMD 核显。APU 其实就是"加速处理器"（Accelerated Processing Unit）的英文缩写，是 AMD 推出的整合了 x86/x64 CPU 处理核心和 GPU 处理核心的新型"融聚"（Fusion）处理器。APU 将通用运算 x86 架构 CPU 核心和可编程矢量处理引擎相融合，把 CPU 擅长的精密标量运算与传统上只有 GPU 才具备的大规模并行矢量运算结合起来。AMD APU 设计综合了 CPU 和 GPU 的优势，为软件开发者带来前所未有的灵活性，能够任意采用最适合的方式开发新的应用。AMD APU 通过一个高性能总线，在单个硅片上把一个可编程 x86 CPU 和一个 GPU 的矢量处理架构连为一体,双方都能直接读取高速内存。AMD APU 中还包含其他一些系统成分,例如内存控制器、I/O 控制器、专用视频解码器、显示输出和总线接口等。

（2)TI OMAP/Davinci 处理器系列。Davinci 数字媒体处理器,典型的包括 OMAP3530、Davinci DM64xx 系列等。通过集成 ARM 和 DSP 内核可实现许多系统优点,包括成本、功耗和面积节省。TI ARM+DSP 解决方案经过优化,适用于嵌入式系统,侧重于节能和实时性能。ARM 端完成外设驱动,Linux/Android OS 运行,用户控制,网络传输应用程序;DSP 端完成音视频编解码等信号处理算法。

TI 双核异构平台 TMS320DM6467,其架构图见图 2-8。这是一种基于 DSP 的超强性能 SoC,为实时、多种格式的高清视频转换码进行了专门的设计。DM6467 数字媒体处理器集成了一个 ARM926EJ-S 核与 600MHz 的 C64x+DSP 核,并采用高清视频/影像协处理器（HD-VICP）等。在执行同步多格式高清编码方面,实现了超过 3GHz 的 DSP 处理能力。

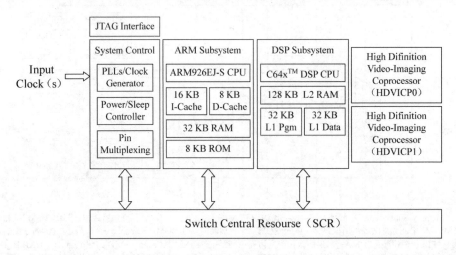

注: JTAG Interface: JTAG 调试器接口; System Control: 系统控制器; PLLs/Clock Generator: 锁相环/时钟发生器; Power/Sleep Controller: 电源控制器; Pin Multiplexing: 管脚复用控制器; ARM Subsystem: ARM 子系统; 16KB I-Cache: 16KB 指令缓冲; 16KB D-Cache: 16KB 数据缓冲; DSP Subsystem: DSP 子系统; 128KB L2 RAM: 128KB 二级缓冲; 32KB L1 Pgm: 32KB 一级程序缓冲; 32KB L1 Data: 32KB 一级数据缓冲; High Difinition Video-Image Coprocessor: 高性能视频图像协处理器

图 2-8　TMS320DM6467 平台架构

（3）Xilinx Zynq 处理器。Xilinx 公司生产的 Zynq-7000 全可编程 SoC(AP SoC)系列处理器集成了 ARM®处理器的软件可编程性与 FPGA 的硬件可编程性,不仅可实现重要分析与硬件加速,同时还在单个器件上高度集成 CPU、DSP、ASSP 以及混合信号功能。Zynq-7000 器件配备双核 ARM Cortex-A9 处理器,该处理器与基于 28nm Artix-7 或 Kintex®-7 的可编程逻辑集成,可实现优异的性能功耗比和最大的设计灵活性。Zynq-7000 具有高达 6.25MB 的逻辑单元以及从 6.6Gb/s 到 12.5Gb/s 的收发器,可为多摄像头驾驶员辅助系统和 4K2K 超高清电视等大量嵌入式应用实现高度差异化的设计。处理器架构如

图 2-9 所示。

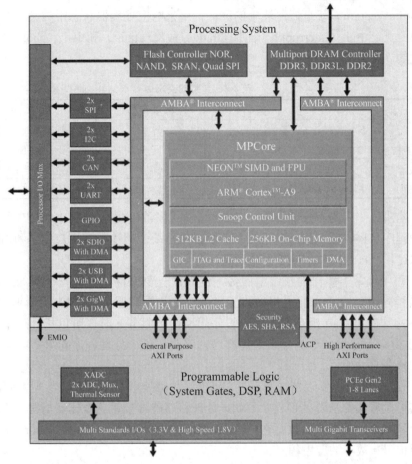

注：Processing System：处理系统；Flash Controller NOR, NAND, SRAM, Quad SPI：NOR，NAND，SRAM，Quad SPI 的控制器；Multiport DRAM Controller DDR3, DDR3L, DDR2：DDR3，DDR3L，DDR2 的内存控制器；AMBA Interconnect：AMBA 总线；SPI：串行外设接口；GPIO：通用的输入/输出接口；UART：通用异步收发传输器；SDIO with DMA：带 DMA 的 SD 卡接口；USB with DMA：带 DMA 的 USB 接口；GigE with DMA：带 DMA 的千兆网口；Processor I/O Mux：I/O 接口复用控制；GIC：通用的中断控制器；JTAG and Trace：JTAG 跟踪调试；Configuration：配置器；Timers：定时器；On-Chip Memory：片上存储；EMIO：扩展的多用途 IO 接口；General Purpose AXI Ports：通用的 AXI 接口；Security AES, SHA, RSA：AES，SHA 和 RSA 加密；ACP：加速一致性接口；High Performance AXI Ports：高性能 AXI 接口；Programmable Logic：可编程逻辑；XADC, ADC, Mux, Thermal Sensor：AD、复用接口、热敏元件；PCEe Gen2 1-8 Lanes：Gen2 硬核；Multi Standards I/O s：多电压标准的 I/O 接口；Multi Gigabit Transceivers：多个千兆口收发器

图 2-9　Zynq-7000S 器件架构图

2.2.2　嵌入式微处理器的异常与中断

1. 异常

异常是一种形式的异常控制流，它一部分是由硬件实现的，一部分是由操作系统实

现的。因为它们有一部分是由硬件实现的，所以具体细节将随系统的不同而有所不同。然而，对于每个系统而言，基本的思想都是相同的。

异常（exception）就是控制流中的突变，用来响应处理器状态中的某些变化。异常可以分为四类：中断（interrupt）、陷阱（trap）、故障（fault）和中止（abort）。表 2-2 对这些类别的属性做了小结。

表 2-2　异常的类别

类　　别	原　　因	异步/同步	返 回 行 为
中断	来自 I/O 设备的信号	异步	总是返回到下一条指令
陷阱	有意的异常	同步	总是返回到下一条指令
故障	潜在可恢复的错误	同步	可能返回到当前指令
中止	不可恢复的错误	同步	不会返回

（1）陷阱。陷阱是有意的异常，是执行一条指令的结果。就像中断处理程序一样，陷阱处理程序将控制返回到下一条指令。陷阱最重要的用途是在用户程序和内核之间提供一个像过程一样的接口，叫做系统调用。

用户程序经常需要向内核请求服务，例如读一个文件、创建一个新的进程、加载一个新的程序或者中止当前进程。为了允许对这些内核服务的受控的访问，处理器提供了一条特殊的 syscall 指令，当用户程序想要请求服务 n 时，可以执行这条指令。执行 syscall 指令会导致一个到异常处理程序的陷阱，这个处理程序对参数解码，并调用适当的内核程序。

（2）故障。故障由错误情况引起，它可能被故障处理程序修正。当一个故障发生时，处理器将控制转移给故障处理程序。如果处理程序能够修正这个错误情况，它就将控制返回到故障指令，从而重新执行它。否则，处理程序返回到内核中的 abort 例程，abort 例程会中止引起故障的应用程序。

（3）中止。中止是不可恢复的致命错误造成的结果，典型的是一些硬件错误，例如 DRAM 或者 SRAM 位被损坏时发生的奇偶错误。中止处理程序从不将控制返回给应用程序。处理程序将控制返回给一个 abort 例程，该例程会中止这个应用程序。

2．中断

中断是异步发生的，是来自处理器外部的 I/O 设备的信号的结果。硬件中断不是由任何一条专门的指令造成的，从这个意义上来说它是异步的。硬件中断的异常处理程序常常被称为中断处理程序（interrupt handler）。

1）硬中断与软中断

硬中断是由硬件产生的，例如磁盘、网卡、键盘、时钟等。每个设备或设备集都有它自己的 IRQ（中断请求）。基于 IRQ，CPU 可以将相应的请求分发到对应的硬件驱动上。

软中断是一组静态定义的下半部分接口，可以在所有的处理器上同时执行，即使两个类型相同也可以。但是一个软中断不会抢占另外的一个软中断，唯一可以抢占软中断的是硬中断。

2）可屏蔽中断与不可屏蔽中断

可屏蔽中断和不可屏蔽中断都属于外部中断，是由外部中断源引起的。不可屏蔽中断源一旦提出请求，CPU 必须无条件响应，而对可屏蔽中断源的请求，CPU 可以响应，也可以不响应。

CPU 一般设置两根中断请求输入线：可屏蔽中断请求 INTR（Interrupt Require）和不可屏蔽中断请求 NMI（Non Maskable Interrupt）。对于可屏蔽中断，除了受本身的屏蔽位控制外，还都要受一个总的控制，即 CPU 标志寄存器中的中断允许标志位 IF（Interrupt Flag）的控制，IF 位为 1，可以得到 CPU 的响应，否则，得不到响应。IF 位可以由用户控制，指令 STI 或 Turbo C 的 Enable()函数，将 IF 位置 1（开中断），指令 CLI 或 Turbo_c 的 Disable()函数，将 IF 位清 0（关中断）。

3）中断优先级

当多个中断源同时请求中断时，而 CPU 一次只能响应其中的一个中断，同时为了能响应所有中断，就引入中断优先级来处理。系统会根据引起中断事件的重要性和紧迫程度，将中断源分为若干个级别，称作中断优先级。中断优先级有两种：查询优先级和执行优先级。

查询优先级是不可以更改和设置的，在该方式下当多个中断源同时产生中断信号时，中断仲裁器会选择中断源优先处理的顺序，此过程与是否发生中断服务程序的嵌套毫不相干。当 CPU 查询各个中断标志位的时候，会依照优先级顺序依次查询，当数个中断同时请求的时候，会优先查询到高查询优先级的中断标志位，但并不代表高查询优先级的中断可以打断已经并且正在执行的低查询优先级的中断服务。

由于可屏蔽的中断源很多，故需要对其进行管理，如区分是哪个中断源发出的中断信号？哪个中断源最优先及怎样处理多级中断嵌套等。为此，可使用中断控制器对多个可屏蔽中断源进行管理。

中断控制器能够对中断进行排队管理，避免中断信号的丢失，同时支持对不同中断进行优先级的配置，使高优先级中断能够中断低优先级中断，满足系统中具有更高时间约束特性功能的需要。

4）中断嵌套

当处理器正在处理一个中断时，有比该中断优先级高的中断源发出中断请求时，如果处理器正在执行中断处理程序，那么处理器会对高优先级的中断进行立即处理，处理完之后再返回到低优先级的中断服务程序继续执行。这样就形成了中断服务程序中套用中断服务程序的情况，即中断嵌套。可嵌套中断的处理流程和中断服务框图如 2-10 所示。

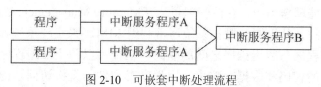

图 2-10 可嵌套中断处理流程

2.3　嵌入式系统的存储体系

2.3.1　存储系统的层次结构

　　冯·诺依曼计算机结构中，一个非常重要的部件就是存储器。在理想情形下，存储器应该具备执行快、容量足和价格便宜等特点。但目前技术无法同时满足这三个目标，典型的分层级存储器结构如图 2-11 所示。

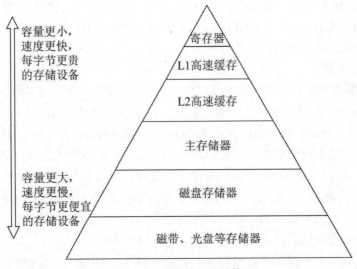

　　容量更小，
　　速度更快，
　　每字节更贵
　　的存储设备

　　容量更大，
　　速度更慢，
　　每字节更便宜
　　的存储设备

　　寄存器
　　L1高速缓存
　　L2高速缓存
　　主存储器
　　磁盘存储器
　　磁带、光盘等存储器

图 2-11　存储器层次结构

　　存储器系统的顶层是 CPU 的寄存器，其速度和 CPU 速度相当。第二层是高速缓冲存储器 Cache，和 CPU 速度接近。第三层是主存储器，也称为内部存储器或者 RAM（Random Access Memory）。第四层是磁盘。存储器体系最后一层是光盘、磁带等。在存储器层次结构中，越靠近上层，速度越快，容量越小，单位存储容量价格越高。

　　将上述两种或两种以上的存储器经过硬件、软件等组合在一起并对其进行管理，则构成存储器系统。Cache 和主存可构成 Cache 存储系统；主存和磁盘构成虚拟存储系统。

2.3.2　内存管理单元

　　在嵌入式微处理器当中，存储管理单元（Memory Management Unit，MMU）提供了一种内存保护的硬件机制。操作系统通常利用 MMU 来实现系统内核与应用程序的隔离，以及应用程序与应用程序之间的隔离。这样可以防止应用程序去破坏操作系统和其他应用程序的代码和数据，防止应用程序对硬件的直接访问。内存保护包含两个方面的内容：一是防止地址越界，每个应用程序都有自己独立的地址空间，当一个应用程序要访问某个内存单元时，由硬件检查该地址是否在限定的地址空间内，如果不是的话就要进行地址越界处理；二是防止操作越权，对于允许多个应用程序共享的某块存储区域，每个应用程序都有自己的访问权限，如果违反了权限规定，则要进行操作越权处理。

2.3.3　RAM 和 ROM 的种类与选型

按照存储器在计算机中的用途分类，嵌入式系统的存储器包括内部存储器和外部存储器。将存储器按照存放信息的易失（挥发）性，可分为易失性存储设备和非易失性存储设备。

1. RAM

易失性存储设备的代表是随机存取存储器（Random Access Memory，RAM）。在计算机存储体系结构中，RAM 是与 CPU 直接交换数据的内部存储器，也叫主存或内存，其内部结构图如 2-12 所示。

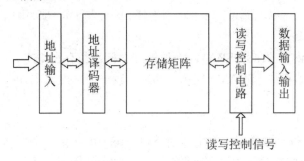

图 2-12　RAM 结构图

RAM 电路由地址译码器、存储矩阵和读写控制电路三部分组成，如图 2-12 所示。存储矩阵由触发器排列而成，每个触发器能存储一位数据（0/1）。通常将每一组存储单元编为一个地址，存放一个"字"；每个字的位数等于这组单元的数目。存储器的容量以"字数×位数"表示。地址译码器将每个输入的地址代码译成高（或低）电平信号，从存储矩阵中选中一组单元，使之与读写控制电路接通。在读写控制信号的配合下，将数据读出或写入。

RAM 的特点之一就是随机读写，其含义指的是当 RAM 存储器中的数据被读取或写入时，所需要的时间与这段信息所在位置或所写入位置是无关的。

RAM 的读写速度很快，几乎是所有访问设备中写入和读取速度最快的，通常作为操作系统或其他正在运行中的程序的临时数据存储媒介。

RAM 存储器在断电时将丢失其存储内容，所以称为易失性存储设备，其主要用于存储短时间使用的程序。易失性和 RAM 的结构有关：随机存取存储器依赖电容器存储数据。电容器充满电后代表 1（二进制），未充电的代表 0。由于电容器或多或少有漏电的情形，若不作特别处理，数据会渐渐随时间流失。刷新是指定期读取电容器的状态，然后按照原来的状态重新为电容器充电，弥补流失电荷。需要刷新就解释了随机存取存储器的易失性。

按照 RAM 存储单元的工作原理，RAM 又分为静态随机存储器（Static RAM，SRAM）和动态随机存储器（Dynamic RAM，DRAM）。

1）SRAM

静态存储单元是在静态触发器的基础上附加门控管而构成的。因此，它是靠触发器的自保功能存储数据的。SRAM 将每个位存储在一个双稳态存储器单元，每个单元用一个六晶体管电路实现。

数据一旦写入，其信息就稳定的保存在电路中等待读出。无论读出多少次，只要不断电，此信息会一直保持下去。SRAM 初始加电时，其状态是随机的。写入新的状态，原来的旧状态就消失了。新状态会一直维持到写入新的状态为止。

在电路工作时，即使不进行读写操作，只要保持在加电状态下，电路中就一定有晶体管导通，就一定就有电流流过，带来功率消耗。因此与 DRAM 相比，SRAM 功耗较大，集成度不能做得很高。

高速缓存 Cache 一般采用 SRAM。高速缓冲存储器是存在于主存与 CPU 之间的一级存储器，由静态存储芯片（SRAM）组成，容量比较小但速度比主存高得多，接近于 CPU 的速度。

2）DRAM

DRAM 将每个位存储为对一个电容的充电，每个单元由一个电容和一个访问晶体管组成。当 DRAM 存储器单元中的电容非常小，它被干扰之后很难恢复，也有很多原因会造成电容漏电，因此为了避免存储信息的丢失，必须定时地给电容补充电荷。通常把这种操作称为"刷新"或"再生"，因此 DRAM 内部要有刷新控制电路，其操作也比静态 RAM 复杂。尽管如此，由于 DRAM 存储单元的结构非常简单，所用元器件少且功耗低，可以制造得很密集，已成为大容量 RAM 的主流产品。

DRAM 的存储矩阵由动态 MOS 存储单元组成。动态 MOS 存储单元利用 MOS 管的栅极电容来存储信息，但由于栅极电容的容量很小，而漏电流又不可能绝对等于 0，所以电荷保存的时间有限。为了避免存储信息的丢失，必须定时地给电容补充漏掉的电荷。通常把这种操作称为"刷新"或"再生"，因此 DRAM 内部要有刷新控制电路，其操作也比静态 RAM 复杂。

DRAM 必须定时不断刷新，以保证所存储的信息不会丢失，这或许是称之为动态的原因。初始加电时，其状态是随机的。写入新的状态，原来的旧状态就消失了。新状态会一直维持到写入新的状态为止。在电路上加上电源不进行读写及刷新操作时，只是保持在加电状态下，电路中没有晶体管导通，也就没有电流流过（会有极其微小的漏电流存在），也就没有功率消耗（或功耗可忽略不计）。因此，DRAM 的功耗非常小，其集成度可做的很高，当前的一块 DRAM 芯片的集成度可达 GB 级别。

常说的内存条，就是由 DRAM 构成。随着时间发展，DRAM 经历若干代变更，早期的 PM DRAM、EDO DRAM 均已淘汰，目前仍在使用的主要是 SDRAM 和 DDR SDRAM。

3）DDR SDRAM

双倍速率同步动态随机存储器（Double Data Rate SDRAM，DDR SDRAM）。通常人们习惯称之为 DDR。DDR 内存是在 SDRAM 内存基础上发展而来的，仍然沿用 SDRAM 生产体系。

内存主频和 CPU 主频一样，习惯上被用来表示内存的速度，它代表着该内存所能达到的最高工作频率。内存主频是以 MHz（兆赫）为单位来计量的。内存主频越高在一定程度上代表着内存所能达到的速度越快。内存主频决定着该内存最高能在什么样的频率正常工作。

2. ROM

只读存储器（Read-Only Memory，ROM）。ROM 的重要特性是其存储信息的非易失性，存放在 ROM 中的信息不会因去掉供电电源而丢失，再次上电时，存储信息依然存在。其结构较简单，读出较方便，因而常用于存储各种固定程序和数据。

1）PROM

可编程只读存储器（Programmable ROM，PROM）的内部有行列式的熔丝，是需要利用电流将其烧断，写入所需的资料，但仅能写录一次（又称作 OTPROM，One Time Programmable Read Only Memory）。PROM 在出厂时，存储的内容全为 1，用户可以根据需要将其中的某些单元写入数据 0（部分的 PROM 在出厂时数据全为 0，则用户可以将其中的部分单元写入 1），以实现对其"编程"的目的。PROM 的典型产品是"双极性熔丝结构"，如果想改写某些单元，则可以给这些单元通以足够大的电流，并维持一定的时间，原先的熔丝即可熔断，这样就达到了改写某些位的效果。另外一类经典的 PROM 为使用"肖特基二极管"的 PROM，出厂时，其中的二极管处于反向截止状态，还是用大电流的方法将反相电压加在"肖特基二极管"上，造成其永久性击穿即可。

2）EPROM

可抹除可编程只读存储器（Erasable Programmable Read Only Memory，EPROM）是目前使用最广泛的 ROM。其利用高电压电流将资料编程写入，抹除时将线路曝光于紫外线下，则资料可被清空。之后又可以用电的方法对其重新编程，重复使用。通常在封装外壳上会预留一个石英透明窗以方便曝光。

利用物理方法（紫外线）可擦除的 RROM 通常称为 EPROM；用电的方法可擦除的 PROM 称为 EEPROM（E2PROM）。

3）EEPROM

电子式可抹除可编程只读存储器（Electrically Erasable Programmable Read Only Memory，EEPROM）之运作原理类似 EPROM，但是抹除的方式是使用高电场来完成。

EPROM 需用紫外光擦除，使用不方便也不稳定。20 世纪 80 年代制出的 EEPROM，克服了 EPROM 的不足，但集成度不高，价格较贵。

2.3.4　高速缓存（Cache）

Cache 是一种比常见内存（RAM）更快的存储器，在存储位置上位于处理器和外部内存之间，一般称之为高速缓冲存储器。众所周知，程序由代码和数据组成，在一般情况下由于容量限制代码和数据需要存放在内存中，当处理器要执行程序时就需要不断地访问内存，出于技术和成本问题，内存的读取速度通常比 CPU 的速度慢很多，因此这会严重制约系统的实际性能。

在实际程序运行过程中，处理器对内存的访问并不是完全随机的，在某个时间段内，CPU 总是访问当前内存地址的相邻地址，也就是说程序对内存的访问符合局部性原理。基于程序局部性原理，通过在 CPU 和外部存储设备之间设计高速缓冲器（Cache），让其进行外部存储设备的局部存储，从而可以提升 CPU 对外部存储设备的访问效率。Cache 的主要功能是对外部存储设备（一般指内存）的缓冲，在一般的 Cache 设计中，Cache 把整个内存分成大小相同的块，块的大小因不同 Cache 芯片的实现而不同。因此，Cache 内部的地址是由块号和块内偏移组成。图 2-13 给出了 Cache 的逻辑工作示意图，其实现过程如下。

（1）Cache 收到 CPU 访问内存的地址。

（2）Cache 将 CPU 访问内存的地址分解为块号和块内偏移。

（3）利用（2）中分解的块号查找 Cache 内部的 Cache 块。

（4）如果用（2）中的块号找到一个 Cache 块，即表示命中，然后用（2）中分解的块内偏移去索引该块中的数据；如果当前是读内存，即可立即将 Cache 中缓存的数据返回给 CPU；如果是写操作，根据 Cache 的类型不同，动作会不同。

（5）如果（3）中没有找到对应的 Cache 块，即表示未命中。

（6）如果 Cache 未命中，Cache 首先查找 Cache 内部有没有空闲块。

（7）如果（6）中 Cache 找到一个空闲块，就在该块中装入 CPU 访问内存地址对应的内存块，同时，如果是读内存操作就把这个地址对应的数据返回给 CPU。如果是写内存操作，根据 Cache 的类型不同，动作也会不同。

（8）如果在（6）过程中没有找到一个空闲块，需要使用 Cache 管理中的块替换策略，找出 Cache 中可替换出去的块。如果 CPU 是读内存操作，那么根据替换块的块号和状态，Cache 会决定是否把这个块回写到内存中（或者直接废除），最后在该替换出去的块中装入 CPU 访问内存地址对应的内存块，同时把这个地址对应的数据返回给 CPU。如果 CPU 是写内存操作，根据 Cache 的类型不同，Cache 的动作也会不同。

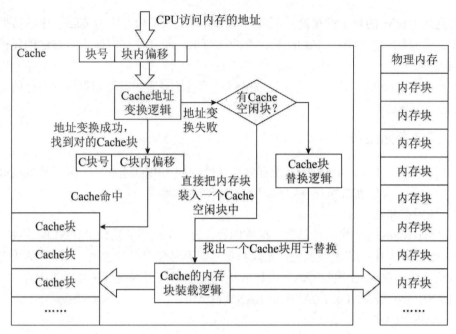

图 2-13　Cache 工作机制示意图

根据程序访问的局部性原理可知，CPU 在某一特定的时间段内会对 Cache 保持很高的命中率。因此，在该时间段内，CPU 就可以直接从 Cache 中获取指令或数据，从而提升系统的性能。根据 Cache 的工作机制，可以把 Cache 分为多种类型，典型的包括回写式 Cache 和写通式 Cache。

1）回写式 Cache

当 CPU 执行写数据操作时，回写式 Cache 只把该数据写入其数据地址对应的 Cache 中，不直接写入内存。仅当该 Cache 块需要替换时，才把 Cache 块回写入内存中。在回写式 Cache 中，每个 Cache 块中都有对应的修改位。只要该 Cache 块中的任何单元被修改，该位即被置为 1，否则为 0。当该 Cache 块需要被替换时，如果其修改位为 1，则必须先将该 Cache 块写入内存，将其修改位置为 0，然后用新的内存块覆盖该 Cache 块。

回写式 Cache，不能实时地保证内存和 Cache 中数据副本之间内容的一致性。但是其特点在于回写式 Cache 和内存的通信较少，尤其当 Cache 在特定的时间段内有很高的命中率时，其效率较高，同时回写式 Cache 的硬件实现也较为简单。

2）写通式 Cache

在写通式模式工作中，当 CPU 执行写操作时，写通式 Cache 必须同时把该数据写入其数据地址对应的 Cache 块和内存中。写通式 Cache 的每个 Cache 块中不需要有对应的修改位。当该 Cache 块需要被替换时，也不必把该 Cache 块写入内存中，新的内存块可以直接覆盖该 Cache 块。写通式 Cache 能始终保持 Cache 中的数据和内存中数据的一致性。

写通式 Cache 的稳定性很高，因为它始终实时地保证内存中有 Cache 中的数据的最新副本。但是同时也增加了 Cache 和内存的通信量，而且并且写通式 Cache 的硬件实现也复杂很多。

在实际 Cache 的工作中，到底是采用回写式还是写通式需要根据用户自己的需要对 Cache 进行配置。

2.3.5　其他存储设备

快闪存储器（Flash Memory）的存储单元结构同 EPROM 相似，并且集成度高、功耗低、体积小，又能在线快速擦除，因而获得飞速发展。

1．快闪存储器

FLASH Memory，快闪存储器，简称闪存。FLASH 闪存是 EEPROM 的变种。不同的是 EEPROM 能在字节水平上进行删除和重写而不是整个芯片擦写，而闪存的大部分芯片需要块擦除。FLASH 擦除写入速度比较快，为强调其写入速度快才成为闪存。

FLASH 分两类：NOR FLASH 和 NAND FLASH。

1）NOR FLASH

任何 FLASH 器件的写入操作只能在空或已擦除的单元内进行，所以大多数情况下，在进行写入操作之前必须先执行擦除。NAND 器件执行擦除操作是十分简单的，而 NOR 则要求在进行擦除前先要将目标块内所有的位都写为 0。

NOR FLASH 带有 SRAM 接口，有足够的地址引脚来寻址，可以很容易地存取其内部的每一个字节，因此可直接连接系统总线，构成内存储器。

2）NAND FLASH

NAND 器件使用复杂的 I/O 口来串行地存取数据，采用串行接口，不能直接构成内存，只能用来构成外存储器。NAND 读和写操作一般采用 512 字节的块，这一点有点像硬盘管理此类操作。很自然地，基于 NAND 的存储器就可以取代硬盘或其他块设备。

两者对比如下：

- NOR 的读速度比 NAND 稍快一些。
- NAND 的写入速度比 NOR 快很多。
- NAND 的擦除速度远比 NOR 的快。
- 大多数写入操作需要先进行擦除操作。
- NAND 的擦除单元更小，相应的擦除电路更少。
- NOR FLASH 上面可直接运行程序，NAND FLASH 上仅可以存储信息。

2．磁盘、光盘等存储介质

1）磁盘

在磁表面存储器中，磁盘的存取速度最快，且具有较大的存储容量，是目前广泛使用的外存储器。磁盘存储器由盘片、驱动器、控制器和接口组成。盘片的两面用来存储信息。驱动器用于驱动磁头（读/写头）沿盘面作径向运动以寻找目标磁道位置，驱动盘片以额定速率稳定旋转，通常是 5400～15000r/min（Revolution Per Minute，RPM），并且控制数据的写入和读出。控制器接收主机发来的命令，将它转换成磁盘驱动器的控制命令，并实现主机和驱动器之间数据格式的转换及数据传送，以控制驱动器的读/写操作。一个控制器可以控制一台或多台驱动器。接口是主机和磁盘存储器之间的连接逻辑。

　　磁盘存储器也称为硬盘存储器。硬盘存储器具有存储容量大，使用寿命长，存取速度较快的特点。硬盘存储器的硬件包括硬盘控制器（适配器）、硬盘驱动器以及连接电缆。硬盘控制器（Hard Disk Controller，HDC）对硬盘进行管理，并在主机和硬盘之间传送数据。硬盘控制器以适配卡的形式插在主板上或直接集成在主板上，然后通过电缆与硬盘驱动器相连。硬盘驱动器（Hard Disk Drive，HDD）中有盘片、磁头、主轴电机（盘片旋转驱动机构）、磁头定位机构、读/写电路和控制逻辑等。

　　为了提高单台驱动器的存储容量，在硬盘驱动器内使用了多个盘片，它们被叠装在主轴上，构成一个盘组；每个盘片的两面都可用作记录面，所以一个硬盘的存储容量又称为盘组容量。

　　硬盘的接口方式可以说是硬盘另一个非常重要的技术指标，这点从 SCSI 硬盘和 IDE 硬盘的巨大差价就能体现出来，接口方式直接决定硬盘的性能。现在最常见的接口有 IDE（ATA）和 SCSI 两种，此外还有一些移动硬盘采用了 PCMCIA 或 USB 接口。

- IDE（Integrated Drive Electronics）：IDE 接口最初由 CDC、康柏和西部数据公司联合开发，由美国国家标准协会（ATA）制定标准，所以又称 ATA 接口。普通用户家里的硬盘几乎全是 IDE 接口的。IDE 接口的硬盘可细分为 ATA-1（IDE）、ATA-2（EIDE）、ATA-3（Fast ATA-2）、ATA-4（包括 UltraATA、Ultra ATA/33、Ultra ATA/66）与 Serial ATA（包括 Ultra ATA/100 及其他后续的接口类型）。基本 IDE 接口数据传输率为 4.1Mb/s，传输方式有 PIO 和 DMA 两种，支持总线为 ISA 和 EISA。后来为提高数据传输率、增加接口上能连接的设备数量、突破 528MB 限制及连接光驱的需要，又陆续开发了 ATA-2、ATAPI 和针对 PCI 总线的 FAST-ATA、FAST-ATA2 等标准，数据传输率达到了 16.67MB/s。
- 小型计算机系统接口（Small Computer System Interface，SCSI）：SCSI 并不是专为硬盘设计的，实际上它是一种总线型接口。由于独立于系统总线工作，所以它的最大优势在于其系统占用率极低，但由于其昂贵的价格，这种接口的硬盘大多用于服务器等高端应用场合。

　　2）光盘

相对于利用磁头变化和磁化电流进行读/写的磁盘而言，用光学方式读/写信息的圆盘称为光盘，以光盘为存储介质的存储器称为光盘存储器。光盘存储器采用聚焦激光束在盘式介质上非接触地记录高密度信息。

光盘存储器的类型：

- CD-ROM 光盘：所谓 CD-ROM（Compact Disc Read Only Memory），即只读型光盘，又称固定型光盘。它由生产厂家预先写入数据和程序，使用时用户只能读出，不能修改或写入新内容；
- CD-R 光盘：CD-R 光盘采用 WORM（Write One Read Many）标准，光盘可由用户写入信息，写入后可以多次读出；但只能写入一次，信息写入后将不能再修改，所以称为只写一次型光盘；
- CD-RW 光盘：这种光盘是可以写入、擦除、重写的可逆性记录系统。这种光盘类似于磁盘，可重复读/写；
- DVD-ROM 光盘：DVD 代表通用数字化多功能光盘（Digital Versatile Disc），简称高容量 CD。事实上，任何 DVD-ROM 光驱都是 CD-ROM 光驱，即这类光驱既能读取 CD 光盘，也能读取 DVD 光盘。DVD 除了密度较高以外，其他技术与 CD-ROM 完全相同。

3）CF

CF（Compact Flash）。CF 卡由 SanDisk 公司与 1994 年生产，并制定了相关规范，其用于便携式电子设备的数据存储设备。它革命性的使用了闪存技术。CF 卡采用闪存（flash）技术，是一种稳定的存储解决方案，不需要电池来维持其中存储的数据。对所保存的数据来说，CF 卡比传统的磁盘驱动器安全性和保护性都更高；比传统的磁盘驱动器及Ⅲ型 PC 卡的可靠性高 5～10 倍，而且 CF 卡的用电量仅为小型磁盘驱动器的 5%。这些优异的条件使得大多数数码相机选择 CF 卡作为其首选存储介质。

Compact Flash 的电气特性与 PCMCIA-ATA 接口一致，但外形尺寸较小。连接器的宽度为 43mm 宽，外壳的深度是 36mm，厚度分 3.3mm（CF Ⅰ型卡）和 5mm（CF Ⅱ型卡）两种。CF Ⅰ型卡可以用于 CF Ⅱ型卡插槽，但 CF Ⅱ型卡由于厚度的关系无法插入 CF Ⅰ型卡的插槽中。CF 闪存卡多数是 CF Ⅰ型卡。

CF 接口已广泛用于 PDA、笔记本电脑、数码相机和包括台式机在内的各种设备。

4）SD

SD 卡（Secure Digital Memory Card）是一种基于半导体快闪记忆器的新一代记忆设备。SD 卡由日本松下、东芝及美国 SanDisk 公司于 1999 年 8 月共同开发研制。大小犹如一张邮票的 SD 记忆卡，重量只有 2g，但却拥有高记忆容量、快速数据传输率、极大的移动灵活性以及很好的安全性。

SD 卡在 24mm×32mm×2.1mm 的体积内结合了 SanDisk 快闪记忆卡控制与 MLC（Multilevel Cell）技术和 Toshiba（东芝）0.16μ 及 0.13μ 的 NAND 技术，通过 9 针的接口界面与专门的驱动器相连接，不需要额外的电源来保持其上记忆的信息。而且它是一体化固体介质，没有任何移动部分，所以不用担心机械运动的损坏。

2.4　嵌入式系统 I/O

　　嵌入式系统是面向应用的，不同的应用所需接口和外设不同。接口是 CPU 和 I/O 设备之间交换信息的媒介和桥梁。CPU 与外部设备、存储器的连接和数据交换都需要通过设备接口来实现。

2.4.1　通用输入/输出接口

　　通用输入/输出接口 GPIO（General Purpose I/O，通用 I/O）是 I/O 的最基本形式。它是一组输入引脚或输出引脚，CPU 对它们能够进行存取。有些 GPIO 引脚能加以编程而改变工作方向。GPIO 的另一传统术语称为并行 I/O（parallel I/O）。如图 2-14 所示为双向 GPIO 端口的简化功能逻辑图。为简化图形，仅画出 GPIO 的第 0 位。图中画出两个寄存器：数据寄存器 PORT 和数据方向寄存器 DDR。

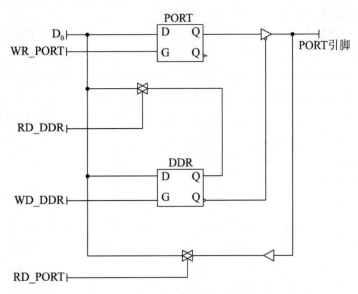

图 2-14　双向 GPIO 端口的简化功能逻辑图

　　数据方向寄存器（Data Direction Register，DDR）设置端口的方向。若该寄存器的输出为 1，则端口为输出；若该寄存器的输出为零，则端口为输入。DDR 状态能够用写入该 DDR 的方法加以改变。DDR 在微控制器地址空间中是一个映射单元。这种情况下，若要改变 DDR，则需要将恰当的值置于数据总线的第 0 位即 D_0，同时激活 WR_DDR 信号。读取 DDR 单元，就能读得 DDR 的状态，同时激活 RD_DDR 信号。

　　若将 PORT 引脚置为输出，则 PORT 寄存器控制着该引脚状态。若将 PORT 引脚设置为输入，则此输入引脚的状态由引脚上的逻辑电路层来实现对它的控制。对 PORT 寄存器的写入，将激活 WR_PORT 信号。PORT 寄存器也映射到微控制器的地址空间。需指出，即使当端口设置为输入时，若对 PORT 寄存器进行写入，并不会对该引脚发生影响。但从 PORT 寄存器的读出，不管端口是什么方向，总会影响该引脚的状态。

2.4.2　模数/数模接口

1．模数转换接口

所谓模/数转换器（A/D 转换器）就是把电模拟量转换成为数字量的电路。在当今的现代化生产中，被广泛应用的实时监测系统和实时控制系统都离不开模/数转换器。一个实时控制系统要实现微机监控实时现场工作过程中发生的各种参数的变化，首先由传感器把实时现场的各种物理参数（如温度、流量、压力、PH 值、位移等）测量出，并转为相应的电信号，经过放大、滤波处理，再通过多路开关的切换和采样/保持电路的保持，送到 A/D 转换器，由 A/D 转换器将电模拟信号转换为数字量信号，之后被微机采集，微机按一定算法计算输出控制量，并输出之。输出数据经 D/A 转换器（数/模转换器）将数字量转换为电模拟量去控制执行机构。

实现 A/D 转换的方法很多，常用的方法有计数法、双积分法和逐次逼近法。

1）计数法

首先开始转换信号有效（由高变低），使计数器复位，当开始转换信号恢复高电平时，计数器准备计数。因为计数器已被复位，所以计数器输出数字为 0。这个 0 输出送至 D/A 转换器，使之也输出 0V 模拟信号。此时，在比较器输入端上待转换的模拟输入电压 V_i 大于 V_0（0V），比较器输出高电平，使计数控制信号 C 为 1。这样，计数器开始计数。从此 D/A 转换器输入端得到的数字量不断增加，致使输出电压 V_0 不断上升。在 $V_0<V_i$ 时，比较器的输出总是保持高电平。当 V_0 上升到某值时，第一次出现 $V_0>V_i$ 的情况，此时，比较器的输出为低电平，使计数控制信号 C 为 0，导致计数器停止计数。这时候数字输出量 $D_7\sim D_0$ 就是与模拟电压等效的数字量。计数控制信号由高变低的负跳变也是 A/D 转换的结束信号，它用来通知计算机，已完成一次 A/D 转换。

计数式 A/D 转换的特点是简单，但速度比较慢，特别是模拟电压较高时，转换速度更慢。当 C=1 时，每输入一个时钟脉冲计数器加 1。对一个 8 位 A/D 转换器，若输入模拟量为最大值，计数器从 0 开始计数到 255 时，才转换完毕，相当于需要 255 个计数脉冲周期。

2）双积分法

双积分式 A/D 转换的基本原理是对输入模拟电压和参考电压进行两次积分，变换成与输入电压均值成正比的时间间隔，利用时钟脉冲和计数器测出其时间间隔，因此，此类 D/A 转换器具有很强的抗工频干扰能力，转换精度高，但速度较慢，通常每秒转换频率小于 10Hz，主要用于数字式测试仪表，温度测量等方面。

首先电路对输入待测的模拟电压进行固定时间的积分，然后换至标准电压进行固定斜率的反向积分。反向积分进行到一定时间，便返回起始值。对标准电压进行反向积分的时间 T 正比于输入模拟电压，输入模拟电压越大，反向积分回到起始值的时间越长。因此，只要用标准的高频时钟脉冲测定反向积分花费的时间，就可以得到相应于输入模拟电压的数字量，即实现了 A/D 转换。

3）逐次逼近法

逐次逼近式 A/D 转换法是 A/D 芯片采用最多的一种 A/D 转换方法，和计数式 A/D 转换一样，逐次逼近式 A/D 转换时，是由 D/A 转换器从高位到低位逐位增加转换位数，产生不同的输出电压，把输入电压与输出电压进行比较而实现。不同之处是用逐次逼近式进行转换时，要用一个逐次逼近寄存器存放转换出来的数字量，转换结束时，将最终的数字量送到缓冲寄存器中。

逐次逼近式 A/D 转换法的特点是速度快，转换精度较高，对 N 位 A/D 转换只需 N 个时钟脉冲即可完成，一般可用于测量几十到几百微秒的过渡过程的变化，是计算机 A/D 转换接口中应用最普遍的转换方法。

2．数模转换接口

D/A 转换器的主要功能是将数字量转换为模拟量。数字量是由若干数位构成的，每个数位都有一定的权，如 8 位二进制数的最高位 D_7 的权为 $2^7=128$，只要 $D_7=1$ 就表示具有了 128 这个值。把一个数字量变为模拟量，就是把每一位上的代码按照权转换为对应的模拟量，再把各位所对应的模拟量相加，所得到各位模拟量的和便是数字量所对应的模拟量。

基于上述思路，在集成电路中，通常采用 T 型网络实现将数字量转换为模拟电流，然后再用运算放大器完成模拟电流到模拟电压的转换。所以，要把一个数字量转换为模拟电压，实际上需要两个环节：即先由 D/A 转换器把数字量转换为模拟电流，再由运算放大器将模拟电流转换为模拟电压。目前 D/A 转换集成电路芯片大都包含了这两个环节，对只包含第一个环节的 D/A 芯片，就要外接运算放大器才能转换为模拟电压。

2.4.3 键盘、显示、触摸屏等接口基本原理与结构

1．键盘

键盘的结构通常有两种形式：线性键盘和矩阵键盘。在不同的场合下，这两种键盘均得到了广泛的应用。

线性键盘由若干个独立的按键组成，每个按键的一端与微机的一个 I/O 口相连。有多少个键就要有多少根连线与微机的 I/O 口相连，因此，只适用于按键少的场合。矩阵键盘的按键按 N 行 M 列排列，每个按键占据行列的一个交点，需要的 I/O 口数目是 N+M，容许的最大按键数是 N×M。显然，矩阵键盘可以减少与微机接口的连线数，简化结构，是一般微机常用的键盘结构。根据矩阵键盘的识键和译键方法的不同，矩阵键盘又可以分为非编码键盘和编码键盘两种。

非编码键盘主要用软件的方法识键和译键。根据扫描方法的不同，可以分为行扫描法、列扫描法和反转法 3 种。

编码键盘主要用硬件来实现键的扫描和识别，通常使用 8279 专用接口芯片，在硬件上要求较高。

2．显示

液晶显示器（Liquid Crystal Display，LCD）具有耗电省、体积小等特点，被广泛应用于嵌入式系统中。液晶得名于其物理特性：它的分子晶体，以液态而非固态存在。这些晶体分子的液体特性使得它具有两种非常有用的特点：

- 如果让电流通过液晶层，这些分子将会以电流的流向方向进行排列，如果没有电流，它们将会彼此平行排列；
- 如果提供了带有细小沟槽的外层，将液晶倒入后，液晶分子会顺着槽排列，并且内层与外层以同样的方式进行排列。

液晶的第三个特性是很神奇的：液晶层能使光线发生扭转。液晶层表现得有些类似偏光器，这就意味着它能够过滤除了那些从特殊方向射入之外的所有光线。此外，如果液晶层发生了扭转，光线将会随之扭转，以不同的方向从另外一个面中射出。

LCD 显示器的基本原理就是通过给不同的液晶单元供电，控制其光线的通过与否，从而达到显示的目的。在 LCD 显示器中，显示面板薄膜被分成很多小栅格，每个栅格由一个电极控制，通过改变栅格上的电极就能控制栅格内液晶分子的排列，从而控制光路的导通。彩色显示利用三原色混合的原理显示不同的色彩：彩色 LCD 面板中，每一个像素都是由 3 格液晶单元格构成的，其中每一个单元格前面都分别有红色、绿色或蓝色的过滤片，光线经过过滤片的处理变成红色、蓝色或者绿色，利用三原色的原理组合出不同的色彩。

3．触摸屏

触摸屏按其工作原理的不同分为表面声波屏、电容屏、电阻屏和红外屏几种。而常见的又数电阻触摸屏。电阻触摸屏的屏体部分是一块与显示器表面非常配合的多层复合薄膜，由一层玻璃或有机玻璃作为基层，表面涂有一层透明的导电层，上面再盖有一层外表面硬化处理、光滑防刮的塑料层，它的内表面也涂有一层透明导电层，在两层导电层之间有许多细小（小于千分之一英寸）的透明隔离点把它们隔开绝缘。

当手指或笔触摸屏幕时，平常相互绝缘的两层导电层就在触摸点位置有了一个接触，因其中一面导电层（顶层）接通 X 轴方向的 5V 均匀电压场，使得检测层（底层）的电压由零变为非零，控制器侦测到这个接通后，进行 A/D 转换，并将得到的电压值与 5V 相比即可得触摸点的 X 轴坐标为（原点在靠近接地点的那端）：

$$X_i = Lx * V_i / V （即分压原理）$$

同理得出 Y 轴的坐标，这就是所有电阻技术触摸屏共同的最基本原理。

2.4.4　嵌入式系统音频、视频接口

1．音频接口

目前，越来越多的嵌入式系统产品，如 CD、手机、MP3、MD、VCD、DVD、数字电视等，引入了数字音频系统。这些产品中数字化的声音信号由一系列的超大规模集成电路处理，常用的数字声音处理需要的集成电路包括 A/D 转换器和 D/A 转换器、数字信号处理器（DSP）、数字滤波器和数字音频输入/输出接口及设备（麦克风、话筒）等。麦克风输入的数据经音频编解码器解码完成 A/D 转换。解码后的音频数据送入通过音频控制器送入 DSP 或 CPU 进行相应的处理。音频输出数据经音频控制器发送给音频编码器，经编码 D/A 转换后由扬声器输出。

1）音频数据类型

数字音频数据有多种不同格式。下面简要介绍 3 种最常用的格式：采样数字音频（PCM）、MPEG 层 3 音频（MP3）和 ATSC 数字音频压缩标准（AC3）。

- PCM 数字音频是 CD-ROM 或 DVD 采用的数据格式。对左右声道的音频信号采样得到 PCM 数字信号，采样率为 44.1kHz，精度为 16 位或 32 位。因此，精度为 16 位时，PCM 音频数据速率为 1.41Mb/s；32 位时为 2.42Mb/s。一张 700MB 的 CD 可保存大约 60 分钟的 16 位 PCM 数据格式的音乐。
- MP3 是 MP3 播放器采用的音频格式，对 PCM 音频数据进行压缩编码。立体声 MP3 数据速率为 112kb/s 至 128kb/s。对于这种数据速率，解码后的 MP3 声音效果与 CD 数字音频的质量相同。
- AC3 是数字 TV、HDTV 和电影数字音频编码标准。立体声 AC3 编码后的数据速率为 192kb/s。

2）IIS 音频接口总线

数字音频系统需要多种集成电路，所以为这些电路提供一个标准的通信协议非常重要。IS 总线是 Philips 公司提出的音频总线协议，全称是数字音频集成电路通信总线（Inter-IC Sound Bus，IIS），它是一种串行的数字音频总线协议。音频数据的编码或解码的常用串行音频数字接口是 IIS 总线。

IIS 总线只处理声音数据，其他控制信号等则需单独传输。IIS 使用了 3 根串行总线，以尽量减少引出管脚，这 3 根线分别是：提供分时复用功能的数据线、字段选择线（声道选择）、时钟信号线。

2．视频接口

1）VGA 接口

VGA（Video Graphics Array）接口，也叫 D-Sub 接口，它负责向显示器输出相应的图像信号，是电脑与显示器之间的桥梁。CRT 显示器因为设计制造上的原因，只能接受模拟信号输入，这就需要显卡能输出模拟信号，VGA 接口就是显卡上输出模拟信号的接

口。虽然液晶显示器可以直接接收数字信号，但很多低端产品为了与有 VGA 接口的显卡相匹配，也采用 VGA 接口。

VGA 接口是显卡上应用最为广泛的接口类型，多数的显卡都带有此种接口。但当 VGA 接口用于连接液晶之类的显示设备时，转换过程的图像损失会使显示效果略微下降。

2）CVBS 接口

复合视频信号（CVBS）接口，也就是通常所称的 RCA 接口。它是一种最简单、应用最普及的视频信号接口，广泛应用于 VCD、DVD、电视机等视频设备。复合视频将亮度信号和色度信号采用频谱间置方法复合在一起，因此容易导致亮色串扰、清晰度降低等问题，是所有视频接口中传输质量最差的一种接口。

3）S-Video 接口

S-Video 接口也称 S 端子，它是随着摄像机、S-VHS 录像机的发展而兴起的视频接口，目前也非常流行。S-Video 中将亮度信号 Y 和色度信号 C 分开传输，确保亮度信号不会受到色度信号的干扰，使视频传输效果得到了很大改善，在非专业应用中是一种理想的模拟视频接口。

4）分量视频接口

分量视频接口也叫色差输出，是美国、中国的标准视频接口，与 CVBS 接口一样，常见于 DVD 播放机和电视机。分量视频接口在 S-Video 的基础上又将色度信号分为 2 个色差信号。因此传输效果得以提升，色差信号和 RGB 三原色信号的图像质量相当，目前是 3 种模拟视频接口中效果最好的。

5）DVI 接口

DVI 全称为 Digital Visual Interface，它是 1999 年由 Silicon Image、Intel（英特尔）、Compaq（康柏）、IBM、HP（惠普）、NEC、Fujitsu（富士通）等公司共同组成 DDWG（Digital Display Working Group，数字显示工作组）推出的接口标准。

目前的 DVI 接口分为两种，一个是 DVI-D 接口。DVI-D 接口只能接收数字信号，不兼容模拟信号。

6）HDMI 接口

高清晰度多媒体接口（High-Definition Multimedia Interface）。它是基于 DVI 制定的一种更方便的数字多媒体接口，并在 DVI 基础上增加了数字音频信号传输功能。DVI 接口多应用于 PC 中，而 HDMI 接口主要应用于高清电视等消费电子产品中。

HDMI 是首个也是业界唯一支持的不压缩全数字音频/视频接口。HDMI 通过在一条线缆中传输高清晰、全数字的音频和视频内容，极大简化了布线，为消费者提供最高质量的家庭影院体验，是 HD 和消费类电子市场的标准数字接口。

相对于现有的模拟视频接口如复合、S-Video 和分量视频，HDMI 具有以下优点：

- 视频图像质量高。单线集成视频和多声道音频，易用性好。
- 支持视频源（如 DVD 播放机）和数字显示器（DTV）之间的双向通信，可实现新功能，例如视频分辨率和屏幕长宽比的自动配置和一键播放等功能。可传输高质量的音频,具有更大的带宽,支持最新的无损失音频格式。

2.4.5 输入/输出控制

不同类型的嵌入式系统,其所用的外部设备不同。常规外设是每个嵌入式系统的标配,而专用外设则是针对某种应用而特殊配置的。

常规外设主要包括输入设备,如鼠标键盘等;输出设备,如显示器、打印机等;外部存储设备,如磁盘、USB 移动硬盘、USB 闪存盘、光盘等。

I/O 设备一般包括设备本身和设备控制器。设备控制器是插在电路板上的一块芯片或一组芯片,接口是 CPU 和 I/O 设备之间交换信息的媒介和桥梁。CPU 与外部设备、存储器的连接和数据交换都需要通过设备接口来实现。在计算机发展过程中,一些设备接口逐渐被标准化。接口可分为低速接口和高速接口。

图 2-15 为某一典型的嵌入式板卡,其外围配置有不同的设备物理接口,包括电源接口、以太网口、RS-232 串口、DVI 数字视频接口、PS/2 鼠标键盘接口、USB 接口、GPIO 接口等。在常见的嵌入式系统中,低速接口通常包括 RS-232、RS-485、RS-422、SPI、I²C、GPIO 接口等;高速接口通常包括以太网口(百兆、千兆)、Rapid-IO、USB 接口等。

图 2-15　嵌入式板卡上的物理接口

2.5 定时器和计数器

2.5.1 硬件定时器

从硬件的角度看来,定时器(Timer)和计数器(Counter)的概念是可以互换的,其差别主要体现在硬件在特定应用中的使用情况。定时器的基本结构与各组件的作用,与可编程间隔计时器类似。系统时间就是由定时器/计数器产生的输出脉冲触发中断而产生的,输出脉冲的周期叫作一个"滴答",也就表示发生了一次时钟中断。实时操作系统内核提供的硬件定时器管理功能包括:

(1)初始化定时器:负责设置定时器相关寄存器,滴答的间隔时间,以及挂接系统时钟中断处理程序。

(2)维持相对时间(时间单位为滴答)和日历时间:相对时间就是系统时间,是指相对于系统启动以来的时间。每发生一个滴答,系统的相对时间增加 1。内核可以从实时时钟获取启动时刻的日历时间。

(3)任务有限等待的计时:用时间等待链来组织需要延迟处理的对象(或者任务),

例如可以使用差分时间链。对于差分时间链，每产生一个滴答后，链首对象的时间值减 1；当减到 0 时，链首对象被激活，并从差分时间链中取下一个对象成为链首对象。

（4）时间片轮换调度的计时：如果任务设置了这种调度方式，则需要在时钟中断服务程序中对当前正在运行的任务的已执行时间进行更新，使任务的已执行时间数值加 1。如果加 1 后，任务的已执行时间同任务的时间片相等，则表示任务用完分配给它的时间配额，需要结束它的运行，转入就绪队列。

2.5.2　软件定时器

虽然硬件定时器管理已经包括了诸多功能，但是为实现"定时功能"，实时内核需要支持软件定时器管理功能，使得应用程序可根据需要创建、使用软件定时器。软件定时器在创建时由用户提供定时值；当软件定时器的定时值减法计数为 0 时，触发该定时器上的时间服务例程。用户可在此例程中完成自己需要的操作。因此，在中断服务处理程序中需要对软件定时器的定时值进行减 1 操作。

在无硬件看门狗的情况下，软件定时器可用于实现看门狗，在应用的某个地方进行软件定时器的停止计时操作，确保定时器在系统正常运行的情况下不会到期，即不会触发定时器服务例程；如果某个时候系统进入了定时器服务例程，就表示停止计时操作没有被执行到，系统出现错误。

2.5.3　可编程间隔定时器

可编程间隔定时器（Programmable Interval Timer，PIT）又称计数器，主要功能是事件计数和生成时间中断，以解决系统时间的控制问题。

PIT 种类很多，但是它们的基本结构类似。可编程定时、计数器总体上由两部分组成：计数硬件和通信寄存器。通信寄存器包含有控制寄存器、状态寄存器、计数初始值寄存器、计数输出寄存器等，典型的 PIT 原理如图 2-16 所示。

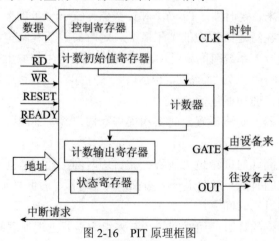

图 2-16　PIT 原理框图

通信寄存器在计数硬件和操作系统之间建立联系，用于两者之间的通信。操作系统通过这些寄存器控制计数硬件的工作方式，读取计数硬件的当前状态和计数值等信息。在操作系统内核初始化时，内核向定时、计数器写入控制字和计数初值，而后计数硬件就会按照一定的计数方式对晶振产生的输入脉冲进行计数操作：计数器从计数初始值开始，每收到一次脉冲信号，计数器就减 1。当计数器减到 0 时，就会输出高电平或低电平（输出脉冲），然后从计数初值开始重复另一次计数，从而产生出一个输出脉冲。定时/计数器产生的输出脉冲是 OS 时钟的硬件基础，因为这个输出脉冲将接到中断控制器上，定期产生中断信号作为时钟中断信号。操作系统利用时钟中断维护 OS 时钟的正常工作，每次时钟中断，操作系统的时间计数变量就加 1。

定时器中断速率是指定时器每秒钟产生的中断个数。每个中断称为一个滴答（Tick），表示一个时间单位。例如，如果定时器速率是 1000 个滴答/秒，那么每个滴答表示 1ms 的时间片。定时器中断速率设定在控制寄存器中，其取值范围与输入时钟频率有关。

2.6 嵌入式系统总线及通信接口

2.6.1 PCI、PCI–E 等接口基本原理与结构

1. PCI

外设部件互连标准（Peripheral Component Interconnect，PCI）总线是当前最流行的总线之一，它是由 Intel 公司 1992 年推出的一种总线标准。它定义了 32 位数据总线，且可扩展为 64 位。

（1）高速性。PCI 局部总线以 33MHz 的时钟频率操作，采用 32 位数据总线，数据传输速率可高达 132Mb/s，远超过以往各种总线。而早在 1995 年 6 月推出的 PCI 总线规范 2。PCI 总线的主设备可与微机内存直接交换数据，而不必经过微机 CPU 中转，也提高了数据传送的效率。

（2）即插即用性。在使用 ISA 板卡时，有两个问题需要解决：一是在同一台微机上使用多个不同厂家、不同型号的板卡时，板卡之间可能会有硬件资源上的冲突；二是板卡所占用的硬件资源可能会与系统硬件资源（如声卡、网卡等）相冲突。而 PCI 板卡的硬件资源则是由微机根据其各自的要求统一分配，绝不会有任何的冲突问题。因此，作为 PCI 板卡的设计者，不必关心微机的哪些资源可用，哪些资源不可用，也不必关心板卡之间是否会有冲突。因此，即使不考虑 PCI 总线的高速性，单凭其即插即用性，就比 ISA 总线优越了许多。

（3）可靠性。PCI 独立于处理器的结构，形成一种独特的中间缓冲器设计方式，将中央处理器子系统与外围设备分开。这样用户可以随意增添外围设备，以扩充电脑系统而不必担心在不同时钟频率下会导致性能的下降。与原先微机常用的 ISA 总线相比，PCI

总线增加了奇偶校验错、系统错、从设备结束等控制信号及超时处理等可靠性措施，使数据传输的可靠性大为增加。

（4）复杂性。PCI 总线强大的功能大大增加了硬件设计和软件开发的实现难度。硬件上要采用大容量、高速度的复杂可编程逻辑器件（Complex Programmable Logic Device，CPLD）或 FPGA 芯片来实现 PCI 总线复杂的功能。软件上则要根据所用的操作系统，用软件工具编制支持即插即用功能的设备驱动程序。

（5）自动配置。PCI 总线规范规定 PCI 插卡可以自动配置。PCI 定义了 3 种地址空间：存储器空间、输入/输出空间和配置空间，每个 PCI 设备中都有 256 字节的配置空间用来存放自动配置信息，当 PCI 插卡插入系统，BIOS（Basic Input Output System）将根据读到的有关该卡的信息，结合系统的实际情况为插卡分配存储地址、中断和某些定时信息。

（6）共享中断。PCI 总线是采用低电平有效方式，多个中断可以共享一条中断线，而 ISA 总线是边沿触发方式。

（7）扩展性好。如果需要把许多设备连接到 PCI 总线上，而总线驱动能力不足时，可以采用多级 PCI 总线，这些总线上均可以并发工作，每个总线上均可挂接若干设备。因此 PCI 总线结构的扩展性是非常好。由于 PCI 的设计是要辅助现有的扩展总线标准，因此与 ISA、EISA 及 MCA 总线完全兼容。

（8）多路复用。在 PCI 总线中为了优化设计采用了地址线和数据线共用一组物理线路，即多路复用。PCI 接插件尺寸小，又采用了多路复用技术，减少了元器件和管脚个数，提高了效率。

（9）严格规范。PCI 总线对协议、时序、电气性能、机械性能等指标都有严格的规定，保证了 PCI 的可靠性和兼容性。由于 PCI 总线规范十分复杂，其接口的实现就有较高的技术难度。

2．PCI-E

自从 IBM 兼容 PC 问世以来，PC 上已经先后出现过多种总线类型了，每种接口使用的电压都不同，并不能兼容，要解决这种情况，就只能推出一个大一统的新标准取代这些杂乱的总线标准。英特尔公司联合众多 PC 公司成立了 PCI-SIG 组织，在 2000 年前后陆续推出 PCI Express（PCI-E）总线标准。

PCI-Express 的原名为 3GIO（The 3rd Generation Input Output），是由 Intel 首先提出的，顾名思义，Intel 当初提出时就是要将它作为第三代 I/O 接口标准（第一代 I/O 接口标准是 ISA，第二代 I/O 接口标准是 PCI），后来，Intel 将 3GIO 标准转交给 PCI-SIG（PCI 总线特殊兴趣小组），名字被改为"PCI-Express"，并进行了标准化。

PCI-Express 总线的基本架构包括根组件（Root Complex）、交换器（Switch）和各种终端设备（Endpoint）。根组件可以集成在北桥芯片中，用于处理器和内存子系统与 I/O 之间的连接；交换器的功能通常以软件的形式提供，包括多个逻辑 PCI 到 PCI 的桥连接，以及与传统 PCI 设备的兼容性，在 PCI-Express 架构中出现的新设备是交换器，主要用来为 I/O 总线提供输出端，它也支持在不同终端设备间进行对等数据传输。

3．EISA

EISA 总线是 1988 年由 Compaq 等 9 家公司联合推出的总线标准。它是在 ISA 总线的基础上使用双层插座，在原来 ISA 总线的 98 条信号线上又增加了 98 条信号线，也就是在两条 ISA 信号线之间添加一条 EISA 信号线。在实用中，EISA 总线完全兼容 ISA 总线信号。

4．VME

VME 总线是一种通用的计算机总线，结合了 Motorola 公司 Versa 总线的电气标准和在欧洲建立的 Eurocard 标准的机械形状因子。它定义了一个在紧密耦合（closely coupled）硬件构架中可进行互连数据处理、数据存储和连接外围控制器件的系统。经过多年的改造升级，VME 系统已经发展的非常完善，围绕其开发的产品遍及了工业控制、军用系统、航空航天、交通运输和医疗等领域。

VME 的数据传输机制是异步的，有多个总线周期，地址的宽度是 16、24、32、40 或 64 位，数据线路的宽度是 8、16、24、32、64 位，系统可以动态的选择它们。它的数据传输方式为异步方式，因此只受制于信号交换协议，而不依赖于系统时钟；其数据传输速率为 0～500Mb/s；此外，还有 Unaligned Data 传输能力，误差纠正能力和自我诊断能力，用户可以定义 I/O 端口；其配有 21 个插卡插槽和多个背板，在军事应用中可以使用传导冷却模块。

5．CPCI

Compact PCI（Compact Peripheral Component Interconnect，CPCI），是国际工业计算机制造者联合会（PCI Industrial Computer Manufacturer's Group，PICMG）于 1994 年提出来的一种总线接口标准，是以 PCI 电气规范为标准的高性能工业用总线。为了将 PCI SIG 的 PCI 总线规范用在工业控制计算机系统，1995 年 11 月 PCI 工业计算机制造者联合会（PICMG）颁布了 CPCI 规范 1.0 版，以后相继推出了 PCI-PCI Bridge 规范、Computer Telephony TDM 规范和 User-defined I/O pin assignment 规范。

在电气特性上，CPCI 总线以 PCI 电气规范为基础，解决了 VME 等总线技术与 PCI 总线不兼容的问题，使得基于 PC 的 x86 架构、硬盘存储等技术能在工业领域使用。同时由于在接口等地方做了重大改进，使得采用 CPCI 技术的服务器、工控电脑等拥有了高可靠性、高密度的优点。在机械结构上，CPCI 总线结构使用了欧卡连接器和标准 3U、6U 板卡尺寸。此外，CPCI 总线具有很好的抗震性和通风性，而且还可以从前面板拔插板卡，使更换和维修板卡极为方便。

6．PCMCIA

PCMCIA 是英文 Personal Computer Memory Card InternationaL Association 的缩写，PCMCIA 是专门用在笔记本或 PDA、数码相机等便携设备上的一种接口规范（总线结构）。PCMCIA 定义了三种不同形式的卡，它们的长宽都是 85.6mm×54mm，只是在厚度方面有所不同。Type I 是最早的 PC 卡，厚 3.3mm，主要用于 RAM 和 ROM；Type II 将厚度增至 5.5mm，适用范围也大大扩展包括了大多数的 Modem（调制解调器）和 FaxModem（传真调制解调器），LAN 适配器和其他电气设备；Type III 则进一步增大厚度到 10.5mm 这种 PC 卡主要用于旋转式的存储设备（例如硬盘）。

PCMCIA 总线分为两类，一类为 16 位的 PCMCIA；另一类为 32 位的 CardBus。

CardBus 是一种用于笔记本计算机的新的高性能 PC 卡总线接口标准，就像广泛地应用在台式计算机中的 PCI 总线一样。该总线标准与原来的 PC 卡标准相比，具有以下的优势：

- 32 位数据传输和 33MHz 操作。CardBus 快速以太网 PC 卡的最大吞吐量接近 90 Mb/s，而 16 位快速以太网 PC 卡仅能达到 20～30 Mb/s。
- 总线自主。使 PC 卡可以独立于主 CPU，与计算机内存间直接交换数据，这样 CPU 就可以处理其他的任务。
- 3.3V 供电，低功耗。提高了电池的寿命，降低了计算机内部的热扩散，增强了系统的可靠性。
- 后向兼容 16 位的 PC 卡。老式以太网和 Modem 设备的 PC 卡仍然可以插在 CardBus 插槽上使用。

2.6.2　USB、串口等基本原理与结构

1.　USB

通用串行总线（Universal Serial Bus，USB）是由 Intel、Compaq、Digital、IBM、Microsoft、NEC、Northern Telecom 等 7 家世界著名的计算机和通信公司在 1994 年共同推出的一种新型接口标准。它基于通用连接技术，实现外设的简单快速连接，达到方便用户、降低成本、扩展 PC 连接外设范围的目的。它可以为外设提供电源，而不像普通的使用串、并口的设备需要单独的供电系统。另外，快速是 USB 技术的突出特点之一，USB 2.0 的理论最大传输速率可达 480Mb/s。USB 还能支持多媒体，但是不能通过 USB 进行计算机的互连。从 1994 年 11 月 11 日发表了 USB V0.7 版本以后，USB 版本经历了多年的发展，到现在已经发展为 3.0 版本。

USB 为所有的 USB 外设提供了单一的易于使用的标准的连接类型。这样一来就简化了 USB 外设的设计，同时也简化了用户在判断哪个插头对应哪个插槽时的任务，实现了单一的数据通用接口。

整个 USB 的系统只有一个端口和一个中断节省了系统资源。

USB 支持热插拔和 PNP（Plug-and-Play），也就是说在不关闭 PC 的情况下可以安全的插上和断开 USB 设备。计算机系统动态地检测外设的插拔，并且动态地加载驱动程序。其他普通的外围连接标准，如 SCSI 设备等必须在关掉主机的情况下才能插拔外围设备。

USB 在设备供电方面可以通过 USB 电缆供电；也可以通过电池或者其他的电力设备

来供电；或使用两种供电方式的组合，并且支持节约能源的挂机和唤醒模式。

为了适应各种不同类型外围设备的要求，USB 提供了四种不同的数据传输类型：控制传输、数据传输、中断数据传输和同步数据传输。同步数据传输可为音频和视频等实时设备的实时数据传输提供固定带宽。

USB 提供全速 12Mb/s 的速率和低速 1.5Mb/s 的速率来适应各种不同类型的外设，USB 2.0 还支持 480Mb/s 的高速传输速率。

USB 的端口具有很灵活的扩展性，一个 USB 端口串接上一个 USB Hub 就可以扩展为多个 USB 端口。

2．串口

所谓串行通信就是使数据一位一位地进行传输而实现的通信。当然，在实际传输中，如外部设备与 CPU 或计算机与计算机之间交换信息，是通过一对导线传送信息的。在传输中每一位数据都占据一个固定的时间长度。与并行通信相比，串行通信具有传输线少、成本低等优点，特别适合远距离传送，其缺点是速度慢，若并行传送 n 位数据需时间 T，则串行传送的时间最少为 nT。

1）RS-232C 串口

RS-232C 是美国电子工业协会（Electronic Industry Association，EIA）制定的一种串行物理接口标准。RS 是英文"推荐标准"的缩写，232 为标识号，C 表示修改次数。

RS-232C 总线标准设有 25 条信号线，包括一个主通道和一个辅助通道，在多数情况下主要使用主通道，对于一般双工通信，仅需几条信号线就可实现，如一条发送线、一条接收线及一条地线。

RS-232C 标准规定的数据传输速率为每秒 50、75、100、150、300、600、1200、2400、4800、9600、19200 比特。RS-232C 标准规定，驱动器允许有 2500pF 的电容负载，通信距离将受此电容限制。例如，采用 150pF/m 的通信电缆时，最大通信距离为 15m；若每米电缆的电容量减小，通信距离可以增加。传输距离短的另一原因是 RS-232 属单端信号传送，存在共地噪声和不能抑制共模干扰等问题，因此一般用于 20m 以内的通信。

嵌入式板卡上一般都配置有串口，并遵循 RS-232 总线标准。

2）RS-485 串口

在要求通信距离为几十米到上千米时，广泛采用 RS-485 串行总线标准。RS-485 采用平衡发送和差分接收，因此具有抑制共模干扰的能力。加上总线收发器具有高灵敏度，能检测低至 200mV 的电压，故传输信号能在千米以外得到恢复。

RS-485 采用半双工工作方式，任何时候只能有一点处于发送状态，因此，发送电路须由使能信号加以控制。RS-485 用于多点互连时非常方便，可以省掉许多信号线。应用 RS-485 可以联网构成分布式系统，其允许最多并联 32 台驱动器和 32 台接收器。

3．红外

红外接口，英文简称为 IrDA，是红外线数据标准协会（Infrared Data Association）的英文缩写。IrDA 红外接口是一种红外线无线传输协议以及基于该协议的无线传输接口。支持 IrDA 接口的掌上电脑，可以无线地向支持 IrDA 的设备无线连接来实现信息资源的共享。

红外接口可以在同样具备红外接口的设备间进行信息交流，由于需要对接才能传输信息，安全性较强。缺点是通信距离短，通信过程中不能移动，遇障碍物通信中断，功能单一，扩展性差。

4．并口

并行接口，简称并口，也就是 LPT 接口，是采用并行通信协议的扩展接口。并行接口的数据传输率比串行接口快 8 倍，标准并行接口的数据传输率为 1Mb/s，一般用来连接打印机、扫描仪等。所以并口又被称为打印口。

1）IEEE 488

IEEE 488 总线是并行总线接口标准。IEEE 488 总线用来连接系统，如微计算机、数字电压表、数码显示器等设备及其他仪器仪表均可用 IEEE 488 总线装配起来。

IEEE 488 总线按照位并行、字节串行双向异步方式传输信号，连接方式为总线方式，仪器设备直接并联于总线上而不需中介单元，但总线上最多可连接 15 台设备。最大传输距离为 20 米，信号传输速度一般为 500Kb/s，最大传输速度为 1Mb/s。

2）SCSI

SCSI 总线的原型是美国 Shugart 公司推出的，用于计算机与硬盘驱动器之间传输数据的 SASI（Shugart Associates System Interface）总线，1986 年成为美国国家标准 ANSI X3.131，改名为 SCSI 总线（Small Computer System Interface）。其数据线为 9 位，速度可达 5Mb/s，传输距离 6m（加驱动器可达 25m），经改进又陆续推出 SCSI-2 Fast and Wide 和 SCSI-3（又称 UItra SCSI）总线，原 SCSI 总线改称 SCSI-1 总线。该总线的传输速率很高，现已普遍用作计算机的高速外设总线，如连接高速硬盘驱动器。许多高速数据采集系统也用它与计算机互连，目前仍处在发展之中。

3）MXI

多系统扩展接口总线（Multi-system eXtension Interface bus，MXI）是一种高性能非标准的通用多用户并行总线，具有很好的应用前景。它是 NI（National Instruments）公司于 1989 年推出的 32 位高速并行互连总线，最高速度可达 23Mb/s，传输距离 20m。MXI 总线通过电缆与多个器件连接，采用硬件映像通信设计，不需要高级软件，一根 MXI 电缆上可连接 8 个 MXI 器件。其电缆本身是相通的，MXI 器件通过简单地读写相应的地址空间就可直接访问其他所有器件的资源而无需任何软件协议。目前，VXI 总线的测控机箱大都用这种总线与计算机互连。它将成为 VXI 总线机箱与计算机互连的事实上的标准总线。

5．SPI

1）SPI 概述

串行外设接口（Serial Peripheral Interface，SPI）总线系统是一种同步串行外设接口，它可以使 MCU 与各种外围设备以串行方式进行通信以交换信息。SPI 有三个寄存器分别为：控制寄存器 SPCR、状态寄存器 SPSR、数据寄存器 SPDR。外围设备包括 FLASHRAM、网络控制器、LCD 显示驱动器、A/D 转换器和 MCU 等。

2）SPI 接口特点

SPI 总线系统可直接与各个厂家生产的多种标准外围器件直接接口，该接口一般使用 4 条线：串行时钟线（SCLK）、主机输入/从机输出数据线 MISO、主机输出/从机输入数据线 MOSI 和低电平有效的从机选择线 NSS（有的 SPI 接口芯片带有中断信号线 INT、有的 SPI 接口芯片没有主机输出/从机输入数据线 MOSI）。

接口信号特点：

- MOSI：主器件数据输出，从器件数据输入；
- MISO：主器件数据输入，从器件数据输出；
- SCLK：时钟信号，由主器件产生，最大为 fPCLK/2，从模式频率最大为 fCPU/2；
- NSS：从器件使能信号，由主器件控制，有的 IC 会标注为 CS（Chip Select）。

6. I^{2}C

I^{2}C（Inter-Integrated Circuit）总线是由飞利浦公司开发的两线式串行总线接口，用于连接微控制器及其外围设备。是微电子通信控制领域广泛采用的一种总线标准，如图 2-17 所示。它是同步通信的一种特殊形式，具有接口线少，控制方式简单，器件封装形式小，通信速率较高等优点。

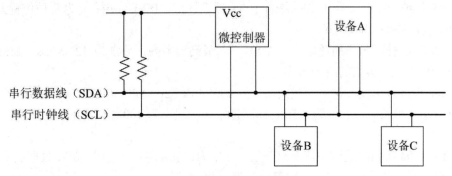

图 2-17　I^{2}C 总线连接图

I^{2}C 接口特点：

（1）I^{2}C 串行总线有两根信号线：一根是双向的数据线 SDA；另一根是时钟线 SCL。所有接到 I^{2}C 总线上的设备的串行数据都接到总线的 SDA 线，各设备的时钟线 SCL 接到总线的 SCL。

（2）I^{2}C 总线上所有的外围器件都需要唯一的地址，地址由器件地址和引脚地址两部分构成，共 7 位。器件地址是 I^{2}C 器件固有的地址编码，器件出厂时就已经给定，不可更改。引脚地址由 I^{2}C 总线外围器件的地址引脚（A2，A1，A0）决定，根据其在电路中接电源正极，接地或悬空的不同，形成不同的地址代码。引脚地址数决定了同一种器件可接入总线的最大数目。R/W(—)是方向位，R/W(—)=0 表示主器件向从器件发送数据，R/W(—)=1 表示主器件读取从器件数据。

（3）I^{2}C 规程运用主/从双向通信。I^{2}C 总线的运行（数据传输）由主机控制。所谓主机即启动数据的传送时（发出启动信号）发出时钟信号，传送结束时发出停止信号的设备，通常主机是微处理器。被主机寻访的设备都称为从机。主机和从机的数据传送，可以由主机发送数据到从机，凡是发送数据到总线的设备称为发送器，也可以是从机发到主机。从总线上接收数据的设备被称为接收器。

总线上可能挂接有多个器件，有时会发生两个或多个主器件同时想占用总线的情况，这种情况叫做总线竞争。I^{2}C 总线具有多主控能力，可以对发生在 SDA 线上的总线竞争进行仲裁，其仲裁原则是这样的：当多个主器件同时想占用总线时，如果某个主器件发送高电平，而另一个主器件发送低电平，则发送电平与此时 SDA 总线电平不符的那个器件将自动关闭其输出级。总线竞争的仲裁是在两个层次上进行的。首先是地址位的比较，如果主器件寻址同一个从器件，则进入数据位的比较，从而确保了竞争仲裁的可靠性。由于是利用 I^{2}C 总线上的信息进行仲裁，因此不会造成信息的丢失。

7. IEEE 1394

1）IEEE 1394 接口模式

IEEE 1394 接口是苹果公司开发的串行标准，俗称火线接口（FireWire），完成于 1987 年，1995 年被 IEEE 定为 IEEE 1394-1995 技术规范。IEEE 1394 分为两种传输方式：Backplane 模式和 Cable 模式。

Backplane 模式最小的速率也比 USB 1.1 最高速率高，分别为 12.5Mb/s、25Mb/s、50Mb/s，可以用于多数的高带宽应用。

Cable 模式是速度非常快的模式，分为 100 Mb/s、200 Mb/s 和 400 Mb/s 几种。1394A 理论上能支持最长的线长度为 4.5m，标准正常传输速率为 100Mb/s，并且支持多达 63 个设备。

IEEE 1394 接口的通信协议具有三层，分别为：事务层、物理层、链路数据层。其中，事务层只支持异步传输，同步传输是由链路层提供的。

2）IEEE 1394 接口类型

IEEE 1394 接口有 6 针和 4 针两种类型，如图 2-18 所示。

6 角形的接口为 6 针，小型四角形接口则为 4 针。两种接口的区别在于能否通过连线向所连接的设备供电。6 针接口中有 4 针是用于传输数据的信号线，另外 2 针是向所连接的设备供电的电源线。最早苹果公司开发的 IEEE 1394 接口是 6 针的，后来，SONY 公司看中了它数据传输速率快的特点，将早期的 6 针接口进行改良，重新设计成为大家所常见的 4 针接口，并且命名为

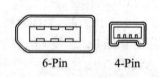

图 2-18　IEEE 1394 接口

iLINK。这种连接器如果要与标准的 6 导线线缆连接的话，需要使用转换器。

8．CAN

控制器局域网（Controller Area Network，CAN）总线是国际上应用最广泛的现场总线之一。最初，CAN 总线被汽车环境中的微控制器通信，在车载各电子控制装置（Electric Control Unit，ECU）之间交换信息，形成汽车电子控制网络。例如：发动机管理系统、变速箱控制器、仪表装备、电子主干系统中均嵌入 CAN 总线控制装置。

一个由 CAN 总线构成的单一网络中，理想情况下可以挂接任意多个节点，实际应用中节点数目受网络硬件的电气特性所限制。例如：当使用 Philips P82C250 作为 CAN 收发器时，同一网络中允许挂接 110 个节点。CAN 可提供 1Mb/s 的数据传输速率，虽然相对于以太网并不算高速，但是，这足以使实时控制变得非常容易。而且，CAN 总线是一种多主方式的串行通信总线。基本设计规范要求有高的位速率，高抗电磁干扰性，并可以检测出产生的任何错误。当信号传输距离达到 10km 时 CAN 总线仍可提供高达 50kb/s 的数据传输速率。由于 CAN 总线具有很高的实时性能。它已经在汽车工业、航空工业、工业控制、安全防护等领域中得到了广泛应用。

2.6.3　以太网、WLAN 等基本原理与结构

1．以太网

以太网接口一般分为十兆、百兆、千兆以太网接口。

（1）传统以太网接口符合 10Base-T 物理层规范，工作速率为 10Mb/s，有全双工和半双工两种工作方式。

（2）快速以太网接口符合 100Base-TX 物理层规范，兼容 10Base-T 物理层规范，可以在 10Mb/s、100Mb/s 两种速率下工作，有半双工和全双工两种工作方式。它具有自动协商模式，可以与其他网络设备协商确定工作方式和速率，自动选择最合适的工作方式和速率，从而可以大大简化系统的配置和管理。传统以太网接口的配置与快速以太网接口的配置基本相同，但前者配置简单，配置项较少。

（3）千兆以太网技术作为最新的高速以太网技术，给用户带来了提高核心网络的有效解决方案，这种解决方案的最大优点是继承了传统以太技术价格便宜的优点。千兆技术仍然是以太技术，它采用了与 10Mb/s 以太网相同的帧格式、帧结构、网络协议、全/半双工工作方式、流控模式以及布线系统。

千兆以太网技术有两个标准：IEEE 802.3z 和 IEEE 802.3ab。

IEEE 802.3z 工作组负责制定光纤（单模或多模）和同轴电缆的全双工链路标准。IEEE 802.3z 定义了基于光纤和短距离铜缆的 1000Base-X，采用 8B/10B 编码技术，信道传输速度为 1.25Gb/s，去耦后实现 1000Mb/s 传输速度。

IEEE 802.3ab 工作组负责制定基于半双工链路的千兆以太网标准，产生 IEEE 802.3ab 标准及协议。

以太网卡可以工作在两种模式下：半双工和全双工。

半双工：半双工传输模式实现以太网载波监听多路访问冲突检测。传统的共享 LAN 是在半双工下工作的，在同一时间只能传输单一方向的数据。当两个方向的数据同时传输时，就会产生冲突，这会降低以太网的效率。

全双工：全双工传输是采用点对点连接，这种安排没有冲突，因为它们使用双绞线中两个独立的线路，这等于没有安装新的介质就提高了带宽。在全双工模式下，冲突检测电路不可用，因此每个全双工连接只用一个端口，用于点对点连接。标准以太网的传输效率可达到 50%～60% 的带宽，全双工在两个方向上都提供 100% 的效率。

2. WLAN

WLAN（Wireless Local Area Network）是利用无线通信技术在一定的局部范围内建立的，是计算机网络与无线通信技术相结合的产物，它以无线多址信道作为传输媒介，提供传统有线局域网的功能。WLAN 的覆盖范围一般在 100m 以内，通过桥接可以达到更大的覆盖范围。传输介质为红外线 IR 或射频 RF 波段，以后者使用居多。

由于 WLAN 是基于计算机网络与无线通信技术的，在计算机网络结构中，逻辑链路控制（Logic Link Contros，LLC）层及其之上的应用层对不同物理层的要求可以是相同的，也可以是不同的，因此，WLAN 标准主要是针对物理层和媒质访问控制层（Media Access Control，MAC），涉及到所使用的无线频率范围、空中接口通信协议等技术规范与技术标准。

（1）IEEE 802.11。1990 年 IEEE 802 标准化委员会成立 IEEE 802.11WLAN 标准工作组。IEEE 802.11（又称 Wi-Fi，Wireless Fidelity，无线保真）是在 1997 年 6 月由大量的局域网及计算机专家审定通过的标准，该标准定义了物理层和媒体访问控制（MAC）规范。物理层定义了数据传输的信号特征和调制，定义了两个 RF 传输方法和一个红外线传输方法，RF 传输标准是跳频扩频和直接序列扩频，工作在 2.4000～2.4835GHz 频段。

（2）IEEE 802.11b。1999 年 9 月 IEEE 802.11b 被正式批准，该标准规定 WLAN 工作频段在 2.4～2.4835GHz，数据传输速率达到 11Mb/s，传输距离控制在 50～150 英寸。该标准是对 IEEE 802.11 的一个补充，采用补偿编码键控调制方式，采用点对点模式和基本模式两种运行模式。在数据传输速率方面可以根据实际情况在 11Mb/s、5.5Mb/s、2Mb/s、1Mb/s 的不同速率间自动切换，它改变了 WLAN 设计状况，扩大了 WLAN 的应用领域。

（3）IEEE 802.11a。1999 年，IEEE 802.11a 标准制定完成，该标准规定 WLAN 工作频段在 5.15～8.825GHz，数据传输速率达到 54Mb/s 或 72Mb/s（Turbo），传输距离控制在 10～100m。该标准也是 IEEE 802.11 的一个补充，扩充了标准的物理层，采用正交频分复用（Orthogonal Frequency Division Modulation，OFDM）的独特扩频技术，可提供 25Mb/s 的无线 ATM 接口和 10Mb/s 的以太网无线帧结构接口，支持多种业务，如话音、数据和图像等，一个扇区可以接入多个用户，每个用户可带多个用户终端。

（4）IEEE 802.11g。目前，IEEE 推出了最新版本 IEEE 802.11g 认证标准，该标准提

出拥有 IEEE 802.11a 的传输速率,安全性较 IEEE 802.11b 好,采用两种调制方式,含 IEEE 802.11a 中采用的 OFDM 与 IEEE 802.11b 中采用的 CCK,做到与 IEEE 802.11a 和 IEEE 802.11b 兼容。

3. 蓝牙

蓝牙(Bluetooth)技术是由世界著名的 5 家大公司——Ericsson(爱立信)、Nokia(诺基亚)、Toshiba(东芝)、IBM(国际商用机器公司)和 Intel(英特尔),于 1998 年 5 月联合宣布的一种无线通信新技术。蓝牙技术的目的是使特定的移动电话、便携式电脑及各种便携式通信设备的主机之间在近距离内实现无缝的资源共享。

蓝牙技术的特点:

(1)传输距离短。目前蓝牙技术工作距离是 10m 以内,经过增加射频功率后可达到 100m。该工作范围使得蓝牙技术可以保证较高的数据传输速率,同时可降低与其他电子产品和无线电技术的干扰。

(2)采用跳频扩频技术。将 2.4GHz～2.4835GHz 之间划分出 79 个频点,采用快速跳频,根据由主机和外设所构成的所谓 Piconet(微网)主单元确定的跳频次数为每秒钟 1600 次。跳频技术的采用使蓝牙的无线链路自身具备了更高的安全性和抗干扰能力。最大的跳频速率为 1600 跳/s。

(3)采用时分复用多路访问技术。蓝牙的基带符号速率为 1Mb/s,它采用数据包的形式按时隙传送,每时隙 0.625ms,不排除将来采用更高的符号速率。每个蓝牙设备均在自己的时隙中发送数据,这在一定程度上有效地避免了无线通信中的"碰撞"和"隐藏终端"等问题。

(4)网络技术。几个 Piconet 可以被连接在一起,并依靠跳频顺序识别每个 Piconet。同一 Piconet 的所有用户都与这个跳频顺序同步,其拓扑结构可以被描述为多 Piconet 结构。在一个由 10 个独立的全负载 Piconet 组成的多 Piconet 结构中,全双工数据速率可超过 6Mb/s。

(5)语音支持。语音信道采用 CVSD(连续可变斜率增量调制)语音编码方案,且从不重发语音数据包。CVSD 编码擅长处理丢失和被损坏的语音采样,即使错误率达到 4%,经过 CVSD 编码处理的语音同样可以被识别。

(6)纠错技术。蓝牙技术采用的是 FEC(前向纠错)方案,其目的是为了减少数据重发的次数,降低数据传输负载。但是,要实现数据的无差错传输,FEC 就必然要生成一些不必要的开销比特而降低数据的传送效率。这是因为,数据包对于是否使用 FEC 是弹性定义的。报头总有占 1/3 比例的 FEC 码起保护作用,其中包含了有用的链路信息。在无编号的 ARQ 方案中,一个时隙中传送的数据必须在下一个时隙得到确认。只有数据在接收端通过了报头错误检测和循环冗余检测后认为无错,才向发送端返回确认消息,否则将返回一个错误消息。

4．ZigBee

ZigBee 这个名字来源于蜂群的通信方式：蜜蜂之间通过跳 Zigzag 形状的舞蹈来交互消息，以便共享食物源的方向、位置和距离等信息。借此意义 ZigBee 作为新一代无线通信技术的命名。ZigBee 是基于 IEEE 802.15.4 标准的低功耗局域网协议。根据国际标准规定，ZigBee 技术是一种短距离、低功耗的无线通信技术。主要适合用于自动控制和远程控制领域，可以嵌入各种设备。

ZigBee 是一种高可靠的无线数传网络，类似于 CDMA 和 GSM 网络。ZigBee 数传模块类似于移动网络基站。ZigBee 是一个由可多到 65 000 个无线数传模块组成的一个无线网络平台，在整个网络范围内，每一个网络模块之间可以相互通信，每个网络结点间的距离可以从标准的 75 米无限扩展。通信距离从标准的 75 米到几百米、几千米，并且支持无限扩展（依靠结点数增加）。与移动通信的 CDMA 网或 GSM 网不同的是，ZigBee 网络主要是为工业现场自动化控制数据传输而建立，因而，它必须具有简单，使用方便，工作可靠，价格低的特点；而移动通信网主要是为语音通信而建立，每个基站价值一般都在几十万甚至上百万元人民币，而每个 ZigBee 网络"基站"（结点）却不到 1000 元人民币。

5．WiFi

WiFi 全称 Wireless Fidelity，又称 802.11b 标准，它的最大优点就是传输速度较高，可以达到 11Mb/s；另外它的有效距离也很长，同时也与已有的各种 802.11 DSSS 设备兼容。

WiFi 第一个版本发表于 1997 年，其中定义了介质访问接入控制层（MAC 层）和物理层。物理层定义了工作在 2.4GHz 的 ISM 频段上的两种无线调频方式和一种红外传输的方式，总数据传输速率设计为 2Mb/s。两个设备之间的通信可以自由直接（ad hoc）的方式进行，也可以在基站 BS（Base Station）或访问点 AP（Access Point）的协调下进行。

1999 年增加了两个补充版本：802.11a 定义了在 5GHz 的 ISM 频段上的数据传输速率可达 54 Mb/s 的物理层；802.11b 定义了在 2.4GHz 的 ISM 频段上但数据传输速率高达 11 Mb/s 的物理层。2.4GHz 的 ISM 频段为世界上绝大多数国家通用，因此 802.11b 得到了最为广泛的应用。

WiFi 技术的突出优势在于：

（1）较广的局域网覆盖范围：WiFi 的覆盖半径可达 100m 左右，相比于蓝牙技术覆盖范围较广，可以覆盖整栋办公大楼。

（2）传输速度快：WiFi 技术传输速度非常快，可以达到 11Mb/s（802.11b）或者 54Mb/s（802.11a），适合高速数据传输的业务。

（3）无须布线：WiFi 主要的优势在于不需要布线，可以不受布线条件的限制，因此非常适合移动办公用户的需要。在机场、车站、咖啡店、图书馆等人员较密集的地方设置"热点"，并通过高速线路将因特网接入上述场所。

（4）健康安全：IEEE 802.11 规定的发射功率不可超过 100mW，实际发射功率约 60～

70mW，而手机的发射功率约 200mW～1W 间，手持式对讲机高达 5W。与后者相比，WiFi 产品的辐射更小。

6. GPRS

GPRS 中文是通用分组无线业务（General Packet Radio Service，GPRS）是 GSM 移动电话用户可用的一种移动数据业务。它经常被描述成"2.5G"，也就是说这项技术位于第二代（2G）和第三代（3G）移动通信技术之间。它通过利用 GSM 网络中未使用的 TDMA 信道，提供中速的数据传递。最初有人想通过扩展 GPRS 来覆盖其他标准，只是这些网络都正在转而使用 GSM 标准，这样 GSM 就成了 GPRS 唯一能够使用的网络。GPRS 在 Release 97 之后被集成进 GSM 标准，起先它是由 ETSI 标准化的，但是当前已经移交 3GPP 负责。

GPRS 区别于旧的电路交换（CSD）连接，连接在 Release 97 之前（GSM 电话功能还没怎么开发）就已经包含进 GSM 标准中。在旧有系统中一个数据连接要创建并保持一个电路连接，在整个连接过程中这条电路被独占直到连接被拆除。GPRS 基于分组交换，也就是说多个用户可以共享一个相同的传输信道，每个用户只有在传输数据的时候才会占用信道。这就意味着所有的可用带宽可以立即分配给当前发送数据的用户，这样更多的间隙发送或者接受数据的用户可以共享带宽。Web 浏览、收发电子邮件和即时消息都是共享带宽的间歇传输数据的服务。

7. 3G

3G 全称第三代移动通信技术，相对 1995 年问世的第一代模拟制式手机（1G）和 1996—1997 年出现的第二代 GSM、CDMA 等数字手机（2G），第三代手机一般是指将无线通信与国际互联网等多媒体通信结合的新一代移动通信系统。

第三代手机能够处理图像、音乐、视频流等多种媒体形式，提供包括网页浏览、电话会议、电子商务等多种信息服务。为了提供这种服务，无线网络必须能够支持不同的数据传输速度，也就是说，在室内、室外和行车的环境中能够分别支持至少 2MB/s、384KB/s 以及 144KB/s 的传输速度。

国际上 3G 手机有三种制式标准：欧洲的 WCDMA 标准、美国的 CDMA2000 标准和由中国科学家提出的 TD-SCDMA 标准。

1）WCDMA

WCDMA，全称为 Wideband CDMA，也称为 CDMA Direct Spread，意为宽频分码多重存取，这是基于 GSM 网发展出来的 3G 技术规范，是欧洲提出的宽带 CDMA 技术，它与日本提出的宽带 CDMA 技术基本相同，目前正在进一步融合。WCDMA 的支持者主要是以 GSM 系统为主的欧洲厂商，包括欧美的爱立信、阿尔卡特、诺基亚、朗讯、北电，以及日本的 NTT、富士通、夏普等厂商。该标准提出了 GSM（2G）-GPRS-EDGE-WCDMA（3G）的演进策略。这套系统能够架设在现有的 GSM 网络上，对于系统提供商而言可以较轻易地过渡。因此 WCDMA 具有先天的市场优势。WCDMA 已是当前世界上采用的国家及地区最广泛的，终端种类最丰富的一种 3G 标准，占据全球 80%以上市场份额。

2）CDMA2000

CDMA2000 是由窄带 CDMA（CDMA IS95）技术发展而来的宽带 CDMA 技术，也称为 CDMA Multi-Carrier，它是由美国高通北美公司为主导提出，摩托罗拉、Lucent 和后来加入的韩国三星都有参与，韩国成为该标准的主导者。这套系统是从窄频 CDMAOne 数字标准衍生出来的，可以从原有的 CDMAOne 结构直接升级到 3G，建设成本低廉。但使用 CDMA 的地区只有日、韩和北美，所以 CDMA2000 的支持者不如 W-CDMA 多。不过 CDMA2000 的研发技术却是目前各标准中进度最快的，许多 3G 手机已经率先面世。该标准提出了从 CDMAIS95（2G）-CDMA20001x-CDMA20003x（3G）的演进策略。CDMA20001x 被称为 2.5 代移动通信技术。CDMA20003x 与 CDMA20001x 的主要区别在于应用了多路载波技术，通过采用三载波使带宽提高。中国电信正在采用这一方案向 3G 过渡，并已建成了 CDMAIS95 网络。

3）TD-SCDMA

全称为 Time Division-Synchronous CDMA（时分同步 CDMA），该标准是由中国大陆独自制定的 3G 标准，1999 年 6 月 29 日，中国原邮电部电信科学技术研究院（大唐电信）向 ITU 提出，但技术发明始于西门子公司，TD-SCDMA 具有辐射低的特点，被誉为绿色 3G。该标准将智能无线、同步 CDMA 和软件无线电等当今国际领先技术融于其中，在频谱利用率、对业务支持具有灵活性、频率灵活性及成本等方面的独特优势。另外，由于中国内地庞大的市场，该标准受到各大主要电信设备厂商的重视，全球一半以上的设备厂商都宣布可以支持 TD-SCDMA 标准。该标准提出不经过 2.5 代的中间环节，直接向 3G 过渡，非常适用于 GSM 系统向 3G 升级。军用通信网也是 TD-SCDMA 的核心任务。相对于另两个主要 3G 标准 CDMA2000 和 WCDMA，它的起步较晚，技术不够成熟。

8．AFDX

针对大型客机飞行关键项目和乘客娱乐等设施的复杂航空电子系统的不断增加，需要大量增加飞机上的航空总线的带宽并提高服务质量，产生了一种采用航空电子全双工通信以太网交换（AFDX）的解决方案。该方案是基于商业以太网标准，采用目前已被广泛接受的 IEEE 802.3/IP/UDP 协议，并增加了特殊的功能来保证带宽和服务质量，实现了低成本的快速开发。该方案还可以简化布线，减轻飞机重量，易于航空电子子系统的维护升级等。

AFDX 总线主要包含了 End System（终端）、Switch（交换机）、Link（链路）。它是基于一种网络概念而不是通常所说的总线形式，在这个网络上有交换机和终端两种设备，终端之间的数据信息交换是通过 VL（虚拟链路）进行的，VL 起到了从一个唯一的源端到一个或多个目的端逻辑上的单向链接，且任意一个虚拟链路只能有一个源端。

整个 AFDX 协议栈主要作用是有效、及时地封装处理接口端的发送和接收数据。AFDX 的信息流程包含在链路层中。当在 AFDX 端口间传送信息时，牵涉到发送端口、

AFDX 交换机和接收端口的协同工作，并配置合理的地址，使信息到达需要到达的端口。

9．FC

Fiber Channel（FC）是由美国标准化委员会（ANSI）的 X3T11 小组于 1988 年提出的高速串行传输总线，解决了并行总线 SCSI 遇到的技术瓶颈。FC 总线技术由于具备高速率的数据传输特性、较高可靠性、可扩展性强等特点被认为是未来航空总线发展的主要数据总线之一。目前支持 1x、2x、4x 和 8x 的带宽连接速率，随着技术的不断发展该带宽还在不断进行扩展，以满足更高带宽数据传输的技术性能要求。

光纤通道具有如下特点：

（1）高带宽、多媒介、长距离传输：串行传输速率已由最初的 1Gb/s 提高到 4Gb/s，并且正在向更高速率、更大数据吞吐量发展，适用于不同模块间大规模应用数据（如音频、视频数据流）交换；以光纤、铜缆或屏蔽双绞线为传输介质，低成本的铜缆传输距离为 25m，多模光纤传输距离为 0.5km，单模光纤传输距离为 10km。

（2）可靠性与实时性：多种错误处理策略，32 位 CRC 校验，利用优先级不同适应不同报文要求，并解决媒介访问控制时的冲突，传输误码率低于 10～12，端到端的传输延迟小于 10μs，支持非应答方式与传感器数据传输。

（3）统一性与可扩展性：可以方便的增加和减少结点以满足不同应用需求，拓扑结构灵活，支持多层次系统互连，利用高层协议映射提高兼容和适应能力。可以把 SCSI、IP、ATM 等协议映射到光纤通道上，以有效地减少物理器件与附加设备的种类并降低经济成本。

（4）开放式互连，遵循统一的国际标准。光纤通道（FC）是高吞吐量、低延时、包交换及面向连接的网络技术。整个标准系列还在不断的发展，其中用于航空领域-航空电子系统环境工程（FC-AE）的协议规范已经定制了 5 种，分别是：无签名的匿名消息传输（FC-AE-ASM）、MIL-STD-1553 高层协议（FC-AE-1553）、虚拟接口（FC-AE-VI）、FC 轻量协议（FC-AE-FCLP）、远程直接存储器访问协议（FC-AE-RDMA）。

2.6.4　Rapid IO 等基本原理与结构

Rapid IO 技术最初是由 Freescale 和 Mercury 共同研发的一项互连技术，其研发初衷是作为处理器的前端总线，用于处理器之间的互连。1999 年完成第一个标准的制定，2003 年 5 月，Mercury Computer Systems 公司首次推出使用 Rapid IO 技术的多处理器系统 ImpactRT 3100，表明 Rapid IO 已由一个标准制定阶段进展到产品阶段。到目前为止，Rapid IO 已经成为电信、通信以及嵌入式系统内芯片与芯片之间、板与板之间的背板互连技术的生力军。

Rapid IO 是针对嵌入式系统的独特互连需求而提出的。嵌入式系统需要的是一种标准化的互连设计，要满足以下几个基本的特点：高效率、低系统成本，点对点或是点对多点的通信，支持 DMA 操作，支持消息传递模式交换数据，支持分散处理和多主控系统，支持多种拓扑结构；另外，高稳定性和 QOS 也是选择嵌入式系统总线的基本原则。而这些恰是 Rapid IO 期望满足的方向。所以 Rapid IO 在制定之初即确定了以下几个基本原则：

（1）轻量型的传输协议，使协议尽量简单。

（2）对软件的制约要少，层次结构清晰。

（3）专注于机箱内部芯片与芯片之间，板与板之间的互连。

2.7　嵌入式 SoC

嵌入式片上系统（System on chip，SoC）是集成计算机或其他电子系统的所有组件的集成电路。组件包括中央处理单元（CPU）、存储器、输入/输出端口和二级存储器，全部在一个基板上。功能上可能包含数字信号、模拟信号、混合信号和射频信号处理功能，具体取决于应用。由于集成在单个电子基板上，与具有相同功能的多芯片设计相比，SoC 功耗更低且占用面积更小，在移动计算和边缘计算市场中非常普遍，被广泛用于嵌入式系统和物联网。

2010 年前，Xilinx 提供 3 个系列的 FPGA：高性能 Virtex 系列、高容量 Spartan 系列、更便宜的 EasyPath 系列。2010 年后，Xilinx 推出了 28nm 的 FPGA，用 Kintex 系列和低成本的 Artix 系列逐渐取代了大批量的 Spartan 系列。

2.7.1　Virtex 系列

Virtex 是 Xilinx 开发的旗舰 FPGA 产品系列。Virtex FPGA 通常使用 Xilinx ISE 或 Vivado Design Suite 计算机软件以硬件描述语言（如 VHDL 或 Verilog）编程。

1．Virtex-4

Virtex-4 系列于 2004 年 6 月推出，采用 90nm 工艺技术。Virtex-4 FPGA 已用于法国和瑞士边境欧洲核子研究中心欧洲实验室的 ALICE（大型离子对撞机实验），用于绘制和解开数千个亚原子粒子的轨迹。

Virtex-4 系列被认为是传统设备，不建议用于新的设计，但仍在为已有设计继续生产。

2．Virtex-5

Virtex-5 系列是在 2006 年 5 月推出，采用 65nm 工艺技术。通过 Virtex-5，Xilinx 将逻辑结构从四输入 LUT 改为六输入 LUT。随着 SoC 设计所需的组合逻辑功能越来越复杂，需要多个四输入 LUT 的组合路径的百分比已成为性能和路由瓶颈。新的六输入 LUT 代表了在处理日益复杂的组合功能之间更好的权衡，代价是每个器件的 LUT 绝对数量减少。

3．Virtex-6

Virtex-6 系列是在 2009 年 2 月推出，采用 40nm 工艺技术，用于进行大量计算的电子系统中。相比于其他公司的比 40nm FPGA，功耗减少 15%，性能提升 15%。

4．Virtex-7

Virtex-7 系列是在 2010 年 6 月推出，采用 28nm 工艺技术，并且比上一代的 Virtex-6 系列功耗降低 50%，系统性能提升了 2 倍。此外，与上一代 Virtex FPGAs 相比，Virtex-7 的存储器带宽增加了一倍，存储器接口性能为 1866 Mb/s，拥有超过 200 万个逻辑单元。

5．Virtex-7（3D）

2011 年，Xilinx 开始提供 Virtex-7 2000T FPGA 样品，它将四个较小的 FPGA 组合封装到一起，放置在一个特殊的硅互连焊盘（称为插入器）上，在一个大芯片中提供 68 亿个晶体管。插入器在各个 FPGA 之间提供 10000 个数据通路——大约是一块板上通常可用的 10～100 倍，以创建单个 FPGA。2012 年，Xilinx 采用相同的 3D 技术，推出了 Virtex-7 H580T FPGA，这是一种异构器件，因为它在同一封装中包含两个 FPGA 芯片和一个 8 通道 28Gb/s 收发器芯片。

随着 Xilinx 推出新的高容量 3D FPGA，包括 Virtex-7 2000T 和 Virtex-7 H580T 产品，这些器件开始超越 Xilinx 设计软件的能力，需要完全重新设计工具集。其结果是推出了 Vivado 设计套件，与以前的软件相比，它减少了可编程逻辑和 I/O 设计所需的时间，并加快了系统集成和实现速度。

6．Virtex UltraScale

Virtex UltraScale 系列于 2014 年 5 月推出，采用 20nm 工艺技术。UltraScale 也是一种 3D FPGA，它包含高达 4.4M 的逻辑单元，与上一代相比，它的功耗降低了 55%，BOM 成本降低了 50%。

7．Virtex UltraScale+

Virtex UltraScale 系列于 2016 年 1 月推出，采用 16nm 工艺技术。基于 Virtex UltraScale 的架构，Virtex UltraScale+提供更好的性能和集成度，包括最高的信号处理带宽，可以用于机器学习。

2.7.2　Spartan 系列

Spartan 系列的目标是低成本、高容量、低功耗的应用，例如显示器、机顶盒、无线路由器和其他应用。

1．Spartan-6

Spartan-6 系列是建立在 45nm，9 金属层和双氧化物工艺技术上的。2009 年，Spartan-6 作为一种低成本的选择上市，用于汽车、无线通信、平板显示器和视频监控应用。

2．Spartan-7

Spartan-7 系列采用与其他 7 系 FPGAs 相同的 28nm 制程，于 2015 年发布，并于 2017 年投入使用。与 Spartan-7 系列和 Spartan-6 系列的"LXT"成员不同，Spartan-7 FPGA 缺乏高带宽收发器。

第 3 章 嵌入式硬件设计

本章主要介绍嵌入式硬件设计过程中所涉及的基础知识，包括嵌入式系统电源分类、电源管理和电子电路设计中的 PCB 设计、电子电路测试基础知识。

3.1 嵌入式系统电源管理

嵌入式电源系统是集成在嵌入式系统中，为嵌入式设备提供直流基础电能的电源设备，是一种安全、可靠、高性能的供电系统。一般来说，嵌入式电源的输入都为交流市电，输出是常见直流 12V、5V、3.3V，是一类二次电源设备。

交流电源是嵌入式系统较为重要的电能来源之一。嵌入式系统的电能由该类电源直接或者间接提供。通常使用市电作为输入，通过一系列变化、转化操作将交流高压电转变为低压直流电。

电池是许多嵌入式系统直接供电的电源，诸如手机、传感器，都会使用电池供电。电池的供电设备往往是功耗相对较小，而连续工作时间较长的设备，因此嵌入式系统的功耗有着较为严格的要求，在不同的应用场景需求下可能会增加电池的容量。

稳压器则是常见配合交流电源与电池使用的一种元器件。由于嵌入式系统中往往需要多种电压，因此在嵌入式系统中会使用稳压器将电压降至所需范围。

1. 电源管理

嵌入式系统的一个典型的硬性需求是降低功耗，许多嵌入式设备往往使用电池供电，并且常年无人看管，因此功耗问题非常重要。而在电池容量有限或者设备数量较大的时候，系统的功耗就变得至关重要。

首先绝大多数嵌入式系统都会包含基础电源管理功能以降低功耗。

（1）系统上电行为。嵌入式系统的组件往往在系统正常启动之后才能进入低功耗模式，因此在上电的时候通常会以较高的功率来运行。而上电期间很多设备并不需要工作，因此在上电启动的时候需要有效管理这些设备以减小功耗。

（2）空闲模式。CMOS 电路有效的功耗是在电路时钟工作的时候产生的，因此可以通过关闭不需要的时钟来降低功耗。而现代嵌入式系统所使用的元器件往往都提供了通过外部事件唤醒的功能，因此在不使用某些模块的期间内，可以通过主处理器向相关元器件发送"睡眠"指令，以指示其进入低功耗状态。当需要重新触发器件进入工作时，通过特定的触发事件进行元器件唤醒。

（3）断电。由于逆向偏压泄露，电路元器件在低功耗模式下依然会损耗电能，因此对于低功耗模式消耗电能较大或者长期不使用的元器件,可以做断电处理以减少功耗。

(4)电压与频率缩放。有效功率与切换频率成线性比例,但与电源电压平方成正比。经常以较低的频率运行于全时钟频率,然后转入闲置,并不能节约很多功率。在此种情况下,可以通过降低电压来节约功率。

例如,某嵌入式系统数字电路部分需要支流电源供电,输入电压为 220V 交流电,电源管理模块首先采用的开关电源将 220V 的交流电转换为直流电压,再利用低压线性稳压器为各个子模块供电,对应的实现框图如图 3-1 所示。

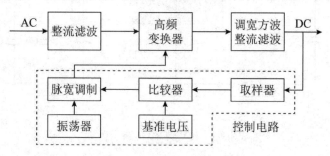

图 3-1　某电路电源模块框图

在电源产生电路中,为了避免模拟信号与数字信号地之间的相互干扰,将输入的 220V 交流电压转换为两个独立的直流电源,再分别为模拟电路和数字电路的电源供电。例如该项目设计中需要 12V、24V、5V、8V、-8V、3.3V 等不同电压,对应的电源管理系统拓扑结构如图 3-2 所示。

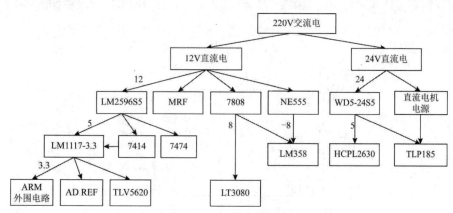

图 3-2　某电源管理系统拓扑图

具体实现如下:

① +12V 转+8V 采用的是 LM7808,这是一款三端集成的稳压电路,能够准确的降压到+8V,输入要保证为 12V 直流电源,保证输入比输出稳压值 8V 高出一定压差,即可实现 8V 稳压,设计时需要注意电流不要超载。在具体设计时,电路两端的电容作用都为

滤波，用来平滑电压与提高抗干扰能力。其中输出端可并联 220μF/25V 的电解电容，其自谐频率小，能够起到储能滤波的功能，消除低频干扰。但是由于大电容的电解电容自身存在一定的电感，对于高频信号以及脉冲干扰信号无法有效滤除，因此，设计中一般会并联一个或几个容值比较小的陶瓷电容，以达到滤除高频干扰信号的作用，对应的设计如图 3-3 所示。

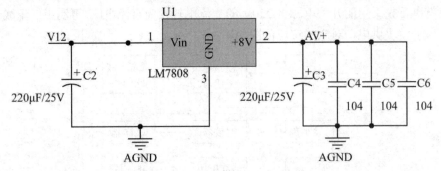

图 3-3　12V 转 8V 电路示意图

②　+12V 转-8V 采用 NE555 芯片，这是一款将模拟功能和逻辑功能很好地结合在一起的芯片，该款芯片为 8 脚集成电路，大约在 1971 年由 Signetics 公司发布，在当时是唯一非常快速且商业化的芯片，在之后的 40 余年中被普遍使用，且延伸出许多的应用电路。后来则是基于 CMOS 技术版本的芯片（如 Motorola 的 MC1455）被大量使用，但原规格的 NE555 依然正常供应，尽管新版 IC 在功能上有部分改善，但其脚位功能并没变化，所以到目前都可直接的代用应用的范围十分广泛，其实现的典型电源转换电路如图 3-4 所示。

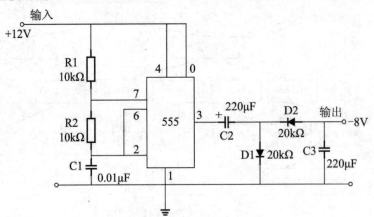

图 3-4　12V 转-8V 电路示意图

在其设计中，当 NE555 的第三脚输出高电平，通过 D1 向 C1 充电，电压可达 11V。当 NE555 输出为低电平时，D1 被 C2 反偏截止。C2 向 C3 转移电荷，重复多次后 C3 电压达 8V，相对地线则输出视为-8V。

③　+12V 转+5V 采用的是开关型集成稳压芯片 LM2596，它内含固定频率振荡器以

及基准稳压器，并具备完善的保护电路、热关断电路、电流限制等。LM2596 是降压型电源管理单片集成电路的开关电压调节器，能够输出 3A 的驱动电流，同时具有很好的线性和负载调节特性。固定输出版本有 3.3V、5V、12V，可调版本可以输出小于 37V 的各种电压。使用 LM2596 进行+12V 转+5V 的典型电路图如图 3-5 所示。

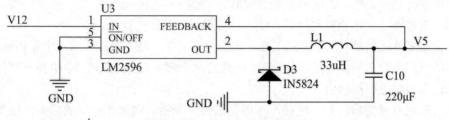

图 3-5　12V 转 5V 电路示意图

④ +5V 转+3.3V 采用 LM1117-3.3，这也是一款低压差线性稳压器，输入电压只要在允许范围内，它的输出电压都可以稳定在一个电压，使用 LM1117-3.3 来进行+5V 转+3.3V 的电路如图 3-6 所示。

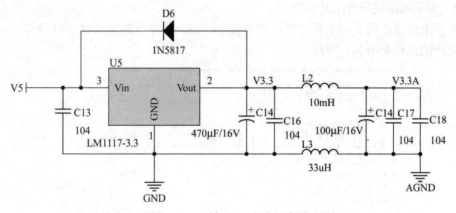

图 3-6　5V 转 3.3V 电路示意图

⑤ +24V 转+5V 直接采用 WD5-24S5，DC-DC 电源模块 WD5 系列具有 5W 输出功率、宽电压输入、输入/输出隔离、小型化封装等特性。

3.2　电子电路设计

3.2.1　电子电路设计基础知识

1. 电子电路设计原理

电路设计主要分三个步骤：设计电路原理图、生成网络表、设计印制电路板。在典型的电子电路设计中，其基本步骤如下。

（1）充分了解设计任务的具体要求，如性能指标、内容及要求，明确设计任务。

（2）方案选择：根据掌握的知识和资料，针对设计提出的任务、要求和条件，设计合理、可靠、经济、可行的设计框架，对其优缺点进行分析。

（3）根据设计框架进行电路单元设计，具体设计时可以模仿成熟的电路进行改进和创新，需要特别注意信号之间的关系和限制。

（4）根据电路工作原理和分析方法，进行参数的估计与计算。

（5）元器件选择时，元器件的工作、电压、频率和功耗等参数应满足电路指标要求，元器件的极限参数必须留有足够的裕量，一般应大于额定值的 1.5 倍，电阻和电容的参数应选择计算值附近的标称值。

（6）电路原理图的绘制，电路原理图是组装、焊接、调试和检修的依据，绘制电路图时布局必须合理、排列均匀、清晰、便于看图、有利于读图；信号的流向一般从输入端或信号源画起，由左至右或由上至下按信号的流向依次画出单元电路，反馈通路的信号流向则与此相反；图形符号和标准，并加适当的标注；连线应为直线，并且交叉和折弯应最少，互相连通的交叉处用圆点表示，地线用接地符号表示。

2. 电子电路设计方法及步骤

电子电路设计的第一步是电路原理图设计，设计电子电路是后续步骤的基石。电子电路设计的过程如图 3-7 所示。

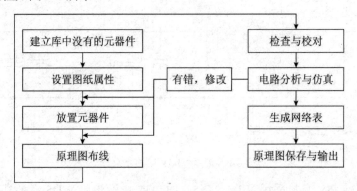

图 3-7　原理图设计流程图

在原理图设计过程中，首先是建立元器件库，其次是元器件布局和布线连接，然后需要进行电路分析与仿真，进而生成网表，最终得到设计完整的原理图。在整个设计过程中，需要不断的检查与校对，以保证各个环节的正确性。

1）建立元器件库中没有的元器件

一般使用的 CAD 软件都会预置一些常用的电路元器件。但是这些元器件并不一定会满足电路原理图的设计需求，而元器件厂家也不会提供元器件库。因此要想设计原理图，第一步是使用 CAD 软件，对有关元器件建立元器件库，同时对元器件库中已有但是不满足要求的元器件进行修改。

一般来说，采用片上系统的设计与传统方式下采用逻辑关系的设计方法并不相同。

建立元器件的原理图时需要基于实际的元器件，参考元器件的数据手册建立。原理图中的标识要简明清晰，同时保证逻辑上的电气特性与实际数据手册所描述的元器件相符，在进行元器件建库时需要注意以下标准：

- 元器件引脚序号与封装库相应元器件应交序号应当保持一一对应；
- 分立元器件要注意元器件的标号与引脚的对应关系，例如多组绕组电感要注意主次绕阻和同名端的标示及引脚序号对应关系；
- 二脚有极性，如二极管，默认以 1 表示正极，2 表示负极；
- 多脚元器件如晶体管、芯片等，引脚序号应该与封装的引脚序号保持对应关系，且芯片引脚的序号为逆时针逻辑；
- 通常元器件的引线引脚长度为 5 个单位。

2）CAD 设置

根据实际的电路及其复杂程度选择对应的元器件库，设置 CAD 图示相关属性，配置 CAD 中设计规则，并建立有关工程。

3）放置元器件

根据设计电路图的需求，将所使用的元器件有选择地放置在合适的位置，并进行修改。同时利用 CAD 自动编号功能为元器件编号，并选择实际印刷电路所使用的封装。

原理图的视图要整体清晰，元器件的放置会影响到原理图整体的美观性和可读性。设计合理的原理图会使后续工作的难度与复杂度降低，同时可维护性与可读性增强。

元器件的放置需要依照主信号流向的方向和规律安排，功能类似或者接近的电路元器件应当摆放在一起，并且符合原理图设计规范。原理图中使用的元器件、表示等要采用国际标准的符号。对于一些特殊情况可以使用非国际标准的符号、标示，但是需要在恰当的位置标注其中含义。

摆放器件的时候，如果元器件无法在一张原理图中放置，则需要酌情将原理图分割成多张原理图或者采用"子-母"原理图的方式将原理图进行分割。在这个过程中，所有操作都需要确保原理图的逻辑正确性。

如果将完成功能相近的元器件摆放在一起时，元器件的方向要一致，字符位号要保持与对应元器件最近距离，整齐划一，方向一致，以达到读图时美观、拓扑结构清晰、电气逻辑规范的效果。

此外，摆放的元器件要放置在原理图的标准模板框中。统一元器件不能使用不同的符号表示出现在原理图上。有极性的元器件应标识正确、清楚、易识别电感的同名端要标识正确、清楚，同一原理图上的电感的同名端标识要统一。

4）原理图连接

根据原理图需要，将原理图上的各个元器件按照需求设计将对应引脚通过合适的方式进行连接，即可形成完整的原理图。

通常主功率路线及大电流连线需要加粗表示，其他的信号线则使用细线表示。

对于原理图中有电气连接的导线是不可以弯曲的，应当以垂直或者平行的线进行表示，尽量减小大幅度的跨接。没有逻辑连接的不可以有电气结点。

5）检查校对

根据系统需求与电路功能对所设计的电路图进行校验，保证原理图符合电器规则，同时布局较为清晰、简明、美观。对元器件、导线位置、连接等进行检查修改。

6）电路分析与仿真

利用CAD软件提供的分析仿真功能或者使用专用行业软件对检录进行分析，分析之后对电路进行仿真，检查电路是否符合需求设计与相关设计指标。

7）生成网络表

使用CAD软件生成原理图的网络表。电路会以结点、元器件和连线组成的网络表示。PCB设计中，布线或者自动布线会依赖这些数据。对于CAD软件，网络表是原理图与印刷电路中间的接口。

当人工创建网络表时，应根据原理图设计工具的特性，结合原理图设计一同排除错误，保证网络表的正确性和完整性。

8）保存与输出

将设计的电路所在工程存储并提交至版本控制系统中，等待下一步操作或者审阅人员审阅，审阅完成后才可进行输出。

此外对于电路的原理图来说，还需要及时填写标准模板框中的相关信息，包括：所适用的产品型号、版本号、修改记录、绘制者、修改者、审核者批准者、日期等关键信息。

3．电子电路可靠性设计

电子设备的可靠性设计可以保证在绝大部分情况下电子设备能够稳定可靠地工作，同时在发生故障时可以将损失降到最低。在电子电路可靠性设计中，涉及可靠性定义、故障衡量、可靠性成本、可靠性设计和设计故障等概念。

1）可靠性定义

可靠性的严格定义如下："在规定的时间和环境条件下系统无故障运行的概率"。这个概率受到三个控制量的影响：

（1）故障的规定：许多系统在运行中可能出现不同级别的故障，有些故障可能导致整个嵌入式系统物理上的损毁，有些则可能对系统根本没有影响。

（2）工作寿命：嵌入式系统不可能永远运行，不同使用年限的电子器件、设备发生故障的概率也不同。

（3）实际环境：温度、适度、腐蚀性气液体、灰尘、震动、冲击、电源、磁场、各类辐射射线等对于设备的正常工作都会有一定的影响。实际环境的限制最终对于可靠性的评价有着实际意义的限制。

2）故障衡量

对于大多数电子设备来说，故障率是一个常数。一般来说，嵌入式设备的故障率会在设备运行初期较高，然后随着易损元器件被非易损替换，故障率会逐步下降。随着设备运行，并逐渐接近使用寿命，元器件会开始损耗，同时腐蚀率会升高，从而导致故障率会再次升高。所以通常会用某一方式衡量可靠性。

在确定时间内的故障率的倒数就是通常所指的平均故障间隔时间（Mean Time Between Failures，MTBF）。一般用小时表示，而故障率使用每个小时故障的次数进行表示。MTBF 通常与运行周期无关，可以方便地表示可靠性。

MTBF 通常描述可以修复的设备的可靠性，而对不可以修复的设备，则无法使用该指标衡量。因此对于不可修复设备，一般使用平均失效时间（Mean Time To Failure，MTTF）来表示可靠性。一般的工厂生产该类设备时，会使用抽样调查的方式进行寿命测试，以此来估算 MTTF。

对于可靠性，还有一个评价指标是可用性，表示系统工作的总时长中，正常可用的时间所占的比例，即一个设备正常服务的时间与正常和故障总时间的比值。通常可表示为 U/(U+D)，其中 U 表示正常运行的时间，D 表示故障的时间。

3）可靠性成本

嵌入式系统可靠性的提高需要一个团队人力、物力的大量投入。总的来说，投入的金钱与人月会随着可靠性的提升而先降低再提高，而维护成本则是先提升再降低。通过建立数学模型可以确定的是，将大量的资源投入提高很少的可靠性是不值当的。

4）可靠性设计

嵌入式系统硬件相关的可靠性设计往往是为"在有限的资源下尽可能提高可靠性"。因此可靠性设计通常需要考虑如下因素，以平衡不同因素对可靠性的影响：

- 有效的散热，降低高温对系统的危害；
- 尽量减少高敏感元器件的使用；
- 更多的使用可靠度高、质量好的元器件；
- 指定采用屏蔽性好或者内嵌的测试方法；
- 使用最少的元器件设计出来简单的电路；
- 在电子元器件级别进行冗余。

温度是影响所有电子元器件的重要因素之一，而所有元器件都会产生热量。过高的温度会对元器件造成不可逆转的损伤，并阻碍电流流动。而且高温也是元器件损害的最主要的原因。同时过低温也会损坏电子设备。一般来说设备需要工作在所设计的环境中，不同级别的设备会对不同环境的耐受级别不同，因此根据不同用途要选择合适的设备，同时使用适当的散热或者保温措施。

重要的是，元器件工作在标称额定值（环境）以内对电子设备的可靠性会有较大的提升。对于电容、电阻等元器件和各类芯片，都会对电压、电阻、功率、频率等有着严格的规定。保证电子元器件、电路工作在合理的环境中可以有效的保护元器件、降低故障发生的可能，提高可用性。此外选用高可靠的元器件也可以有效地提高可靠性。在选用可靠的元器件并对环境做出保证后，还应当进行筛选和老化实验保证元器件的一部分不合格元器件筛除。

根据概率论的相关知识，若假设所有元器件出错的概率为 p，而 n 个元器件中任意元器件出错都会导致系统崩溃，则整个系统出错的概率为 $1-(1-p)^n$。当 n 增加时，出错的概率会以指数形式增长。因此，降低元器件个数、简化设计可以有效地降低故障发生的概率从而提高可靠性。当一个部件的故障率为 p 而同时有 n 个冗余部件时，其整体故障的概率为 p^n。可以看出，当冗余元器件增多的时候，整体的故障概率会成指数形式降低。因此，有效的冗余设计可以保证系统的可靠性提高。

5）设计故障

正如"设计故障"字面意思所揭示的，许多故障是由设计者人为设计的，一个最极端的例子将电源两端使用电阻连接，但是使用的是 0 欧姆电阻。所以可靠性设计中对于经验的依赖十分重要，由于设计者本身的经验缺乏或者其他问题造成的系统可靠性降低是不容易解决的，但是又不容易避免。因此，设计审查是必不可少的环节，"设计故障"在实际的生产过程中应该极力避免。

3.2.2　PCB 设计基础知识

1．PCB 设计原理

在原理图设计完成并生成网络之后，就可以着手设计印刷电路板了，也就是常说的 PCB（Printed Circuit Board）。现在所有电子设备都离不开 PCB，PCB 承载着形形色色的电子元器件，作为电子系统的基石。PCB 的出现与发展使得电子产品生产可以更加工业化，同时伴随着工业化使得 PCB 的生产更加标准化、规模化、自动化。此外 PCB 技术的发展还使得电子电路与电子产品的体积不断缩小，从而降低成本，同时可靠性与稳定性还能够得以提高，并且使得装配与维修变得十分简单。

PCB 是由印刷电路、基板、元器件组合而成的。下面简要介绍一些 PCB 相关的基础知识。

- PCB 印刷：PCB 印刷是按照设计将电路印刷到基板上，然后重复多次得到多层 PCB，最后添加过孔、阻焊层等；
- PCB 由基板、铜层、阻焊层、字符层等组成；
- 印制线路是指采用诸如刻蚀之类的方法的印制电路，包括导线和焊盘；
- 印制元器件是指通过丝印等手段将元器件符号等文字印刷至电路上的描述；
- PCB 贴片是指使用专用贴片机自动贴片或者使用钢网手工贴片，然后通过各类加热方式或者回流焊接方式将元器件焊接的过程；
- 电镀：通常会使用锡或者金对暴露的焊盘等进行电镀处理。

对于 PCB，有许多分类方式。按照 PCB 的层数，一般可分为单面板、双面板和多层板。按照机械性能来区分，可以分为刚性板和柔性版。按照基板材质可以分为纸基板、玻璃基板、复合材料基板和特征材料基板。目前主流的 PCB 多为树脂刚性基板。

2．PCB 设计方法及步骤

PCB 设计的主要任务是根据电路原理图对 PCB 进行合理的结构与布线布局设计，典型过程如图 3-8 所示，其主要过程是依据网表中的设计进行布局、布线连接，并通过 PCB 仿真来判断设计是否正确，最终得到 PCB 设计输出。

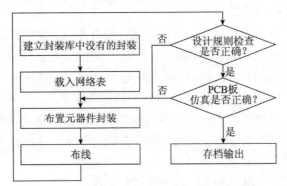

图 3-8　PCB 设计流程图

1）建立封装库中没有的元器件

通常的 CAD 只有一些常见、常用元器件的封装，但是设计 PCB 时，很多元器件并没有对应的封装。因此需要使用 CAD 补全缺失的封装。

2）规划电路板

在封装库准备好之后，设计 PCB 的第一步骤是规划电路板。规划包括如下内容：设置习惯性的环境参数与文档参数，例如选择层面、外形尺标大小等。

首先需要根据 PCB 的结构与设计确定 PCB 的尺寸，同时创建 PCB 的设计文件。然后确定 PCB 设计的坐标原点。PCB 板通常需要将板框的四周进行倒圆角的操作，一般的倒角半径是 5mm。

根据结构图设置板框尺寸，按结构要素布置安装孔、接插件等需要定位的元器件，并给这些元器件赋予不可移动属性。按工艺设计规范的要求进行尺寸标注。根据结构图和生产加工时所需的夹持边设置印制板的禁止布线区、禁止布局区域。根据某些元器件的特殊要求，设置禁止布线区。

3）载入网络和元器件封装

载入之前电路原理设计得到的网络表和有关元器件的封装，并将元器件的摆放到预定位置。

4）布置元器件封装

采用 CAD 自动布置或者手动布置元器件封装的位置。将元器件放置到恰当的方便布线的位置，同时还能满足整齐美观的效果。

3．PCB 布局要求

通常 PCB 元器件的布局遵照"先大后小，先难后易"的布置原则，即重要的单元电路、核心元器件应当优先布局。布局中应参考原理框图，根据单板的主信号流向规律安排主要元器件。

布局应尽量满足以下要求：总的连线尽可能短，关键信号线最短；高电压、大电流信号与小电流、低电压的弱信号完全分开；模拟信号与数字信号分开；高频信号与低频信号分开；高频元器件的间隔要充分。

相同结构电路部分，尽可能采用"对称式"标准布局，按照均匀分布、重心平衡、版面美观的标准优化布局。器件布局栅格的设置，一般 IC 元器件布局时，栅格应为 50～100 mil，小型表面安装元器件，如表面贴装元器件布局时，栅格设置应不少于 25mil。

PCB 的整体布局应按照信号流程安排各个功能电路单元的位置，使整体布局便于信号流通，而且使信号保持一致的方向，各功能单元电路的布局应以主要元器件为中心，在实际布局中应围绕这个中心进行布局。通常来说元器件布局有如下要求：

- 元器件的摆放不重叠；
- 元器件的摆放不影响其他元器件的插拔和贴焊；
- 元器件的摆放符合限高要求，不会影响其他元器件、外壳的贴焊及安装，如电解电容由立放改为卧放，从而满足高度要求；
- 元器件离板边的距离符合工艺要求，距离不够时加工艺附边，附边上没定位孔时的宽度为 3mm，有定位孔时的宽度为 5mm；
- 有极性元器件的摆放方向要尽可能一致，同一板上最多允许两种朝向；
- 安装孔的禁布区内无元器件和走线（不包括安装孔自身的走线和铜箔）。

1）对于采用通孔回流焊的元器件布局要求

- 对于非传送边尺寸大于 300mm 的 PCB，较重的元器件尽量不要布置在 PCB 的中间，以减轻由于插装元器件的重量在焊接过程对 PCB 变形的影响，以及插装过程对板上已经贴放的元器件的影响；
- 为方便插装，推荐将元器件布置在靠近插装操作侧的位置；
- 对于尺寸较长的元器件（如内存条插座等），其长度方向推荐与传送方向一致；
- 通孔回流焊元器件的焊盘边缘与连接器及所有的 BGA 的丝印之间的距离大于 10mm，与其他表面贴装元器件间距离大于 2mm；
- 通孔回流焊元器件本体间距离大于 10mm，有夹具扶持的插针焊接不做要求。

2）对于插件元器件的布局要求

对于插件元器件的布局，通常要求端子的尺寸、位置要符合结构设计的要求，并达到最佳结构安装。此外过波峰焊的插件元器件焊盘间距大于 1.0mm，为保证过波峰焊时不连锡，过波峰焊的插件元器件焊盘边缘间距应大于 1.0mm（包括元器件本身引脚的焊盘边缘间距）；优选插件元器件引脚间距大于 2.0mm，焊盘边缘间距大于 1.0mm；在元器件本体不相互干涉的前提下，相邻元器件焊盘边缘间距满足如图 3-9 所示。

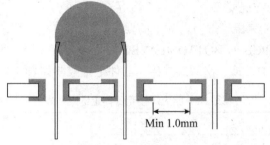

图 3-9　焊盘边缘间距示意图

3）焊盘要求

当插件元器件引脚较多，以焊盘排列方向平行于进板方向布置元器件时，当相邻焊盘边缘间距为 0.6～1.0mm 时，推荐采用椭圆形焊盘或加偷锡焊盘，如图 3-10 所示。

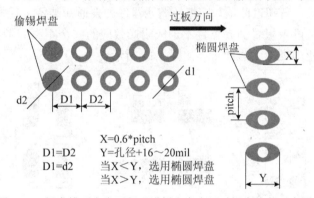

图 3-10　焊盘排列方向平行于进板方向布局时焊盘推荐示意图

可调元器件、可插拔元器件周围应该留有足够的空间供调试和维修，在实际设计中应根据系统或模块的 PCBA 安装布局以及可调元器件的调测方式来综合考虑可调元器件的排布方向、调测空间，可插拔元器件周围空间预留应根据邻近元器件的高度决定。

所有的插装磁性元器件一定要有坚固的底座，禁止使用无底座插装电感。有极性的变压器的引脚尽量不要设计成对称形式，要考虑防呆工艺，以免插件时机械性出错。裸跳线不能贴板跨越板上的导线或铜皮，以避免和板上的铜皮短路，绿油不能作为有效的绝缘。

电缆的焊接端尽量靠近 PCB 的边缘布置以便插装和焊接，否则 PCB 上别的元器件会阻碍电缆的插装焊接或被电缆碰歪。多个引脚在同一直线上的元器件，像连接器、DIP 封装元器件、TO-220 封装元器件，布局时应使其轴线和波峰焊方向平行。较轻的元器件如二极管和 1/4W 电阻等，布局时应使其轴线和波峰焊方向垂直。这样能防止过波峰焊时因一端先焊接凝固而使元器件产生浮高现象。电缆和周围元器件之间要留有一定的空间，否则电缆的折弯部分会压迫并损坏周围元器件及其焊点。

4）贴片元器件的布局要求

对于贴片元器件而言，一般有着如下的要求。

两面过回流焊的 PCB 的 BOTTOMLAYER 面要求无大体积、太重的表贴元器件，需两面都过回流焊的 PCB，第一次回流焊接元器件重量限制如表 3-1 所示。

表 3-1　回流焊接元器件重量限制表

片式元器件：$A \leqslant 0.075 \text{g/mm}^2$	
翼形引脚元器件：$A \leqslant 0.300 \text{g/mm}^2$	A=元器件重量/引脚与焊盘接触面积
J 形引脚元器件：$A \leqslant 0.200 \text{g/mm}^2$	
面阵列元器件：$A \leqslant 0.100 \text{g/mm}^2$	

若有超重的元器件必须布在底层面上，并应通过试验验证可行性。焊接面元器件高度不能超过 2.5mm，若超过此值，应把超高元器件列表通知装备工程师，以便特殊处理。

需波峰焊加工的单板背面元器件不形成阴影效应的安全距离应考虑波峰焊工艺的贴片元器件距离，相同类型元器件布局如图 3-11 所示。

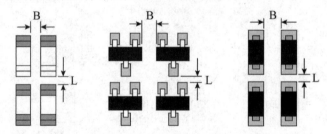

图 3-11　相同类型元器件的布局示意图

相同类型元器件的封装尺寸与距离关系如表 3-2 所示。

表 3-2　相同类型元器件的封装尺寸与距离关系

元 器 件	焊盘间距 L（mm/mil）		元器件本体间距 B（mm/mil）	
	最小间距	推荐间距	最小间距	推荐间距
0603	0.76/30	1.27/50	0.76/30	1.27/50
0805	0.89/35	1.27/50	0.89/35	1.27/50
1206	1.02/40	1.27/50	1.02/40	1.27/50
大于等于 1206	1.02/40	1.27/50	1.02/40	1.27/50
SOT 封装	1.02/40	1.27/50	1.02/40	1.27/50
钽电容 3216、3528	1.02/40	1.27/50	1.02/40	1.27/50
钽电容 6032、7343	1.27/50	1.52/60	2.03/80	2.54/100
SOP	1.27/50	1.52/60	—	—

不同类型元器件在布局时的距离示意图如图 3-12 所示。

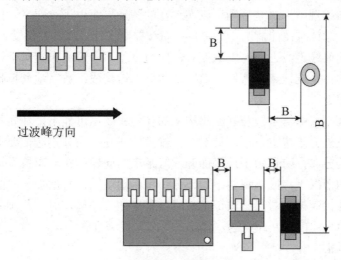

过波峰方向

图 3-12　不同类型元器件的距离示意图

不同类型元器件的封装尺寸与距离关系见表 3-3（单位：mm）。

表 3-3　不同类型元器件的封装尺寸与距离关系示意表

元器件	0603	0805	1206	≥1206	SOT 封装	钽电容 3216、3528	钽电容 6032、7343	SOIC	通孔
0603		1.27	1.27	1.27	1.52	1.52	2.54	2.54	1.27
0805	1.27		1.27	1.27	1.52	1.52	2.54	2.54	1.27
1206	1.27	1.27		1.52	1.52	2.54	2.54	1.27	1.27
≥1206	1.27	1.27	1.27		1.52	1.52	2.54	2.54	1.27
SOT 封装	1.52	1.52	1.52	1.52		1.52	2.54	2.54	1.27
钽电容 3216、3528	1.52	1.52	1.52	1.52	1.52		2.54	2.54	1.27
钽电容 6032、7343	2.54	2.54	2.54	2.54	2.54	2.54		2.54	1.27
SOIC	2.54	2.54	2.54	2.54	2.54	2.54	2.54		1.27
通孔	1.27	1.27	1.27	1.27	1.27	1.27	1.27	1.27	

4．PCB 布线

在放置完封装之后，可以使用 CAD 自动布线或者手动布线。对于自动布线则需要将自动布线失败或者不满足需求的地方手工重新布线。

布线的优先次序一般是：电源、模拟小信号、高速信号、时钟信号和同步信号等，关键信号优先布线。

应遵循密度优先原则，即从单板上连接关系最复杂的元器件着手布线。从单板上连线最密集的区域开始布线。

自动布线在布线质量满足设计要求的情况下，可使用自动布线器以提高工作效率。

　　在自动布线前应准备自动布线控制文件，该文件是为了更好地控制布线质量，一般在运行前详细定义布线规则，这些规则可以在软件的图形界面内进行定义，但软件提供了更好的控制方法，即针对设计情况，写出自动布线控制文件，软件在该文件控制下运行。

　　电源走线和地线走线之间的电磁兼容性环境较差，应避免布置对干扰敏感的信号。接地系统的结构由系统地、屏蔽地、数字地和模拟地构成；数字地和模拟地要分开，即分别与电源地相连。

　　环路最小规则，即信号线与其回路构成的环面积要尽可能小，环面积越小，对外的辐射越少，接收外界干扰也越小。针对这一规则，在地平面分割时，要考虑到地平面与重要信号走线的分布，防止由于地平面开槽等带来的问题；在双层板设计中，在为电源留下足够空间的情况下，应该将留下的部分用参考地填充，且增加一些必要的孔，将双面地信号有效连接起来，对一些关键信号尽量采用地线隔离，对一些频率较高的设计，需特别考虑其地平面信号回路问题，建议采用多层板为宜。

　　具体原则包括：

　　（1）有阻抗控制要求的网络应布置在阻抗控制层上。

　　（2）各种印制板走线要在容许的空间短而粗，线条要均匀。

　　（3）串扰控制，串扰是指 PCB 上不同网络之间因较长的平行布线引起的相互干扰，主要是由于平行线间的分布电容和分布电感的作用。克服串扰的主要措施包括：

- 加大平行布线的间距，遵循 3W 规则；
- 在平行线间插入接地的隔离线；
- 减小布线层与地平面的距离。

　　（4）最外沿信号线与禁止布线层和机械边缘保持最小 0.7mm 距离。

　　（5）印制板布线和覆铜拐角尽量使用 45°折线或折角，PCB 设计中应避免产生锐角和直角而不用 90°。

　　（6）对于经常插拔或更换的焊盘，要适当增加焊盘与导线的连接面积（泪滴焊盘），特别是对于单面板的焊盘，以增加机械强度，避免过波峰焊接时将焊盘拉脱、机械损耗性脱落等。

　　（7）任何信号都不要形成环路，如不可避免，让环路区尽量小。

　　（8）对噪声敏感的元器件下面不要走线。

　　（9）高频线与低频线要保持规定要求间距，以防止出现串扰。

　　（10）多层板走线应尽量避免平行、投影重叠，以垂直为佳，以减小分布电容对整机的影响。

　　（11）大面积覆铜需将铜箔制作成网状覆铜工艺，以防止 PCB 在高温时会出现气泡而导致铜箔脱落的现象。

　　（12）尽量加粗地线，可通过三倍的允许电流。

　　（13）布板时考虑放置测试点，方便生产线调试，测试点统一为八角形。

（14）同一尺寸板上布不同机种时，两端端子位置尽量保持一致，方便生产线制作工具。

通常情况下，布局基本确定后，应用 PCB 设计工具的统计功能，报告网络数量，网络密度，平均管脚密度等基本参数，以便确定所需要的信号布线层数。

布线层设置在高速数字电路设计中，电源与地层应尽量靠在一起，中间不安排布线。所有布线层都尽量靠近一平面层，优选地平面为走线隔离层。为了减少层间信号的电磁干扰，相邻布线层的信号线走向应取垂直方向。

可以根据需要设计 1～2 个阻抗控制层，如果需要更多的阻抗控制层，应与 PCB 产家协商。阻抗控制层应按要求标注清楚。将单板上有阻抗控制要求的网络布线分布在阻抗控制层上（单面板不用考虑）。

线宽和线间距的设置要考虑的因素：

- 单板的密度。板的密度越高，倾向于使用更细的线宽和更窄的间隙。
- 信号的电流强度。当信号的平均电流较大时，应考虑布线宽度所能承载的电流，线宽可参考以下数据。
- 电路工作电压。线间距的设置应考虑其介电强度。

5．设计规则检查

按照 PCB 设计规则，检查 PCB 设计是否合乎规范。对于元器件、铜线、过孔、覆铜等按照一定规则检查。例如，元器件不可以重叠，布线间距不合乎规范。一般可使用 CAD 对电路进行检查，将不符合规范的设计与未连接的部分查找出来。

PCB 设计检查还应当着重检查热设计要求。PCB 布局时要考虑将高热元器件放在出风口或利于空气对流的位置。较高的元器件应考虑放于出风口，且不阻挡风路，散热器的放置应考虑利于空气对流。

对温度敏感器等元器件应考虑远离热源，对于自身温升高于 30℃的热源，一般要求：

- 在风冷条件下，电解电容等温度敏感元器件离热源距离要求大于或等于 2.5mm；
- 自然冷条件下，电解电容等温度敏感元器件离热源距离要求大于或等于 4.0mm；
- 若因为空间的原因不能达到要求距离，则应通过温度测试保证温度敏感元器件的温升在降额范围内。

大面积铜箔要求用隔热带与焊盘相连，为了保证透锡良好，在大面积铜箔上的元器件的焊盘要求用隔热带与焊盘相连，对于需过 5A 以上大电流的焊盘不能采用隔热焊盘，如图 3-13 所示。

焊盘两端走线均匀或热容量相当　焊盘与铜箔间以"米"字或"+"字形连接

图 3-13　焊盘布线要求示意图

如果使用回流焊的方式,0805 以及封装小于 0805 以下的片式元器件两端焊盘的散热对称性为了避免元器件过回流焊后出现偏位、立碑现象,焊盘与印制导线的连接部宽度不应大于 0.3mm（对于不对称焊盘）。

高热元器件的安装方式及是否考虑带散热器,确定高热元器件的安装方式易于操作和焊接,原则上当元器件的发热密度超过 0.4W/cm^2,单靠元器件的引线腿及元器件本身不足以充分散热。应采用散热网、汇流条等措施来提高过电流能力,汇流条的支脚应采用多点连接,尽可能采用铆接后过波峰焊或直接过波峰焊接,以利于装配、焊接;对于较长汇流条的使用,应考虑过波峰时受热汇流条与 PCB 热膨胀系数不匹配造成的 PCB 变形;为了保证搪锡易于操作,锡道宽度应不大于等于 2.0mm,锡道边缘间距大于 1.5mm。

贴片元器件之间的最小间距满足如下要求。

• 机贴元器件距离要求,如图 3-14 所示。

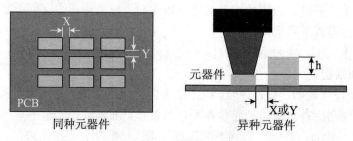

图 3-14　机贴元器件距离要求

• 同种元器件间距大于 0.3mm。
• 异种元器件间距大于 0.13×h+0.3mm（h 为周围近邻元器件最大高度差）。
• 只能手工贴片的元器件之间距离要求大于 1.5mm。

6．PCB 仿真分析

使用 CAD 软件对 PCB 进行仿真分析,确定 PCB 达到需求与设计目标。

7．保存输出

将设计工程保存,并且导出相关文件以便于 PCB 加工。

8．多层 PCB 设计的注意事项及布线原则

在多层 PCB 布线时应注意以下事项:

（1）高频信号线一定要短,不可以有尖角（90°直角）,两根线之间的距离不宜平行、过近,否则可能会产生寄生电容。

（2）如果是两面板,一面的线布成横线,另一面的线布成竖线,尽量不要布成斜线。

（3）如果使用自动布线无法完成所有布线,建议设计者首先手工将比较复杂的线布好,将布好的线锁定后,再使用自动布线功能,一般就可以完成全部布线。

（4）一般来说,线宽一般为 0.3mm,间隔也为 0.3mm。但是电源线或者大电流线应该有足够宽度。焊盘一般应为 64mil。如果是单面板，必须考虑焊盘，否则一般来说生产单面板的工艺都很差，所以单面板的焊盘尽量做得大一些，线要尽量粗一些，表 3-4 给出的是常见的焊盘尺寸。

表 3-4　常用的焊盘尺寸

（单位：mm）

焊盘孔直径	焊盘外径	焊盘孔直径	焊盘外径
0.4	1.5	1.0	2.5
0.5	1.5	1.2	3.0
0.6	2.0	1.6	3.5
0.8	2.0	2.0	4.0

（5）做好屏蔽，铜膜线的地线应该在电路板的周边，同时将电路上可以利用的空间全部使用铜箔做地线，增强屏蔽能力，并且防止寄生电容。多层板因为内层做为电源层和地线层，一般不会有屏蔽的问题。大面积敷铜应改用网格状，以防止焊接时板子产生气泡和因为热应力作用而弯曲。

（6）焊盘的内孔尺寸必须从元器件引线直径、公差尺寸、镀层厚度、孔径公差及孔金属化电镀层厚度等方面考虑，通常情况下以金属引脚直径加上 0.2mm 作为焊盘的内孔直径。例如，电阻的金属引脚直径为 0.5mm，则焊盘孔直径为 0.7mm。当焊盘直径为 1.5mm 时，为了增加焊盘的抗剥离强度，可采用方形焊盘。对于孔直径小于 0.4mm 的焊盘，焊盘外径/焊盘孔直径为 0.5～3mm。对于孔直径 2mm 的焊盘，焊盘外径/焊盘孔直径为 1.5～2mm。焊盘一般应该补成泪滴状，这样线与焊盘的连接强度会大大增强。

（7）地线的共阻抗干扰。电路图上的地线表示电路中的零电位，并用作电路中其他各点的公共参考点。在实际电路中由于地线（铜膜线）阻抗的存在，必然会带来共阻抗干扰，因此在布线时，不能将具有地线符号的点随便连接在一起，这可能引起有害的耦合而影响电路的正常工作。

9．丝印设计

丝印设计是 PCB 设计中容易被忽视但又十分重要的一个环节。容易被忽视是由于 PCB 并不会因为缺少丝印而不能工作，说其十分重要是因为丝印是 PCB 设计的一个缩影。丝印有效的标记元器件、安装孔、定位孔等 PCB 上关键的元素。

一般丝印设计要求所有元器件、安装孔、定位孔都有对应的丝印标号，PCB 上的安装孔丝印可用 H_1（Hole），H_2，…，H_n 进行标识。同时 PCB 上元器件的标识符必须和 BOM 清单中的标识符号一致。

PCB 板有高压和大电流处，要加上相应的警示标识，并且要保证标识的醒目、清晰、易辨识。同时丝印字符要在元器件本体以外，以避免元器件安装后本体遮住丝印字符而降低元器件插装和维修效率。丝印字符要与对应元器件保持最近距离，若空间不足，可采用箭头方式在尽可能距离近的位置进行丝印字符标识。丝印字符方向遵循从左至右、从上往下的原则，对于电解电容、二极管等极性的元器件在每个功能单元内尽量保持方向一致。

为了保证元器件的焊接可靠性，要求元器件焊盘上无丝印；为了保证搪锡的锡道连续性，要求需搪锡的锡道上无丝印；丝印不能压在导通孔、焊盘上，以免开阻焊窗时造成部分丝印丢失，影响识别；丝印间距应大于 0.254mm。丝印字符大小在同一板子上要保持一致，参考尺寸为：字高是 1.5mm 字径（笔划的线宽）为 0.2mm，字体是 sans serif。

10．PCB 的可靠性设计

目前电子器材用于各类电子设备和系统时仍然以 PCB 为主要装配方式。实践证明，即使电路原理图设计正确，PCB 设计不当，也会对电子设备的可靠性产生不利影响。例如，若 PCB 两条细平行线靠得很近，则会形成信号波形的延迟，在传输线的终端形成反射噪声。

因此，在设计 PCB 的时候，应注意采用正确的方法，具体的一些参考性设计要点描述如下。

1）地线设计

在电子设备中，接地是控制干扰的重要方法。如能将接地和屏蔽正确结合起来使用，可解决大部分干扰问题。电子设备中地线结构大致有系统地、机壳地（屏蔽地）、数字地（逻辑地）和模拟地等。在地线设计中应注意以下几点：

（1）正确选择单点接地与多点接地。在低频电路中，信号的工作频率小于 1MHz，其布线和元器件间的电感影响较小，而接地电路形成的环流对干扰影响较大，因而应采用一点接地。当信号工作频率大于 10MHz 时，地线阻抗变得很大，此时应尽量降低地线阻抗，应采用就近多点接地。当工作频率在 1～10MHz 时，如果采用一点接地，其地线长度不应超过波长的 1/20，否则应采用多点接地法。

（2）将数字电路与模拟电路分开。电路板上既有高速逻辑电路，又有线性电路，应使它们尽量分开，两者的地线不要相混，分别与电源端地线相连，要尽量加大线性电路的接地面积。

（3）尽量加粗接地线。若接地线很细，接地电位则随电流的变化而变化，致使电子设备的定时信号电平不稳，抗噪声性能变差。因此应将接地线尽量加粗，使它能通过三倍于 PCB 的允许电流。如有可能，接地线的宽度应大于 3mm。

（4）将接地线构成闭环路。设计只由数字电路组成的 PCB 的地线系统时，将接地线做成闭环路可以明显提高抗噪声能力。其原因在于：PCB 上有很多集成电路元器件，尤其遇有耗电多的元器件时，因受接地线粗细的限制，会在接地结构上产生较大的电位差，引起抗噪声能力下降，若将接地结构成环路，则会缩小电位差值，提高电子设备的抗噪声能力。

2）电磁兼容性设计

电磁兼容性是指电子设备在各种电磁环境中仍能够协调有效地进行工作的能力。电磁兼容性设计的目的是使电子设备既能抑制各种外来的干扰，使电子设备在特定的电磁环境中能够正常工作，又能减少电子设备本身对其他电子设备的电磁干扰。

（1）选择合理的导线宽度。由于瞬变电流在印制线条上所产生的冲击干扰主要是由印制导线的电感成分造成的，因此应尽量减小印制导线的电感量。印制导线的电感与其长度成正比，与其宽度成反比，因而短而精细的导线对抑制干扰是有利的。时钟引线、行驱动器或总线驱动器的信号线常常载有大的瞬变电流，印制导线要尽可能地短。对于分立元器件电路，印制导线宽度在 1.5mm 左右时，即可完全满足要求；对于集成电路，印制导线宽度可在 0.2～1.0mm 之间选择。

（2）采用正确的布线策略。采用平行走线可以减少导线电感，但导线之间的互感和分布电容增加，如果布局允许，最好采用井字形网状布线结构。具体做法是 PCB 的一面横向布线，另一面纵向布线，然后在交叉孔处用金属化孔相连。

为了抑制 PCB 导线之间的串扰，在设计布线时应尽量避免长距离的平行走线，尽可能拉开线与线之间的距离，信号线与地线及电源线尽可能不交叉。在一些对干扰十分敏感的信号线之间设置一根接地的印制线，可以有效地抑制串扰。

为了避免高频信号通过印制导线时产生的电磁辐射，在 PCB 布线时，还应注意以下几点：

- 尽量减少印制导线的不连续性，例如导线宽度不要突变，导线的拐角应大于 90°，禁止环状走线等；
- 时钟信号引线最容易产生电磁辐射干扰，走线时应与地线回路相靠近，驱动器应紧挨着连接器；
- 总线驱动器应紧挨其欲驱动的总线。对于那些离开 PCB 的引线，驱动器应紧紧挨着连接器；
- 数据总线的布线应每两根信号线之间夹一根信号地线。最好是紧紧挨着最不重要的地址引线放置地回路，因为后者常载有高频电流。

（3）抑制反射干扰。

为了抑制出现在印制线条终端的反射干扰，除了特殊需要之外，应尽可能缩短印制线的长度和采用慢速电路。必要时可加终端匹配，即在传输线的末端对地和电源端各加接一个相同阻值的匹配电阻。根据经验，对一般速度较快的 TTL 电路，其印制线条长于 10cm 以上时就应采用终端匹配措施。匹配电阻的阻值应根据集成电路的输出驱动电流及吸收电流的最大值来决定。

3）去耦电容配置

在直流电源回路中，负载的变化会引起电源噪声。例如在数字电路中，当电路从一个状态转换为另一种状态时，就会在电源线上产生一个很大的尖峰电流，形成瞬变的噪声电压。配置去耦电容可以抑制因负载变化而产生的噪声，是印制电路板可靠性设计的一种常规做法，一般配置原则如下：

- 电源输入端跨接一个 10～100μF 的电解电容器，如果 PCB 的位置允许，采用 100μF 以上的电解电容器的抗干扰效果会更好；
- 为每个集成电路芯片配置一个 0.01μF 的陶瓷电容器。如遇到 PCB 空间小而装不下时，可每 4～10 个芯片配置一个 1～10μF 钽电解电容，这种元器件的高频阻抗特别小，在 50kHz～20MHz 范围内阻抗小，而且漏电流很小（0.5nA 以下）；
- 对于噪声能力弱、关断时电流变化大的元器件和 ROM、RAM 等存储型元器件，应在芯片的电源线和地线间直接接入去耦电容；
- 去耦电容的引线不能过长，特别是高频旁路电容不能带引线。

4）PCB 的尺寸与元器件的布置

PCB 大小要适中，过大时印制线条长，阻抗增加，不仅抗噪声能力下降，成本也高；过小则散热不好，同时易受临近线条干扰。

在元器件布置方面与其他逻辑电路一样，应把相互有关的元器件尽量放得靠近些，这样可以获得较好的抗噪声效果，如图 3-15 所示。时钟发生器、晶振和 CPU 的时钟输入端都易产生噪声，要相互靠近些。易产生噪声的元器件、小电流电路、大电流电路等应尽量远离逻辑电路，如有可能，应另做 PCB。

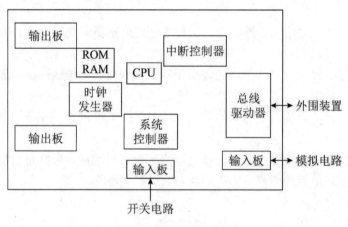

图 3-15　元器件的布置

5）散热设计

从有利于散热的角度出发，PCB 最好是直立安装，板与板之间的距离一般不应小于 2cm，而且元器件在 PCB 上的排列方式应遵循一定的规则：

- 对于采用自由对流空气冷却的设备，最好是将集成电路（或其他元器件）按纵长方式排列；对于采用强制空气冷却的设备，最好是将集成电路（或其他元器件）按横长方式排列；

- 同一块 PCB 上的元器件应尽可能按其发热量大小及散热程度分区排列，发热量小或耐热性差的元器件（如小信号晶体管、小规模集成电路、电解电容等）放在冷却气流的最上游（入口处），发热量大或耐热性好的元器件（如功率晶体管、大规模集成电路等）放在冷却气流最下游；
- 在水平方向上，大功率元器件尽量靠近 PCB 边沿布置，以便缩短传热路径；在垂直方向上，大功率元器件尽量靠近 PCB 上方布置，以便减少这些元器件工作时对其他元器件温度的影响；
- 对温度比较敏感的元器件最好安置在温度最低的区域（如设备的底部），千万不要将它放在发热元器件的正上方，多个元器件最好是在水平面上交错布局；
- 设备内 PCB 的散热主要依靠空气流动，所以在设计时要研究空气流动路径，合理配置元器件或 PCB。空气流动时总是趋向于阻力小的地方流动，所以在 PCB 上配置元器件时，要避免在某个区域留有较大的空域。整机中多块 PCB 的配置也应注意同样的问题。

大量实践经验表明，采用合理的元器件排列方式，可以有效地降低印制电路的温升，从而使元器件及设备的故障率明显下降。

以上所述只是 PCB 可靠性设计的一些通用原则，PCB 可靠性与具体电路有着密切的关系，在设计中还需根据具体电路进行相应处理，才能最大限度地保证 PCB 的可靠性。

3.2.3　电子电路测试基础知识

1．电子电路测试方法
电子电路测试包括内部测试、功能测试、边界扫描与 JTAG。

1）内部测试

电路测试的第一步是在 PCB 装配完成之后对板上各个元器件进行检查：是否正确安装、型号与数值是否正确、焊接是否合格。无论是手工还是机器加工的 PCB 都可能出现错误，因此对 PCB 的检查十分重要。

然后进行的电路内部测试则是使用自动测试与测试程序。PCB 上每个结点都需要进行探测，使用探针床测试夹进行 PCB 测试。自动化工具可以通过 PCB 设计自动计算 PCB 测试工具的设计与各个结点正确的状态，并以此进行测试。

然而这样的测试并不能保证整个系统不会故障，电路的内部测试效果也比较有限，只能保证基本的正确性而无法保证整个系统按照设计运行，因此需要使用功能测试。

2）功能测试

功能测试是在接通电源、激励或者特殊测试信号与输入/输出线之后，测试装配好电路板的功能。使用各类仪器对电路相关部分进行测试，同时进行校准和调整。对于嵌入式系统，一般需要按照一定流程制订专门的测试步骤。而功能测试可以使用自动化设备进行测试，以简化人工成本。

3）边界扫描与 JTAG

通常来说，数字电路的测试会较为复杂。由于许多数字电路本身太过于复杂，常规的测试无法有效的进行。成百上千个测试点，外加各类 IC 复杂的逻辑与状态无法使用简单的电气特性测试来测试，因此边界扫描和 JTAG 能够较为有效地进行测试。边界测试是常见的硬件测试方式，而 JTAG 则是嵌入式中最常用的方式，它利用与 IC 芯片内部调试模块进行通信的方式进行调试与测试。

2. 硬件可靠性测试

以行业标准或者国家标准为基础的可靠性测试包括电磁兼容试验、气候类环境试验、机械类环境试验和安规试验等。

由于网络产品的功能千差万别，应用场合可能是各种各样的，而与可靠性测试相关的行业标准、国家标准一般情况下只给出了某类产品的测试应力条件，并没有指明被测设备在何种工作状态或配置组合下接受测试，因此在测试设计时可能会遗漏某些测试组合。例如机框式产品，线卡种类、线卡安装位置、报文类型、系统电源配置均可灵活搭配，这里涉及到的测试组合会较多，这些测试组合中必然会存在比较极端的测试组合。再如验证该机框的系统散热性能，最差的测试组合是在散热条件机框上满配最大功率的线卡板。如果考虑其某线卡板低温工作性能，比较极端的组合是在散热条件最好的机框上配置最少的单板且配置的单板功耗最小，并且把单板放置在散热最好的槽位上。

总之，在做测试设计时，需要跳出传统测试规格和测试标准的限制，以产品应用的角度进行测试设计，保证产品的典型应用组合、满配置组合或者极端测试组合下的每一个硬件特性、硬件功能都充分暴露在各种测试应力下。这个环节的测试保证了，产品的可靠性才得到保证。

针对不同的产品形态，硬件可靠性测试项目可能有所差异，但是其测试的基本思想是一致的，其基本的思路都是完备分析测试对象可能的应用环境，在可能的应用环境下会承受可能工作状态包括极限工作状态，在实验室环境下制造各种应力条件、改变设备工作状态，设法让产品的每一个硬件特性、硬件功能都一一暴露在各种极限应力下，遗漏任何一种测试组合必然会影响到产品的可靠性。

3.3　Cadence PCB 系统设计

Cadence 公司的 PCB 系统设计提供了从原理图设计输入、分析、PCB 设计、PCB 制造文件输出等一整套工具，为嵌入式系统硬件设计的准确性和高效提供了基础，其设计流程如图 3-16 所示。

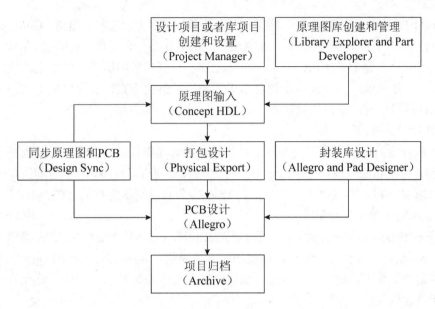

图 3-16 Cadence 的 PCB 系统设计流程示意图

3.3.1 原理图设计输入工具

Cadence 公司的 PCB 系统设计提供了两种原理图输入工具，Concept HDL 和 Capture CIS，Concept HDL 提供了一个高度集成的规则驱动的设计流程，与约束管理器整合提供了整个设计流程中管理电器约束的统一环境，支持团队设计、并发设计、设计重用等。

Concept HDL 提供了传统的平面设计方法和先进的分层次的设计方法，设计者可以根据自己的需要选择合适的设计流程和方法。

1）分层次的设计

Concept HDL 支持自顶向下和自底向上两种设计方法。自顶向下的设计方法就是先创建系统的方框图，分成若干子模块，然后再设计子模块，子模块又可以再往下细分成子模块或者绘制平面原理图。反过来就是自底向上的方法，先创建最底层的原理图，然后将原理图生成各个模块，各个模块又可以组合形成更高层的模块，最后形成一个系统设计。模块和原理图是可以混用的，并且可以分很多层。每个模块可以单独打包（Package，这里所说的打包，即将逻辑从原理图传递到 Allegro）到 Allegro 中，这样多个 PC 设计工程师就可以同时进行布局布线。图形化的分层和配置管理工具加上功能块编辑功能使得分层次设计的实现很容易。同时这些模块又是可以复制的，并且可以标注不同的属性，这样就保证了原理图之下只有一份拷贝，并且当变更模块的原理图时，会将所有的调用全部更新。

2）模块化设计——设计重用

市场压力和设计趋势推进电子产品向着模块化、多功能等级和核心功能派生的方向发展。但是同时维护同一基础设计的多个版本既耗时又费力，也容易出错。Concept HDL 可以让设计者将与 Allegro 版图有关的原理图完整地作为一个元件（cell）保存到库中，可以像调用一个元件那样使用，省去了重新创建和重复拷贝的麻烦。例如电源电路和时钟电路在一个系统或者多个系统中通常会采用相同的解决方案，就可以采用这些方法来实现，这样就可以提高整体的设计效率。

3）并行设计方法

PCB 设计专家提供了真正的并行设计过程。例如在布局时，设计者需要改变连线或者添加元件，在 Allegro 或者 Concept HDL 中都可以实现设计同步，可以帮助用户分析原理图和 PCB 的不同，并且产生一个分层的 ECO 报告自动更新选择的文档。

4）导入物理布局和原理图

Allegro Expert 和 Concept HDL 可以通过 IFF 接口自动导入安捷伦 ADS 物理布局和原理图。导入后，安捷伦 ADS 的设计就如同一个模块，其组件映射到 Allegro 库中。可以选择锁定避免编辑，也可以解锁进行编辑，即使处于锁定状态，模块仍然允许将其连接到设计的其他部分。

5）功能强大的原理图输入方法

- 参数化。如果原理图中需要放置 20 个旁路电容，可以只放置一个电容，然后给这个电容设置参数 size=20，这样就可以减少原理图的篇幅，提高设计的效率，并且原理图看起来更加清晰、整洁。

- 对上下文敏感的菜单。这个功能与 Windows 的功能差不多，当选中一个对象时，右击，就会弹出一个菜单，菜单包含了与当前和上下文有关的命令。

- 群组操作。如果需要对某类元件进行替换或者某些元件需要修改某个属性，可以将这些对象生成一个群组，然后一次替换或者修改这个属性时，节省很多时间。

- 分割元件图形。某些元件管脚非常多，有几百个管脚的元件是非常普遍的，有些都有 1000 多个管脚了，在一页原理图中显示这么多管脚是不切实际的。Concept HDL 的建库工具（Part Developer）可以将这样的元件分为几个图形符号来制作，并且这些符号可以放在不同的原理图页面上。在打包到 Allegro 中时，仍然可以将这些符号打包成一个元件。

- SKILL 和 CAE Views。设计者根据需要写 SKILL 程序来定制 Concept HDL，并且可以共享，全局导航、查找和替换。无论是平面设计还是层次设计，都可以轻松地按几下鼠标键即可找到任何元件或网络。

- 元件列表文件（PPT）。元件列表文件可以让设计者将不同的物理元件映射到同样的原理图符号上。例如常用的电阻和电容等元件，元件原理图的图形是完全一样的，只是封装、标称值等不一样。在建库时，可将一类元件全部输入列表文件中，在原理图中通过选择不同的元件属性来调用它们。

- 脚本（script）和非图形化的 Concept HDL。设计者可以为经常执行的命令设置批处理，在设计过程中调用。Concept HDL 也可以运行在非图形化的样式，这种模式一般用于自动运行模式。

6）其他功能和特点

- 高性能的图形界面，可以动态移动定制的用户界面，可以命令行输入，热键输入和执行 STROKE（手绘）命令。
- 自动生成 BOM（料单）。Concept HDL 的这个功能方便设计者自动生成料单。料单的格式按照需要也可以定制，并且可以将非电气元件另外生成一个料单与电气元件的料单连接起来。
- 可以进行电气规则检查和生成网表报告。
- 归档。一般原理图中并没有将原理图库信息全部调入，如果将原理图转移到其他计算机上进行编辑，就会出现找不到库的麻烦，归档功能提供可以将原理图所用的组件归档到本地的功能，不用的库就不会拷贝过来。
- 与 Allegro 整合。Concept HDL 不仅仅是一个原理图编辑器，它的作用类似于完整设计环境中的 HUB，无缝地与 Allegro PCB 设计系统和其他仿真工具整合。例如在布局时，设计者可以通过在 Concept HDL 中选中组件而在 Allegro 中放置，也可以一次就放置所有的组件。
- 项目管理器。在项目管理器中，设计者可以启动所有的工具、改变启动工具的设置。
- 与约束管理器整合。Concept HDL 也是设计流程中管理电气约束的统一环境的一部分，所以在 Concept HDL 中也可以利用约束驱动过程传递正确的设计给 Allegro，或者反过来传递给 Concept HDL。

3.3.2 PCB 设计系统

PCB 设计系统可以实现复杂、多层电路板图的创建和编辑，可以方便地输出生产数据，其特点包括：

（1）灵活的驱动布局功能。Allegro Expert 提供约束驱动自动和交互结合的布局模式，可以让工具自动布局，也可以手工调整，在放置元件时高速约束和物理设计规则可以动态地检查元件的放置有没有违反规则，并报告出来。QuickP1ace 可以让设计者对组件进行过滤和预分组，在 PCB 外形图框周围放置他们。Ailegro Expert 使用统一的约束管理器，在布局阶段提供互连线延时的实时图形反馈，使工程师最优化地仿真元件，保证了设计的正确性。

（2）交互式布线编辑器。Allegro 提供基于形状、任意角度和推挤（push/shove）的布线方式，对于有高速规则约束的网络在走线时还可以实时显示还有多少时序裕量。

（3）多种生产加工数据的输出。可以输出多种生产加工数据，包括标准的 Gerber 文件、多种光绘机文件、D 码表、装配图、裸板测试数据等，还能输出 ODB++数据格式。

（4）丰富的平面操作功能。Allegro Expert 提供了功能最强的电源平面创建和编辑功能，包括用户定义分割面、中间层面正片显示以及用户定义部分覆铜区域的功能选项。该电源平面设计工具可以使设计者像观察正片一样显示所见即所得的电源层负片。

（5）高级 SKILL 语言。使用高级 SKILL 语言，设计者可以正确地集成和定义自己需要或喜爱的工具箱。

3.3.3　自动和交互布线工具

Cadence 公司的 PCB 系统设计中的自动布线工具是一流的，针对高密度 PCB 和复杂 IC 封装的自动和交互式互连线布线工具，具体包含 SPECCTRA 布局编辑器、SPECCTRA 交互布线编辑器、SPECCTRA 自动布线器 3 个工具。

1）SPECCTRA 布局编辑器

SPECCTRA 布局编辑器可以方便快捷地帮助设计者完成布局，可以对单个和一组元件进行诸如翻转、旋转、推挤、对齐和移动等操作。SPECCTRA 布局编辑器提供指导布局模式，帮助设计者自动计算出最佳布局位置，设计者也可以调整。SPECCTRA 布局编辑器还提供密度分析功能，以图形方式显示布线阻塞情况，帮助设计者调整布局，提高布通率。

2）SPECCTRA 交互布线编辑器

SPECCTRA 交互布线编辑器提供的推挤功能可以自动按照间距要求移动附近的连线和过孔。当移动连线或过孔时，编辑器会自动推挤它周围的连线并动态地显示出来。设计者也可以通过多级操作放弃所做的动作。

SPECCTRA 交互布线编辑器还提供自动帮助放置过孔、拷贝连线等功能。

3）SPECCTRA 自动布线器

SPECCTRA 自动布线器使用高效的基于形状的布线算法，可以充分利用布线空间。SPECCTRA 自动布线器还提供了电气参数规则控制和电流承载能力的要求。

SPECCTRA 自动布线器还可以提供盲埋孔、焊盘下过孔等的处理，是当今高密度 PCB 设计必需的功能。

3.3.4　库管理

Cadence 公司的 PCB 系统设计的库管理提供 3 个工具，分别是 PCB 库专家、PCB 库、库浏览。

1）PCB Librarian Expert——PCB 库专家

PCB 库专家提供了原理图和 PCB 库的创建、封装和验证功能。它包含了几个工具，原理图库的创建是由 Librarian Expert 和 Part Developer 这两个工具来实现的。Part Developer 用来创建原理图符号、物理引脚与封装的对应和其他关键属性。Padstack Editor 是图形编辑器，用来创建、修改焊盘。Allegro Librarian 用来创建 PCB 封装符号，可以用手工和向导两种方法来实现。

2）PCB Librarian——PCB 库

PCB Librarian 包含手工创建库的工具，包括 Library Export 和 Part Developer 原理图创建工具，还有创建 PCB 库的 Allegro Librarian 工具，可以完成库的创建和校验。虽然 PCB Librarian 和 PCB Librarian Expert 包含的工具是一样的，但是在 PCB Librarian 中只能使用工具的部分功能，一些高级功能不能实现。

3）Part Browser——库浏览

Part Browser 是基于 Web 的检索和放置元件的工具。库的验证通过 Part Browser 来实现。这个工具可以提供多个方法来检索元件列表（PTF）的内容，并且可以被集成到 MRP/ERP 系统中提供其他商业信息。

3.3.5　约束管理器

约束管理是 PCB 系统设计的核心，提供基于电子数据表格式的约束信息，具有实时显示高速规则和状态的功能，并且可以在设计流程的任意阶段调用。仿真设计人员在做仿真之后，形成了高速约束规则，这些规则一旦加入约束管理器，就可以用来驱动布局布线了。约束管理器包括两个视图，一个视图让设计者观察数据库中不同的电子约束集合相关的约束值；另一个视图提供系统中不同网络以及它们要遵守的约束集名称，并且实时显示约束值的分析结果，通过改变分析结果的颜色来标明成功和失败，一目了然。

第4章　嵌入式系统软件基础知识

随着技术发展，物理的计算、处理、存储等硬件资源越来越"透明"、成熟和标准化，人们越来越关注人机界面和被控对象的软件控制规律。本章简要介绍嵌入式系统软件相关基础知识。

4.1　嵌入式软件基础

嵌入式软件是指应用在嵌入式计算机系统当中的各种软件。在嵌入式系统的发展初期，软件的种类很少，规模也很小，基本上都是硬件的附属品。随着嵌入式系统应用的发展，特别是随着后 PC 时代的来临，嵌入式软件的种类和规模都得到了极大的发展，形成了一个完整、独立的体系。

4.1.1　嵌入式系统

嵌入式计算机系统是与特定功能的设备集成在一起、且隐藏在这个功能系统内部为预定任务而设计的计算机系统。该计算机可对设备的状态进行采集，包括操作者的命令和受控对象的状态，按照设备所要求的、预先设定的特定规律进行计算，计算结果作为命令输出到设备的某些部件，控制某些操作，同时将人所关心的信息显示给操作者。一个典型的嵌入式系统如图 4-1 所示。

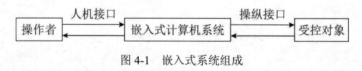

图 4-1　嵌入式系统组成

上述嵌入式系统的输入、处理、输出的各个部分，一般情况下都是通过软件运行完成的。因此嵌入式软件是嵌入式系统的重要组成部分，而且体现了系统的思想、方法和规律。

在当今社会中，嵌入式系统已经和我们的生活息息相关，人们每时每刻都离不了嵌入式系统，如图 4-2 所示。

嵌入式系统一般是实时系统，《牛津计算机字典》对实时系统解释是："系统的输入对应于一个外部物理世界的运动，而系统输出对应着另外一个物理世界的运动，而这两个运动的时间差必须在可接受的足够小的范围内，实时性就体现在从输入到形成输出所需的时间。"实时系统又进一步定义为硬实时系统和软实时系统两种，如表 4-1 所示。

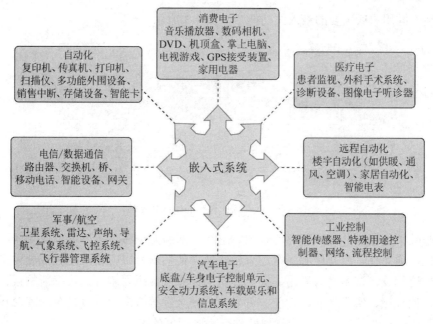

图 4-2　嵌入式系统基本分类

表 4-1　实时系统分类及其特性

特　　性	硬实时系统	软实时系统
响应时间	硬要求	软要求
峰值负载性能	可预计	降低性能
速率控制	环境	计算机
冗余性	工作副本	检查点
检错	自主	用户辅助

　　一般认为，嵌入式计算机相对于个人计算机或超级计算机，在软件或硬件上的资源是有限的，硬件资源体现在处理速度、功耗、存储空间等方面，软件资源指有限的应用、有限的操作系统支持、应用代码量少等方面。

　　第一款大批量生产的嵌入式系统是美国 1961 年发布的民兵 I 型导弹内嵌的 D-17 自动制导计算机。

　　随着 20 世纪 60 年代早期应用开始，嵌入式系统的价格迅速降低，同时处理功能和能力获得快速提高。以第一款单片机 Intel 4004 为例，在存储器和外围芯片的配套使用下，实现了计算器和其他小型系统。1978 年，美国国家工程制造商协会发布了可编程单片机的"标准"，涵盖了几乎所有以计算机为基础的控制器，如单板计算机、数控设备以及基于事件的控制器，使得微处理器得到了快速发展。

　　无一例外，不断发展中的嵌入式计算功能的实现都通过用户需求驱动、顶层定义、硬件定义开始，但核心是软件的算法处理，实际上类似硬件功能通过不同软件的控制就可以实现不同用户所需要的嵌入式功能，如图 4-3 所示。

图 4-3　嵌入式计算机的层次化架构

当基础硬件接口、计算和存储资源、总线与网络乃至各种传感器、作动器、液压等以模块化、通用化、组合化等变得越来越成熟，他们就可以方便地组合成硬件平台。而软件却恰恰相反，基本是为满足人类某种新的设想或应用要求开始进行新的设计。这些设计从诸如领域、实现功能、性能、可靠性、安全性等方面，可以是全新理念设备、或是适应性修改升级等途径，都会导致软件有不同程度的差异。

嵌入式系统具有以下特征：

（1）嵌入式系统的时间敏感性。嵌入式实时系统对时间响应都是有要求的。例如对于一个设备的运动控制系统，从操作指令发出，嵌入式计算机根据指令和外部条件计算并输出到动作器的动作，要保证在所有的条件下、在确定的时间内产生所需的输出。这对于设计者来说，一般的实时系统都会围绕这个关键需求进行系统设计。另外为了满足时间敏感性要求，确保在最复杂行为和最大延时情况下，系统操作不发生延迟，要求处理器的利用率要有 40%左右的余量。有时为满足某些强实时嵌入式系统的应答时间限定在毫秒级或更低，需要在高级语言中嵌入低级语言编程实现。

（2）嵌入式系统的可靠性和安全性。嵌入式计算机系统的失效带来的可能是个人娱乐系统故障的微小损失，可能是铁路信号失效的巨额经济损失，也可能是战略武器控制等经济损失以及重大的社会政治影响等。所以在某种设计缺陷被诱发后，对于不同的系统需要采取不同的策略，例如对具有重大影响的系统，要求计算机或计算机软件对设计缺陷、制造缺陷等失效采取"永不放弃"的安全性设计技术，将损失控制在可接受的范围内。在有人为输入情况下，嵌入式系统还需考虑最大可能地减少人为失误所引起的系统失效。这些算法或机制可以是输入有效性合理性检查、硬件容错、软件容错、错误后的系统缓慢降级、系统进入安全模式等。

（3）嵌入式软件的复杂性。软件复杂度取决于问题规模和复杂度。简单问题的软件可由个人完成，甚至可以进行软件正确性证明；即使过程中更换人员，花费少许时间就可掌握和维护。但如汽车控制、飞机控制等大型复杂软件，其需要根据复杂的外部输入、按照多变量物理规律和人们的预期，实现预定的功能。软件需要根据系统的外部事件及其组合，考虑各种处理、逻辑、时序、边界、超出边界的鲁棒性等进行详细算法和策略研究。还需要考虑如安全性、可靠性、维护性等质量要求。更困难的是大规模软件需要团队联合定义、并行开发、持续维护，同时考虑处理平台限制条件。

4.1.2　嵌入式软件

软件实际上是客观世界问题空间与解空间的具体实现，也是人类知识的提炼、抽象和固化。软件是计算机相关的：

（1）完成预定功能和性能的可执行的指令（计算机程序）序列。

（2）程序操作的信息或数据结构。

（3）描述程序操作、数据和使用的文档。

嵌入式软件是为完成某特定用途而开发的、驻留在预先定义的嵌入式计算机平台上的软件。随着微电子技术飞速发展带来的智能化需求的不断扩展，嵌入式软件无处不在，规模也越来越大。

近三十年来，随着现代化战争信息化程度的不断提高，随着装备由机械化向信息化的战略转型，军用软件已经渗透到军事应用的各个方面，成为装备及其体系中不可或缺的组成部分，其发展和应用水平代表着一个国家的装备实力。美国国防部在 2002 年的《国防科学技术领域计划》中就把军用软件设计和改进作为重要研究领域，制定了军用软件发展的近、中、远期目标。2011 年，美国政府、国防部、海陆空三军、洛克希德·马丁公司等 26 个组织组成工作组，专题研究军事装备中软件研制和部署存在的问题，形成《美国国防部与国防工业领域软件工程的重大问题报告》，对军用软件的发展提出建议。这些都说明了军用软件在现代化战争中的重要地位和作用。

随着飞机机载计算机的广泛使用，机载软件从无到有、规模从小到大、复杂度从低到高。软件负责数据的采集、存储和处理。实时进行各种逻辑判断、数学运算、行为推导、状态转换等处理，帮助飞行员优化各种操作，实现飞行航路计算、姿态控制、环境控制、燃油输送、任务计算、状态监控、信息显示报警、人机界面控制等功能，不夸张地说，飞行员每一个操作、飞机的每一个动作的完成都离不开软件运行。而软件的复杂性、重要性还体现在：

（1）从计算机理论和技术发展趋势来说，硬件和软件没有明确界限，原来使用硬件实现的功能在尽可能地向软件迁移，技术进步越来越显现在软件方面。

（2）软件直接和飞机安全功能相关，而且这种相关性越来越高，如电传飞控软件。

（3）软件的特殊性导致了需要有特殊的规则保证系统的安全性、可靠性。

与硬件不同，软件至今尚未摆脱手工方式。更严重的是，软件在开发过程中涉及到了各行各业的工作人员，其中包括业务定义人员、系统分析员、系统设计人员、软件架构师、软件工程师、软件测试工程师以及质量工程师等。实际上这些人员中只有软件工程师是专业软件开发人员，其他人员都需要同时具备软件和其他行业的背景。因此与其他行业比较，软件行业具有以下鲜明的特点：

（1）抽象性：软件直接反映了人的思维逻辑实体，同时几乎没有具体物理实体，且没有明显的制造过程。

（2）客观问题越来越复杂，软件也随之越来越复杂，而且软件技术的进步速度落后于需求增长的速度。

（3）相对于通用硬件，软件开发成本昂贵，随着问题规模的加大、成本急剧增加。

（4）软件运行和使用没有磨损或老化现象。

（5）软件对硬件和环境有着不同程度的依赖性。

（6）大多数软件是新开发的，通过已有构件组装技术尚不成熟。

（7）软件工作结果涉及到许多社会因素。

以上特点使得软件开发进展情况较难衡量，软件质量不易评价，从而使软件产品的生产管理、过程控制及质量保证都相当困难。

对于嵌入式软件而言，它除了具有通用软件的一般特性，同时还具有一些与嵌入式系统密切相关的特点。这些特点包括：

（1）软件受资源的限制。由于嵌入式系统的资源一般比较有限，所以嵌入式软件必须尽可能地精简，才能适应这种状况。

（2）开发难度大。嵌入式软件的运行环境和开发环境一般比较复杂，从而加大了它的开发难度。首先，由于硬件资源有限，使得嵌入式软件在时间和空间上都受到严格的限制，但要想开发出运行速度快、存储空间少、维护成本低的软件，需要开发人员对编程语言、编译器和操作系统有深刻的了解。其次，嵌入式软件一般都要涉及到底层软件的开发，应用软件的开发也是直接基于操作系统的，这就需要开发人员具有扎实的软、硬件基础，能灵活运用不同的开发手段和工具，具有较丰富的开发经验。最后，对于嵌入式软件来说，它的开发环境与运行环境是不同的。嵌入式软件是在目标系统上运行，但开发工作要在另外的开发系统中进行，当编程人员将应用软件调试无误后，再把它放到目标系统上去。

（3）实时性和可靠性要求高。实时性是嵌入式系统的一个重要特征，许多嵌入式系统要求具有实时处理的能力，这种实时性主要是靠软件层来体现的。软件对外部事件做出反应的时间必须要快，在某些情况下还要求是确定的、可重复实现的，不管系统当时的内部状态如何，都是可以预测的。同时，对于事件的处理一定要在限定的时间期限之前完成，否则就有可能引起系统的崩溃。例如，火箭飞行控制系统就是实时的，它对飞行数据采集和燃料喷射时机的把握要求非常的准确，否则就难以达到精确控制的目的，从而导致飞行控制的失败。

与实时性相对应的是可靠性，因为实时系统往往应用在一些比较重要的领域，如航天控制、核电站、工业机器人等等，如果软件出了问题，那么后果是非常严重的，所以要求这种嵌入式软件的可靠性必须非常高。

（4）要求固化存储。为了提高系统的启动速度、执行速度和可靠性，嵌入式系统中的软件一般都固化在存储器芯片或单片机本身中，而不是像通常的计算机系统那样，存储在磁盘等载体中。

4.1.3　嵌入式软件分类

按通常的分类方法，嵌入式软件可以分为三大类：系统软件、应用软件和支撑软件。

- 系统软件：控制和管理嵌入式系统资源，为嵌入式应用提供支持的各种软件，如设备驱动程序、嵌入式操作系统、嵌入式中间件等。
- 应用软件：嵌入式系统中的上层软件，它定义了嵌入式设备的主要功能和用途，并负责与用户进行交互。应用软件是嵌入式系统功能的体现，一般面向于特定的应用领域，如飞行控制软件、手机软件、MP3 播放软件、电子地图软件等。
- 支撑软件：辅助软件开发的工具软件，如系统分析设计工具、在线仿真工具、交叉编译器、源程序模拟器和配置管理工具等。

在嵌入式系统当中，由于它的硬件配置一般比较低，无法运行太多、太复杂的软件。因此，对于系统软件和应用软件来说，它们是运行在目标平台，即嵌入式设备上。而对于各种软件开发工具来说，它们大部分都运行在开发平台上。本章主要讨论的是运行在嵌入式设备上的软件，即系统软件和应用软件。

4.1.4　嵌入式软件体系结构

1. 无操作系统的情形

在嵌入式系统的发展初期，由于硬件的配置比较低，而且系统的应用范围也比较有限，主要集中在控制领域，对于是否有系统软件的支持，要求还不是很强烈。所以在那个阶段，嵌入式软件的设计主要是以应用为核心，应用软件直接建立在硬件上，没有专门的操作系统，软件的规模也较小，基本上属于硬件的附属品。

在具体实现上，无操作系统的嵌入式软件主要有两种实现方式：循环轮转和前后台系统。

1）循环轮转方式

如图 4-4 所示，循环轮转方式的基本思路是：把系统的功能分解为若干个不同的任务，然后把它们包含在一个循环语句当中，按照顺序逐一执行。当执行完一轮循环后，又回到循环体的开头重新执行。

```
for (;;)
{
        任务 1 的部分工作;
        任务 2 的部分工作;
        任务 3 的部分工作;
}
```

图 4-4　循环轮转方式

　　循环轮转方式的优点是简单、直观、开销小、可预测。软件的开发就是一个典型的基于过程的程序设计问题，可以按照自顶向下、逐步求精的方式，将系统要完成的功能逐级划分成若干个小的功能模块，像搭积木一样搭起来。由于整个系统只有一条执行流程和一个地址空间，不需要任务之间的调度和切换，因此系统的管理开销很少。

　　循环轮转方式的缺点是过于简单，所有的代码都必须按部就班地顺序执行，无法处理异步事件，缺乏并发处理的能力。另外，这种方案没有硬件上的时间控制机制，无法实现定时功能。

　　2）前后台系统

　　前后台系统就是在循环轮转方式的基础上，增加了中断处理功能，如图 4-5 所示。

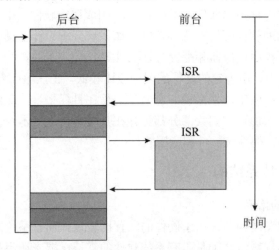

图 4-5　前后台系统

　　图 4-5 中的中断服务程序负责处理异步事件，这部分可以看成是前台程序。而后台程序一般是一个无限的循环，负责掌管整个嵌入式系统软、硬件资源的分配、管理以及任务的调度，是一个系统管理调度程序。在系统运行时，后台程序会检查每个任务是否具备运行条件，通过一定的调度算法来完成相应的操作。而对于实时性要求特别严格的操作通常由中断来完成。为了提高系统性能，大多数的中断服务程序只做一些最基本的操作，例如，把来自于外设的数据拷贝到缓冲区、标记中断事件的发生等，其余的事情会延迟到后台程序去完成。

　　实际上，前后台系统的实时性比预计的要差。这是因为前后台系统认为所有的任务具有相同的优先级别，而且任务的执行又是通过先进先出的队列排队，因而对那些实时性要求很高的任务不能立刻得到处理。但由于这类系统的结构比较简单，几乎不需要额外开销，因而在一些简单的嵌入式应用中被广泛地使用，如微波炉、电话机、电子玩具等。

2．有操作系统的情形

从 20 世纪 80 年代开始，嵌入式软件进入了操作系统的阶段。这一阶段的标志是操作系统出现在嵌入式系统上，程序员在开发应用程序的时候，不是直接面对嵌入式硬件设备，而是在操作系统的基础上编写，嵌入式软件开发环境也得到了一定的应用。如今，嵌入式操作系统在嵌入式应用中使用得越来越广泛，尤其是在功能复杂、系统庞大的应用中显得愈来愈重要。这种开发方式主要有以下三个优点：

（1）提高了系统的可靠性。在控制系统中，出于安全方面的考虑，要求系统起码不能崩溃，而且还要有自愈能力。这就需要在硬件设计和软件设计这两个方面来提高系统的可靠性和抗干扰性，尽可能地减少安全漏洞和不可靠的隐患。

（2）提高了系统的开发效率，降低了开发成本，缩短了开发周期。

在嵌入式操作系统环境下，开发一个复杂的应用程序，通常可以按照软件工程的思想，将整个程序分解为多个任务模块。每个任务模块的调试、修改几乎不影响其他模块，而且商业软件一般都提供了良好的多任务调试环境，这样就大大提高了系统的开发效率。

（3）有利于系统的扩展和移植。

在嵌入式操作系统环境下开发应用程序具有很大的灵活性，操作系统本身可以剪裁，外设、相关应用也可以配置，软件可以在不同的应用环境、不同的处理器芯片之间移植，软件构件可复用。

嵌入式软件的体系结构如图 4-6 所示。

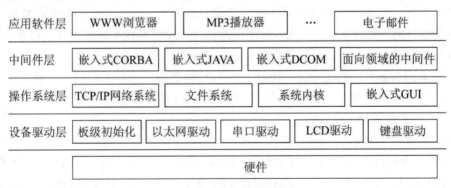

图 4-6 嵌入式软件的体系结构

在如图 4-6 所示的嵌入式软件体系结构中，最底层是嵌入式硬件，包括嵌入式微处理器、存储器和键盘、输入笔、LCD 显示器等输入/输出设备。硬件层之上是设备驱动层，它负责与硬件直接打交道，并为上层软件提供所需的驱动支持。设备驱动层的上面是操作系统层，它可以分为基本部分和扩展部分。前者是操作系统的核心，负责整个系统的任务调度、存储管理、时钟管理和中断管理等功能，这一部分是基础和必备的；后者则是系统为用户提供的一些扩展功能，包括网络、文件系统、图形用户界面 GUI、数据库等，这一部分的内容可以根据系统的需要来进行裁剪。在操作系统的上面，是中间件软件，再上面就是各种应用软件了，如网络浏览器、MP3 播放器、文本编辑器、电子邮件客户端、电子游戏等。对于嵌入式系统的用户来说，就是通过这些应用软件来跟系统交互。

4.1.5　设备驱动层

大多数的嵌入式硬件设备都需要某种类型的软件进行初始化和管理，这部分工作是由设备驱动层来完成的，它负责直接与硬件交互，对硬件进行管理和控制，并为上层软件提供所需的驱动支持。

1. 板级支持包

设备驱动层也称为板级支持包（Board Support Package，BSP），它包含了嵌入式系统中所有与硬件相关的代码。BSP 的基本思想是将嵌入式操作系统与具体的硬件平台隔离开来。也就是说，在 BSP 当中，把所有与硬件相关的代码都封装起来，并向上提供一个虚拟的硬件平台，而操作系统就运行在这个虚拟的硬件平台上，它使用一组定义好的编程接口来与 BSP 进行交互，并通过 BSP 来访问真正的硬件。BSP 在嵌入式系统中的角色，类似于 PC 系统中的 BIOS 和驱动程序。

对于一个成熟的商用操作系统而言，为了在业界得到广泛应用，就必须要能够支持种类众多的硬件平台，并实现应用程序的硬件无关性。一般来说，这种无关性是由操作系统来实现的。但是对于嵌入式系统来说，它没有像 PC 那样具有广泛使用的各种工业标准和统一的硬件结构。变化众多的硬件环境就决定了无法完全由操作系统来实现上层软件与底层硬件之间的无关性。因此各种商用的嵌入式操作系统都采用了分层设计的思想，将系统中与硬件直接相关的一层软件独立出来，称之为板级支持包。

对于不同的嵌入式操作系统，BSP 的具体结构和组成也各不相同。一般来说，BSP 主要包括两个方面的内容：引导加载程序 BootLoader 和设备驱动程序。

1）引导加载程序

引导加载程序 BootLoader 是嵌入式系统加电后第一时间运行的软件代码。在桌面 PC 中的引导加载程序是由位于只读存储器 ROM 中的 BIOS 和位于硬盘的主引导记录（Master Boot Record，MBR）中的 BootLoader 引导程序（如 LILO 和 GRUB）两部分代码组成的。BIOS 在完成硬件检测和资源分配后，将硬盘 MBR 中的引导程序读到系统的内存当中，然后由 MBR 负责启动操作系统。但是在嵌入式系统当中，通常没有像 BIOS 那样的固件程序，因此整个系统的加载启动任务就完全由 BootLoader 来完成。例如，在一个基于 ARM7TDMI 内核的嵌入式系统中，系统在上电或复位时一般都从地址 0x00000000 处开始执行，而在这个地址处安排的通常就是系统的 BootLoader 程序。

简单地说，BootLoader 就是在操作系统内核运行之前运行的一小段程序。通过这段程序，可以初始化硬件设备、建立内存空间的映射图，从而将系统的软硬件环境配置为一定的状态，以便为最终调用操作系统内核做好准备。

在嵌入式系统中，BootLoader 的实现高度依赖于具体的硬件平台，对于不同的 CPU 体系结构和板级设备配置，需要不同的 BootLoader。因此，要想建立一个通用的 BootLoader 几乎是不可能的。但是，一般来说，它主要包含以下基本功能：

（1）片级初始化。片级初始化主要完成微处理器的初始化，包括设置微处理器的核心寄存器和控制寄存器，微处理器的核心工作模式及其局部总线模式等。片级初始化把微处理器从上电时的缺省状态逐步设置成系统所要求的工作状态。

（2）板级初始化。通过正确地设置各种寄存器的内容来完成微处理器以外的其他硬件设备的初始化。例如，初始化 LCD 显示设备，初始化定时器，设置中断控制寄存器等。

（3）加载内核。将操作系统和应用程序的映像从 Flash 硬盘拷贝到系统的内存当中，然后跳转到系统内核的第一条指令处继续执行。

2）设备驱动程序

在一个嵌入式系统当中，设备驱动程序是必不可少的。所谓的设备驱动程序，就是一组库函数，用来对硬件进行初始化和管理，并向上层软件提供良好的访问接口。对于不同的硬件设备来说，设备驱动程序也是不一样的。但是一般来说，设备驱动程序都会具备以下的基本功能。

（1）硬件启动：在开机上电或系统重启的时候，对硬件进行初始化。

（2）硬件关闭：将硬件设置为关机状态。

（3）硬件停用：暂停使用这个硬件。

（4）硬件启用：重新启用这个硬件。

（5）读操作：从硬件中读取数据。

（6）写操作：往硬件中写入数据。

除了以上这些普遍适用的功能之外，设备驱动程序还可能有很多额外的、特定的功能。在具体实现的时候，这些功能一般是用函数的形式来实现的。这些函数主要有两种组织结构，即分层结构和混合结构，如图 4-7 所示。

图 4-7　设备驱动程序的结构

所谓分层结构，就是把设备驱动程序当中的所有函数分为两种类型，一种是直接跟硬件交互，直接去操纵和控制硬件设备的，这些函数称为硬件接口；另一种是跟上层软件交互，作为上层软件的调用接口。分层结构的优点是：把所有与硬件有关的细节都封装在硬件接口当中，硬件升级时，只需要改动硬件接口当中的函数，而上层接口当中的函数不用做任何的修改。

所谓混合结构，就是在设备驱动程序当中，上层接口和硬件接口的函数是混在一起、相互调用的，它们之间没有明确的层次关系。无论是分层结构还是混合结构，它们给上层软件提供的调用接口都应该是明确而稳定的，即便设备驱动程序的内部有任何的变化，也不会影响到上层软件，这样，在移植操作系统和应用程序的时候，就非常方便。

4.1.6　嵌入式中间件

近年来，在嵌入式系统中，处理器的性能不断提高，系统的功能更为复杂，嵌入式软件对可靠性、实时性的要求越来越高，因此，中间件技术也被引入到嵌入式系统的设计当中，并与实时多任务操作系统紧密结合。这种全新的软件设计方法，可以使用户把精力集中到系统功能的实现上，从而真正实现嵌入式系统的软硬件协同设计。当然，在一个实际的嵌入式系统当中，对于是否要采用嵌入式中间件，这完全取决于具体的应用需求。

所谓嵌入式中间件，简单地说，就是在操作系统内核、设备驱动程序和应用软件之外的所有系统软件。嵌入式中间件的基本思路是：把原本属于应用软件层的一些通用的功能模块抽取出来，形成独立的一层软件，从而为运行在它上面的那些应用软件提供一个灵活、安全、移植性好、相互通信、协同工作的平台。这样，就可以有效地实现软件的可重用，降低应用软件的复杂性，提高系统的开发效率，缩短系统的开发周期，节约开发成本和维护费用，同时还保证了系统的高伸缩性、易升级性和稳定性。当然，如果在嵌入式系统中引入中间件，将会带来额外的开销，可能会对系统的性能造成一定的影响。

嵌入式中间件可以分为不同的类型，如消息中间件、对象中间件、远程过程调用、数据库访问中间件、安全中间件等。有些嵌入式系统较为复杂，单个的中间件可能无法满足应用的需求，这时就需要将多种中间件集成在一起。这样的集成解决方案如 Sun 公司的嵌入式 Java、微软的.NET Compact Framework、OMG（Object Management Group）的嵌入式 CORBA 等。

4.2　嵌入式操作系统概述

嵌入式操作系统（Embedded Operating System，EOS）是一种支持嵌入式系统应用的操作系统软件，它是嵌入式开发中极为重要的组成部分，通常包括与硬件相关的底层驱动软件、系统内核、设备驱动接口、通信协议、图形界面、标准化浏览器等。与通用操作系统相比，嵌入式操作系统在系统实时高效性、硬件的相关依赖性、软件固态化以及应用的专用性等方面具有较为突出的特点。

在 20 世纪 60 年代，嵌入式操作系统首先出现在国防系统中，并于 20 世纪 70～80 年代逐渐进入工业控制领域。经过几十多年的发展，目前已广泛应用在工业、交通、能源、通信、医疗卫生、国防、日常生活等诸多领域。

与通用的操作系统一样，可以从两个方面来描述嵌入式操作系统的功能。

（1）从软件开发的角度，可以把 EOS 看成是一种扩展机或虚拟机。它把底层的硬件细节封装起来，为运行在它上面的软件（如中间件软件和各种应用软件）提供了一个抽象的编程接口。软件的开发不是直接在机器硬件的层面上进行，而是在这个编程接口的层面上进行。

（2）从系统管理的角度，可以把 EOS 看成是系统资源的管理者，负责管理系统当中的各种软硬件资源，如处理器、内存、各种 I/O 设备、文件和数据等等，使得整个系统能够高效、可靠地运转。

EOS 除了具有通用操作系统的基本功能之外，还有一些与嵌入式系统密切相关的特点：

- 其目标是为了完成某一项或有限项功能，而非通用型的操作系统；
- 在性能和实时性方面可能有严格的限制；
- 能源、成本和可靠性通常是影响设计的重要因素；
- 占用资源少，适合在有限存储空间运行；
- 系统功能可针对需求进行裁剪、调整，以便满足最终产品的设计要求。

对于不同的嵌入式操作系统，它们所包含的组件可能各不相同，但是一般来说，所有的操作系统都会有一个内核。所谓的内核，是指系统当中的一个组件，它包含了 OS 的主要功能，即 OS 的各种特性及其相互之间的依赖关系。这些功能包括：任务管理、存储管理、输入/输出设备管理和文件系统管理。

操作系统在计算机系统中处于系统软件的核心地位，是用户和计算机系统的界面。每个用户都是通过操作系统来使用计算机的。每个程序都要通过操作系统获得必要的资源以后才能执行。例如，程序执行前必须获得内存资源才能装入；程序执行要依靠处理机；程序在执行时需要调用子程序或者使用系统中的文件；执行过程中可能还要使用外部设备输入/输出数据。操作系统将根据用户的需要，合理而有效地进行资源分配。

一个计算机系统可以分为如下的四个层次：硬件层、操作系统层、系统软件和应用软件层，如图 4-8 所示。

每一层都表示一组功能和一个界面，表现为一种单向服务的关系，即上一层的软件必须以事先约定的方式使用下一层软件或者硬件提供的服务。

为了提高计算机系统的效率，增强系统的处理能力，

图 4-8　计算机系统的层次结构图

最大限度地提高资源利用率，并方便用户使用，现代操作系统广泛采用了并行操作技术，使硬件和软件并行工作。因此，以多道程序为基础的现代操作系统具有以下特征。

1．并发性

并发是两个或两个以上的事件在同一时间间隔内发生。对于程序而言，并发也就是多道程序在同一时间间隔内同时执行。对于单处理机系统而言，程序并发执行实际上是多道程序在一个很小的时间段内交替执行。而宏观上看，它们似乎是在同时进行，即并发执行。实现并发性，使操作系统变得复杂。因为要考虑如何从一个程序转到另一个程序，如何保护一个程序不受另一个程序侵扰，以及如何实现相互制约等。单处理机系统中，每一时刻只能执行一道程序，因此微观上这些程序是交替执行的。

2．共享性

共享性就是资源共享，即计算机系统中的硬、软件资源供所有授权程序或用户共同使用。实际上，由于系统中的资源有限，当多道程序并发执行时，必然要共享系统中的硬、软件资源。因此，程序并发执行必然依赖于资源共享机制的支持，如图 4-9 所示。

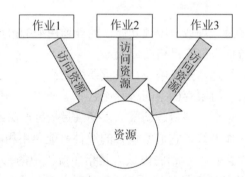

图 4-9 程序并发执行依赖资源共享机制

3．虚拟性

所谓虚拟，是采用某种方法把一个物理实体映射为一个或者多个逻辑实体。前者是客观存在的，后者只是在感觉或效果上存在。例如在多道程序系统中，虽然只有一个 CPU，每次只能执行一道程序；但是采用多道程序技术后，在一段时间内，宏观上看有多个程序在运行，似乎是多个 CPU 在运行各自的程序。也就是说，一个物理上的 CPU 虚拟为多个逻辑上的 CPU，即虚拟处理机。类似的还有虚拟存储器、虚拟外围设备等。

与其他类型的操作系统相比，嵌入式操作系统具有以下一些特点。

（1）体积小。嵌入式系统大多使用闪存作为存储介质，因此只能运行在有限的内存中，不能使用虚拟内存，中断的使用也受到限制。因此，嵌入式操作系统必须结构紧凑，体积微小。

（2）实时性。大多数嵌入式系统都是实时系统，而且多是强实时多任务系统，要求相应的嵌入式操作系统也必须是实时操作系统，重点解决实时多任务调度算法和可调度性、死锁解除等问题。

（3）特殊的开发调试环境。一个完整的嵌入式系统集成开发环境一般包括编译/连接器、内核调试/跟踪器和集成图形界面开发平台，其中的集成图形界面开发平台包括编辑器、调试器、软件仿真器和监视器等。

4.2.1　嵌入式操作系统的分类

操作系统的分类有多种方法，常见的有按照所提供的功能分类、按照系统的类型分类、按照响应时间分类、按照软件结构分类等。

1．按提供的功能分类

按照操作系统所提供的功能进行分类是最常见的方式，可以分为以下几类。

（1）单用户操作系统。其主要特征是，在一个计算机系统内，一次只能支持运行一个用户程序。此用户独占计算机系统的全部硬件、软件资源。早期的微机操作系统例如 DOS 是这样的操作系统。

（2）批处理操作系统。用户把要计算的问题、数据、作业说明书等一起交给系统操作员，系统操作员将一批算题输入计算机，然后由操作系统控制执行。采用这种批处理作业技术的操作系统称为批处理操作系统。这类操作系统又分为批处理单道系统和批处理多道系统。

（3）实时操作系统。"实时"是"立即"的意思。典型的实时操作系统包括过程控制系统、信息查询系统和事务处理系统。实时系统是较少有人为干预的监督和控制系统。其软件依赖于应用的性质和实际使用的计算机的类型。实时系统的基本特征是事件驱动设计，即当接到某种类型的外部信息时，由系统选择相应的程序去处理。

（4）分时操作系统。这是一种使用计算机为一组用户服务，使每个用户仿佛自己有一台支持自己请求服务的计算机的操作系统。分时操作系统的主要目的是对联机用户的服务和相应，具有同时性、独立性、及时性、交互性。分时操作系统中，分时是指若干道程序对 CPU 的分时，通过设立一个时间分享单位即时间片来实现。分时操作系统与实时操作系统的主要差别在交互能力和响应时间上。分时系统交互行强，而实时系统响应时间要求高。

（5）网络操作系统。提供网络通信和网络资源共享功能的操作系统称为网络操作系统。它是负责管理整个网络资源和方便网络用户的软件的集合。网络操作系统除了一般操作系统的五大功能之外，还应具有网络管理模块。后者的主要功能是，提供高效而可靠的网络通信能力；提供多种网络服务，如远程作业录入服务、分时服务、文件传输服务等。

（6）分布式操作系统。分布式系统是由多台微机组成且满足如下条件的系统：系统中任意两台计算机可以通过通信交换信息；系统中的计算机无主次之分；系统中的资源供所有用户共享；一个程序可以分布在几台计算机上并行地运行，互相协作完成一个共同的任务。用于管理分布式系统资源的操作系统称为分布式操作系统。

嵌入式操作系统也可以按照不同的标准来进行分类，例如，可以按照系统的类型、响应时间和软件结构来分类。

2．按系统的类型分类

按照系统的类型，可以把嵌入式操作系统分为三大类：商用系统、专用系统和开源系统。

（1）商用系统。商业化嵌入式操作系统特点是功能强大、性能稳定、应用范围相对较广，而且辅助软件工具齐全，可以胜任许多不同的应用领域。但商用系统的价格通常比较昂贵，如果用于一般的产品会提高产品的成本从而失去竞争力。其典型代表是风河公司（Wind River）的 VxWorks、微软公司的 Windows CE、Palm 公司的 PalmOS 等。

（2）专用系统。一些专业厂家为本公司产品特制的嵌入式操作系统，这种系统一般不提供给应用开发者使用。

（3）开源系统。开放源代码的嵌入式操作系统是近年来发展迅速的一类操作系统，其典型代表是 μC/OS 和各类嵌入式 Linux 系统。开源系统具有免费、开源、性能优良、资源丰富、技术支持强等优点，在信息家电、移动通信、网络设备和工业控制等领域得到越来越广泛的应用。

3．按响应时间分类

按照系统对响应时间的敏感程度，可以把嵌入式操作系统分为两大类：实时操作系统和非实时操作系统。

顾名思义，实时操作系统就是对响应时间要求非常严格的系统。当某一个外部事件或请求发生时，相应的任务必须在规定的时间内完成相应的处理。实时系统的正确性不仅依赖于系统计算的逻辑结果，还依赖于产生这些结果所需要的时间。

实时操作系统可以分为硬实时和软实时两种情形。

（1）硬实时系统。系统对响应时间有严格的要求，绝不允许响应时间不能满足，否则可能会引起系统的崩溃或致命的错误。

（2）软实时系统。系统对响应时间有要求，如果响应时间不能满足，将带来额外的代价，不过这种代价通常能够接受。

非实时系统在响应时间上没有严格的要求，如分时操作系统，它是基于公平性原则，各个进程分享处理器，获得大致相同的运行时间。当一个进程在进行 I/O 操作时，会交出处理器，让其他的进程运行。

4．按软件结构分类

按照软件的体系结构，可以把嵌入式操作系统分为三大类：单体结构、分层结构和微内核结构。它们之间的差别主要表现在两个方面：一是内核的设计，即在内核中包含了哪些功能组件；二是在系统中集成了哪些其他的系统软件（如设备驱动程序和中间件）。

1）单体结构

在单体结构的操作系统中，中间件和设备驱动程序通常就集成在系统内核当中。整个系统通常只有一个可执行文件，里面包含了所有的功能组件（如图 4-10 所示）。系统的结构就是无结构，整个操作系统由一组功能模块组成，这些功能模块之间可以相互调用。例如，嵌入式 Linux 操作系统、Jbed RTOS、µC/OS-II 和 PDOS 都属于单体内核系统。

单体结构的优点是性能较好，系统的各个模块之间可以相互调用，通信开销比较小。它的缺点是操作系统具有体积庞大、高度集成和相互关联等特点，因而在系统剪裁、修改和调试等方面都较为困难。

2）分层结构

在分层结构中，一个操作系统被划分为若干个层次，各个层次之间的调用关系是单向的，即某一层上的代码只能调用比它低层的代码。与单体结构相似，分层结构的操作系统也是只有一个大的可执行文件，其中包含有设备驱动程序和中间件。由于采用了层次结构，所以系统的开发和维护都较为简单。但是，这种结构要求在每个层次上都要提供一组 API 接口函数，这就会带来额外的开销，从而影响到系统的规模和性能。图 4-11 所示为 MS-DOS 的结构，这是一个有代表性的、良好组织的分层结构。

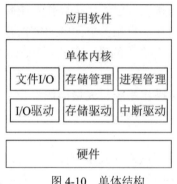

图 4-10　单体结构

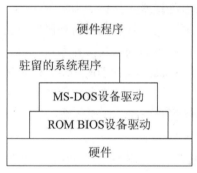

图 4-11　分层结构

3）微内核结构

微内核结构或者客户-服务器结构的操作系统是指在内核中将操作系统的大部分功能都剥离出去，只保留最核心的功能单元（如进程管理和存储管理），微内核结构的特点就是内核非常小，大部分的系统功能都位于内核之外，例如设备驱动程序，所有的设备驱动程序都被置于内核之外，如图 4-12 所示。

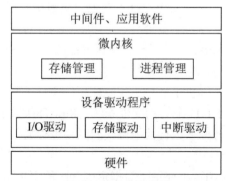

图 4-12　微内核结构

在微内核操作系统中，新的功能组件可以被动态地添加进来，所以它具有易于扩展、调试方便等特点。另外，由于大部分的系统功能被放置在内核之外，而且客户单元和服务器单元的内存地址空间是相互独立的，因此系统的安全性更高。它还有一个优点就是移植方便。但是，与其他类型的操作系统相比（如单体内核），微内核操作系统的运行速度可能会慢一些，这是因为核内组件与核外组件之间的通信方式是消息传递，而不是直接的函数调用。另外，由于它们的内存地址空间是相互独立的，所以在切换的时候，也会增加额外的开销。许多嵌入式操作系统采用的都是微内核的方式，如 OS-9、C Executive、VxWorks、CMX-RTX、Nucleus Plus 和 QNX 等。

4.2.2 常见的嵌入式操作系统

随着嵌入式系统在各个领域的广泛应用，嵌入式操作系统也得到了蓬勃的发展。从早期的实模式进化到保护模式，从微内核技术进化到超微内核技术，从支持单处理器发展到支持多处理器、分布式和实时网络，嵌入式操作系统已经成为操作系统研究领域中的一个重要分支。目前，国内外已经有数十家公司在从事相关方面的研究，开发了数以百计的各具特色的嵌入式操作系统产品，其中比较有影响的系统包括：VxWorks、嵌入式 Linux、Windows CE、μC/OS-II 和 PalmOS 等。

近年来，国内开发的自主操作系统包括：天脉操作系统、天熠操作系统、翼辉操作系统、锐华操作系统、道操作系统等。

1）VxWorks

VxWorks 是美国 WindRiver System 公司开发的一款嵌入式实时操作系统，具有良好的可靠性和卓越的实时性，是目前嵌入式系统领域中使用最广泛、市场占有率最高的商业系统。VxWorks 支持各种主流的 32 位处理器，如 x86、Motorola MC68xxx、Coldfire、PowerPC、MIPS、ARM、i960 等。它基于微内核的体系结构，整个系统由 400 多个相对独立、短小精炼的目标模块组成，用户可以进行裁减和配置，根据自己的需要来选择适当的模块。VxWorks 采用 GNU 的编译和调试器，它的大多数 API 函数都是专有的。

VxWorks 操作系统主要由以下几个功能模块组成：

- 高效的实时微内核：这是 VxWorks 的核心，它包括基于优先级的任务调度、任务间的通信、同步和互斥、中断处理、定时器和内存管理机制等。
- I/O 处理系统：VxWorks 提供了一个快速灵活的与 ANSI C 兼容的 I/O 系统，包括 UNIX 标准的缓冲 I/O 和 POSIX 标准的异步 I/O。
- 文件系统：VxWorks 提供了适合于实时应用的文件系统，主要包括与 MS-DOS 兼容的文件系统、与 RT-11 兼容的文件系统、Raw Disk 文件系统和 SCSI 磁带设备。
- 网络处理模块：能与许多运行其他协议的网络进行通信，如 TCP/IP、NFS、UDP、SNMP、FTP 等。
- 虚拟内存模块 VxVMI：主要用于对指定内存区的保护，以加强系统的安全性。

- 板级支持包 BSP：是系统用来管理硬件的功能模块，对各种板卡的硬件功能提供了统一的接口，它由初始化和驱动程序两部分组成。

2）嵌入式 Linux

嵌入式 Linux 是指对标准 Linux 进行小型化裁剪处理之后，可固化在存储器或单片机中，适合于特定嵌入式应用场合的专用 Linux 操作系统。

嵌入式 Linux 的开发和研究已经成为操作系统领域的一个热点，其特点包括：

- 高性能、可裁剪的内核：Linux 内核的高效和稳定已经在各个领域得到了验证，其独特的模块机制使用户可以根据自己的需要，实时地将某些模块插入到内核或从内核中移走，很适合于嵌入式系统的小型化的需要。
- 完善的网络通信和文件管理机制：Linux 支持所有标准的 Internet 网络协议，并且很容易移植到嵌入式系统当中。此外，Linux 还支持 ext2、fat16、fat32、romfs 等文件系统。
- 优秀的开发工具：一套完善的开发和调试工具是嵌入式系统开发的关键。嵌入式 Linux 提供了一套完整的工具链，它利用 GNU 的 gcc 做编译器，用 gdb、kgdb、xgdb 做调试工具，能够方便地实现从操作系统到应用软件各个级别的调试。
- 免费、开放源码：Linux 是开放源码的自由操作系统，用户可以根据自己的应用需要方便地对内核进行修改和优化，这对于千差万别的嵌入式系统来说是非常重要的。
- 广泛的硬件支持：支持 x86、ARM、MIPS、ALPHA、PowerPC 等多种体系结构，目前已经成功移植到数十种硬件平台，几乎能够运行在所有流行的 CPU 上，支持各种主流硬件设备和最新硬件技术。
- 软件资源丰富：几乎每一种通用程序在 Linux 上都能找到，从而减轻了开发工作量。

常见的嵌入式 Linux 包括：uClinux、RT-Linux、Embedix 和 Hard Hat Linux 等。uClinux 主要针对没有 MMU 的微处理器；RT-Linux 是最早实现硬实时支持的 Linux 版本；Embedix 的设计使用了模块化的设计方案，方便系统剪裁；Hard Hat Linux 是 MontaVista 公司开发的一个嵌入式实时系统，可以针对硬件环境进行配置，以获得最好的性能和最小的体积。

为实时系统而开发的变种 RT Linux（Real-Time Linux），可以让 Linux 支持硬实时任务；Linux 的开放式开发原则使得 Linux 下的驱动和升级变得越来越多和越来越快。

3）Windows CE

Windows CE 是微软公司发布的嵌入式操作系统，主要用在个人数字助理和智能电话等个人手持终端上。Windows CE 是一个基于优先级的多任务操作系统，提供了 256 个优先级别，但它并不是一个硬实时系统。操作系统的基本内核需要至少 200KB 的 ROM，它支持 Win 32 API 子集，支持多种用户界面硬件，支持多种串行和网络通信技术。Windows CE 主要包含 5 个功能模块：

- 内核模块：支持进程和线程处理及内存管理等基本服务；
- 内核系统调用接口模块：允许应用软件访问操作系统提供的服务；
- 文件系统模块：支持 DOS 等格式的文件系统；
- 图形窗口和事件子系统模块：控制图形显示，并提供 Windows GUI 图形界面；
- 通信模块：允许同其他的设备进行信息交换。

4）µC/OS-II

µC/OS 是美国人 Jean Labrosse 在 1992 年开发的一个嵌入式操作系统，并于 1998 年推出了它的升级版本 µC/OS-II。µC/OS-II 是一种免费、开放源代码、结构小巧、基于可抢占优先级调度的实时操作系统，其内核提供任务调度与管理、时间管理、任务间同步与通信、内存管理和中断服务等功能。

µC/OS-II 主要是面向中小型嵌入式系统，它具有执行效率高、占用空间小、实时性能优良和可扩展性强等特点，最小内核可编译至 2KB，一般情形下占用内存在 10KB 数量级。内核本身并不支持文件系统，但它具有良好的扩展性能，如果需要的话可以自行加入。由于免费、源码开放、规模较小，µC/OS-II 不仅在众多的商业领域中获得了广泛的应用，而且被许多大学所采纳，作为一个教学用的嵌入式实时操作系统。

5）PalmOS

PalmOS 是 Palm 公司开发的一种 32 位的嵌入式操作系统，主要应用在 PDA 和手机等手持移动终端上。PalmOS 的优点是功能强大、性能稳定、设计简洁，效率高，而且第三方应用程序非常丰富。

6）pSOS

ISI 公司已经被 WinRiver 公司兼并，现在是属于 WindRiver 公司的产品。这个系统是一个模块化，高性能的实时操作系统，专为嵌入式微处理器设计，提供一个完全多任务环境，在定制的或是商业化的硬件上提供高性能和高可靠性。可以让开发者将操作系统的功能和内存需求定制成每一个应用所需的系统。开发者可以利用它来实现从简单的单个独立设备到复杂的、网络化的多处理器系统。

7）QNX

QNX 是一个实时的，可扩充的操作系统，它遵循 POSIX.1（程序接口）和 POSIX.2（Shell 和工具）、部分遵循 POSIX.1b（实时扩展）。它提供了一个很小的微内核以及一些可选的配合进程。其内核仅提供 4 种服务：进程调度、进程间通信、底层网络通信和中断处理，进程在独立的地址空间运行。所有其他 OS 服务，都实现为协作的用户进程，因此 QNX 内核非常小巧（QNX4.x 大约为 12Kb），而且运行速度极快。这个灵活的结构可以使用户根据实际的需求，将系统配置成微小的嵌入式操作系统或是包括几百个处理器的超级虚拟机操作系统。

8）OS-9

Microwave 的 OS-9 是为微处理器的关键实时任务而设计的操作系统，广泛应用于高科技产品中，包括消费电子产品，工业自动化，无线通信产品，医疗仪器，数字电视/多媒体设备中。它提供了很好的安全性和容错性，与其他的嵌入式系统相比，它的灵活性和可升级性非常突出。

9）LynxOS

Lynx Real-time Systems 的 LynxOS 是一个分布式、嵌入式、可规模扩展的实时操作系统，它遵循 POSIX.1a、POSIX.1b 和 POSIX.1c 标准。LynxOS 支持线程概念，提供 256 个全局用户线程优先级；提供一些传统的，非实时系统的服务特征；包括基于调用需求的虚拟内存，一个基于 Motif 的用户图形界面，与工业标准兼容的网络系统以及应用开发工具。

10）天脉操作系统

天脉操作系统是中国航空工业集团公司西安航空计算技术研究所（简称航空工业计算所）根据机载领域需求和特点而研制的嵌入式实时操作系统，天脉操作系统由三个产品构成，即天脉 1、天脉 2 和配套的开发环境。

天脉 1 操作系统存储结构采用平板存储模式，提高了系统响应能力。是一种简洁、高效的操作做系统软件。天脉 1 操作系统的架构设计采用了层次化设计思路，实现应用层 AL、操作系统层 OSL、硬件驱动层（模块支持层）MSL 三层栈结构，并可以进行各层独立的升级。天脉 1 实现了操作系统中任务管理、存储管理、通信管理、错误管理和中断管理等功能。天脉 1 的典型应用是联合式航空电子系统中各机载设备的"单应用系统"，这些机载设备实现了航空电子系统中某单一子系统功能，如显示控制计算机、机电监控处理机、通信导航处理机等。

天脉 2 操作系统是一种分区操作系统，除操作系统的基本任务管理等功能外，还实现了分区管理、健康监控、分区间通信等功能。为了满足综合化模块化航空电子系统（IMA）架构的需求，实现高安全性、资源可共享的目的，天脉 2 操作系统按照 ARINC653 标准，对不同应用分区实现了时间、空间隔离，实现了具备健壮分区管理能力的操作系统。天脉 2 操作系统存储结构采用了复平面存储保护模式，架构设计仍采用三层栈结构，系统功能可配置、可定制，适应于综合化电子系统的需要。天脉 2 的典型应用是具有 IMA 特征的电子设备，即将联合式航空电子系统中的"单应用"功能集成到共享计算资源计算机系统，相对于单应用系统而言，这种系统称之为"多应用系统"。

开发环境是为配合使用天脉 1 操作系统和天脉 2 操作系统进行应用软件开发而设计的，开发环境采用了最新开放式 Eclipse 架构，具备软件开发所需要的项目管理、编辑/编译、调试和浏览等常用功能，并可以集成常用的三方工具。

4.3　任务管理

在嵌入式系统中，往往需要执行多个程序，为了提高程序执行的效率，系统以任务为单元对程序进行管理。任务管理决定了嵌入式系统的实时性能，主要包括任务的创建、删除和调度等工作。不同的嵌入式系统对任务管理的要求也不相同，因此，需要根据具体的需求选择任务管理方式。

4.3.1 多道程序技术

嵌入式操作系统可以分为两种类型：单道程序设计和多道程序设计。所谓单道程序设计，就是在操作系统当中，在任何时候只能有一个程序在运行。所谓多道程序设计，就是在操作系统当中，允许多个程序同时存在并运行。在现代操作系统当中，为了提高系统资源的利用率，普遍采用多道程序技术。

图 4-13 是单道和多道程序设计的一个例子。甲、乙两个程序，它们在运行过程中都要用到 CPU 和输入/输出设备。如图 4-13 所示，我们用不同的方框来表示这两个程序对两种资源的使用情况，方框的长度表示使用的时间。

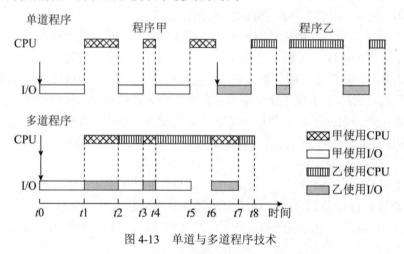

图 4-13　单道与多道程序技术

在单道程序设计的环境下，在任何时候，系统中只能有一个程序在运行，因此，这两个程序的执行只能顺序运行：首先执行程序甲，从 $t0$ 时刻开始，到 $t6$ 时刻结束。然后再执行程序乙，从 $t6$ 时刻开始，一直到它所有的工作都已完成。

在多道程序设计的环境下，允许多个程序同时运行，当一个程序在访问 I/O 设备时，会主动把 CPU 交出来，交由另一个程序去运行，这样就提高了系统资源的使用效率。具体来说，首先，在 $t0$ 时刻，甲和乙都打算运行，它们的第一件事情都是进行 I/O 操作，由于资源有限，只能满足一个程序的请求。假设甲的请求得到满足，它先开始执行，从 $t0$ 到 $t1$，甲一直在使用 I/O 设备，在此期间，乙一直处于等待状态。在到达了 $t1$ 时刻后，甲已经执行完了 I/O 操作，下一步要执行一小段 CPU 操作。这样，它就把刚刚占用的 I/O 设备释放出来，交给程序乙去使用。因此，在 $t1$ 到 $t2$ 期间，程序甲在使用 CPU，程序乙在使用 I/O 设备，它们互不影响。在到达 $t2$ 时刻后，甲又要执行一小段 I/O 操作，而乙恰巧要执行一小段 CPU 操作，因此，在 $t2$ 到 $t3$ 期间，它们相互交换了资源，继续执行。

同样的情形也发生在 t3 时刻和 t4 时刻。但是在 t5 时刻，甲已经使用完了 I/O 设备，而乙仍然在使用 CPU，因此甲只能处于等待状态，等到 t6 时刻再交换资源。这样一直进行下去，在 t7 时刻，甲执行完毕，在 t8 时刻，乙也执行完毕。显然，在多道程序设计的操作系统中，由于 CPU 和输入/输出设备的使用是并行进行的，因此在总的执行时间上要明显少于单道程序系统。

4.3.2　进程、线程和任务

在多道系统当中，允许多个程序同时存在，各个程序之间是并发执行的，它们共享系统的资源。CPU 需要在各个运行的程序之间来回地切换，不断地从一个程序切换到另一个程序，这样一来，仅仅依靠静态的"程序"这个概念，要想正确地描述这些多道的并发活动过程就变得非常的困难，因此引入"进程""线程""任务"等概念。

1．进程

简单而言，一个进程就是一个正在运行的程序。一般来说，一个进程至少应该包括以下几个方面的内容。

- 相应的程序：进程既然是一个正在运行的程序，当然需要有相应程序的代码和数据。
- CPU 上下文：指程序在运行时，CPU 中各种寄存器的当前值，包括：程序计数器，用于记录将要取出的指令的地址；程序状态字，用于记录处理器的运行状态信息；通用寄存器，用于存放数据或地址；段寄存器，用于存放程序中各个段的地址；栈指针寄存器，用于记录栈顶的当前位置。
- 一组系统资源：包括操作系统用来管理进程的数据结构、进程的内存地址空间、进程正在使用的文件等。

进程有动态性、独立性和并发性三个特性。

（1）动态性。进程是一个正在运行的程序，而程序的运行状态是在不断地变化的。例如，当一个程序在运行的时候，每执行完一条指令，PC 寄存器的值就会增加，指向下一条即将执行的指令。而 CPU 中用来存放数据和地址的那些通用寄存器，它们的值肯定也不断地变化。另外，堆和栈的内容也在不断地变化，每当发生一次函数调用时，就会在栈中分配一块空间，用来存放此次函数调用的参数和局部变量。而当函数调用结束后，这块栈空间就会被释放掉。

（2）独立性。一个进程是一个独立的实体，是计算机系统资源的使用单位。每个进程都有自己的运行上下文和内部状态，在它运行的时候独立于其他的进程。

（3）并发性。从宏观上来看，在系统中同时有多个进程存在，它们相互独立地运行。

图 4-14 表示四个进程 A、B、C、D 在系统中并发地运行。从中可以看出，虽然从宏观上来说，这四个进程都是在系统中运行，但从微观上来看，在任何一个特定的时刻，只有一个进程在 CPU 上运行。从时间上来看，开始是进程 A 在运行，然后是进程 B 在

运行，然后是进程 C 和进程 D。接下来又轮到了进程 A 去运行。因此，在单 CPU 的情形下，所谓的并发性，指的是宏观上并发运行，而微观上还是顺序运行，各个进程轮流去使用 CPU 资源。

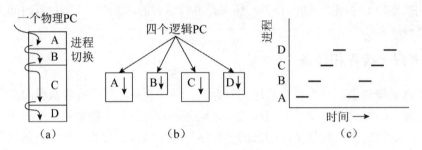

图 4-14　四个进程在并发运行

在具体实现上，以 CPU 中的程序计数器 PC 为例，真正物理上的 PC 寄存器只有一个。当四个进程在轮流执行时，PC 取值的运动轨迹是先在进程 A 内部流动，然后再到进程 B 的内部流动，再到进程 C 和 D。从进程的独立性角度来说，每个进程都有"自己"独立的 PC 寄存器，即逻辑上的 PC 寄存器，它们的取值相互独立、互不影响。所谓的逻辑 PC，其实就是一个内存变量。例如，在图 4-14 中，当进程 A 要执行的时候，就把 A 的逻辑 PC 的值拷贝到物理 PC 中，然后开始运行。当轮到 B 运行的时候，先把物理 PC 的当前值保存到 A 的逻辑 PC 中，然后再把 B 的逻辑 PC 的值装入到物理 PC 中，即可运行。这样就实现了各个进程的轮流运行。

2. 线程

在 20 世纪 80 年代中期，人们提出了更小的能独立运行的基本单位，也就是"线程"。所谓线程，就是进程当中的一条执行流程（见图 4-15），这样做的好处是：

- 在一个进程当中，或者说在一个资源平台上，可以同时存在多个线程。如图 4-16 所示，在这个例子当中，一个进程包含有三个线程。

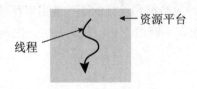

图 4-15　资源平台与线程　　　图 4-16　多线程

- 可以用线程来作为 CPU 的基本调度单位，使得各个线程之间可以并发地执行。
- 对于同一个进程当中的各个线程来说，由于它们是运行在相同的资源平台上，因此它们可以共享该进程的各种资源，如内存地址空间、代码、数据、文件等等，这就使得线程之间的通信与交流变得非常方便。

既然线程是代码在进程的资源平台上的一条执行流程，那么是不是进程的所有资源都能够共享呢？答案是否定的。对于同一个进程的各个线程，它们可以共享该进程的大部分资源，但也有一小部分的资源是不能共享的，每个线程都必须拥有各自独立的一份。这些资源包括 CPU 运行上下文（如程序寄存器、状态寄存器、通用寄存器和栈指针等）和栈。

3．任务

在许多嵌入式操作系统中，并没有使用"进程"或"线程"这两个术语，而是把能够独立运行的实体称为"任务"，那么这里所说的任务到底是进程还是线程呢？对于不同的系统，这个问题有不同的回答。

VxWorks 的"任务"就是线程，类似的系统还有 μC/OS-II、Jbed 等。当然，也有一些嵌入式操作系统，如一些嵌入式 Linux 系统，其任务指的是进程。为了方便起见，在本书中将按照惯例统一使用"任务"这个名词术语，并在需要的时候指明其是进程还是线程。

4.3.3　任务的实现

1．任务的层次结构

在多道程序的嵌入式操作系统中，同时存在着多个任务，这些任务之间的结构一般为层状结构，存在着父子关系。当嵌入式内核刚刚启动的时候，只有一个任务存在，然后由该任务派生出所有其他的任务，如图 4-17 所示。

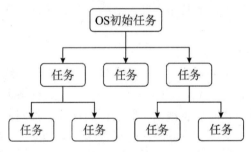

图 4-17　任务的层次结构

2．任务的创建与终止

在一个嵌入式操作系统当中，任务的创建主要发生在以下三种情形：

（1）系统初始化：当嵌入式内核在进行系统初始化的时候，一般都会创建一些任务。例如，它可能会创建一些前台任务，负责与嵌入式系统的用户进行交互；也可能会创建一些后台任务，这些任务不直接跟用户交互，而是在后台完成一些特定的功能，如键盘扫描、系统状态检测、时间统计等。

（2）任务运行过程中：除了在系统初始化的时候会创建任务以外，当一个任务正在运行的时候，如果需要的话，也能够使用相应的系统调用来创建新的任务，以帮助它完成自己的工作。

（3）用户提出请求：在一些具有交互功能的嵌入式系统中，用户可以通过敲入命令或点击图标的方式，让系统启动一个新的任务。例如，在一个 PDA 中，用户可以点击某一个游戏，或打开视频播放器，这时系统就会创建相应的任务来满足用户的请求。

虽然在以上的这三种情形下，都能够创建一个新的任务，但是从技术的角度来说，实际上只有一种创建任务的方法，也就是在一个已经存在的任务中，通过调用相应的系统调用函数来创建一个新的任务。

在嵌入式操作系统当中，任务的创建主要有两种可能的实现模型，即 fork/exec 和 spawn，两者既有联系又有区别。

fork/exec 模型源于 IEEE/ISO POSIX 1003.1 标准，而 spawn 模型是从它派生出来的。这两种模型在创建任务的时候，过程非常相似。首先为新任务分配相应的数据结构，存放其各种管理信息，然后为它分配内存空间，存放任务的代码和数据。当这个新任务准备就绪后，就可以启动其运行。

两种模型的差别主要在于内存的分配方式。在 fork/exec 模型下，首先调用 fork 函数为新任务创建一份与父任务完全相同的内存空间，然后再调用 exec 函数装入新任务的代码，并用它来覆盖原有的属于父任务的内容。这样做的好处是：对于新创建的子任务来说，如果需要的话，它可以从父任务那里继承代码、数据等各种属性。而在 spawn 模型下，摒弃了继承这一功能，在创建新任务的时候，直接为它分配一个全新的地址空间，然后将新任务的代码装入并运行。

在有些嵌入式系统当中，尤其是一些控制系统，它的某些任务被设计为"死循环"的模式。

3．任务的状态

在多道程序系统中，任务是独立运行的实体，需要参与系统资源的竞争，只有在所需资源都得到满足的情形下，才能在 CPU 上运行。因此，任务所拥有的资源情况是在不断变化的，这导致任务的状态也表现出不断变化的特性。不同的嵌入式操作系统对任务状态的定义不尽相同，但是一般来说，它们都会具备以下的三种基本状态。

- 运行状态（Running）：任务占有 CPU，并在 CPU 上运行。显然，处于此状态的任务个数必须小于或等于 CPU 的数目。如果在系统当中只有一个 CPU 的话，那么在任何一个时刻，最多只能有一个任务处于运行状态。
- 就绪状态（Ready）：任务已经具备了运行的条件，但是由于 CPU 正忙，正在运行其他的任务，所以暂时不能运行。不过，只要把 CPU 分给它，它就能够立刻执行。
- 阻塞状态（Blocked）：也叫等待状态（Waiting）。任务因为正在等待某种事件的发生而暂时不能够运行。例如，它正在等待某个 I/O 操作的完成，或者它跟某个任务之间存在着同步关系，正在等待该任务给它发信号。此时，即使 CPU 已经空闲下来了，它也还是不能运行。

在一定条件下，任务会在不同的状态之间来回转换，如图 4-18 所示。对于任务的三种状态，可以有四种转换关系。

- 运行→阻塞：任务由于等待某个事件而被阻塞起来。例如，一个任务正在 CPU 上运行，这时它需要用户输入一个字符。由于 CPU 的运行速度远远高于 I/O 设备的处理速度，因此操作系统不会允许该任务继续占用 CPU，在那里空等，而是把它变成阻塞状态，然后调用其他的任务去运行。
- 运行→就绪：一个任务正在 CPU 上运行，这时由于种种原因（如该任务的时间片用完，或另一个高优先级任务就绪），调度器选择了另一个任务去运行。这样对于当前的任务来说，就从运行状态变成了就绪状态。
- 就绪→运行：处于就绪状态的任务被调度器选中去运行。
- 阻塞→就绪：一个任务曾经因为等待某个事件而被阻塞起来，如果它等待的事件发生了，那么该任务就从阻塞状态变成了就绪状态，从而具备了继续运行的条件。

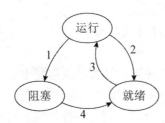

1. 任务由于等待某个事件被阻塞；
2. 调度器选择了另一个任务去运行；
3. 调度器选中了该任务去运行；
4. 任务等待的事件完成。

图 4-18　任务间的状态转换图

4．任务控制块

任务控制块（Task Control Block，TCB）是操作系统中的重要概念，任务管理就是通过对各个任务的 TCB 的操作来实现的。

所谓 TCB，就是在操作系统当中，用来描述和管理一个任务的数据结构。系统为每一个任务都维护了一个相应的 TCB，用来保存该任务的各种相关信息。TCB 的内容主要包括任务的管理信息、CPU 上下文信息和资源管理信息。

（1）任务的管理信息。包括任务的标识 ID、任务的状态、任务的优先级、任务的调度信息、任务的时间统计信息、各种队列指针等。

（2）CPU 上下文信息。指 CPU 中各寄存器的当前值，包括通用寄存器、PC 寄存器、程序状态字、栈指针等。前面所述进程中的逻辑寄存器就是 TCB 当中的相应字段，是一些内存变量。另外，在实际的嵌入式系统中，CPU 上下文信息不一定直接存放在 TCB 当中，而是存放在任务的栈中，可以通过相应的栈指针来访问。

（3）资源管理信息。如果在操作系统中，任务表示的是进程，则还应包含一些资源管理方面的信息，如段表地址、页表地址等存储管理方面的信息；根目录、文件描述字等文件管理方面的信息。

在嵌入式操作系统中，可以用 TCB 来描述任务的基本情况以及它的运行变化过程，把 TCB 看成是任务存在的唯一标志。具体来说，当需要创建一个新任务的时候，就为它生成一个 TCB，并初始化这个 TCB 的内容。当需要中止一个任务的时候，只要回收它的 TCB 即可。而对于任务的组织和管理，也可以通过对它们的 TCB 的组织和管理来实现。

5．任务切换

假设一个任务正在 CPU 上运行，这时由于某种原因，系统决定调度另一个任务去运行。那么在这种情形下，就要进行一次任务切换，把当前任务的运行上下文保存起来，并恢复新任务的上下文。

任务切换通常具有如下基本步骤：

① 将处理器的运行上下文保存在当前任务的 TCB 中。

② 更新当前任务的状态，从运行状态变为就绪状态或阻塞状态。

③ 按照一定的策略，从所有处于就绪状态的任务中选择一个去运行。

④ 修改新任务的状态，从就绪状态变成运行状态。

⑤ 根据新任务的 TCB 内容，恢复它的运行上下文环境。

6．任务队列

如前所述，在一个多任务操作系统中，各个任务的状态是经常变化的，有时处于运行状态，有时处于就绪状态，有时又处于阻塞状态。即便同是阻塞状态，引发阻塞的原因可能又各不相同，有的是因为等待 I/O 操作，有的是因为任务之间的同步。因此，在一个操作系统当中，采用什么样的方式来组织它的所有任务，将直接影响到对这些任务的管理效率。

通常的做法是采用任务队列的方式，也就是说，由操作系统来维护一组队列，用来表示系统当中所有任务的当前状态，不同的状态用不同的队列来表示。例如，处于运行状态的所有任务构成了运行队列，处于就绪状态的所有任务构成了就绪队列，而对于处于阻塞状态的任务，则要根据它们阻塞的原因，分别构成相应的阻塞队列。然后，对于系统当中的每一个任务，根据它的状态把它的 TCB 加入到相应的队列当中去。如果一个任务的状态发生变化，例如，从运行状态变成就绪状态，或者从阻塞状态变成就绪状态，这时，就要把它的 TCB 从一个状态队列中脱离出来，加入到另一个队列当中去。

4.3.4　任务的调度

在多道程序操作系统中，经常会出现多个任务同时去竞争 CPU 的情形，换句话说，就是在系统的就绪队列中，有两个或多个任务同时处于就绪状态。假设在系统中只有一个 CPU，而且这个 CPU 已经空闲下来了，现在的问题就是：对于就绪队列当中的那些任务，应该选择哪一个去运行？在操作系统当中，负责去做出这个选择的那一部分程序，就称为是调度器，而调度器在决策过程中所采用的算法，就称为是调度算法。如果从资源管理的角度来看，也可以把调度器看成是 CPU 这个资源的管理者。

1. 任务调度主要概念

1）调度时机

任务调度的首要问题是何时进行调度，即调度发生的时机。一般来说，在以下几种情形下，可能会发生任务的调度。

（1）当一个新的任务被创建时，需要做出一个调度决策，是立即执行这个新任务还是继续执行父任务？

（2）当一个任务运行结束时，它不再占用 CPU，这时调度器必须作出一个决策，从就绪队列中选择某个任务去运行。如果此时没有任务处于就绪状态，系统一般会调度一个特殊的空闲任务。

（3）当一个任务由于 I/O 操作、信号量或其他原因被阻塞时，也必须另选一个任务运行。

（4）当一个 I/O 中断发生时，表明某个 I/O 操作已经完成，而等待该 I/O 操作的任务将从阻塞状态变为就绪状态，此时可能需要做出一个调度决策，是立即执行这个新就绪的任务，还是继续执行刚才被中断的那个任务。

（5）当一个时钟中断发生时，表明一个时钟节拍已经结束。这时，可能会唤醒一些延时的任务，使它们变为就绪状态，也可能会发现当前任务的时间片已用完，从而把它变为就绪状态。在这些情形下，也需要调度器来重新调度。

2）调度方式

任务调度的第二个问题是调度的方式，主要有两种方式：不可抢占调度和可抢占调度。

（1）不可抢占方式（non preemptive）。如果一个任务被调度程序选中，就会一直地运行下去，直到它因为某种原因（如 I/O 操作或任务间的同步）被阻塞了，或者它主动地交出了 CPU 的使用权。在不可抢占的调度方式下，当出现调度时机当中的前三种情形时，即新任务创建、任务运行结束及任务被阻塞，都有可能会发生调度。而对于第四种和第五种情形，即发生各种中断的时候，虽然也会有中断处理程序，但是它并不会去调用调度程序。因此，当中断处理完成后，又会回到刚才被打断的任务继续执行。

（2）可抢占方式（preemptive）。当一个任务正在运行的时候，调度程序可以去打断它，并安排另外的任务去运行。在这种调度方式下，对于调度时机当中的所有五种情形，都有可能会发生调度。另外，在其他的一些情形下，假设调度算法是按照任务的优先级来进行调度，那么一旦在就绪队列当中有任务的优先级高于当前正在运行的任务，就可能立即进行调度，转让 CPU。

实时操作系统大都采用了可抢占的调度方式，使一些比较重要的关键任务能够打断那些不太重要的非关键任务的执行，以确保关键任务的截止时间能够得到满足。

3）调度算法性能指标和分类

在嵌入式操作系统当中，存在着多种调度算法，每一种算法都有各自的优点和缺点。

因此，任务调度的第三个问题是调度算法的性能指标，即如何来评价一个调度算法的好坏。这些指标主要包括：

- 响应时间：调度器为一个就绪任务进行上下文切换时所需的时间，以及任务在就绪队列中的等待时间；
- 周转时间：一个任务从提交到完成所经历的时间；
- 调度开销：调度器在做出调度决策时所需要的时间和空间开销；
- 公平性：大致相当的两个任务所得到的 CPU 时间也应该是大致相同的。另外，要防止饥饿，即某个任务始终得不到处理器去运行；
- 均衡性：要尽可能使整个系统的各个部分（CPU、I/O）都忙起来，提高系统资源的使用效率；
- 吞吐量：单位时间内完成的任务数量。

在这些指标当中，有一些是可以共存的，也有一些是相互牵制的。因此，对于一个实际的调度算法来说，这些指标不可能全部都实现，而是要根据系统的需要，有一个综合的权衡和折衷的过程。

常用的调度算法分为以下三类：

（1）可抢占调度（preemptive scheduling）。允许任务执行中被其他任务抢占的调度程序，称作可抢占调度程序，其采用调度算法称作抢占式调度算法。抢占式调度提供了很大的灵活性，因为任务执行能被分割成任意的时间间隔来适应不同的执行方式，从而获得更高的处理器利用率。但进行可调度性分析时必须考虑现场切换的时间，而且这一时间必须显著的小于任务的执行时间，否则会浪费大量的处理器时间用于抢占造成的现场切换。使用抢占式调度算法时，每个任务使用一个栈空间，所以还会消耗较多的内存资源。

（2）不可抢占调度（non-preemptive scheduling）。不允许任务执行中被其他任务抢占的调度程序称作不可抢占式调度程序，使用的算法称作非抢占式调度算法。在不可抢占式调度中，任务一旦执行就不会被其他任务抢占，因此使用了比可抢占式调度要少的现场切换，节省了处理器时间。但由于不允许抢占，有时会降低任务集合的可调度性。不可抢占式调度的一种极端形式是按照先到先出（服务）FIFO（First-In-First-Out，FIFO）的方式执行任务。后到的高优先级任务会被排在前面的低优先级任务之后而被阻塞，而且阻塞时间是不确定的，会显著降低高优先级任务的可调度性。使用不可抢占式调度算法时，因为任务之间可以共享一个栈空间，所以能够减少内存消耗。

不可抢占调度由于任务的独占性，优点是共享数据的保护需求较低，缺点是系统的响应时间得不到保证。由于机载领域实时要求较高，不选择这种调度方式。

（3）同优先级任务的时间片轮转调度算法（round-robin）。同优先级任务的时间片轮转调度是轮转调度的一种，目的是使实时系统中优先级相同的任务具有平等的运行权利。时间片轮转调度算法是指当有两个或多个就绪任务具有相同的优先级且它们是就绪任务中优先级最高的任务时，任务调度程序按照这组任务就绪的先后次序调度第一个任务，让它运行一段时间。运行的这段时间称为时间片（time slicing）。当任务运行完一个时间片后，该任务即使还没有停止运行，也必须释放处理器让下一个与它相同优先级的任务运行（假设这时没有更高优先级的任务就绪）。释放处理器的任务被排到同优先级就绪链的链尾，等待再次运行。

2．任务调度算法

1）先来先服务算法

先来先服务算法（First Come First Served，FCFS），也叫做先进先出算法（First In First Out，FIFO），是最简单的一种调度算法。顾名思义，先来先服务的基本思想就是按照任务到达的先后次序来进行调度（如图 4-19 所示）。它是一种不可抢占的调度方式，如果当前任务占用着 CPU 在运行，那么就要一直等到它执行完毕或者因为某种原因被阻塞，才会让出 CPU 给其他的任务。另外，对于一个被阻塞的任务，当它被唤醒之后，就把它放在就绪队列的末尾，重新开始排队。

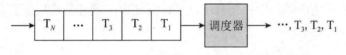

图 4-19　FCFS 算法示意图

先来先服务算法的最大优点就是简单，易于理解也易于实现。它的缺点也很明显：一批任务的平均周转时间取决于各个任务到达的顺序，如果短任务位于长任务之后，那么将增大平均周转时间。

2）短作业优先算法

为了改进 FCFS 算法，减少平均周转时间，人们又提出了短作业优先算法（Shortest Job First，SJF）。SJF 算法的基本思路是：各个任务在开始执行前，必须事先预计好它的执行时间，然后调度算法将根据这些预计时间，从中选择用时较短的任务优先执行。SJF 算法有两种实现方案：

- 不可抢占方式：当前任务正在运行的时候，即使来了一个比它更短的任务，也不会被打断，只有当它运行完毕或者是被阻塞时，才会让出 CPU，进行新的调度。
- 可抢占方式：如果一个新的短任务到来了，而且它的运行时间要小于当前正在运行的任务的剩余时间，那么这个新任务就会抢占 CPU 去运行。这种方法，也称为最短剩余时间优先算法（Shortest Remaining Time First，SRTF）。

不可抢占的 SJF 算法如图 4-20 所示，由于任务 T_3 的执行时间最短，所以首先被调度运行，其次是 T_1 和 T_2。

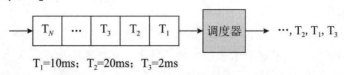

T_1=10ms；T_2=20ms；T_3=2ms

图 4-20　SJF 算法示意图

可以证明，对于一批同时到达的任务，采用 SJF 算法将得到一个最小的平均周转时间。例如，假设有四个任务 A、B、C、D，它们的运行时间分别是 a、b、c 和 d，假设它们的到达时间是差不多的，调度顺序为 A、B、C、D。那么任务 A 的周转时间为 a，B 的周转时间为 a+b，C 的周转时间为 a+b+c，D 的周转时间为 a+b+c+d，因此，最后的平均周转时间为(4a+3b+2c+d)/4，从这个式子来看，显然，只有当 a < b < c < d 的时候，这个平均周转时间才会达到一个最小值。这个结论可以推广到任意多个任务的情形。

3）时间片轮转算法

时间片轮转算法（Round Robin，RR）的基本思路是：把系统当中的所有就绪任务按照先来先服务的原则，排成一个队列。然后，在每次调度的时候，把处理器分派给队列当中的第一个任务，让它去执行一小段 CPU 时间，或者叫时间片。当这个时间片结束的时候，如果任务还没有执行完的话，将会发生时钟中断，在时钟中断里面，调度器将会暂停当前任务的执行，并把它送到就绪队列的末尾，然后执行当前的队首任务。反之，如果一个任务在它的时间片用完之前就已经运行结束了或者是被阻塞了，那么它就会立即让出 CPU 给其他的任务。

时间片轮转法的优点是：

- 公平性：各个就绪任务平均地分配 CPU 的使用时间。例如，假设有 n 个就绪任务，那么每个任务将得到 $1/n$ 的 CPU 时间。
- 活动性：每个就绪任务都能一直保持着活动性，假设时间片的大小为 q，那么每个任务最多等待$(n-1)q$ 这么长的时间，就能再次得到 CPU 去运行。

在采用时间片轮转算法时，时间片的大小 q 要适当选择，如果选择不当，将影响到系统的性能和效率。

- 如果 q 太大，每个任务都在一个时间片内完成，这就失去了轮转法的意义，退化为先来先服务算法了，这就使各个任务的响应时间变长。
- 如果 q 太小，每个任务就需要更多的时间片才能运行完，这就使任务之间的切换次数增加，从而增大了系统的管理开销，降低了 CPU 的使用效率。

因此，如何来选择一个合适的 q 值，既不能太大，也不能太小，这是时间片轮转法的最大问题。一般来说，这个值选在 20~50ms 是比较合适的。

4）优先级算法

优先级调度算法的基本思路是：给每一个任务都设置一个优先级，然后在任务调度的时候，在所有处于就绪状态的任务中选择优先级最高的那个任务去运行。例如，短作业优先算法其实也是一个优先级算法，每个任务的优先级就是它的运行时间，运行时间越短，优先级越高。

优先级算法可以分为两种：可抢占方式和不可抢占方式。它们的区别在于：当一个任务正在运行的时候，如果这时来了一个新的任务，其优先级更高，那么在这种情形下，是立即抢占 CPU 去运行新任务，还是等当前任务运行完了再说。

在任务优先级的确定方式上，可以分为静态方式和动态方式两种。

- 静态优先级方式：在创建任务的时候就确定任务的优先级，并且一直保持不变直到任务结束。优先级的确定可以依据任务的类型或重要性，例如，系统任务的优先级要高于用户任务，实时任务的优先级要高于非实时任务。静态优先级方式有一个很大的缺点：高优先级的任务会一直占用着 CPU 运行，而那些低优先级的任务可能会长时间地得不到 CPU，一直处于"饥饿"状态。

- 动态优先级方式：在创建任务的时候确定任务的优先级，但是该优先级可以在任务的运行过程中动态改变，以便获得更好的调度性能。例如，为了防止静态优先级方式中出现的"饥饿"现象，系统可以根据任务占用 CPU 的运行时间和它在就绪队列中的等待时间来不断地调整它的优先级。这样，即便是一个优先级比较低的任务，如果它在就绪队列中的等待时间足够长，那么它的优先级就会不断提高，最终可以被调度执行。

在优先级算法中，高优先级的任务将抢占低优先级的任务。对于优先级相同的任务，通常的做法是把任务按照不同的优先级进行分组，然后在不同组的任务之间使用优先级算法，而在同一组的各个任务之间使用时间片轮转法。

采用优先级调度算法，还有一个问题就是可能会发生优先级反转的现象。在理想情况下，当高优先级任务处于就绪状态后，会立即抢占低优先级任务而得到执行。但在实际系统当中，在各个任务之间往往需要用到各种共享资源，如 I/O 设备、信号量、邮箱等等。在这种情形下，可能会出现高优先级任务被低优先级任务阻塞，等待它释放资源，而低优先级任务又在等待中等优先级任务的现象，这种现象称为"优先级反转"。

4.3.5　实时系统调度

许多嵌入式操作系统都是实时操作系统，对于 RTOS 调度器来说，任务之间的公平性并不是最重要的，它追求的是实时性，即要让每个任务都在其最终时间期限之前完成。

大多数 RTOS 调度器都采用了基于优先级的可抢占调度算法，但是在具体实现上，需要考虑几个方面的问题，例如，如何设定各个任务的优先级？优先级是静态设置的还是动态可变的？算法的性能如何，能否满足实时要求？

1. 任务模型

考虑实时系统中常用的任务模型，即周期性任务模型。所谓的周期任务，就是该任务每隔固定的一段时间，就会运行一次。

首先定义如下的数据结构：

- 启动时间 $r(i,j)$：第 i 个任务的第 j 次执行的开始时间；
- 时间期限 $D(i)$：第 i 个任务所允许的最大响应时间（从任务启动到运行结束所需的时间）；
- 周期 $P(i)$：第 i 个任务的连续两次运行之间的最小时间间隔；

- 执行时间 $E(i)$：对于第 i 个任务，当它所需要的资源都已具备时，其执行所需要的最长时间。

在任务模型中，每一个任务用一个三元组来表示（执行时间、周期、时间期限），一般来说，一个任务的周期时间同时也是它的时间期限，因为该任务必须在它的下一个周期开始之前，完成此次运行。另外，任务可以在一个周期内的任何时刻被启动，但必须在它的时间期限之前完成，如图 4-21 所示。

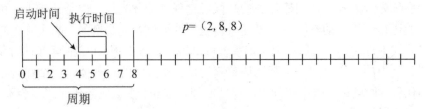

图 4-21   RTOS 任务模型

2．RMS 算法

单调速率调度算法（Rate Monotonic Scheduling，RMS）是一种静态优先级调度算法，也是最常用的一种确定任务优先级的算法。RMS 算法是基于以下的几个假设条件。

（1）所有的任务都是周期性任务。

（2）任务的时间期限等于它的周期。

（3）任务在每个周期内的执行时间是一个常量。

（4）任务之间不进行通信，也不需要同步。

（5）任务可以在任何位置被抢占，不存在临界区的问题。

RMS 算法的基本思路：任务的优先级与它的周期表现为单调函数的关系，任务的周期越短，优先级越高；任务的周期越长，优先级越低。

RMS 算法是一种最优调度算法：如果存在一种基于静态优先级的调度顺序，使得每个任务都能在其期限时间内完成，那么 RMS 算法总能找到这样的一种可行的调度方案。当然，对于具体的某一组任务而言，这种调度方案并不一定存在。但只要存在，就能通过 RMS 算法进行调度。

为了判断一组任务的可调度性，可以计算 CPU 的使用率：$U = \sum_i \dfrac{E_i}{P_i}$。如前所述，

E_i 是第 i 个任务的执行时间，Pi 是它的周期。

- 如果 $U > 1$，则 RMS 调度方案不存在（处理器不可能一天工作 25 个小时）；
- 如果 $U \leqslant n(2^{1/n} - 1)$，$n$ 为任务的个数，则 RMS 调度方案一定存在；
- 如果 $n(2^{1/n} - 1) < U \leqslant 1$，则 RMS 调度方案可能存在也可能不存在。

令 $T = n(2^{1/n} - 1)$，表示可调度上限。例如，当 $n = 1$ 时，$T = 1$；当 $n = 2$ 时，$T = 0.83$；当 n 趋向于无穷大时，$T = \ln 2 = 0.69$。

例如，如表 4-2 所示，有两个任务 T_1 和 T_2。T_1 的执行时间为 2，周期和时间期限为 5；T_2 的执行时间为 4，周期和时间期限为 7。由于 T_1 的周期更短，因此它的优先级要高于 T_2。另外，在该系统当中，CPU 的使用率 $U = 2/5 + 4/7 = 0.97$，而 RMS 的可调度上限 T = 0.83，因此，在这种情形下，RMS 无法保证能够找到合适的调度顺序，使得每个任务都能在自己的时间期限之前完成。

表 4-2　RMS 举例

任务	执行时间	周期	deadline
T_1	2	5	5
T_2	4	7	7

3．EDF 算法

最早期限优先（Earliest Deadline First，EDF）调度算法是一种动态优先级调度算法，它能根据需要动态地修改各个任务的优先级，是目前性能较好的一种调度算法。

EDF 算法的基本思路是：根据任务的截止时间来确定其优先级，对于时间期限最近的任务，分配最高的优先级。当有一个新的任务处于就绪状态时，各个任务的优先级就有可能要进行调整。与 RMS 算法一样，EDF 算法的分析也是在一系列假设的基础上进行的，它不要求系统中的任务都必须是周期任务，其他的假设条件与 RMS 相同。

EDF 算法是最优的单处理器动态调度算法，其可调度上限为 100%。对于给定的一组任务，只要它们的 CPU 使用率小于或等于 1，EDF 就能找到合适的调度顺序，使得每个任务都能在自己的时间期限内完成。反之，如果 EDF 不能满足这组任务的调度要求，则其他的调度算法也不行。

仍以表 4-2 当中的系统为例，在 RMS 方式下，任务 T_2 会发生超时的现象。但如果采用 EDF 算法，则可以避免这个问题。

4.3.6　任务间的同步与互斥

1．任务之间的关系

在一个嵌入式应用系统中往往包含有多个任务，它们在系统的硬件平台和操作系统提供的软件平台上运行。这些任务之间主要有以下几种关系：

- 相互独立：任务之间没有任何的关联关系，互不干预、互不往来。唯一的相关性就是它们都需要去竞争 CPU 资源。
- 任务互斥：除了 CPU 之外，这些任务还需要共享其他的一些硬件和软件资源，而这些资源由于种种原因，在某一时刻只允许一个或几个任务去访问。因此当这些任务在访问共享资源的时候可能会相互妨碍。
- 任务同步：任务之间存在着某种依存关系，需要协调彼此的运行步调。
- 任务通信：任务之间存在着协作与分工，需要相互传递各种数据和信息，才能完成各自的功能。

在嵌入式操作系统当中，对于任务间的第一种关系，主要是靠调度器来进行协调。而对于其他的几种关系，操作系统必须提供一些机制，让各个任务能够相互通信、协调各自的行为，以确保系统能够顺利、和谐地运行。

2. 任务互斥

在多道程序操作系统当中，两个或多个任务对同一个共享数据进行读写操作，最后的结果是不可预测，它取决于各个任务的具体运行情况。人们把这种现象叫着竞争条件。那么如何来解决竞争条件的问题呢？既然问题产生的根源在于两个或者多个任务对某一个共享数据同时进行读写操作，那么解决的方法就是在同一个时刻，只允许一个任务来访问这个共享数据。也就是说，如果当前已经有一个任务正在访问这个共享数据，那么其他的任务暂时都不能访问，只能等它先用完。这就是任务之间的互斥。

可以用一种抽象的形式来表示这个问题。把一个任务在运行过程中所做的各种事情分为两类，第一类是任务内部的计算或其他的一些事情，这些事情肯定不会导致竞争条件的出现；第二类是对共享资源进行访问，这些访问可能会导致竞争条件的出现。人们将相应的那一部分程序称为是临界区，把需要互斥访问的共享资源称为是临界资源。这样，如果能够设计出某种方法，使得任何两个任务都不会同时进入到它们的临界区当中，那么就可以避免竞争条件的出现。不过，这只是一个最基本的要求。在具体实现的时候，还必须考虑其他的一些问题。为此，人们提出了实现互斥访问的四个条件：

- 在任何时候最多只能有一个任务位于它的临界区当中；
- 不能事先假定 CPU 的个数和系统的运行速度；
- 如果某一个任务没有位于它的临界区当中，它不能妨碍其他的任务去访问临界资源；
- 任何一个任务进入临界区的请求必须在有限的时间内得到满足，不能无限期地等待。

3. 任务互斥的解决方案

1）关闭中断法

为了实现任务之间的互斥，最简单的办法就是把中断关掉。具体来说，当一个任务进入它的临界区之后，首先把中断关闭掉，然后就可以去访问共享资源。当它从临界区退出时，再把中断打开。

关闭中断可以有效地实现任务之间的互斥。对于操作系统而言，它可以认为是由中断来驱动的，只有当发生中断的时候，包括时钟中断、I/O 中断、系统调用等，操作系统才能得到控制权，才能进行任务切换。如果当前任务把中断关闭了，除非它主动让出 CPU，否则将不会发生任务的切换，别的任务将无法运行。在这种情形下，当前任务就可以很方便地去访问共享资源，不用担心别的任务来跟它竞争。

关闭中断法虽然简单有效，但也有它的缺点。首先，这种方法具有一定的风险。当任务把中断关闭后，如果由于种种原因不能及时地打开中断，那么整个系统就可能陷入崩溃的状态。其次，这种方法的效率不高。因为我们的初衷，只是想阻止那些试图访问共享资源的任务，以实现对该资源的互斥访问。但是关闭中断后，所有的任务都被阻止了，不论是竞争对手，还是毫不相关的任务，都被拒之门外，无法运行。因此，关闭中断法不能作为一种普遍适用的互斥实现方法，它主要用在操作系统的内核当中，使内核在处理一些关键性的敏感数据时，不会受到其他任务的干扰。

2）繁忙等待法

实现任务间互斥，也可以采用繁忙等待（busy waiting）的策略。其基本思路是：当一个任务想要进入它的临界区时，首先检查一下是否允许它进入，若允许，就直接进入；若不允许，就在循环地等待。

在具体实现上，有多种基于繁忙等待的实现方案。如加锁标志位法、强制轮流法、Peterson 算法、TSL 指令等等。这些方法可以抽象为图 4-22 所示的伪代码形式。当一个任务需要进入临界区时，不断地用 while 语句来测试一个标志位，看能否进入。如果不能的话，就循环等待，直到允许进入。在退出临界区的时候，还要把标志位清除掉。这类方法的共同点就是在测试能否进入临界区的时候，使用的是 while 循环语句，不断地执行测试指令，这样就浪费了大量的 CPU 时间。另外，这种方法还有一个问题，它只能处理单一共享资源的情形。如果在系统中，某种类型的共享资源有 N 份实例，则在任何时刻，最多应该允许 N 个任务同时进入临界区，去访问这种资源。但繁忙等待法无法处理此类问题。

```
while (TestAndSet(lock));
临界区代码;
lock = FALSE;
非临界区代码
```

图 4-22　基于繁忙等待的互斥方法

4．信号量

信号量是 1965 年由著名的荷兰计算机科学家 Dijkstra 提出的，其基本思路是使用一种新的变量类型，即信号量来记录当前可用资源的数量。

在信号量的具体实现上，有两种不同的方式。

（1）方式一：要求信号量的取值必须大于或等于 0。如果信号量的值等于 0，表示当前已没有可用的空闲资源；如果信号量的值大于 0，则该值就代表了当前可用的空闲资源数量；

（2）方式二：信号量的取值可正可负。如果是正数或 0，其含义与方式一是相同的；如果是负数，则它的绝对值就代表正在等待进入临界区的任务个数。

信号量是由操作系统来维护的，任务不能直接去修改它的值，只能通过初始化和两个标准原语（即 P、V 原语）来对它进行访问。在初始化时，可以指定一个非负整数，即空闲资源的总数。所谓的原语，通常由若干条语句组成，用来实现某个特定的操作，并通过一段不可分割或不可中断的程序来实现其功能。原语是操作系统内核的一个组成部分，必须在内核态下执行。原语的不可中断性是通过在其执行过程中关闭中断来实现的。

　　P、V 原语作为操作系统内核代码的一部分，是一种不可分割的原子操作。它们在运行时，不会被时钟中断所打断。另外，在 P、V 原语中包含有任务的阻塞和唤醒机制，因此，当任务在等待进入临界区的时候，会被阻塞起来，而不会去浪费 CPU 时间。

　　P 原语中的字母 P，是荷兰语单词测试的首字母。它的主要功能是申请一个空闲的资源，把信号量的值减 1。如果成功的话，就退出原语；如果失败的话，这个任务就会被阻塞起来。V 原语当中的字母 V，是荷兰语单词增加的首字母。它的主要功能是释放一个被占用的资源，把信号量的值加 1，如果发现有被阻塞的任务，就从中选择一个把它唤醒。

　　采用信号量来实现任务之间的互斥，优点有两个：一是可以设置信号量的计数值，从而允许多个任务同时进入临界区；二是当一个任务暂时无法进入临界区时，它会被阻塞起来，从而让出 CPU 给其他的任务。

　　大多数嵌入式操作系统都提供了信号量的机制，用户可以通过函数调用的方式去使用。

5. 任务同步

　　一般来说，一个任务相对于另一个任务的运行速度是不确定的，也就是说，任务是在异步环境下运行的。每个任务都以各自独立的、不可预知的速度向前推进。但是在有些时候，在两个或多个任务中执行的某些代码片断之间，可能存在着某种时序关系或先后关系，因此这些任务必须协同合作、相互配合，使各个任务按一定的速度运行，以共同完成某一项工作，这就是任务间的同步。

　　要实现任务之间的同步，可以使用信号量机制，通过引入 P、V 操作来设定两个任务在运行时的先后顺序。例如，可以把信号量视为某个共享资源的当前个数，然后由一个任务负责生成这种资源，而另一个任务则负责消费这种资源，这样，就构成了这两个任务之间的先后顺序。在具体实现上，一般把信号量的初始值设为 N，N 大于或等于 0。然后在一个任务的内部使用 V 原语，增加资源的个数；而在另一个任务的内部使用 P 原语，减少资源的个数，从而实现这两个任务之间的同步关系。

　　例如，假设有两个任务 T_1 和 T_2。T_1 做的事情主要是代码片断 A，T_2 做的事情主要是代码片断 B。任务 T_1 和 T_2 同时位于系统当中，相互独立地运行。但由于这两个任务之间存在某种同步关系，要求代码 A 必须先执行，然后代码 B 才能执行。例如说，A 负责采集信号，B 负责对这些信号进行处理，显然，只有当 A 把信号采集进来之后，B 才能去处理。由于在多道程序的操作系统当中，各个任务的执行是相互独立的，系统可能先调度任务 T_1 去运行，也可能先调度任务 T_2 去运行，这是由调度算法来决定的。因此无法保证任务 T_1 肯定比任务 T_2 先执行。但是为了实现任务之间的同步，必须保证，无论是任务 T_1 先执行还是任务 T_2 先执行，从最后的结果来看，代码片断 A 必须先执行，然后代码片断 B 才能执行。

6. 死锁

　　在一组任务当中，每个任务都占用着若干个资源，同时又在等待其他任务所占用的资源，从而造成所有任务都无法进展下去的现象，这种现象称为死锁，这一组相关的任务称为死锁任务。在死锁状态下，每个任务都动弹不得，既无法运行，也无法释放所占用的资源，它们互为因果、相互等待。

死锁的产生有四个必要条件，只有当这四个条件同时成立时，才会出现死锁。

- 互斥条件：在任何时刻，每一个资源最多只能被一个任务所使用；
- 请求和保持条件：任务在占用若干个资源的同时又可以请求新的资源；
- 不可抢占条件：任务已经占用的资源不会被强制性拿走，而必须由该任务主动释放；
- 环路等待条件：存在一条由两个或多个任务所组成的环路链，其中每一个任务都在等待环路链中下一个任务所占用的资源。

除了资源的竞争之外，PV 操作使用不当也会引起死锁，图 4-23 是一个例子。

```
semaphore S, Q;//初始值均为 1
任务 T₁                任务 T₂
P(S);
中断...
                       P(Q);
                       P(S);
P(Q);
临界区                 临界区
V(S);                  V(Q);
V(Q);                  V(S);
```

图 4-23　PV 操作引发的死锁示例

在系统中，定义了两个信号量 S 和 Q，它们的初始值都是 1。两个任务 T_1 和 T_2，假设 T_1 先被调度执行，它顺利地通过了 P(S)操作，并使 S 的值变为 0。假设这时发生了一次时钟中断，任务 T_2 被调度执行。它顺利地通过了 P(Q)操作，并将 Q 的值变为 0。接着在执行 P(S)操作时，由于 S 的值已经是 0，因此 T_2 在这里被阻塞起来，并让出 CPU。然后任务 T_1 重新开始运行，但是当它执行到 P(Q)时，由于 Q 的值已经为 0，因此 T_1 也被阻塞起来。这样一来，任务 T_1 和 T_2 都处于阻塞状态，都在等待对方释放信号量，这就是一种死锁的状态。

7. 信号

任务间同步的另一种方式是异步信号。在两个任务之间，可以通过相互发送信号的方式，来协调它们之间的运行步调。

所谓的信号，指的是系统给任务的一个指示，表明某个异步事件已经发生了。该事件可能来自于外部（如其他的任务、硬件或定时器），也可能来自于内部（如执行指令出错）。异步信号管理允许任务定义一个异步信号服务例程 ASR（Asynchronous Signal

Routine），与中断服务程序不同的是，ASR 是与特定的任务相对应的。当一个任务正在运行的时候，如果它收到了一个信号，将暂停执行当前的指令，转而切换到相应的信号服务例程去运行。不过这种切换不是任务之间的切换，因为信号服务例程通常还是在当前任务的上下文环境中运行的。

信号机制与中断处理机制非常相似，但又各有不同。它们的相同点是：

- 都具有中断性：在处理中断和异步信号时，都要暂时地中断当前任务的运行；
- 都有相应的服务程序；
- 都可以屏蔽响应：外部硬件中断可以通过相应的寄存器操作来屏蔽，任务也能够选择不对异步信号进行响应。

信号机制与中断机制的不同点是：

- 中断是由硬件或特定的指令产生，而信号是由系统调用产生；
- 中断触发后，硬件会根据中断向量找到相应的处理程序去执行；而信号则通过发送信号的系统调用来触发，但系统不一定马上对它进行处理；
- 中断处理程序是在系统内核的上下文中运行，是全局的；而信号处理程序是在相关任务的上下文中运行，是任务的一个组成部分。

实时系统中不同的任务经常需要互斥地访问共享资源。当任务试图访问资源时被正使用该资源的其他任务阻塞，可能出现优先级反转的现象，即当高优先级任务企图访问已被某低优先级任务占有的共享资源时，高优先级任务必须等待直到低优先级任务释放它占有的资源。如果该低优先级任务又被一个或多个中等优先级任务阻塞，问题就更加严重。由于低优先级任务得不到执行就不能访问资源、释放资源。于是低优先级任务就以一个不确定的时间阻塞高优先级的任务，导致系统的实时性没有保障。图 4-24 为是一个优先级反转的示例。

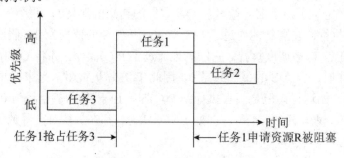

图 4-24   一个优先级反转的示例

如图 4-24 所示，系统存在任务 1、任务 2、任务 3（优先级从高到低排列）和资源 R。某时，任务 1 和任务 2 都被阻塞，任务 3 运行且占用资源 R。一段时间后，任务 1 和任务 2 相继就绪，任务 1 抢占任务 3 运行，由于申请资源 R 失败任务 1 被挂起。由于任务 2 的优先级高于任务 3，任务 2 运行。由于任务 3 不能运行和释放资源 R，因此任务 1 一直被阻塞。极端情况下，任务 1 永远无法运行，处于饿死状态。

　　解决优先级反转问题的常用算法有优先级继承和优先级天花板。

　　1）优先级继承协议

　　L. Sha、R. Rajkumar 和 J. P. Lehoczky 针对资源访问控制提出了优先级继承协议（Priority Inheritance Protocol，PIP）。

　　PIP 协议能与任何优先级驱动的抢占式调度算法配合使用，而且不需要有关任务访问资源情况的先验知识。优先级继承协议的执行方式是：当低优先级任务正在使用资源，高优先级任务抢占执行后也要访问该资源时，低优先级任务将提升自身的优先级到高优先级任务的级别，保证低优先级任务继续使用当前资源，以尽快完成访问，尽快释放占用的资源。这样就使高优先级任务得以执行，从而减少高优先级任务被多个低优先级任务阻塞的时间。低优先级任务在运行中，继承了高优先级任务的优先级，所以该协议被称作优先级继承协议。

　　由于只有高优先级任务访问正被低优先级任务使用的资源时，优先级继承才会发生，在此之前，高优先级任务能够抢占低优先级任务并执行，所以优先级继承协议不能防止死锁，而且阻塞是可以传递的，会形成链式阻塞。另外，优先级继承协议不能将任务所经历的阻塞时间减少到尽可能小的某个范围内。最坏情况下，一个需要 μ 个资源，并且与 ν 个低优先级任务冲突的任务可能被阻塞 $\min(\mu, \nu)$ 次。

　　2）优先级冲顶协议

　　J. B. Goodenough 和 L. Sha 针对资源访问控制提出了优先级冲顶协议（Priority Ceiling Protocol，PCP）。

　　PCP 协议扩展了 PIP 协议，能防止死锁和减少高优先级任务经历的阻塞时间。该协议假设所有任务分配的优先级都是固定的，每个任务需要的资源在执行前就已确定。每个资源都具有优先级冲顶值，等于所有访问该资源的任务中具有的最高优先级。任一时刻，当前系统冲顶值（current priority ceiling）等于所有正被使用资源具有的最高冲顶值。如果当前没有资源被访问，则当前系统冲顶值等于一个不存在的最小优先级。当任务试图访问一个资源时，只有其优先级高于当前系统冲顶值，或其未释放资源的冲顶值等于当前系统冲顶值才能获得资源，否则会被阻塞。而造成阻塞的低优先级任务将继承该高优先级任务的优先级。

　　已经证明，PCP 协议的执行规则能防止死锁，但其代价是高优先级任务可能会经历优先级冲顶阻塞（Priority ceiling blocking）。即高优先级任务可能被一个正使用某资源的低优先级任务阻塞，而该资源并不是高优先级任务请求的。这种阻塞又被称作回避阻塞（avoidance blocking），意思是因为回避死锁而引起的阻塞。即使如此，在 PCP 协议下，每个高优先级任务至多被低优先级任务阻塞一次。使用 PCP 协议后，能静态分析和确定任务之间的资源竞争，计算出任务可能经历的最大阻塞时间，从而能分析任务集合的可调度性。在 PCP 协议下，高优先级任务被阻塞时会放弃处理器，因此，访问共享资源的任务可能会产生 4 次现场切换。

4.3.7　任务间通信

任务间通信是指任务之间为了协调工作，需要相互交换数据和控制信息。任务之间的通信可以分为两种类型：

- 低级通信：只能传递状态和整数值等控制信息。例如，用来实现任务间同步与互斥的信号量机制和信号机制都是一种低级通信方式。这种方式的优点是速度快。缺点是传送的信息量非常少，如果要传递较多信息，就得进行多次通信。
- 高级通信：能够传送任意数量的数据，主要包括三类：共享内存、消息传递和管道。

1．共享内存

共享内存指的是各个任务共享它们地址空间当中的某些部分，在此区域，可以任意读写和使用任意的数据结构，把它看成是一个通用的缓冲区。一组任务向共享内存中写入数据，另一组任务从中读出数据，通过这种方式来实现它们之间的信息交换。

在有些嵌入式操作系统中，不区分系统空间和用户空间，整个系统只有一个地址空间，即物理内存空间，系统程序和各个任务都能直接对所有的内存单元进行随意地访问。在这种方式下，内存数据的共享就变得更加容易了，如图 4-25 所示。

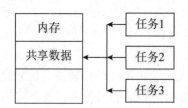

图 4-25　多个任务共享内存空间

在使用共享内存来传送数据的时候，通常要与某种任务间互斥机制结合起来，以免发生竞争条件的现象，确保数据传送的顺利进行。

2．消息传递

消息是内存空间中一段长度可变的缓冲区，其长度和内容均由用户定义。从操作系统的角度来看，所有的消息都是单纯的字节流，既没有确切的格式，也没有特定的含义。对消息内容的解释是由应用来完成的，应用根据自定义的消息格式，将消息解释成特定的含义，如某种类型的数据、数据块的指针或空。

消息传递指的是任务与任务之间通过发送和接收消息来交换信息。

消息机制由操作系统来维护，包括定义寻址方式、认证协议、消息的数量等。一般提供两个基本的操作：send 操作，用来发送一条消息；receive 操作，用来接收一条消息。如果两个任务想要利用消息机制来进行通信，它们首先要在两者之间建立一个通信链路，然后就可以使用 send 和 receive 操作来发送和接受消息。

任务之间的通信方式可以分为直接通信和间接通信两种。

（1）直接通信。在直接通信方式下，通信双方必须明确知道与之通信的对象。采用类似下面的通信原语：

- send（P, message）：发送一条消息给任务 P；
- receive（Q, message）：从任务 Q 那里接收一条消息。如果没有收到消息，可以阻塞起来等待消息的到来，也可以立即返回。

在通信双方之间存在一条通信链路，该链路具有如下特征：

- 通信链路是自动建立的，由操作系统来维护；
- 每条链路只涉及一对相互通信的任务，每对任务之间仅存在一条链路；
- 通信链路可以是单向或双向的。

（2）间接通信。在间接通信方式下，通信双方不需要指出消息的来源或去向，而是通过共享的邮箱（mailbox）来发送和接收消息，每个邮箱都有一个唯一的标识。采用类似下面的通信原语：

- send（A, message）：发送一条消息给邮箱 A；
- receive（A, message）：从邮箱 A 接收一条消息。

间接通信的特点：

- 对于一对任务，只有当它们共享一个公共邮箱时才能进行通信；
- 一个邮箱可以被多个任务访问，每对任务也可以使用多个邮箱来通信；
- 通信可以是单向或双向的。

邮箱只能存放单条消息，它提供了一种低开销的消息传递机制，其状态只有两种：空或满。另外一种间接通信机制是消息队列。它与邮箱是类似的，但可以同时存放若干条消息，提供了一种任务间缓冲通信的方法。如图 4-26 所示，发送消息的任务将消息放入队列，而接收消息的任务则将消息从队列中取出。

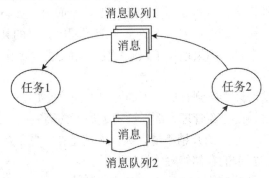

图 4-26　消息队列示意图

3．管道

管道通信由 UNIX 首创，由于其有效性，后来的一些系统相继引入了管道技术。管道通信以文件系统为基础，所谓管道即连接两个任务之间的一个打开的共享文件，专用

于任务之间的数据通信。发送任务从管道的一端写入数据流，接收任务从管道的另一端
按先进先出的顺序读出数据流。管道的读写操作即为普通的文件读写操作，数据流的长
度和格式没有限制。

4.4 存储管理

不同的嵌入式系统采用不同的存储管理方式，有的简单，有的复杂，这与实际的应用领
域及硬件环境密切相关。在强实时应用领域，存储管理方法就比较简单，甚至不提供存储管
理功能。而一些实时性要求不高，可靠性要求比较高且系统比较复杂的应用在存储管理上就
相对复杂一些，可能需要实现对操作系统或任务的保护。

4.4.1 存储管理概述

通常，在设计存储管理的时候，需要考虑如下的一些因素：
- 硬件条件，例如是否有存储管理单元 MMU。
- 实时性要求，是硬实时、软实时还是分时系统。
- 系统规模大小、复杂程度、性能要求。
- 可靠性要求，是否需要内存保护。

1．内存保护

在嵌入式微处理器当中，存储管理单元（Memory Management Unit，MMU）提供了
一种内存保护的硬件机制。操作系统通常利用 MMU 来实现系统内核与应用程序的隔离，
以及应用程序与应用程序之间的隔离。这样可以防止应用程序去破坏操作系统和其他应
用程序的代码及数据，防止应用程序对硬件的直接访问。内存保护包含两个方面的内容：
一是防止地址越界，每个应用程序都有自己独立的地址空间。当一个应用程序要访问某
个内存单元时，由硬件检查该地址是否在限定的地址空间内，如果不是的话就要进行地
址越界处理；二是防止操作越权。对于允许多个应用程序共享的某块存储区域，每个应
用程序都有自己的访问权限，如果违反了权限规定，则要进行操作越权处理。

2．实时性要求

系统的实时性要求也会影响到存储管理的实现方式。在实现一个嵌入式实时内核时，
为了确保系统的实时性，在内存管理方面需要考虑如下的因素：
- 速度快：存储管理方面的开销不能太大，尤其是在一些低配置的硬件平台上，不
  能使用一些比较复杂的存储管理方案。
- 确定性：对于每一项工作都要有明确的实时约束，必须在某个限定的时刻之前完
  成。因此，在实时系统中，一般不采用虚拟存储管理技术。因为在虚拟存储管理
  中可能会发生缺页中断，需要把保存在外围存储介质中的页面调入内存，而这部
  分工作所需要的时间难以预测，因而不利于系统的确定性。

4.4.2　实模式与保护模式

在嵌入式操作系统当中，常见的存储管理方案可以分为两大类：实模式方案和保护模式方案。

1．实模式方案

实模式方案也称为内存的平面使用模式。在这种存储管理方式下，系统将关闭 MMU 或者根本就没有 MMU。

实模式方案的主要特点是：

- 不划分"系统空间"和"用户空间"，整个系统只有一个地址空间，即物理内存地址空间，应用程序和系统程序都能直接对所有的内存单元进行随意地访问，无需进行地址映射。
- 操作系统的内核与外围应用程序之间不再有物理的边界，在编译链接后，两者通常被集成在同一个系统文件中。
- 系统中所说的"任务"或"进程"，实际上全都是内核线程。对于这些线程来说，只有运行上下文和栈是独享的，其他资源都是共享的。

实模式方案的优点是简单、性能好，而且存储管理的开销比较确定，这对于实时系统来说是比较重要的。它的缺点是没有存储保护、安全性差，在应用程序中出现的任何一个小错误或蓄意攻击都有可能导致整个系统的崩溃。因此，它比较适合于规模较小、简单和实时性要求较高的系统。事实上，大多数传统的嵌入式操作系统均采用此模式。

2．保护模式方案

保护模式方案指的是在处理器中必须要有 MMU 硬件并启用之，它的主要特点是：

- 系统内核和用户程序都有各自独立的地址空间。操作系统和 MMU 共同合作，完成逻辑地址到物理地址的映射；
- 具有存储保护功能。每个应用程序只能访问自己的地址空间，不能去破坏操作系统和其他应用程序的代码和数据。对于共享的内存区域，也必须按照规定的权限规则来访问。

保护模式方案的优点是安全性和可靠性较好，它比较适合于规模较大、较复杂和实时性要求不太高的系统。

4.4.3　分区存储管理

在多道程序操作系统当中，同时有多个任务在系统中运行，每个任务都有各自的地址空间。为了实现这种多道程序系统，在存储管理上，最简单的做法就是采用分区存储管理。它的基本思路是：把整个内存划分为两大区域，即系统区和用户区，然后再把用户区划分为若干个分区，分区的大小可以相等，也可以不等，每个任务占用其中的一个分区。这样，就可以在内存当中同时保留多个任务，让它们共享整个用户区，从而实现多个任务的并发运行。在具体实现上，分区存储管理又可以分为两类：固定分区和可变分区。

1．固定分区存储管理

固定分区存储管理的基本思路是：各个用户分区的个数、位置和大小一旦确定后，就固定不变，不能再修改了。例如，在系统启动时，由管理员来手工划分出若干个分区，并确定各个分区的起始地址和大小等参数。然后，在系统的整个运行期间，这些参数就固定下来，不再改变。另外，为了满足不同程序的存储需要，各个分区的大小可以是相等的，也可以是不相等的。

当一个新任务到来时，需要根据它的大小，把它放置到相应的输入队列中去，等待合适的空闲分区。在具体的实现上，主要有两种实现方式，即多个输入队列和单个输入队列。

图 4-27（a）是多个输入队列的一个例子。整个内存被分成五个区，包括四个用户分区和一个系统分区。操作系统放在内存地址低端，占用了 100KB。分区 1、分区 2 和分区 3 的大小分别是 100KB、200KB 和 300KB，分区 4 的大小是 100KB。在多个输入队列的方式下，对于每一个用户分区，都有一个相应的输入队列。在分区 1 的输入队列中有三个任务在等待，在分区 2 的输入队列中有一个任务在等待。分区 3 的输入队列是空的，而分区 4 的输入队列中有两个任务在等待。当一个新任务到来时，就把它加入到某一个输入队列中去。要求这个输入队列所对应的分区，是能够装得下该任务的最小分区。例如，假设现在又来了一个新任务，它的大小是 180KB，那么应该把它加入到分区 2 的输入队列中去。因为在当前情形下，能够装得下该任务的只有分区 2 和分区 3，而分区 2 比分区 3 要小，所以它更合适。

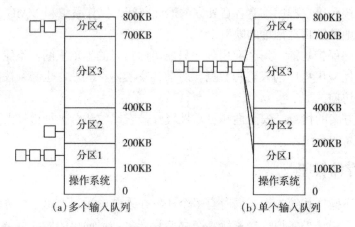

（a）多个输入队列　　　　（b）单个输入队列

图 4-27　固定分区的输入队列

这种为每一个分区都设置一个输入队列的做法，有一个很大的缺点，它可能会出现内存利用率不高的问题，即小分区的输入队列是满的，而大分区的输入队列却是空的。

例如，在图 4-27（a）的这个例子中，在分区 1 的输入队列中，有 3 个任务在等待，而分区 3 的输入队列却是空的。也就是说，一方面，有很多小任务在等着进入内存；而另一方面，在内存中却存在着大量的空闲空间。事实上，如果把这 300KB 的空闲空间平均分给这三个任务，那么它们就都能进入内存了。

为了解决这个问题，人们又提出了单个输入队列的方法。它的基本思路是：对于所有的用户分区，只设置一个统一的输入队列。当一个新任务到来时，就把它加入到这个输入队列当中。然后当某个分区变得空闲的时候，就从这个队列中选择合适的任务去占用该分区。在任务的选择上，可以有两种方法。第一种方法是选择离队首最近的、能够装入这个分区的任务。如果选中的是一个比较小的任务，那么就会浪费大量的内存空间。第二种方法是先搜索整个队列，从中选择能够装入这个分区的最大任务，这样就能尽可能地减少所浪费的空间。

对于固定分区的存储管理方法，它的优点是易于实现，系统的开销比较小。无论是空闲空间的管理，还是内存的分配和回收算法，都非常简单。算法的时间复杂度和空间复杂度也比较低。因此，系统的管理开销比较小。但是它也有两个主要的缺点：第一，内存的利用率不高，内碎片会造成很大的浪费。所谓的内碎片，就是在任务所占用的分区内部，未被利用的空间。第二，分区的总数是固定的，这就限制了并发执行的程序个数。如果一开始只分了 N 个分区，那么最多只能有 N 个任务在同时运行，不够灵活。

2．可变分区存储管理

可变分区的基本思路是：分区不是预先划分好的固定区域，而是动态创建的。在装入一个程序时，系统将根据它的需求和内存空间的使用情况来决定是否分配。具体来说，在系统生成后，操作系统会占用内存的一部分空间，这一般是放在内存地址的最低端，其余的空间则成为一个完整的大空闲区。当一个程序要求装入内存运行时，系统就会从这个空闲区当中划出一块来，分配给它，当程序运行结束后会释放所占用的存储区域。随着一系列的内存分配和回收，原来的一整块的大空闲区就会形成若干个占用区和空闲区相间的布局。

图 4-28 是一个可变分区的例子。在系统当中，整个内存区域有 1024KB。如图 4-28（a）所示，在初始化的时候，操作系统占用了内存地址最低端的 128KB。剩下的空间就成为一个完整的大空闲区，总共是 896KB。然后，任务 1 进入了内存，它需要的内存空间是 320KB，因此紧挨着操作系统，给它分配了一块大小为 320KB 的内存，也就是说，创建了一个新的用户分区，该分区的起始地址是 128KB，大小是 320KB。此时，剩余的内存空间还有 576KB，而且还是连续的一整块。接下来，任务 2 和任务 3 先后进入内存，它们需要的内存空间分别是 224KB 和 288KB，因此紧挨着任务 1，给它们分配了两块内存空间，大小分别是 224KB 和 288KB，也就是说，又创建了两个新的用户分区。此时，在内存中总共有 3 个任务，连同操作系统，总共占用了 960KB 的内存空间。因此，在地址空间的最高端，只剩下一小块 64KB 的空闲区域，如图 4-28（b）所示。接下来，任务

2 运行结束，系统回收了它所占用的内存分区。然后任务 4 进入内存，它的大小为 128KB，因此就把刚才存放任务 2 的那个分区，一分为二，一部分用来存放任务 4，另一部分是 96KB 的空闲区。接下来，任务 1 也运行结束，系统回收了它所占用的分区。因此，内存空间的最后状态如图 4-28（c）所示。从图中可以看出，随着系统不断运行，空闲区就变得越来越小，越来越碎了，它们被分隔在内存的不同位置，形成了占用区和空闲区交错在一起的局面。

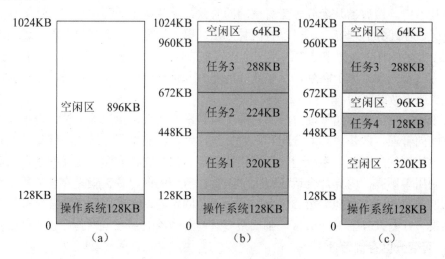

图 4-28　可变分区的例子

可变分区存储管理的优点是：与固定分区相比，在可变分区当中，分区的个数、位置和大小都是随着任务的进出而动态变化的，非常灵活。当一个任务要进入内存的时候，就在空闲的地方创建一个分区，把它装进来；当任务运行结束后，就把它所占用的内存分区给释放掉。这样，就避免了在固定分区当中由于分区的大小不当所造成的内碎片，从而提高了内存的利用效率。在可变分区的存储管理当中，不会出现内碎片的现象，因为每个分区都是按需分配的，分区的大小正好等于任务的大小，因此不会有内碎片。

可变分区存储管理的缺点是：可能会存在外碎片。所谓的外碎片，就是在各个占用的分区之间，难以利用的一些空闲分区，这通常是一些比较小的空闲分区。例如，在图 4-28（c）当中，对于 64KB 这个空闲区，它只能分配给那些不超过 64KB 的任务，如果所有的任务都大于 64KB 的话，那么它就用不上了，变成了一个外碎片。另外，这种可变分区的办法，使得内存的分配、回收和管理变得更加复杂了。

在具体实现可变分区存储管理技术的时候，需要考虑三个方面的问题：内存管理的数据结构、内存的分配算法以及内存的回收算法。

在内存管理的数据结构上，系统会维护一个分区链表，来跟踪记录每一个内存分区的情况，包括该分区的状态（已分配或空闲）、起始地址、长度等信息。具体来说，对于内存当中的每一个分区，分别建立一个链表结点，记录它的各种管理信息。然后，将这些结点按照地址的递增顺序进行排列，从低到高，从而形成一个分区链表。

在内存的分配算法上，当一个新任务来到时，需要为它寻找一个空闲分区，其大小必须大于或等于该任务的要求。若是大于要求，则将该分区分割成两个小分区，其中一个分区为要求的大小并标记为"占用"，另一个分区为余下部分并标记为"空闲"。选择分区的先后次序一般是从内存低端到高端。通常的分区分配算法有：最先匹配法、下次匹配法、最佳匹配法和最坏匹配法。

- 最先匹配法：假设新任务对内存大小的要求为 M，那么从分区链表的首结点开始，将每一个"空闲"结点的长度与 M 进行比较，看是否大于或等于它，直到找到第一个符合要求的结点。然后把它所对应的空闲分区分割为两个小分区，一个用于装入该任务，另一个仍然空闲。与之相对应，把这个链表结点也一分为二，并修改相应内容。
- 下次匹配法：与最先匹配法的思路是相似的，只不过每一次当它找到一个合适的结点（分区）时，就把当前的位置记录下来。然后等下一次新任务到来的时候，就从这个位置开始继续往下找（到链表结尾时再回到开头），直到找到符合要求的第一个分区。而不是像最先匹配法那样，每次都是从链表的首结点开始找。
- 最佳匹配法：将申请内存的任务装入到与其大小最接近的空闲分区当中。算法的最大缺点是分割后剩余的空闲分区将会很小，直至无法使用，从而造成浪费。
- 最坏匹配法：每次分配时，总是将最大的空闲区切去一部分分配给请求者，其依据是当一个很大的空闲区被切割了一部分后可能仍是一个较大的空闲区，从而避免了空闲区越分越小的问题。这种算法基本不留下小的空闲分区，但较大的空闲分区也不被保留。

在内存的回收算法上，当一个任务运行结束并释放它所占用的分区后，如果该分区的左右邻居也是空闲分区，则需要将它们合并为一个大的空闲分区。与此相对应，在分区链表上，也要将相应的链接结点进行合并，并对其内容进行更新。

3. 分区存储管理实例

图 4-29 是一个嵌入式系统的内存布局，主要是堆空间的管理。如图 4-29 所示，整个堆空间被划分为两部分：一部分是内存块池；一部分是字节池。前者即为固定分区的存储管理方式，后者即为可变分区的存储管理方式。需要说明的是，这里的分区存储管理讨论的并不是各个任务的地址空间，而是系统的堆空间，即各个任务在运行的时候，如果它们需要使用动态内存，就会通过类似于 malloc 的函数提出申请，系统就会从堆当中分配相应的空间，满足任务的动态内存请求，而不是把整个任务装进来。

图 4-30（a）是内存块池的具体分布。该区域总的大小为 1408KB，被划分为不同大小的块。例如，大小为 64B 的块有 1024 个，共 64KB；大小为 512B 的块有 32 个，共 16KB，等等。最大的块为 512KB，只有一个。另外，当任务去申请一块内存空间时，其大小并不一定与某个块的大小正好相同。例如，假设任务申请的对象大小为 9KB，系统只能将

一个 16KB 的块分配给它，所以内碎片为 7KB。

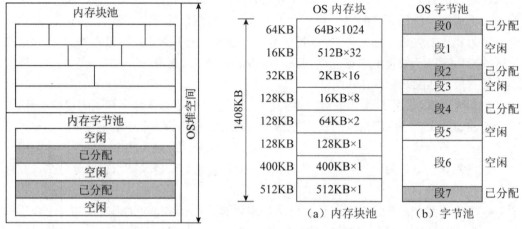

图 4-29　一个嵌入式系统的堆空间　　　　图 4-30　内存块池与字节池

图 4-30（b）是字节池的示意图，任务可以申请一块任意大小的内存空间。在当前状态下，如果下一次请求的大小不超过段 1，就会把它一分为二，满足此次请求。另外，虽然在系统中有四块空闲分区，但它们并没有连接在一起。因此，当任务在提出内存申请的时候，能够满足的最大请求为段 5 和段 6 这两块分区之和。实际上，在内存回收算法当中，应该会把这两个相邻的分区进行合并，合成一个大的空闲分区。

4.4.4　地址映射

地址映射也叫地址重定位，它涉及到两个基本概念，即物理地址和逻辑地址。

- 物理地址也叫内存地址、绝对地址或实地址。也就是说，把系统内存分割成很多个大小相等的存储单元，如字节或字，每个单元给它一个编号，这个编号就称为物理地址。物理地址的集合就称为物理地址空间，或者内存地址空间，它是一个一维的线性空间。例如，假设内存大小为 256MB，那么它的内存地址空间是从 0x0 到 0x0FFFFFFF。

- 逻辑地址也叫相对地址或虚地址。也就是说，用户的程序经过汇编或编译后形成目标代码，而目标代码通常采用的就是相对地址的形式。其首地址为 0，其余指令中的地址都是相对于这个首地址来编址的。

为了保证 CPU 在执行指令的时候，可以正确地访问内存单元，需要将用户程序中的逻辑地址转换为运行时由机器直接寻址的物理地址，这个过程就称为地址映射。地址映射是由存储管理单元 MMU 来完成的，如图 4-31 所示。

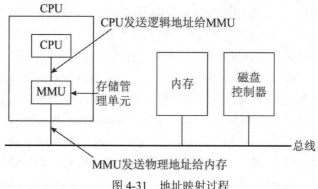

图 4-31　地址映射过程

当一条指令在 CPU 当中执行时，它可能需要去访问内存，因此就发送一个逻辑地址给 MMU，MMU 负责把这个逻辑地址转换为相应的物理地址，并根据这个物理地址去访问内存。

图 4-32 是一个地址映射的例子。图 4-32（a）是一段简单的 C 语言程序，首先定义了两个整型变量 x 和 y，然后把 x 赋值为 5，再把 x 加上 3 并赋值给 y。经过编译链接后，得到的指令形式类似于图 4-32（b）。在它的逻辑地址空间中，首地址为 0，代码存放在起始地址为 100 的地方，数据则放在起始地址为 200 的地方，第一条指令 str 5 [200]，将常量 5 保存到地址为 200 的地方，这条指令对应于源代码中的 x= 5。也就是说，经过编译和链接后，像 x 和 y 这样的符号变量都会被具体的逻辑地址所代替，x 的逻辑地址是200，y 的逻辑地址是 204。接下来的三条指令，对应于源代码中的 y=x+3。

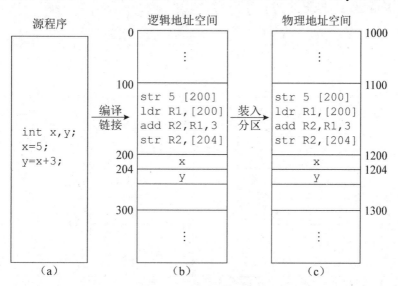

图 4-32　地址映射的例子

假设这个程序即将开始运行，先要把它装入到内存。如果系统采用的是固定分区的存储管理方法，这个程序将被装入到某个空闲分区当中。假设该分区的起始地址是 1000，如图 4-32（c）所示，这是装进去以后的情形。由于程序已经在内存当中，所以现在的地址都是实际的物理地址。但问题立刻就出现了，在程序指令中，它们所采用的地址，还是刚才的逻辑地址，如 200、204，但是 CPU 在执行指令的时候，是按照物理地址来进行的，因此会将 200 和 204 当成是内存的物理地址去访问，从而导致出错，因为在物理地址为 200 和 204 的地方，存放的很可能是操作系统的内容，如果对这些内容进行读写操作，可能会对操作系统造成破坏，从而引起系统的崩溃。其实这里的本意并非如此，它实际上是想去访问变量 x 和 y，但它们在内存当中的地址是 1200 和 1204，而不是 200 和 204。另外，如果这个程序被装入另外一个分区，起始地址不是 1000，那么所有的这些地址又都会发生变化。

因此，为了保证 CPU 在执行指令时可以正确地访问存储单元，系统在装入一个用户程序后，必须对它进行地址映射，把程序当中的逻辑地址转换为物理地址，然后才能运行。地址映射主要有两种方式：静态地址映射和动态地址映射。

1. 静态地址映射

静态地址映射的基本思路是：当用户程序被装入内存时，直接对指令代码进行修改，一次性地实现逻辑地址到物理地址的转换。具体实现时，在每一个可执行文件中，要列出各个需要重定位的地址单元的位置，然后由一个加载程序来完成装入及地址转换的过程。这种方式实现起来很简单，不需要任何硬件方面的支持，但它的缺点是，程序一旦装入到内存以后，就不能再移动。

图 4-33 是静态地址映射的一个例子。

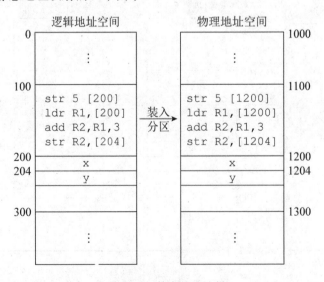

图 4-33　静态地址映射

在装入之前，代码内部使用的是逻辑地址。在装入以后，由于分区的起始地址是 1000，所以修改这四条指令中的所有逻辑地址，把它们加上起始地址 1000，从 200 变成了 1200，从 204 变成了 1204。对于第三条指令，它没有访问任何内存单元，因此就不用去修改它。经过这样的修改后，所有的逻辑地址都转换成了物理地址，因此这一段程序就可以正确地运行了。

2．动态地址映射

动态地址映射的基本思路是：当用户程序被装入内存时，不对指令代码做任何的修改。而是在程序的运行过程中，当它需要访问内存单元的时候，再进行地址转换。具体实现时，为了提高效率，该转换工作一般是由硬件的地址映射机制来完成。通常的做法是设置一个基地址寄存器，或者叫重定位寄存器。当一个任务被调度运行时，就把它所在分区的起始地址装入到这个寄存器中。然后，在程序的运行过程中，当需要访问某个内存单元时，硬件就会自动地将其中的逻辑地址加上基地址寄存器当中的内容，从而得到实际的物理地址，并按照这个物理地址去访问。

图 4-34 是动态地址映射的一个例子。

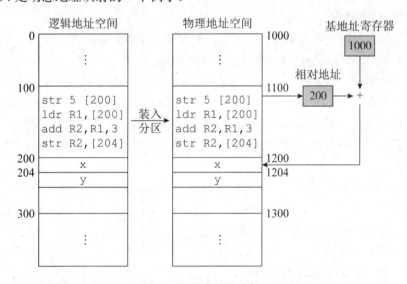

图 4-34　动态地址映射

如图 4-34 所示，当程序在装入内存之前，它里面所用的都是逻辑地址。当它被装入内存后，这些指令代码没有发生任何的变化，里面使用的还是逻辑地址。显然，对于这样的程序，如果直接运行的话，肯定会出错。但现在新增加了一个基地址寄存器。有了它以后，指令的执行方式就发生了变化。例如，在执行第三条指令 add R2, R1, 3 时，由于这条指令只涉及到两个 CPU 寄存器，不需要去访问内存单元，所以它的执行方式和原来是完全一样的，没有任何变化。而对于其他指令，如 str 5 [200]，它需要去访问逻辑地址 200。而该地址所对应的变量 x，已经存放在物理地址 1200 的位置。但 CPU 会自动完成这个转换。当操作系统调度了这个任务去运行时，它所在分区的起始地址，也就是 1000，就会被装入到基地址寄存器当中。然后，当执行到 str 5 [200]这一条指令时，硬件装置就会自动地把其中的相对地址 200 取出来，把它和基地址寄存器做一个加法，从而得到实际的物理地址，也就是 1200，然后再根据这个新的地址来访问内存单元。这样的话，就使得程序能够正确地运行。这个基地址寄存器是位于 MMU 的内部，整个地址映射过程是自动进行的。从理论上来说，每访问一次内存都要进行一次地址映射。

4.4.5　页式存储管理

1. 基本原理

分区存储管理的一个特点是连续性，每个程序都分得一片连续的内存区域。这种连续性将导致碎片问题，包括固定分区中的内碎片和可变分区中的外碎片。为了解决这些问题，人们又提出了页式存储管理方案。它的基本出发点是打破存储分配的连续性，使一个程序的逻辑地址空间可以分布在若干个离散的内存块上，从而达到充分利用内存，提高内存利用率的目的。

页式存储管理的基本思路是：一方面，把物理内存划分为许多个固定大小的内存块，称为物理页面（physical page），或页框（page frame）。另一方面，把逻辑地址空间也划分为大小相同的块，称为逻辑页面（logical page），或简称为页面（page）。页面的大小要求是 2^n，一般在 512B 到 8KB 之间。当一个用户程序被装入内存时，不是以整个程序为单位，把它存放在一整块连续的区域，而是以页面为单位来进行分配。对于一个大小为 N 个页面的程序，需要有 N 个空闲的物理页面把它装进来，当然，这些物理页面不一定是连续的。

图 4-35 是一个具体的例子。各个任务的逻辑地址空间和内存的物理地址空间被划分为 1KB 大小的页面。任务 1 有两个页面，任务 2 有三个页面，任务 3 有一个页面。当这三个任务被装入内存后，它们在内存空间的分布可能是：任务 1 的两个页面分别存放在第 5 和第 6 个物理页面中，它们碰巧被放在了一起。任务 2 的三个页面分别存放在第 2、第 4 和第 7 个物理页面中。也就是说，虽然它们在逻辑地址空间是三个连续的页面，但在物理地址空间却被分散在内存的不同位置。最后，任务 3 的这个页面被存放在第 8 个物理页面中。

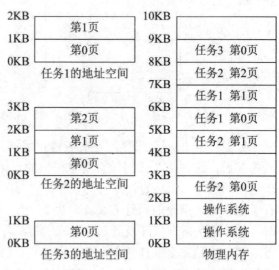

图 4-35　页式存储管理的一个例子

在实现页式存储管理的时候，需要解决以下的几个问题：

- 数据结构：用于存储管理的数据结构是什么？
- 内存的分配与回收：当一个任务到来时，如何给它分配内存空间？当一个任务运行结束后，如何回收它所占用的内存空间？
- 地址映射：当一个任务被加载到内存后，可能被分散地存放在若干个不连续的物理页面当中。在这种情形下，如何把程序中使用的逻辑地址转换为内存访问时的物理地址，以确保它能正确地运行。

2．数据结构

在页式存储管理中，最主要的数据结构有两个。

- 页表：页表给出了任务的逻辑页面号与内存中的物理页面号之间的对应关系。
- 物理页面表：用来描述内存空间中各个物理页面的使用分配状况。在具体实现上，可以采用位示图或空闲页面链表等方法。

图 4-36 是页表的一个例子。在任务的逻辑地址空间当中，总共有 4 个页面，即页面 0、页面 1、页面 2 和页面 3。页表描述的是逻辑页面号与物理页面号之间的对应关系，即每一个逻辑页面存放在哪一个物理页面中。页表的下标是逻辑页面号，从 0 到 3。相应的页表项存放的就是该逻辑页面所对应的物理页面号。在本例中，任务的 4 个逻辑页面分别存放在第 1、第 4、第 3 和第 7 个物理页面中。

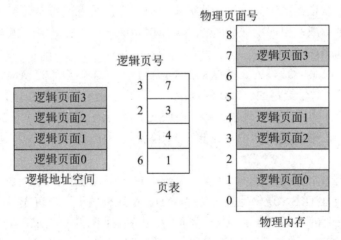

图 4-36　页表示例

3．内存的分配与回收

当一个任务到来时，需要给它分配相应的内存空间，即将其每一个逻辑页面都装入到内存当中。显然，内存的分配与回收算法与物理页面表的实现方法是密切相关的。以位示图为例，内存的分配过程是这样的：

（1）对于一个新来的任务，计算它所需要的页面数 N。然后查看位示图，看是否还有 N 个空闲的物理页面。

（2）如果有足够的空闲物理页面，就去申请一个页表，其长度为 N，并把页表的起始地址填入到该任务的任务控制块 TCB 当中。

（3）分配 N 个空闲的物理页面，把它们的编号填入到页表中。这样，就建立了逻辑页面与物理页面之间的对应关系。

（4）修改位示图，对刚刚被占用的那些物理页面进行标记。

当一个任务运行结束，释放了它所占用的内存空间后，需要对这些物理页面进行回收，并对位示图的内容进行相应的修改。

4. 地址映射

如前所述，当一个任务被加载到内存后，它的各个连续的逻辑页面，被分散地存放在若干个不连续的物理页面当中。在这种情形下，为了保证程序能够正确地运行，需要把程序中使用的逻辑地址转换为内存访问时的物理地址，也就是地址映射。

那么如何将一个逻辑地址映射为相应的物理地址呢？在页式存储管理当中，连续的逻辑地址空间被划分为一个个的逻辑页面，这些逻辑页面被装入到不同的物理页面当中。也就是说，系统是以页面为单位来进行处理的，而不是以一个个的字节为单位。因此，地址映射的基本思路是：

- 逻辑地址分析：对于给定的一个逻辑地址，找到它所在的逻辑页面，以及它在页面内的偏移地址；
- 页表查找：根据逻辑页面号，从页表中找到它所对应的物理页面号；
- 物理地址合成：根据物理页面号及页内偏移地址，确定最终的物理地址。

1）逻辑地址分析

由于页面的大小一般都是 2 的整数次幂，因此，人们可以很方便地进行逻辑地址的分析。具体来说，对于给定的一个逻辑地址，可以直接把它的高位部分作为逻辑页面号，把它的低位部分作为页内偏移地址。例如，假设页面的大小是 4KB，即 2^{12}，逻辑地址为32 位。那么在一个逻辑地址当中，最低的 12 位就是页内偏移地址，而剩下的 20 位就是逻辑页面号。

图 4-37 是逻辑地址分析的一个例子，在这个例子中，逻辑地址用十六进制形式表示。假设页面的大小为 1KB，逻辑地址为 0x3BAD。在这种情形下，首先把这个十六进制的地址展开为二进制的形式。然后，由于页面的大小为 1KB，即 2 的 10 次方，所以这个逻辑地址的最低 10 位，就表示页内偏移地址，而剩下的最高 6 位，就表示逻辑页面号。因此，该地址的逻辑页面号是 0x0E，页内偏移地址是 0x03AD。

图 4-37　逻辑地址分析的例子

如果逻辑地址不是用十六进制，而是用十进制的形式来表示，那么有两种做法：一是先把它转换为十六进制的形式，然后重复刚才的步骤。二是采用如下的计算方法：

$$逻辑页面号 = 逻辑地址 / 页面大小$$

$$页内偏移量 = 逻辑地址 \% 页面大小$$

用页面大小去除逻辑地址，得到的商就是逻辑页面号；得到的余数就是页内偏移地址。例如，假设页面的大小为 2KB，现在要计算逻辑地址 7145 的逻辑页面号和页内偏移地址。用 2048 去除 7145，得到的商是 3，余数是 1001。所以这个逻辑地址的逻辑页面号是 3，页内偏移地址是 1001。实际上，这个算法和刚才的十六进制的方法是完全等价的。从二进制运算的角度来看，一个是右移操作，一个是除法操作。把一个整数右移 N 位等价于把它除以 2^N。

2）页表查找

对于给定的一个逻辑地址，如果知道其逻辑页面号，就可以去查找页表，从中找到相应的物理页面号。

在具体实现上，页表通常是保存在内核的地址空间中，因为它是操作系统的一个数据结构。另外，为了能够访问页表的内容，在硬件上要增加一对寄存器。一个是页表基地址寄存器，用来指向页表的起始地址；另一个是页表长度寄存器，用来指示页表的大小，即对于当前任务，它总共包含有多少个页面。操作系统在进行任务切换的时候，会去更新这两个寄存器当中的内容。

3）物理地址合成

对于给定的一个逻辑地址，如果已经知道了它所对应的物理页面号和页内偏移地址，可以采用简单的叠加算法，计算出最终的物理地址。假设物理页面号为 f，页内偏移地址为 offset，每个页面的大小为 2^n，那么相应的物理地址为：$f \times 2^n + \text{offset}$。

图 4-38 是页式存储管理当中的地址映射机制，也是以上各个步骤的一个综合。假设在程序的运行过程中，需要去访问某个内存单元，因此就给出了这个内存单元的逻辑地址。如前所述，这个逻辑地址由两部分组成，一是逻辑页面号，二是页内偏移地址。这个分析工作是由硬件自动来完成的，对用户是透明的。在页表基地址寄存器当中，存放的是当前任务的页表首地址。将这个首地址与逻辑页面号相加，就找到相应的页表项。里面存放的是这个逻辑页面所对应的物理页面号。将这个物理页面号取出来，与页内偏移地址进行组合，从而得到最终的物理地址。然后就可以用这个物理地址去访问内存。

现有的这种地址映射方案，虽然能够实现从逻辑地址到物理地址的转换，但它有一个很大的问题。当程序运行时需要去访问某个内存单元，例如，去读写内存当中的一个数据，或是去内存取一条指令，需要访问 2 次内存。第一次是去访问页表，取出物理页面号；第二次才是真正去访问数据或指令。也就是说，内存的访问效率只有 50%。这样，就会降低获取数据的存取速度，进而影响到整个系统的使用效率。为了解决这个问题，人们又引入了快表的概念。它的基本思路来源于对程序运行过程的一个观察结果。对于绝大多数的程序，它们在运行时倾向于集中地访问一小部分的页面。因此，对于它们的页表来说，在一定时间内，只有一小部分的页表项会被经常地访问，而其他的页表项则很少使用。根据这个观察结果，人们在 MMU 中增加了一种特殊的快速查找硬件：TLB（Translation Lookaside Buffer），或者叫关联存储器，用来存放那些最常用的页表项。这种硬件设备能够把逻辑页面号直接映射为相应的物理页面号，不需要再去访问内存当中的页表，这样就缩短了页表的查找时间。

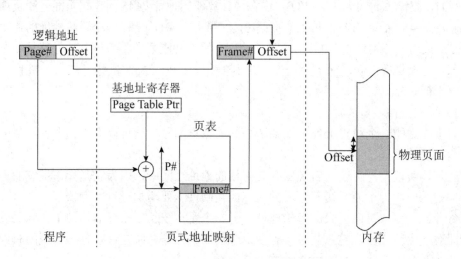

图 4-38　页式存储管理中的地址映射

在 TLB 方式下，地址映射的过程略有不同。当一个逻辑地址到来时，它首先会到 TLB 当中去查找，看这个逻辑页面号所在的页表项是否包含在 TLB 当中，这个查找的速度是非常快的，因为它是以并行的方式进行。如果能够找到的话，就直接从 TLB 中把相应的物理页面号取出来，与页内偏移地址拼接成最终的物理地址。如果在 TLB 中没有找到该逻辑页面，那只能采用通常的地址映射方法，去访问内存当中的页表。接下来，硬件还会在 TLB 当中寻找一个空闲单元，如果没有空闲单元，就把某一个页表项驱逐出来，然后把刚刚访问过的这个页表项添加到 TLB 当中。这样，如果下次再来访问这个页面，就可以在 TLB 中找到它。

页式存储管理方案的优点是：

（1）没有外碎片，而且内碎片的大小不会超过页面的大小。这是因为系统是以页面来作为内存分配的基本单位，每一个页面都能够用上，不会浪费。只是在任务的某一些页面当中，可能没有装满，里面有一些内碎片。

（2）程序不必连续存放，它可以分散地存放在内存的不同位置，从而提高了内存利用率。

（3）便于管理。

页式存储管理方案的缺点主要有：

（1）程序必须全部装入内存，才能够运行。如果一个程序的规模大于当前的空闲空间的总和，那么它就无法运行。

（2）操作系统必须为每一个任务都维护一张页表，开销比较大。简单的页表结构已经不能满足要求，必须设计出更为复杂的结构，如多级页表结构、哈希页表结构、反置页表等。

4.4.6　虚拟存储管理

在操作系统的支持下，MMU 还提供虚拟存储功能。即使一个任务所需要的内存空间超过了系统所能提供的内存空间，也能够正常运行。

1．程序局部性原理

程序的局部性原理，指的是程序在执行过程中的一个较短时期内，它所执行的指令和访问的存储空间，分别局限在一定的区域内。这可以表现在时间和空间两个方面。

- 时间局限性：一条指令的一次执行和下一次执行，一个数据的一次访问和下一次访问，都集中在一个较短的时期内；
- 空间局限性：如果程序执行了某条指令，则它相邻的几条指令也可能马上被执行；如果程序访问了某个数据，则它相邻的几个数据也可能马上被访问。

程序局部性原理的具体表现：

- 程序在执行时，大部分都是顺序执行的指令，只有少部分是跳转和函数调用指令。而顺序执行就意味着在一小段时间内，CPU 所执行的若干条指令在地址空间当中是连续的，集中在一个很小的区域内；
- 程序中存在着相当多的循环结构，在这些循环结构的循环体当中，只有少量的指令，它们会被多次地执行；
- 程序中存在着相当多对一定数据结构的操作，这些操作往往局限在比较小的范围内。例如数组操作，数组是连续分配的，各个数组元素之间是相邻的。

程序的局部性原理说明，在一个程序的运行过程中，在某一段时间内，这个程序只有一小部分的内容是处于活跃状态，正在被使用，而其他的大部分内容可能都处于一种休眠状态，没有在使用，而这就意味着，从理论上来说，虚拟存储技术能够实现且能产生较好的效果。实际上，在很多地方都已经用到了程序的局部性原理。例如，页式地址映射当中的 TLB、CPU 里面的 Cache 等，都是基于局部性原理。

2．虚拟页式存储管理

虚拟页式存储管理就是在页式存储管理的基础上，增加了请求调页和页面置换的功能。它的基本思路是：当一个用户程序需要调入内存去运行时，不是将这个程序的所有页面都装入内存，而是只装入部分的页面，就可以启动这个程序去运行。在运行过程中，如果发现要执行的指令或者要访问的数据不在内存当中，就向系统发出缺页中断请求，然后系统在处理这个中断请求时，就会将保存在外存中的相应页面调入内存，从而使该程序能够继续运行。

在单纯的页式存储管理当中，页表的功能就是把逻辑页面号映射为相应的物理页面号。因此，对于每一个页表项来说，它只需要两个信息，一个是逻辑页面号，另一个是与之相对应的物理页面号。但是在虚拟页式存储管理当中，除了这两个信息之外，还要增加其他的一些信息，包括驻留位、保护位、修改位和访问位。

- 驻留位：表示这个页面现在是在内存还是在外存。如果这一位等于 1，表示页面位于内存中，即页表项是有效的；如果这一位等于 0，表示页面还在外存中，即页表项是无效的。如果此时去访问，将会导致缺页中断；
- 保护位：表示允许对这个页面做何种类型的访问，如只读、可读写、可执行等；
- 修改位：表示这个页面是否曾经被修改过。如果该页面的内容被修改过，CPU 会自动地把这一位的值设置为 1；
- 访问位：如果这个页面曾经被访问过，包括读操作、写操作等，那么这一位就会被硬件设置为 1。这个信息主要是用在页面置换算法当中。

当一个缺页中断发生时，操作系统是如何来处理的呢？当发生一个缺页中断时，首先判断在内存中是否还有空闲的物理页面。如果有，就分配一个空闲页面出来；如果没有，就要采用某种页面置换算法，从内存当中，选择一个即将被替换出去的页面。对这个页面的处理也要分两种情形。如果这个页面在内存期间曾经被修改过，也就是说，在它的页表项里面，修改位的值等于 1，那么就把它的内容写回到外存当中。如果这个页面在内存期间没有被修改过，那么就什么都不用做，到时候它自然而然会被新的页面所覆盖。现在我们已经有了一个可供使用的物理页面，不管这个页面是直接分配的空闲页面，还是将某个页面置换出去后腾出来的。接下来，就可以把需要访问的新的逻辑页面装入到这个物理页面当中，并修改相应的页表项的内容，包括驻留位、物理页面号等等。最后退出中断，重新运行中断前的指令。当这条指令重新运行的时候，由于它需要访问的逻辑页面已经在内存当中，所以就能够顺利地运行下去，不会再产生缺页中断。缺页中断的处理流程如图 4-39 所示。

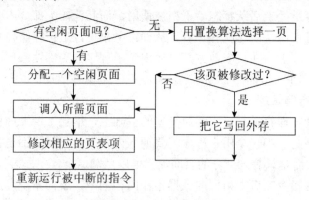

图 4-39　缺页中断的处理过程

3．页面置换算法

如前所述，系统在处理缺页中断时，需要调入新的页面。如果此时内存已满，就要采用某种页面置换算法，从内存中选择某一个页面，把它置换出去。最简单的做法是随机地进行选择，但这显然不是一个令人满意的方法。例如，假设随机选中的是一个经常要访问的页面，当它被置换出去后，可能马上又得把它换进来，而这种换进换出是需要开销的。所以，对于一个好的页面置换算法来说，它应该尽可能地减少页面的换进换出次数，或者说，尽可能地减少缺页中断的次数，从而减少系统在这方面的开销。具体来说，它应该把那些将来不再使用的，或者短期内较少使用的页面换出去，而把那些经常要访问的页面保留下来。不过，在通常的情形下，我们不可能完全做到这一点。因此，通常的做法，就是在程序局部性原理的指导下，依据过去的统计数据来对将来进行预测。

常用的页面置换算法包括：最优页面置换算法、最近最久未使用算法、最不常用算法、先进先出算法和时钟页面置换算法。

1）最优页面置换算法（optimal page replacement algorithm，OPT）

最优页面置换算法的基本思路是：当一个缺页中断发生时，对于内存中的每一个逻辑页面，计算在它的下一次访问之前，还要等待多长的时间，然后从中选择等待时间最长的那个，来作为被置换的页面。从算法本身来看，这的确是一个最优算法，它能保证缺页中断的发生次数是最少的。但是，这个算法只是一种理想化的算法，在实际的系统中是无法实现的，因为操作系统无从知道，每一个页面还要等待多长的时间，才会被再次地访问。因此，该算法通常是用作其他算法的性能评价依据。

2）最近最久未使用算法（Least Recently Used，LRU）

最近最久未使用算法的基本思路是：当一个缺页中断发生时，从内存中选择最近最久没有被使用的那个页面，把它淘汰出局。LRU 算法实质上是对最优页面置换算法的一个近似，它的理论依据就是程序的局部性原理。也就是说，如果在最近一小段时间内，某些页面被频繁地访问，那么在将来的一小段时间内，这些页面可能会再次被频繁地访问。反之，如果在过去一段时间内，某些页面长时间没有被访问，那么在将来，它们还可能会长时间得不到访问。OPT 算法寻找的是将来长时间内得不到访问的那个页面，而 LRU 算法寻找的是过去长时间内没有被访问的那个页面。

LRU 算法需要记录各个页面在使用时间上的先后顺序，因此系统的开销比较大。在具体实现上，主要有两种方法。

- 链表法：由系统来维护一个页面链表，把最近刚刚使用过的页面作为首结点，把最久没有使用的页面作为尾结点。在每一次访问内存的时候，找到相应的逻辑页面，把它从链表中摘下来，移动到链表的开头，成为新的首结点。然后，当发生缺页中断的时候，总是淘汰链表末尾的那个页面，因为它就是最久未使用的。
- 栈方法：由系统来设置一个页面栈，每当访问一个逻辑页面时，就把相应的页面号压入到栈顶，然后考察栈内是否有与之相同的页面号，如果有就把它抽出来。

当需要淘汰一个页面时，总是选择栈底的页面，因为它就是最久未使用的。

3）最不常用算法（Least Frequently Used，LFU）

最不常用算法的基本思路是：当一个缺页中断发生时，选择访问次数最少的那个页面，把它淘汰出局。在具体实现上，需要对每一个页面都设置一个访问计数器。每当一个页面被访问时，就把它的计数器的值加 1。然后在发生缺页中断的时候，选择计数值最小的那个页面，把它置换出去。LFU 算法和 LRU 算法类似，都是基于程序的局部性原理，通过分析过去的访问情况来预测将来的访问情况。两者的区别在于：LRU 考察的是访问的时间间隔，即对于每一个页面，从它的上一次访问到现在，经历了多长的时间。而 LFU 考察的是访问的频度，即对于每一个页面，在最近一段时间内，它总共被访问了多少次。

4）先进先出算法（First In First Out，FIFO）

先进先出算法的基本思路是：选择在内存中驻留时间最长的页面，把它淘汰出局。在具体实现上，系统会维护一个链表，里面记录了内存当中的所有页面。从链表的排列顺序来看，链首页面的驻留时间最长，链尾页面的驻留时间最短。当发生一个缺页中断时，把链首的页面淘汰出局，然后把新来的页面添加到链表的末尾。FIFO 算法的性能比较差，因为它每次淘汰的都是驻留时间最长的页面，而这样的页面并不一定就是不受欢迎的页面，相反，可能是一些经常要访问的页面。如果现在把它们置换出去，将来可能还要把它们再换回来。

5）时钟页面置换算法（Clock）

FIFO 算法的缺点在于：它是根据页面的驻留时间来做出选择，而没有去考虑页面的访问情况。时钟页面置换算法对此进行了改进，把页面的访问情况也作为淘汰页面的一个依据。Clock 算法需要用到页表项当中的访问位。当一个页面在内存当中的时候，如果它被访问了（不管是读操作还是写操作），那么它的访问位就会被 CPU 设置为 1。算法的基本思路是：把各个页面组织成环形链表的形式，类似于一个时钟的表面，然后把指针指向最古老的那个页面，即最先进来的那个页面。当发生一个缺页中断的时候，考察指针所指向的那个页面。如果它的访问位的值等于 0，说明这个页面的驻留时间最长，而且没有被访问过，因此理所当然地把它淘汰出局。如果访问位的值等于 1，这说明这个页面的驻留时间虽然是最长的，但是在这一段时间内，它曾经被访问过了。因此，在这种情形下，就暂不淘汰这个页面，但要把它的访问位的值设置为 0。然后把指针往下移动一格，去考察下一个页面。就这样一直进展下去，直到发现某一个页面，它的访问位的值等于 0，因此就把它淘汰掉。

4. 工作集模型

工作集模型是计算机科学家 Denning 在 20 世纪 60 年代提出来的，它描述的是一个程序在运行过程中的行为规律。所谓的工作集，就是指任务当前正在使用的逻辑页面的集合。它可以用一个二元函数 $W(t, \Delta)$ 来表示，其中 t 指的是当前的执行时刻，Δ 称为工作集窗口，也就是一个定长的页面访问窗口。$W(t, \Delta)$ 就等于在 t 时刻之前的 Δ 窗口当中，所有页面所组成的集合。显然，随着当前时刻 t 的不断变化，任务的工作集也在不断地变化。

在一个任务的运行过程中，它的工作集是在不断变化的。一般来说，当一个任务刚刚启动时，它会不断地去访问一些新的页面，然后逐步地建立一个比较稳定的工作集。当内存访问的局部性区域的位置大致稳定时，工作集的大小也就大致地稳定下来。然后，当内存访问的局部性区域的位置发生改变时，工作集就会快速地扩张和收缩，并且过渡到下一个稳定值。在这些稳定阶段，任务在运行的时候，只会去访问一些固定的页面，而其他的页面一般是不会去访问的，这就是程序的局部性原理的具体表现。所以当一个任务在运行的时候，并不需要把它的整个程序都装入到内存，只要把它的工作集装入到内存就可以了。

与工作集相关的另一个概念是驻留集。所谓的驻留集，就是在当前时刻，任务实际驻留在内存当中的页面集合。驻留集与工作集既有区别，也有联系。工作集是任务在运行过程中所固有的性质，而驻留集则取决于系统分配给任务的物理页面个数，以及所采用的页面置换算法。当一个任务在运行时，如果它的整个工作集都在内存当中，也就是说，它的工作集是驻留集的一个子集，那么这个任务将会很顺利地运行，不会造成太多的缺页中断。反之，如果分配给一个任务的物理页面数太少，不能包含整个的工作集，也就是说，驻留集是工作集的一个真子集。在这种情形下，任务将会造成很多的缺页中断，需要频繁地进行页面置换，从而使任务的运行速度变得非常慢，这种现象称为"抖动"（thrashing）。

4.5 设备管理

在嵌入式系统中，存在各种类型的输入/输出设备。既包括键盘、触摸屏、液晶显示器等人机交互设备，也包括 D/A、A/D 转换器、电机等专用设备。一个输入/输出单元通常是由两个部分组成的：一个是机械部分，即 I/O 设备本身；另一个是电子部分，即设备控制器或设备适配器。

4.5.1 设备管理基础

设备适配器的功能是完成设备与主机之间的连接和通信。也就是说，输入/输出设备本身并不直接跟 CPU 打交道，而是通过它的设备控制器来跟 CPU 打交道。在每个设备控制器当中，都会有一些寄存器，用来与 CPU 进行通信，包括控制寄存器、状态寄存器和数据寄存器等。通过往这些寄存器当中写入不同的值，操作系统就可以命令设备去执行发送数据、接收数据、打开、关闭等各种操作。另外，操作系统也可以通过读取某些寄存器的值，来了解这个设备的当前状态。

那么 CPU 如何来访问设备控制器当中的这些寄存器呢？如果是访问普通的内存单

元，那么很简单，只要指明这个内存单元的地址即可。但是现在要访问的是一些硬件寄存器，因此必须设计出相应的解决办法。主要有三种：I/O 独立编址、内存映像编址和混合编址。

（1）I/O 独立编址。I/O 独立编址的基本思路是：对于各种设备控制器当中的每一个寄存器，分配一个唯一的 I/O 端口编号，也叫 I/O 端口地址，然后用专门的 I/O 指令来对这些端口进行操作。这些端口地址所构成的地址空间是完全独立的，与内存的地址空间没有任何关系。采用这种独立编址的方法，其优点是：I/O 设备不会去占用内存的地址空间，而且在编写程序的时候，很容易区分内存访问和 I/O 端口访问，因为对于不同的操作来说，它们的指令形式是不一样的。

（2）内存映像编址。内存映像编址的基本思路是：把各种设备控制器当中的每一个寄存器都映射为一个内存单元，这些内存单元专门用于输入/输出操作，而不能作为普通的内存单元来使用，不能往里面存放一些与输入/输出无关的数据。不过，从操作的层面上来说，对这些内存单元的读写方式与平常的内存访问是完全相同的，没有任何区别。采用这种内存映像编址的方法，端口地址空间与内存地址空间是统一编址的，端口地址空间是内存地址空间的一部分。而且编程非常方便，无需专门的输入/输出指令。

（3）混合编址。混合编址的基本思路就是把以上两种编址方法混合在一起。具体来说，对于设备控制器当中的寄存器，采用独立编址的方法，每一个寄存器都有一个独立的 I/O 端口地址；而对于设备的数据缓冲区，则采用内存映像编址的方法，把它们的地址统一到内存地址空间当中。

4.5.2　I/O 控制方式

I/O 设备的控制方式主要有三种：程序循环检测、中断驱动和直接内存访问。

1．程序循环检测方式

程序循环检测方式的基本思路是：在程序当中，通过不断地检测输入/输出设备的当前状态，来控制一个输入/输出操作的完成。具体来说，在进行输入/输出操作之前，要循环地去检测该设备是否已经就绪。如果是，就向控制器发出一条命令，启动这一次的输入/输出操作。然后，在这个操作的进行过程中，也要循环地去检测设备的当前状态，看它是否已经完成。总之，在 I/O 操作的整个过程中，控制 I/O 设备的所有工作都是由 CPU 来完成的。这种方式也称为是繁忙等待方式或轮询方式。它的缺点主要是：在进行一个输入/输出操作的时候，要一直占用着 CPU，这样就会浪费 CPU 的时间。

图 4-40 是循环检测方式的一个例子。假设 I/O 地址采用的是内存映像编址方式，现在需要在打印机上打印一个字符串"ABCDEFGH"。对于操作系统来说，要完成这个任务，其实很简单，只要把这 8 个字符一个接一个地送到打印机设备的 I/O 端口地址就可以了。如图 4-40（a）所示，这 8 个字符被保存在系统内核的一个缓冲区当中，并用指针 p 来指向它们。status_reg 这个内存单元对应于打印机控制器里面的状态寄存器，

data_register 这个内存单元对应于它的数据寄存器，现在要做的事情，就是把这 8 个字符一个接一个地放到数据寄存器当中。

图 4-40（b）是相应的程序。它的基本思路是：逐个地去打印字符。在打印一个字符之前，首先用一个 while 语句来检测打印机的当前状态，看它是否已经就绪。如果还没有就绪，就在这里循环等待；如果已经就绪，就把当前的字符送入到打印机的数据寄存器当中。在本例中，由于采用了内存映像的编址方式，因此，在程序员眼中，状态寄存器和数据寄存器都被看成是普通的内存单元，对它们的访问也是普通的赋值操作，不需要专门的 I/O 指令。但是这个赋值操作的功能和普通的赋值操作不同，它相当于是给打印机发出了一个命令，让它去打印一个字符。另外，每次打印完一个字符后，都要重新判断设备是否就绪。因为相对于 CPU 来说，打印机是一个慢速设备，它在执行打印命令时，不可能像 CPU 那么快，而是需要一定的时间来完成。因此，当 CPU 把一个字符交给它之后，必须循环等待一段时间，才能去处理下一个字符。

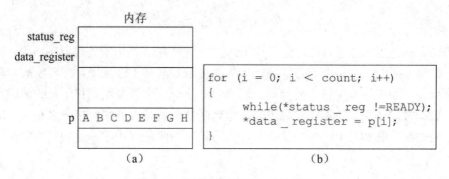

图 4-40　程序循环检测方式的例子

2．中断驱动方式

中断驱动方式的基本思路是：当一个用户任务需要进行输入/输出操作时，会去调用相应的系统调用函数，由这个函数来发起输入/输出操作，并将当前任务阻塞起来，然后调度其他的任务去使用 CPU。当所需的输入/输出操作完成时，相应的设备就会向 CPU 发出一个中断，系统在中断处理程序当中，如果发现还有数据需要处理，就再次启动输入/输出操作。在中断驱动的控制方式下，数据的每一次读写还是通过 CPU 来完成，只不过当输入/输出设备在进行数据处理时，CPU 不必在那里等待，而是可以去执行其他的任务。

仍以打印字符为例，如图 4-41 所示，在中断驱动方式下，对于用户程序来说，它所做的事情可能是：把需要打印的字符串放到一个缓冲区 buffer 中，然后调用一个系统调用函数 print。在 print 系统调用中，首先把用户缓冲区中的字符串复制到系统内核的字符数组 p 当中，然后打开中断。接下来是一个循环检测语句，判断打印机的当前状态是否就绪。当打印机就绪后，就把第一个字符放到数据寄存器里面去打印。接下来，未等该字符打印完，就去调用系统的调度器，选择另一个就绪任务去运行。而当前的这个任务，就会被阻塞起来。

```
用户程序
strcpy(buffer, "ABCDEFGH");
print(buffer, strlen(buffer));
```

```
系统调用函数 print
copy_from_user(buffer,p,
count);
enable_interrupts();
while(*status_reg != READY);
*data_register = p[0];
scheduler();
```

```
中断处理程序
if(count == 0)  unblock_user();
else
{
    *data_register = p[i];
    count --;
    i++;
}
acknowledge_intereupt();
return_from_interrupt();
```

图 4-41   中断驱动示例

当打印机完成一个字符后，将向 CPU 发出一个中断。在中断处理程序当中，首先判断一下，如果所有的字符都已打印完，那么就去阻塞队列中，把用户任务唤醒，使它处于就绪状态。如果还有字符需要打印，就直接把下一个字符复制到打印机的数据寄存器当中，启动打印操作，而不需要再去循环地判断打印机是否就绪。接下来是一些后继处理，先向中断控制器发出一个确认信号，然后结束中断处理程序，返回到被中断的那个任务。

3．直接内存访问方式

直接内存访问（Direct Memory Access，DMA）方式的基本思路是：让 DMA 控制器来代替 CPU，完成输入/输出设备与内存之间的数据传送，从而释放 CPU 时间，去运行其他的任务。

仍以打印字符为例，如图 4-42 所示。在 DMA 控制方式下，用户程序所做的事情是完全相同的，即把字符串复制一个缓冲区 buffer 当中，然后调用系统打印函数。在打印函数当中，首先也是把 buffer 当中的字符串复制到系统内核的缓冲区当中。然后对 DMA 控制器进行编程，设置它的各个寄存器的内容，包括内存起始地址、需要打印的字符个数、数据传输的方向等。之后，打印函数就完成了任务，因此就调用系统的调度程序，选择另一个就绪任务去运行，而当前的这个任务就会被阻塞起来。接下来，当 CPU 正在执行这个新任务的同时，DMA 控制器会与设备控制器进行交互，把需要打印的字符，逐个地送到打印机控制器当中。在所有的字符都打印完之后，就向 CPU 发出一个中断，表明这一次的 I/O 操作已经全部完成了。因此，在中断处理程序里面，已经没有什么实质性的工作。先是向中断控制器发出一个确认信号，然后唤醒刚才被阻塞的任务。

系统调用函数 print
copy_from_user(buffer,p, count);
set_up_DMA_controller();
scheduler();
	中断处理程序
	acknowledge_intereupt();
	unblock_user();
	return_from_interrupt();

图 4-42　直接内存访问的例子

采用 DMA 控制方式的最大优点是减少了中断的次数。原本每打印一个字符，都要产生一次中断，而现在当所有的字符都打印完后，才会产生一个中断，从而减少了中断处理的开销。

4.5.3　I/O 软件

设备管理软件的设计水平决定了设备管理的效率，为了更好地管理系统当中各式各样的 I/O 设备，在软件上通常采用分层的体系结构，把各种设备管理软件组织成一系列的层次。其中，低层软件是面向硬件的，与硬件特性密切相关，它把硬件和上层的软件隔离开来。而较高层的软件是面向用户的，负责向用户提供一个友好、清晰、统一的编程接口。一般来说，这个层次结构可以分四层：中断处理程序、设备驱动程序、设备独立的 I/O 软件和用户空间的 I/O 软件。

1．中断处理程序

中断处理程序与设备驱动程序密切配合，来完成特定的 I/O 操作。当一个用户程序需要某种输入/输出服务时，它会去调用相应的系统调用函数，而这个函数又会去调用相应的设备驱动程序。然后，在驱动程序中会启动输入/输出操作，并且被阻塞起来。直到这个 I/O 操作完成，之后将产生一个中断，并跳转到相应的中断处理程序。然后在中断处理程序中，将会唤醒被阻塞的驱动程序。至于阻塞和唤醒的具体实现，可以采用各种任务间通信的方式，如 P、V 原语。

在中断处理过程中，还需要执行如下指令，如保存 CPU 的运行上下文、为中断服务子程序设置一个运行环境、向中断控制器发出应答信号以及执行相应的中断服务子程序等，这些都需要一定的时间开销。

2．设备驱动程序

设备驱动程序是直接同输入/输出设备交互，直接对它们进行控制的软件模块。设备驱动程序的基本任务就是接收来自于上层 I/O 软件的抽象请求，并且去执行这个请求。例如，抽象的读操作、写操作、设备的初始化操作等。上层的 I/O 软件通过这些抽象的函数接口与设备驱动程序打交道，这些接口是标准的、稳定不变的。而硬件设备的具体细节被封装在设备驱动程序里面。这样，即使硬件设备发生了变化，只要更新相应的设备驱动程序即可，不会影响到上层软件对它的使用。

设备驱动程序与具体的设备类型密切相关。每一个 I/O 设备都需要相应的设备驱动程序，而每一个设备驱动程序一般也只能处理一种类型的设备。因为对于不同类型的设备，它们的控制方式是不同的。例如，对于一个鼠标驱动程序来说，它需要从设备控制器中读取各种各样的信息，包括鼠标移动的位置、哪一个键被按下了等等。而对于一个磁盘驱动程序来说，它为了进行磁盘的读写操作，就必须知道扇区、磁道、柱面、磁头等各种各样的参数，并使用这些参数来控制磁盘控制器。

一般而言，在具体实现一个设备驱动程序的时候，可以采用一种通用的结构。

（1）检查输入的参数是否有效，如果无效，就返回一个出错报告；如果有效，就把输入的抽象参数转换为控制设备所需要的具体参数。

（2）检查设备当前是否空闲，如果设备正忙，那么这一次的 I/O 请求就暂时没法完成，因此把它加入等待队列，稍后再处理。如果设备空闲，再检查硬件的状态，看是否具备了运行的条件。

（3）设备驱动程序向设备控制器发出一连串的命令，即把这些命令写入到控制器的各个寄存器当中。

（4）在发出控制命令后，如果这个 I/O 操作需要一定的处理时间，不能马上完成，那么驱动程序就会把自己阻塞起来，直到 I/O 操作完成。这时会发生一个中断，在这个中断处理程序里面把驱动程序唤醒。

（5）I/O 操作完成后，驱动程序还要检查出错情况。若一切正常，就返回一些状态信息给调用者。如果这是一个输入操作，还要把输入的数据上传给上一层的系统软件。

事实上，实时内核的 I/O 系统的作用就像一个转换表，把用户对 I/O 的请求转换到相应的设备驱动程序。这样，驱动程序就能获得最原始的用户请求，并对设备进行操作。

3．设备独立的 I/O 软件

在设备驱动程序的上面，是设备独立的输入/输出软件。它是系统内核的一部分，主要任务是实现所有设备都需要的一些通用的输入/输出功能，并向用户级的软件提供一个统一的访问接口。具体来说，在这个层面上实现的功能主要有：设备驱动程序的管理、与设备驱动程序的统一接口、设备命名、设备保护、缓冲技术、出错报告以及独占设备的分配和释放。

设备驱动程序的管理通过驱动程序地址表来实现。驱动程序地址表中存放了各个设备驱动程序的入口地址，可以通过此表来实现设备驱动的动态安装与卸载。

操作系统的一个主要问题就是如何使各种 I/O 设备和设备驱动程序的处理方式大致相同，从而方便系统的设计和用户的使用，实现设备独立性。因此，I/O 系统通常会提供一个统一的调用接口，包含了一些常用的设备操作，如设备初始化、打开设备、关闭设备、读操作、写操作、设备控制，等等。在 I/O 设备的命名规则上，可以采用统一命名的方式，然后由设备独立的 I/O 软件来负责把设备的符号名映射到相应的设备驱动程序。

缓冲技术是操作系统当中很重要的一种技术，它的基本思想是：在实现数据的输入/输出操作时，为了缓解 CPU 与外部设备之间速度不匹配的矛盾，提高资源的利用率，可以在内存当中开辟一个空间，作为缓冲区。当需要从设备读取数据时，先到缓冲区中去查找，如果能够找到，就不用去访问外设了。同样，往设备中写入数据时，也是先写到缓冲区中。这样，如果马上又要用到这些数据，就可以直接从缓冲区中去取。缓冲技术是一种实用、有效的技术，因为对于 I/O 设备的访问，也会满足程序的局部性原理，即在访问设备数据的时候，在一小段时间内，可能会集中地访问其中的若干个数据块。所以设置缓冲区可以减少对 I/O 设备的访问，从而提高系统的性能。在具体实现上，缓冲技术可以分为单缓冲、双缓冲、多缓冲和环形缓冲。

4. 用户空间的 I/O 软件

通常大部分的 I/O 软件都是包含在操作系统当中，是操作系统的一部分，但也有一小部分的 I/O 软件，它们运行在系统内核之外。这主要可以分为两种：

- 与用户程序进行链接的库函数。例如，在 C 语言中与输入/输出有关的各种库函数。不过，对于这些库函数，它们在具体实现的时候，其实是把传给它们的参数再往下传递给相应的系统调用函数，然后由后者来完成实际的输入/输出操作。
- 完全运行在用户空间当中的程序。例如，Spooling 技术是在多道系统中，一种处理独占设备的方法。

Spooling（simultaneous peripheral operations on line）是外围设备联机操作的缩写，常称为 Spooling 技术、假脱机技术或虚拟设备技术，它可以把一个独占的设备转变为具有共享特征的虚拟设备，从而提高设备的利用率。它的基本思想是：在多道系统当中，对于一个独占的设备，专门利用一道程序，即 Spooling 程序，来增强该设备的输入/输出功能。具体来说，一方面，Spooling 程序负责与这个独占的 I/O 设备进行数据交换，这可以称为实际的 I/O 操作。另一方面，应用程序在进行 I/O 操作时，只是和这个 Spooling 程序交换数据，这可以称为虚拟的 I/O 操作。此时，它实际上是与 Spooling 程序当中的缓冲区打交道，从中读出数据或往里写入数据，而不是直接地跟实际的设备进行 I/O 操作。

Spooling 技术的优点有两个：第一，它能提供高速的虚拟输入/输出服务。应用程序的虚拟输入/输出比实际的输入/输出速度要快，因为它只是在两个任务之前的一种通信，把数据从一个任务交给另一个任务，这种交换是在内存中进行的，而不是真正地让机械的物理设备去运作，这样就能缩短应用程序的执行时间；第二，它能实现对独占设备的共享，也就是说，由 Spooling 程序提供虚拟设备，然后各个用户任务就可以对这个设备依次地共享使用。

4.6　文件系统

所谓的文件系统，就是操作系统中借以组织、存储、命名、使用和保护文件的一套管理机制。嵌入式文件系统就是应用在嵌入式系统中的文件系统，它是嵌入式系统的一个重要组成部分。随着嵌入式硬件设备的广泛应用、价格的不断降低以及嵌入式应用范围的不断扩大，嵌入式文件系统的重要性显得更加突出。

4.6.1　嵌入式文件系统概述

操作系统基本上以文件的形式管理磁盘及其他存储设备上的数据结构，负责管理和存储文件信息的软件称为文件管理系统，简称文件系统。文件系统由三部分组成：与文件管理有关的软件、被管理文件以及实施文件管理所需的数据结构。文件系统是对文件存储器空间进行组织和分配，负责文件存储并对存入的文件进行保护和检索的系统。其主要功能是建立文件、存入、读出、修改、转储文件，控制文件的存取，当用户不再使用时撤销文件等。

由于应用背景和系统结构的不同，嵌入式文件系统与桌面文件系统在很多方面有较大的区别。例如，在普通桌面操作系统中，文件系统不仅要管理文件，提供文件系统的 API 接口函数，还要管理各种设备，支持对设备和文件操作的一致性。而在嵌入式文件系统中，情况则有所不同。在某些情形下，嵌入式操作系统可以针对特殊的目的进行定制，这就对嵌入式操作系统的功能完整性和可伸缩性提出了更高的要求。一般来说，嵌入式文件系统要为嵌入式系统的设计目的服务，对于不同用途的嵌入式操作系统，它们的文件系统在许多方面也各不相同。

在嵌入式系统中，文件系统存在于不同类型的存储设备当中，如 Flash、RAM 和硬盘。它通常是以中间件或应用程序的形式安装在存储设备上。常见的一些嵌入式文件系统包括：

- FAT（File Allocation Table）：FAT 文件系统是最常用的文件系统之一，最早于 1982 年应用在 MS-DOS 操作系统当中。许多的嵌入式操作系统都支持 FAT 文件系统，如 VxWorks、QNX、Windows CE 等。为了与 PC 机文件系统兼容，在嵌入式系统设计中一般使用标准的 FAT12/16/32 文件系统；
- NFS（Network File System）：网络文件系统，基于远程过程调用（Remote Procedure Call，RPC）和扩展数据表示（Extended Data Representation，XDR）。它可以将外部设备安装在文件系统中，就好像是一个本地的文件分区，从而可以实现对网络文件的快速、无缝的共享；
- FFS（Flash File System）：用于 Flash 存储器的文件系统；
- DosFS：用于实时条件下的块设备（磁盘）访问，并且与 MS-DOS 文件系统兼容；
- RawFS：提供了一个简单的"生"的文件系统，它的基本思路是把整个磁盘视为一个巨大的文件；
- TapeFS：用于磁带设备，在磁带上不使用标准的文件或目录结构。其基本思路是把整个磁带卷视为一个巨大的文件；
- CdromFS：ISO 9660 标准文件系统，用于 CD-ROM 数据的访问。

4.6.2 文件和目录

1. 文件的基本概念

从用户的角度来说，文件是一种抽象机制，它提供了一种把信息保存在磁盘等外部存储设备上，并且便于以后访问的方法。这种抽象性体现在，用户不必去关心具体的实现细节，例如这些信息被存放在什么地方，是如何存放的，等等。

当一个文件被创建时，必须给它指定一个名字，因为用户就是通过文件名来访问这个文件的。文件名是一个有限长度的字符串，它一般由两个部分组成：文件名和扩展名。有的系统要求文件名的长度一般不超过 8 个字符，但是很多系统支持长的文件名。

文件的逻辑结构指的是文件系统向外提供给用户的文件结构形式，它独立于文件在磁盘上的物理存储结构。文件的逻辑结构主要有三种：无结构、简单的记录结构和复杂结构。对于现代文件系统，通常采用的是无结构的形式。也就是说，整个文件是由一个无结构的字节流所组成，文件的大小也就是这些字节的个数。

如图 4-43 所示，中间的横线表示一个用户接口，在它的下面是文件系统，上面是用户程序。对于文件系统来说，所谓的文件就是由很多个字节所组成的字节流，至于每个字节之间有什么样的关系，有什么样的结构，它并不知道。当然，在用户程序的内部，在具体使用该文件时，它的确是有结构的，如数组结构、记录结构、树形结构等，这完全是由用户程序自己来设计和维护的，与文件系统无关。

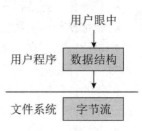

图 4-43 文件的逻辑结构

文件可以按照不同的准则来进行分类，例如：

- 按照文件的性质和用途，可将文件分为系统文件、库文件和用户文件。
- 按照文件的保护方式，可将文件分为只读文件、读写文件和可执行文件。
- 按照文件的功能，可将文件分为普通文件和目录文件。普通文件就是通常意义上所说的文件，它里面包含了用户的各种数据。目录文件是一种专用的系统文件，用来管理文件系统的组织结构。
- 在有些操作系统中，还有一种特殊的设备文件，即用文件的形式来管理输入/输出设备。包括字符设备文件和块设备文件，前者用来描述串行的输入/输出设备，后者用来描述磁盘等块设备。

除了文件名之外，操作系统还会给每一个文件附加一些其他的信息，这些信息称为文件的属性。对于不同的操作系统，文件属性的类型和个数各不相同。一般来说，都会包含以下的一些属性：文件的保护信息、文件的创建者、只读标志位、隐藏标志位、系统标志位、文件的创建时间、最近访问时间、最近修改时间以及文件的长度信息等等。

2. 文件的使用

文件的使用讨论的是操作系统所提供的与文件有关的系统调用。

1）文件的存取方法

文件的存取方法可以分为两类：

- 顺序存取：对于文件中的每一个字节或记录，只能从起始位置开始，一个接一个地顺序访问，不能跳跃式访问。这是早期的操作系统所提供的存取方式。
- 随机存取：根据所需访问的字节或记录在文件中的位置，将文件的读写指针直接移至该位置，然后进行存取。每一次存取操作都要指定该操作的起始位置。现代操作系统都提供随机存取的方式。

2）文件的访问

文件的访问指的是与文件内容读写有关的各种文件操作，包括：

- 打开操作：在访问一个文件前，必须先打开它；
- 关闭操作：在使用完一个文件后，要关闭该文件；
- 读操作：从文件中读取数据；
- 写操作：把数据写入文件；
- 添加操作：把数据添加到文件的末尾；
- 定位操作：指定文件访问的当前位置。

3）文件的控制

文件的控制指的是与文件属性控制有关的各种文件操作，包括文件的创建、删除、读取文件属性、设置文件属性、修改文件名等。

3．目录

为了对系统中的文件进行组织和管理，人们引入了目录的概念。目录也称文件夹，它是一张表格，记录了在该目录下每个文件的文件名和其他的一些管理信息。一般来说，每个文件都会占用这张表格的某一行，即一个目录项。由于文件系统中的目录是动态创建的，其大小是不断变化的，因此，目录通常都是以文件的形式存放在磁盘上。另外，在目录的管理上，也有一些相关的系统调用，如创建目录、删除目录、修改目录名等。

为了更好地组织文件，提高文件的访问效率，在目录的逻辑结构上，通常采用的是多级目录结构，也称树状目录结构或层次目录结构，其形状好像是一棵倒立的树。树的根结点称为根目录，然后在每一个目录下，既可以增加普通的文件，也可以增加新的子目录。

在多级目录结构中，主要有两种方法来指定需要访问的文件或目录：

- 绝对路径名：对于每一个文件或目录，可以用从根目录开始依次经由的各级目录名，再加上最终的文件名或目录名来表示，在每一级目录名之间，用分隔符隔开。一个文件或目录的绝对路径名是唯一的，例如：\spell\mail\copy\all。
- 相对路径名：用户首先指定一个目录作为当前的工作目录，然后在访问一个文件或目录时，可以使用相对于当前工作目录的部分路径名，即相对路径名，例如，假设当前的工作目录是\spell\mail\copy，那么使用相对路径名 all 的效果等价于使用绝对路径名\spell\mail\copy\all。

4.6.3　文件系统的实现

文件系统的实现讨论的是文件和目录是如何来实现的、磁盘空间是如何来管理的、如何才能使整个文件系统高效、可靠地运转。

1．数据块

如前所述，文件的逻辑结构一般是字节流，即无结构。用户程序可以在这种字节流的基础上，构造自己所需的各种数据结构。由于文件是存放在磁盘等存储设备当中，而这些设备的访问单元并不是字节。例如，在磁盘中，是以扇区为单元来进行读写操作的。因此，对于文件系统而言，必须将用户提交的这种字节流（一个连续的逻辑地址空间）映射为磁盘所需的扇区。为了实现设备的独立性，通常的做法是把磁盘空间划分为一个个大小相同的块，称为物理块，每个物理块包含若干个连续的扇区。同时把文件的字节流也分成大小相同的逻辑块。然后在文件系统的内部，以块为单位来进行操作，把每一个逻辑块保存在一个物理块当中。

2．文件的实现

文件的实现需要解决两个方面的问题：一是如何来描述一个文件，用什么样的数据结构来记录文件的各种管理信息；二是如何来存储文件，如何把文件的各个连续的逻辑块存放到磁盘的空闲物理块当中，并记录逻辑块与物理块之间的映射关系。

1）文件控制块

文件控制块（File Control Block，FCB）是操作系统为了管理文件而设置的一种数据结构，用于记录与一个文件有关的所有管理信息。FCB 是文件存在的标志。

对于不同的操作系统，它们的文件控制块所包含的内容是各不相同的。一般来说，主要包含两类信息：

- 文件的属性信息：包括文件的类型和长度、文件的所有者、文件的访问权限、文件的创建时间、最后访问时间以及最后修改时间等。
- 文件的存储信息：文件在磁盘上的存放位置，它被存放在哪一些物理块当中。

2）文件的物理结构

文件的物理结构研究的是如何把一个文件存放在磁盘等物理介质上。具体来说，就是以块为单位，研究如何把文件的一个个连续的逻辑块存放在不同的物理块当中，从而建立逻辑块与物理块之间的映射关系。文件的物理结构主要有三种形式：连续结构、链表结构和索引结构。

（1）连续结构。连续结构也叫顺序结构，它的基本思想是把文件的各个逻辑块按照顺序存放在若干个连续的物理块当中。这种方法的优点是简单、易于实现。对于一个文件，系统只要记住它的第一个物理块的编号和物理块的个数，就可以通过简单的方法来实现从逻辑块到物理块的映射。例如，假设一个文件总共有 N 个逻辑块，而且第一个逻辑块是存放在第 X 个物理块当中，那么可以推算出第 i 个逻辑块是保存在第 $X+i-1$ 个物理块当中。

连续结构也有它的缺点。首先，随着磁盘文件的增加和删除，将会形成空闲物理块与占用物理块相互交错的情形，这样，那些比较小的物理块区域就无法再利用，成为外碎片。其次，在连续结构方式下，文件的大小不能动态地增长。

连续结构主要是用在 CD-ROM、DVD 等一次性写入的光学存储介质当中。

（2）链表结构。链表结构的基本思路是：把文件的各个逻辑块依次地存放在若干个物理块当中，这些物理块既可以是连续的，也可以是不连续的。然后在各个块之间通过指针连接起来，前一个物理块指向下一个物理块，从而形成一条链表。在具体实现链表结构时，需要在每一个物理块当中，专门利用若干个字节来作为指针，指向下一个物理块。对于一个文件，系统只要记住它的链表的首结点指针，就可以定位到这个文件中的任何一个物理块。

链表结构克服了连续结构的缺点。由于不连续的物理块之间可以通过指针连接起来，所以每一个物理块都能够用上，不存在外碎片的问题。而且文件的大小也可以动态地变化。

链表结构的缺点是：在访问一个文件时，只能顺序地进行访问。例如，为了访问一个文件的第 n 个逻辑块，文件系统必须从这个文件的第一个物理块开始，按照每一个物理块当中的链表指针，顺序地去遍历前 n 个块，因此时间比较长。

为了解决这个问题，人们又对链表结构进行了改进，提出了带有文件分配表的链表结构。它的基本思路是：在链表结构的基础上，把每一个物理块当中的链表指针抽取出来，单独组成一个表格，也就是文件分配表（File Allocation Table，FAT），并把它存放在内存当中。然后，如果要随机地去访问文件的第 n 个逻辑块，可以先从 FAT 表中查到相应的物理块地址，然后根据这个地址直接去访问磁盘，这样速度就比较快。

文件分配表的一种实现方式如下：在整个文件系统中设置一个一维的线性表格，它的表项个数就等于磁盘上物理块的个数，并按照物理块编号的顺序来建立索引。对于系统中的每一个文件，在它的文件控制块中记录了这个文件的第一个物理块的编号 X1，然后在 FAT 表的第 X1 项中，记录了该文件的第二个物理块编号 X2。就这样一直下去，从而形成了一个链表。在链表的最后一个结点中，存放了一个特殊的文件结束的标识。

图 4-44 是文件分配表的一个例子。通过文件 1 的目录项可以知道，它的第 1 个逻辑块存放在第 1 个物理块中。然后去查询 FAT 表，可以知道，它的第 2、第 3 个逻辑块分别存放在第 2、第 3 个物理块中。在 FAT 表的第 3 项是一个特殊的值 0xFFFF，表明文件的结束，因此该文件总共有 3 个块。类似地，文件 2 也有三个数据块，分别存放在第 4、第 5 和第 7 个物理块中。

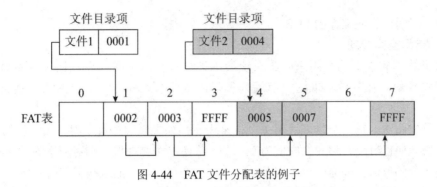

图 4-44　FAT 文件分配表的例子

（3）索引结构。索引结构的基本思路是：把文件当中每一个逻辑块所对应的物理块编号直接记录在这个文件的文件控制块当中，这样的文件控制块称为 I 结点，或索引结点（index node）。这样，对于系统中的每一个文件，都有一个自己的索引结点。通过这个索引结点，就能够直接地实现逻辑块与物理块之间的映射关系。例如，如果要去访问文件的第 i 个逻辑块，可以先到其索引结点的地址映射表中，查一下第 i 项的内容，就可以知道相应的物理块编号，然后就可以直接去访问磁盘了。

3．目录的实现

在实现目录时，不同的文件系统采用了不同的实现方法。一般来说，可以分为两种类型：即直接法和间接法。

（1）直接法：如图 4-45（a）所示，把文件控制块的内容直接保存在目录项当中。因此，每一个目录项就等于某个文件的文件名加上它的 FCB，包括文件的各种属性信息和它在磁盘上的存放位置。

（2）间接法：如图 4-45（b）所示，每一个文件的 FCB 不是保存在它的目录项当中，而是单独存放。然后在每一个目录项里面，只有两个内容：文件名和该文件的 FCB 所在的地址。

图 4-45　目录的实现方法

不管是哪一种类型的实现方法，目录的基本功能都是一样的，即如果用户给出一个文件名，就返回相应文件的 FCB。

4．空闲空间管理

为了管理磁盘上的空闲空间，系统会维护一个空闲空间列表，记录了磁盘上所有的空闲物理块。在具体实现这个空闲列表时，主要有三种方法：位图法、链表法和索引法。

（1）位图法。每一个物理块用 1 个位来表示。如果该物理块空闲，相应位的值为 1；如果该物理块已分配，相应位的值为 0。若磁盘有 N 个物理块，则对应于 N 个 bit。然后将这些连续的位流分隔为一个个字节，每 8 位一个字节，再把这些字节组织成一个个字，如每个字 4 个字节，这样就得到了相应的位图。

（2）链表法。在每一个空闲的物理块上都有一个指针，然后把所有的空闲块通过这个指针连接起来，形成一个链表。文件系统只要记住这个链表的首结点指针，就可以去访问所有的空闲物理块。

（3）索引法。对链表法的一种修改。同样构造一个空闲链表，但是这个链表中的物理块本身并不参与分配，而是专门用来记录系统中其他空闲物理块的编号（索引）。

4.6.4　典型嵌入式文件系统介绍

1．Reliance 文件系统简介

目前嵌入式系统特别是机载系统常用的文件系统产品有 Green Hills 软件公司的 PJFS（Partitioning Journaling File System）、WindRiver 的 HRFS、Datalight 公司的 Reliance 等。其中，Reliance 文件系统是 Datalight 公司开发的一款专为嵌入式系统设计的事务级别的文件系统，特为那些在使用过程中突然掉电的嵌入式产品所设计。Reliance 文件系统可以在 FLASH、RAM、硬盘（包括功耗低、体积小的电子盘）等存储介质上使用，支持多种 CPU 架构，并且该文件系统可以运行在多种操作系统之上运行。Reliance 文件系统的基本结构如图 4-46 所示。

如图 4-46 所示的文件系统主要包含：文件系统接口、OS 服务、Reliance 内核、块设备接口和缓冲管理。其中，OS 服务与适配的操作系统相关，该部分需要用户与相应操作系统进行适配；文件系统接口部分提供给操作系统和应用软件进行文件操作的接口；块设备接口提供了与底层块设备驱动相关的接口。

2．Reliance 文件系统技术特点

Reliance 文件系统具备支持断电安全重启、嵌入式海量记录、基于事务处理、快速启动等技术特点。

（1）支持断电安全重启：当出现断电重启后、文件系统依然安全可靠，存储的数据不会因为断电重启而被破坏，并且在提高安全性的同时不会降低系统性能。

（2）嵌入式海量记录：具有较高的文件读写及操作效率，能够支持多个文件的多进程并发操作，支持对大容量文件顺序读写的高速操作，以及支持对海量文件目录的快速索引功能，使得在海量文件中定位单个文件的时间更短。

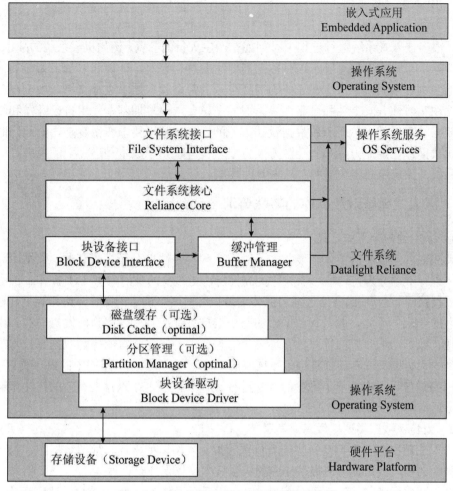

图 4-46　Datalight Reliance 文件系统结构图

（3）基于事务处理：Reliance 能够跟踪文件系统的稳定状态，包括目录数据和用户数据。在用户设定的事务点上将内存中的数据更新到磁盘上，当系统在两个事务点之间发生断电的时候，Reliance 将文件数据还原到文件系统上一个稳定状态。Reliance 通过基于事务处理的方法，提供给用户一致、可靠的文件系统。

Reliance 提供一种特有的存储格式来保证所保存数据的安全性。Reliance 可以读取以 Reliance 格式存储的文件，而基于标准 Windows 操作系统的应用则无法读该格式存储的数据。

（4）快速启动：由于 Reliance 的可靠性设计能够保证文件系统状态的一致性，所以设备上电启动的时候没有必要运行类似 chkdsk 等应用程序检查文件系统的完整性，这样使得 Reliance 可以提供比 DosFS 等文件系统更加快速的启动时间。

4.7　嵌入式数据库

在很多嵌入式系统运行过程中时刻都在产生大量的数据，例如机载系统的战术信息、导航信息、系统状态信息等，这些数据需要设备进行存储、处理和展示，并与其他设备或与地面进行数据共享。这些任务均需要有效的数据管理技术进行支持。由于很多嵌入式软件在实时性、安全性和可靠性等方面的严苛要求，早期基本使用自己开发和维护的专用数据管理软件。然而随着数据量和类型的增多、管理要求变得复杂，与此同时商用嵌入式数据库在性能方面和安全性方面有显著提升，出于成本和进度上的考虑，一些嵌入式系统开始选用商用数据库产品来管理数据。

4.7.1　嵌入式系统对数据库的特殊要求

1. 采用纯内存工作方式

某些嵌入式设备的工作环境恶劣，对性能和实时性也有极高的要求，数据库完全在内存中进行数据处理，这样可以大大提高性能，更重要的是消除了 I/O 操作、缓存与磁盘间数据拷贝、客户-服务器之间消息传递等执行时间不确定的操作，使其能更好地满足实时性的要求。因此，嵌入式数据库的整个架构设计应当以内存为出发点，在索引、存储管理、数据结构等方面针对内存环境进行设计，不应将现有的磁盘数据库技术简单地迁移到内存盘上，或者仅仅将磁盘数据库的"内存缓存-磁盘"结构中的内存缓存扩大。这是因为磁盘数据库是基于磁盘的特性进行设计的，许多在磁盘上有效的优化策略实际上并不适应内存工作方式。

2. 为特殊数据类型提供高效索引

嵌入式数据库通常管理一些较为特殊的数据类型，如坐标、地图数据等，对于该类数据类型的嵌入式数据库应提供相应的索引技术，以保证查询性能。

例如数据库索引一般都是 B 树结构，B 树适合于精确查找、范围查找以及前缀查找，但仅限于 1 维数据，对于特殊领域常用的 2 维以上数据（如 GPS 坐标）则力不从心。因此机载数据库应支持处理 2 维数据常用的 R 树索引，处理多维数据常用的 KD 树，以及一些其他类型的索引，如 T 树、Patricia trie 树、哈希等。

3. 支持基于优先级的多任务访问

嵌入式数据库的多任务访问应当基于任务优先级进行管理。因为在一些嵌入式系统中，某些活动应当具有更高优先级，例如导航任务应当比后台任务的优先级高，因此嵌入式数据库应当优先响应导航任务的数据处理请求。嵌入式数据库不应采用先进先出（FIFO）等简单的调度策略，而是需要配合操作系统任务优先级，否则数据库的多任务控制会抵消操作系统对访问数据库任务的优先级设置，影响系统的性能和稳定性。

4．可靠性、持久性和高可用性方面

（1）可靠性方面：嵌入式数据库的外部接口应当是类型安全的，不应使用 void 指针；消除数据库内部的动态内存分配，如 malloc 和 free 操作，从而避免潜在的内存泄露风险；提供错误处理机制，使得应用程序能够随时掌握数据库的运行情况，以便及时发现数据库运行的错误，并且在数据库出现错误后能够接管数据库，避免错误的传播。

（2）持久性方面：数据库的持久性是指数据库能够从软件或硬件错误中恢复数据的能力。持久性对于以内存为主的嵌入式数据库尤为关键。

（3）高可用性方面：嵌入式数据库的高可用性通过对主数据库建立一个或多个冗余的从数据库实现，主数据库与从数据库之间通过一定的方式保持着数据同步，一旦主数据库出现问题，无法服务，可以立刻切换到从数据库，并继续提供服务。

4.7.2　典型嵌入式数据库介绍

eXtremeDB 是美国 McObject 公司推出的一款嵌入式数据库，它采用内存数据库结构，基于对象模型，并直接与用户应用程序结合，不属于客户/服务器架构。eXtremeDB 内存数据库与其他嵌入式数据库相比，在提供高性能的数据管理服务的同时，专门针对实时系统的要求进行了优化。

1．eXtremeDB 功能组件及体系结构

eXtremeDB 提供一套 DDL（Data Definition Language）语言按对象模型的要求进行数据库模式设计，通过其 DDL 编译器，可根据用户的设计生成相应的数据操作接口，供用户调用。eXtremeDB 嵌入式内存数据库的基本结构如图 4-47 所示。

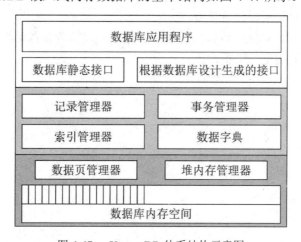

图 4-47　eXtremeDB 体系结构示意图

eXtremeDB 体系结构的最上层代表数据库应用程序，其下一层是数据库静态接口和根据数据库设计生成的接口，分别代表 eXtremeDB 提供的外部应用接口（如数据库的创建和删除等）和通过数据库设计生成的外部接口（主要是数据操作接口），用户调

用这些外部接口进行数据库操作；再下层则是数据库内核的相关模块，包括记录管理器、事务管理器、索引管理器、数据字典等；最下层是存储管理器，直接管理用户分配的内存空间。

数据库内核实现机制与操作系统无关，并且向外部提供操作系统、文件系统和网络的适配接口，方便用户进行移植开发。

2．eXtremeDB 数据库技术特点

eXtremeDB 的内存数据库与主流的 Berkeley DB 和 SQLite 不同。Berkeley DB 的内存功能是通过扩充原有的磁盘数据库的缓存功能实现的，数据操作实际上还是要经过一些额外的操作；而 SQLite 只是部分实现了内存数据库功能，实际上也还是磁盘数据库架构。eXtremeDB 的内存数据库是根据内存的特点重新设计的，在性能、实时性以及安全性可靠性方面具备独特优势。

eXtremeDB 具有以下特点：

（1）采用内存数据库架构，充分利用内存的高性能，消除了文件 I/O 等执行时间难以预测的操作。

（2）支持事务优先级设置，用户可自行设置事务的优先级。

（3）具备内存管理能力，保证数据库的操作安全和操作系统无关性。应用程序一次性对数据库完成内存分配后，eXtremeDB 自行对分配的内存空间进行管理。

（4）实现中不包含任何动态内存分配操作。

（5）生成的接口是类型安全的，不使用 void 指针。

（6）支持事务日志功能，可以周期性的将内存中的事务操作记录到日志文件中，在内存数据库崩溃后自动从日志中恢复。

（7）支持高可用性功能，可以为主数据库建立一对多的镜像数据库，当主数据库故障时，可自动切换到备份的数据库上。

第5章　嵌入式系统设计与开发

嵌入式系统设计采用硬件和软件协同设计的方法，在设计与开发过程中不仅需要了解软件领域的知识，还需要了解硬件领域的综合知识。设计者必须熟悉并能自如地运用这些领域的各种技术，才能使所设计的系统达到最优。

嵌入式系统设计的主要任务是定义系统的功能、决定系统的架构，并将功能映射到系统实现架构上。系统架构既包括软件系统架构也包括硬件系统架构。一种架构可以映射到各种不同的物理实现，每种实现表示不同的取舍，同时还要满足某些设计指标，并使其他的设计指标也同时达到最优。

本章主要介绍嵌入式系统开发环境和嵌入式软件开发方法，阐述了完整的嵌入式开发流程，最后讨论嵌入式领域软件移植的相关问题。

5.1　嵌入式软件开发概述

嵌入式软件开发需要将软件和硬件更好的结合，因此不同于通用软件的开发。在系统总体开发中，由于嵌入式系统与硬件依赖非常紧密，往往某些需求只能够通过特定的硬件才能实现。本节简要叙述了嵌入式应用开发的流程，具有使用交叉编译工具和资源有限的特点，最后介绍嵌入式软件开发面临的挑战。

5.1.1　嵌入式应用开发的过程

一个嵌入式应用项目的开发过程是一个硬件设计和软件设计的综合过程，也是一个系统过程。一般而言，要经历以下步骤：

（1）硬件的设计与实现，包括元器件选型、原理图编制、印制板设计、样板试制、硬件功能测试等。

（2）设备驱动软件的设计与实现，包括引导加载程序的编写以及各种设备驱动程序的编写。

（3）嵌入式操作系统的选择、移植，以及 API 接口函数的设计。

（4）支撑软件的设计与调试。

（5）应用程序的设计与调试。

（6）系统联调，样机交付。

由此可见，开发一个嵌入式应用其实就是开发一个特定用途的计算机系统，开发时需要综合考虑系统软硬件各个层次上的所有问题。因此，无论是开发过程还是开发环境，都与一般的桌面系统上的应用程序开发有着显著的不同，需要考虑更多的因素。仅软件部分就要考虑板级支持包 BSP 的开发、操作系统的移植、应用程序的开发和操作系统的接口等问题。即使只开发应用程序，也要在工程项目中将操作系统文件、设备驱动文件和应用程序文件集成在一起，经过修改整理再编译成目标文件。

图 5-1 是一个典型的嵌入式应用程序的生成和加载过程。

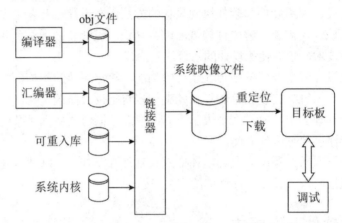

图 5-1   嵌入式应用程序的生成与加载

5.1.2   嵌入式软件开发的特点

嵌入式软件开发有如下的几个特点。

1．需要交叉编译工具

嵌入式系统目标机上的资源非常有限，例如，处理器的结构比较简单，速度较慢；内存和外存的容量小；显示功能较弱；软件资源较少，等等。因此，直接在嵌入式系统的硬件平台上开发和调试应用软件比较困难，有时甚至是不可能的。目前一般采用的解决办法是：将集成开发环境安装在高性能的 PC 上，然后在 PC 上进行嵌入式应用软件的开发。由于 PC 上的 CPU 较多使用 x86 芯片，而嵌入式系统中的处理器芯片种类繁多，如 ARM、MIPS、Power PC 等，两种处理器的指令集是不同的。因此，在集成开发环境下编写的源程序需要经过交叉编译，才能生成目标平台上运行的二进制代码格式。

2．通过仿真手段进行调试

需要在目标机执行的程序经过交叉编译之后，还要经过调试排错，确认能正常运行后才能交付使用。显然，在目标机上进行调试排错是非常困难的，因此实际的做法是仿真调试。也就是通过接口和信号线，把目标机上机器指令的执行结果和 CPU 当前各个寄存器的值传送到集成开发平台，使开发人员能够观察到目标机的执行状况，从而判断出指令执行的正确与错误。

3．开发板是中间目标机

嵌入式应用软件需要在开发板上完成所有的开发任务。系统开发完成之后，才把目标程序安装在目标机上运行。也就是说，开发板只是中间的目标机，其任务就是支持开发和调试。

4．可利用的资源有限

在台式机环境下，程序员拥有大量的硬件和软件编程资源，对内存容量、硬盘容量、可以打开的文件数量等问题几乎不加限制。然而在嵌入式软件开发中，就必须考虑可用资源的问题。嵌入式系统使用的处理器、内存和存储容量与台式机相比有很大的差距。因此，嵌入式代码不仅要提供丰富的功能，还必须满足其他的一些约束条件，如按所需速度运行以满足系统期限、适应内存总量限制、满足功耗要求等等。

5．需要与硬件打交道

在开发桌面应用程序时，很少直接与硬件打交道，除非是开发初级的设备驱动程序。但是在嵌入式系统的开发中，软件与硬件的关系非常密切，经常需要对运算器、寄存器和存储器进行操作。即使是采用了嵌入式操作系统，为了架构的简化以及节省空间，也容许应用程序直接去访问外围的寄存器。特别是当系统发生了难以理解的错误时，可能无法确认到底是程序写错，还是目标平台的硬件电路有问题。因此编程人员除了要了解如何编写高级语言程序（C、C++、Java 等）与低级语言程序（如汇编），还要了解硬件设计及除错的内容。

5.1.3　嵌入式软件开发的挑战

在开发嵌入式软件时，会面临如下的一些挑战和问题。

1．软硬件协同设计

嵌入式系统由硬件和软件组成，因此，在系统设计时，需要考虑哪些功能用硬件来实现，哪些功能用软件来实现。硬件实现的优点是速度快，缺点是芯片成本高，耗电量大，且需要占用额外的空间。软件实现的优点是灵活性高，如果算法发生了改变，那么修改软件是很容易的。例如，以 TCP/IP 协议栈的实现为例。几十年来，都是用软件来实现，因为这种方法为改变协议提供了灵活性。在台式机环境下，TCP/IP 协议栈被绑定在操作系统中，这是可以接受的，因为桌面计算机有大量的内存和外存容量。不过，现在已经出现了 TCP/IP 协议栈的单芯片实现方案，这种方法极大地加速了协议的处理过程。它的另一个优点就是可以把它集成到嵌入式硬件中，从而使嵌入式系统具备网络功能。

2．嵌入式操作系统

嵌入式应用的开发可以分为无操作系统和有操作系统两种情形。

（1）无操作系统的情形。这种情形下，嵌入式软件的设计主要是以应用为核心，应用软件直接建立在硬件上，没有专门的操作系统，软件的规模也很小，基本上属于硬件的附属品。开发人员可以混合使用汇编语言和 C 语言，实现存储管理、输入/输出管理和任务管理等服务。这种方式的优点是：软件是为特定的应用而专门编写的，因而代码的结构紧凑，体积小、效率高，既提高了运行速度，又节省了存储空间。

（2）有操作系统的情形。开发时首先将一个可用的嵌入式操作系统移植到目标处理器，当程序员在开发应用程序时，不是直接面对嵌入式硬件设备，而是在操作系统的基础上编写，操作系统会提供必要的 API 接口函数来实现各种功能。在这种情形下，开发人员不必操心存储管理、任务管理等一般性的事务，而是将精力集中在应用软件的开发上。因而开发速度更快，编写出来的代码更加可靠。这也是现在广泛采用的一种开发方法。

3. 代码优化

一般来说，桌面应用软件的开发人员不必过多考虑代码优化的问题，因为处理器的功能强大，内存的容量也足够用，而且在响应时间上，即使有几秒钟的误差也不会带来显著的区别。但是在嵌入式系统中，存储器容量和执行时间通常是最主要的约束条件。尽管编译器会实现代码上的优化，但编程人员仍必须精心编写代码，并对代码进行优化，开发出运行速度快、存储空间少、维护成本低的软件。有时，为了达到系统所要求的响应时间，编程人员可能需要使用汇编语言来编写部分代码。

4. 有限的输入/输出功能

在台式机环境下，一般都使用键盘和鼠标作为输入设备，显示器作为输出设备。但是在嵌入式系统中，不一定存在这些外设。事实上，大多数嵌入式系统的输入/输出功能是有限的。例如，只有小键盘（具有 8 个或 12 个功能键）可用于输入数据。在输出设备上，可能只有少量的 LED，或每行 8 到 12 个字符且仅有两行的小型 LCD 显示器。而有些嵌入式系统根本就没有键盘或显示器这样的 I/O 设备来与用户进行交互。例如，在许多过程控制系统中，采用电信号来作为输入并产生电信号来作为输出。因此，开发、测试和调试这一类的系统更具有挑战性，必须采用特殊的程序来测试这些系统。

总之，嵌入式软件的开发具有很大的挑战性，需要开发人员具有扎实的软、硬件基础，能灵活运用不同的开发手段和工具，具有较丰富的开发经验。如果要设计出可靠、稳定、高效的嵌入式软件，就必须综合考虑多种因素，如并发性、兼容性、实时性、层次性、可扩展性、有限的资源、多样性和可读性等。

5.2   嵌入式软件开发环境

在早期的嵌入式开发中，大多数嵌入式软件的开发是直接在硬件平台上进行的，采用处理器的汇编语言进行编程，直接对各种硬件设备进行控制和访问。用户除了要编写具体的应用程序外，还要编写各种监控程序和调试工具软件来构建相应的调试环境。尤其是对于多任务和实时性处理，必须编写出性能优化的系统软件，根据各个任务的重要性进行统筹兼顾和合理调度，以确保每个任务能及时执行，满足系统的实时性要求。随着嵌入式产品规模越来越大，功能越来越复杂，这种手工作坊式的开发方式越来越不能满足需要。

面对这些困难，人们提出以下要求：

（1）嵌入式系统开发需要专门的开发工具和调试环境，支持多种软硬件平台，提供一种高级编程语言如 C 或 C++。由开发工具提供针对多种处理器的编译系统，使开发代码易于移植扩充。调试环境提供的调试手段丰富，易于发现问题。

（2）嵌入式软件需要一个较好的操作系统开发平台，提供性能完备的实时控制、任务管理、存储管理和资源分配等功能。应用软件的开发是在这个平台上进行，编程人员不必去考虑底层的实现细节。

（3）嵌入式系统开发工具要求易学、易用、可靠、高效、人机用户界面友好，为编程人员提供一个方便好用的开发环境。

（4）支持嵌入式系统开发可剪裁的要求。针对不同的嵌入式系统应用，可以根据需要来剪裁出一个大小适宜的系统。

在实际的嵌入式开发中，根据项目的需要，既可以采用一组相互独立的软件开发工具，如编辑器、编译器、调试器和仿真器等，也可以采用一些商业化的集成开发环境，将各种软件开发工具集成在一个用户界面友好、功能强大、使用方便、适用性广、覆盖产品开发全周期的平台环境中。

5.2.1　宿主机和目标机

嵌入式应用开发需要良好的开发环境的支持。在嵌入式系统中，由于目标机的资源有限，不可能在其上建立庞大、复杂的开发环境，因而通常的做法是把开发环境和目标运行环境进行分离，如图 5-2 所示，嵌入式应用软件的开发方式一般是：首先在宿主机（Host）上建立开发环境，进行应用程序编码和交叉编译，然后在宿主机和目标机（Target）之间建立连接，将应用程序下载到目标机上进行交叉调试，经过调试和优化，最后将应用程序固化到目标机中实际运行。

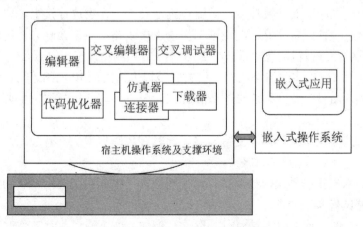

图 5-2　宿主机与目标机的开发模式

1．宿主机

宿主机是用于开发嵌入式系统的计算机，它通常是拥有大容量内存和硬盘、支持打印机等外设的 PC 机或工作站。在宿主机端（其操作系统可以是 Windows 系列、Linux 或 Solaris 等）运行的工具包括文本编辑器、交叉编译器、交叉调试器、集成环境以及各种分析工具。其中集成环境是其他工具的总入口，被集成的工具一般有它自己独立的图形界面，例如交叉调试器和分析工具等。

2．目标机

目标机一般在嵌入式应用软件的开发和调试期间使用，它可以是嵌入式应用软件的实际运行环境，也可以是能够替代实际运行环境的仿真系统。目标机的软硬件资源通常都比较有限，主要用来运行包含应用程序代码和嵌入式操作系统的可执行映像。

在开发过程中，目标机端须接收和执行宿主机发出的各种命令，如设置断点、读内存和写内存等，并将结果返回给宿主机，配合宿主机各方面的工作。所有需要与目标机进行信息交互的工具在目标机端都有自己的代理，有的代理是软件实现的（如目标机监控器），有的代理是硬件实现的（如 BDM、JTAG 等）。在目标机端运行的这些代理，负责解释并执行从宿主机端发送过来的各种命令。

3．宿主机与目标机的连接

在宿主机和目标机之间必须建立连接，这样就可以从宿主机向目标机下载、运行可执行映像，或者进行远程调试。宿主机和目标机之间的连接可以分为两类：物理连接和逻辑连接。

物理连接是指宿主机与目标机上的一定物理端口通过物理线路连接在一起。其连接方式主要有三种：串口、以太网接口和 OCD（On Chip Debug）方式（如 JTAG、BDM）等。物理连接是逻辑连接的基础。

逻辑连接是指宿主机与目标机之间按某种通信协议建立起来的通信连接，目前逐步形成了一些通信协议的标准。

要顺利地建立起交叉开发环境，需要正确地设置。在物理连接上，要注意使硬件线路正确连接，且硬件设备完好，能正常工作，连接线路的质量要好。在逻辑连接上，要正确配置宿主机和目标机的物理端口参数，并与实际的物理连接一致。

在实际嵌入式开发中，最常用的连接方式是以太网上的 IP 网络连接，这种连接不但有很高的带宽，而且具有网络连接的所有优点。至于串口连接方式，主要适用于以下两种情形：

- 在嵌入式应用中并不需要支持网络，同时在代码规模上又有限制，此时可删除嵌入式操作系统中的网络部分。
- 进行嵌入式操作系统内核调试，而有些嵌入式操作系统的网络驱动程序并不支持这种调试模式。

实际上，这两种连接方式是可以并存的。例如，在下载可执行映像时可以使用以太网接口，在进行操作系统内核调试时可以使用串口。

5.2.2　嵌入式软件开发工具

嵌入式软件的开发可以分为几个阶段：源代码程序的编写；将源程序交叉编译成各个目标模块；将所有目标模块及相关的库文件链接成目标程序；代码调试等。在不同的阶段需要用到不同的软件开发工具，如编辑器、编译器、调试工具、软件工程工具等。

1．编辑器

从理论上来说，任何一个文本编辑器都可以用来编写源代码。但是为了提高编程的效率，一个好的编辑器应该具备如下一些特点：

（1）支持 C 语言、汇编语言等程序设计语言的语法高亮显示；

（2）支持文件管理操作（如打开文件、保存文件、关闭文件等）、文件编辑操作、文件打印、文本查找等功能；

（3）编辑窗口可以同时作为调试时源代码执行的跟踪窗口；

（4）通过"编译结果输出窗口"可以直接定位到相应的源代码编辑窗口；

（5）提供一系列辅助编辑工具；

（6）编辑器可以同时打开多个窗口进行编辑，可编辑的文件大小理论上无限制；

（7）编辑器的编辑命令和编辑操作最好与标准的 Windows 编辑器功能一致，以便熟悉 Windows 的用户使用。

在各种集成开发环境中，一般都会提供一个功能强大的编辑器。UltraEdit 和 Source Insight 是两个常用的独立编辑器。

UltraEdit 是一个功能强大的文本编辑器。它可以取代记事本，用来编辑文本文字，也可以用来编写各种语言的源代码。它内建英文单词检查、C++及 Visual Basic 语法加亮显示，可同时编辑多个文件。即使打开一个很大的文件，速度也不会慢。UltraEdit 附有 HTML Tag 颜色显示、搜寻替换以及无限制的还原功能。它支持二进制和十六进制编辑，可以用来直接修改 EXE 或 DLL 文件。

Source Insight 是一款面向工程项目的源码编辑和查看软件，其用户界面友好，变量和函数名都以特定的颜色表示出来，非常直观。对于各种语言的源文件，如 C/C++、C#和 Java，它能自动解析程序的语法结构，动态地保持符号信息数据库，并主动显示有用的上下文信息。Source Insight 不仅是一个功能强大的程序编辑器，它还能显示参考树、类继承图和调用树等信息。它具有快速源代码导航功能，用户可以使用各种搜索命令，在各个源文件的不同函数和变量定义之间来回跳转，非常方便，因此它很适合于编辑大型软件。

2．编译器

编译阶段要做的工作是用交叉编译或汇编工具处理源代码，产生目标文件。在嵌入式系统中，宿主机和目标机所采用的处理器芯片通常是不一样的。例如，目标机采用的

CPU 是 DragonBall M68x 系列或 ARM 系列，而宿主机采用的是 x86 系列。因此，为了把宿主机上编写的高级语言程序编译成可以在目标机上运行的二进制代码，就需要用到交叉编译器。

与普通 PC 中的 C 语言编译器不同，嵌入式系统中的 C 语言编译器要进行专门的优化，以提高编译效率。一般来说，优秀的嵌入式 C 编译器所生成的代码，其长度和执行时间仅比用汇编语言编写的代码长 5%～20%。编译质量的不同，是区别嵌入式 C 编译器工具的重要指标。因此，硬件厂商往往会针对自己开发的处理器的特性来定制编译器，既提供对高级语言的支持，又能很好地对目标代码进行优化。

GNU C/C++（gcc）是目前比较常用的一种交叉编译器，它支持非常多的宿主机/目标机组合。宿主机可以是 Unix、AIX、Solaris、Windows、Linux 等操作系统，目标机可以是 x86、Power PC、MIPS、SPARC、Motorola 68K 等各种类型的处理器。

gcc 是一个功能强大的工具集合，包含了预处理器、编译器、汇编器、连接器等组件。它在需要时会去调用这些组件来完成编译任务，而输入文件的类型和传递给 gcc 的参数决定了它将调用哪些组件。对于一般或初级的开发者，它可以提供简单的使用方式，即只给它提供 C 源码文件，它将完成预处理、编译、汇编、连接等所有工作，最后生成一个可执行文件。而对于中高级开发者，它提供了足够多的参数，可以让开发者全面控制代码的生成，这对于嵌入式系统软件开发来说是非常重要的。

gcc 识别的文件类型主要包括：C 语言文件、C++语言文件、预处理后的 C 文件、预处理后的 C++文件、汇编语言文件、目标文件、静态链接库、动态链接库等。以 C 程序为例，gcc 的编译过程主要分为 4 个阶段：

（1）预处理阶段，即完成宏定义和 include 文件展开等工作；

（2）根据编译参数进行不同程度的优化，编译成汇编代码；

（3）用汇编器把上一阶段生成的汇编码进一步生成目标代码；

（4）用连接器把上一阶段生成的目标代码、其他一些相关的系统目标代码以及系统的库函数连接起来，生成最终的可执行代码。

用户可以通过设定不同的编译参数，让 gcc 在编译的不同阶段停止下来，这样可以检查编译器在不同阶段的输出结果。

在 gcc 的高级用法上，一般希望通过使用编译器达到两个目的：检查出源程序的错误；生成速度快、代码量小的执行程序。这可以通过设置不同的参数来实现，例如，"-Wall"参数可以发现源程序中隐藏的错误；"-O2"参数可以优化程序的执行速度和代码大小；"-g"参数可以对执行程序进行调试。

3．调试及调试工具

在开发嵌入式软件时，交叉调试是必不可少的一步。嵌入式软件的特点决定了其调试具有如下特点：

（1）对于通用的计算机，调试器与被调试程序一般位于同一台计算机上，操作系统也相同，调试器进程通过操作系统提供的调用接口来控制被调试的进程。而在嵌入式系统中，由于目标机的资源有限，调试器和被调试程序运行在不同的机器上。调试器主要运行在宿主机上，而被调试程序则运行在目标机上。

（2）调试器通过某种通信方式与目标机建立联系。通信方式可以是串口、并口、网络、JTAG 或专用的通信方式。

（3）在目标机上一般有调试器的某种代理，这种代理能配合调试器一起完成对目标机上所运行程序的调试。这种代理可以是某种软件，也可以是支持调试的某种硬件。

总之，在交叉调试方式下，调试器和被调试程序运行在不同的机器上。调试器通过某种方式能控制目标机上被调试程序的运行方式，并能查看和修改目标机上的内存、寄存器以及被调试程序中的变量。在嵌入式软件的开发实践中，经常采用的调试方法有直接测试法、调试监控器法、ROM 仿真器法、在线仿真器法、片上调试法及模拟器法。

1）直接测试法

直接测试法是嵌入式系统发展早期经常采用的一种调试方法。这种方法需要的调试工具非常简单，比较适合当时的实际情况。采用这种方式进行软件开发的基本步骤是：

（1）在宿主机上编写程序的源代码。

（2）在宿主机上反复地检查源代码，直到编译通过，生成可执行程序。

（3）将可执行程序固化到目标机上的非易失性存储器（如 EPROM、Flash 等）中。

（4）在目标机上启动程序运行，并观察程序的运行结果。

（5）如果程序不能正常工作，则在宿主机上反复检查代码，查找问题的根源，然后修改代码，纠正错误，并重新编译。

（6）重复执行（3）～（5），直到程序能正常工作。

从这些开发步骤可以看出，这种调试方法基本上无法监测程序的运行。虽然也有人提出了一些调试的小窍门，例如，从目标机打印一些有用的提示信息（通过监视器、LCD或串口等输出信息），或者利用目标机上的 LED 指示灯来判断程序的运行状态。但这些窍门的作用有限，如果一个程序在运行时没有产生预想的效果，那么开发者只能通过检查源程序来发现问题。显然，这种调试方法的效率很低，难度很大，开发人员也很辛苦。但由于开发条件特别是开发工具的限制，在嵌入式系统的早期阶段，程序的开发只能采用这种方法。甚至目前在开发一些新的嵌入式产品时，也往往要采用这种方法。

2）调试监控器法

调试监控器法的工作原理如图 5-3 所示。在这种调试方式下，调试环境由三部分构成，即宿主机端的调试器、目标机端的监控器（监控程序）以及两者之间的连接（包括物理连接和逻辑连接）。

监控器是运行在目标机上的一段程序，它负责监视和控制目标机上被调试程序的运行，并与宿主机端的调试器一起，完成对应用程序的调试。监控器预先被固化到目标机的 ROM 空间中，在目标机复位后将被首先执行。它对目标机进行一些必要的初始化，然后初始化自己的程序空间，最后就等待宿主机端的命令。监控器能配合调试器完成被调程序的下载、目标机内存和寄存器的读/写、设置断点以及单步执行被调试程序等功能。一些高级的监控器能配合完成代码分析、系统分析、ROM 空间的写操作等功能。

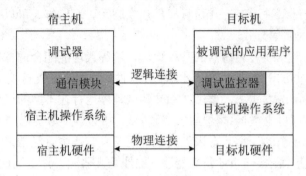

图 5-3　调试监控器法的工作原理

利用监控器方式作为调试手段时，开发应用程序的步骤如下：

（1）启动目标机，监控器掌握对目标机的控制，等待与调试器建立连接。

（2）调试器启动，与监控器建立起通信连接。

（3）调试器将应用程序下载到目标机上的 RAM 空间中。

（4）开发人员使用调试器进行调试，发出各种调试命令。监控器解释并执行这些命令，并通过目标机上的各种异常来获得对目标机的控制，将命令执行结果回传给调试器。

（5）如果程序有问题，则开发人员在调试器的帮助下定位错误。修改之后再重新编译链接并下载程序，开始新的调试。如此反复直到程序能正确运行为止。

监控器方式明显地提高了程序调试的效率，降低了调试的难度，缩短了产品的开发周期，有效地降低了开发成本。而且这种方法的成本也比较低廉，基本上不需要专门的调试硬件支持。因此它是目前使用最为广泛的嵌入式软件调试方式之一，几乎所有的交叉调试器都支持这种方式。

3）ROM 仿真器法

ROM 仿真器可看作是一种用于替代目标机上 ROM 芯片的硬件设备。它一边和宿主机相连，一边通过 ROM 芯片的插座和目标机相连。对于嵌入式处理器，它就像一个只读存储芯片；而对于宿主机上的调试器，它又像一个调试监控器。由于仿真器上的地址可以实时地映射到目标机的 ROM 地址空间中，所以在目标机上可以没有 ROM 芯片，而是用仿真器提供的 ROM 空间来代替。

实际上 ROM 仿真器是一种不完全的调试方式，它只是为目标机提供 ROM 芯片，并在目标机和宿主机之间建立了一条高速的通信通道。因此它经常和调试监控器法相结合，形成一种功能更强的调试方法。

与简单的监控器方法相比，ROM 仿真器的优点是：

- 在目标机上可以没有 ROM 芯片，因此也就不需要用其他的工具来向 ROM 中写入数据和程序。

- 省去了为目标机开发调试监控器的麻烦。
- 由于是通过 ROM 仿真器上的串行接口、并行接口或网络接口与宿主机相连，所以不必占用目标机上通常很有限的资源。

4）在线仿真器法

在线仿真器（In Circuit Emulator，ICE）是一种用于替代目标机 CPU 的设备。对目标机来说，在线仿真器就相当于它的 CPU。事实上，ICE 本身就是一个嵌入式系统，有自己的 CPU、RAM、ROM 和软件。它的 CPU 比较特殊，可以执行目标机 CPU 的所有指令，但有更多的引出线，能将内部信号输出到被控制的目标机上。在线仿真器的存储器也可以被映射到用户的程序空间。因此，即使没有目标机，仅用 ICE 也可以进行程序的调试。

ICE 和宿主机一般通过串口、并口或网络相连。在连接 ICE 和目标机时，需要先将目标机的 CPU 取出，然后将 ICE 的 CPU 引出线接到目标机的 CPU 插槽上。在使用 ICE 来调试程序时，在宿主机上也有一个调试器用户界面。在调试过程中，这个调试器将通过 ICE 来控制目标机上的程序。

采用在线仿真器，可以完成如下的调试功能：

- 同时支持软件断点和硬件断点的设置。软件断点只能到指令级别，也就是说，只能指定程序在读取某一指令前停止运行。而在硬件断点方式下，多种事件的发生都可使程序在一个硬件断点上停止运行。这些事件不仅包括取指令，还包括内存读/写、I/O 读/写以及中断等。
- 能够设置各种复杂的断点和触发器。例如，可以让程序在"当变量 m 等于 100，同时 AX 寄存器等于 0"时停止运行。
- 能实时跟踪目标程序的运行，并可实现选择性的跟踪。在 ICE 上有大块 RAM，专门用来存储执行过的每个指令周期的信息，使用户可以得知各个事件发生的精确次序。
- 能在不中断被调试程序运行的情况下查看内存和变量，即非干扰的调试查询。

在线仿真器特别适用于调试实时应用系统、设备驱动程序以及对硬件进行功能测试。它的主要缺点就是价格昂贵，一般都在几千美元，有的甚至要几万美元。这显然阻碍了团队的整体开发，因为不可能给每位开发人员都配备一套在线仿真器。所以，现在 ICE 一般都用于普通调试工具解决不了的问题，或者用它来做严格的实时性能分析。

5）片上调试法

片上调试（On Chip Debugging，OCD）是 CPU 芯片提供的一种调试功能，可以把它看成是一种廉价的 ICE 功能。OCD 的价格只有 ICE 的 20%，但却提供了 80%的 ICE 功能。

最初的 OCD 是一种仿调试监控器方式，即将监控器的功能以微码的形式来体现，如

Motorola 的 CPU 32 系列处理器。后来的 OCD 摒弃了这种结构，采用了两级模式的思路，即将 CPU 的工作模式分为正常模式和调试模式。

当满足了特定的触发条件时，CPU 就可进入调试模式。在调试模式下，CPU 不再从内存读取指令，而是从调试端口读取指令，通过调试端口可以控制 CPU 进入和退出调试模式。这样在宿主机端的调试器就可以直接向目标机发送要执行的指令，通过这种形式调试器可以读/写目标机的内存和各种寄存器，控制目标程序的运行以及完成各种复杂的调试功能。

OCD 方式的主要优点是：不占用目标机上的通信端口等资源；调试环境和最终的程序运行环境基本一致；支持软硬件断点；提供跟踪功能，可以精确计量程序的执行时间；支持时序分析等功能。

OCD 方式的主要缺点是：调试的实时性不如 ICE 强；不支持非干扰的调试查询；使用范围受限，目标机上的 CPU 必须具有 OCD 功能。

目前比较常用的 OCD 的实现有：后台调试模式（Background Debugging Mode，BDM）、连接测试存取组（Joint Test Access Group，JTAG）和片上仿真器（On Chip Emulation，OnCE）等，其中 JTAG 是主流的 OCD 方式，OnCE 是 BDM 和 JTAG 的一种融合方式。

6）模拟器法

模拟器是一个运行在宿主机上的纯软件工具。它通过模拟目标机的指令系统或目标机操作系统的系统调用来达到在宿主机上运行和调试嵌入式程序的目的。

模拟器主要有两种类型：一类是在宿主机上模拟目标机的指令系统，称为指令级的模拟器；另一类是在宿主机上模拟目标机操作系统的系统调用，称为系统调用级的模拟器。指令级模拟器相当于在宿主机上建立了一台虚拟的目标机，该目标机的 CPU 种类与宿主机不同。例如，宿主机的 CPU 是 Intel Pentium，而虚拟机是 ARM、Power PC 或 MIPS 等。比较高级的指令级模拟器还可以模拟目标机的外部设备，如键盘、串口、网口和 LCD 等。系统调用级的模拟器相当于在宿主机上安装了目标机的操作系统，使得基于目标机操作系统的应用程序可以在宿主机上运行。两种类型的模拟器相比，指令级模拟器所提供的运行环境与实际的目标机更接近；而系统调用级的模拟器本身比较容易开发，也容易移植。

使用模拟器的最大好处是：可以在实际的目标机环境并不存在的条件下开发其应用程序，并且在调试时可以利用宿主机的资源来提供更详细的错误诊断信息。但模拟器也有许多不足之处，包括：

- 模拟环境与实际的运行环境差别较大，无法保证在模拟条件下调试通过的程序就一定能在真实环境下顺利运行。
- 不能模拟所有的设备。嵌入式系统中经常包含许多外围设备，但除了一些比较常见的设备之外，多数设备是不能模拟的。

- 实时性差。在使用模拟器调试程序时，被调试程序的执行时间和在真实环境中的运行时间差别较大。

尽管模拟器有许多不足，但是在项目开发的早期阶段，尤其是在还没有任何硬件可供使用时，模拟器还是非常有用的。对那些实时性不强，没有特殊外设，只需验证其逻辑的程序，用模拟器基本可以完成所有的调试工作。而且在使用模拟器调试程序时，不需要额外的硬件来协助，因此降低了开发成本。

4．软件工程工具

软件工程工具是指在分布式开发环境或大型嵌入式软件项目中使用的各种管理软件，如 CVS、GNU make 等。

1）CVS

CVS（Concurrent Version System）是一个版本控制软件，用来记录源码文件和其他相关文件的修改历史。对于一个文件的各个版本，CVS 只存储版本之间的区别，而不是把每个版本都完整地保存下来。当一个文件的内容发生变化时，CVS 会在一个日志中记录每一次修改的作者、修改的时间以及修改的原因。CVS 能够有效地管理软件的发行版本，以及多位程序员同时参与的分布式开发环境。它把一个软件项目组织成一个层次化的目录结构，里面包含了与项目有关的所有文件，如源文件、文档文件等。这些目录和文件合并起来，就构成了该软件项目的一个发行版本。

2）GNU make

GNU make 是一种代码维护工具，在大中型软件开发项目中，它将根据程序各个模块的更新情况，自动地维护和生成目标代码。make 的主要任务是读入一个文本文件（默认的文件名是 makefile 或 Makefile），并根据这个文件所定义的规则和步骤，完成整个软件项目的维护和代码生成等工作。在这个文本文件中，定义了一些依赖关系（即哪些文件的最新版本是依赖于哪些其他的文件）和需要用什么命令来产生文件的最新版本或管理各种文件。有了这些信息，make 会检查文件的修改或生成时间戳，如果目标文件的时间戳比它的某个依赖文件要旧，那么 make 就会执行 makefile 文件中描述的相应命令，来更新目标文件。make 工具的特点如下：

- 适合于文件较多的大中型软件项目的编译、连接、清除中间文件等管理工作；
- 只更新那些需要更新的文件，而不重新处理那些并不过时的文件；
- 提供和识别多种默认规则，方便对大型软件项目的管理；
- 支持对层状目录结构的软件项目进行递归管理；
- 对软件项目，具有渐进式的可维护性和扩展性。

5.2.3　集成开发环境

嵌入式软件开发环境起初主要由专门开发工具的公司提供，这些公司根据不同操作系统和不同处理器版本进行专门定制，如美国 Microtec 公司的交叉开发工具曾经被

VRTX、pSOS 等定制采用。随着用户对开发工具套件的需求增加，一些著名的操作系统供应商开始发展本系列操作系统产品的开发工具套件，如 WindRiver 公司的 Tornado、微软的 Windows CE 嵌入式开发工具包等。

在国际上，嵌入式软件开发环境的另一支研发队伍是 GNU。GNU 在因特网上提供免费的相关研究和开发成果，成为自主开发嵌入式软件开发环境的重要资源。一些公司已在 GNU 软件的基础上，经过集成、优化和测试，推出更加成熟、稳定的商业化嵌入式软件开发环境。

随着嵌入式系统的发展，嵌入式软件开发环境越来越重要，它直接影响到嵌入式软件的开发效率和质量。目前的开发环境已向开放性、集成化、可视化和智能化的方向发展，将各种类型且功能强大的软件工具，如编辑器、编译器、连接器、调试器、版本管理、用户界面等，有机地集成在一个统一的集成开发环境（Integrated Development Environment，IDE）中。

1．Tornado

Tornado 是 WindRiver 公司推出的一个集成开发环境。它由三个高度集成的部分组成：运行在宿主机和目标机上的交叉开发工具和实用程序；运行在目标机上的实时操作系统 VxWorks；用来连接宿主机和目标机的各种通信介质，如以太网、串口、在线仿真器 ICE 或 ROM 仿真器等。

Tornado 提供的交叉开发工具和实用工具主要有：源代码编辑工具、图形化的交叉调试工具、工程配置工具、集成仿真工具、诊断分析工具、C/C++编译工具、宿主机-目标机连接配置工具、目标机系统状态浏览工具、命令行执行工具、多语言浏览工具及图形化内核配置工具等。在 Tornado 中，宿主机上的工具与目标机之间的通信由目标服务器和目标代理共同完成。如图 5-4 所示，在形式上目标代理是 VxWorks 上的一个任务。调试命令通过宿主机上的目标服务器发送给目标代理。这些调试请求决定了目标代理应如何控制目标机上的其他任务。

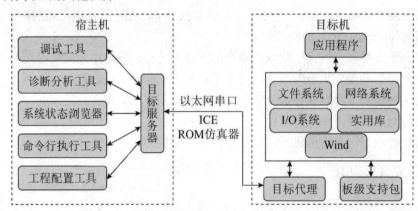

图 5-4 Tornado 环境中宿主机与目标机之间的关系

- 图形化的交叉调试器 CrossWind/WDB：支持任务级和系统级两种调试方式，支持混合源代码和汇编代码显示，支持多目标同时调试，具有良好的图形用户界面。
- 工程配置工具 Project：用于对 VxWorks 操作系统及其组件进行自动配置，进行依赖性分析和代码容量计算，自动生成 Makefile 文件。
- 集成仿真工具 VxSim：提供与真实目标机完全一致的调试和仿真运行环境。
- 诊断分析工具 WindView：一个图形化的动态诊断和分析工具，主要是向开发者提供在目标机上运行的应用程序的许多详细情况。
- C/C++编译工具：Tornado 提供以下支持 C 语言和 C++语言的工具和类库：Diab C/C++编译器、GNU C/C++编译器及 iostreams 类库。
- 宿主机-目标机连接配置工具 Launcher：位于 Tornado 环境的最上层，开发者可以通过它来设置开发环境。
- 目标机系统状态浏览工具 Browser：一个图形化工具，能随时提供目标系统的全面状态信息。
- 命令行执行工具 WindSh：一个功能强大的命令行解释器，可以直接解释、执行 C 语言表达式，调用目标机上的 C 函数及访问已在系统符号表中定义的变量。
- 多语言浏览工具 WindNavigator：浏览源程序代码，用图形化的方式显示函数调用关系，从而实现快速的代码定位。
- 图形化内核配置工具 WindConfig：通过 WindConfig 提供的图形向导，用户可以方便地配置 VxWorks 内核及其组件的参数。

Tornado 的特点：

（1）友好的开发环境。Tornado 可以运行在不同的系统中，支持 UNIX、Windows NT、Windows 98/95 等。

（2）适用于开发不同类型的目标机。针对不同的目标机，Tornado 为开发者提供了一个一致的图形接口和人机界面。这样，当开发人员转向新的目标机时，不必再花费时间去学习或适应新的开发工具。事实上，Tornado 的所有工具都驻留在开发平台上。

（3）工具齐备，具有丰富的交叉开发工具和实用工具。

（4）开放的、可扩展的开发环境。Tornado 是一个完全开放的环境，开发人员或第三方厂商可以很容易地把自己的工具集成到 Tornado 框架下。

2．Windows CE 应用程序开发工具

如图 5-5 所示，Windows CE 应用程序开发工具包括：①Platform Builder；②eMbedded Visual Tools；③eMbedded Visual Basic；④eMbedded Visual C++。它们都是专门针对 Windows CE 操作系统的开发工具。

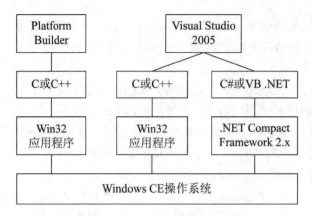

图 5-5　Windows CE 应用程序开发工具

Microsoft Windows CE Platform Builder 为开发商迅速创建一个嵌入式系统提供了全部相关工具。Platform Builder 集成开发环境使开发者能够对新一代高度模块化的设计进行配置、创建与调试，以实现嵌入式系统的灵活性与可靠性，并与 Windows 和 Web 功能特性紧密结合。它的特点主要包括：

- 通过使用改进的目标-宿主集成与连接特性来提高工作效率，节省嵌入式系统的创建时间。这些特性包括：集成化连接与下载、集成化目标控制、状态监视器、灵活的创建选择、简化操作系统配置等。
- 通过使用先进的系统级调试功能来提高调试速度。Platform Builder 的系统级调试器目前可为硬件辅助和系统级调试提供支持，从而大大扩展了调试功能的作用范围。具体包括：硬件辅助调试、源点级调试、新型的内核追踪器、远程系统信息、远程性能监视器、改进的调试器用户界面、调试区间等。
- 提供了一个新型扩展模型，可以帮助开发商将各类特性集成到开发环境当中。包括：微处理器控制单元、嵌入式开发工具控制单元等。

Microsoft eMbedded Visual C++和 eMbedded Visual Basic 是开发下一代 Windows CE 通信、娱乐及信息访问等应用程序时的功能强大的工具。它们所提供的全面高速应用程序开发环境能够帮助开发者在各类不同设备上，迅速就相关的 Windows CE 应用程序进行创建、调试和部署，并且在不牺牲控制功能、性能表现及有关灵活性的前提下，提高 Windows CE 的开发效率。这两个产品的特点主要包括：

- 开发工作效率比较高。这两个集成开发环境与传统的 Windows 应用开发环境非常相似，因此开发人员无需额外的培训即可熟练掌握它们的使用方法。而编程时的在线提示辅助功能（如语句完成、参数信息和语法错误检查等），能够大大提高程序员的工作效率。另外，通过创建可重复使用的 ActiveX 组件，可以将软件开发的复杂程度降至最低水平。
- 开发过程与集成化调试得以简化。允许 eMbedded Visual Tools 在编译完成后，从移动设备或模拟器上的 IDE 中自动复制并启动相关的应用程序，从而实现应用程序的迅速测试和执行。在调试程序时，可以使用集成化调试器，当应用程序在 Windows CE 设备上（或模拟器内）运行的同时对其错误予以消除。另外，在测试时可以先在 Windows CE 设备模拟器上对应用程序进行测试，以避免高昂的硬件成本投资。

- 针对 Windows CE 平台的全面访问。包括 TCP/IP 通信机制、COM 组件模型、ActiveX 控件、设备的 API 接口函数等。
- 面向最新的 Windows CE 设备创建相应的解决方案。例如，Handheld PC Pro、Palm-size PC 及 Pocket PC 等 Windows CE 设备。
- 迅速、灵活的数据访问。数据存储可通过相关连接来实现与远程数据源之间的同步。

3．Linux 环境下的集成开发环境

在 Linux 环境下也有一些很好的集成开发环境，如 Kdevelop、Eclipse 和 Anjuta 等。

1）Kdevelop

Kdevelop 是 KDE 小组开发的 Linux/UNIX 操作系统上的 C/C++集成开发环境，为快速开发 C/C++应用程序提供了强有力的开发工具。

Kdevelop 的操作界面类似于微软的 Visual Studio，提供编辑、编译、连接、除错、版本管理及计划管理等基本的 IDE 功能。此外它还内建了一个可以产生 Qt 图形界面的资源编辑程序。对于 C++程序，它额外提供了类浏览器。此外其文件管理程序内建了所有有关 KDE 发展所需的文件，并提供搜寻的功能。

2）Eclipse

Eclipse 是替代 IBM Visual Age for Java（简称 IVJ）的下一代 IDE 开发环境，但它未来的目标不仅仅是成为专门开发 Java 程序的 IDE 环境。根据 Eclipse 的体系结构，通过开发插件，它能扩展到任何语言的开发，甚至能成为图片绘制的工具。目前，Eclipse 已经开始提供 C 语言开发的功能插件。而且它是一个开放源代码的项目，任何人都可以下载其源代码，并在此基础上开发自己的功能插件。

3）Anjuta

Anjuta 是 GNU/Linux 平台下的 C/C++集成开发环境，它主要是为了开发 GTK/GNOME 程序而设计的。Anjuta 利用 GLADE 来生成优美的用户界面，加之以自己强大的源程序编辑功能，使之成为应用程序快速开发的集成开发环境。以前，人们使用 GLADE 做界面，用 emacs 或 vi 来编辑源程序，再用某种终端模拟器编辑开发项目。而现在使用 Anjuta，所有这些繁杂零散的任务都可以在一个统一的、集成的、自然而然的环境下完成。

5.3 嵌入式软件开发

当确定完嵌入式软件开发环境后，就可以真正的进行嵌入式软件的开发，本节按照嵌入式平台选型、架构软件设计、软件设计方法、特性设计技术、编码、测试、下载和运行的顺序阐述嵌入式软件开发的流程。

5.3.1 嵌入式平台选型

按照常规的工程设计方法，嵌入式系统的设计可以分为 3 个阶段：分析、设计和实现。分析阶段是确定要解决的问题及需要完成的目标，也常常被称为需求阶段；设计阶段主要是解决如何在给定的约束条件下完成用户的要求；实现阶段主要是解决如何在所选择的硬件和软件的基础上进行整个软、硬件系统的协调和实现。在分析阶段结束后，开发者通常面临的一个棘手问题就是软硬件平台的选择，因为它的好坏直接影响着实现阶段的任务完成。

通常，硬件和软件的选择包括处理器、硬件部件、操作系统、编程语言、软件开发工具、硬件调试工具和软件组件等。

1．硬件平台的选择

嵌入式系统的核心部件是各种类型的嵌入式处理器。据不完全统计，目前全世界嵌入式处理器的品种总量已经超过 1000 多种，流行的体系结构有 30 多个系列。由于嵌入式系统设计的差异极大，因此选择是多样化的。

设计者在选择处理器时要考虑的因素主要有以下几个方面：

（1）处理性能：对于许多需用处理器的嵌入式系统来说，目标不是在于挑选速度最快的处理器，而是在于选取能够完成作业的处理器和 I/O 子系统。

（2）技术指标：当前许多嵌入式处理器都集成了外围设备的功能，减少了芯片的数量，降低了整个系统的开发费用。开发人员首先考虑的是：系统所要求的一些硬件能否无需过多的逻辑就连接到处理器上。其次考虑该处理器的一些支持芯片的配套。

（3）功耗：对于手持设备、PDA、手机等消费类电子产品，在选购微处理器时要求高性能、低功耗。

（4）软件支持工具：选择合适的软件开发和支持工具对系统的实现会起到至关重要的作用。

（5）是否内置调试工具：处理器如果内置调试工具，可以大大缩短调试周期，降低调试难度。

2．软件平台的选择

软件平台的选择涉及到操作系统、编程语言和集成开发环境 3 个方面。

1）操作系统

编写嵌入式软件有两种选择：一是自己编写内核；二是使用现成的操作系统。如果嵌入式软件只需要完成一项非常小的工作，例如在电动玩具、空调中，就不需要一个功能完整的操作系统。但如果系统的规模较大、功能较复杂，那么最好还是使用一个现成的操作系统。可用于嵌入式系统软件开发的操作系统有很多，但关键是如何选择一个适合开发项目的操作系统，可以从以下几点进行考虑：

（1）操作系统提供的开发工具。有些实时操作系统只支持该系统供应商的开发工具，因此，还必须从操作系统供应商处获得编译器、调试器等；而有的操作系统应用广泛，且有第三方工具可用，因此选择的余地比较大。

（2）操作系统向硬件接口移植的难度。操作系统到硬件的移植是一个重要的问题，是关系到整个系统能否按期完工的一个关键因素。因此，要选择那些可移植性程度高的操作系统，以避免因移植带来的种种困难。

（3）操作系统的内存要求，有些操作系统对内存有较大要求。

（4）操作系统的可剪裁性、实时性能等。

2）编程语言

尽管高级语言能够完成大部分的嵌入式软件开发工作，但汇编语言仍然不可替代。汇编语言可以直接对硬件进行操作，代码效率高，所以经常应用在系统移植以及直接控制硬件的场合。此外，良好的汇编基础也有助于程序的调试。

越是高级的语言，其编译和运行的系统开销就越大，应用程序也越大，运行越慢。因此一般来说，编程人员都会首选汇编语言和 C 语言，然后才会考虑 C++语言或 Java 语言。

3）集成开发环境

集成开发环境是进行开发时的重要平台，在选择时应考虑以下因素：

（1）系统调试器的功能，包括远程调试环境。

（2）支持库函数。许多开发系统提供大量的库函数和模板代码，如 C++编译器就带有标准的模板库。与选择硬件和操作系统的原则一样，应尽量采用标准的 glibc（GNU 标准 C 库函数）。

（3）连接程序是否支持所有的文件格式和符号格式。

5.3.2　软件设计

1. 软件设计的任务

在给定系统的需求规格说明书后，需要对软件的结构进行设计，并对设计的过程进行管理。在嵌入式系统的软件设计过程中，需要完成以下一些任务。

1）准备工作计划

在软件设计之前，首先要制订详细的工作计划，其内容包括：

- 过程管理方案：包括软件开发的进度管理、软件规模和所需人年的估算、开发人员的技能培训等；
- 开发环境的准备方案：包括开发工具的准备、开发设备的准备、测试装备的准备、分布式开发环境下的开发准则等；
- 软硬件联机调试的方案：联调的起始时间、地点、人员和具体的准备工作；
- 质量保证方案：包括质量目标计划、质量控制计划等；
- 配置控制方案：包括配置控制文档的编写、配置控制规则的制订等。

2）确定软件的结构

设计软件的各个组成部分，包括：

- 任务结构的设计：使用操作系统提供的函数，设计出一个最佳的任务结构；
- 线程的设计；
- 公共数据结构的设计：在确保系统一致性的基础上，设计出所需的公共数据；
- 操作系统资源的定义；
- 类的设计；
- 模块结构设计：在设计时要充分考虑模块的划分、标准化、可重用和灵活性等；
- 内存的分配与布局。

3）设计评审

对于软件设计的结果，进行一次设计评审，并在必要时对设计进行修正。具体内容包括：

- 确认每件工作的执行方法是否恰当，其内容是否完善；
- 确认该设计完成了系统需求规格说明书所要求的功能和服务；
- 评估任务结构设计、评估类的设计、评估模块结构设计；
- 对软件设计的结果进行总结，编写出相应的文档。

4）维护工作计划

执行软件设计工作控制，在每日、每周和每月的时间粒度上对进度进行控制，确保软件设计能够如期完成。

5）与硬件部门密切合作、相互协调

根据工作计划中的安排，定期与硬件部门召开会议，协调各自的进展。如果软件规格说明书发生了变化，立即进行调整，重新进行软件设计。

6）控制工作的结果，把工作记录存档

掌握当前的工作进展情况，尽早地发现和分析问题，并采取相应的措施。对各种事件进行跟踪记录，包括：

- 执行过程控制，跟踪进展情况并定期记录、存档。
- 执行质量控制，保留质量记录。
- 记录产品的配置、版本变化、bug 的发现和处理等信息。

2．软件架构设计

软件架构也称为软件体系结构，需要考虑如何对系统进行分解，对分解后的组件及其之间的关系进行设计，满足系统的功能和非功能需求。软件架构形成过程如图 5-6 所示。

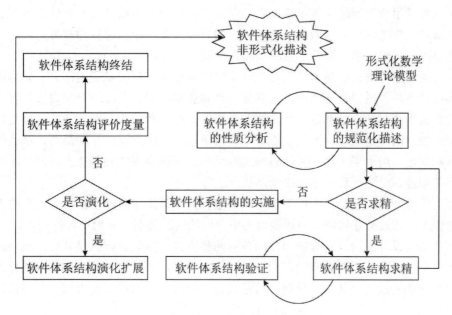

图 5-6　架构的形成过程概要

软件架构设计需要从用户业务需求、未来应用环境、需求分析、硬件基础、接口输入、数据处理、运算或控制规律、用户使用等方面进行综合、权衡和分析基础上产生。面向某种问题的架构一旦确定就很难改变，随后的架构设计需要通过一系列的迭代开发完善，使得软件架构日趋成熟、稳定。

软件架构的重要作用也在于控制一个软件系统的使用、成本和风险。好的架构要求是和谐的软件架构，包括与上一级系统架构相互和谐、与系统中同一级的其他组件架构互相和谐，确保系统满足性能、可靠性、安全性、信息安全性和互操作性等方面的关键要求，也具有可扩展、可移植性，从而为一个软件带来长久的生命力。

在大量开发实践中，有很多广泛使用并被普遍接受的软件架构设计原则，这些原则独立于具体的软件开发方法，主要包括抽象、信息隐藏、强内聚和松耦合、关注点分离等。

（1）抽象：这是软件架构的核心原则，也是人们认识复杂客观世界的基本方法。抽象的实质是提取主要特征和属性，从具体的事务中通过封装来忽略细节，并且运用这些特征和属性，描述一个具有普遍意义的客观世界。软件架构设计中需要对流程、数据、行为等进行抽象。复杂系统含有多层抽象，从而有多个不同层次架构。

（2）信息隐藏：包括局部化设计和封装设计。局部化设计就是将一个处理所涉及到的信息和操作尽可能地限制在局部的一个组件中，减少与其他组件的接口。而封装设计是将组件的外部访问形式尽可能简单、统一。

（3）强内聚和松耦合：强内聚是指软件组件内的特性，即组件内所有处理都高度相关，所有处理组合在一起才能组成一个相对完整的功能。而松耦合是指软件组件之间的特性，软件组件之间应尽量做到没有或极少的直接关系，使其保持相对独立，这样使得未来的修改、复用简单，修改之后带来的影响最小。

（4）关注点分离：所谓关注点是软件系统中可能会遇到的多变的部分。如为适应不同运行接口条件，需要进行适应性的参数调整和驱动配置。关注点分离设计是将这部分组件设计成为相对独立的部分，使未来的系统容易配置和修改。而核心的部分可以保持一个相对独立的稳定状态。如果功能分配使得单独的关注点组件足够简单，那么就更容易理解和实现。但"展示某些关注点得到满足时，可能会影响到其他方面的关注点，但架构师必须能够说明所有关注点都已得到满足"。

以上的原则中，删除需求细节或对细节进行抽象是最重要的工作，为用户的需求创建抽象模型，通过抽象将特殊问题映射为更普遍的问题类别，并识别各种模式。

软件架构设计使用纵向分解和横向分解两种方式。纵向分解就是分层，横向分解就是将每一个层面分成相对独立的部分。经过分解之后，可以将一个完整的问题分解成多个模块来解决。模块是其中可分解、可组装，功能独立、功能高度内聚、之间低耦合的一个组件。

类似于建筑架构，软件架构也决定了软件产品的好用、易用、可靠、信息安全、可扩展、可重用等特性，好的软件架构也给人完整、明确、清晰等赏心悦目的感觉，具有较长的生命力。

架构设计是围绕业务需求带来的问题空间到系统解决空间第一个顶层设计方案。按照抽象原则，在这个阶段进行的架构设计关注软件设计环节抽象出来的重要元素，而不是所有的设计元素。在架构设计时将软件这些要素看作是黑盒，架构设计需要满足黑盒的外部功能和非功能需求的目标。一个软件的架构设计首先为软件产品的后续开发过程提供基础，在此基础上可将一个大规模的软件分解为若干子问题和公共子问题。而一般意义的软件设计是软件的底层设计，开发人员需要关注各子问题或要素的进一步分解和实现，是根据架构设计所定义的每个要素的功能、接口，进一步实现要素组件内部的配置、处理和结构。在遵守组件外部属性前提下，考虑实现组件内部的细节及其实现方法。对于其中的公共子问题，形成公共类和工具类，从而可以达到重用的目的。

一般的软件构架是根据需求自上而下方式来设计，即首先掌握和研究利益相关方的关键需求，基本思路是首先进行系统级的软件架构设计，需要将软件组件与其外部环境属性绑定在一起，关注软件系统与外部环境的交联设计；其次将一个大的系统划分成各组成部分，这些部分可以按照架构设计的不同方法，分为层次或成为模块；之后再开始研究所涉及到的要素，再实现这些要素以及定义这些要素之间的关系。

在实际工作中，软件构架也可采用自底向上的方法，前提是已经建立了一个成熟稳定的软件架构，也可以称之为"模式"。模式是组织一级设计某一类具体问题的顶层思路，是为了解决共有问题解的方案模板，但并不是一个问题的设计或设计算法。

模式常常整合在一起使用，提供解决更大、更复杂问题的解决方案，而组成一个解决问题的通用框架。框架往往提供统一平台和开发工具，而且已经高效地利用了已经经过验证的模式、技术和组件。在新软件系统的设计中指定沿用或重用这种架构框架，这时其他重要元素可以在这个架构基础上针对新的需求进行扩展，有时是针对性地进行参数化设计。所以在架构设计中可以借用模式的概念进行设计，采用成熟的先进的设计框架和工具提高开发的效率，保证设计正确性。

图 5-7 所示是针对架构设计中非功能需求的多维度分析，从中可知任何一个因素的变化都会带来对其他因素的影响。实际上软件架构设计属于软件设计过程的一部分，但超越了系统内部的算法和数据结构的详细设计。

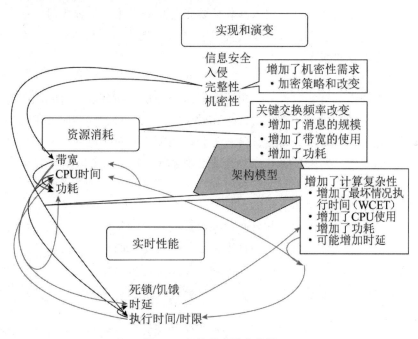

图 5-7　架构的多维度分析

在架构设计阶段，需要定义边界条件、描述系统组织结构、对系统的定量属性进行约束、帮助对模型进行描述并基本构造早期的原型、更准确地描述费用和时间的评估。

3. 软件设计方法

在将系统分解为各个组件的过程中，需要采取不同的策略，而每个策略则关注不同的设计概念。根据分解过程中所采用的不同策略，设计方法有基于功能分解的设计方法、基于信息隐藏的设计方法和基于模型驱动开发的设计方法等分类。

（1）基于功能分解的设计方法。实时结构化分析与设计采用了功能分解，系统被分解为多个函数，并且以数据流或控制流的形式定义函数之间的接口；基于并发任务结构化的设计（Design Approach for Real-Time Systems，DARTS）提供了任务结构化标准，辅助人员确定系统中的并发任务，并指导定义任务接口。

（2）基于信息隐藏的设计方法。面向对象（Object Oriented，OO）设计方法将数据和数据上操作封装在对象实体中，对象外界不能够直接对对象内部进行访问和操作，只能通过消息间接访问对象，符合人类思维方式，提高软件的扩展性、维护性和重用性。

（3）基于模型驱动开发的设计方法。通过借助有效的（Model Driven Development，MDD）工具，构建和维护复杂系统的设计模型，直接产生高质量的代码，将开发的重心从编码转移到设计。当前使用较为广泛的 MDD 工具有 IBM 公司的 Rhapsody。

5.3.3 特性设计技术

由于嵌入式系统的特殊性，嵌入式软件除正常功能要求外，在实时性、安全性、可靠性、可扩展性、可定制性、标准符合性等方面都有要求。下面简要介绍实时性、可扩展性、可定制性等方面的设计技术。

1．实时性的设计

嵌入式应用通常都有实时性的要求，即系统部分功能需要满足时间的限制。根据系统对时间的要求不同，可分为软实时要求和硬实时要求。对于软实时要求的系统，希望系统运行越快越好，不局限于特定任务在多长时间完成。对于硬实时系统，则有明确的任务执行时限的要求，如果系统运行不能满足该要求，则必须采取处理措施。

通常情况下，嵌入式系统对于硬实时和软实时都有要求，是两者的结合。在进行软件实时性设计时，需要考虑如下几个方面因素：

（1）通过合理划分实时单元和分时单元，提高系统的实时性能。例如，对于信号处理系统，对于信号的翻译、解释、转移、传递和应答是实时单元，通常要放到实时任务中处理。而对于运行过程中信息输出或故障信息记录，可以是分时单元，可以利用操作系统数据通信机制传递信息，或直接采用共享内存方式传递数据，由分时任务或系统后台任务进行数据处理。

（2）合理划分系统中的实时任务，提高系统运行效率、实时性和吞吐量。任务是实时系统运行的调度单元，具体管理系统中的各类资源，可以使用或等待 CPU、存储空间或 I/O 设备等。任务彼此之间按照系统的调度策略执行，对于没有操作系统的系统，需自行编写调度算法。通常，任务与函数形式差异不大，但有确定的任务入口点、私有数据区、以及主体结构，表现为循环体或明确的中止状态（任务没有返回值）。任务划分粗细程度，对系统影响较大，划分过细则会引起任务频繁切换，如果划分不彻底，又会造成原本可并行的操作只能串行开展。为了达到效率和吞吐量之间的平衡与折衷，应遵循一定的任务分解规则（假设下述任务的发生都依赖于唯一的触发条件，如果两个任务能够满足下面的条件之一，则可以将其合理地分开）：

- 时间：两个任务所依赖的周期条件具有不同的频率和时间段。
- 异步性：两个任务所依赖的条件没有相互的时间关系。
- 优先级：两个任务所依赖的条件需要有不同的优先级。
- 清晰性/可维护性：两个任务可以在功能上或逻辑上相互分开。

同时，在设计过程中尽量减少模块（任务）之间的数据通信，特别是控制耦合（即一个任务可控制另一个任务的执行流程或功能），如果必须出现，应采取相应措施（如，任务间通信）实现彼此之间的同步或互斥，以避免可能引起的临界资源冲突，防止死锁现象出现。

（3）在程序设计上采取措施，提高程序执行效率。比较常用的优化手段有：系统关中断/关调度范围尽可能最小化，采用简短的中断服务程序，循环体工作量最小化，将频繁使用的变量设置为寄存器变量，采用经典高效的算法（如查找、排序）等。

2．可扩展性的设计

出于系统的升级、维护和重用的考虑，对软件的可扩展性提出了要求，需要在设计过程中规划好系统的架构，并采用模块设计方法实现。例如，在面向航空领域应用的特定系统，其系统功能由软硬件共同实现，如何区分软硬件功能分配以及两者之间的界限非常重要，同时应用中涉及大量驱动软件、功能组件，就需要对这些部分进行模块化设计。

1）采取混合编程的方式

混合编程模式是指同时利用汇编语言和高级语言进行嵌入式软件设计。这主要是利用汇编语言对硬件操作的方便性和汇编语言的高效执行特点来编写与硬件紧密相关，或实时要求严格的代码；而利用高级语言接近人的思维、处理逻辑关系功能强大的优势编写逻辑功能函数。

通常，高级语言实现的代码比汇编语言实现相应功能的代码具有更好的移植性。在系统设计时，要从系统整体的性能和效率考虑，合理分配高级语言和汇编语言的实现比例，不过分强调某一方面而忽略另一方面。

2）硬件驱动管理机制

嵌入式领域软件开发时，常常需要开发大量的硬件设备驱动软件，包括各类处理器的驱动、各类外部设备的驱动软件。由于驱动软件需要与硬件进行深度结合，并且部分是采用汇编语言实现，如果没有合理硬件驱动管理机制的支持，很难做到软件在不同硬件平台上的迁移与扩展。

类似于 Windows 系统的硬件设备驱动，在嵌入式系统的软件开发中引入了硬件驱动层，对系统运行的各类设备驱动进行封装。上层的系统软件通过标准的接口进行访问，实现系统软件与硬件的隔离，降低系统软件的开发难度，缩短了开发时间。硬件驱动层包括 CPU 片内资源的硬件驱动和板子上外围设备硬件的驱动，如图 5-8 所示。

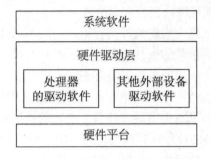

图 5-8　硬件驱动层结构

　　CPU 的硬件驱动通常包括寄存器、时钟、中断、异常、存储管理单元等。在系统引导过程中，要配置好各种寄存器，进行时钟、中断、异常、存储管理等部件初始化，后续系统软件则通过子程序的方式调用相关硬件驱动。

　　其他外部设备驱动通常包括串口、网口、鼠标、键盘、存储器等。在系统开发时，需要为目标机所有的外部设备逐一编写驱动程序，以供其他应用软件进行调用。例如键盘，硬件会记录每次按下的键码，放入输入键码队列中，编制的驱动程序即从键码队列中取出按下的键，根据键值的不同执行不同的操作。通过编制硬件驱动层，并通过标准的接口向上提供访问，使得上层软件的编写就与硬件无关了，只要软件之间逻辑关系正确，就不需要改动。即便是驱动程序需要移植到其他硬件上，只要硬件设计基本相同，也可以直接重用硬件驱动程序，使得整个软件方便地移植。

　　3）软件的模块化设计

　　模块化设计方法适用于通用软件和嵌入式软件的设计，是提高系统可扩展性和软件复用性的通用方法。模块化设计包括四个方面：模块、数据、体系和程序设计。

　　模块设计降低了系统的复杂性、使得系统易于修改、且支持了各部分的并行开发。针对模块的操作特性，则是通过时间历史、激活机制和控制模式进行体现。在程序结构内部，模块可分类：

　　（1）顺序模块，由应用程序进行引用和执行，运行过程中不能被打断。

　　（2）增量模块，运行过程中可被其他应用程序打断，而后再从断点重新开始。

　　（3）并行模块，在多处理器环境下可以与其他模块同时执行。

　　由于单个模块的功能已被划分出来，开发起来相对较为容易，更多要从独立性的角度关注模块之间的界限。功能的独立性可以使用内聚性和耦合性这两个特性要素进行衡量：内聚性衡量模块功能强度的相关性，耦合性衡量模块间的相互依赖的相关性。

　　数据设计至关重要，并被有些人认为是最重要的设计行为。数据设计主要取决于数据结构的设计和程序复杂性的设计，通常采用如下办法保证数据设计的质量：

　　（1）用于功能和行为分析的系统分析原理也适用于数据。

（2）模块涉及的数据结构及基于数据结构的操作应被确定。

（3）创建数据词典并用来详细说明数据和程序的设计。

（4）较低层次的数据设计策略延迟至设计过程的后期。

（5）数据结构的信息应只被需要使用此结构内数据成员的模块知道。

（6）可在适当时候借鉴有用的数据结构和操作库。

（7）设计和编程语言应支持抽象数据类型的规范和实现。

体系设计的主要目标是定义适合模块化开发的程序结构，并描述出模块之间的控制相关性。体系设计应融合程序结构与数据结构，并对数据在程序中流动的界限进行定义。体系设计要关注系统的整体设计而不是单独组件。进行体系设计有许多不同的方法，但这些方法无一例外都是从软件的全局性出发，逐步接近设计的原点。

过程设计通常是在数据、程序结构及算法被确定后（通常是类似英语的自然语言），再进行程序过程设计。

3．可定制性的设计

系统的可定制性通常包括可剪裁性和可配置性两个方面。

1）可剪裁性

系统的开发者需要完成系统的全集，而系统的使用者由于资源限制或使用需求只要求获得系统的子集，对于不需要的部分要进行剪裁。系统的剪裁性取决于模块之间的耦合度，耦合度越小的系统，剪裁力度越大。对于嵌入式系统，通常可以剪裁到只包含如下内容：

（1）一个用作引导的可用设施；

（2）一个具备任务管理和定时功能的最基本内核；

（3）一个初始任务。

例如，一般的嵌入式系统设计中，通常是按照功能对代码进行了细致地划分，抽象出一部分公共函数作为实现其他功能的基础，不可被剪裁，其他功能代码之间由于比较独立，具有良好的可剪裁性。但是，由于操作系统本身的管理功能要求，类似任务管理和定时功能这些从技术上看可以剪裁的模块，必须保留在内核之中。

2）可配置性

用户对于已经选择的模块，需要通过配置进一步调整系统的功能和规模。通常在系统设计时要定义一组参数来实现对软件规模的配置，也可以通过系统调用中的参数对系统功能进行配置。

5.3.4　嵌入式软件的设计约束

嵌入式软件在设计过程要遵循一些国家标准、军用标准、行业标准、企业标准或特定型号标准，在这些标准中通常会对软件的设计提出一些约束，包括模块接口设计约束、中断设计约束、异常设计约束、数据安全设计约束、余量设计约束及其他方面的设计约束。

1．接口设计约束

（1）模块的参数定义应与该模块接受的输入参数定义一致，包括参数的个数、属性、单位和次序。

（2）传送给被调用模块的参数定义应与该模块的参数定义一致，包括参数的个数、属性、单位和次序。

（3）模块内部函数调用时，参数的个数、属性、单位和次序一致。

（4）不能对仅作为输入值的参数进行修改。

（5）全局变量在所有引用它们的模块中有相同的定义。

（6）模块间传递的参数个数不超过 5 个。当需要传递的参数过多时，采用结构体传递参数。

（7）模块间的数据通信可采用操作系统提供的通信接口实现。

2．中断设计约束

（1）系统初始化阶段屏蔽无用中断，并对无用中断设置入口并返回。

（2）中断初始化要初始化中断所需的全部资源，包括中断向量号、触发方式、中断服务程序等。

（3）分析系统出现的假中断或频繁中断的影响，给出处理措施。

（4）程序中开关中断位置要仔细分析，避免关闭范围过大或过小。

（5）尽量避免使用中断嵌套的功能，进入中断后关掉不希望嵌套的中断。

（6）避免在中断服务程序中使用跳转语句或子程序返回直接跳出中断。

（7）与操作系统配合完成中断现场的保存和恢复，对于操作系统未处理的现场，在用户连接的中断处理程序中要辅助保存和恢复。

（8）应考虑不同优先级的中断处理程序，以及中断处理与普通程序之间临界区保护问题。

（9）中断处理程序尽可能简短，不要在中断处理程序中调用操作系统的资源申请或时间等待服务。

3．模块设计约束

（1）除中断服务程序外，模块应采用单入口和单出口的控制结构。

（2）控制模块的扇入扇出数。将模块在逻辑上划分为层次结构，并在不同层次上定义不同扇入扇出。

（3）通过提高模块内聚度和降低耦合度，提高模块独立性。通常采用模块变量局部化、限制模块间参数传递、采用模块调用等方式实现。

（4）对于模块间耦合方式，按照数据耦合、控制耦合、外部耦合、公共数据耦合、内容耦合的优先顺序进行处理。

（5）对于模块内聚，按照功能内聚、顺序内聚、通信内聚、时间内聚、逻辑内聚、偶然内聚的优先顺序进行处理。

（6）禁止使用递归设计。嵌入式系统的资源有限，任务栈通常不会很大，递归调用容易产生栈溢出问题。

4．异常设计约束

（1）软件设计时应对所有可能发生的异常状态进行接管。

（2）设计或使用统一的异常处理机制，使得发生异常时系统能够转入安全状态。

（3）要充分分析外购软件或重用软件中的异常处理，是否与系统的异常处理相适应。

5．数据安全设计约束

（1）规定数据的合理范围，包括值域、变化速率。如果数据超出范围，应进行出错处理。

（2）数值运算时注意数值范围及误差，保证输入、输出及中间计算结果不超过机器数值表示范围。

（3）保证运算所要求的精度，充分考虑到计算误差、舍入误差，选定足够的数据有效位。

（4）在软件入口、出口和关键点上，对重要物理量范围进行合理性检查，并定义出错时的隔离措施。

（5）考虑浮点数接近零时的处理方式，避免下溢。避免对于浮点数进行相等关系的判断。

（6）定期检查存储器、指令和数据总线。测试指令序列的设计必须确保单点或很可能的复合失效能够被检测出来。加载时必须进行数据传输的检查及程序加载验证检查，并在此后定期进行，以确保安全关键代码的完整性。

6．余量设计约束

（1）在资源分配和余量要求上，应确定软件模块存储量（包括内存、固存）、输入/输出吞吐率及处理时间，满足系统规定的余量要求。通常系统未确定情况下，一般应留有不少于20%的余量。

（2）在时间安排和余量要求上，应根据被控对象确定各种周期，包括控制周期、数据处理周期、采样周期、自检测周期、输入/输出周期等。在同一个时间轴上进行各个周期的安排，当安排不下时，应提高系统硬件处理能力或采用并行处理方式。

7．其他设计约束

（1）如果应用任务对系统响应时间要求非常高，应使用抢占式的调度方法。抢占式调度总能保证最高优先级的任务在运行，并且该最高优先级任务的执行是确定的，其任务级响应时间可以最小化。

（2）如果系统采用并发处理方式，那么就应该考虑函数的可重入性。正在执行非可重入函数的任务被抢占后，可能会导致数据的破坏。采用可重入函数可以解决上述问题。可以通过仅使用局部变量（CPU 寄存器变量或栈中的变量），或者在使用全局变量时对其进行互斥保护来实现可重入。

（3）如果软件需要使用互斥机制，那么优先考虑使用操作系统提供的互斥机制。当多个任务间通过共享数据结构进行通信时，需要实现互斥，以保证数据不会被破坏。如果选用了操作系统，优先考虑使用操作系统提供的互斥机制，如互斥信号量等。

（4）任务与任务之间、任务与中断之间需要访问共享资源时应使用互斥机制。共享资源包括全局数据、端口、内存地址等，对这些共享资源进行访问需采用互斥机制。

（5）调用函数后，检查返回值。不应认为调用的函数一定是正确执行的，建议调用后立即检查其返回值，并做相应处理。

（6）对于计算系统的安全关键子系统编写故障检测和隔离程序。故障检测程序必须设计成在这些有关安全关键功能执行之前检测潜在的安全关键失效。故障隔离程序必须设计成将故障隔离到实际的最低级，并向操作员或维护人员提供这个信息。

（7）通过数据隐藏的方式实现全局数据的保护。借鉴面向对象设计中数据封装的思想，将全局数据封装为抽象数据类型，不允许任务直接访问该全局数据，而是通过与该全局数据配套的函数来访问，并且在访问该全局数据时进行互斥保护。

（8）仅在软件初始化时完成空间分配。软件正常状态不释放内存。动态的内存释放与分配会导致产生内存碎片，可能存在空闲空间总和满足要求，却申请不到内存的情况，从而导致软件行为的不确定性。

（9）变量使用前应初始化。特别是静态变量，不能依赖编译器对其进行初始化设置，应将其人工设置为特定的值。

（10）应将硬件设备初始化为确定状态。不能想当然地认为硬件设备上电后就处于某种状态，而应该人工将其设定为某种状态。

（11）延时设计应避免采用循环的方法。采用循环方法延时在代码优化时可能出现错误。建议借助硬件高精度时钟实现延时。如由于硬件条件限制只能采用循环延时方法，应考虑编译器优化和硬件特性问题，并在软件设计文档中进行特别说明，如增加防止编译优化，及要求使用何种硬件。

（12）应确保延时使用的时钟精度满足延时误差的要求。

5.3.5 编码

1. 编码过程

在给定了软件设计规格说明书后，下一步的工作就是编写代码。一般来说，编码工作可以分为四个步骤：

（1）确定源程序的标准格式，制订编程规范。

（2）准备编程环境，包括软硬件平台的选择，包括操作系统、编程语言、集成开发环境等。

（3）编写代码。

（4）进行代码审查，以提高编码质量。为提高审查的效率，在代码审查前需要准备一份检查清单，并设定此次审查须找到的 bug 数量。在审查时，要检查软件规格说明书与编码内容是否一致；代码对硬件和操作系统资源的访问是否正确；中断控制模块是否正确等。

2．编码准则

在嵌入式系统中，由于资源有限，且实时性和可靠性要求较高，因此，在开发嵌入式软件时，要注意对执行时间、存储空间和开发/维护时间这三种资源的使用进行优化。也就是说，代码的执行速度要越快越好，系统占用的存储空间要越小越好，软件开发和维护的时间要越少越好。

具体来说，在编写代码时，需要做到以下几点：

- 保持函数短小精悍。一个函数应该只实现一个功能，如果函数的代码过于复杂，将多个功能混杂在一起，就很难具备可靠性和可维护性。另外，要限制函数的长度，一般来说，一个函数的长度最好不要超过 100 行。
- 封装代码。将数据以及对其进行操作的代码封装在一个实体中，其他代码不能直接访问这些数据。例如，全局变量必须在使用该变量的函数或模块内定义。对代码进行封装的结果就是消除了代码之间的依赖性，提高了对象的内聚性，使封装后的代码对其他行为的依赖性较小。
- 消除冗余代码。例如，将一个变量赋给它自己，初始化或设置一个变量后却从不使用它，等等。研究表明，即使是无害的冗余也往往和程序的缺陷高度关联。
- 减少实时代码。实时代码不但容易出错、编写成本较高，而且调试成本可能更高。如果可能，最好将对执行时间要求严格的代码转移到一个单独的任务或者程序段中。
- 编写优雅流畅的代码。
- 遵守代码编写标准并借助检查工具。用自动检验工具寻找缺陷比人工调试便宜，而且能捕捉到通过传统测试检查不到的各种问题。

3．编码技术

1）编程规范

在嵌入式软件开发过程中，遵守编程规范，养成良好的编程习惯，这是非常重要的，将直接影响到所编写代码的质量。

编程规范主要涉及的三方面内容：

- 命名规则。从编译器的角度，一个合法的变量名由字母、数字和下画线三种字符组成，且第一个字符必须为字母或下画线。但是从程序员的角度，一个好的名字不仅要合法，还要载有足够的信息，做到"见名知意"，并且在语意清晰、不含歧义的前提下，尽可能地简短。
- 编码格式。在程序布局时，要使用缩进规则，例如变量的定义和可执行语句要缩进一级，当函数的参数过长时，也要缩进。另外，括弧的使用要整齐配对，要善于使用空格和空行来美化代码。例如，在二元运算符与其运算对象之间，要留有空格；在变量定义和代码之间要留有空行；在不同功能的代码段之间也要用空行隔开。

- 注释的书写。注释的典型内容包括：函数的功能描述；设计过程中的决策，如数据结构和算法的选择；错误的处理方式；复杂代码的设计思想等。在书写注释时要注意，注释的内容应该与相应的代码保持一致，同时要避免不必要的注释，过犹不及。

2）性能优化

由于嵌入式系统对实时性的要求较高，因此一般要求对代码的性能进行优化，使代码的执行速度越快越好。以算术运算为例，在编写代码时，需要仔细地选择和使用算术运算符。一般来说，整数的算术运算最快，其次是带有硬件支持的浮点运算，而用软件来实现的浮点运算是非常慢的。因此，在编码时要遵守以下准则：

- 尽量使用整数（char、short、int 和 long）的加法和减法。
- 如果没有硬件支持，尽量避免使用乘法。
- 尽量避免使用除法。
- 如果没有硬件支持，尽量避免使用浮点数。

图 5-9 是一个例子，其中两段代码的功能完全一样，都是对一个结构体数组的各个元素进行初始化，但采用两种不同的方法来实现。图 5-9（a）采用数组下标的方法，在定位第 i 个数组元素时，需要将 i 乘以结构体元素的大小，再加上数组的起始地址。图 5-9（b）采用的是指针访问的方法，先把指针 fp 初始化为数组的起始地址，然后每访问完一个数组元素，就把 fp 加 1，指向下一个元素。在一个奔腾 4 的 PC 上，将这两段代码分别重复 10 700 次，右边这段代码需要 1ms，而左边这段代码需要 2.13ms。

```
struct {
    int a;
    char b;
    int c;
} foo[10];
int i;
for(i = 0; i < 10; ++i)
{
    foo[i].a = 77;
    foo[i].b = 88;
    foo[i].c = 99;
}
```

（a）乘法

```
struct {
    int a;
    char b;
    int c;
} *fp, *fend, foo[10];
fend = foo + 10;
for(fp = foo; fp != fend; ++fp)
{
    fp->a = 77;
    fp->b = 88;
    fp->c = 99;
}
```

（b）加法

图 5-9　算术运算性能优化的例子

5.3.6　下载和运行

如前所述，嵌入式应用软件采用宿主机/目标机模式来开发，然后通过串口或网络等通信线路，将交叉编译生成的目标代码传输并装载到目标机上，在监控程序或操作系统的支持下利用交叉调试器进行分析和调试，最后目标机可以在特定环境下脱离宿主机单独运行，如图 5-10 所示。

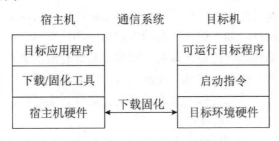

图 5-10　嵌入式应用程序下载/固化

根据嵌入式系统硬件的配置情况，固化的方式有多种，可以固化在 EEPROM 和 FLASH 这类存储器中，或者固化在 DOC 和 DOM 等电子盘中。比较常见的方式还是使用编程器将二进制映像文件写入到目标机的 EEPROM 或 FLASH 中，或者是使用 TFTP 协议进行远程文件传送。

编程器上面有各种形状和大小不同的芯片插座，可以通过通信线路与宿主机连在一起。在进行固化时，一般是先把存储芯片插入编程器上某个大小及形状合适的插座上，并通过软件选择芯片的型号，然后将被固化的程序文件传到编程器上。整个固化过程可能需要几秒钟到几分钟，所需时间取决于文件的大小和所用的芯片型号。

简单文件传输协议（Trivial File Transfer Protocol，TFTP）可以看作是一个简化的 FTP，主要用于下载映像文件。它和 FTP 的主要区别是没有用户权限管理的功能，也就是说，TFTP 不需要认证客户端的权限。这样，远程启动的目标板在启动一个完整的操作系统之前，就可以通过 TFTP 下载启动映像文件，而不需要证明自己是合法的用户。一般来说，在目标机初次配置时，需要通过 BootLoader 的 TFTP 客户端下载启动映像，这个映像包含了嵌入式操作系统和应用程序代码，然后将下载得到的映像烧写至闪存，这样每次启动时就可以直接从 Flash 中载入。当然，在有些嵌入式系统中，把嵌入式操作系统也固化在目标机的 ROM 中，然后把各个应用程序做成可加载的模块。当目标机操作系统启动后，可以根据自己的需要，从宿主机下载相应的应用程序模块。

5.4　嵌入式软件移植

嵌入式软件与通用软件的不同在于，嵌入式软件高度依赖于目标应用的软硬件环境。软件的部分功能函数由汇编语言完成，与处理器密切相关，可移植性差。一般来说，嵌入式应用软件追求正确性、实时性，因此使用编译效率高的汇编语言有时是难以避免的，但这就会导致应用软件的可移植性大打折扣。另外，对于一个运行良好的嵌入式软件或其中的部分子程序，在今后的开发中可能会再次用在类似的应用领域。由于原有的代码已被反复地应用、测试和维护，具有很好的稳定性。因此，在原有代码的基础上进行移植将会缩短开发周期，提高开发效率，降低开发成本。基于以上原因，在嵌入式软件开发中，必须高度关注应用软件的可移植性和可重用性。

不过，可移植性和可重用性的程度应该根据实际的应用情况来考虑。由于嵌入式应用软件有许多自身的特点，如果追求过高的可移植性和可重用性，可能会降低应用软件的实时性能，并增加软件的代码量。这对于资源本来就有限的嵌入式应用环境来说，是得不偿失的。尽管如此，我们仍然可以在资源有限、满足系统需求的情况下，尽可能把可移植性和可重用性作为第二目标，致力于开发正确性、实时性、代码量、可移植性和可重用性相对均衡的嵌入式应用软件。

嵌入式应用软件的开发可以分为无操作系统和有操作系统两种情形。与之相对应，在移植嵌入式软件的时候，也可以分无操作系统的软件移植和有操作系统的软件移植两种情形。对于后者，又可以细分为两种方式：一是把操作系统和应用软件作为一个整体进行移植；二是把应用软件移植到一个新的操作系统上。

5.4.1　无操作系统的软件移植

如果在一个嵌入式系统中，软件的开发是直接在硬件平台的基础上进行的，没有使用操作系统。那么当处理器等硬件设备发生变化时，需要把原有的应用软件移植到新的硬件平台上运行。一般来说，对于这一类的嵌入式系统，它们的应用软件通常都比较简单，软件的代码量不是很大。在移植的时候，如果编程语言使用的是与处理器密切相关的汇编语言，那么移植将会变得非常困难，甚至是不可能的。此时的移植类似于重新开发，当然在数据结构和算法的层面上还是可以重用的，这里不考虑这种情形。

如果软件大部分是用 C 语言开发的，那么可以考虑移植问题。一个好的程序设计应该是模块化和层次化的，而 C 语言的最大优点是可移植性比较好。

基于层次化的嵌入式应用软件通常设计成图 5-11 所示的结构，其中，软件可分为两层结构，I/O 模块属于设备驱动程序层，它以嵌入式硬件为运行平台，实现了各种 I/O 设备的输入/输出功能，并向上层的应用软件提供相应的 I/O 接口函数 API，如控制功能、数据读写等。这些接口函数被设计成与硬件无关的，因此在移植系统时，只需要重新编写与处理器有关的 I/O 模块即可，不需要修改该模块的 API。移植的工作量主要体现在 I/O 的编码工作上。

可以对上述软件结构作进一步的细化设计，如图 5-12 所示。在这种体系结构中，在处理器的硬件层之上添加了一个硬件抽象层，这层软件把不同类型的硬件进行了封装和抽象。对于 I/O 模块，它不再是直接面对处理器硬件，而是基于硬件抽象层。也就是说，它被设计为与硬件无关的。这样的 3 层软件结构的优点是需要移植的代码进一步减少，移植的工作量也进一步减少。

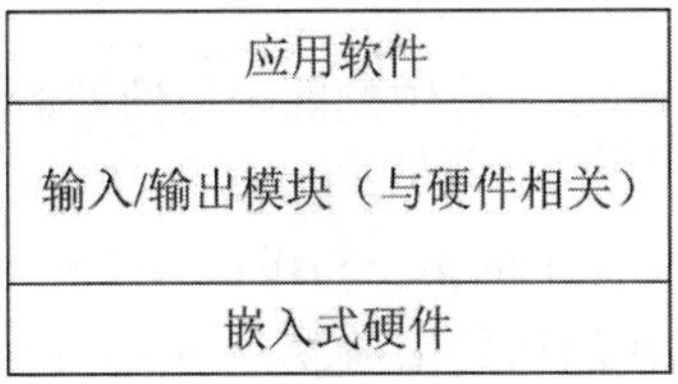

应用软件
输入/输出模块（与硬件相关）
嵌入式硬件

应用软件
输入/输出模块（与硬件相关）
硬件抽象层（与硬件相关）
嵌入式硬件

图 5-11　基于模块化的嵌入式软件结构 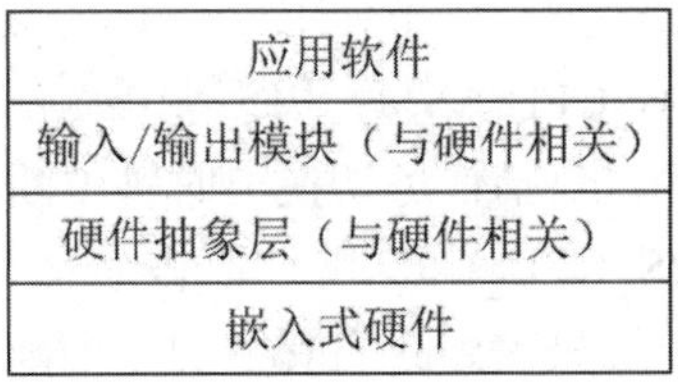　　图 5-12　具有硬件抽象层的软件结构

5.4.2　有操作系统的软件移植

这里讨论的有操作系统的软件移植，是指把操作系统和应用软件作为一个整体，移植到一个新的嵌入式硬件平台上。

嵌入式软件的体系结构可分为四个层次，即设备驱动层、操作系统层、中间件层和应用软件层。当需要把一个嵌入式软件系统整体移植到一个新的硬件平台时，真正需要移植的是与硬件直接打交道的部分，包括设备驱动层的软件和操作系统当中的部分代码。而其他的软件，如操作系统内核、中间件和应用软件，不用做任何修改。当然，在有些嵌入式操作系统中，如单体结构的操作系统，把设备驱动层的软件也集成在系统内核中，这时就要把相应的软件摘取出来进行修改。总之，在系统移植时，真正需要移植的主要是：引导加载程序 BootLoader、设备驱动程序以及操作系统中与处理器密切相关的代码。

为提高可移植性，BootLoader 的实现一般分为 stage1 和 stage2 两大部分。依赖于 CPU 体系结构的代码，如设备初始化代码等，通常都放在 stage1 中，用汇编语言来实现。而 stage2 则采用 C 语言来实现。在移植时，主要的工作量在 stage1 的移植，基本上要重新编写。

一般来说，一个嵌入式操作系统在设计的时候，就已经充分考虑了可移植性，所以它的移植相对来说是比较容易的。以 μC/OS-Ⅱ为例，为了方便移植，μC/OS-Ⅱ的大部分代码都是用标准的 C 语言编写的，不需要改动。只有少部分代码，尤其是那些与 CPU 寄存器打交道的代码，需要针对具体的 CPU 类型进行修改，这些代码一般都是用汇编语言来写的。

如图 5-13 所示，μC/OS-Ⅱ操作系统的代码被分为三大部分。第一部分是与处理器无关的代码，如任务管理、任务调度、存储管理、信号量、邮箱、消息队列等；第二部分与系统的配置有关，应用程序开发人员可以通过修改这些配置文件来裁剪内核，选择自己需要的系统服务；第三部分是与处理器相关的代码，包括三个文件：OS_CPU.H、OS_CPU_A.ASM 和 OS_CPU_C.C。在移植 μC/OS-Ⅱ操作系统时，主要修改的就是这三个文件。

- OS_CPU.H：该文件包括三部分的内容，首先是一个符号常量，用来设定处理器的栈的增长方向；其次是 3 个宏定义，用来关闭和打开中断；最后是 10 个数据类型的定义，用来定义与编译器无关的数据类型。在操作系统内部，只使用这些数据类型，而不使用标准 C 的数据类型。

- OS_CPU.ASM：用汇编语言编写 OS_CPU.ASM 文件中的四个与处理器相关的函数，包括任务切换、时钟中断服务程序等。
- OS_CPU_C.C：用 C 语言编写 OS_CPU_C.C 文件中的十个与操作系统相关的函数，一般只需要改写其中的一个函数，即任务堆栈的初始化函数。

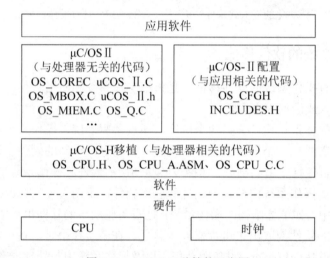

图 5-13   μC/OS-II 移植的示意图

根据目标处理器的不同，一个移植实例可能需要编写或改写 50 至 300 行的代码，需要的时间因人而异。

5.4.3   应用软件的移植

嵌入式应用软件的移植指的是把应用软件从一个嵌入式操作系统平台移植到另一个操作系统平台。

一个应用软件的实现涉及两个方面的问题：

（1）这个应用软件必须用某种编程语言来编写，如汇编语言、C 语言、C++语言。

（2）这个应用软件必须在某个平台上运行，该平台一般是一个操作系统，如 Windows XP、Linux 等。

当然，也有一些软件系统，它们既是编程语言，又是运行平台，如 Java。

因此，移植一个应用软件时，既要考虑编程语言的因素，也要考虑运行平台的因素。对于 PC 上的应用软件来说，它的运行平台比较有限，主要有两大类，即 Windows 系列和 UNIX 系列。相应的，每一类平台都有各自的一套应用程序编程接口。在嵌入式系统中，编程语言的问题不大，因为大多数嵌入式开发都是采用移植性较好的 C 语言。但是在运行平台上，嵌入式操作系统的选择是非常多的，目前已经开发了数以百计且各具特色的嵌入式操作系统产品。从理论上说，每一个操作系统都会定义一组 API 接口函数，因此，如果要在嵌入式平台上进行应用软件的移植，难度是比较大的。

为了提高嵌入式应用软件的可移植性，在软件开发时需要遵守以下的一些原则：

（1）在软件设计上，要采用层次化设计和模块化设计。所谓层次化，指的是软件设计的纵向结构，下层为上层提供服务，上层调用下层提供的服务。每一个层次都应该定义清晰的接口和功能，分层的数量要合适。层次化结构设计的优点是：在进行系统移植时，通常只需要修改底层软件，而不需要去修改上层软件。所谓模块化，既体现在整体软件的设计上，又体现在同一层的软件结构上。模块化不同于层次化，一般来说，软件模块之间是相互独立的，一个模块的实现不依赖于其他模块的实现。良好的模块化设计，可以很容易地进行软件模块的裁减和更新。

（2）在软件体系结构上，可以在操作系统和应用软件之间引入一个虚拟机层，或者叫操作系统抽象层，把一些通用的、共性的操作系统 API 接口函数封装起来。在编写一个应用程序时，不是直接去调用实际操作系统的 API，而是使用虚拟层所提供的 API。这样，在移植这个应用程序的时候，只要针对新的操作系统平台，去实现这个虚拟层即可，其他的代码不用做任何的修改。在定义这个虚拟层时，要综合考虑现有的各种嵌入式操作系统的功能和特性，尽量采用标准的操作系统接口，如 POSIX 标准。

（3）在功能服务的调用上，要尽量使用可移植的函数，如标准的 C 语言函数，或自己编写的函数。尽量不要使用依赖于特定操作系统的 API 函数。

（4）在数据类型上，由于 C 语言的数据类型与机器的字长和编译器有关，因此可以用宏定义的方式来定义一组可移植的数据类型，然后在应用程序的内部，只使用这些数据类型，而不使用 C 语言的数据类型。例如，可以用 INT32U 来表示无符号的 32 位整型数据。对于实际的编译器，可以定义为：

```
#define INT32U unsigned int
```

（5）将不可移植的部分局域化。对于想进行软件移植的程序设计人员来说，如果应用软件的各个地方都散布着不可移植的代码，就必须从软件中一一找出它们，然后修改。这将是一件非常费时又费力的事情，而且这种修改也容易导致新的问题。为了提高移植的效率，可以把不可移植的代码通过宏定义和函数的形式，分类集中于某几个特定的文件之中。这样，对不可移植代码的使用，就可转换成对函数和宏定义的使用。在以后的移植过程中，既有利于迅速地对需要修改的代码进行定位，又可方便地进行修改。

（6）提高代码的可重用性。在进行嵌入式软件开发时，要有意识地提高代码的可重用性，不断积累可重用的软件资源。例如，可以更好地抽象软件的函数，使之更加模块化，功能更专一，接口更简洁明了。

第 6 章　嵌入式程序设计

嵌入式编程建立在特定的硬件平台上，使用的编程语言需具备较强的硬件直接操作能力，汇编语言虽然具备这样的特性，但是由于其抽象程度低，因此并不是嵌入式系统开发的一般选择。C 语言是一种"高级的低级语言"，用 C 语言写的一行代码能够代替多行汇编代码，与汇编代码相比，调试和维护 C 程序更容易，效率更高。本章简要介绍程序语言及其翻译基础知识，以及汇编语言、C 和 C++编程基础知识。

6.1　程序设计语言基础

计算机系统是由硬件系统和软件系统组成的，通过运行程序来协同工作。计算机硬件是物理装置，软件则是程序、数据和相关文档的集合。

6.1.1　程序设计语言概述

1．低级语言和高级语言

计算机硬件只能识别由 0、1 字符序列组成的机器指令，因此机器指令是最基本的计算机语言。用机器语言编制程序效率低、可读性差，也难以理解、修改和维护。因此，人们设计了汇编语言，用容易记忆的符号代替 0、1 序列，来表示机器指令中的操作码和操作数。例如，用 ADD 表示加法、SUB 表示减法等。虽然使用汇编语言编写程序的效率和程序的可读性有所提高，但汇编语言是面向机器的语言，其书写格式在很大程度上取决于特定计算机的机器指令。机器语言和汇编语言被称为低级语言。

人们设计了功能更强、抽象级别更高的语言以支持程序设计，因此就产生了面向各类应用的程序设计语言，即高级语言，常见的有 Java、C、C++、C#、Python 等。这类语言与人们使用的自然语言比较接近，大大提高了程序设计的效率。

2．编译程序和解释程序

目前，尽管人们可以借助高级语言与计算机进行交互，但是计算机仍然只能理解和执行由 0、1 序列构成的机器语言，因此高级程序设计语言需要翻译，担负这一任务的程序称为"语言处理程序"。由于应用的不同，程序语言的翻译也是多种多样的。它们大致可分为汇编程序、解释程序和编译程序。

用某种高级语言或汇编语言编写的程序称为源程序，源程序不能直接在计算机上执行。如果源程序是用汇编语言编写的，则需要一个称为汇编程序的翻译程序将其翻译成目标程序后才能执行。如果源程序是用某种高级语言编写的，则需要对应的解释程序或编译程序对其进行翻译，然后在机器上运行。

解释程序也称为解释器，它可以直接解释执行源程序，或者将源程序翻译成某种中间表示形式后再加以执行；而编译程序（编译器）则首先将源程序翻译成目标语言程序，将目标程序与库函数链接后形成可执行程序，然后在计算机上运行可执行程序。这两种语言处理程序的根本区别是：在编译方式下，机器上运行的是与源程序等价的目标程序，源程序和编译程序都不再参与目标程序的执行过程；而在解释方式下，解释程序和源程序（或其某种等价表示）要参与到程序的运行过程中，运行程序的控制权在解释程序。简单而言，解释器翻译源程序时不产生独立的目标程序，而编译器则需将源程序翻译成独立的目标程序。

3．程序设计语言的定义

一般地，程序设计语言的定义都涉及语法、语义和语用三个方面。

（1）语法。语法是指由程序设计语言基本符号组成程序中的各个语法成分（包括程序）的一组规则，其中由基本字符构成的符号（单词）书写规则称为词法规则，由符号（单词）构成语法成分的规则称为语法规则。程序设计语言的语法可通过形式语言进行描述。

（2）语义。语义是程序设计语言中按语法规则构成的各个语法成分的含义，可分为静态语义和动态语义。静态语义是指编译时可以确定的语法成分的含义，而运行时刻才能确定的含义是动态语义。一个程序的执行效果说明了该程序的语义，它取决于构成程序的各个组成部分的语义。

（3）语用。语用表示了构成语言的各个记号和使用者的关系，涉及符号的来源、使用和影响。

语言的实现还涉及语境问题。语境是指理解和实现程序语言的环境，包括编译环境和运行环境。

6.1.2　程序设计语言的分类和特点

1．程序设计语言发展概述

程序设计语言的发展是一个不断演化的过程，其根本的推动力就是对抽象机制的更高要求，以及对程序设计活动更好的支持。具体地说，就是把机器能够理解的语言提升到能够很好地模仿人类思考问题的形式。

FORTRAN（"FORmula TRANslator"的缩写）是第一个高级程序设计语言，在数值计算领域积累了大量高效且可靠的程序代码。FORTRAN 语言的最大特性是接近数学公式的自然描述，具有很高的执行效率，目前广泛地应用于并行计算和高性能计算领域。

ALGOL（ALGOrithmic Language）诞生于晶体管计算机流行的年代，ALGOL60 是程序设计语言发展史上的一个里程碑，主导了 20 世纪 60 年代程序语言的发展，并为后来软件自动化及软件可靠性的发展奠定了基础。ALGOL60 有严格的公式化说明，采用巴科斯范式 BNF 来描述语言的语法。ALGOL60 引进了许多新的概念，如局部性概念、动态、递归等。

PASCAL 语言是一种结构化程序设计语言，由瑞士苏黎世联邦工业大学的沃斯（N.Wirth）教授设计，于 1971 年正式发表。PASCAL 是从 ALGOL 60 衍生的，但功能更强且容易使用，该语言在高校计算机软件教学中曾经处于主导地位。

C 语言是 20 世纪 70 年代初发展起来的一种通用程序设计语言，其主要特色是兼顾了高级语言和汇编语言的特点，简洁、丰富、可移植。UNIX 操作系统及其上的许多软件都是用 C 编写的。C 提供了高效的执行语句并且允许程序员直接访问操作系统和底层硬件，适用于系统级编程和实时处理应用，因此在嵌入式系统开发中得到广泛应用。

C++是在 C 语言的基础上于 20 世纪 80 年代发展起来的，与 C 兼容。在 C++中，最主要的是增加了类机制，使其成为一种面向对象的程序设计语言。C++具有更强的表达能力，提供了表达用户自定义数据结构的现代高级语言特性，其开发平台还提供了实现基本数据结构和算法的标准库，使得程序员能够改进程序的质量，并易于代码的复用，从而可以进行大规模的程序开发和系统组织。

Java 产生于 20 世纪 90 年代，其初始用途是开发网络浏览器的小应用程序，但是作为一种通用的程序设计语言，Java 得到非常广泛的应用。Java 保留了 C++的基本语法、类和继承等概念，删掉了 C++中一些不好的特征，因此与 C++相比，Java 更简单，其语法和语义更合理。进入 21 世纪以来，Java 建立起庞大的生态体系，在常用编程语言中位列榜首。

各种程序设计语言都在不断地发展变化之中，也涌现出许多新的语言及开发工具，吸引了编程社区的众多用户，如 Python、Visual Basic.NET、JavaScript 等。

Python 是一种面向对象的解释型程序设计语言，可以用于编写独立程序、快速脚本和复杂应用的原型。Python 也是一种脚本语言，它支持对操作系统的底层访问，也可以将 Python 源程序翻译成字节码在 Python 虚拟机上运行。虽然 Python 的内核很小，但它提供了丰富的基本构建块，还可以用 C、C++和 Java 等进行扩展，因此可以用它开发任何类型的程序。

Visual Basic.NET 是基于微软.NET Framework 的面向对象的编程语言。用.NET 语言（包括 VB.NET）开发的程序源代码不是直接编译成要执行的二进制本地代码，而是被编译成为中间代码 MSIL（Microsoft Intermediate Language），然后通过.NET Framework 的通用语言运行时（CLR）来执行。程序执行时，.Net Framework 将中间代码翻译成为二进制机器码后，使它得以运行。因此，如果计算机上没有安装.Net Framework，这些程序将不能够被执行。

JavaScript 是一种脚本语言，被广泛用于 Web 应用开发，常用来为网页添加动态功能，为用户提供更流畅美观的浏览效果。通常，将 JavaScript 脚本嵌入在 HTML 中来实现自身的功能。

2．程序设计范型

程序设计语言的分类没有统一的标准，从不同的角度可以进行不同的划分。从最初的机器语言、汇编语言、结构化程序设计语言发展到目前流行的面向对象语言，程序设计语言的抽象程度越来越高。根据程序设计的方法将程序设计语言大致分为命令式程序设计语言、面向对象的程序设计语言、函数式程序设计语言和逻辑型程序设计语言等范型。

1）命令式程序设计语言

命令式程序设计语言是基于动作的语言，在这种语言中，计算被看成是动作的序列。程序就是用语言提供的操作命令书写的一个操作序列。用这类语言编写程序，就是描述解题过程中每一步处理步骤，程序的运行过程就是问题的求解过程，因此也称为过程式语言。FORTRAN、ALGOL、COBOL、C 和 Pascal 等都是命令式程序设计语言。

结构化程序设计语言本质上也属于命令式程序设计语言，其编程的特点如下：

（1）用自顶向下逐步精化的方法编程。

（2）按模块组装的方法编程。

（3）程序只包含顺序、判定（分支）及循环结构，而且每种结构只允许单入口和单出口。

结构化程序的结构简单清晰、模块化强，描述方式接近人们习惯的推理式思维方式，因此可读性强，在软件重用性、软件维护等方面都有所进步，在大型软件开发中曾发挥过重要的作用。目前仍有许多应用程序的开发采用结构化程序设计技术和方法。C、Pascal 等都是典型的结构化程序设计语言。

2）面向对象的程序设计语言

面向对象的程序设计语言始于从模拟领域发展起来的 Simula，在该语言中首次提出了对象和类的概念。C++、Java 和 Smalltalk 都是面向对象程序设计语言，封装、继承和多态是面向对象编程的基本特征。

3）函数式程序设计语言

函数式语言是一类以 λ-演算为基础的语言，其基本概念来自于 LISP，这是一个在 1958年为了人工智能应用而设计的语言。函数是一种对应规则（映射），它使定义域中每个元素和值域中唯一的元素相对应。例如：

函数定义 1：Square[x]:=x*x

函数定义 2：Plustwo[x]:=Plusone[Plusone[x]]

函数定义 3：fact[n]:=if n=0 then 1 else n*fact[n-1]

在函数定义 2 中，使用了函数复合，即将一个函数调用嵌套在另一个函数定义中。

在函数定义 3 中，函数被递归定义。由此可见，函数可以看成是一种程序，其输入就是定义中左边括号中的量，它也可将输入组合起来产生一个规则，组合过程中可以使用其他函数或该函数本身。这种用函数和表达式建立程序的方法就是函数式程序设计。函数式程序设计语言的优点之一就是对表达式中出现的任何函数都可以用其他函数来代替，只要这些函数调用产生相同的值。

函数式语言的代表 LISP 在许多方面与其他语言不同，其中最为显著的是，该语言中的程序和数据的形式是等价的，因此数据结构就可以作为程序执行，程序也可以作为数据修改。在 LISP 中，大量地使用递归。

4）逻辑型程序设计语言

逻辑型语言是一类以形式逻辑为基础的语言，其代表是建立在关系理论和一阶谓词理论基础上的 PROLOG。PROLOG 代表 Programming in Logic。PROLOG 程序是一系列事实、数据对象或事实间的具体关系和规则的集合。通过查询操作把事实和规则输入数据库，用户通过输入查询来执行程序。在 PROLOG 中，关键操作是模式匹配，通过匹配一组变量与一个预先定义的模式并将该组变量赋给该模式来完成操作。以值集合 S 和 T 上的二元关系 R 为例，R 实现后，可以询问：

- 已知 a 和 b，确定 R(a, b)是否成立。
- 已知 a，求所有使 R(a, y)成立的 y。
- 已知 b，求所有使 R(x, b)成立的 x。
- 求所有使 R(x, y)成立的 x 和 y。

逻辑型程序设计具有与传统的命令式程序设计完全不同的风格。PROLOG 数据库中的事实和规则是一些 Hore 子句。Hore 子句的形式为 "P:-P_1, P_2, …, P_n."，其中 $n \geq 0$，P_i（$1 \leq i \leq n$）为形如 R_i(…)的断言，R_i 是关系名。该子句表示规则：若 P_1, P_2, …, P_n 均为真（成立），则 P 为真。当 $n=0$ 时，Hore 子句变成 "P."，这样的子句称为事实。一旦有了事实与规则后，就可以提出询问。

PROLOG 可以表达很强的推理功能，适用于编写自动定理证明、专家系统和自然语言理解等问题的程序。

6.1.3　程序设计语言的基本成分

程序设计语言的基本成分包括数据、运算、控制和传输等。

1．程序设计语言的数据成分

程序中的数据对象总是对应着应用系统中某些有意义的东西，数据表示则指示了程序中值的组织形式。数据类型用于描述数据对象，还用于在基础机器中完成对值的布局，同时还可用于检查表达式中对运算的应用是否正确。

数据是程序操作的对象，具有类型、名称、作用域、存储类别和生存期等属性，在程序运行过程中要为它分配内存空间。数据名称由用户通过标识符命名，标识符常由字母、数字和称为下画线的特殊符号"_"组成；类型说明数据占用内存空间的大小和存放形式；作用域则说明可以使用数据的代码范围；存储类别说明数据在内存中的位置；生存期说明数据占用内存的时间范围。从不同角度可将数据进行不同的划分。

（1）常量和变量。按照程序运行时数据的值能否改变，将数据分为常量和变量。程序中的数据对象可以具有左值和（或）右值。左值指存储单元（或地址、容器），右值是值（或内容）。变量具有左值和右值，在程序运行的过程中其右值可以改变；常量只有右值，在程序运行的过程中其右值不能改变。

（2）全局变量和局部变量。按作用域可将变量分为全局变量和局部变量。一般情况下，系统为全局变量分配的存储空间在程序运行的过程中一般是不改变的，而为局部变量分配的存储单元是动态改变的。

（3）数据类型。按照数据组织形式的不同可将数据分为基本类型、用户定义类型、构造类型及其他类型。以 C/C++ 为例，其数据类型如下。

- 基本类型：整型（int）、字符型（char）、浮点型（float、double）和布尔类型（bool）。
- 特殊类型：空类型（void）。
- 用户定义类型：枚举类型（enum）。
- 构造类型：数组、结构、联合。
- 指针类型：type *。
- 抽象数据类型：类类型。

其中，布尔类型和类类型是 C++ 在 C 语言的基础上扩充的。

2．程序设计语言的运算成分

程序设计语言的运算成分指明允许使用的运算符号及运算规则。大多数高级程序设计语言的基本运算可以分成算术运算、关系运算和逻辑运算等类型，有些语言如 C（C++）还提供位运算。运算符号的使用与数据类型密切相关。为了明确运算结果，运算符号要规定优先级和结合性，必要时还要使用圆括号。

3．程序设计语言的控制成分

控制成分指明语言允许表述的控制结构，程序员使用控制成分来构造程序的控制逻辑。理论上已经证明，可计算问题的程序都可以用顺序、选择（分支）和循环这三种控制结构来描述。

（1）顺序结构。顺序结构用来表示一个计算操作序列。计算过程从所描述的第一个操作开始，按顺序依次执行后续的操作，直到序列的最后一个操作，如图 6-1 所示。

（2）选择结构。选择结构提供了在两种或多种分支中选择其中之一的逻辑。基本的选择结构是指定一个条件 P，然后根据条件的成立与否决定控制流走分支 A 还是分支 B，只能从两个分支中选择一个来执行，如图 6-2（a）所示。选择结构中的 A 或 B 还可以包含顺序、选择和重复结构。程序设计语言中通常还提供简化了的选择结构，如图 6-2（b）所示，还有描述多个分支的选择结构。

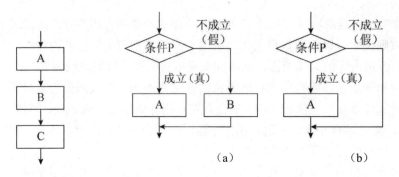

图 6-1　顺序结构示意图　　　　　　　　图 6-2　选择结构示意图

例如，C/C++提供了 if、switch 语句实现选择控制结构。

（3）循环结构。循环结构描述了重复计算的过程，通常由三个部分组成：初始化、需要重复计算的部分和重复的条件。其中，初始化部分有时在控制的逻辑结构中不进行显式的表示。重复结构主要有两种形式：while 型重复结构和 do-while 型重复结构。while型结构的逻辑含义是先判断条件 P，若成立，则进行需要重复的计算 A，然后再去判断重复条件；否则，控制就退出重复结构，如图 6-3（a）所示。do-while（或 repeat-until）型结构的逻辑含义是先执行循环体 A，然后再判断条件 P，若成立则继续执行循环体 A的过程并判断条件；否则，控制就退出重复结构，如图 6-3（b）所示。

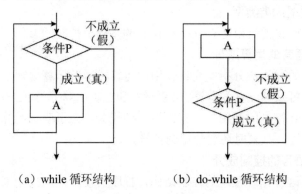

（a）while 循环结构　　　　（b）do-while 循环结构

图 6-3　循环结构示意图

例如，C/C++提供了 while、for 和 do-while 语句来实现循环控制结构。

此外，C 语言中还提供了实现控制流跳转的 return、break、continue、goto 语句。

程序设计语言的传输成分指明语言允许的数据传输方式，如赋值、数据的输入和输出等。

4．函数

函数是程序模块的主要成分，它是一段具有独立功能的程序。C 程序由一个或多个函数组成，每个函数都有一个名字，其中有且仅有一个名字为 main 的函数，作为程序运行时的起点。函数的使用涉及三个概念：函数定义、函数声明和函数调用。

1）函数定义

函数的定义描述了函数做什么和怎么做，包括两部分：函数首部和函数体。函数定义的一般格式是：

```
返回值的类型　函数名(形式参数表)          //函数首部
{
        ...                               //函数体
}
```

函数首部说明了函数返回值的数据类型、函数的名字和函数运行时所需的参数及类型。函数所实现的功能在函数体部分描述。如果函数没有返回值，则函数返回值的类型声明为 void。函数名是一个标识符，函数名应具有一定的意义（反映函数的功能）。形式参数表列举了函数要求调用者提供的参数的个数、类型和顺序，是函数实现功能时所必需的。若形式参数表为空，可用 void 说明。

C 程序中所有函数的定义都是独立的。在一个函数的定义中不允许定义另外一个函数，也就是不允许函数的嵌套定义。有些语言（如 PASCAL）允许在函数内部定义函数。

2）函数声明

函数应该先声明后调用。如果程序中对一个函数的调用在该函数的定义之前进行，则应该在调用前对被调用函数进行声明。函数原型用于声明函数。函数声明的一般形式为：

```
返回值类型　函数名(参数类型表);
```

使用函数原型的目的是告诉编译器传递给函数的参数个数、类型以及函数返回值的类型，参数表中仅需要依次列出函数定义时参数的类型。函数原型可以使编译器更彻底地检查源程序中对函数的调用是否正确。

3）函数调用

当在一个函数（称为调用函数）中需要使用另一个函数（称为被调用函数）实现的功能时，便以名字进行调用，称为函数调用。在使用一个函数时，只要知道如何调用即可，并不需要关心被调用函数的内部实现。因此，程序员需要知道被调函数的名字、返回值和需要向被调函数传递的参数（个数、类型、顺序）等信息。

函数调用的一般形式为：

```
函数名(实参表);
```

在 C 程序的执行过程中，通过函数调用使得被调用函数得以执行。函数体中若调用自己，则称为递归调用。

C 语言采用传值方式将实参传递给形参。调用函数和被调用函数之间交换信息的方法主要有两种：一种是由被调用函数把返回值返回给调用函数，另一种是通过参数带回信息。函数调用时，实参与形参间交换信息的主要有传值调用和引用调用两种方法。

（1）传值调用（Call by value）。若实现函数调用时实参向形参传递相应类型的值，则称为是传值调用。这种方式下形参不能向实参传递信息。

例如，下面给出函数 swap 定义，其功能是交换两个整型变量值。

```
void swap(int x,int y)  {        /*要求调用该函数时传递两个整型的值*/
    int temp;
    temp=x;  x=y;   y=temp;
}
```

函数调用为：swap(a,b);

因为是传值调用，swap 函数运行后只能交换 x 和 y 的值，而实参 a 和 b 的值并没有交换。

在 C 语言中，要实现被调用函数对实参的修改，必须用指针作形参，调用时需要先对实参进行取地址运算，然后将实参的地址传递给指针形参。本质上仍属于传值调用。

下面给出函数 swap 的定义，其功能是交换两个整型变量值。

```
void swap(int *px,  int *py)  {    /*交换*px 和*py*/
    int temp;
    temp=*px;  *px=*py;  *py=temp;
}
```

函数调用为：swap(&a,&b);

由于形参 px、py 分别得到了实参变量 a、b 的地址，所以 px 指向的对象*px 即为 a，py 指向的对象*py 就是 b，因此在函数中交换*px 和*py 的值实际上就是交换实参 a 和 b 的值，从而实现了调用函数中两个整型变量值的交换。这种方式是通过数据的间接访问来完成运算要求的。

（2）引用调用。引用是 C++中增加的数据类型，当形参为引用类型时，函数中对形参的访问和修改实际上就是针对相应实参所作的访问和改变。例如：

```
void swap(int &x, int &y) {/*形参 x 和 y 为引用类型，函数功能是交换 x 和 y 的值*/
    int temp;
    temp=x;  x=y;   y=temp;
}
```

函数调用为：swap(a,b);

引用调用方式下调用 swap(a,b)时，x、y 就是 a、b 的别名，因此，函数调用完成后，交换了实参 a 和 b 的值。

6.1.4 程序设计语言的翻译基础

现在广泛使用的各种程序语言都需要翻译，才能在计算机上运行，编译和解释是两种基本的编程语言翻译方式，对应的程序分别称为编译程序（编译器）和解释程序（解释器）。

1．编译器基础

编译程序的功能是把某高级语言书写的源程序翻译成与之等价的目标程序（形式为汇编语言程序或机器语言程序）。编译程序的工作过程可以分为 6 个阶段，如图 6-4 所示。实际的编译器中可能会将其中的某些阶段结合在一起进行处理。下面简要介绍各阶段实现的主要功能。

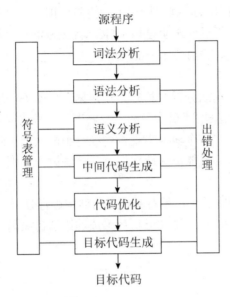

图 6-4　编译器的工作阶段示意图

1）词法分析

词法分析阶段是编译过程的第一阶段，这个阶段的任务是对源程序从前到后（从左到右）逐个字符地扫描，从中识别出一个个"单词"符号。源程序可以被看成是一个多行的字符串。"单词"符号是程序设计语言的基本语法单位，如关键字（或称保留字）、标识符、常数、运算符和分隔符（标点符号、左右括号）等。词法分析程序输出的"单词"常以二元组的方式输出，即单词种类和单词自身的值。

词法分析过程依据的是语言的词法规则，即描述"单词"结构的规则。例如，对于某 PASCAL 源程序中的一条声明语句和赋值语句：

```
VAR X,Y,Z:real;
X:=Y+Z*60;
```

词法分析阶段将构成这条语句的字符串分割成如下的单词序列。

（1）保留字	VAR	（2）标识符	X	（3）逗号	,
（4）标识符	Y	（5）逗号	,	（6）标识符	Z
（7）冒号	:	（8）标准标识符	real	（9）分号	;

（10）标识符　　X　　　　（11）赋值号　　　　:=　　　　（12）标识符　　Y

（13）加号　　　+　　　　（14）标识符　　　Z　　　　（15）乘号　　　　*

（16）常数　　　60　　　　（17）分号　　　　;

对于标识符 X、Y、Z，其单词种类都是 id（即标识符类），字符串 "X" "Y" 和 "Z" 都是单词的值；而对于单词 60，常数是该单词的种类，60 是该单词的值。这里，用 id1、id2 和 id3 分别代表 X、Y 和 Z，强调标识符的内部标识由于组成该标识符的字符串不同而有所区别。经过词法分析后，声明语句 VAR X,Y,Z:real;表示为 VAR id1,id2,id3:real;，赋值语句 X:=Y+Z*60;表示为 id1:=id2+id3*60;。

2）语法分析

语法分析的任务是在词法分析的基础上，根据语言的语法规则将单词符号序列分解成各类语法单位，如 "表达式" "语句" 和 "程序" 等。语法规则就是各类语法单位的构成规则。通过语法分析确定整个输入串是否构成一个语法上正确的程序。如果源程序中没有语法错误，语法分析后就能正确地构造出其语法树；否则就指出语法错误，并给出相应的诊断信息。

词法分析和语法分析本质上都是对源程序的结构进行分析。

对语句 id1:=id2+id3*60 进行语法分析后形成的语法树如图 6-5 所示。

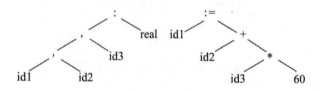

图 6-5　语法树示意图

3）语义分析

语义分析阶段主要分析程序中各种语法结构的语义信息，包括检查源程序是否包含静态语义错误，并收集类型信息供后面的代码生成阶段使用。只有语法和语义都正确的源程序才能被翻译成正确的目标代码。

语义分析的一个主要工作是进行类型分析和检查。程序设计语言中的一个数据类型一般包含两个方面的内容：类型的载体及其上的运算。例如，整除取余运算符只能对整型数据进行运算，若其运算对象中有浮点数就认为是一种类型不匹配的错误。

在确认源程序的语法和语义之后，就可对其进行翻译，同时改变源程序的内部表示。对于声明语句，需要记录所遇到的符号的信息，因此应进行符号表的填查工作。在图 6-6（a）所示的符号表中，每行存放一个符号的信息。第一行存放标识符 X 的信息，其类型为 real，为它分配的逻辑地址是 0；第二行存放 Y 的信息，其类型为 real，为它分配的逻辑地址是 4。对于可执行语句，则检查结构合理的语句是否有意义。对语句 id1:=id2+id3*60 进行语义分析后的语法树如图 6-6（b）所示，其中增加了一个语义处理结点 inttoreal，用于将一个整型数转换为浮点数。

符号表部分内容

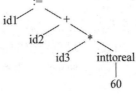

X	real	0
Y	real	4
Z	real	8
...	...	...

（a）符号表　　　　　　　（b）语法树

图 6-6　语义分析后的符号表和语法树示意图

4）中间代码生成

中间代码生成阶段的工作是根据语义分析的输出生成中间代码。"中间代码"是一种简单且含义明确的记号系统，可以有若干种形式，它们的共同特征是与具体的机器无关。中间代码的设计原则主要有两点：一是容易生成，二是容易被翻译成目标代码。最常用的一种中间代码是与汇编语言的指令非常相似的三地址码，其实现方式常采用四元式。四元式的形式为：

运算符，运算对象 1，运算对象 2，运算结果

例如，对语句 X:=Y+Z*60，可生成以下四元式序列：

① (inttoreal, 60, -, t1)

② (*,　　id3, t1, t2)

③ (+,　　id2, t2, t3)

④ (:=,　　t3, -, id1)

其中，t1、t2、t3 是编译过程中形成的临时变量，用于存放中间运算结果。

语义分析和中间代码生成所依据的是语言的语义规则。

5）代码优化

由于编译器将源程序翻译成中间代码的工作是机械的、按固定模式进行的，因此，生成的中间代码往往在计算时间上和存储空间上有很大的浪费。当需要生成高效的目标代码时，就必须进行优化。优化过程可以在中间代码生成阶段进行，也可以在目标代码生成阶段进行。由于中间代码是不依赖于具体机器的，此时所作的优化一般建立在对程序的控制流和数据流分析的基础之上，与具体的机器无关。优化所依据的原则是程序的等价变换规则。例如，在生成语句 X:=Y+Z*60 的四元式后，60 是编译时已知的常数，把它转换为 60.0 的工作可以在编译时完成，没有必要生成一个四元式，同时 t3 仅仅用来将其值传递给 id1，也可以化简掉，因此上述的中间代码可优化成下面的等价代码：

① (*, id3, 60.0, t1)

② (+, id2, t1, id1)

这只是优化工作中的一个简单示例，真正的优化工作还要涉及公共子表达式的提取、循环优化等更多的内容和技术。

6）目标代码生成

目标代码生成是编译器工作的最后一个阶段。这一阶段的任务是把中间代码变换成特定机器上的绝对指令代码、可重定位的指令代码或汇编指令代码，这个阶段的工作与具体的机器密切相关。例如，使用两个寄存器 R1 和 R2，可对上述的四元式生成下面的目标代码：

① MOVF　　　id3,　　　R2
② MULF　　　#60.0,　　R2
③ MOVF　　　id2,　　　R1
④ ADDF　　　R2,　　　R1
⑤ MOV　　　R1,　　　id1

这里用#表明 60.0 为常数。

7）符号表管理

符号表的作用是记录源程序中各个符号的必要信息，以辅助语义的正确性检查和代码生成，在编译过程中需要对符号表进行快速有效地查找、插入、修改和删除等操作。符号表的建立可以始于词法分析阶段，也可以放到语法分析和语义分析阶段，但符号表的使用有时会延续到目标代码的运行阶段。

8）出错处理

用户编写的源程序不可避免地会有一些错误，这些错误大致可分为静态错误和动态错误。动态错误也称动态语义错误，它们发生在程序运行时，例如变量取零时作除数、引用数组元素下标越界等错误。静态错误是指编译时所发现的程序错误，可分为语法错误和静态语义错误，如单词拼写错误、标点符号错误、表达式中缺少操作数、括号不匹配等有关语言结构上的错误称为语法错误；而语义分析时发现的运算符与运算对象类型不匹配等错误属于静态语义错误。

在编译时发现程序中的错误后，编译程序应采用适当的策略修复它们，使得分析过程能够继续下去，以便在一次编译过程中尽可能多地找出程序中的错误。

对于编译过程的各个阶段，在逻辑上可以把它们划分为前端和后端两部分。前端包括从词法分析到中间代码生成各阶段的工作，后端包括中间代码优化和目标代码的生成及优化等阶段。以中间代码为分水岭，把编译器分成了与机器有关的部分和与机器无关的部分。如此一来，对于同一种程序设计语言的编译器，开发出一个前端之后，就可以针对不同的机器开发相应的后端，前后端有机结合后就形成了该语言的一个编译器。当语言有改动时，只会涉及前端部分的维护。对于不同的程序设计语言，分别设计出相应的前端，然后将各个语言的前端与同一个后端相结合，就可得到各个语言在某种机器上的编译器。

2．词法分析

词法分析过程的本质是对构成源程序的字符串进行分析，是一种对象为字符串的运算。语言中具有独立含义的最小语法单位是符号（单词），如标识符、无符号常数与界限符等。词法分析的任务是把构成源程序的字符串转换成单词符号序列。

1）字母表、字符串、字符串集合及运算

（1）字母表 Σ：元素的非空有穷集合。例如，$\Sigma = \{a, b\}$。

（2）字符：字母表 Σ 中的一个元素。例如，Σ 上的 a 或 b。

（3）字符串：字母表 Σ 中字符组成的有穷序列。例如，a、ab、aaa 都是 Σ 上的字符串。

（4）字符串的长度：字符串中的字符个数。例如，$|aba|=3$。

（5）空串 ε：由 0 个字符组成的序列。例如，$|\varepsilon|=0$。

（6）连接：字符串 S 和 T 的连接是指将串 T 接续在串 S 之后，表示为 $S \cdot T$，连接符号"$\cdot$"可省略。显然，对于字母表 Σ 上的任意字符串 S，$S \cdot \varepsilon = \varepsilon \cdot S = S$。

（7）空集：用符号 Φ 表示。

（8）Σ^*：指包括空串 ε 在内的 Σ 上所有字符串的集合。例如，设 $\Sigma = \{a,b\}$，$\Sigma^* = \{\varepsilon, a, b, aa, bb, ab, ba, aaa, \cdots\}$。

（9）字符串的方幂：把字符串 α 自身连接 n 次得到的串，称为字符串 α 的 n 次方幂，记为 α^n。$\alpha^0 = \varepsilon, \alpha^n = \alpha\alpha^{n-1} = \alpha^{n-1}\alpha$（$n>0$）。

（10）字符串集合的运算：设 A、B 代表字母表 Σ 上的两个字符串集合。

- 或（合并）：$A \bigcup B = \{\alpha \mid \alpha \in A \text{或} \alpha \in B\}$。
- 积（连接）：$AB = \{\alpha\beta \mid \alpha \in A \text{且} \beta \in B\}$。
- 幂：$A^n = A \cdot A^{n-1} = A^{n-1} \cdot A (n > 0)$，并规定 $A^0 = \{\varepsilon\}$。
- 正则闭包+：$A^+ = A^1 \bigcup A^2 \bigcup A^3 \bigcup \cdots$
- 闭包*：$A^* = A^0 \bigcup A^+$。显然，$\Sigma^* = \Sigma^0 \bigcup \Sigma^1 \bigcup \Sigma^2 \bigcup \cdots$

2）正规表达式和正规集

词法规则可用 3 型文法（正规文法）或正规表达式描述，它产生的集合是语言基本字符集 Σ（字母表）上的字符串的一个子集，称为正规集。

对于字母表 Σ，其上的正规式（正则表达式）及其表示的正规集可以递归定义如下。

（1）ε 是一个正规式，它表示集合 $L(\varepsilon) = \{\varepsilon\}$。

（2）若 a 是 Σ 上的字符，则 a 是一个正规式，它所表示的正规集为 $L(a) = \{a\}$。

（3）若正规式 r 和 s 分别表示正规集 $L(r)$ 和 $L(s)$，则：

① $r|s$ 是正规式，表示集合 $L(r) \cup L(s)$。

② $r \cdot s$ 是正规式，表示集合 $L(r)L(s)$。

③ r^* 是正规式，表示集合 $(L(r))^*$。

④ (r) 是正规式，表示集合 $L(r)$。

仅由有限次地使用上述三个步骤定义的表达式才是 Σ 上的正规式。

运算符"|"　"·"　"*"分别称为"或"　"连接"和"闭包"。在正规式的书写中，连接运算符"·"可省略。运算符的优先级从高到低顺序排列为"*"　"·"　"|"。

设Σ＝{a, b}，在表6-1中列出了Σ上的一些正规式和相应的正规集。

表6-1　正规式和相应的正规集

正　规　式	正　规　集
ab	字符串 ab 构成的集合
a|b	字符串 a、字符串 b 构成的集合
a^*	由 0 个或多个 a 构成的字符串集合
$(a\|b)^*$	所有由所有字符 a 和 b 构成的串的集合
$a(a\|b)^*$	以 a 为首字符的 a、b 字符串的集合
$(a\|b)^*abb$	以 abb 结尾的 a、b 字符串的集合

若两个正规式表示的正规集相同，则认为二者等价。两个等价的正规式 U 和 V 记为 U=V。例如，$b(ab)^*=(ba)^*b$，$(a|b)^*=(a^*b^*)^*$。

3）有限自动机

有限自动机是一种识别装置的抽象概念，它能准确地识别正规集。有限自动机分为两类：确定的有限自动机和不确定的有限自动机。

（1）确定的有限自动机（Deterministic Finite Automata，DFA）。一个确定的有限自动机是个五元组：(S, Σ, f, s_0, Z)，其中：

① S 是一个有限集合，它的每个元素称为一个状态。

② Σ 是一个有穷字母表，它的每个元素称为一个输入字符。

③ f 是 $S \times \Sigma \rightarrow S$ 上的单值部分映像。$f(A, a)=Q$ 表示当前状态为 A、输入为 a 时，将转换到下一状态 Q。称 Q 为 A 的一个后继状态。

④ $s_0 \in S$，是唯一的一个开始状态。

⑤ Z 是非空的终止状态集合，$Z \subseteq S$。

一个 DFA 可以用两种直观的方式表示：状态转换图和状态转换矩阵。状态转换图是一个有向图，简称为转换图。DFA 中的每个状态对应转换图中的一个结点；DFA 中的每个转换函数对应图中的一条有向弧，若转换函数为 $f(A, a)=Q$，则该有向弧从结点 A 出发，进入结点 Q，字符 a 是弧上的标记。

例如，DFA $M1=(\{s_0, s_1, s_2, s_3\}, \{a, b\}, f, s_0, \{s_3\})$，其中 f 为：

$f(s_0, a)=s_1$, $f(s_0, b)=s_2$, $f(s_1, a)=s_3$, $f(s_1, b)=s_2$, $f(s_2, a)=s_1$, $f(s_2, b)=s_3$, $f(s_3, a)=s_3$

与 DFA $M1$ 对应的状态转换图如图 6-7（a）所示，其中，状态 s_3 表示的结点是终态结点。状态转换矩阵可以用一个二维数组 M 表示，矩阵元素 $M[A, a]$ 的行下标表示状态，列下标表示输入字符，$M[A, a]$ 的值是当前状态为 A、输入字符为 a 时，应转换到的下一状态。与 DFA $M1$ 对应的状态转换矩阵如图 6-7（b）所示。在转换矩阵中，一般以第一行的行下标对应的状态作为初态，而终态则需要特别指出。

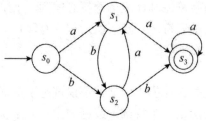

	a	b
s_0	s_1	s_2
s_1	s_3	s_2
s_2	s_1	s_3
s_3	s_3	—

（a）状态转换图　　　　　　　　　　　　（b）状态转换矩阵

图 6-7　确定的有限自动机示意图

对于 Σ 中的任何字符串 ω，若存在一条从初态结点到某一终止状态结点的路径，且这条路径上所有弧的标记符连接成的字符串等于 ω，则称 ω 可由 DFA M 识别（接受或读出）。若一个 DFA M 的初态结点同时又是终态结点，则空字 ε 可由该 DFA 识别（或接受）。DFA M 所能识别的语言 $L(M)=\{ \omega |\ \omega$ 是从 M 的初态到终态的路径上的弧上标记所形成的串 $\}$。

例如，对于字符串"ababaa"，在图 6-7（a）所示的状态转换图中，识别"ababaa"的路径是 $s_0 \to s_1 \to s_2 \to s_1 \to s_2 \to s_1 \to s_3$。由于从初态结点 s_0 出发，存在到达终态结点 s_3 的路径，因此该 DFA 可识别串"ababaa"。而"abab"和"baab"都不能被该 DFA 接受。对于字符串"abab"，从初态结点 s_0 出发，经过路径 $s_0 \to s_1 \to s_2 \to s_1 \to s_2$，当串结束时还没有到达终态结点 s_3；而对于串"baab"，经过路径 $s_0 \to s_2 \to s_1 \to s_3$，虽然能到达终态结点 s_3，但串尚未结束又不存在与下一字符"b"相匹配的状态转换。

（2）不确定的有限自动机（Nondeterministic Finite Automata，NFA）。一个不确定的有限自动机也是一个五元组，它与确定有限自动机的区别如下。

① f 是 $S \times \Sigma \to 2^S$ 上的映像。对于 S 中的一个给定状态及输入符号，返回一个状态的集合。即当前状态的后继状态不一定是唯一确定的。

② 有向弧上的标记可以是 ε。

例如，已知有 NFA $N=(\{s_0, s_1, s_2, s_3\}, \{a, b\}, f, s_0, \{s_3\})$，其中 f 为：

$f(s_0, a)= s_0, f(s_0, a)= s_1, f(s_0, b)= s_0, f(s_1, b)= s_2, f(s_2, b)= s_3$

与 NFA $M2$ 对应的状态转换图和状态转换矩阵如图 6-8 所示。

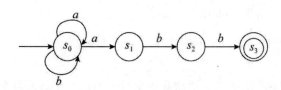

	a	b
s_0	$\{s_0, s_1\}$	$\{s_0\}$
s_1	—	$\{s_2\}$
s_2	—	$\{s_3\}$
s_3	—	—

（a）状态转换图　　　　　　　　　　　　（b）状态转换矩阵

图 6-8　NFA 的状态转换图和转换矩阵

　　显然，DFA 是 NFA 的特例。实际上，对于每个 NFA M，都存在一个 DFA N，且 $L(M)=L(N)$。

　　词法分析器的任务是把构成源程序的字符流翻译成单词符号序列。手工构造词法分析器的方法是先用正规式描述语言规定的单词符号，然后构造相应有限自动机的状态转换图，最后依据状态转换图编写词法分析器（程序）。

3．语法分析

　　程序设计语言的语法常采用上下文无关文法描述。文法不仅规定了单词如何组成句子，而且刻画了句子的组成结构。形式文法是一个规则（或称产生式）系统，它规定了单词在句子中的位置和顺序，也描述了句子的层次结构。

　　下面以一个简单算术表达式的文法为例进行说明，其中，E 代表算术表达式。

　　E→E + T | T　　　　　　　　　　　　　（1）
　　T→T * F | F　　　　　　　　　　　　　（2）
　　F→(E) | N　　　　　　　　　　　　　　（3）
　　D→0|1|2|3|4|5|6|7|3|4|5|6　　　　　　（4）
　　N→DN | D　　　　　　　　　　　　　　（5）

　　"→"读作"定义为"，上述产生式规定简单算术表达式的运算符号为"加（+）""乘（*）"，运算符号写在运算对象的中间，运算对象是非负整数，"乘"运算的优先级高于"加"运算，表达式或运算对象可加括号。

　　有了以上文法，对于算术表达式 2+3*4，其结构可从上面的文法推导得出，如图 6-9（a）所示（分析树），简化的语法树如图 6-9（b）所示。

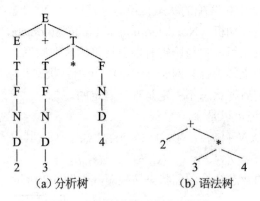

（a）分析树　　　　　　（b）语法树

图 6-9　分析树和语法树示意图

　　有关语法分析以及编译过程后续阶段的工作较为复杂，兹不赘述。

4．解释器基础

　　解释程序是另一种语言处理程序，在词法、语法和语义分析方面与编译程序的工作原理基本相同，但是在运行用户程序时，它直接执行源程序或源程序的内部形式。因此，解释程序不产生源程序的目标程序，这是它和编译程序的主要区别。图 6-10 显示了以解释方式实现高级语言的三种方式。

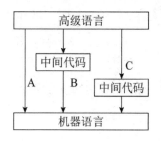

图 6-10 解释器类型示意图

源程序被直接解释执行的处理方式如图 6-10 中的标记 A 所示。这种解释程序对源程序进行逐个字符的检查，然后执行程序语句规定的动作。

例如，如果扫描到字符串序列：

```
GOTO  L
```

解释程序就开始搜索源程序中标号 L 后面紧跟冒号 ":" 的出现位置。这类解释程序通过反复扫描源程序来实现程序的运行，效率很低。

解释程序也可以先将源程序转换成某种中间代码形式，然后对中间代码进行解释来实现用户程序的运行，这种翻译方式如图 6-10 中的标记 B 和 C 所示。通常，在中间代码和高级语言的语句间存在一一对应的关系。解释方式 B 和 C 的不同之处在于中间代码的级别，在方式 C 下，解释程序采用的中间代码更接近于机器语言。在这种实现方案中，高级语言和低级中间代码间存在着 "1 : n" 的对应关系。PASCAL-P 解释系统是这类解释程序的一个实例，它在词法分析、语法分析和语义分析的基础上，先将源程序翻译成 P-代码，再由一个非常简单的解释程序来解释执行这种 P-代码。这类系统具有比较好的可移植性。

下面简要描述解释程序的基本结构。这类系统通常可以分成两部分：第一部分是分析部分，包括与编译过程相同的词法分析、语法分析和语义分析程序，经语义分析后把源程序翻译成中间代码，中间代码常采用逆波兰表示形式。第二部分是解释部分，用来对第一部分产生的中间代码进行解释执行。下面简要介绍第二部分的工作原理。

设用数组 MEM 模拟计算机的内存，源程序的中间代码和解释部分的各个子程序都存放在数组 MEM 中。全局变量 PC 是一个程序计数器，它记录了当前正在执行的中间代码的位置。这种解释部分的常见结构可以由下面两部分组成。

（1）PC:=PC+1;

（2）执行位于 opcode-table[MEM[PC]] 的子程序（解释子程序执行后返回到前面）。

用一个简单例子来说明其工作原理。设两个实型变量 A 和 B 进行相加的中间代码是：

```
start:  Ipush
           A
        Ipush
           B
        Iaddreal
```

其中，中间代码 Ipush 和 Iaddreal 实际上都是 opcode-table 表的索引值（即位移），而该表的单元中存放着对应的解释子程序的起始地址，A 和 B 都是 MEM 中的索引值。解释部分开始执行时，PC 的值为 start-1。

```
opcode-table[Ipush]=push
opcode-table[Iaddreal]=addreal
```

解释部分可表示如下：

```
interpreter-loop:    PC:=PC+1;
                     goto opcode-table[MEM[PC]];
                     push:        PC:=PC+1;
                                  stackreal(MEM[MEM[PC]]);
                                  goto  interpreter-loop;
                     addreal:     stackreal(popreal()+popreal());
                                  goto  interpreter-loop;
          …（其余各解释子程序）
```

其中，stackreal()表示把相应值压入栈中，而 popreal()表示取得栈顶元素值并弹出栈顶元素。上面的解释部分基于栈实现了将两个数值相加并将结果存入栈中的处理。

对于高级语言的编译和解释翻译方式，可从以下几个方面进行比较。

（1）效率。编译比解释方式可能取得更高的效率。

一般情况下，在解释方式下运行程序时，解释程序可能需要反复扫描源程序。例如，每一次引用变量都要进行类型检查，甚至需要重新进行存储分配，从而降低了程序的运行速度。在空间上，以解释方式运行程序需要更多的内存，因为系统不但需要为用户程序分配运行空间，而且要为解释程序及其支撑系统分配空间。

在编译方式下，编译程序要生成源程序的目标代码并进行优化，该过程比解释方式需要更多的时间。虽然与仔细写出的机器程序相比，一般由编译程序创建的目标程序运行的时间更长，需要占用的存储空间更多，但源程序只需要被编译程序翻译一次，就可以多次运行。因此总体来讲，编译方式比解释方式可能取得更高的效率。

（2）灵活性。由于解释程序需要反复检查源程序，这也使得解释方式能够比编译方式更灵活。当解释器直接运行源程序时，"在运行中"修改程序就成为可能，例如增加语句或者修改错误等。另外，当解释器直接在源程序上工作时，它可以对错误进行更精确地定位。

（3）可移植性。源程序是由解释器控制来运行的，可以提前将解释器安装在不同的机器上，从而使得在新环境下无需修改源程序使之运行。而编译方式下则需要针对新机器重新生成源程序的目标代码才能运行。

由于编译方式和解释方式各有特点，因此现在的一些编译系统既提供编译的方式，也提供解释的方式，甚至将两种方式结合在一起。例如，在 Java 虚拟机上发展的一种 compiling-just-in-time 技术，就是当一段代码第一次运行时进行编译，其后运行时就不再进行编译了。

6.2　汇编语言程序设计

　　嵌入式软件应用大多对于实时性要求很高，因此为了提高应用的性能，在程序设计中不得不使用汇编语言来提升相应的性能。汇编语言不像其他大多数的程序设计语言一样被广泛用于程序设计。在今天的实际应用中，它通常被应用在底层，硬件操作和高要求的程序优化的场合。驱动程序、嵌入式操作系统和实时运行程序都需要汇编语言。

6.2.1　汇编语言概述

　　汇编语言（Assembly Language）是面向机器的程序设计语言。在汇编语言中，用助记符代替机器指令的操作码，用地址符号（Symbol）或标号（Label）代替指令或操作数的地址，从而增强了程序的可读性，降低了编程难度，因此汇编语言也称为符号语言。使用汇编语言编写的程序，机器不能直接识别，还要由汇编程序（汇编器，汇编语言编译器）转换成机器指令。汇编程序将符号化的操作代码组装成处理器可以识别的机器指令，这个组装的过程称为组合或者汇编。

　　不同的处理器有不同的指令集，因此每一种处理器都会有自己专属的汇编语言语法规则和汇编器。即使是同一种类型的处理器，也可能拥有不同的汇编器。

　　汇编语言的特点可归纳如下：

　　（1）机器相关性。汇编语言是一种面向机器的低级语言，通常是为特定的计算机或系列计算机专门设计的。因为是机器指令的符号化表示，故不同的机器就有不同的汇编语言。使用汇编语言能面向机器并较好地发挥机器的特性，要求编程人员了解硬件系统的结构，才能有效地编程。

　　（2）高速度和高效率。汇编语言保持了机器语言的优点，具有直接和简洁的特点，可有效地访问、控制计算机的各种硬件设备，如磁盘、存储器、CPU、I/O 端口等，程序体积小从而占用内存少，执行速度快，可以得到高效的执行结果。

　　（3）编写和调试的复杂性。由于是直接控制硬件，即便是简单的任务处理也需要很多汇编语言指令，因此在进行程序设计时必须面面俱到，需要考虑到一切可能的问题，合理调配和使用各种软、硬件资源。这样，就不可避免地加重了程序开发人员的负担。同时，过于细节化的处理过程也导致程序调试比较困难。

　　总之，嵌入式系统的编程人员需要了解硬件层面上的系统结构，从而可以利用汇编语言有效地控制系统进行工作。

6.2.2　汇编语言程序

　　汇编语言是为特定计算机或计算机系统设计的面向机器的符号化程序设计语言。用汇编语言编写的程序称为汇编语言源程序。由于计算机不能直接识别和运行符号语言程序，所以需要用专门的翻译程序——汇编程序进行翻译。用汇编语言编写程序时要遵循所用语言的规范和约定。汇编语言的核心是汇编指令，它决定了汇编语言的特性。

1．汇编语言源程序中的指令

汇编语言源程序由若干条语句组成。一般来说，在一个程序中可以有 3 类语句：指令语句、伪指令语句和宏指令语句。

1）指令语句

指令语句又称为机器指令语句，将其汇编后能产生相应的机器代码，这些代码能被 CPU 直接识别并执行相应的操作。例如，表示传数据、相加、相减和与运算的 MOV、ADD、SUB 和 AND 等，书写指令语句时必须遵循指令的格式要求。

指令语句可分为传送指令、算术运算指令、逻辑运算指令、移位指令、转移指令和处理器控制指令等。

2）伪指令语句

伪指令语句指示汇编程序在对源程序进行汇编时完成某些工作。例如，给变量分配存储单元地址，给某个符号赋一个值等。伪指令语句与指令语句的区别是：伪指令语句经汇编后不产生机器代码，而指令语句经汇编后要产生相应的机器代码。另外，伪指令语句所指示的操作是在源程序被汇编时完成的，而指令语句的操作必须在程序运行时完成。

通常，汇编语言都应设立常数定义、存储定义、汇编控制、开始和结束等伪指令。

（1）常数定义伪指令。例如，在 ARM 汇编语言中定义常数的格式为：

```
x EQU 50
```

其中，EQU 是语句的记忆码，x 是用户定义的常数。这条语句的功能是定义标记符 x 的值为 50。

（2）存储定义伪指令。例如，ARM 汇编语言使用 DCB 来定义内存单元。

```
str DCB "this is a test"
```

这条语句用于指示分配一片连续的字节存储单元并进行初始化，str 表示被分配的存储区域的起始地址。

（3）汇编控制伪指令，用于控制汇编程序的执行流程。

例如，在 ARM 汇编语言中，常用的汇编控制伪指令包括：

IF、ELSE、ENDIF：条件判断指令

WHILE、WEND：循环执行指令

（4）开始伪指令。例如，在 ARM 中可以使用 ENTRY 伪指令来指定汇编程序的入口点。

（5）结束伪指令。例如，在 ARM 中 END 伪指令用于通知编译器已经到了源程序的

结尾。

对于每一条汇编指令语句，它由四个部分组成，或者说，被划分为 4 个区，依次是标号区、操作码区、操作数区和注释区。各个区域之间用确定的符号分隔开。标号区中的标号用于指示一条汇编指令语句，它实际上代表该指令的内存单元地址。操作码区是该语句的指令助记符，它可以是机器指令助记符、伪指令码等。操作数区指出本条汇编指令所操作的运算对象，用寻址方式指定操作数的来源，常用的是寄存器操作数和内存单元操作数。

3）宏指令语句

在汇编语言中，还允许用户将多次重复使用的程序段定义为宏。宏的定义必须按照相应的规定进行，每个宏都有相应的宏名。在程序的任意位置，若需要使用这段程序，只要在相应的位置使用宏名，即相当于使用了这段程序。因此，宏指令语句就是宏的引用。

2．汇编语言程序示例

下面分别以 ARM 和 x86 汇编语言为例，通过示例简要介绍汇编语言程序的基本格式。

1）ARM 汇编语言程序示例

ARM 汇编语言以段（section）为单位来组织源文件。段是相对独立的、具有特定名称的、不可分割的指令或数据序列。段又可以分为代码段和数据段，代码段存放执行代码，数据段存放代码运行时需要用到的数据。一个 ARM 源程序至少需要一个代码段，大的程序可以包含多个代码段和数据段。

ARM 汇编语言源程序经过汇编处理后生成一个可执行的映像文件（类似于 Windows 系统下的 EXE 文件）。该映像文件通常包括以下的三个部分：

- 一个或多个代码段，代码段通常是只读的。
- 零个或多个包含初始值的数据段，这些数据段通常是可读写的。
- 零个或多个不含初始值的数据段，这些数据段被初始化为 0，通常是可读写的。

链接器根据一定的规则将各个段安排到内存的不同位置，源程序中相邻的段在可执行映像文件中不一定是相邻的。

【例 6-1】简单的 ARM 汇编语言源程序。

在一个 ARM 源程序中，使用 AREA 伪指令定义一个段。AREA 表示一个段的开始，后面是这个段的名称及相关属性。在本例中定义了一个只读的代码段，其名称为 EXAMPLE1。

```
    AREA  EXAMPLE1, CODE, READONLY
    ENTRY
START
    ;r0+r1 -> r2
    MOV r0, #10
```

```
MOV r1, #3
ADD r2, r0, r1
END
```

ENTRY 伪指令标识了程序的入口地址，即执行的第一条指令位置。在一个 ARM 程序中可以有一个或多个 ENTRY，但至少要有一个。一般来说，在初始化代码及异常中断处理程序中都包含了 ENTRY。如果程序包含了 C 代码，则 C 语言库文件的初始化部分也包含了 ENTRY。

本程序的主体部分实现了一个简单的加法运算，";"开头的注释说明是将寄存器 r0 和 r1 的值相加存入 r2。

END 伪指令告诉编译器源文件的结束。每一个汇编模块必须包含一个 END 指令，表明本模块的结束。

在 ARM 汇编语言中，子程序调用是通过 BL 指令来完成的。BL 指令的语法格式为：

```
BL  subname   ;subname 是调用的子程序的名称
```

BL 指令完成两个操作：将子程序的返回地址保存到 LR 寄存器中，然后将程序计数器 PC 的值设置为目标子程序的第一条指令的地址。这样，当需要从子程序返回时，只要把 LR 寄存器的值送到 PC 寄存器即可。另外，在子程序调用时，通常使用寄存器 r0～r3 来传递参数和返回结果。

下面是一个 ARM 子程序调用的例子。子程序 DOADD 完成加法运算，操作数放在 r0 和 r1 寄存器中，结果放在 r0 中。

```
    AREA EXAMPLE2, CODE, READONLY
    ENTYR
STRAT
    MOV r0, #10              ; 设置输入参数 r0
    MOV r1, #3               ; 设置输入参数 r1
    BL DOADD                 ; 调用子程序 DOADD
DOADD ADD r0, r0, r1        ; 子程序
    MOV pc, lr               ; 从子程序中返回
    END
```

2）x86 汇编语言程序示例

不同平台有不同的汇编语言相对应，实际应用系统中，开发人员可能会用汇编来实现部分功能以获得更高的性能。下面用一个程序段简要说明 x86 汇编语言程序的简单示例。

设要利用某 16 位嵌入式 CPU 进行 A/D 采集，所设计的硬件电路（此处略）利用 8255 控制器 C 口中的 PC0 输出控制信号，利用 PC7 读入 AD574 的状态信号，再利用 8255 的 A 口和 B 口读入 AD574 转换好的 12 位数据。其中，8255 控制器各个管脚及地址控制描述如表 6-2 所示。

表 6-2　8255 控制器各个管脚功能定义表

序号	管脚名称	含义
1	D0～D7	双向数据线，用来传送命令、数据或者状态
2	$\overline{RD}$	读控制信号线
3	$\overline{WR}$	写控制信号线
4	$\overline{CS}$	片选信号
5	A1，A0	8255 的地址选择信号线： A1 A0 = 00 时，寻址 A 口 A1 A0 = 01 时，寻址 B 口 A1 A0 = 10 时，寻址 C 口 A1 A0 = 11 时，寻址控制寄存器
6	RST	复位输入信号
7	PA0 - PA7	A 口的 8 条输入/输出信号线
8	PB0 - PB7	B 口的 8 条输入/输出信号线
9	PC0 - PC7	C 口的 8 条输入/输出信号线

根据相应硬件设计编写对应的数据采集程序，首先需要对 8255 进行初始化，然后进行数据采集。

初始化 8255 程序段如下，先对 8255（寻址其 A 口为 C000H、寻址其控制寄存器为 C003H）的工作模式进行配置。在给出的配置情况下，必须使得 8255 的 A1 A0 = 11，即工作在寻址控制器模式下，同时保证 8255 的片选有效，即必须使得 A15 = A14 = 1，A13 = A12 = A11 = …= A2 = 0，因此给 DX 寄存器的地址为 C003H，使 8255 的 A 口 8 位、B 口 8 位及 C 口的高 4 位均设置为输入，C 口的低 4 位设置为输出，将控制字写入 8255 的控制寄存器。

```
INIT8255:   MOV    DX,    C003H
            MOV    AL,    9AH
            OUT    DX,    AL      ; 控制字写入 8255 的控制寄存器
            MOV    AL,    01H
            OUT    DX,    AL      ; 使用位控方式将 PC0 置位
```

在进行数据采集过程中，需要先通过 8255 的 C 口进行 AD574 的转换控制，要对 C 口操作，就需要设置 A1 A0 = 10，再考虑到片选的有效性，需要给 DX 的地址是 C002H。在进行一次数据转换时需要在 PC0 产生一个上升沿，所以要给 C 口输出配置为 00H 和 01H。

当从 C 口取出状态字后，需要借助 C 口的最高位 STS 进行转换完毕的状态判断，因此取出数据保存在 AL 寄存器，需要将其与 80H 进行与操作来判断最高位的完成状态。

当判断结果是有效数据时候，需要分别从 8255 的 A 口和 B 口进行数据的获取，因此需要分别配置 A 口和 B 口的地址，依次为 C000H 和 C001H。

在进行 12 位数据合并时，需要通过与操作取出低 4 位数据，与#0FH 进行与操作即可。

数据采集程序段如下，

```
           ORG 0200H
ACQU:      NOP
           MOV    DX,    C002H      ;通过 8255 的 C 口进行 AD574 的
           MOV    AL,    00H        ;转换控制
           OUT    DX,    AL
           MOV    A,     01H_
           OUT    DX,    A

WAIT:      IN     AL,    DX
           ANL    AL,    80H        ;通过与操作判断 AD 转换是否完毕
           JNZ    WAIT
           MOV    DX,    C000H      ;读取 8255 A 口的 AD 转换数据
           IN     AL,    DX
           MOV    BL,    AL         ;有效数据存放在 BL 寄存器中
           MOV    DX,    C001H      ;读取 8255 B 口的 AD 转换数据
           IN     AL,    DX
           ANL    AL,    0FH        ;提取 A 寄存器中有效的低 4 位数据
           MOV    BH,    AL         ;4 位有效数据存放在 BH 寄存器中
           RET
```

6.3　C 程序设计基础

C 语言是面向过程的结构化程序设计语言，由于它兼具高级语言和低级语言的特点，因此是创建嵌入式系统时最普遍使用的语言，由于 C 语言不是专门为嵌入式系统应用而设计的，因此国标 GB/T 28169-2011 作为应用 C 语言进行嵌入式软件开发的编码规范。

6.3.1　C 程序基础

C 程序是由函数组成的，其基本要素有预处理指令、常量、变量、宏、运算符和表达式、流程控制和语句等。

1. 预处理指令

在 C 程序中以#开头的行被称为预处理指令，这些指令是 ANSI C 统一规定的。编程时可使用预处理命令来扩展 C 语言的表示能力，提高编程效率。对 C 源程序进行编译之前，首先由预处理器对程序中的预处理指令进行处理。

文件包含#include、宏定义#define、条件编译#ifdef、#ifndef 是常用的预处理命令，在头文件 assert.h 中定义宏 assert（断言），用于测试表达式的值，若表达式的值为 0，则显示错误信息并终止程序的运行。

1）宏定义

在 C 程序中用好宏定义可以提高程序的可移植性、可读性，减少出错。对于嵌入式系统而言，为了达到性能要求，也常用宏作为一种代替函数的方法。

例如，用宏求解两个数据对象的较小者。

```
#define MIN(A,B) ((A)<(B)?(A):(B))
```

再如，用#define 声明一个常数，忽略闰年情况下表示一年有多少秒。

```
#define  SECONDS_PER_YEAR (60*60*24*365)UL
```

通过使用预定义宏可以返回程序的某些状态，以方便交叉编译和调试，每个预定义宏的名称一两个下画线字符开头和结尾，这些预定义宏不能被取消定义（#undef）或由编程人员重新定义。例如，用__FUNC__打印函数名、__LINE__打印行号，以定位程序中打印该信息的函数和位置。常用的几个预定义宏如下。

__DATE__	当前源文件的编译日期，格式为"Mmm dd yyyy"的字符串字面量
__TIME__	当前源文件的编译时间，格式为"hh:mm:ss"的字符串字面量
__FILE__	当前源文件名称，含路径信息
__FUNC__	当前函数名称
__LINE__	当前程序行的行号，表示为十进制整型常量
__STDC__	若当前编译器符合 ISO 标准，那么该宏的值为 1，否则未定义
__STDC_HOSTED__	(C99)如果当前是宿主系统，则该宏的值为 1，否则为 0

2）条件编译

编写嵌入式应用程序时经常会遇到一种情况，当满足某条件时对一组语句进行编译，而当条件不满足时则编译另一组语句，这时就需要使用条件编译。条件编译命令最常见的形式为：

```
#ifdef      标识符
            程序段 1
#else
            程序段 2
#endif
```

其作用是：当标识符已经被定义过（一般是用#define 命令定义），则对程序段 1 进行编译，否则编译程序段 2，其中#else 部分也可以没有。

在所有的预处理指令中，#pragma 最为复杂，其作用是设定编译器的状态或者是指示编译器完成一些特定的动作，编译指示是机器或操作系统专有的，且对于每个编译器都是不同的。#pragma pack 有多种形式，#pragma pack(n)表示变量以 n 字节对齐。

在网络程序中采用#pragma pack(1)（即变量紧缩），可以减少网络流量以及兼容各种系统，避免由于系统对齐方式不同而导致的解包错误。

【**例 6-2**】下面是一个简单的 C 程序。

```
#include <stdio.h>
#include <assert.h>
#define PI 3.1415926                //宏定义

int main()
{
    double radius, area;

    #ifdef TEST                     //条件编译
        printf("test\n");
    #endif

    printf("input the radius of the circle:") ;
    scanf("%lf", &radius);

    assert(radius>=0);              //断言
    area = radius * radius * PI;    //宏引用

    printf("radius = %lf  area = %lf\n", radius, area);
    return 0;
}
```

2. 基本数据类型

在 C 程序中，数据都具有类型，通过数据类型定义了数值范围以及可进行的运算。

C 的数据类型可分为基本数据类型（内置的类型）和复合数据类型（用户定义的类型）。内置的类型是指 C 语言直接规定的类型，用户定义的类型在使用以前必须先定义，枚举、结构体和共用体类型都是用户定义类型。

C 的基本数据类型有字符型（char）、整型（int）、浮点型（float、double），如表 6-3 所示。

表 6-3　C 基本数据类型

类 型 名		类 型	字 节	表 示 范 围
字符型 （char）	char	字符型	1	−128～127
	unsigned char	无符号字符型	1	0～255
整型（int）	int	整型	*	与机器有关
	unsigned int	无符号整型	*	与机器有关
	short int	短整型	2	−32 768～32 767
	unsigned short int	无符号短整型	2	0～65 535
	long int	长整型	4	−2 147 483 648～2 147 483 647
	unsigned long int	无符号长整型	4	0～4 294 967 295
浮点型	float	单精度浮点型	4	3.4E±38（7 位有效数字）
	double	双精度浮点型	8	1.7E±308（15 位有效数字）
	long double	长双精度型	10	1.2E±4932（19 位有效数字）

void 类型也是一种基本类型，void 不对应具体的值，只用于一些特定的场合，例如用于定义函数的参数类型、返回值、函数中指针类型等进行声明，表示没有或暂未确定类型。

C 程序中的数据以变量、常量（包括字面量和 const 常量等）表示，它们都具有类型属性。

1）变量

变量本质上指代存储数据的内存单元，变量的定义（definition）指示编译器为变量分配存储空间，还可以为变量指定初始值。在一个 C 程序中，一个变量有且仅有一个定义。当 C 程序文件中需要引用其他程序文件中定义的变量时，就需要进行声明。

变量声明（declaration）用来表明变量的类型和名字，当定义变量时即声明了它的类型和名字。可以通过使用 extern 关键字声明变量名。

例如，下面是对变量 a 的定义、b 的声明。

```
int a=0;          //定义一个变量，编译系统应为其分配存储空间
extern int b;     //声明 b 是一个整型变量，编译当前程序文件时不为 b 分配存储空间
```

在嵌入式 C 程序设计中，用 volatile 修饰变量时，即告知编译器该变量的值无任何持久性，不要对它进行任何优化。因为用 volatile 定义的变量可能会在其所在程序外被改变，因此需要从其所在的内存位置或设备端口重新读取，而不是使用其寄存器中的缓存值。

2）字面量

字面量（literal）是指数据在源程序中直接以值的形式呈现，在程序运行中不能被修改，表现为整型、浮点型和字符串类型。

默认情况下，整型字面量以十进制形式表示，前缀 0 表示是八进制常数，前缀 0x 或 0X 表示是十六进制常数。同样，一个整型常数也可以加 U 或 u 后缀，指定为是 unsigned 类型。

以 0 作为八进制常数的前导符号并不符合人们的习惯，可能造成潜在的程序错误。

例如，

```
x = 45;           //将十进制数 45 赋给 x，等同于 x = 0x2D 或者 x = 055;
x = 045;          //将八进制数 45 赋给 x，等同于 x = 0x25 或者 x = 37;
```

浮点型字面量总是假定为 double 型，除非有字母 F 或 f 后缀，才被认为是 float 型；若有后缀 L 或 l，则被处理为 long double 型。实型常量也可以表示成指数形式，例如 0.004 可以表示成 4.0E-3 或 4.0e-3，其中 E 和 e 代表指数。

字符字面量用一对单引号括起来，例如'A'。对于不能打印的特殊字符，可以用它们的编码指定。还有一些转义字符，如'\n'表示换行、'\r'表示回车等。

用双引号括起来的零个或多个字符则构成字符串型字面值。例如，

```
"Hello"           //由 5 个字符构成的字符串
"China\t"         //由 6 个字符构成的字符串
```

3）const 常量和宏定义常量

常量修饰符 const 的含义是其所修饰的对象为常量（immutable）。若一个变量被修饰为 const，则该变量的值就不能被其他语句修改。例如：

```
const double pi = 3.14;        //pi 的值被初始化为 3.14，pi 成为常量，之后在其作用
                               //域内不能被修改
double const pi = 3.14;        //同上
```

C 程序中常用宏定义的方式在源程序中为常量命名。例如：

```
#define PI 3.1415926          // PI 是宏名
```

const 常量与宏定义常量有所不同：const 常量有数据类型，而宏定义常量没有数据类型。编译器可以对前者进行类型安全检查，而对后者只进行字符替换，不进行类型安全检查，并且在字符替换可能会产生意料不到的错误。有些集成化的调试工具可以对 const 常量进行调试，但是不能对宏常量进行调试。在 C++ 程序中使用 const 常量。

4）标识符和名字的作用域

在 C 程序中使用的变量名、函数名、标号以及用户定义数据类型名等统称为标识符。除库函数的函数名由系统定义外，其余都由用户自定义。

C 语言的标识符一般应遵循如下的命名规则：

- 标识符必须以字母 a～z、 A～Z 或下画线开头，后面可跟任意个字符，这些字符可以是字母、下画线和数字，其他字符不允许出现在标识符中；
- 标识符区分大小写字母；
- 标识符的长度在 C89 标准中规定 31 个字符以内，在 C99 标准中规定 63 个字符以内；
- C 语言中的关键字（保留字）有特殊意义，不能作为标识符；
- 标识符最好使用具有一定意义的字符串，便于记忆和理解。变量名一般用小写字母，用户自定义类型名的开头字母大写。

通常来说，一段程序代码中所用到的名字并不总是有效和可用的，而限定这个名字的可用性的代码范围就是这个名字的作用域。同一个名字在不同的作用域可能表示不同的对象。

C 程序中的名字有块作用域、函数作用域、函数原型作用域和文件作用域之分，作用域可以是嵌套的。

一般情况下，尽可能将变量定义（声明）在最小的作用域内，并且为其设置初始值。

3．数组、字符数组与字符串

1）数组

数组是一种集合数据类型，它由多个元素组成，每个元素都有相同的数据类型，占有相同大小的存储单元，且在内存中连续存放。每个数组有一个名字，数组中的每个元

素有一个序号（称为下标），表示元素在数组中的位序（位置），数组的维数和大小在定义数组时确定，程序运行时不能改变。

一维数组的定义形式为：

```
类型说明符 数组名[常量表达式];
```

其中，"类型说明符"指定数组元素的类型；"数组名"的命名规则与变量相同；"常量表达式"的值表示数组元素的个数，必须是一个正整数。例如：

```
float temp[100];
```

在 C 程序中，数组元素的下标总是从 0 开始的，如果一个数组有 n 个元素，则第一个元素的下标是 0，最后一个元素的下标是 $n-1$。例如，在上面定义的 temp 数组中，第一个元素是 temp[0]，第二个元素是 temp[1]，以此类推，最后一个元素是 temp[99]。访问数组元素的方法是通过数组名及数组名后的方括号中的下标。例如：

```
temp[14] = 11.5;  //设置上面定义的数组 temp 的第 15 个元素值为 11.5
```

程序员需确保访问数组元素时下标的有效性，访问一个不存在的数组元素（例如 temp[100]），可能会导致严重的错误。

定义数组时就给出数组元素的初值，称之为初始化，数组的初始化与简单变量的初始化类似。初值放在一对花括号中，各初值之间用逗号隔开，称为初始化表。例如：

```
int primes[] = {1, 2, 3, 5, 7, 11, 13};
```

对于没有给出数组元素个数而给出了初始化表的数组定义，编译器会根据初值的个数和类型，为数组分配相应大小的内存空间。初始化表中值的个数必须小于或等于数组元素的个数。

对于"int primes[10] = {1, 2, 3, 5, 7};"，前 5 个数组元素的初值分别为 1,2,3,5,7，后 5 个元素的初值都为 0。

二维数组可视为是一个矩阵，定义形式为：

```
类型说明符 数组名[常量表达式1][常量表达式2];
```

其中，"类型说明符"指定数组元素的类型，"常量表达式 1"指定行数，"常量表达式 2"指定列数。例如，可以定义一个二维数组：

```
double twoDim[3][4];
```

这个数组在内存中占用能存放 12 个 double 型数据且地址连续的存储单元。

C 语言中二维数组在内存中按行顺序存放。

可以用 sizeof 计算数组空间的大小，即字节数。例如，

```
printf("%d  %d  %d\n",sizeof(temp),sizeof(primes),sizeof(twoDim));
```

二维数组可以看作元素是一维数组的一维数组，三维数组可看作元素是二维数组的一维数组，以此类推。

2）字符数组与字符串

当数组中的元素由字符组成时，便称为字符数组。

字符串是一个连续的字符系列，用特殊字符'\0'结尾。字符串常用字符数组来表示。数组的每一个元素保存字符串的一个字符，并附加一个空字符，表示为"\0"，添加在字符串的末尾，以标识字符串结束。如果一个字符串有 n 个字符，则至少需要长度为 $n+1$ 的字符数组来保存它。

一个字符串常量用一对双引号括起来，如 Welcome，编译系统自动在每一字符串常量的结尾增加'\0'结尾符。字符串可以由任意字符组成，一个长字符串可以占两行或多行，但在最后一行之前的各行需用反斜杠结尾，如 A String Can be write on multilines 可等价地表示为：

```
"A \
String \
Can be write on multilines"
```

需要注意的是，"A"与'A'是不同的，"A"是由两个字符（字符'A'与字符'\0'）组成的字符串，而后者只有一个字符。最短的字符串是空字符串""，它仅包含一个结尾符'\0'.

4. 枚举类型

枚举就是把一种类型数据可取的值逐一列举出来。枚举类型是一种用户定义的数据类型，其一般定义形式为：

```
enum 枚举类型名 {
    标识符[=整型常数],
    标识符[=整型常数],
    ...
    标识符[=整型常数],
};
```

其中，"枚举类型名"右边花括号中的内容称为枚举表，枚举表中的每一项称为枚举成员，枚举成员是常量。枚举成员之间用逗号隔开，方括号中的"整型常数"是枚举成员的初值。

如果没有为枚举成员赋初值，即省掉了标识符后的"=整型常数"时，编译系统为每一个枚举成员赋予一个不同的整型值，第一个成员为 0，第二个成员为 1，以此类推。当枚举类型中的某个成员赋值后，其后的成员则按依次加 1 的规则确定其值。例如：

```
enum Color { eRED=5,eBLUE,Eyellow, Egreen=30,Esilvergrey=40, Eburgundy};
```

此时，eBLUE=6、Eyellow=7、Eburgundy=41。

5．结构体、位域和共用体

结构体、位域和共用体类型在程序中需要用户进行定义，同时用 typedef 定义数据类型的别名。

1）结构体

利用结构体类型可以把一个数据元素的各个不同的数据项聚合为一个整体。结构体类型的声明格式为：

```
struct 结构体名{
        成员表列;
}变量名表列;
```

例如，一个复数 $z=x+yi$ 包含了实部 x 和虚部 y 两部分（x 和 y 为实数），可以定义一个表示复数的结构体类型，并用 typedef 为结构体类型命名为 Complex：

```
typedef struct {
    double   re;
    double   im;
}Complex;
```

在该定义中，Complex 是这个结构体类型的名字，re 和 im 是结构的成员。

一般情况下，对结构体变量的运算必须通过对其成员进行运算来完成，成员运算符"."用来访问结构体变量的成员，方式为：

结构体变量名.成员名

例如，定义结构体变量 z，将–4 和 5 分别赋值给一个复数 z 的实部成员变量和虚部成员变量：

```
Complex  z;
z.re = -4;  z.im = 5;
```

z.re 和 z.im 相当于普通的 double 型变量。结构体外的变量名和结构体中的成员名相同时不会发生冲突。一个结构体变量的存储空间长度不少于其所有成员所占空间长度之和。

结构体数据的空间中可能产生填充信息，因为对大多数处理器而言，访问按字或者半字对齐的数据速度更快，当定义结构体时，编译器为了性能优化，可能会将它们按照半字或字对齐。

例如，下面两个结构体变量 structA 和 structB 的成员相同但排列顺序不同，用 sizeof 计算其所占用存储空间的字节数，sizeof(structA)的值为 8，sizeof(structB)的值为 12。其存储空间中的填充处理如图 6-11 所示。

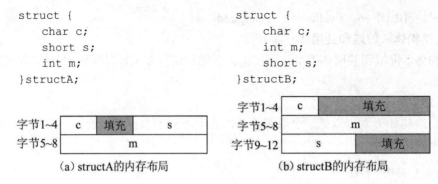

```
struct {                          struct {
    char c;                           char c;
    short s;                          int m;
    int m;                            short s;
}structA;                         }structB;
```

（a）structA的内存布局   （b）structB的内存布局

图6-11 结构体变量的存储空间

2）位域

有些信息在存储时只需要一个或几个二进制位，而不是完整的字节空间，这时可通过位域的方式来处理，即将一个字节中的二进位划分为几个不同的区域，并说明每个区域的位数。

位域的定义格式如下：

```
Struct  位域结构名 {
        位域列表；
};
```

其中，位域列表的形式为：类型说明符位域名：位域长度。

例如，定义了下面的位域结构变量 bit 后，可以为其位域赋值：

```
Struct  bs {
        int a:1;
        int :2;  //2 位不使用
        int b:3;
        int c:2;
}bit;
bit.a = 0;  bit.b = 5;  bit.c = 1;
```

3）共用体

共用体类型的声明格式为：

```
Union    共用体名{
        成员表列
}变量名表列；
```

例如，定义共用体类型 DATA 及其变量 a。

```
typedef union {
  int i;
  char ch;
```

```
    float f;
}DATA;
DATA a;
```

不能直接引用联合类型的变量，只能引用其成员。用 "." 运算符引用共用体变量的成员，引用方式为：

共用体变量.成员变量名

例如，a.i，a.ch，a.f

一个共用体变量的存储空间的大小等于其占用空间最大的成员的大小，所有成员变量占用同一段内存空间，如图 6-12 所示。

图 6-12　共用体变量 a 的存储空间

6．运算符与表达式

C 语言提供了丰富的运算符，包括算术运算符、关系运算符、逻辑运算符、位运算符、条件运算符、赋值运算符、逗号运算符及其他运算符。根据运算符需要的操作数个数，可分为单目运算符（一个操作数）、双目运算符（两个操作数）和三目运算符（三个操作数）。

表达式总是由运算符和操作数组成，它规定了数据对象的运算过程。

1）自增（++）与自减（−−）

运算符的作用是将数值变量的值增加 1 或减少 1。自增或自减运算符只能作用于变量而不能作用于常量或表达式。

++value 称为前缀方式，value++ 称为后缀方式，其区别是：前缀方式先将变量的值增 1，然后取变量的新值参与表达式的运算；后缀方式是先取变量的值参与表达式的运算，然后再将变量的值增加 1。自减运算同理。

2）关系运算符

关系运算符用于数值之间的比较，包含等于（==）、不等于（!=）、小于（<）、小于或等于（<=）、大于（>）、大于或等于（> =）这 6 种，结果的值为 1（表示关系成立）或为 0（表示关系不成立）。

不能用关系运算符对字符串进行比较，因为被比较的不是字符串的内容本身，而是字符串的地址。例如，"HELLO" < "BYE"是用"HELLO"的地址与"BYE"的地址来比较大

小，这没有意义。

3）逻辑运算符

逻辑与（&&）、逻辑或（||）、逻辑非（!）的运算结果为 1（表示 true）或为 0（表示 false）。"逻辑非"是单目运算符，它将操作数的逻辑值取反。"逻辑与"是双目运算符号，其含义是"当且仅当两个操作数的值都为 true 时，逻辑与运算的结果为 true"。"逻辑或"的含义是"当且仅当两个操作数的值都为 false 时，逻辑或运算的结果为 false"。

例如，逻辑表达式!20 的结果是 0，10 && 5 的结果是 1，10 || 5.5 的结果是 1，10 && 0 的结果是 0。

在 C 程序中，由逻辑运算符"&&""||"构造的表达式采用短路计算方式求值，即对于"a&&b"，a 为 1（假）时不需要再计算 b 的值就可以确定该表达式的结果为 0（假），对于"a||b"，a 为 1（真）时不需要再计算 b 的值就可以确定该表达式的结果为 1（真）。

例如，对于逻辑表达式((year%4==0) && (year%100!=0) || (year%400==0))，若 year%4 的结果不是 0（例如 year 的值为 2001），就不需要再计算 year%100 的值了，因为此时"&&"运算的结果已经确定为 0（即条件不成立）。

4）赋值运算与组合赋值

赋值运算符（=）的作用是将一个表达式的值赋给一个变量，可进行组合赋值。例如：

```
a += 12;               //等价于 a = a + 12;
a *= b + 3;            //等价于 a = a * (b + 3);
m = n = p = 30;        //即 m = (n = (p = 30));
m = (n = p = 30) + 2;  //即 m = (n = (p = 30)) + 2;
m += p = 50;           //即 m = m + (n = p = 50);
```

书写组合表达式时，可能存在的潜在错误是书写错误，例如将"+="写成了"=+"，这类错误在编译阶段无法识别，只能在程序的运行结果不符合预期时再进行排查。

C 程序中，常出现将比较相等的运算符号"=="误用为"="（赋值运算符）的情况，编程时需要特别注意。

5）条件运算符和逗号运算符

（1）条件运算符是 C 中唯一的三目运算符，也称为三元运算符，它有三个操作数：

操作数 1 ? 操作数 2 : 操作数 3

（2）多个表达式可以用逗号组合成一个表达式，即逗号表达式。逗号运算符带两个操作数，结果是右操作数。逗号表达式的一般形式是：表达式 1，表达式 2，……，表达式 n，它的值是表达式 n 的值。逗号运算符的用途仅在于解决只能出现一个表达式的地方却要出现多个表达式的问题。

6）位运算符

位运算符要求操作数是整型数，并按二进制位的顺序来处理它们。C/C++提供 6 种位运算符，如表 6-4 所示，为简化起见，设整数字长（word）为 16 位。

表 6-4　C 的位运算

运算符	含　义	实　例	计算结果 （十六进制）	说　　明
~	取反	~31	FFE0	31 的二进制表示为 0000 0000 00011111，即十六进制的 001F，取反后为 1111111111100000（即 FFE0）
&	逐位与	24 & 31	0018	24 的二进制表示为 0000 0000 00011000，与 31 进行位与运算后，结果为 0000000000011000（即 0018）
|	逐位或	125 | 24	007D	125 的二进制表示为 0000 0000 01111101，与 24 进行位或运算后，结果为 0000000001111101（即 007D）
^	逐位异或	125 ^ 24	0065	125 与 24 异或运算后，结果为 0000 0000 0110 0101（即 007D）
<<	逐位左移	125 << 2	01F4	125 左移 2 位后，结果为 0000 0001 1111 0100（即 01F4）
>>	逐位右移	125 >> 2	001F	125 右移 2 位后，结果为 0000 0000 0001 1111（即 001F）

　　赋值运算符也可与位运算符组合，产生&=、|=、^=、<<=、>>=等组合运算符。例如，用宏定义通过位运算得到一个字的高位和低位字节。

```
#define WORD_LO(xxx) ((byte) ((word)(xxx) & 0XFF))
#define WORD_HI(xxx) ((byte) ((word)(xxx) >> 8))
```

　　7）sizeof
　　sizeof 用于计算表达式或数据类型的字节数，其运算结果与系统相关。例如，对于下面的数组定义，可用"sizeof(a) / sizeof(int)"计算出数组 a 的元素个数为 7。

```
int a[] = {1,2,3,4,5,6,7};
```

　　8）类型转换
　　在混合数据类型的运算过程中，系统自动进行类型转换。例如，一个 int 型操作数和一个 long 型操作数进行运算时，将 int 类型数据转换为 long 类型后再运算，结果为 long 型；一个 float 型操作数和一个 double 型操作数的运算结果是 double 型。这称为类型提升。
　　在程序中也可以进行数据类型的强制转换（显式类型转换），一般形式为：

　　(类型名)(表达式)

　　需要注意，(int)(x+y)是将(x+y)转换为 int 型，而(int)x+y 是将 x 转换为 int 型后再与 y 相加。对变量进行显式类型转换只是得到一个所需类型的中间变量，原来变量的类型并不发生变化。
　　当不得已混合使用类型时，一个比较好的习惯是使用强制类型转换。强制类型转换可以避免编译器隐式转换带来的错误，同时也给维护人员传递一些有用信息。
　　7．输入/输出
　　C 程序中输入/输出操作都由输入/输出标准库函数（在头文件 stdio.h 中声明）完成，

常见的有格式化输出函数 printf 和格式化输入函数 scanf，以及文件操作函数 fopen、fprintf 和 fscanf 等。

8．语句

语句是构成程序的一种基本单位，用来描述数据定义或声明、运算和控制过程。下面主要介绍描述基本流程控制的分支（选择）、循环结构等语句，包括 if、switch、for、while、do-while、break、continue、return 等。

1）选择语句

表示分支（选择）结构的语句有 if 语句和 switch 语句。

（1）if 语句。if 语句用于表达根据一定的条件在两条流程中选择一条执行的情况。if 语句的一般形式为：

```
if (表达式 p)
    语句 1;
else
    语句 2;
```

其含义是当给定的条件 p 满足（即表达式 p 的值不为 0）时，执行语句 1，否则执行语句 2。语句 1 和语句 2 中必须且仅能执行其中的一条。在 if 语句的简单形式中，可以省略 else 及其子句"语句 2"。良好的 C 编程风格提倡将语句 1 和语句 2 用"{""}"括起来。

if 语句能够嵌套使用，即一个 if 语句能够出现在另一个 if 语句里。使用 if 语句的嵌套形式需要注意 else 的配对情况，C 规定：else 子句总是与离它最近且没有 else 相匹配的 if 语句配对。

例如，下面语句（a）、（b）中，else 与 if 的匹配不同。

```
语句（a）:                      语句（b）:
    if (x > 0)                    if (x > 0)
        if (x < 5)               {
            y = x + 1;               if (x < 5)
        else                             y = x + 1;
            y = x - 1;           }
                                 else
                                 {
                                     y = x - 1;
                                 }
```

在语句（a）中，else 与 if(x<5)匹配，该语句的含义是：当 x 大于 0 且小于 5 时，执行 y = x + 1;，若 x 大于或等于 5，则执行 y = x − 1;。

在语句（b）中，else 与 if(x>0)匹配，该语句含义是：当 x 大于 0 且小于 5 时，执行 y = x + 1;，若 x 小于或等于 0，则执行 y = x − 1;。

（2）switch 语句。switch 语句用于表示从多分支的执行流程中选择一个来执行的情况。

switch 语句的一般形式如下：

```
switch (表达式 p) {
    case 常量表达式 1:
                语句 1;
    case 常量表达式 2:
                语句 2;
    …
    case 常量表达式 n:
                语句 n;
    default:
                语句 n+1;
}
```

switch 语句的执行过程可以理解为：首先计算表达式 p 的值，然后自上而下地将其结果值依次与每一个常量表达式的值进行匹配（常量表达式的值的类型必须与“表达式”的类型相同）。如果匹配成功，则执行该常量表达式后的语句系列。当遇到 break 时，则立即结束 switch 语句，否则顺序执行到 switch 中的最后一条语句。default 是可选的，如果没有常量表达式的值与“表达式”的值匹配，则执行 default 后的语句系列。需要注意的是，表达式 p 的值必须是字符型或整型。

编译时通常根据 switch 语句中各 case 后面的常量表达式来构造一个跳转表，从而在确定表达式 p 的值之后可以快速定位到相应的语句位置开始执行，而不是逐一与各常量表达式的值进行比较。

【例 6-3】switch 语句中的 break。

```c
#include<stdio.h>
int main()
{
    int rank;
    scanf("%d",&rank);
    switch(rank) {
        case 1: printf("Ace!\n"); break;
        case 11: printf("Jack!\n");
        case 12: printf("Queen!\n");break;
        case 13: printf("King!\n");
        default: printf("unknown: %d\n", rank);
    }
    return 0;
}
```

上面程序运行时，如果输入 11，则输出“Jack!”和“Queen!”；如果输入 13，则输出“King!”和“unknown: 13”。

2）循环语句

C 提供的循环语句有 while、do-while 和 for，循环体部分应使用语句块符号（即大括号）括起来。

（1）while 语句。while 语句的一般形式为：

```
while（表达式 p）
    循环体语句；
```

while 语句的含义是首先计算表达式 p（称之为循环条件）的值，如果其值不为 0（即为真），则执行"循环体语句"（称为循环体）。这个过程重复进行，直至"表达式"的值为 0（假）时结束循环。

（2）do-while 语句。do-while 语句的一般形式为：

```
do
    循环体语句；
while（表达式 p）；
```

do-while 语句的含义是先执行循环体语句，再计算表达式 p，如果表达式 p 的值不为 0，则继续执行循环体语句，否则循环终止。

（3）for 语句。for 语句的一般形式为：

```
for（表达式 1；表达式 2；表达式 3）
    循环体语句；
```

for 语句的含义是：

① 计算表达式 1（循环初值）。

② 计算表达式 2（循环条件），如果其结果不为 0，则执行循环体语句（循环体），否则循环终止。

③ 计算表达式 3（循环增量）。

④ 重复②和③。

for 语句在形式上比实现相同控制逻辑的 while 语句更为简洁和紧凑。

3）break、continue、return

break 语句用在 switch 语句中时，用于跳出 switch 语句，结束 switch 语句的执行。

break 语句在循环体中时，其作用是终止循环并结束循环语句的执行。在多重（层）循环控制中，break 的作用只限于终止（并跳出）一重（层）循环控制结构，其作用不能到达更外层的循环控制。

return 语句仅用于从函数返回。

【例 6-4】判断给定的整数是否为素数（素数是只能被 1 和自己整除的正整数，不包括 1）。

```
#include <stdio.h>
```

```
int main()
{
    int k, m;
    printf("input an integer:");
    scanf("%d",&m);
    if (m < 2)
        printf( "%d 不是素数.", m);
    else
    {
        for (k = m / 2; k > 0; k--) {
            if (m % k == 0)  break;  //找到m的一个因子时跳出循环
        }
        if (k > 1)
            printf( "%d 不是素数.\n", m);
        else
            printf( "%d 是素数.\n", m);
    }
    return 0;
}
```

continue 语句的功能是结束本次循环，转而执行下一次循环。在循环体中，continue 语句执行之后，循环体内其后的语句均不再执行。

【例 6-5】 输出 100～200 之间 3 的倍数。

```
#include <stdio.h>
int main()
{
    int k;
    for (k = 100; k <= 200; k++) {
        if (k % 3 != 0)  continue;  //若k不是3的倍数,则跳过输出语句继续循环
        printf( "%d\n", k);          //若k是3的倍数,则输出k的值后继续循环
    }
    return 0;
}
```

6.3.2 函数

在编写 C 程序时，一般都会把一个代码行数多的大程序分为若干个子程序，函数就是 C 程序中的子程序。因此，函数是一个功能模块，用来完成特定的任务。

标准库函数是已经定义并随着编译系统发布的、可供用户调用的函数，例如 printf、scanf 等；用户自定义函数是根据需要来定义的函数。

1. 函数定义

函数定义的一般形式如下：

返回类型 函数名(参数表列)

```
{
    语句系列;
    return 表达式;
}
```

函数调用时有可能传递了错误参数，外界的强干扰可能将传递的参数修改掉，因此在执行函数主体前，需要先确定传进来的参数是否合法。

【例6-6】 定义一个判断给定整数是否是素数的函数。

```
int isPrime(int m)
{//若m是素数则返回1，否则返回0
    int t, k;
    if (m == 2) return 1;
    if (m < 2 || m%2 == 0)
        return 0;
    t = sqrt(m)+1;
    for (k = 3; k <= t; k+=2)  {
        if (m % k == 0)  return 0;
    }
    return 1;
}
```

一个函数中可以有多个 return 语句，在函数的执行过程中，遇到任一个 return 语句将立即停止函数的执行，并返回到调用函数。

2. 函数调用

函数调用的格式为：

函数名(实参表);

函数调用由函数名和函数调用运算符"(,)"组成，"(,)"内有 0 个或多个逗号分隔的参数（称为实参）。每个实参是一个变量或表达式，且实参的个数与类型要与被调用函数定义时的参数（称为形参）个数和类型匹配。当被调函数执行时，首先计算实参表达式，并将结果值传送给形参，然后执行函数体，返回值被传送到调用函数。如果函数调用后有返回值，函数调用可以用在表达式中，而无返回值的函数调用常常作为一个单独的语句使用。调用一个函数之前必须对被调用函数进行声明。

C 程序中的参数传递方式为值传递（地址也是一种值）。函数在被调用以前，形参变量并不占内存单元，当函数被调用时，才为形参变量分配存储单元，并将相应的实参变量的值复制到形参变量单元中。所以，被调用函数在执行过程修改形参变量的值并不影响实参变量的值。

当数组作为函数参数时，调用函数中的实参数组只是传送该数组在内存中的首地址，即调用函数通知被调函数在内存中的什么地方找到该数组。数组参数并不指定数组元素的个数，除传送数组名外，调用函数还必须将数组的元素个数通知给被调用函数。所以，有数组参数的函数原型的一般形式为：

类型说明符 函数名(数组参数，数组元素个数)

函数参数的引用传递不同于值传递。值传递是把实参的值复制到形参，实参和形参占用不同的存储单元，形参若改变值，不会影响到实参。而引用传递本质上是将实参的地址传递给形参。以数组作为函数参数传递时，是引用传递方式，即把实参数组在内存中的首地址传给了形参，避免了复制每一个数组元素，从而可以节省内存空间和运行时间。在被调用函数中，如果改变了形参数组中元素的值，那么在调用函数中，实参数组对应元素的值也会发生相应的改变。

3．函数声明

如果一个函数调用另一个函数，在调用函数中必须对被调用函数进行声明。函数声明的一般形式如下：

返回类型 函数名(参数表列);

C 程序中，函数原型用于声明函数，下面是函数声明的例子：

```
void PrintStats(int num, double ave, double std_dev);
int GetIntegerInRange(int , int );
```

可以将一些函数的声明集中放在头文件中，然后再用"#include"将头文件包含在程序文件中，也可以放在程序文件的开头，而把函数的定义放在程序文件后面的某个地方。C 程序是从 main 函数开始执行的，而 main 函数在程序文件中的位置并没有特别的要求。

4．递归函数

递归函数是指函数直接调用自己或通过一系列调用语句间接调用自己，是一种描述问题和解决问题的常用方法。

递归过程的特点是"先逐步深入，然后再逐步返回"，它有两个基本要素：边界条件和递归模式，边界条件确定递归何时终止，也称为递归出口；递归模式表示大问题是如何分解为小问题的，也称为递归体。

【例6-7】下面程序中的递归函数 permutation(char *str, int start, int end)输出从下标 start 开始、end 结束的所有字符的全排列。

```
void swap(char *str, int i, int j)
{
    char c;
    c = str[i]; str[i] = str[j]; str[j] = c;
}
void permutation(char *str, int start, int end)
{
    if(start < end) {
        if(start+1 == end) {
```

```
                    printf("%s\n",str);
            }
            else {
                int i;
                for(i = start; i < end; i++) {
                    swap(str, start, i);
                    permutation(str, start+1, end);
                    swap(str, start, i);
                }
            }
        }
}
int main()
{
    char s[] = "abcd";
    permutation(s, 0, strlen(s));
    return 0;
}
```

对于完成相同功能的递归函数和非递归函数，递归函数在执行过程中需要更多的执行时间，也占用更多的内存空间。

6.3.3　存储管理

C 程序中经常需要使用各种变量，如全局变量、静态变量、局部变量，编程时需要了解这些变量的作用域及其所占用的存储位置及存储空间大小，包括静态存储和动态存储的概念。若程序中的一个变量在运行时总是不正常地被改变，那么有理由怀疑它临近的数据存在溢出情况，从而改变了这个变量值。要进行跟踪排查，就必须知道该变量被分配的位置及其附近的其他变量。

程序的编译单位是源程序文件，一个源文件可以包含一个或若干个函数。在函数内定义的变量是局部变量，而在函数之外定义的变量则称为外部变量，外部变量也就是通常所说的全局变量。

例如，在下面的程序段中，有全局变量 degree、cnt 和局部变量 times、price。

```
int degree = 0;          //全局变量，文件作用域（在其他源程序文件中声明后可引用）
static int cnt = 0;      //全局变量，文件作用域（仅在当前源程序文件中引用）
int main()
{
    int times = 0;       //局部变量，函数作用域，动态存储
    static double price = 5.0  //局部变量，函数作用域，静态存储
    …
}
```

1. 内存布局

一个 C 程序在不同的系统中运行时，虽然对其代码和数据所占用的内存空间会有不同的布局和安排，但是一般都包括正文段（包含代码和只读数据）、数据区、堆和栈等。例如，在 Linux 系统中进程的内存布局示意图如图 6-13 所示。

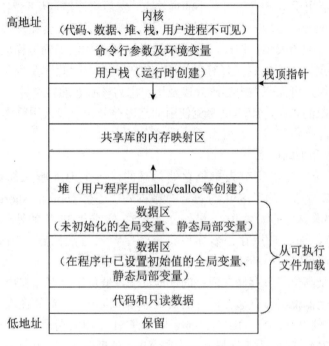

图 6-13　程序的内存映像示意图

（1）正文段中主要包括由 CPU 执行的机器指令，该存储区是只读区域，以防止程序由于意外事件而修改，该段也是可共享的，因此经常执行的程序在存储器中只需要有一个副本。

（2）数据区（段）分为初始化部分和未初始化部分，在程序中已初始化的全局变量和静态局部变量的存储单元在该区域。还有程序中未初始化的全局数据所占存储区域，常称为 BSS 段（来源于早期汇编程序的一个操作，即 Block Started by Symbol），在程序开始执行之前，内核将此段初始化为 0。

（3）栈是局部变量以及每次函数调用时所需保存的信息的存储区域，其空间的分配和释放由操作系统进行管理。每次函数调用时，其返回地址以及调用者的环境信息（例如某些寄存器）都存放在栈中。然后，在栈中为新被调用的函数的自动和临时变量分配存储空间。栈空间向低地址方向增长。

（4）堆是一块动态存储区域，由程序员堆分配和释放，若程序员不释放，则程序结束时由操作系统回收。堆空间地址的增长方向是从低地址向高地址。在 C 程序中，通过调用标准库函数 malloc/calloc/realloc 等向系统动态地申请堆存储空间来存储相应规模的数据，之后用 free 函数释放所申请到的存储空间。

当程序使用这些函数去获得新的内存空间时，系统首先在堆上进行内存空间的分配，操作系统一般需要维护一个记录空闲内存地址的链表。当系统收到程序的申请时，会遍历该链表，寻找适用于所申请空间大小的堆结点，然后将该结点从空闲结点链表中删除，并将该结点的空间分配给用户程序。另外，对于大多数系统，会在这块内存空间中的首地址处记录本次分配的大小，这样，代码中的 free 操作才能正确地释放本段内存空间。由于找到的堆结点大小不一定正好等于申请空间的大小，因此涉及到复杂的分配机制，需要进行系统调用，可能产生内存碎片以及用户态与核心态的转换等一系列问题。

对于内存受限的系统，应尽量避免使用动态内存分配，多采用静态内存分配，从而在程序编译时就能确定其运行时所需要的存储空间。

2．大端模式和小端模式

在计算机系统中是以字节为单位存储信息的，每个地址单元都对应着一个字节（8bit）。但是在 C 程序中除了 8bit 的 char 型数据外，还有 16bit 的 short 型、32bit 的 int 型及 long 型（要看具体的编译器）。另外，对于 16 位或者 32 位的处理器，由于寄存器宽度为多个字节，那么必然存在着如何将多个字节安排的问题。因此就导致了大端（Big-endian）存储模式和小端（Little-endian）存储模式。

大端模式就是高位字节存储在内存的低地址端，低位字节存储在内存的高地址端。

小端模式就是低位字节存储在内存的低地址端，高位字节存储在内存的高地址端。

常用 CPU 中的 PowerPC、IBM、Sun、KEIL C51 采用大端模式，X86、DEC 采用小端模式，很多 ARM、DSP 为小端模式。有些 ARM 处理器还可以由硬件来选择是大端模式还是小端模式。

一般操作系统是小端模式，而通信协议是大端模式。另外，Java 和所有的网络通信协议都是使用大端模式的编码。

例如，对于一个 32bit 的十六进制整数 0x12345678，在 Little-endian 模式以及 Big-endian 模式内存中的存储方式（假设从地址 0x4000 开始存放）如表 6-5 所示。

表 6-5 大端模式和小端模式存储示例

内 存 地 址	小 端 模 式	大 端 模 式
0x4000	0x78	0x12
0x4001	0x56	0x34
0x4002	0x34	0x56
0x4003	0x12	0x78

【例 6-8】下面函数 isBigEndian 的功能是判断当前系统采用的是大端存储模式还是小端存储模式，处理方式是将 int 型数据强制类型转换成 char 型，由于变量的地址（起始

地址）是低地址，因此通过判断起始存储位置对应的存储单元内容来判断，返回值为 1 表示大端模式，为 0 表示小端模式。

```
int isBigEndian( )
{
    int a = 0x12345678;
    char b = *(char *)&a;
    if( b == 0x12)   {
        return 1;       //大端模式
    }
    return 0;           //小端模式
}
```

可以定义一个宏进行大端到小端存储模式的转换，如下：

```
#define BigToLittle32(x) (((  (uint32)(x) & 0xff000000) >> 24) |\
                          ((  (uint32)(x) & 0x00ff0000) >> 8) |\
                          ((  (uint32)(x) & 0x0000ff00) << 8) |\
                          ((  (uint32)(x) & 0x000000ff) << 24))
```

6.3.4　指针

简单来说，指针是内存单元的地址，它可能是变量的地址、数组空间的地址，或者是函数的入口地址。存储地址的变量称为指针变量，简称为指针。指针是 C 语言中最有力的武器，能够为程序员提供极大的编程灵活性。

1. 指针的定义

指针类型的变量是用来存放内存地址的，下面是两个指针变量的定义：

```
int *ptr1;
char *ptr2;
```

变量 ptr1 和 ptr2 都是指针类型的变量，ptr1 用于保存一个整型变量的地址（称 ptr1 指向一个整型变量），ptr2 用于保存一个字符型变量的地址（称 ptr2 指向一个字符变量）。

使用指针时需明确两个概念：指针对象和指针指向的对象。指针对象是明确命名的指针变量，如上例中的 ptr1、ptr2；指针指向的对象是另一个变量，用"*"和指针变量联合表示，如上例中的整型变量*ptr1 和字符变量*ptr2，由于上面的定义中未对 ptr1 和 ptr2 进行初始化，它们的初始值是随机的，也就是*ptr1 和*ptr2 可视为并不存在。

借助指针变量可以针对指定的地址进行操作，例如，设置地址为 0x1234 开始的存储空间存放一个整型变量的值 0x5678，代码如下。

```
int *pa = (int *)0x1234;
*pa = 0x5678;
```

定义指针变量时需要在每个变量名前加"*"，如下：

```
int* pa, pb;      //pa 是一个指向整型变量的指针变量，而 pb 是一个整型变量
int* pa, *pb;     //pa 和 pb 都声明为指向整型变量的指针变量
```

1）指针的加减运算

对指针变量进行加减运算时，是以指针所指向的数据类型存储宽度为单位计算的。例如，下面的指针 p 和 s 在进行加 1 运算时有不同的结果。

```
int *p;
char *s;
```

p+1 实际上是按照公式 p+1*sizeof(int)来计算的，s+1 则是按照 s+1*sizeof(char)进行计算。

2）空指针

标准预处理宏 NULL（它的值为 0，称为空指针常量）常用来表示指针不指向任何内存单元，可以把 NULL 赋给任意类型的指针变量，以初始化指针变量。例如：

```
int *ptr1 = NULL;
char *ptr2 = NULL;
```

需要注意：全局指针变量会被自动初始化为 NULL，局部指针变量的初始值是随机的。编程时常见的一个错误是没有给指针变量赋初值。未初始化的指针变量可能表示了一个非法的地址，导致程序运行时出现内存访问错误，从而使程序异常终止。

3）"&"和"*"

"&"称为地址运算符，其作用是获取变量的地址。"*"称为间接运算符，其作用是获取指针所指向的变量。

例如，下面的语句"pa = &b;"执行后，变量 pa 就得到了 b 的地址（称为指针 pa 指向 b），*pa 表示 pa 指向的变量（也就是变量 b）。

例如：

```
pa = &b;
*pa = 10;              //等同于 b = 10
```

在上面的例子中，通过指针 pa 修改了变量 b 的值，本质上是对 b 的间接访问。在程序中通过指针访问数据对象或函数对象，提供了运算处理上的灵活性。

如果指针变量的值是空指针或者是随机的，通过指针来访问数据就是一种错误（在编译时报错，或者在运行时发生异常），下面的语句会产生一个运行时错误（vp 可能表示了一个非法的地址，因此它所指向的对象*vp 也是非法的）。

```
int *vp;    *vp = 3;
```

void*类型可以与任意的数据类型匹配。void 指针在被使用之前，必须转换为明确的

类型。例如：

```
int i = 99;
void *vp = &i;
*(int *)vp = 1000;          //vp 被转换为整型指针，通过指针 vp 将变量 i 的值改为 1000
```

4）指针与堆内存

在程序运行过程中，堆内存能够被动态地分配和释放，在 C 程序中通过 malloc（或 calloc、realloc）和 free 函数实现该处理要求。

例如：

```
int *ptr = (int *)malloc(sizeof(int)); //分配存放一个整型数值的堆内存块，ptr
                                        //暂存该内存块的首地址
char *str = (char *)malloc(10*sizeof(char));    //分配存放 10 个字符的堆内存
                                                //块，str 暂存首地址
*ptr = 100;             //将 100 存储在 ptr 指向的内存块
strcpy(str, "hello");   //将字符串"hello"复制并存储在 str 指向的内存块
```

在堆中分配的内存块的生存期是由程序员自己控制的，应在程序中显式地释放。例如：

```
free(ptr);             //释放 ptr 指向的堆内存块
free(str);             //释放 str 指向的堆内存块
```

注意：指针为空（指针值为 0 或 NULL）时表示不指向任何内存单元，因此释放空指针没有意义。

因为内存资源是有限的，所以若申请的内存块不再需要就及时释放。如果程序中存在未被释放（由于丢失其地址在程序中也不能再访问）的内存块，则称为内存泄漏。持续的内存泄漏会导致程序性能降低，甚至崩溃。嵌入式系统存储空间非常有限，一般情况下应尽量采用静态存储分配策略。

2. 指针与数组

1）通过指针访问数组元素

在 C 程序中，常利用指针访问数组元素，数组名表示数组在内存中的首地址，即数组中第一个元素的地址。可以通过下标访问数组元素，也可以通过指针访问数组元素。

例如：

```
int arr[5] = {10, 20, 30, 40, 50};
int *ptr = arr;  //ptr 的值为数组空间的首地址，或 ptr 指向 arr 数组的第一个元素
```

数组 arr 的元素可以用*ptr、*(ptr + 1)、*(ptr + 2)、*(ptr + 3)来引用。

数组名是常量指针，数组名的值不能改变，因此 arr++是错误的，而 ptr++是允许的。例如，下面的代码通过修改指针 ptr 来访问数组中的每个元素。

```
for(ptr = arr; ptr < arr+5; ptr++)
```

```
      printf("%d\n", *ptr);
```

一般情况下，一个 int 型变量占用 4 个字节的内存空间，一个 char 型变量占用一个字节的空间，所以 str 是字符指针的话，str++就使 str 指向下一个字符；而整型指针 ptr++则使 ptr 指向下一个 int 型整数，即指向数组的第二个元素。

可以用指针访问二维数组元素。例如，对于一个 *m* 行、*n* 列的二维整型数组，其定义为

```
int a[m][n];
```

由于二维数组元素在内存中是以线性序列方式存储的，且按行存放，所以用指针访问二维数组的关键是如何计算出某个二维数组元素在内存中的地址。二维数组 a 的元素 a[*i*][*j*]（*i*<*m*，*j*<*n*）在内存中的地址应为数组空间首地址加上排列在 a[*i*][*j*]之前的元素所占空间形成的偏移量，概念上表示为 a + (*i*×*n* + *j*)*sizeof(int)，在程序中需要表示为 (&a[0][0] + *i*×*n* + *j*)。

2）通过指针访问字符串常量

可将指针设置为指向字符串常量（存储在只读存储区域），通过指针读取字符串或其中的字符。例如，

```
char* str = "hello";
printf("%s\n", str);        //输出字符串"hello"
printf("%c\n", str[1]);     //输出字符'e'
```

不允许在程序运行过程中修改字符串常量。例如，下面代码试图通过修改字符串的第 2 个字符将"hello"改为"hallo"，程序运行时该操作会导致异常，原因是 str 指向的是字符串常量"hello"，该字符串在运行时不能被修改。

```
char* str = "hello";
str[1] = 'a';               //运行时异常
```

如果用 const 进行修饰，这个错误在编译阶段就能检查出来，修改如下：

```
const char* str = "hello";
str[1] = 'a';               //编译时报错
```

3）指针数组

如果数组的元素类型是指针类型，则称之为指针数组。下面的 ptrarr 是一维数组，数组元素是指向整型变量的指针。

```
int a,b,c,d;
int* ptrarr[5] = {NULL, &a, &b, &c, &d};
```

若需要动态生成二维整型数组，则传统的处理方式是先设置一个指针数组 arr2，然后将其每个元素的值（指针）初始化为动态分配的"行"。

```
int **arr2 = (int **)malloc(rows * sizeof(int *));
for( i = 0; i < rows; i++ )
    arr2[i] = (int *)malloc(columns * sizeof(int));
```

4）指针运算

在 C 程序中，对指针变量加一个整数或减一个整数的含义与指针指向的对象有关，也就是与指针所指向的变量所占用存储空间的大小有关。例如：

```
int arr[5] = {10, 20, 30, 40, 50};
int twoarr[2][3] = {{10, 20, 30}, {40, 50, 60}};
int *ptr1 = arr;              //指针变量 ptr1 指向的对象是一个整数
int (*ptr2)[3] = twoarr;      //指针变量 ptr2 指向的对象是含 3 个元素的一维数组
ptr1 = ptr1 + 1;              //ptr1 指向下一个整数
printf("%d\n", *ptr1);        //输出 20
ptr2 = ptr2 + 1;              //ptr2 指向下一个含 3 个整数的一维数组（二维数组的第
                              //二行）
printf("%d\n", **ptr2);       //输出 40
```

5）常量指针与指针常量

常量指针是指针变量指向的对象是常量，即指针变量可以修改，但是不能通过指针变量来修改其指向的对象。例如，

```
int d = 1, t = 2;
const int *p =&d;      //const 修饰的是 int 对象，等效的定义为 int const*p =&d;
*p = 2;                //错误，*p 是只读对象，不能被修改
d = 2;                 //正确，变量 d 可以修改
p = &t;                //正确，指针变量 p 可以修改
```

指针常量是指针本身是个常量，不能再指向其他对象。

在定义指针时，如果在指针变量前加一个 const 修饰符，就定义了一个指针常量，即指针值是不能修改的。

```
int d =1, e = 2;
int* const p =&d;      //const 修饰的是指针 p，p 不能再修改
p = &e;                //错误，p 是只读变量
*p = 5;                //正确，指针指向的整型变量可以修改
```

指针常量定义时被初始化为指向整型变量 d。p 本身不能修改（即 p 不能再指向其他对象），但它所指向变量的内容却可以修改，例如，*p = 5（实际上是将 d 的值改为 5）。

区分常量指针和指针常量的关键是"*"的位置，如果 const 在"*"的左边，则为常量指针，如果 const 在"*"的右边则为指针常量。如果将"*"读作"指针"，将 const 读作"常量"，内容正好符合。对于定义"int const *p;"p 是常量指针，而定义"int* const p;"p 是指针常量。

3. 指针与函数

指针可以作为函数的参数或返回值。

1）指针作为函数参数

函数调用时，用指针作为函数的参数可以借助指针来改变调用函数中实参变量的值。以下面的 swap 函数为例进行说明，该函数的功能是交换两个整型变量的值。

```
void swap(int* pa, int* pb)
{
    int temp = *pa;
    *pa = *pb;
    *pb = temp;
}
```

若有函数调用 swap(&x, &y)，则 swap 函数执行后两个实参 x 和 y 的值被交换。函数中参与运算的值不是 pa、pb 本身，而是它们所指向的变量，也就是实参 x、y（*pa 与 x、*pb 与 y 所表示的对象相同）。在调用函数中，是把实参的地址传送给形参，即传送&x 和&y，在 swap 函数中指针 pa 和 pb 并没有被修改。

如果在被调用函数中修改了指针参数的值，则不能实现对实参变量的修改。例如，下面函数 get_str 中的错误是将指针 p 指向的目标修改了，从而在 main 中调用 get_str 后，ptr 的值仍然是 NULL。

```
void get_str(char* p)
{
    p = (char *) malloc(sizeof("testing"));
    strcpy(p, "testing");
}
int main()
{
    char* ptr = NULL;
    get_str(ptr);                    //调用结束后 ptr 仍然是空指针
    if (ptr) printf("%s\n", ptr);    //输出 ptr 所指字符串的值
    return 0;
}
```

将上面的函数定义和调用作如下修改，就可以修改实参 ptr 的值，使其指向函数中所申请的字符串存储空间。

```
void get_str(char** p)
{
    *p = (char *) malloc(sizeof("testing"));
    strcpy(*p, "testing");
}
```

函数调用为：get_str(&ptr);

用 const 修饰函数参数，可以避免在被调用函数中出现不当的修改。例如：

```
void strcpy(char *to, const char *from);
```

其中，from 是输入参数，to 是输出参数，如果在函数 strcpy 内通过 from 来修改其指向的字符（如*from = 'a'），编译时将报错。

若需要使指针参数在函数内不能修改为指向其他对象，则可如下修饰指针参数。

```
void swap ( int * const p1 , int * const p2 )
```

2）指针作为函数返回值

函数的返回值也可以是一个指针。返回指针值的函数的一般定义形式是：

数据类型* 函数名(参数表列);

例如，如下进行函数定义和调用，可以降低函数参数的复杂性。

```
char* get_str(void)
{
    char* p = (char *) malloc(sizeof("testing"));
    strcpy(p, "testing");
    return p;
}
```

函数调用为：ptr = get_str();

注意： 不能将具有局部作用域的变量的地址作为函数的返回值。这是因为局部变量的内存空间在函数返回后即被释放，而该变量也不再有效。

例如，下面函数被调用后，变量 a 的生存期结束，其存储空间（地址）不再有效。

```
int* example()
{
    int a = 10;
    return &a;
}
```

3）函数指针

在 C 程序中，可以将函数地址保存在函数指针变量中，然后用该指针间接调用函数。例如：

```
int (*Compare)(const char*, const char*);
```

该语句定义了一个名称为 Compare 的函数指针变量，用于保存任何有两个常量字符指针形参、返回整型值的函数的地址（函数的地址通常用函数名表示）。例如，Compare 可以指向字符串运算函数库中的函数 strcmp。

```
Compare = &strcmp;                    //Compare 指向 strcmp 函数，&运算符可以省略
```

函数指针也可以在定义时初始化：

```
int (*Compare)(const char*, const char*) = strcmp;
```

将函数地址赋给函数指针时，其参数和类型必须匹配。

若有函数定义 int strcmp(const char*, const char*);则 strcmp 能被直接调用，也能通过 Compare 被间接调用。下面三个函数调用是等价的：

```
strcmp("Tom", "Tim");          //直接调用
(*Compare)("Tom", "Tim");      //间接调用
Compare("Tom", "Tim");         //间接调用
```

【例 6-9】在下面的程序代码中，由函数声明"int f1(int (*f)(int));"可知调用函数 f1 时，实参应该是函数名或函数指针，且该函数（或函数指针指向的函数）应有一个整型参数且返回值为整型，而 f2 和 f3 都是符合这种定义的函数。因此，可以通过调用 f1 来分别调用 f2 和 f3。

```
#include <stdio.h>
int f1(int (*f)(int));         //函数原型，声明函数 f1
int f2(int);                   //函数原型，声明函数 f2
int f3(int);                   //函数原型，声明函数 f3

int main()
{
    printf("%d\n",f1( f2 ));   //调用函数 f1, f2 作为实参
    printf("%d\n",f1( f3 ));   //调用函数 f1, f3 作为实参
    return 0;
}

int f1( int (*f)(int) )
{
    int n = 0;
    /* 通过函数指针实现函数调用，以函数调用的返回值作为循环条件 */
    while ( f(n) ) n++;
    return n;
}

int f2(int n)
{
    printf("f2: ");   return n*n-4;
}

int f3(int n)
{
    printf("f3: ");   return n-1;
}
```

4．指针与链表

指针是 C 语言的特色和精华所在，链表是指针的重要应用之一，创建、查找、插入和删除结点是链表上的基本运算，需熟练掌握这些运算的实现过程，其关键点是指针变量的初始化和在链表结点间的移动处理。

以元素值为整数的单链表为例，需要先定义链表中结点的类型，下面将其命名为 Node，而 LinkList 则是指向 Node 类型变量的指针类型名。

```
typedef struct node{
    int data;                    //结点的数据域
    struct node *next;           //结点的指针域
}Node, *LinkList;

Node a, b;
LinkList p;                      //等同于 Node *p;
data = 10;
b.data = 2;
p = &a;
p->data = 10;                    //等同于 a.data = 10;
p->next = &b;                    //结点 a 和 b 通过 a.next 链接起来
```

当 p 指向 Node 类型的结点时，涉及两个指针变量：p 和 p->next，p 是指向结点的指针，p->next 是结点中的指针域，如图 6-14（a）所示；运算"p = p->next;"之后，p 指向下一个结点；如图 6-14（b）所示；运算"p->next = p;"之后，结点的指针域指向结点自己，如图 6-14（c）所示。

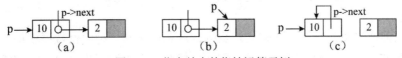

图 6-14　指向结点的指针运算示例

【例 6-10】已知单链表 L 含有头结点，且结点中的元素值以递增的方式排列。下面的函数 DeleteList 在 L 中查找所有值大于 minK 且小于 maxK 的元素，若找到，则逐个删除，同时释放被删结点的空间。若链表中不存在满足条件的元素，则返回–1，否则返回 0。

例如，某单链表如图 6-15（a）所示。若令 minK 为 20、maxK 为 50，则删除后的链表如图 6-15（b）所示。

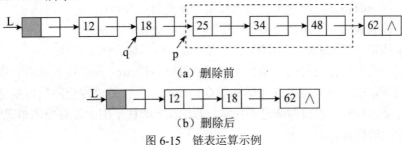

（a）删除前

（b）删除后

图 6-15　链表运算示例

```
int DeleteList (LinkList L, int minK, int maxK)
{   /*在含头结点的单链表 L 中删除大于 minK 且小于 maxK 的元素*/
    Node *q = L, *p = L->next;  /*q 指向头结点，p 指向第一个元素结点*/
    int delTag = 0;
    while ( p ){
        if ( p->data <= minK ) {
            q = p;  p = p->next;
        }
        else
            if ( p->data < maxK )  {  /*找到删除满足条件的结点*/
                q->next = p->next;
                free(p);
                p = q->next;
                delTag = 1;
            }
            else
                break;
    }
    if (!delTag ) return -1;    /*不存在满足删除条件的结点*/
    return 0;
}
```

6.3.5 栈与队列

栈和队列是程序中常用的两种数据结构，其特点在于运算受到了限制：栈按"后进先出"的规则进行修改，队列按"先进先出"的规则进行修改。

1．栈

栈是只能通过访问它的一端来实现数据存储和检索的一种线性数据结构。换句话说，栈的修改是按先进后出的原则进行的。因此，栈又称为先进后出（FILO，或后进先出）的线性表。在栈中，进行插入和删除操作的一端称为栈顶（top），相应地，另一端称为栈底（bottom）。不含数据元素的栈称为空栈。

栈的基本运算如下。

（1）初始化栈 initStack(S)：创建一个空栈 S。

（2）判栈空 isEmpty(S)：当栈 S 为空栈时返回"真"，否则返回"假"。

（3）入栈 push(S,x)：将元素 x 加入栈顶，并更新栈顶指针。

（4）出栈 pop(S)：将栈顶元素从栈中删除，并更新栈顶指针。

（5）读栈顶元素 top(S)：返回栈顶元素的值，但不修改栈顶指针。

可以用一维数组作为栈的存储空间，同时设置指针 top 指示栈顶元素的位置。在这种存储方式下，需要预先定义或申请栈的存储空间，也就是说栈空间的容量是有限的。因此一个元素入栈时，需要判断是否栈满，若栈满（即栈空间中没有空闲单元），则元素入栈会发生上溢现象。

　　用链表作为存储结构的栈称为链栈。由于栈中元素的插入和删除仅在栈顶一端进行，因此不必另外设置头指针，链表的头指针就是栈顶指针。链栈的表示如图 6-16 所示，其类型定义如下：

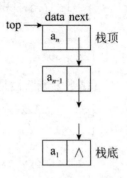

图 6-16　链栈示意图

```
typedef struct node{
    int data;              //结点的数据域
    struct node *next;     //结点的指针域
}Node, *LinkList;
typedef struct {
    LinkList top;          //栈顶指针
}STACK;
```

以栈中元素类型为整型为例，实现栈基本运算的函数定义如下。

【函数】创建一个单链表表示的空栈。

```
void initStack(STACK *S)  /*创建初始为空的链栈*/
{
    S->top = NULL;
}/* initStack */
```

【函数】元素入栈。

```
int push(STACK *S, int e)   /*元素 e 入栈，若成功则返回 1；否则返回 0*/
{
    Node *p = (Node *)malloc(sizeof(Node));
    if (!p) return 0;
    p->data = e;
    p->next = S->top;
    S->top = p;
    return 1;
}/* push */
```

【函数】元素出栈。

```
int pop(STACK *S)    /*非空栈的栈顶元素出栈，若成功则返回 1，否则返回 0*/
{
    Node *p = S->top;
    if (!p) return 0;
    S->top = p->next;
    free(p);
    return 1;
}/* pop*/
```

【函数】读取并返回栈顶元素。

```
int top(STACK S, int *e)   /*读取栈顶元素，若成功则返回 1，否则返回 0*/
{
```

```
    if (!S.top) return 0;
    *e = S.top->data;
    return 1;
}/* pop*/
```

【函数】 判断栈是否空。

```
int isEmpty(STACK S)    /*若为空栈则返回 1，否则返回 0*/
{
    return (S.top==NULL);
}/* isEmpty */
```

【例 6-11】 利用栈对后缀表达式求值。

计算机在处理算术表达式时，可将表达式先转换为后缀形式，然后利用栈进行计算。例如，表达式 "46+5*(120–37)" 的后缀式形式为 "46 5 120 37 – * +"。

计算后缀表达式时，从左至右扫描表达式：若遇到运算对象，则压入栈中；遇到运算符，则从栈顶弹出运算对象进行计算，并将运算结果压入栈中。重复以上过程，直到后缀表达式结束。例如，后缀表达式 "46 5 120 37 – * +" 的计算过程为：

（1）依次将 46，5，120，37 压入栈中。

（2）遇到 "–"，弹出 37 和 120，计算 120–37，得 83，将其压入栈中。

（3）遇到 "*"，弹出 83 和 5，计算 5*83，得 415，将其压入栈中。

（4）遇到 "+"，弹出 415 和 46，计算 46+415，得 461，将其压入栈中。

（5）表达式结束，计算完成，栈顶元素为计算结果。

假设表达式中仅包含数字、空格和算术运算符号（"+"）、减（"–"）、乘（"*"）、除（"\"），其中所有项均以空格分隔。函数 calExpr(char expr[],int *result) 的功能是基于栈计算后缀形式表达式（以串形式存入字符数组 expr）的值，并通过参数 result 带回该值。函数的返回值为 –1 或 0，分别表示表达式有错误或无错误。栈的基本操作的函数原型说明如下。

```
void initStack(STACK *s)：初始化栈。
int push(STACK *s, int e)：将一个整数压栈，栈中元素数目增 1。
int pop(STACK *s)：栈顶元素出栈，栈中元素数目减 1。
int top(STACK s, int *e)：返回非空栈的栈顶元素值，栈中元素数目不变。
int isEmpty(STACK s)：若 s 是空栈，则返回 1；否则返回 0。

int calExpr(char expr[], int *result)
                    /*对 expr 表示的后缀表达式求值，由 result 带回计算结果*/
{
    STACK s;
    int tnum, a,b;
    char *ptr;
    initStack(&s);
    ptr = expr;            /*字符指针指向后缀表达式串的第一个字符*/
```

```
    while (*ptr!='\0') {
      if (*ptr==' ') {                    /*当前字符是空格，则读取下一字符*/
        ptr++;  continue;
      }
      else if (isdigit(*ptr)) {        /*当前字符是数字，则将数字串转换为数值*/
        tnum = 0;
        for (;*ptr>='0'&& *ptr<='9';ptr++) {
          tnum = tnum * 10 + *ptr - '0';
        }
        push(&s,tnum);                 /*运算数压栈*/
      }
      else                             /*当前字符是运算符或其他符号*/
        if ( *ptr=='+' || *ptr=='-' || *ptr =='*' || *ptr =='/' ){
          if (!isEmpty(s)) {
            top(s, &a); pop(&s);       /*取运算符的第二个运算数，存入a*/
            if (!isEmpty(s)) {
              top(s, &b); pop(&s);     /*取运算符的第一个运算数，存入b*/
            }
            else   return -1;          /*出错，有运算符，缺运算数 */
          }
          else  return -1;             /*栈空，缺运算数*/
          switch (*ptr) {
            case '+': push(&s,b+a);  break;
            case '-': push(&s,b-a);  break;
            case '*': push(&s,b*a);  break;
            case '/': push(&s,b/a);  break;
          }/*end of switch*/
        }
      else
        return -1;                     /*非法字符*/
      ptr++;                           /*下一字符*/
    } /*end of while */
    if (!isEmpty(s)) {
      top(s, result); pop(&s);         /*取运算结果*/
      if (!isEmpty(s)) return -1;
      return 0;
    }
    return -1;
}
```

2. 队列

队列常用于需要排队的场合，如操作系统中处理打印任务的打印队列、离散事件的计算机模拟等。

队列是一种先进先出（FIFO）的线性表，只允许在队列的一端插入元素，而在另一端删除元素。在队列中，允许插入元素的一端称为队尾（rear），允许删除元素的一端称为队头（front）。

队列的基本运算如下。

（1）初始化队列 initQueue(Q)：创建一个空的队列 Q。

（2）判队空 isEmpty(Q)：当队列为空时返回"真"值，否则返回"假"值。

（3）入队 enQueue(Q,x)：将元素 x 加入到队列 Q 的队尾，并更新队尾指针。

（4）出队 delQueue(Q)：将队头元素从队列 Q 中删除，并更新队头指针。

（5）取队头元素 frontQueue(Q)：返回队头元素的值，但不更新队头指针。

可以用一组地址连续的存储单元存放队列中的元素，称为顺序队列。由于队中元素的插入和删除限定在两端进行，因此设置队头指针和队尾指针，分别指示出当前的队首元素和队尾元素。

设队列 Q 的容量为 6，其队头指针为 front，队尾指针为 rear，头、尾指针和队列中元素之间的关系如图 6-17 所示。

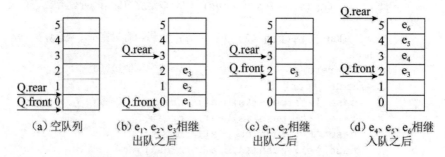

图 6-17   队列的头、尾指针与队列中元素之间的关系

在顺序队列中，为了降低运算的复杂度，元素入队时只修改队尾指针，元素出队时只修改队头指针。由于顺序队列的存储空间容量是提前设定的，所以队尾指针会有一个上限值，当队尾指针达到该上限时，就不能只通过修改队尾指针来实现新元素的入队操作了。若将顺序队列设想为一个环状结构（通过整除取余运算实现），则可维持入队、出队操作运算的简单性，如图 6-18 所示，称之为循环队列。

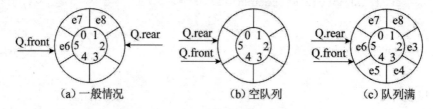

图 6-18   循环队列的头、尾指针示意图

设循环队列 Q 的容量为 MAXSIZE，初始时队列为空，且 Q.rear 和 Q.front 都等于 0，如图 6-19（a）所示。元素入队时修改队尾指针，即令 Q.rear = (Q.rear+1)% MAXSIZE，

如图 6-19（b）所示。元素出队时修改队头指针，即令 Q.front = (Q.front+1)% MAXSIZE，如图 6-19（c）所示。

　　根据队列操作的定义，当出队操作导致队列变为空时，就有 Q.rear==Q.front，如图 6-19（d）所示；若入队列操作导致队列满，则也有 Q.rear==Q.front，如图 6-19（e）所示。在队列空和队列满的情况下，循环队列的队头、队尾指针指向的位置是相同的，此时仅根据 Q.rear 和 Q.front 之间的关系无法判定队列的状态。为了区分队空和队满，可采用两种处理方式：其一是设置一个标志域，以区别头、尾指针的值相同时队列是空还是满；其二是牺牲一个元素空间，约定以"队列的尾指针所指位置的下一个位置是头指针"表示队列满，如图 6-19（f）所示，而头、尾指针的值相同时表示队列为空。

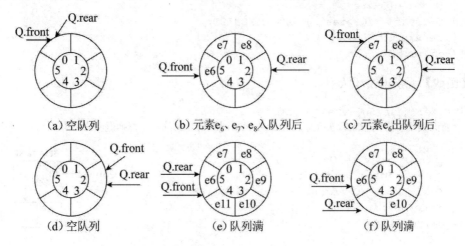

图 6-19　循环队列的头、尾指针示意图

设队列中的元素类型为整型，则循环队列的类型定义为：

```
#define  MAXQSIZE  100
typedef  struct  {
    int  *base;          /*循环队列的存储空间首地址*/
    int  front,rear;     /*队头、队尾指针*/
}SqQueue;
```

【函数】创建一个空的循环队列。

```
int initQueue(SqQueue *Q) /*创建容量为 MAXQSIZE 的空队列，若成功则返回 1；否则返回 0*/
{
    Q->base = (int *)malloc(MAXQSIZE*sizeof(int));
    if (!Q->base) return 0;
    Q->front = 0; Q->rear = 0;
    return 1;
}/*initQueue*/
```

【函数】判断队列是否为空。

```
int isEmpty(SqQueue Q)    /*若队列Q为空则返回1，否则返回0*/
{
    return (Q->front == Q->rear) ;
}/*isEmpty*/
```

【函数】元素入循环队列。

```
int enQueue(SqQueue *Q,int e)  /*元素e入队，若成功则返回1；否则返回0*/
{
    if ( (Q->rear+1)% MAXQSIZE == Q->front)  return 0;
    Q->base[Q->rear] = e;
    Q->rear = (Q->rear + 1)% MAXQSIZE;
    return 1;
}/*enQueue*/
```

【函数】元素出循环队列。

```
int delQueue(SqQueue *Q,int *e)
/*若队列不空，则删除队头元素，由参数e带回其值并返回1；否则返回0*/
{
    if (Q->rear == Q->front) return 0;
    *e = Q->base[Q->front];
    Q->front = (Q->front + 1) % MAXQSIZE ;
    return 1;
}/*delQueue*/
```

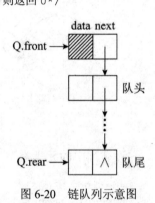

图6-20　链队列示意图

队列的链式存储也称为链队列。为了便于操作，可给链队列添加一个头结点，并令头指针指向头结点，如图6-20所示。在这种情况下，队列为空的判定条件是头指针和尾指针相同，且均指向头结点。

6.3.6　C程序内嵌汇编

嵌入式程序开发与硬件密切相关，通过汇编语言可以直接读写指定的地址或者将代码放入指定的Flash地址，而使用C语言来读写底层寄存器、存取数据、控制硬件时，C语言和硬件之间由编译器来联系，一些C标准不支持的硬件特性操作可由编译器提供。

在某些情况下可能需要在C程序中直接编写内嵌的汇编代码，示例如下。

```
#include <stdio.h>

int main()
{
    int result = 1, input = 2;
    int a = 3, b = 5;
```

```
asm volatile (
    "addl %1, %0\n"                 //通过占位符指定交互的变量
    "Imull $5, %0\n"
    : "+r"(result)                  //输入和输出变量，与汇编交互
    : "r"(input)                    //输入变量，与汇编交互
                                    //r 指示编译器自动将通用寄存器关联到变量
    );

printf("result = %d\n", result);
printf("input = %d\n", input);
printf("a = %d\n", a);

asm volatile (
    "movl %%eax, %%ecx\n"
    "movl %%ebx, %%eax\n"
    "movl %%ecx, %%ebx\n"
    : "=a"(a), "=b"(b)              //这里指明 a 变量使用 a 寄存器
    : "a"(a), "b"(b)
    );

printf("a = %d\n", a);
printf("b = %d\n", b);

return 0;
}
```

6.4　C++程序设计基础

C++程序设计语言是对 C 语言的扩展和超集，因此同时支持过程式和面向对象的程序设计泛型。C/C++的优势在于代码的执行效率，适用于系统软件、各种工具软件和游戏引擎的开发，尤其是通信和图像处理方面得到广泛应用，也是嵌入式系统开发人员需要掌握的核心工具之一。

6.4.1　面向对象基本概念

1．对象

在面向对象的系统中，对象是基本的运行时实体，它既包括数据（属性），也包括作用于数据的操作（行为）。所以，一个对象把属性和行为封装为一个整体。封装是一种信息隐蔽技术，其目的是使对象的使用者和生产者分离，使对象的定义和实现分开。从程序设计者的角度看，对象是一个程序模块；从用户的角度看，对象为他们提供了所希望的行为。在对象内的操作通常叫做方法。一个对象通常可由对象名、属性和方法（操作）三部分组成。

在现实世界中，每个实体都是对象，如学生、汽车、电视机和空调等都是现实世界

中的对象。每个对象都有其属性和操作，如电视机有颜色、音量、亮度、灰度和频道等属性，可以有切换频道、增大/减低音量等操作。电视机的属性值表示了电视机所处的状态，而这些属性只能通过其提供的操作来改变。电视机的各组成部分，如显像管、电路板和开关等都封装在电视机机箱中，人们不知道也不必关心电视机内部是如何实现这些操作的。

2．消息

对象之间进行通信的一种构造叫做消息。当一个消息发送给某个对象时，包含要求接收对象去执行某些活动的信息。接收到信息的对象经过解释，然后予以响应。这种通信机制叫做消息传递。发送消息的对象不需要知道接收消息的对象如何响应该请求。

3．类

一个类定义了一组大体上相似的对象。一个类所包含的方法和数据描述了一组对象的共同行为和属性。把一组对象的共同特征加以抽象并存储在一个类中，是面向对象技术最重要的一点，是否建立了一个丰富的类库，是衡量一个面向对象程序设计语言成熟与否的重要标志。

类是对象之上的抽象，对象是类的具体化，是类的实例（instance）。在分析和设计时，通常把注意力集中在类上，而不是具体的对象。只需对类做出定义，而对类的属性的不同赋值即可得到该类的对象实例。

有些类之间存在一般和特殊关系，即一些类是某个类的特殊情况，某个类是一些类的一般情况。这是一种 is-a 关系，即特殊类是一种一般类。例如，"汽车"类、"轮船"类、"飞机"类都是一种"交通工具"类。特殊类是一般类的子类，一般类是特殊类的父类。同样，"汽车"类还可以有更特殊的类，如"轿车"类、"货车"类等。在这种关系下形成一种层次的关联。

"类及对象"（或对象类）是指一个类和该类的所有对象。

4．继承

继承是父类和子类之间共享数据和方法的机制。这是类之间的一种关系，在定义和实现一个类的时候，可以在一个已经存在的类的基础上来进行，把这个已经存在的类所定义的内容作为自己的内容，并加入若干新的内容。

一个父类可以有多个子类，这些子类都是父类的特例，父类描述了这些子类的公共属性和方法。一个子类可以继承其父类（或祖先类）中的属性和方法，这些属性和方法在子类中不必定义，子类中还可以定义自己的属性和方法。

只从一个父类 A 得到继承，叫做"单重继承"。如果一个子类有两个或更多个父类，则称为"多重继承"。

5．多态

对象收到消息时，要予以响应。不同的对象收到同一消息可以进行不同的响应，产生完全不同的结果，这种现象叫做多态（polymorphism）。在使用多态的时候，用户可以发送一个通用的消息，而实现细节则由接收对象自行决定。这样，同一个消息就可以调用不同的方法。

多态的实现受到继承的支持，利用类的继承的层次关系，把具有通用功能的消息存放在高层次，而实现这一功能的不同行为放在较低层次，在这些低层次上生成的对象能够给通用消息以不同的响应。

多态有几种不同的形式，Cardelli 和 Wegner 把它分为 4 类，如图 6-21 所示。其中，参数多态和包含多态称为通用的多态，过载多态和强制多态称为特定的多态。

图 6-21　多态的 4 类形式

参数多态是应用比较广泛的多态，被称为最纯的多态。许多语言中都存在包含多态，最常见的例子就是子类型化，即一个类型是另一个类型的子类型。过载（overloading）多态是指同一个名字在不同上下文中可代表不同的含义。

6．动态绑定

绑定是一个把过程调用和响应调用需要执行的代码加以结合的过程。在一般的程序设计语言中，绑定是在编译时进行的，叫做静态绑定。动态绑定则是在运行时进行的，因此，一个给定的过程调用和代码的结合直到调用发生时才进行。

动态绑定（dynamic binding）是与类的继承以及多态相联系的。在继承关系中，子类是父类的一个特例，所以父类对象可以出现的地方，子类对象也可以出现。因此在运行过程中，当一个对象发送消息请求服务时，要根据接收对象的具体情况将请求的操作与实现的方法进行连接，即动态绑定。

7．面向对象原则

面向对象方法中的五大原则是：

（1）单一责任原则（Single Responsibility Principle，SRP）。当需要修改某个类的时候原因有且只有一个，让一个类只做一种类型责任。

（2）开关原则（Open & Close Principle，OCP）。对扩展开放、对修改封闭，即软件实体应该是可扩展（即开放的）而不可修改的（即封闭的）。

（3）里氏替换原则（Liskov Substitution Principle，LSP）。在任何父类可以出现的地方，都可以用子类的实例来赋值给父类型的引用。当一个子类的实例应该能够替换任何其超类的实例时，它们之间才具有是一个（is-a）关系。

（4）依赖倒置原则（Interface Segregation Principle，ISP）。高层模块不应该依赖于低层模块，二者都应该依赖于抽象；抽象不应该依赖于细节，细节应该依赖于抽象。

（5）接口分离原则（Dependence Inversion Principle，DIP）。依赖于抽象，不要依赖于具体，同时在抽象级别不应该有对于细节的依赖。这样做的好处就在于可以最大限度地应对可能的变化，即：使用多个专门的接口比使用单一的总接口总要好。

6.4.2　C++程序基础

C++程序基础包括数据类型、输入/输出处理、语句、函数以及类等。

1．数据类型

C++是强类型编程语言，在继承 C 语言基本数据类型（char、int、float、double、void）的基础上，C++扩展了布尔类型（bool）和宽字符类型（wchar_t）、Unicode 字符类型 char16_t 和 char32_t（使用 char16_t 和 char32_t 需要包含头文件 uchar.h）。

bool 类型数据的取值为真（true）或假（false），wchar_t 类型数据占用 2 个字节，char16_t 和 char32_t 分别用 2 个字节和 4 个字节表示。

C++的枚举、结构体、共用体和数组都是复合数据类型，其定义与使用要求与 C 语言完全兼容，同时进行了扩展，其中，结构体、共用体类型可作为类类型来定义，通过标准库类型 vector 为用户提供更灵活的数组。

2．输入/输出

大多数 C 程序使用称为 stdio 的标准 I/O 库进行输入/输出处理，该库也能够在 C++中使用。但是，C++程序主要使用称为 iostream 的 I/O 流库。

在 C++中，流是输入/输出设备的另一个名字，如一个文件、屏幕和键盘等。每个 I/O 设备传送和接收一系列的字节，称之为流。输入操作可以看成是字节从一个设备流入内存，而输出操作可以看成是字节从内存流出到一个设备。使用 C++的标准 I/O 流库时，必须包括以下两个头文件：

```
#include<iostream>
#include<iomanip>
```

iostream 文件提供基本的输入/输出功能，iomanip 文件提供格式化的功能。通过包含 iostream 流库，内存中就创建了一些用于处理输入和输出操作的对象。标准的输出流（通常是屏幕）称为 cout，标准的输入流（通常是键盘）称为 cin。

3．引用

引用（reference）为对象提供了另一个名字（别名），通过将声明符写成"&d"的形式来定义引用类型，其中"d"是声明的变量名。例如：

```
double num1 = 3.14;
double &num2 = num1;        //num2 是 num1 的引用（是 num1 的另一个名字）
double &num3;               //错误：引用必须被初始化
```

在上面的定义中，num2 为 num1 的引用，它并没有复制 num1，而只是 num1 的别名，即 num2 与 num1 绑定（bind）在一起，它们表示相同的对象。例如，如果执行运算"num1 = 0.16"，则 num1 和 num2 的值均为 0.16。不同于变量的定义，引用必须在定义时初始化。

引用必须用对象进行初始化，用字面值或表达式初始化引用编译时会报错。

```
int &rfa = 10;              //错误：引用类型的初始值必须是一个对象
int &fra = num1;            //错误：引用类型的初始值必须是一个 int 对象
```

引用提供了与指针相同的能力，但比指针更为直观，更易于理解。

"&" 和 "*" 符号的作用与其所在位置相关，例如：

```
int a;
int &rfa = a;               //rfa 为引用
int *p;                     //p 为指针变量
p = &a;                     //将变量 a 的地址赋值给 p
*p = 10;                    //将 p 指向的变量的值改为 10
int &rfp = *p;              //rfp 为引用
cout << a << '\t' << rfa << '\t' <<*p << '\t'<< rfp << endl;
                            //输出 4 个 10

int* &r = p;                //r 为指针 p 的引用
*r = 20;                    //等同于*p = 20
```

引用与指针不同，主要有：

（1）不存在空引用。引用必须连接到一个合法的对象。

（2）一旦引用被初始化为一个对象，就不能再引用另一个对象。指针可以指向另一个对象。

（3）引用必须在创建时被初始化。指针可以不进行初始化。

4．函数

在 C++程序中可以使用 C 的库函数。例如，C++继承了 C 语言用于日期和时间操作的结构和函数。在程序中使用日期和时间相关的函数和结构，需要引用 <ctime> 头文件。

有四个与时间相关的类型：clock_t、time_t、size_t 和 tm。类型 clock_t、size_t 和 time_t 能够把系统时间和日期表示为某种整数。

结构类型 tm 把日期和时间以 C 结构的形式保存，tm 结构的定义如下：

```
struct tm {
    int tm_sec;             //秒，正常范围从 0 到 59，但允许至 61
    int tm_min;             //分，范围从 0 到 59
    int tm_hour;            //小时，范围从 0 到 23
    int tm_mday;            //一月中的第几天，范围从 1 到 31
    int tm_mon;             //月，范围从 0 到 11
    int tm_year;            //自 1900 年起的年数
    int tm_wday;            //一周中的第几天，范围从 0 到 6，从星期日算起
    int tm_yday;            //一年中的第几天，范围从 0 到 365，从 1 月 1 日算起
    int tm_isdst;           //夏令时
};
```

下面是几个与系统时间有关的函数声明（time.h）。

```
time_t time(time_t *seconds);
                 //返回自 1970-01-01 00:00:00（UTC）起经过的时间，以秒为单位
                 //如果 seconds 不为空，则返回值也存储在 seconds 中。
                 //如果系统没有时间，则返回-1
char *ctime(const time_t *time);  //返回一个表示当地时间的字符串指针
                 //字符串形式为 weekday month day hours:minutes:seconds year
struct tm *localtime(const time_t *time);
                 //返回一个指向表示本地时间的 tm 结构的指针
```

1）内联函数

定义函数时，在"返回类型 函数名（参数表列）"之前加上 inline 使之成为内联函数，即"inline 返回类型 函数名（参数表列）"。

对于内联函数，编译器是将其函数体放在调用该内联函数的地方，不存在普通函数调用时栈记录的创建和释放开销。

使用内联函数时应注意以下几个问题：

（1）在一个文件中定义的内联函数不能在另一个文件中使用。它们通常放在头文件中共享。

（2）内联函数应该简洁，只有几个语句，如果语句较多，不适合定义为内联函数。

（3）内联函数体中不能有循环语句、if 语句或 switch 语句，否则函数定义时即使有 inline 关键字，编译器也会把该函数作为非内联函数处理。

（4）内联函数要在函数被调用之前声明。

2）函数的重载

C++中，当有一组函数完成相似功能时，函数名允许重复使用，编译器根据参数表中参数的个数或类型来判断调用哪一个函数，这就是函数的重载。对于重载函数，只要其参数表中参数个数或类型不同，就视为不同的函数。例如，下面的 max 为重载函数。

```
int max(int x,int y)
{
    return (x>y)?x:y;
}
double max(double a,double b)
{
    if (a > b) return a;
    else return b;
}
char *max(char *s1,char *s2)
{
    if (strcmp(s1,s2) > 0) return s1;
    else return s2;
}
```

上面定义了三个名称为 max 的函数，它们的参数和返回值类型都不同。在程序中若有对 max 函数的调用，编译器将根据参数形式进行匹配，如果找不到对应参数形式的函数定义，编译器给出错误信息。

定义重载函数时，应该注意以下几个问题。

（1）避免函数名字相同，但功能完全不同的情形。

（2）函数的形参变量名不同不能作为函数重载的依据。

（3）C++中不允许函数名相同、形参个数和类型也相同而返回值不同的情形，否则编译时会出现函数重复定义的错误。

（4）调用重载的函数时，如果实参类型与形参类型不匹配，编译器会自动进行类型转换。如果转换后仍然不能匹配到重载的函数，则会产生一个编译错误。

6.4.3　类与对象

对象是人们要进行研究的任何事物，从最简单的整数到复杂的机器都可看作对象。对象可以是具体的事物，也可以是抽象的规则、计划或事件。对象具有状态，一个对象用数据值来描述它的状态。对象还有操作，用于改变对象的状态，对象及其操作就是对象的行为。

具有相同或相似性质的对象的抽象就是类。因此，对象的抽象是类，类的具体化就是对象，也可以说类的实例是对象。类具有属性，它是对象的状态的抽象，用数据结构来描述类的属性。类具有操作，它是对象的行为的抽象，用操作名和实现该操作的方法来描述。

1．类

C++中类定义的一般形式如下：

```
class Name {
    public:
        类的公有接口
    private:
        私有的成员函数
        私有的数据成员定义
};
```

类的定义由类头和类体两部分组成。类头由关键字 class 开头，然后是类名，其命名规则与一般标识符的命名规则一致。类体放在一对花括号中。类的定义也是一个语句，所以要有分号结尾，否则会产生编译错误。

类体定义类的成员，它支持如下两种类型的成员。

（1）数据成员。它们指定了该类对象的内部表示。

（2）成员函数。它们指定该类的操作。

类成员有如下三种不同的访问权限。

（1）公有（public）：成员可以在类外访问。

（2）私有（private）：成员只能被该类的成员函数访问。

（3）保护（protected）：成员只能被该类的成员函数或派生类的成员函数访问。

数据成员通常是私有的；成员函数通常有一部分是公有的，一部分是私有的。公有的成员函数可在类外被访问，也称之为类的接口。

【例 6-12】 定义一个栈结构的类 Stack。

```
const int STACK_SIZE = 100;
class Stack{
    int top;                        //数据成员：栈顶指针
    int buffer[STACK_SIZE];         //数据成员：栈空间
public:
    Stack(){top = 0;}
    int length() {                  //成员函数：返回栈中元素的数目
      return top;
    }
    bool push(int element){         //成员函数：元素 element 入栈
      if (top == STACK_SIZE) {
          cout << "Stack is overflow!\n";
          return false;
      }
      else {
          buffer[top]= element;
          top++;
          return true;
      }
    }
    bool pop(int &e);
};
```

类的成员函数通常在类外定义，一般形式如下：

返回类型 类名::函数名(形参表)

{

　　　　函数体

}

双冒号"::"是域运算符，主要用于类的成员函数的定义。例如，在类外定义中的成员函数 pop。

```
bool Stack::pop(int &e)
{   //成员函数：弹栈并由参数带回栈顶元素
    if (top == 0) {
        cout << "Stack is empty!\n";
        return false;
```

```
    }
    else {
        e = buffer[top-1];
        top--;
        return true;
    }
}
```

在 C++中，允许在结构体（struct）和共用体（union）中定义函数，它们也具有类的功能。与 class 不同的是，结构体和共用体成员的默认访问控制为 public。一般情况下，应该用 class 来描述面向对象概念中的类。

2．对象

类是用户定义的数据类型（不占内存单元），它存在于静态的程序中（即运行前的程序）。而动态的面向对象程序（即运行中的程序）则由对象构成，程序的执行是通过对象之间相互发送消息来实现的，对象是类的实例（占内存单元）。

1）对象的创建

定义了类以后，就可以定义类类型的变量，类的变量称为对象。例如：

```
Stack s1;                    //创建一个 Stack 类的对象
Stack s2[10];                //创建由对象数组表示的10个 Stack 类对象
```

在所有函数之外定义的对象称为全局对象，在函数内（或复合语句内）定义的对象称为局部对象，在类中定义的对象称为成员对象。全局对象和局部对象的生存期和作用域的规定与普通变量相同。成员对象将随着包含它的对象的创建而创建、消亡而消亡，成员对象的作用域为它所在的类。

通过 new 操作创建的对象称为动态对象，其存储空间在内存的堆区。动态对象用 delete 操作撤销。例如：

```
Stack *p;
p = new Stack;
delete p;
```

2）对象的操作

对于创建的一个对象，需要通过调用对象类中定义的成员函数来对它进行操作，采用"对象名.成员函数名（实参表）"或"指向对象的指针->成员函数名（实参表）"的形式表示。

【例 6-13】调用类实例的成员函数。

```
class A {
    int x;
public:
    void f(){
```

```
        cout << "f() is called." << endl;
        };
        void g(){
        cout << "g() is called." << endl;
        };
    };
int main(void)
{
    A e1;                   //创建 A 类的一个局部对象 e1
    e1.f();                 //调用对象 e1 的成员函数 f()对对象 e1 进行操作
    e1.g();                 //调用对象 e1 的成员函数 g()对对象 e1 进行操作
    e1.x = 5;               //错误，对象 e1 的数据成员 x 是不可见的
    A *p;
    p = new A;              //创建 A 类的一个动态对象，用 p 指向该对象
    p->f();                 //调用对象的成员函数 f()对 p 指向的对象进行操作
    p->g();                 //调用对象的成员函数 g()对 p 指向的对象进行操作
    return 0;
}
```

3．构造函数和析构函数

1）构造函数

程序运行时创建的每个对象只有在初始化后才能使用。对象的初始化包括初始化对象的数据成员以及为对象申请资源等。对象消亡前，往往也需要执行一些操作，例如归还对象占有的空间。

C++中定义了一种特殊的初始化函数，称之为构造函数。当对象被创建时，构造函数自动被调用。构造函数的名字与类名相同，它没有返回类型和返回值。当对象创建时，会自动调用构造函数进行初始化。例如：

```
class Stack{
    int top;                        //数据成员：栈顶指针
    int buffer[STACK_SIZE];         //数据成员：栈空间
public:
    Stack(){top = 0;}               //构造函数
…
}
…
Stack s1;                           //创建对象 s1
```

注意：对构造函数的调用是对象创建过程的一部分，对象创建之后就不能再调用构造函数了。例如，下面的调用是错误的。

```
s1.Stack();    //错误的调用
```

构造函数也可以重载，其中，不带参数（或所有参数都有默认值）的构造函数称为

默认构造函数。

　　对于常量数据成员和引用数据成员（某些静态成员除外），不能在声明时进行初始化，也不能采用赋值操作对它们进行初始化。例如，下面对 y 和 z 的初始化是错误的。

```
class A{
    int x;
    const int y = 10;              //错误
    int &z = x;                    //错误
public:
    A(){                           //构造函数
      x = 0;                       //正确
      y = 10;                      //y 是常量成员，其值不能改变
    }
…
}
```

　　可以在定义构造函数时，在函数头和函数体之间加入一个对数据成员进行初始化的表来实现。例如：

```
class A{
    int x;
    const int y;
    int z;
public:
    A():z(x),y(10)                 //数据成员初始化表
    {                              //构造函数
      x = 0;
    }
…
}
```

　　当创建 A 的对象时，对象的数据成员 y 初始化成 10，数据成员初始化成引用数据成员 x。同理，x 初始化为 0 的处理也可放在初始化表中。

　　如果类中有常量数据成员或引用数据成员，并且类中定义了构造函数，则一定要在定义的所有构造函数的成员初始化表中对它们进行初始化。

　　2）析构函数

　　当对象销毁时，会自动调用析构函数进行一些清理工作。析构函数也与类同名，但在名字前有一个"~"，析构函数也没有返回类型和返回值。析构函数不带参数，不能重载。

　　若一个对象中有指针数据成员，且该指针数据成员指向某一个内存块，则在对象销毁前，往往通过析构函数释放该指针指向的内存块。对象的析构函数在对象销毁前被调用，对象何时销毁也与其作用域有关。例如，全局对象是在程序运行结束时销毁，自动对象是在离开其作用域时销毁，而动态对象则是在使用 delete 运算符时销毁。析构函数的调用顺序与构造函数的调用顺序相反。当用户未显式定义构造函数和析构函数时，编

译器会隐式定义一个内联的、公有的构造函数和析构函数。默认的构造函数执行创建一个对象所需要的一些初始化操作，但它并不涉及用户定义的数据成员或申请的内存的初始化。

【例 6-14】定义一个类 myString，其对象的空间在创建对象时申请。

```
class myString{
    char *str;                      //数据成员：存储串空间的首地址的指针变量
public:
    myString(){                     //构造函数
        str = NULL;
    }
    myString(const char *p){        //构造函数
        str = new char[strlen(p)+1]; //申请空间
        strcpy(str,p);
    }
    ~myString(){                    //析构函数
        delete []str;               //释放空间
        str = NULL;
    }
    int length(){ return strlen(str); }
};
```

4. 静态成员

有时，可能需要一个或多个公共的数据成员能够被类的所有对象共享。在 C++中，可以定义静态（static）的数据成员和成员函数。要定义静态数据成员，只要在数据成员的定义前增加 static 关键字。

静态数据成员不同于非静态的数据成员，一个类的静态数据成员仅创建和初始化一次，且在程序开始执行的时候创建，然后被该类的所有对象共享，也就是说，静态数据成员不属于对象，而是属于类；而非静态的数据成员则随着对象的创建而多次创建和初始化。

C++也允许定义 static 成员函数。与静态数据成员类似，静态成员函数也是属于类。在静态成员函数中，仅能访问静态的数据成员，不能访问非静态的数据成员，也不能调用非静态的成员函数。公有的、静态的成员函数在类外的调用方式为：

类名::成员函数名(实参表)

5. this 指针

C++中定义了一个 this 指针，用它指向类的对象。this 指针是一个隐含的指针，不能被显式声明。

【例 6-15】定义一个类 A 及其两个对象 a 和 b。

```
class A{
```

```
public:
    void f();
    void g(int i) {x = i; f();}
private:
    int x,y,z;
}
A a,b;
```

对于上面创建的对象 a 和 b，它们分别拥有自己的内存空间，用于存储数据成员 x、y 和 z，如图 6-22 所示。对于一个类的成员函数，它如何知道是对哪一个对象进行操作呢？每个成员函数都拥有一个 this 指针，this 是一个形参、一个局部变量，存在于类的非静态成员函数中（仅能在类的成员函数中访问），this 局部于某一个对象，它指向调用该函数的对象。

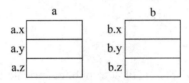

图 6-22　同一个类的不同对象拥有各自的存储空间

因此，类 A 的成员函数 g 的实际形式为：

```
void g(A *const this,int i) { this -> x = i; this -> f();}
```

对于调用 a.g(5)，它实际上被编译成 A::g(&a,5)，这样成员函数通过 this 指针就能知道对哪个对象进行访问了。

6．友元

根据数据保护的要求，不能在一个类的外部访问该类的数据成员，C++用 private 访问控制来保证这一点，对 private 数据成员的访问通常通过该类提供的 public 成员函数来进行。

在 C++的一个类定义中，可以指定某个全局函数、某个其他类或某个其他类的成员函数来直接访问该类的私有（private）和保护（protected）成员，它们分别称为友元函数、友元类和友元类函数，通称为友元。例如：

```
…
class A
{ …
    friend void func();      //友元函数
    friend class B;          //友元类
    friend void C::f();      //友元类成员函数，假定 f() 是类 C 的成员函数
    …
};
```

友元的作用是提高程序设计的灵活性，是数据保护和对数据的存取效率之间的一种折衷方案。

6.4.4　继承与多态

代码复用是面向对象技术中最重要的特点之一，它是通过类继承机制来实现的。

1．继承

通过类继承，在程序中可以复用基类的代码，并可以在继承类中增加新代码或者覆盖被继承类（基类）的成员函数，为基类成员函数赋予新的意义，实现最大限度的代码复用。

继承的一般形式如下：

```
class 派生类名:访问权限  基类名
{
     //派生类的类体
}
```

访问权限是访问控制说明符，它可以是 public、private 或 protected。

派生类与基类是有一定联系的，基类描述一个事物的一般特征，而派生类有比基类更丰富的属性和行为。如果需要，派生类可以从多个基类继承，也就是多重继承。通过继承，派生类自动得到了除基类私有成员以外的其他所有数据成员和成员函数，在派生类中可以直接访问，从而实现了代码的复用。

派生类对象生成时，要调用构造函数进行初始化，其过程是：先调用基类的构造函数，对派生类中的基类数据进行初始化，然后再调用派生类自己的构造函数，对派生类的数据进行初始化工作。当然，在派生类中也可以更改基类的数据，只要它有访问权限。

基类数据的初始化要通过基类的构造函数，而且它要在派生类数据之前初始化，所以基类构造函数在派生类构造函数的初始化表中调用。

```
派生类名（参数表 1）：基类名(参数表 2)
```

其中，"参数表 1"是派生类构造函数的参数，"参数表 2"是基类构造函数的参数。通常情况下，参数表 2 中的参数是参数表 1 的一部分。也就是说，用户应该提供给派生类所有需要的参数，包括派生类和基类。如果派生类构造函数没有显式调用基类的构造函数，编译器也会先调用基类的默认参数的构造函数。如果派生类自己也没有显式定义构造函数，那么编译器会为派生类定义一个默认的构造函数，在生成派生类对象时，仍然先调用基类的构造函数。

析构函数在对象被销毁时调用，对于派生类对象来说，基类的析构函数和派生类的析构函数也要分别调用，不过不需要进行显式的析构函数调用。析构函数调用次序与构造函数调用次序正好相反。

访问说明符 public、private 或 protected 控制数据成员和成员函数在类内和类外如何访问。当一个类的成员定义为 public，就能够在类外访问，包括它的派生类；当一个成员定义为 private，它仅能在类内访问，不能被它的派生类访问。当一个成员定义为 protected，它能在类内和其派生类内被访问。当一个成员没有指定访问说明符时，默认为 private。在定义派生类时，访问说明符也能出现在基类的前面，它控制基类的数据成员和成员函数在派生类中的访问方法。当访问说明符为 public 时，基类的公有成员变为派生类的公有成员，基类的保护成员变为派生类的保护成员；当访问说明符为 protected 时，基类的公有和保护成员均变为派生类的保护成员；而当访问说明符为 private 时，基类的公有和保护成员均变为派生类的私有成员。

【例 6-16】定义一个元素顺序存储的线性表类，派生出队列和栈，如图 6-23 所示。

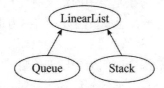

图 6-23　Queue、Stack 继承 LinearList

```
class LinearList {
    int *buffer;
    int size;
public:
    LinearList(int num) {
        size = (num > 10) ? num: 10;
        buffer = new int[size];
    }
    ~ LinearList() {delete []buffer;}
    bool insert(int x,int i);          //在线性表第 i 个元素后插入新元素 x
                                       //返回值表示操作成功或失败
    bool  remove(int &x, int i);       //删除线性表的第 i 个元素，返回值表示操作成
                                       //功或失败
    int element(int i) const;          //返回线性表的第 i 个元素
    int search(int x) const;           //查找值为 x 的元素并返回其位置序号，未找到
                                       //时返回 0
    int length() const;                //返回线性表的长度（即元素数目）
}
class Queue:private LinearList {       //Queue 是 LinearList 的派生类
public:
    bool enQueue(int x)                //元素 x 入队，返回值表示操作成功或失败
    { return insert(x,length());}
    bool deQueue(int &x)               //元素出队，由 x 带回队头元素
    { return remove(x,1);}
}
```

```
class Stack:private LinearList {        //Stack 是 LinearList 的派生类
public:
    bool push(int x)                    //元素 x 入栈，返回值表示操作成功或失败
    { return insert(x,1);}
    bool pop(int &x)                    //元素出栈，由 x 带回栈顶元素
    { return remove(x,1);}
}
```

2. 多态

面向对象程序设计的核心是多态性（polymorphism），简单来说就是"一个接口，多种方法"，程序在运行时才决定所调用的函数。

在派生类中可以定义一个与基类同名的函数，也就是说为基类的成员函数提供了一个新的定义，在派生类中的定义与在基类中的定义有完全相同的方法签名（即参数个数与类型均相同）和返回类型，对于普通成员函数，这称为重置（或覆盖）；而对于虚成员函数，则称之为实现。

多态也称为动态绑定或迟后绑定，因为到底调用哪一个函数，在编译时不能确定，而要推迟到运行时确定。也就是说，要等到程序运行时，确定了指针所指向的对象的类型时才能够确定。

函数调用是通过相应的函数名来实现的。将源程序进行编译后并加载到内存执行时，函数实际上是一段机器代码，它是通过首地址进行标识和调用的。在 C++ 中，函数调用在程序运行之前就已经和函数体（函数的首地址）联系起来。编译器把函数体翻译成机器代码，并记录了函数的首地址。在对函数调用的源程序段进行编译时，编译器知道这个函数名的首地址在哪里（它可以从生成的标识符表中查到这个函数名对应的首地址），然后将这个首地址替换为函数名，一并翻译成机器码。这种编译方法称为早期绑定或静态绑定。

当用基类指针调用成员函数时，是调用基类的成员函数还是调用派生类的成员函数，这由指针指向的对象的类型决定。也就是说，如果基类指针指向基类对象，就调用基类的成员函数；如果基类指针指向派生类对象，就调用派生类的成员函数。这就要用到另外一种方法，称为动态绑定或迟后绑定。

在 C++ 中，动态绑定是通过虚函数来实现的。虚函数的定义很简单，只要在成员函数原型前加一个关键字 virtual 即可。如果一个基类的成员函数定义为虚函数，那么它在所有派生类中也保持为虚函数，即使在派生类中省略了 virtual 关键字。要达到动态绑定的效果，基类和派生类的对应函数不仅名字相同，而且返回类型、参数个数和类型也必须相同。

仅定义了函数而没有函数实现的虚函数称之为纯虚函数。定义纯虚函数的方法是在虚函数参数表右边的括号后加一个"=0"的后缀，例如：

```
virtual void method(void) = 0;
```

含有纯虚函数的类，称之为抽象类。C++不允许用抽象类创造对象，它只能被其他类继承。要定义抽象类，就必须定义纯虚函数，它实际上起到一个接口的作用。

对虚函数的限制是：只有类的成员函数才可以是虚函数；静态成员函数不能是虚函数；构造函数不能是虚函数，析构函数可以是虚函数，而且常常将析构函数定义为虚函数。

【例 6-17】以下程序的功能是计算三角形、矩形和正方形的面积并输出，说明了继承、抽象类和动态绑定的应用。程序由 4 个类组成：类 Triangle、Rectangle 和 Square 分别表示三角形、矩形和正方形；抽象类 Figure 提供了一个纯虚拟函数 getArea()，作为计算上述三种图形面积的通用接口。4 个类之间的关系如图 6-24 所示。

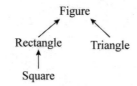

图 6-24　类的继承关系示意图

```
#include <iostream.h>
#include <math.h>

class Figure {                           //抽象类
public:
    virtual double getArea() = 0;        //纯虚函数
};

class Rectangle : public Figure {        //类 Rectangle 是 Figure 的派生类
protected:
    double  height;
    double  width;
public:
    Rectangle(){};
    Rectangle(double height, double width) {
    this->height = height;
    this->width = width;
    }
    double getArea()  {
            return  height * width;
    }
};

class Square : public Rectangle {
public:
    Square(double width){
```

```
            this->height = this->width = width;
        }
};
class Triangle : public Figure {          //类 Triangle 是 Figure 的派生类
        double la;
        double lb;
        double lc;
public:
    Triangle(double la, double lb, double lc) {
            this->la = la;   this->lb = lb;   this->lc = lc;
        }
    double getArea() {
            double s = (la+lb+lc)/2.0;
            return sqrt(s*(s-la)*(s-lb)*(s-lc));
        }
};
void main() {
    Figure* figures[3] = {
            new Triangle(2,3,3), new Rectangle(5,8), new Square(5) };
    for (int i = 0; i < 3; i++) {
            cout << "figures["<< i << "] area = " << (figures[i])->getArea()
            << endl;
        }
    }
```

6.4.5　异常处理

异常（exception）是程序可能检测到的运行时刻不正常的情况，如 new 无法取得所需内存、除数为 0、运算溢出、数组越界访问或函数参数无效等，这样的异常存在于程序的正常函数功能之外，但是要求程序立即处理。C++提供了一些内置的语言特性来产生并处理异常，以提高程序的容错能力，使程序更健壮。异常机制使一个函数可以在发现自己无法处理的错误时抛出一个异常，希望其调用者可以直接或者间接处理这个问题。

传统的错误处理技术在检查到一个局部无法处理的问题时，常用以下方式：

（1）终止程序。

（2）返回一个表示错误的值。

（3）返回一个合法值，让程序处于某种非法的状态。

（4）调用一个预先准备好在出现"错误"的情况下的函数。

第一种情况经常是不允许的，无条件终止程序的方式不适合应用到不能当机的程序中。第二种情况比较常用，但有时会带来不便，例如返回错误码是 int 型，每个调用都要检查错误值。第三种情况很容易误导调用者，如果调用者没有去检查表示错误码的全局变量或者通过其他方式检查错误，会造成无法预料的后果，这种方式在并发情况下也不能很好工作。第四种情况比较少用，而且回调的代码不该过多出现。

　　C++的异常机制为程序员提供了一种处理错误的方式，使程序员可以更自然的方式处理错误。使用异常把错误和处理分开来，由库函数抛出异常，由调用者捕获这个异常，调用者就可以知道程序函数库调用出现错误并加以处理。

　　try、catch、finally 和 throw 是异常处理的关键字，它们配合起来工作。try 内一般放入程序或函数的工作代码（出错时发生异常的代码），catch 是程序发生异常后的出错处理代码，每个 catch 块指定捕获和处理一种异常，而 finally 块中则放着不论是否出错都需要处理的代码。throw 用来声明函数可以抛出的异常和程序检测到出错时用来抛出一个异常对象。

```
try{
    //工作代码
}
catch(Exception1 e){
    //出错处理代码 1
}
catch(Exception2 e){
    //出错处理代码 2
}
…
finally{
    //其他代码
}
```

　　如果一个函数抛出一个异常，它必须假定该异常能被捕获和处理。在函数内抛出一个异常（或在函数调用时抛出一个异常）时，就退出函数的执行。如果不希望在异常抛出时退出函数，可在函数内创建一个特殊块用于解决实际程序中的问题，由于可通过它测试各种函数的调用，所以被称为测试块，由关键字 try 引导，如下所示：

```
try {
    //此处为可能产生异常的代码
}
```

　　异常被抛出后，一旦被异常处理器接收到就被销毁。异常处理器由关键字 catch 引导，一般紧随在 try 块之后。

　　如果一个异常信号被抛出，异常处理器中第一个参数与异常抛出对象相匹配的函数将捕获该异常信号，然后进入相应的 catch 语句，执行异常处理代码。

　　函数的所有潜在异常类型随关键字 throw 插入在函数说明中。例如：

```
void f () throw ( toobig, toosmall, divzero);
```

而传统函数声明 void f ()；意味着函数可能抛出任何一种异常。如果声明为 void f () throw();，则意味着函数不会抛出异常。

【例 6-18】下面程序处理两个数相除时除数为 0 的异常情况，若第一次输入的除数为 0，则提示重新输入；若仍然输入 0 作为除数，则结束程序并提示重新运行程序。

```cpp
#include <iostream>
using namespace std;
int divide(int x, int y)
{ if (y == 0 ) throw 0;
    return x/y;
} //end of divide
void test()
{  int a,b;
   try{
       cout << "请输入两个整数 a 和 b（用于计算 a 除以 b 的商）: ";
       cin >> a >> b;
       int k = divide(a,b);
       cout << a << "/"<< b << "="<< k;
   }
   catch(int){
       cout << "重新输入整数 a 和 b（b 的值不能为 0）: ";
       cin >> a >> b;
       int k = divide(a,b);
       cout << a << "/"<< b << "="<< k << endl;
   }
}//end of test
int main(void)
{  try{
       test();
   }
   catch(int) {
       cout << "请重新运行程序!" << endl;
   }
   return 0;
} //end of main
```

6.4.6　类库

C++标准库可以分为标准函数库和类库两部分。标准函数库继承自 C 语言，是由通用的、独立的、不属于任何类的函数组成的。面向对象类库是类及其相关函数的集合。

C++类库种类繁多，所解决的问题也极其广泛，列举如下：

（1）STL：C++标准模板库，是一个具有工业强度的，高效的 C++程序库。该库提供一些非常实用的容器和算法。

（2）Boost：C++准标准库，由 C++标准委员会库工作组成员发起的，开源跨平台，作为标准库的后备，是 C++标准化进程的开发引擎之一。

（3）MFC：微软基础类库，以 C++类的形式封装了 Windows API，并且包含一个应用程序框架，以减少应用程序开发人员的工作量。其中包含大量 Windows 句柄封装类和很多 Windows 的内建控件和组件的封装类。

（4）Qt：由 Qt Company 开发的跨平台 C++图形用户界面应用程序开发框架。也可用于开发非 GUI 程序，例如控制台工具和服务器。

第 7 章　嵌入式系统的项目开发与维护知识

　　嵌入式系统应用软件的设计方案随应用领域的不同而不同，但是嵌入式系统的分析与设计方法也遵循软件工程的一般原则，开发过程也包括需求分析、系统设计、实现和测试几个基本阶段，并且每个阶段都有其独有的特征和重点，许多成熟的分析和设计方法都可以在嵌入式领域得到应用。

　　本章介绍嵌入式系统项目开发与维护的相关基础知识，主要包括系统开发过程与过程模型、项目管理、系统质量、开发工具与开发环境、系统分析、系统设计、系统实施、系统运行与维护等相关知识。

7.1　系统开发过程和项目管理

　　嵌入式系统没有一个通用的定义，但其开发主要包括硬件和软件两部分。嵌入式软件的开发工作主要依赖于开发人员的计算机软件相关技能。

7.1.1　系统生存周期

　　嵌入式系统的开发可以看作一个项目的实施，其生存周期要经历孕育、诞生、成长、成熟、衰亡的诸多阶段。把整个系统生存周期根据规模、种类、开发方式、开发环境以及开发时使用的方法论划分为若干阶段，每个阶段的任务相对独立，同一阶段各任务的性质尽可能相同，从而降低每个阶段任务的复杂程度，简化不同阶段之间的联系，便于不同人员分工协作，有利于系统开发的组织管理，从而降低了整个系统开发工作的困难程度。

　　1．问题定义

　　在任何产品的开发应用中，首要的步骤是明确问题。问题定义阶段必须回答的关键问题是："要解决的问题是什么？"通过问题定义阶段的工作，系统分析师应该提出关于问题性质、工程目标和规模的书面报告。问题定义阶段是软件生存周期中最简短的阶段，一般只需要一天甚至更少的时间。

　　2．可行性分析

　　这个阶段要回答的关键问题是："对于上一个阶段所确定的问题有行得通的解决办法吗？"可行性分析阶段的任务不是具体解决问题，而是研究问题的范围，探索这个问题是否值得去解，是否有可行的解决办法。

3．需求分析

需求分析阶段的任务不是具体地解决问题，而是准确地确定产品必须做什么，确定系统的功能、性能、数据和界面等要求，从而确定系统的逻辑模型。嵌入式软件需求需要说明硬件接口的必要特征、细节以及输入/输出等。

4．总体设计

这个阶段必须回答的关键问题是："概括地说，应该如何解决这个问题？"

首先，应该考虑几种可能的解决方案。使用系统流程图或其他工具描述每种可能的系统，估计每种方案的成本和效益，还应该在充分权衡各种方案的利弊的基础上，推荐一个较好的系统（最佳方案），并且制定实现所推荐的系统的详细计划。总体设计阶段的第二项主要任务就是设计系统总体结构，也就是确定系统由哪些模块组成以及模块间的关系。通常用层次图或结构图描绘软件的结构。

5．详细设计

总体设计阶段以比较抽象概括的方式提出了解决问题的办法。详细设计阶段的主要任务就是对每个模块完成的功能进行具体描述，也就是回答下面这个关键问题："应该怎样具体地实现这个系统？"因此，详细设计阶段的任务是设计出模块的详细规格说明，该说明应该包含必要的细节，可以根据它们对模块进行单独实现。通常采用 HIPO（层次加输入/处理/输出图）或 PDL 语言（过程设计语言）描述详细设计的结果。

6．实现和单元测试

把每个软硬件模块加以实现。软件实现就是把每个模块的控制结构转换成计算机可接受的程序代码，即写成某种特定程序设计语言表示的源程序清单，并仔细测试编写出的每一个模块。

7．综合测试

综合测试阶段的关键任务是通过各种类型的测试使系统达到预定的要求。最基本的测试是集成测试和验收测试。硬件部分参考国内、国际强制性标准，进行可靠性和电磁兼容性等测试。软件集成测试是根据设计的软件结构，把经过单元测试检验的模块按某种选定的策略装配起来，在装配过程中对程序进行必要的测试。然后进行软硬件集成测试。验收测试是按照规格说明书的规定（通常在需求分析阶段确定），由用户（或在用户积极参与下）对目标系统进行验收。

通过对软件测试结果的分析可以预测软件的可靠性；反之，根据对软件可靠性的要求，也可以决定测试和调试过程什么时候可以结束。应该用正式的文档资料把测试计划、详细测试方案以及实际测试结果保存下来，作为软件配置的一个组成部分。

8．运行与维护

维护阶段的关键任务是，通过各种必要的维护活动使系统持久地满足用户的需要。通常有改正性、适应性、完善性和预防性四类维护活动。每一项维护活动都应该准确地记录下来，作为正式的文档资料加以保存。

7.1.2　过程模型

产品开发生命周期通常使用过程模型进行表示。过程模型习惯上也称为开发模型，它是系统开发全部过程、活动和任务的结构框架。典型的开发过程模型有瀑布模型、增量模型、演化模型（原型模型、螺旋模型）、喷泉模型、基于构件的开发模型和形式化方法模型等。

1．瀑布模型（Waterfall Model）

瀑布模型是将系统生存周期各个活动规定为依线性顺序连接的若干阶段的模型，也称为线性模型。它包括需求分析、设计、实现、测试、运行和维护。它规定了由前至后、相互衔接的固定次序，如同瀑布流水，逐级下落，如图 7-1 所示。

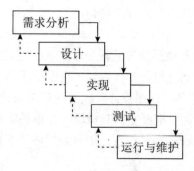

图 7-1　瀑布模型

瀑布模型为系统的开发和维护提供了一种有效的管理模式，根据这一模式制定开发计划，进行成本预算，组织开发力量，以项目的阶段评审和文档控制为手段有效地对整个开发过程进行指导，所以它是以文档作为驱动、适合于系统需求很明确的软件项目的模型。

瀑布模型假设一个待开发的系统需求是完整的、简明的、一致的，而且可以先于设计和实现产生。瀑布模型的优点是，容易理解，管理成本低；强调开发的阶段性早期计划及需求调查和产品测试。不足之处是，客户必须能够完整、正确和清晰地表达他们的需要；在开始的两个或三个阶段中，很难评估真正的进度状态；当接近项目结束时，出现了大量的集成和测试工作；直到项目结束之前，都不能演示系统的能力。在瀑布模型中，需求或设计中的错误往往只有到了项目后期才能够被发现，对于项目风险的控制能力较弱，从而导致项目常常延期完成，开发费用超出预算。

瀑布模型的一个变体是 V 模型，如图 7-2 所示。V 模型描述了质量保证活动和沟通、建模相关活动以及早期构建相关的活动之间的关系。随着团队工作沿着 V 模型左侧步骤向下推进，基本问题需求逐步细化，形成问题及解决方案的技术描述。一旦编码结束，团队沿着 V 模型右侧的步骤向上推进工作，其实际上是执行了一系列测试（质量保证活动），这些测试验证了团队沿着 V 模型左侧步骤向下推进过程中所生成的每个模型。V 模型提供了一种将验证确认活动应用于早期软件工程工作中的方法。

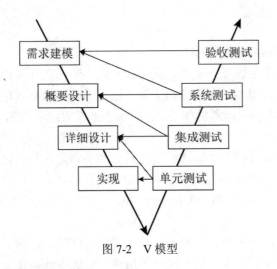

图 7-2　Ｖ模型

2．增量模型（Incremental Model）

增量模型融合了瀑布模型的基本成分和原型实现的迭代特征，它假设可以将需求分段为一系列增量产品，每一增量可以分别开发。该模型采用随着日程时间的进展而交错的线性序列，每一个线性序列产生软件的一个可发布的"增量"，如图 7-3 所示。当使用增量模型时，第 1 个增量往往是核心的产品。客户对每个增量的使用和评估都作为下一个增量发布的新特征和功能，这个过程在每一个增量发布后不断重复，直到产生最终的完善产品。增量模型强调每一个增量均发布一个可操作的产品。

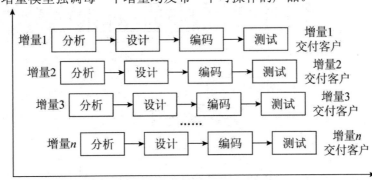

图 7-3　增量模型

增量模型作为瀑布模型的一个变体，具有瀑布模型的所有优点。此外，它还有以下优点：第一个可交付版本所需要的成本和时间很少；开发由增量表示的小系统所承担的风险不大；由于很快发布了第一个版本，因此可以减少用户需求的变更；运行增量投资，即在项目开始时，可以仅对一个或两个增量投资。

增量模型有以下不足之处：如果没有对用户的变更要求进行规划，那么产生的初始增量可能会造成后来增量的不稳定；如果需求不像早期思考的那样稳定和完整，那么一些增量就可能需要重新开发，重新发布；管理发生的成本、进度和配置的复杂性可能会超出组织的能力。

3．原型模型（Prototype Model）

并非所有的需求都能够预先定义，大量的实践表明，在开发初期很难得到一个完整的、准确的需求规格说明。这主要是由于客户往往不能准确地表达对未来系统的全面要求，开发者对要解决的应用问题模糊不清，以至于形成的需求规格说明常常是不完整的、不准确的，有时甚至是有歧义的。此外，在整个开发过程中，用户可能会产生新的要求，导致需求的变更。而瀑布模型难以适应这种需求的不确定性和变化，于是出现了快速原型（rapid prototype）这种新的开发方法。原型方法比较适合于用户需求不清、需求经常变化的情况，是一种演化模型（Evolutionary Model）。当系统规模不是很大也不太复杂时，采用该方法比较好。

原型是预期系统的一个可执行版本，反映了系统性质的一个选定的子集。一个原型不必满足目标软件的所有约束，其目的是能快速、低成本地构建原型。当然，能够采用原型方法是因为开发工具的快速发展，使得能够迅速地开发出一个让用户看得见、摸得着的系统框架。这样，对于计算机不是很熟悉的用户就可以根据这个框架提出自己的需求。开发原型系统首先确定用户需求，开发初始原型，然后征求用户对初始原型的改进意见，并根据意见修改原型。原型模型如图7-4所示。

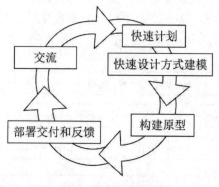

图7-4　原型模型

原型模型开始于沟通，其目的是定义软件的总体目标，标识需求，然后快速制定原型开发的计划，确定原型的目标和范围，采用快速射击的方式对其进行建模，并构建原型。被开发的原型应交付给客户使用，并收集客户的反馈意见，这些反馈意见可在下一轮中对原型进行改进。在前一个原型需要改进，或者需要扩展其范围的时候，进入下一轮原型的迭代开发。

根据使用原型的目的不同，原型可以分为探索型原型、实验型原型和演化型原型 3种。探索型原型的目的是要弄清目标的要求，确定所希望的特性，并探讨多种方案的可行性。实验型原型的目的是验证方案或算法的合理性，是在大规模开发和实现前，用于考查方案是否合适、规格说明是否可靠等。演化型原型的目的是将原型作为目标系统的一部分，通过对原型的多次改进，逐步将原型演化成最终的目标系统。

4．螺旋模型（Spiral Model）

对于复杂的大型系统，开发一个原型往往达不到要求。螺旋模型将瀑布模型和演化模型结合起来，加入了两种模型均忽略的风险分析，弥补了这两种模型的不足。螺旋模型是一种演化模型。

螺旋模型将开发过程分为几个螺旋周期，每个螺旋周期大致和瀑布模型相符合，如图 7-5 所示。在每个螺旋周期分为如下 4 个工作步骤。

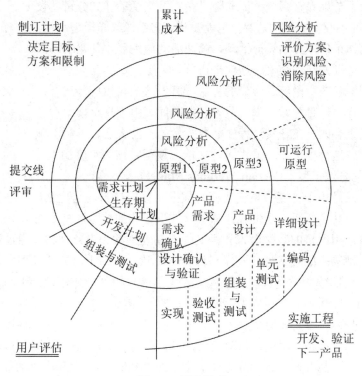

图 7-5　螺旋模型

（1）制订计划。确定系统的目标，选定实施方案，明确项目开发的限制条件。

（2）风险分析。分析所选的方案，识别风险，消除风险。

（3）实施工程。实施系统开发，验证阶段性产品。

（4）用户评估。评价开发工作，提出修正建议，建立下一个周期的开发计划。

螺旋模型强调风险分析，使得开发人员和用户对每个演化层出现的风险有所了解，继而做出应有的反应。因此特别适用于庞大、复杂并且具有高风险的系统。

与瀑布模型相比，螺旋模型支持用户需求的动态变化，为用户参与软件开发的所有关键决策提供了方便，有助于提高产品的适应能力，并且为项目管理人员及时调整管理决策提供了便利，从而降低了系统开发的风险。在使用螺旋模型进行系统开发时，需要开发人员具有相当丰富的风险评估经验和专门知识。另外，过多的迭代次数会增加开发成本，延迟提交时间。

5. 喷泉模型（water fountain model）

喷泉模型是一种以用户需求为动力，以对象作为驱动的模型，适合于面向对象的开发方法。它克服了瀑布模型不支持软件重用和多项开发活动集成的局限性。喷泉模型使开发过程具有迭代性和无间隙性，如图 7-6 所示。迭代意味着模型中的开发活动常常需要重复多次，在迭代过程中不断地完善系统。无间隙是指在开发活动（如分析、设计、编码）之间不存在明显的边界，也就是说，它不像瀑布模型那样，需求分析活动结束后才开始设计活动，设计活动结束后才开始编码活动，而是允许各开发活动交叉、迭代地进行。

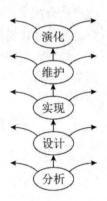

图 7-6　喷泉模型

喷泉模型的各个阶段没有明显的界限，开发人员可以同步进行。其优点是可以提高项目开发效率，节省开发时间。由于喷泉模型在各个开发阶段是重叠的，在开发过程中需要大量的开发人员，不利于项目的管理。此外这种模型要求严格管理文档，使得审核的难度加大。

6. 形式化方法模型（Formal Methods Model）

形式化方法是用于将复杂系统建模为数据实体的技术，是建立在严格数学基础上的一种开发方法，其主要活动是生成计算机软件形式化的数学规格说明。

形式化方法用严格的数学语言和语义描述功能规约和设计规约，通过数学的分析和推导，易于发现需求的歧义性、不完整性和不一致性，易于对分析模型、设计模型和程序进行验证。通过数学的演算，使得从形式化功能规约到形式化设计规约，以及从形式化设计规约到程序代码的转换成为可能。

7. 统一过程（UP）模型

统一过程的特色是"用例和风险驱动，以架构为中心，迭代的增量开发过程"。迭代的意思是将整个产品开发项目划分为许多个小的"袖珍项目"，每个"袖珍项目"都包含正常项目的所有元素：计划、分析和设计、构造、集成和测试，以及内部和外部发布。

统一过程定义了 5 个阶段及其制品。

（1）起始阶段（inception phase）。起始阶段专注于项目的初创活动，产生的主要工作产品有构想文档（vision document）、初始用例模型、初始项目术语表、初始业务用例、初始风险评估、项目计划（阶段及迭代）、业务模型以及一个或多个原型（需要时）。本阶段的里程碑是生命周期目标。

（2）精化阶段（elaboration phase）。精化阶段在理解了最初的领域范围之后进行需求分析和架构演进，产生的主要工作产品有用例模型、补充需求（包括非功能需求）、分析模型、体系结构描述、可执行的体系结构原型、初步的设计模型、修订的风险列表、项目计划（包括迭代计划、调整的工作流、里程碑和技术工作产品）以及初始用户手册。

本阶段的里程碑是生命周期架构。

（3）构建阶段（construction phase）。构建阶段关注系统的构建，产生实现模型，产生的主要工作产品有设计模型、系统构件、集成的增量、测试计划及步骤、测试用例以及支持文档（用户手册、安装手册和对于并发增量的描述）。初始运作功能。

（4）移交阶段（transition phase）。移交阶段关注于系统提交方面的工作，产生系统增量，产生的主要工作产品有提交的系统增量、β测试报告和综合用户反馈。本阶段的里程碑是产品发布版本。

（5）生产阶段（production phase）。生产阶段对持续使用的软件进行监控，提供运行环境（基础设施）的支持，提交并评估缺陷报告和变更请求。

在每个迭代中，有 5 个核心工作流：捕获系统应该做什么的需求工作流，精化和结构化需求的分析工作流，用系统构架实现需求的设计工作流，构造系统的实现工作流，验证实现是否如期望那样工作的测试工作流。

统一过程的典型代表是 RUP（Rational Unified Process），主要针对前 4 个技术阶段。RUP 是 UP 的商业扩展，完全兼容 UP，但比 UP 更完整、更详细。

8．敏捷方法（Agile Development）

敏捷开发的总体目标是通过"尽可能早地、持续地对有价值的软件的交付"使客户满意。通过在产品开发过程中加入灵活性，敏捷方法使用户能够在开发周期的后期增加或改变需求。

敏捷过程的典型方法有很多，每一种方法基于一套原则，这些原则实现了敏捷方法所宣称的理念（敏捷宣言）。

（1）极限编程（XP）。XP 是一种轻量级（敏捷）、高效、低风险、柔性、可预测的、科学的软件开发方式。它由价值观、原则、实践和行为 4 个部分组成，彼此相互依赖、关联，并通过行为贯穿于整个生存周期。

- 4 大价值观：沟通、简单性、反馈和勇气。
- 5 个原则：快速反馈、简单性假设、逐步修改、提倡更改和优质工作。
- 12 个最佳实践：计划游戏（快速制订计划、随着细节的不断变化而完善）、小型发布（系统的设计要能够尽可能早地交付）、隐喻（找到合适的比喻传达信息）、简单设计（只处理当前的需求，使设计保持简单）、测试先行（先写测试代码，然后再编写程序）、重构（重新审视需求和设计，重新明确地描述它们以符合新的和现有的需求）、结队编程、集体代码所有制、持续集成（可以按日甚至按小时为客户提供可运行的版本）、每周工作 40 个小时、现场客户和编码标准。

（2）水晶法（Crystal）。水晶法认为每一个不同的项目都需要一套不同的策略、约定和方法论。

（3）并列争球法（Scrum）。并列争球法使用迭代的方法，其中，把每 30 天一次的迭代称为一个"冲刺"，并按需求的优先级别来实现产品。多个自组织和自治的小组并行地递增实现产品。协调是通过简短的日常情况会议来进行，就像橄榄球中的"并列争球"。

（4）自适应软件开发（ASD）。ASD 有 6 个基本的原则：有一个使命作为指导；特征被视为客户价值的关键点；过程中的等待是很重要的，因此"重做"与"做"同样关键；变化不被视为改正，而是被视为对软件开发实际情况的调整；确定的交付时间迫使开发人员认真考虑每一个生产的版本的关键需求；风险也包含其中。

7.1.3　过程评估

系统开发和维护的模型、方法、工具和环境的出现，对提高系统的开发、维护效率和质量起到了很大的作用。尽管如此，人们开发和维护系统的能力仍然跟不上所涉及的问题的复杂程度的增长，大多是组织面临的主要问题仍然是无法符合预算和进度要求的高可靠性和高可用性的产品。人们开始意识到问题的实质是缺乏管理开发过程的能力。

1. 软件能力成熟度模型（CMM）

在美国国防部支持下，1987 年，卡内基-梅隆大学软件工程研究所率先推出了软件工程评估项目的研究成果——软件过程能力成熟度模型（Capability Maturity Model of Software，CMM），其研究目的是提供一种评价软件承接方能力的方法，同时它可用于帮助软件组织改进其软件过程。

CMM 是对软件组织进化阶段的描述，随着软件组织定义、实施、测量、控制和改进其软件过程，软件组织的能力经过这些阶段逐步前进。该能力成熟度模型使软件组织能够较容易地确定其当前过程的成熟度并识别其软件过程执行中的薄弱环节，确定对软件质量和过程改进最为关键的几个问题，从而形成对其过程的改进策略。软件组织只要关注并认真实施一组有限的关键实践活动，就能稳步地改善其全组织的软件过程，使全组织的软件过程能力持续增长。

CMM 将软件过程改进分为如下 5 个成熟度级别，分别为：

（1）初始级（Initial）。软件过程的特点是杂乱无章，有时甚至很混乱，几乎没有明确定义的步骤，项目的成功完全依赖个人的努力和英雄式核心人物的作用。

（2）可重复级（Repeatable）。建立了基本的项目管理过程和实践来跟踪项目费用、进度和功能特性。有必要的过程准则来重复以前在同类项目中的成功。

（3）已定义级（Defined）。管理和工程两方面的软件过程已经文档化、标准化，并综合成整个软件开发组织的标准软件过程。所有项目都采用根据实际情况修改后得到的标准软件过程来开发和维护软件。

（4）已管理级（Managed）。制定了软件过程和产品质量的详细度量标准。软件过程的产品质量都被开发组织的成员所理解和控制。

（5）优化级（Optimized）。加强了定量分析，通过来自过程质量反馈和来自新观念、新技术的反馈使过程能不断持续地改进。

　　CMM 模型提供了一个框架，将软件过程改进的进化步骤组织成 5 个成熟度等级，为过程不断改进奠定了循序渐进的基础。这 5 个成熟度等级定义了一个有序的尺度，用来测量一个组织的软件过程成熟度和评价其软件过程能力。成熟度等级是已得到确切定义的，也是在向成熟软件组织前进途中的平台。每一个成熟度等级为继续改进过程提供一个基础。每一等级包含一组过程目标，通过实施相应的一组关键过程域达到这一组过程目标，当目标满足时，能使软件过程的一个重要成分稳定。每达到成熟度框架的一个等级，就建立起软件过程的一个相应成分，导致组织过程能力一定程度的增长。

　　基于 CMM 模型的产品包括一些诊断工具，可应用于软件过程评价和软件能力评估小组以确定一个机构的软件过程实力、弱点和风险。最著名的是成熟度调查表。软件过程评价及软件能力评估的方法及培训也依赖于 CMM 模型。

　　2．能力成熟度模型集成（CMMI）

　　CMM 的成功导致了适用不同学科领域的模型的衍生，如系统工程的能力成熟度模型，适用于集成化产品开发的能力成熟度模型等。而一个工程项目又往往涉及多个交叉的学科，因此有必要将各种过程改进的工作集成起来。1998 年由美国产业界、政府和卡内基·梅隆大学软件工程研究所共同主持 CMMI 项目。CMMI 是若干过程模型的综合和改进，是支持多个工程学科和领域的、系统的、一致的过程改进框架，能适应现代工程的特点和需要，能提高过程的质量和工作效率。2000 年发布了 CMMI-SE/SW/IPPD，集成了适用于软件开发的 SW-CMM（草案版本 2（C））、适用于系统工程的 EIA/IS731 以及适用于集成化产品和过程开发的 IPD CMM（0.98 版）。2002 年 1 月发布了 CMMI-SE/SW/IPPD1.1 版。

　　CMMI 提供了两种表示方法：连续式模型和阶段式模型。

　　（1）阶段式模型。阶段式模型的结构类似于 CMM，它关注组织的成熟度。CMMI-SE/SW/IPPD1.1 版中有 5 个成熟度等级。

- 初始级：过程不可预测且缺乏控制。
- 已管理级：过程为项目服务。
- 已定义级：过程为组织服务。
- 定量管理级：过程已度量和控制。
- 优化级：集中于过程改进。

　　（2）连续式模型。连续式模型关注每个过程域的能力，一个组织对不同的过程域可以达到不同的过程域能力等级（Capability Level，CL）。CMMI 中包括 6 个过程域能力等级，等级号为 0～5。能力等级包括共性目标及相关的共性实践，这些实践在过程域内被添加到特定目标和实践中。当组织满足过程域的特定目标和共性目标时，就说该组织达到了那个过程域的能力等级。

　　能力等级可以独立地应用于任何单独的过程域，任何一个能力等级都必须满足比它等级低的能力等级的所有准则。各能力等级的含义简述如下：

- CL0（未完成级）：过程域未执行或未得到 CL1 中定义的所有目标。
- CL1（已执行级）：其共性目标是过程将可标识的输入工作产品转换成可标识的输出工作产品，以实现支持过程域的特定目标。
- CL2（已管理级）：其共性目标集中于已管理的过程的制度化。根据组织级政策规定过程的运作将使用哪个过程，项目遵循已文档化的计划和过程描述，所有正在工作的人都有权使用足够的资源，所有工作任务和工作产品都被监控、控制和评审。
- CL3（已定义级）：其共性目标集中于已定义的过程的制度化。过程是按照组织的剪裁指南从组织的标准过程集中剪裁得到的，还必须收集过程资产和过程的度量，并用于将来对过程的改进上。
- CL4（定量管理级）：其共性目标集中于可定量管理的过程的制度化。使用测量和质量保证来控制和改进过程域，建立和使用关于质量和过程执行的定量目标作为管理准则。
- CL5（优化级）：使用量化（统计学）手段改变和优化过程域，以对付客户要求的改变和持续改进计划中的过程域的功效。

7.1.4 工具与环境

开发环境（Development Environment）是支持产品开发的各种系统。用来辅助产品开发、运行、维护、管理和支持等过程中的活动的软件称为软件工具。系统开发过程中可使用的工具种类繁多，按照开发过程的活动可以分为支持系统开发过程的工具、支持软件维护过程的工具、支持管理过程和支持过程的工具等。

1．开发工具

对应于开发过程的各种活动，开发工具通常有需求分析工具、设计工具、概要设计工具、编码与排错工具、测试工具等。

1）需求分析工具

用于辅助需求分析活动的软件称为需求分析工具，它辅助系统分析师从需求定义出发，生成完整的、清晰的、一致的功能规范（Functional Specification）。功能规范是系统所要完成的功能的准确而完整的陈述，它描述该系统要做什么及只做什么。按照需求定义的方法可将需求分析工具分为基于自然语言或图形描述的工具和基于形式化需求定义语言的工具。

2）设计工具

用于辅助设计活动的软件称为设计工具，它辅助设计人员从系统功能规范出发，得到相应的设计规范（design specification）。对应于概要设计活动和详细设计活动，设计工具通常可分为概要设计工具和详细设计工具。

3）概要设计工具

用于辅助设计人员设计目标系统的体系结构、控制结构和数据结构。详细设计工具用于辅助设计人员设计模块的算法和内部实现细节。除此之外，还有基于形式化描述的设计工具和面向对象分析与设计工具。

4）实现与排错工具

辅助实现人员进行嵌入式硬件实现的电子设计自动工具、用于目标板调试的硬件仿真器，进行编码活动的工具有编码工具和排错工具。编码工具辅助编程人员用某种程序设计语言编制源程序，并对源程序进行翻译，最终转换成可执行的代码。因此，编码工具通常与编码所使用的程序语言密切相关。排错工具用来辅助程序员寻找源程序中错误的性质和原因，并确定出错的位置。

5）测试工具

用于支持进行软件测试的工具称为测试工具，分为数据获取工具、静态分析工具、动态分析工具、模拟工具以及测试管理工具。其中，静态分析工具通过对源程序的程序结构、数据流和控制流进行分析，得出程序中函数（过程）的调用与被调用关系、分支和路径、变量定义和引用等情况，发现语义错误。动态分析工具通过执行程序，检查语句、分支和路径覆盖，测试有关变量值的断点，即对程序的执行流进行探测。

2．维护工具

辅助维护过程中相关活动的软件称为维护工具，它辅助维护人员对系统代码及其文档进行各种维护活动。维护工具主要有版本控制工具、文档分析工具、开发信息库工具、逆向工程工具和再工程工具。

1）版本控制工具

在系统开发和维护过程中一个产品往往有多个版本，版本控制工具用来存储、更新、恢复和管理一个系统的多个版本。

2）文档分析工具

文档分析工具用来对开发过程中形成的文档进行分析，给出维护活动所需的维护信息。例如，基于数据流图的需求文档分析工具可给出对数据流图的某个成分（如加工）进行维护时的影响范围，以便在修改该成分的同时考虑其影响范围内的其他成分是否也要修改。除此之外，文档分析工具还可以得到被分析的文档的有关信息，如文档各种成分的个数、定义及引用情况等。

3）开发信息库工具

开发信息库工具用来维护项目的开发信息，包括对象、模块等。它记录每个对象的修改信息（已确定的错误及重要改动）和其他变形（如抽象数据结构的多种实现），还必须维护对象和与之有关信息之间的关系。

4）逆向工程工具

逆向工程工具辅助软件人员将某种形式表示的软件（源程序）转换成更高抽象形式

表示的软件。这种工具力图恢复源程序的设计信息，使软件变得更容易理解。逆向工程工具分为静态的和动态的两种。

5）再工程工具

再工程工具用来支持重构一个功能和性能更为完善的软件系统。目前的再工程工具主要集中在代码重构、程序结构重构和数据结构重构等方面。

3．项目管理和支持工具

项目管理和支持工具用来辅助管理人员和系统支持人员的管理活动和支持活动，以确保系统高质量地完成。辅助管理和支持的工具很多，其中常用的工具有项目管理工具、配置管理工具和评价工具。

1）项目管理工具

项目管理工具用来辅助软件的项目管理活动。通常项目管理活动包括项目的计划、调度、通信、成本估算、资源分配及质量控制等。一个项目管理工具通常把重点放在某一个或某几个特定的管理环节上，而不提供对管理活动包罗万象的支持。

2）配置管理工具

配置管理工具用来辅助完成系统配置项的标识、版本控制、变化控制、审计和状态统计等基本任务，使得各配置项的存取、修改和系统生成易于实现，从而简化了审计过程，改进状态统计，减少错误，提高系统的质量。

3）评价工具

评价工具用来辅助管理人员进行系统质量保证的有关活动。它通常可以按照某个质量模型（如 ISO 系统与软件质量度量模型等）对被评价的系统进行度量，然后得到相关的评价报告。评价工具有助于软件的质量控制，对确保软件的质量有重要的作用。

4．开发环境

嵌入式系统开发环境由相关工具集和环境集成机制构成，包括如开发计算机、用于实现嵌入式软件开发和调试的集成开发环境（IDE）估计、用于实现嵌入式硬件设计的电子设计自动化工具、用户目标板调试的硬件仿真器、信号源、目标硬件调试工具以及目标硬件等，为工具集成和系统开发、维护和管理提供统一的支持。通过环境集成机制，各工具用统一的数据接口规范存储或访问环境信息库，采用统一的界面形式，保证各工具界面的一致性，同时为各工具或开发活动之间的通信、切换、调度和协同工作提供支持。在嵌入式系统开发环境中进行开发，可以使用环境中提供的各种工具，同时在环境信息库的支持下，一个工具所产生的结果信息可以被其他工具利用，使得系统开发的各项活动得到连续的支持，从而大大提高产品的开发效率，提高产品的质量。

系统开发环境的特征是：

（1）环境的服务是集成的。开发环境应支持多种集成机制，如平台集成、数据集成、界面集成、控制集成和过程集成等。

（2）环境应支持小组工作方式，并为其提供配置管理。

（3）环境的服务可用于支持各种系统开发活动，包括分析、设计、编程、测试、调试和文档等。

集成型开发环境是一种把支持多种系统开发方法和开发模型的软件工具集成在一起的软件开发环境。这种环境应该具有开放性和可剪裁性。开放性为环境外的工具集成到环境中来提供了方便；可剪裁性可根据不同的应用和不同的用户需求进行剪裁，以形成特定的开发环境。

7.1.5　项目管理

构建嵌入式系统是一项复杂的任务，尤其是涉及到很多人员共同长期工作的时候。为了使嵌入式项目开发获得成功，必须对系统开发项目的工作范围、花费的工作量（成本）、可能遇到的风险、进度的安排、要实现的任务、经历的里程碑以及需要的资源（人、硬/软件）等做到心中有数，而项目管理可以提供这些信息。项目管理的过程一般包括初启、计划、执行、监控、结项，项目管理的范围覆盖整个系统生命周期过程。

1．管理范围

有效的项目管理集中于 4P，即人员（People）、产品（Product）、过程（Process）和项目（Project）。必须将人员组织起来以有效地完成产品构建工作；必须和客户及其他利益相关者很好地沟通，以便了解产品的范围和需求；必须选择适合于人员和产品的过程；必须估算完成工作任务的工作量和工作时间，从而制订项目计划。

"人的因素"非常重要，在所有项目中，最关键的因素是人员，涉及项目管理人员、高级管理人员、开发人员、客户和最终用户。人员能力成熟度模型（People Capability Maturity Model，PCMM）针对人员定义了以下关键实践域：人员配备、沟通与协调、工作环境、业绩管理、培训、报酬、能力素质分析与开发、个人事业发展、工作组发展以及团队精神或企业文化培育等。PCMM 成熟度达到较高水平的组织，更有可能实现有效的项目管理事件。

在制订项目计划之前，首先确定产品的目标和范围，考虑可选的解决方案，识别技术和管理上的限制。如果没有这些信息，就无法进行合理（精确）的成本估算，也无法进行有效的风险评估和适当的项目任务划分，更无法制定可管理的项目进度计划来给出意义明确的项目进展标志。确定产品的目标只是识别出产品的总体目标，而不用考虑如何实现这些目标。确定产品的范围是识别出产品的主要数据、功能和行为特性，并且应该用量化的方式界定这些特性。然后开始考虑备选解决方案，不讨论细节，使管理者与参与开发的人员根据特定的约束条件选择相对最佳的方案，约束条件有产品的交付期限、预算限制、可用人员、技术接口以及其他各种因素。

开发过程提供了一个框架，一小部分框架活动适用于所有的项目，多种不同的任务集合使得框架活动适合于不同项目的特性和项目团队的需求。普适性活动（如质量管理、配置管理、测量等）覆盖了过程模型，独立于任何一个框架活动，且贯穿于整个过程之中。

为了成功地管理项目，需要有计划、可控制，这样才能管理复杂的系统开发；需要了解可能会出现的各类问题以便加以避免。可以采用的方法有：

（1）在正确的基础上开始工作。

（2）保持动力。

（3）跟踪进度。

（4）做出正确的决策。

（5）进行事后分析。

2．成本估算

系统开发成本估算主要指系统开发过程中所花费的工作量及相应的代价。为了使开发项目能够在规定的时间内完成，而且不超过预算，成本预算和管理控制是关键。项目开发成本的估算主要靠分解和类推的手段进行。分解技术是将项目分解成一系列较小的、容易理解的问题进行估算。常用的分解技术有：基于问题的估算、基于代码行（LOC）估算、基于功能点（FP）的估算、基于过程的估算、基于用例的估算。选择或结合使用分解技术，进行成本估算。基本的成本估算方法有如下几种。

（1）自顶向下估算方法。估算人员参照以前完成的项目所耗费的总成本（或总工作量）来推算将要开发的系统的总成本（或总工作量），然后把它们按阶段、步骤和工作单元进行分配。

自顶向下估算方法的主要优点是对系统级工作的重视，所以估算中不会遗漏集成、配置管理等系统级事务的成本估算，且估算工作量小、速度快。其缺点是不清楚低级别上的技术性困难，而这些困难将会使成本上升。

（2）自底向上估算方法。自底向上估算方法是将待开发的系统细分，分别估算每一个子任务所需要的开发工作量，然后将它们加起来，得到系统的总开发量。这种方法的优点是对每一部分的估算工作交给负责该部分工作的人来做，所以估算较为准确。其缺点是缺少对各项子任务之间相互联系所需要工作量和与开发有关的系统级工作量的估算，因此预算往往偏低。

（3）差别估算方法。差别估算方法是将开发项目与一个或多个已完成的类似项目进行比较，找出与某个相类似项目的若干不同之处，并估算每个不同之处对成本的影响，导出开发项目的总成本。该方法的优点是可以提高估算的准确度，缺点是不容易明确"差别"的界限。

除以上方法外，还有许多方法，大致可分为三类：专家估算法、类推估算法和算式估算法。

（1）专家估算法。该方法依靠一个或多个专家对要求的项目做出估算，其精确性取决于专家对估算项目的定性参数的了解和他们的经验。

（2）类推估算法。在自顶向下的方法中，它是将估算项目的总体参数与类似项目进行直接比较得到结果；在自底向上方法中，类推是在两个具有相似条件的工作单元之间进行。

（3）算式估算法。专家估算法和类推估算法的缺点在于它们依靠带有一定盲目性和主观性的猜测对项目进行估算。算式估算法则是企图避免主观因素的影响，用于估算的方法有两种基本类型：由理论导出和由经验导出。

典型的成本估算模型主要有动态多变量普特南（Putnam）模型和层次结构的结构性成本模型（Constructive Cost Model，COCOMO）的升级模型 COCOMOII 等。普特南模型基于软件方程，它假设在软件开发的整个生命周期中有特定的工作量分布。COCOMOII模型层次结构中有三种不同的估算选择：对象点、功能点和源代码行。

3．风险分析

新的系统建立时，总是存在某些不确定性。例如，用户要求是否能确切地被理解？在项目最后结束之前要求实现的功能能否建立？是否存在目前仍未发现的技术难题？在项目出现严重延期时是否会发生一些变更？等等。风险是潜在的，需要识别、评估发生的概率、估算其影响、并制定实际发生时的应急计划。

风险分析在项目管理中具有决定性作用。当在软件工程的环境中考虑风险时，主要关注以下三个方面。一是关心未来。风险是否会导致项目失败；二是关心变化。用户需求、开发技术、目标机器以及所有其他与项目有关的实体会发生什么变化；三是必须解决需要做出选择的问题，即应当采用什么方法和工具，应当配备多少人力，在质量上强调到什么程度才满足要求等。

风险分析实际上是贯穿软件工程中的一系列风险管理步骤，其中包括风险识别、风险估计、风险管理策略、风险解决和风险监控。

4．进度管理

进度安排包括把一个项目所有的工作分解为若干个独立的活动，并描述这些活动之间的依赖关系，估算完成这些活动所需的工作量，分配人力和其他资源，制定进度时序。进度的合理安排是如期完成软件项目的重要保证，也是合理分配资源的重要依据，因此进度安排是管理工作的一个重要组成部分。有两种安排软件开发项目进度的方式：

（1）系统最终交付日期已经确定，系统开发部门必须在规定期限内完成；

（2）系统最终交付日期只确定了大致的年限，最后交付日期由软件开发部门确定。

进度安排的常用图形描述方法有 Gantt 图（甘特图）和 PERT（Program Evaluation & Review Technique，项目计划评审技术）图。

（1）Gantt 图。Gantt 图中横坐标表示时间（如时、天、周、月、年等），纵坐标表示任务，图中的水平线段表示一个任务的进度安排，线段的起点和终点对应在横坐标上的时间分别表示该任务的开始时间和结束时间，线段的长度表示完成该任务所持续的时间。当日历中同一时段中存在多个水平条时，表示任务之间的并发。图 7-7 所示的 Gantt 图描述了三个任务的进度安排。该图表示：任务 1 首先开始，完成它需要 12 周时间；任务 2

在 2 周后开始，完成它需要 18 周；任务 3 在 12 周后开始，完成它需要 10 周。

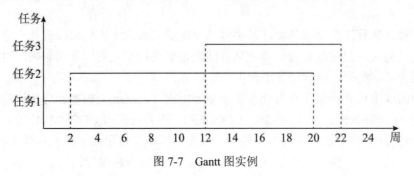

图 7-7   Gantt 图实例

Gantt 图能清晰地描述每个任务从何时开始，到何时结束，任务的进展情况以及各个任务之间的并行性；但是它不能清晰地反映出各任务之间的依赖关系，难以确定整个项目的关键所在，也不能反映计划中有潜力的部分。

（2）PERT 图。PERT 图是一个有向图，其基本符号如图 7-8 所示。

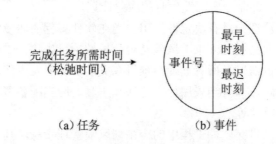

图 7-8   PERT 图的基本符号

PERT 图中的有向弧表示任务，可以标上完成该任务所需的时间，图中的结点表示流入结点的任务已结束，并开始流出结点的任务，这里把结点称为事件。只有当流入该结点的所有任务都结束时，结点所表示的事件才出现，流出结点的任务才可以开始。事件本身不消耗时间和资源，它仅表示某个时间点。每个事件有一个事件号及出现该事件的最早时刻和最迟时刻。最早时刻表示在此时刻之前从该事件出发的任务不可能开始；最迟时刻表示从该事件出发的任务必须在此时刻之前开始，否则整个工程就不能如期完成。每个任务还可以有一个松弛时间（slack time），表示在不影响整个工期的前提下，完成该任务有多少机动时间。为了表示任务间的关系，图中还可以加入一些空任务（用虚线有向弧表示），完成空任务的时间为 0。

PERT 图的一个实例如图 7-9 所示，该图所表示的工程可分为 12 个任务，事件号 1 表示工程开始，事件号 11 表示工程结束（完成所有任务需要 23 个时间单位）。松弛时间为 0 的任务构成了完成整个工程的关键任务，其事件流为 1→2→3→4→6→8→10→11，也就是说，这些任务不能拖延，否则整个工程就不能在 23 个时间单位内完成。

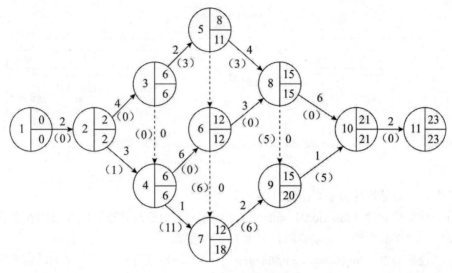

图 7-9 PERT 图示例

PERT 图不仅给出了每个任务的开始时间、结束时间和完成该任务所需的时间，还给出了任务之间的关系，即哪些任务完成后才能开始另外一些任务，还可以找出如期完成整个工程的关键任务。任务的松弛时间则反映了完成任务时可以推迟其开始时间或延长其所需完成的时间。PERT 图不能反映任务之间的并行关系。

7.1.6 质量保证

系统质量是指反映系统或产品满足规定或隐含需求的能力的特征和特性全体。软件质量管理是指对软件开发过程进行的独立的检查活动，由质量保证、质量规划和质量控制三个主要活动构成。质量保证是指为保证系统或软件产品充分满足用户要求的质量而进行的有计划、有组织的活动，其目的是开发高质量的系统。

1．质量特性

讨论系统质量首先要了解系统的质量特性。已经有多种软件质量模型来描述软件质量特性，目前较多采用的如 ISO/IEC 9126 软件质量模型和 Mc Call 软件质量模型。ISO/IEC 9126 已经被 ISO/ICE 25010 系统和软件质量模型所取代，其主要改进包括将兼容性作和安全性作为质量特性，ISO/IEC 25012 数据质量模型与 ISO/IEC 25030 使用质量模型作为补充。

1）ISO/ICE 25010 系统和软件质量模型

ISO/ICE 25010 系统和软件质量模型包含 8 个质量特性，每个特性由一组相关的质量子特性组成，如图 7-10 所示。该产品质量模型既可以用于软件，又可以用于任何包含软件的计算机系统。

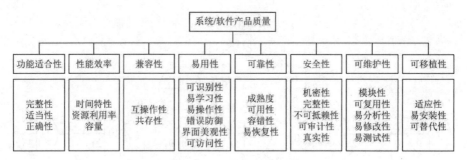

图 7-10　产品质量模型

其中，各质量特性和质量子特性的含义如下。

（1）功能适合性（functional suitability）。与一组功能及其指定的性质的存在有关的一组属性。功能是指满足规定或隐含需求的那些功能。

- 功能完整性（functional completeness）：与对规定任务和用户目标加以实现的功能是否完整有关的属性。
- 功能适当性（functional appropriateness）：与对规定任务和用户目标能否提供一组功能以及这组功能是否适合有关的属性。
- 功能正确性（functional correctness）：与能够得到正确或相符的结果或效果有关的产品或系统属性。

（2）性能效率（performance efficiency）。在规定条件下，系统的性能水平与所用资源量之间的关系有关的一组属性。

- 时间特性（time behavior）：与响应和处理时间以及软件执行其功能时的吞吐量有关的属性。
- 资源利用率（resource utilization）：与系统执行其功能时所使用的资源量以及使用资源的类型有关的属性。
- 容量（capacity）：与系统满足特定需求时指标参数的最大限制有关的属性。

（3）兼容性（compatibility）。与系统或组件与其他系统或组件进行信息交换，或在不同软硬件环境中执行所需功能有关的一组属性。

- 共存性（co-existence）：与同其他系统运行在同一环境使用相同的资源而不相互影响的能力相关的属性。
- 互操作性（interoperability）：与同其他指定系统进行交互操作的能力相关的属性。

（4）易用性（usability）。与为使用所需的努力和由一组规定或隐含的用户对这样使用所作的个别评价有关的一组属性。

- 可识别性（appropriateness recognizability）：与用户识别系统是否满足需求有关的属性。
- 易学性（learnability）：与用户为学习使用产品（例如操作控制、输入、输出）的有效性、效率、风险和满意度相关的属性。

- 易操作性（operability）：与用户为进行操作和操作控制所付出的努力有关的属性。
- 错误防御（user error protection）：与阻止用户错误输入有关的属性。
- 界面美观性（user interface aesthetics）：与系统用户界面使用用户进行愉快满意交互有关的属性。
- 可访问性（accessibility）：与用户可访问系统完成特定目标的范围和能力有关的属性。

（5）可靠性（reliability）。与在规定的一段时间内和规定的条件下，系统维持在其性能水平有关的能力。

- 成熟性（maturity）：与正常操作情况下满足可靠性需求有关的属性。
- 可用性（availability）：与系统运行可用使用能力有关的属性。
- 容错性（fault tolerance）：与在系统错误或违反指定接口的情况下，维持指定的性能水平的能力有关的属性。
- 易恢复性（recoverability）：与在故障发生后，重新建立其性能水平并恢复直接受影响数据的能力，以及为达到此目的所需的时间和努力有关的属性。

（6）安全性（security）。与避免对程序及数据的非授权故意或意外访问的能力有关的系统属性。

- 机密性（confidentiality）：与系统确保只有授权才能访问其数据能力有关的属性。
- 完整性（integrity）：与系统防止未经授权对数据和程序进行访问和修改能力有关的属性。
- 不可抵赖性（non-repudiation）：与对系统使用行为及发生时间真实性有关的属性。
- 可审计性（accountability）：与对系统使用行为进行追踪有关的属性。
- 真实性（authenticity）：与证明主体或资源身份是所声称的身份有关的属性。

（7）可维护性（maintainability）。与进行规定的修改所需要的努力有关的一组属性。

- 模块性（modularity）：与所组成系统的模块独立性有关的属性。
- 可复用性（reusability）：与模块用于其他系统有关的属性。
- 易分析性（analyzability）：与为诊断缺陷或失效原因，或为判定待修改的部分所需努力有关的属性。
- 易修改性（modifiability）：与进行修改、排错或适应环境变换所需努力有关的属性。
- 易测试性（testability）：为确认经修改系统所需努力有关的属性。

（8）可移植性（portability）。与系统可从某一环境转移到另一环境的能力有关的一组属性。

- 适应性（adaptability）：与系统转移到不同环境时的处理或手段有关的属性。
- 易安装性（installability）：与在指定环境下对系统进行安装/卸载所需努力有关的属性。

- 易替换性（replaceability）：与一产品在该软件环境中用来替代指定的其他软件的可能和努力有关的属性。

2）Mc Call 软件质量模型

Mc Call 软件质量模型从软件产品的运行、修正、转移三个方面确定了 11 个质量特性，如图 7-11 所示。Mc Call 也给出了一个三层模型框架，第一层是质量特性，第二层是评价准则，第三层是度量指标。

可维护性
灵活性
可测试性

可移植性
复用性
互用性

产品修正　产品转移

产品运行

正确性
易使用性
完整性

可靠性
效率

图 7-11　Mc Call 软件质量模型

2. 质量保证

质量保证是指为保证系统或产品充分满足用户要求的质量而进行的有计划、有组织的活动，其目的是生产高质量的产品。在系统质量方面强调三个要点：首先系统必须满足用户规定的需求，与用户需求不一致的系统，就无质量可言；其次系统应遵循规定标准所定义的一系列开发准则，不遵循这些准则的系统，其质量难以得到保证；最后系统还应满足某些隐含的需求，例如希望有好的可理解性、可维护性等，而这些隐含的需求可能未被明确地写在用户规定的需求中，如果系统只满足它的显性需求而不满足其隐含需求，那么该系统的质量是令人担忧的。

质量保证包括 7 个主要活动相关的各种任务，分别是应用技术方法、进行正式的技术评审、测试系统、标准的实施、控制变更、度量（metrics）、记录保存和报告。

7.2　系统分析知识

需求分析是系统生存周期中相当重要的一个阶段。由于开发人员熟悉计算机但不熟悉应用领域的业务，用户熟悉应用领域的业务但不熟悉计算机，因此对于同一个问题，开发人员和用户之间可能存在认识上的差异。在需求分析阶段，通过开发人员与用户之间的广泛交流，不断澄清一些模糊的概念，最终形成一个完整的、清晰的、一致的需求说明。可以说，需求分析的好坏将直接影响到系统开发的成败。

7.2.1　系统需求的定义

系统需求就是系统必须完成的事以及必须具备的品质，包括功能需求、非功能需求和设计约束三个方面的内容。

（1）功能需求。所开发的系统必须具备什么样的功能。

（2）非功能需求。是指产品必须具备的属性或品质，如可靠性、性能、响应时间、容错性、扩展性、保密性和安全性等。

（3）设计约束。也称为限制条件、补充规约，这通常是对解决方案的一些约束说明。

7.2.2　需求分析的基本任务

需求分析主要是确定待开发系统的功能、性能、数据和界面等要求。具体来说，可有以下五个方面。

（1）确定系统的综合要求。主要包括系统界面要求、系统的功能要求、系统的性能要求、系统的安全和保密性要求、系统的可靠性要求、异常处理要求和将来可能提出的要求。其中，系统界面要求是指描述软件系统的外部特性，即系统从外部输入哪些数据，系统向外部输出哪些数据；系统的功能要求是要列出系统必须完成的所有功能；系统的性能要求是指系统对响应时间、吞吐量、处理时间、对主存和外存的限制等方面的要求；系统的运行要求是指对硬件、支撑软件和数据通信接口等方面的要求；异常处理要求通常是指在运行过程中出现异常情况时应采取的行动以及希望显示的信息，例如临时性或永久性的资源故障，不合法或超出范围的输入数据、非法操作和数组越界等异常情况的处理要求；将来可能提出的要求主要是为将来可能的扩充和修改做准备。

（2）分析系统的数据要求。包括基本数据元素、数据元素之间的逻辑关系、数据量和峰值等。常用的数据描述方法是实体-关系模型（E-R 模型）。

（3）导出系统的逻辑模型。在结构化分析方法中可用数据流图来描述；在面向对象分析方法中可用类模型来描述。

（4）修正项目开发计划。在明确了用户的真正需求后，可以更准确地估算系统的成本和进度，从而修正项目开发计划。

（5）如有必要，可开发一个原型系统。对一些需求不够明确的软件，可以先开发一个原型系统，以验证用户的需求。

在此需要强调的是，需求分析阶段主要解决"做什么"的问题，而"怎么做"则是由设计阶段来完成。

7.2.3　需求建模

观察和研究某一事物或某一系统时，常常把它抽象为一个模型。创建模型是需求分析阶段的重要活动。模型以一种简介、准确、结构清晰的方式系统地描述了软件需求，从而帮助软件开发人员理解系统的信息、功能和行为，使得需求分析任务更容易实现，结果更系统化，同时易于发现用户描述中的模糊性和不一致性。模型将成为复审的焦点，也将成为确定规约的完整性、一致性和精确性的重要依据。模型还将成为系统设计的基础，为设计者提供系统要素的表示视图，这些表示可被转化到实现的语境中去。模型还可以在分析人员和用户之间建立更便捷的沟通方式，使两者可以用相同的工具分析和理解问题。

在系统需求分析阶段所创建的模型，更着重于描述系统要做什么，而不是如何去做。目标系统的模型不应涉及系统的实现细节。通常情形下，分析人员用图形符号来创建模型，将信息、处理、系统行为和其他相关特征描述为各种可识别的符号，同时与符号图形相配套，并辅助于文字描述，可使用自然语言或某特殊的专门用于描述需求的语言来提供辅助的信息描述。

目前已经存在的多种需求分析方法引用了不同的分析策略，常用的分析方法有以下几种：

- 面向数据流的结构化分析方法（SA）；
- 面向数据结构的分析方法；
- 面向对象的分析方法（OOA）。

其中，结构化的分析方法和面向对象的分析方法应用非常广泛，本章将在后续小节中进行详细介绍。

7.3　系统设计知识

在系统分析阶段，我们已经搞清楚了软件"做什么"的问题，并把这些需求通过规格说明书描述了出来，这也是目标系统的逻辑模型。进入设计阶段，要把系统"做什么"的逻辑模型转换成"怎么做"的物理模型，即着手实现系统的需求。

系统设计的主要目的就是为系统制定蓝图，在各种技术和实施方法中权衡利弊，精心设计，合理地使用各种资源，最终勾画出新系统的详细设计方案。

系统设计的主要内容包括新系统总体体系结构设计、代码设计、输出设计、输入设计、处理过程设计、数据存储设计、用户界面设计和安全控制设计等。嵌入式系统设计通常要对硬件与软件两部分进行设计。系统设计的基本任务大体上可以分为概要设计和详细设计两个步骤。

目前，已存在的多种系统设计方法，常用的设计方法有以下两种：

（1）面向数据流的结构化设计方法（SD）；

（2）面向对象的分析方法（OOD）。

这两种方法将在本章后续小节中结合分析方法进行详细介绍。

7.3.1　系统概要设计

1）设计系统总体体系结构

系统总体体系结构的设计是概要设计关键的一步，直接影响到下一个阶段详细设计与实现的工作。系统的质量及一些整体特性都在系统总体架构的设计中决定。

总体体系结构设计的基本任务是采用某种设计方法，将一个复杂的系统按功能划分成模块；确定每个模块的功能及其软件与硬件的划分；确定模块之间的调用关系；确定模块之间的接口，即模块之间传递的信息；评价模块结构的质量。

2）数据结构及数据库设计

（1）数据结构的设计。逐步细化的方法也适用于数据结构的设计。在需求分析阶段，已经通过数据字典对数据的组成、操作约束和数据之间的关系等方面进行了描述，确定了数据的结构特性，在概要设计阶段要加以细化，详细设计阶段则规定具体的实现细节。在概要设计阶段，宜使用抽象的数据类型。

（2）数据库的设计。数据库的设计是指数据存储文件的设计，主要进行以下几方面设计。

① 概念设计。在数据分析的基础上，采用自底向上的方法从用户角度进行视图设计，一般用 ER 模型来表述数据模型。ER 模型既是设计数据库的基础，也是设计数据结构的基础。

② 逻辑设计。ER 模型是独立于数据库管理系统（DBMS）的，要结合具体的 DBMS 特征来建立数据库的逻辑结构。

③ 物理设计。对于不同的 DBMS，物理环境不同，提供的存储结构与存取方法各不相同。物理设计就是设计数据模式的一些物理细节，如数据项存储要求、存取方法和索引的建立等。

3）编写概要设计文档

文档主要有概要设计说明书、数据库设计说明书、用户手册以及修订测试计划。

4）评审

对设计部分是否完整地实现了需求中规定的功能、性能等要求，设计方法的可行性，关键的处理及内外部接口定义的正确性、有效性、各部分之间的一致性等都一一进行评审。

7.3.2　系统详细设计

系统详细设计是将系统进一步细化的过程。硬件部分进行所用硬件平台和处理器等的选择，对硬件进行功能模块的划分，主要是对系统硬件资源进行合理布局；软件部分细化为软件的算法表示和数据结构。详细设计阶段的根本目标是确定应该怎样具体地实现所要求的系统，经过这个阶段的设计工作，应该得出对目标系统的精确描述，详细说明每个功能模块的各种元件、各个功能模块之间的内部相互连接以及程序的"蓝图"，以后根据这个蓝图写出实际的程序代码。

详细设计阶段的主要任务有：

（1）对每个模块进行详细的硬件或算法设计。用某种图形、表格和语言等工具将每个模块处理过程的详细算法描述出来。

（2）对模块内的数据结构进行设计。

（3）对数据库进行物理设计，即确定数据库的物理结构。

（4）其他设计。根据软件系统的类型，还可能要进行以下设计。

① 代码设计。代码是用来表征客观事物的一组有序的符号，以便于计算机和人工识别与处理。为了提高数据的输入、分类、存储和检索等操作，节约内存空间，对数据库中某些数据项的值要进行代码设计。代码设计的原则是：唯一性、合理性、可扩充性、简单性、适用性、规范性和系统性。

② 输入/输出设计。

③ 用户界面设计。

（5）编写详细设计说明书。

（6）评审。对处理过程的算法和数据库的物理结构都要评审。

7.3.3　系统设计原则

在将系统的需求规约转换为系统设计的过程中，设计人员通常采用抽象、模块化、信息隐蔽等设计原则。

1．抽象

抽象是在系统设计的规模逐渐增大的情况下，控制复杂性的基本策略。抽象是认识复杂现象过程中使用的思维工具，即抽出事物本质的共同特性而暂不考虑它的细节。

软件设计中的主要抽象手段有过程抽象和数据抽象。过程抽象（也称功能抽象）是指任何一个完成明确定义功能的操作都可被使用者当作单个实体看待，尽管这个操作实际上是由一系列更低级的操作来完成的。数据抽象是指定义数据类型和施加于该类型对象的操作，并限定了对象的取值范围，只能通过这些操作修改和观察数据。

2．模块化

模块是程序中数据说明、可执行语句等程序对象的集合，或者是单独命名和编址的元素。在系统体系结构中，模块是可组合、可分解和可更换的单元。

模块化是指解决一个复杂问题时自顶向下逐层把系统划分成若干模块的过程。每个模块完成一个特定的子功能，所有的模块按某种方法组装起来，成为一个整体，完成整个系统所要求的功能。

开发一个大而复杂的系统，将它进行适当的分解，不但可降低其复杂性，还可减少开发工作量，从而降低开发成本，提高软件生产率。这是模块划分的依据。

（1）划分模块时，尽量做到高内聚、低耦合，保持模块的相对独立性，并以此原则优化初始的系统体系结构。

（2）一个模块的作用范围应在其控制范围之内，且判定所在的模块应与受其影响的模块在层次上尽量靠近。

一个模块的作用范围是指受该模块内一个判定影响的所有模块的集合。一个模块的控制范围指模块本身及其所有下属模块（直接或者间接从属于它的模块）的集合。

（3）系统结构的深度、宽度、扇入和扇出应适当。

（4）模块的大小要适中。

3．信息隐蔽

信息隐蔽是指在设计和确定模块时，使得一个模块内包含的信息对于不需要这些信息的其他模块来说，是不能访问的。通过抽象，可以确定组成软件的过程实体；通过信息隐蔽，可以定义和实施对模块的过程细节和局部数据结构的存取限制。

由于一个系统在整个生存期内要经过多次修改，所以在划分模块时要采取措施，使得大多数过程和数据对软件的其他部分是隐蔽的。这样，在将来修改软件时偶然引入错误所造成的影响可以局限在一个或几个模块内部，避免影响到软件的其他部分。

4．模块独立

模块独立是指模块只完成系统要求的独立的子功能，并且与其他模块的接口简单，符合信息隐蔽和信息局部化原则，模块间关联和依赖程度尽可能小。衡量模块独立性的标准是耦合度和内聚度。内聚度是衡量同一个模块内部的各个元素彼此结合的紧密程度；耦合度是衡量不同模块彼此间相互依赖的紧密程度。

（1）内聚。内聚是一个模块内部各个元素彼此结合的紧密程度的度量。一个内聚程度高的模块（在理想情况下）应当只做一件事。一般模块的内聚性分为 7 种类型，如图 7-12 所示。

图 7-12　内聚的种类

- 偶然内聚（巧合内聚）。指一个模块内的各处理元素之间没有任何联系。
- 逻辑内聚。指模块内执行若干个逻辑上相似的功能，通过参数确定该模块完成哪一个功能。
- 时间内聚。把需要同时执行的动作组合在一起形成的模块称为时间内聚模块。
- 过程内聚。指一个模块完成多个任务，这些任务必须按指定的过程执行。
- 通信内聚。指模块内所有处理元素都在同一个数据结构上操作，或者指各处理使用相同的输入数据或者产生相同的输出数据。

- 顺序内聚。指一个模块中各个处理元素都密切相关于同一功能且必须顺序执行，前一功能元素的输出就是下一功能元素的输入。
- 功能内聚。这是最强的内聚，指模块内所有元素共同作用完成一个功能，缺一不可。

（2）耦合。耦合是模块之间的相对独立性（互相连接的紧密程度）的度量。耦合取决于各个模块之间接口的复杂程度、调用模块的方式以及通过接口的信息类型等。一般模块之间可能的耦合方式有 7 种类型，如图 7-13 所示。

图 7-13   耦合的种类

- 无直接耦合。指两个模块之间没有直接的关系，它们分别从属于不同模块的控制与调用，它们之间不传递任何信息。因此，模块间耦合性最弱，模块独立性最高。
- 数据耦合。指两个模块之间有调用关系，传递的是简单的数据值，相当丁高级语言中的值传递。
- 标记耦合。指两个模块之间传递的是数据结构。
- 控制耦合。指一个模块调用另一个模块时，传递的是控制变量，被调用模块通过该控制变量的值有选择地执行模块内某一功能。因此，被调用模块内应具有多个功能，哪个功能起作用受调用模块控制。
- 外部耦合。模块间通过软件之外的环境联结（如 I/O 将模块耦合到特定的设备、格式、通信协议上）时，称为外部耦合。
- 公共耦合。指通过一个公共数据环境相互作用的那些模块间的耦合。
- 内容耦合。当一个模块直接使用另一个模块的内部数据，或通过非正常入口而转入另一个模块内部，这种模块之间的耦合为内容耦合。

7.3.4   软硬件协同设计方法

软硬件协同设计是在一个设计系统中组装硬件组件和软件组件，使之协同工作的过程。例如，在设计一个处理器的体系结构的同时又在开发一个程序，使之运行在这个处理器上。其特点是创建软件需要和硬件紧密接触。因此，需要对系统功能在硬件和软件上进行划分和设计。相较于传统嵌入式系统硬件与软件分别设计，软硬件协同设计强调在设计过程中硬件与软件设计的相互作用，其优点是可以缩短开发周期、取得更好的设计效果、满足苛刻的设计限制。

系统任务流图是由一系列结点和结点间的有向连线组成，每个结点代表一个系统子任务，两结点间的连线代表了数据传递流向。根据系统任务特点，可以表示为单任务流图、并行系统任务流图和多分支系统任务流图。

1）软硬件的功能划分

随着芯片设计和制造技术水平的发展，微处理器的运算速度得到很大提高，很多传统上必须有硬件实现的功能现在能够使用软件实现。因此就需要对软硬件均可实现的功能进行软硬件划分，也是软硬件设计的首要任务。

软硬件划分方法如：基于线性规划的划分方法、基于 UML 的划分方法、基于构造式的划分方法、基于搜索式（蚁群算法、改进的遗传算法）的划分方法、基于任务级（Primal-Dual、ESL）的划分方法。

软硬件划分一般遵循性能、性价比和资源利用率三个原则。不论采用硬件还是软件实现特定功能，首先要满足性能要求，这是最重要的。有些情况下，同一功能采用软硬件不同设计，成本差异很大，此时按高性价比的原则。对于所选实现方法还需要考虑尽量使软件和硬件资源利用率相对均衡，总体系统性能最优的方式。这三个原则相互影响，综合考虑，从而做出最佳的选择。

软硬件协同设计功能划分后，分别用语言进行设计并将其综合起来进行功能验证和性能预测等仿真确认，这一工作需要在对软件和硬件详细设计之前进行，以尽量避免在实现过程中发现问题时再进行反复修改。

2）单任务流图的软硬件协同设计方法

一个单任务流图系统，结点根据任务要求按顺序先后执行。

单任务流图的软硬件划分一般遵循如下原则：不适宜由软件处理的任务应由硬件来做；关键路径上性能要求苛刻的任务应由硬件来做；关键路径上、多循环次数的特定复杂运算任务应由硬件来做；关键路径上、多分支判断结构的子任务应由软件来做；有可重配置性与多应用灵活要求的任务应由软件来做。

3）多分支系统任务流图的软硬件协同设计方法

多个不同系统任务中每次只有一个执行，可以表示为多分支系统任务流图，各任务之间为时间互斥关系。强调任一款软硬件平台通用性的同时一定不能忽略该平台的专用性和适用性。在设计中强调可重配置性与多应用性，尽可能考虑各个应用的通用功能需求，即每个单应用的单任务流图的形式，然后将各个单任务流图看作一个彼此互斥的多分支总系统任务流图来进行系统体系结构规划。

多分支系统任务流图软硬件划分一般遵循如下原则：首先采用算法将不同分支间功能相似的子任务结点尽可能进行一一自动对应；各个分支间完全对应相同的子任务结点由硬件完成；各个分支间任务有差别的相对应结点由软件完成；各个分支间任务不同，但不适宜由软件完成的工作，由不同硬件各自单独完成；软件载体（如 MCU、DSP）的最大处理能力应该由已被划分为软件任务的、各个分支间任务相似的相对应结点对软件性能需求的最大值来决定。

对多分支系统任务流图，由于不同分支间的互斥性与分时性，可以将各个分支进行基于对应结点功能相似度的图形合并，由此生成一张复合任务流图。复合任务流图中的每一个复合结点子任务，由生成该复合结点的原有各个分支间相对应结点的功能集的并集组成。也就是说，多分支系统任务流图可以通过图论的方法将各个分支进行任务合并，生成复合任务流图，当且仅当系统架构能够胜任复合任务流图的功能及性能需求时，系统设计能够满足所预定的可重配置性与多应用性的需要。

4）并行系统任务流图的软硬件协同设计方法

多个、并行的系统任务可以由多个并行的系统任务流图来表示。与多分支系统任务的最大区别是各单位流图在时间上并行，因此，不能进行合并。一个多并行系统任务流图的软硬件协同设计方法是非常复杂的（NP 完全问题）。

一个多并行系统的芯片架构上通常需要包含多个微处理器及与之相应的互连结构。采用多处理器的理由如下：

（1）每个处理器都需要通过软件编程来完成某种实际的任务，由此多处理器的使用从本质上是使芯片能够支持多用途。以处理器群为主的芯片架构设计本质上是一个通用平台的架构设计。

（2）多处理器从本质上成倍增加了系统任务的并行性，更适合运行一个多并行系统任务流图。

多处理器为子任务的并行分配提供了极大的空间和选择余地，但也为采用怎样的算法来进行多并行系统任务流图在多处理器群的合理任务分配和调度带来了难题。并行的每个任务流图中的每个子任务结点分配到某个硬件处理器上运行且能满足其性能需求。对每个单任务流图中的每个子任务结点，主要考虑如何分配及如何调度，即分配到哪个处理器上运行，何时在所选的处理器上运行。分配的因素包括：哪个处理器对该结点的执行速度最快；哪个处理器的总任务列表比较空闲；与该结点有连线关系的相邻结点被分配在哪个处理器上（关系到数据传输延迟）。这样复杂的问题解决方法通常是启发式算法，如遗传算法、模拟退火、神经网络、禁忌算法等，即使不保证最优解，也可以尽量保证在限定的计算机时间内得到尽可能优的解。

7.4　结构化分析与设计方法

结构化分析与设计方法是一种面向数据流的传统软件开发方法，它以数据流为中心构建软件的分析模型和设计模型。结构化分析（Structured Analysis，SA）、结构化设计（Structured Design，SD）和结构化程序设计（Structured Programming，SP）构成了完整的结构化方法。RTCASE 实时系统结构化分析与设计工具支持实时系统软件的分析与设计。

7.4.1　结构化分析方法

结构化分析方法是由美国 Yourdon 公司在 20 世纪 70 年代提出的，其基本思想是将系统开发看成工程项目，有计划、有步骤地进行工作，是一种应用很广泛的开发方法，适用于分析大型信息系统。结构化分析方法采用"自顶向下，逐层分解"的开发策略。按照这种策略，再复杂的系统也可以有条不紊地进行，只要将复杂的系统适当分层，每层的复杂程度即可降低。

结构化分析的结果由以下几部分组成：

- 一套分层的数据流图（Data Flow Diagram，DFD）。用来描述数据流从输入到输出的变换流程。
- 一本数据字典（Data Dictionary，DD）。用来描述 DFD 中的每个数据流、文件以及组成数据流或文件的数据项。
- 一组小说明（也称加工逻辑）。用来描述每个基本加工（即不再分解的加工）的加工逻辑。

1．结构化分析的过程

结构化分析的过程可以分为以下 4 个步骤：

（1）理解当前的现实环境，获得当前系统的具体模型（物理模型）。

（2）从当前系统的具体模型抽象出当前系统的逻辑模型。

（3）分析目标系统与当前系统逻辑上的差别，建立目标系统的逻辑模型。

（4）为目标系统的逻辑作补充。

2．数据流图

数据流图（Data Flow Diagram，DFD）是结构化方法中用于表示系统逻辑模型的一种工具，描述系统的输入数据流如何经过一系列的加工，逐步变换成系统的输出数据流。这些数据流的加工实际上反映了系统的某种功能或子功能。数据流图中的数据流、文件、数据项、加工等应在数据字典中描述。由于它只反映系统必须完成的逻辑功能，所以它是一种功能模型。

数据流图的基本成分及其图形表示方法如图 7-14 所示。

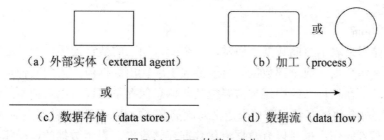

图 7-14　DFD 的基本成分

1）数据流

数据流由一组固定成分的数据组成，表示数据的流向。在 DFD 中，数据流的流向可以有以下几种：从一个加工流向另一个加工；从加工流向数据存储（写）；从数据存储流向加工（读）；从外部实体流向加工（输入）；从加工流向外部实体（输出）。

DFD 中的每个数据流用一个定义明确的名字表示。除了流向数据存储或从数据存储流出的数据流不必命名外，每个数据流都必须有一个合适的名字，以反映该数据流的含义。

数据流或者由具体的数据属性（也称为数据结构）构成，或者由其他数据流构成。组合数据流是由其他数据流构成的数据流，它们用于在高层的数据流图中组合相似的数据流，以使数据流图更便于阅读。

控制流是对数据流图的补充，采用虚线表示，是对由触发系统功能的事件进行描述。

另外，一个加工可以有多个输入数据流和多个输出数据流，此时可以加上一些扩充字符符号或图形元素来描述多个数据流之间的关系。如：

（1）星号（*）。星号表示数据流之间存在"与"关系。如果是输入流则表示所有输入数据流全部到达后才能进行加工处理；如果是输出流则表示加工结束将同时产生所有的输出数据流。

（2）加号（+）。加号表示数据流之间存在"或"关系。如果是输入流则表示其中任何一个输入数据流到达后就能进行加工处理；如果是输出流则表示加工处理的结果是至少产生其中一个输出数据流。

（3）异或（⊕）。异或表示数据流之间存在"互斥"关系。如果是输入流则表示当且仅当其中一个输入流到达后才能进行加工处理；如果是输出流则表示加工处理的结果是仅产生这些输出数据流中的一个。

2）加工

加工描述了输入数据流到输出数据流之间的变换，也就是输入数据流经过什么处理后变成了输出数据流。每个加工都有一个名字和编号。编号能反映出该加工位于分层 DFD 中的哪个层次和哪张图中，也能够看出它是哪个加工分解出来的子加工。

一个加工可以有多个输入数据流和多个输出数据流，但至少有一个输入数据流和一个输出数据流。

3）数据存储

数据存储用来表示存储数据。通常，一个流入加工的数据流经过加工处理后就消失了，而它的某些数据（或全部数据）可能被加工成输出数据流，流向其他加工或外部实体。除此之外，在软件系统中还常常要把某些信息保存下来以供以后使用，这时可以使用数据存储。每个数据存储都有一个定义明确的名字标识。可以有数据流流入数据存储，表示数据的写入操作；也可以有数据流从数据存储流出，表示数据的读操作；还可以用双向箭头的数据流指向数据存储，表示对数据的修改。

4）外部实体

外部实体是指存在于系统之外的人员或组织，它指出系统所需数据的发源地（源）和系统所产生的数据的归宿地（宿）。在许多系统中，某个源和某个宿可以是同一个人员或组织，此时，源和宿采用相同的图形符号表示，当数据流从该符号流出时，表示它是源；当数据流流向该符号时，表示它是宿；当两者皆有时，表示它既是源又是宿。

5）分层数据流图

根据自顶向下逐层分解的思想，可以将数据流图按照层次结构来绘制，每张图中的加工个数可大致控制在"7 加减 2"的范围内，从而构成一套分层数据流图。图的逐层分解也就构成父图与子图。即，如果某图（记为 A）中的某一个加工分解成一张子图（记为 B），则称 A 是 B 的父图，B 是 A 的子图。若父图中有 n 个加工，则它可以有 $0\sim n$ 张子图，但每张子图只对应一张父图。

分层数据流图的顶层只有一张图，其中只有一个加工，代表整个软件系统，该加工描述了软件系统与外界之间的数据流，称为顶层图。顶层图中的加工（即系统）经分解后的图称为 0 层图，也只有一张。处于分层数据流图最底层的图称为底层图或事件图，在底层图中，所有的加工不再进行分解。分层数据流图中的其他图称为中间层，其中至少有一个加工（也可以是所有加工）被分解成一张子图。在整套分层数据流图中，凡是不再分解成子图的加工称为基本加工。建模分层数据流图时要注意分层数据流图的一致性和完整性。

3．数据字典

数据流图仅描述了系统的"分解"，并没有对各个数据流、加工、数据存储进行详细说明。数据字典就是用来定义数据流图中各个成分的具体含义的，它以一种准确的、无二义性的说明方法为系统的分析、设计及维护提供了有关元素一致的定义和详细的描述。

数据字典有 4 类条目：数据流、数据项、数据存储和基本加工。

数据流条目给出了 DFD 中数据流的定义，通常列出该数据流的各组成数据项。在定义数据流或数据存储组成时，使用表 7-1 给出的符号。

表 7-1　在数据字典的定义式中出现的符号

符　号	含　义	说　明
=	被定义为	
+	与	$x=a+b$，表示 x 由 a 和 b 组成
[...|...]	或	$x=[a|b]$，表示 x 由 a 或 b 组成
{...}	重复	$x=\{a\}$，表示 x 由 0 个或多个 a 组成
$m\{...\}n$ 或 $\{...\}_m^n$	重复	$x=2\{a\}5$ 或 $\{a\}_2^5$，表示 x 中最少出现 2 次 a，最多出现 5 次 a。5 和 2 为重复次数的上下限
(...)	可选	$x=(a)$，表示 a 可在 x 中出现，也可以不出现
"..."	基本数据元素	$x=\text{"}a\text{"}$，表示 x 是取值为字符 a 的数据元素
..	连接符	$x=1..9$，表示 x 可取 $1\sim9$ 中任意一个值

数据存储条目是对数据存储的定义；数据项条目是不可再分解的数据单位；加工条目是用来说明 DFD 中基本加工的处理逻辑。

4．加工逻辑的描述

加工逻辑也称为"小说明"，常用结构化语言、判定表和判定树描述加工逻辑。

1）结构化语言。结构化语言是介于自然语言和形式语言之间的一种半形式语言，是自然语言的一个受限子集。结构化语言没有严格的语法，它的结构通常可分为内层和外层。外层有严格的语法，内层的语法比较灵活，可以接近于自然语言的描述。

（1）外层。用来描述控制结构，采用顺序、选择和重复 3 种基本结构。

① 顺序结构。一组祈使语句、选择语句、重复语句的顺序排列。祈使语句是指至少包含一个动词及一个名词，指出要执行的动作及接受动作的对象。

② 选择结构。一般用 IF-THEN-ELSE-ENDIF、CASE-OF-ENDCASE 等关键词。

③ 重复结构。一般用 DO-WHILE-ENDDO、REPEAT-UNTIL 等关键词。

（2）内层。一般采用祈使语句的自然语言短语，使用数据字典中的名词和有限的自定义词，其动词含义要具体，尽量不用形容词和副词来修饰，还可使用一些简单的算法运算和逻辑运算符号。

2）判定表

在有些情况下，数据流图中某个加工的一组动作依赖于多个逻辑条件的取值。这时，用自然语言或结构化语言都不易于清楚地描述出来，而用判定表能够清楚地表示复杂的条件组合与应做的动作之间的对应关系。

判定表由 4 个部分组成，用双线分割成 4 个区域，如图 7-15 所示。

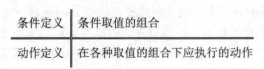

图 7-15　判定表结构

3）判定树

判定树是判定表的变形，一般情况下它比判定表更直观，且易于理解和使用。

7.4.2　结构化设计方法

结构化设计是将结构化分析得到的数据流图映射成软件体系结构的一种设计方法，强调模块化、自顶向下逐步求精、信息隐蔽、高内聚、低耦合等设计原则。

在结构化方法中，软件设计分为概要设计和详细设计两个步骤。概要设计是对软件系统的总体设计，采用结构化设计方法，其任务是将系统分解为模块，确定每个模块的功能、接口（模块间传递的数据）及其调用关系，并用模块及对模块的调用来构建系统体系结构。详细设计是对模块实现细节的设计，采用结构化程序设计方法。

1. 结构图

结构化设计方法中使用结构图来描述系统的体系结构，指出一个系统由哪些模块组成，以及模块之间的调用关系。结构图的基本成分有：模块、调用和数据。

1）模块

在结构化设计中，模块指具有一定功能并可以用模块名调用的一组程序语句，如函数、子程序等，它们是组成程序的基本单元。

一个模块具有外部特征和内部特征。模块的外部特征包括：模块的接口（模块名、输入/输出参数、返回值等）和模块功能。模块的内部特征包括：模块的内部数据和完成其功能的程序代码。

在结构图中，模块用矩形表示，并用名字标识该模块，名字应体现该模块的功能。

2）调用

结构图中模块之间的调用关系用从一个模块指向另一个模块的箭头来表示，其含义是前者调用了后者。

3）数据

模块间还经常用带注释的短箭头表示模块调用过程中来回传递的信息。箭头尾部带空心圆的表示传递的是数据，带实心圆的表示传递的是控制信息，如图 7-16 所示。

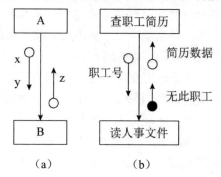

图 7-16　模块间的数据传递

可以在结构图上添加一些辅助符号进一步描述模块间的调用关系。如果一个模块是否调用一个从属模块决定于调用模块内部的判断条件，则该调用模块间的判断调用采用菱形符号表示；如果一个模块通过其内部循环的功能来循环调用一个或多个从属模块，则该调用称为循环调用，用弧形箭头表示。判断调用和循环调用的表示方法如图 7-17 所示。

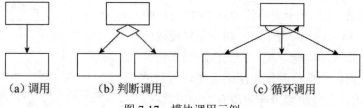

图 7-17　模块调用示例

4）结构图的形态特征

- 深度。指结构图控制的层次，也就是模块的层数。
- 宽度。指一层中最大的模块个数。
- 扇出。指一个模块的直接下属模块的个数。
- 扇入。指一个模块的直接上属模块的个数。

2. 数据流图到软件体系结构的映射

在需求分析阶段，用结构化分析方法产生了数据流图。面向数据流的设计能方便地将 DFD 转换成软件结构图。

DFD 中从系统的输入数据流到系统的输出数据流的一连串连续变换形成了一条信息流。DFD 的信息流大体上可以分为两种类型：一种是变换流，另一种是事务流；其对应的映射分别称为变化分析和事务分析。

（1）变换流。信息沿着输入通路进入系统，同时将信息的外部形式转换成内部表示，然后通过变换中心（也称主加工）处理，再沿着输出通路转换成外部形式离开系统，具有这种特性的信息流称为变换流。变换流型的 DFD 可明显地分为输入、变换（主加工）和输出三大部分。

（2）事务流。信息沿着输入通路到达一个事务中心，事务中心根据输入信息（即事务）的类型在若干个动作序列（称为活动流）中选择一个来执行，这种信息流称为事务流。事务流有明显的事务中心，各活动流以事务中心为起点呈辐射状流出。

从变换流型的 DFD 导出结构图也称为变换分析。

（1）确定输入流和输出流，分离出变换中心。把 DFD 中系统输入端的数据流称为物理输入，系统输出端的数据流称为物理输出。物理输入通常要经过编辑、格式转换、合法性检查、预处理等辅助性的加工才能为主加工的真正输入（称为逻辑输入）。从物理输入端开始，一步步向系统的中间移动，可找到离物理输入端最远，但仍可被看作系统输入的那个数据流，这个数据流就是逻辑输入。同样，由主加工产生的输出（称为逻辑输出）通常也要经过编辑、格式转换、组成物理块、缓冲处理等辅助加工才能变成物理输出。从物理输出端开始，一步步向系统的中间移动，可找到离物理输出端最远，但仍可被看作系统输出的那个数据流，这个数据流就是逻辑输出。

DFD 中从物理输入到逻辑输入的部分构成系统的输入流，从逻辑输出到物理输出的部分构成系统的输出流，位于输入流和输出流之间的部分就是变换中心。

（2）第一级分解。第一级分解主要是设计模块结构的顶层和第一层。一个变换流型的 DFD 可以映射成如图 7-18 所示的程序结构图。图中顶层模块的功能就是整个系统的功能。输入控制模块用来接收所有的输入数据，变换控制模块用来实现输入到输出的变换，输出控制模块用来产生所有的输出数据。

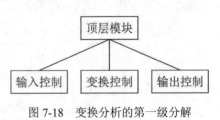

图 7-18　变换分析的第一级分解

（3）第二级分解。第二级分解主要是设计中、下层模块。

① 输入控制模块的分解。从变换中心的边界开始，沿着每条输入通路，把输入通路上的每个加工映射成输入控制模块的一个低层模块。

② 输出控制模块的分解。从变换中心的边界开始，沿着每条输出通路，把输出通路上的每个加工映射成输出控制模块的一个低层模块。

③ 变换控制模块的分解。变换控制模块通常没有通用的分解方法，应根据 DFD 中变换部分的实际情况进行设计。

（4）事务分析。事务分析是从事务流型 DFD 导出程序结构图。

① 确定事务中心和每条活动流的流特性。图 7-19 给出了事务流型 DFD 的一般形式。其中，事务中心（图中的 T）位于数条活动流的起点，这些活动流从该点呈辐射状流出。每条活动流也是一条信息流，它可以是变换流，也可以是另一条事务流。一个事务流型的 DFD 由输入流、事务中心和若干条活动流组成。

② 将事务流型 DFD 映射成高层的程序结构。事务流型 DFD 的高层结构如图 7-20 所示。顶层模块的功能就是整个系统的功能。接收模块用来接收输入数据，它对应于输入流。发送模块是一个调度模块，控制下层的所有活动模块。每个活动流模块对应于一条活动流，它也是该活动流映射成的程序结构图中的顶层模块。

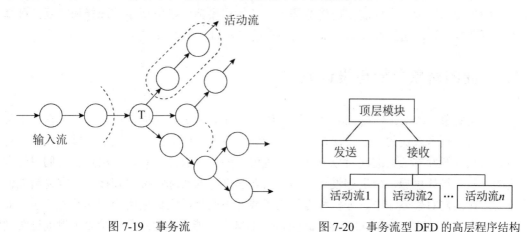

图 7-19　事务流　　　　　　　　　　图 7-20　事务流型 DFD 的高层程序结构

③ 进一步分解。接收模块的分解类同于变换分析中输入控制模块的分解。每个活动流模块根据其流特性（变换流或事务流）进一步采用变换分析或事务分析进行分解。

3．数据流图映射到结构图的步骤

从数据流图映射到结构图的步骤如下：

（1）复审和精化数据流图。首先应复审 DFD 的顶层图，确保系统的输入、输出数据流符合系统规格说明的要求。然后复审分层 DFD，以确保它符合软件的功能需求，必要时对 DFD 进行净化。

（2）确定数据流图的类型。如果是变换型，确定变换中心和逻辑输入、逻辑输出的界限，映射为变换结构的顶层和第一层；如果是事务型，确定事务中心和加工路径，映射为事务结构的顶层和第一层。

（3）分解上层模块，设计中下层模块结构。

（4）根据优化准则对软件结构求精。

（5）描述模块功能、接口及全局数据结构。

（6）复查，如果有错，转向第（2）步修改完善，否则进入详细设计阶段。

7.4.3 结构化程序设计方法

结构化程序设计方法最早是由 E. W. Dijkstra 在 20 世纪 60 年代中期提出的。详细设计并不是具体地编写程序，而是已经细化成很容易地从中产生程序的图纸。因此，详细设计的结果基本决定了最终程序的质量。

结构化程序设计方法的基本要点如下：

（1）采用自顶向下、逐步求精的程序设计方法。自顶向下、逐步求精的核心思想是"为了能集中精力解决主要问题，尽量推迟问题细节的考虑"。可以把逐步求精看作是一项把一个时期内必须解决的种种问题按优先级排序的技术。逐步求精确保每个问题都被解决，而且每个问题都在适当的时候被解决。

（2）使用三种基本控制结构构造程序。任何程序都可以由顺序、选择和重复三种基本控制结构构造，这三种基本结构的共同点是单入口、单出口。

7.5 面向对象分析与设计方法

面向对象（Object-Oriented，OO）方法是一种非常实用的软件开发方法，它一出现就受到软件技术人员的青睐，现在已经成为计算机科学研究的一个重要领域，成为一种主要的软件开发方法。面向对象方法以客观世界中的对象为中心，采用符合人们思维方式的分析和设计思想，分析和设计的结果与客观世界的实际情况比较接近，容易被人们接受。在面向对象方法中，分析和设计的界线并不明显，它们采用相同的符号表示，如统一建模语言（Unified Modeling Language，UML），能方便地从分析阶段平滑地过渡到设计阶段。此外，在现实生活中，用户的需求经常会发生变化，但客观世界的对象以及对象间的关系则相对比较稳定，因此用面向对象方法分析和设计的结果也相对比较稳定。

7.5.1 面向对象分析与设计

1．面向对象分析

面向对象分析（Object-Oriented Analysis，OOA）的目标是完成对所解问题的分析，确定待开发软件系统要做什么，建立系统模型。为了达到这一目标，必须完成以下任务：

（1）在客户和软件工程师之间沟通基本的用户需求。

（2）标识类（包括定义其属性和操作）。

（3）刻画类的层次结构。

（4）表示类（对象）之间的关系。

（5）为对象行为建模。

（6）递进地重复任务（1）至任务（5），直至完成建模。

其中任务（2）至任务（4）刻画了待开发软件系统的静态结构，任务（5）刻画了系统的动态行为。

面向对象分析的一般步骤如下：

（1）获取客户对系统的需求，包括标识场景和用例，以及构建需求模型。

（2）用基本的需求为指南来选择类和对象（包括属性和操作）。

（3）定义类的结构和层次。

（4）建造对象-关系模型。

（5）建造对象-行为模型。

（6）利用用例/场景来复审分析模型。

2．面向对象设计

面向对象设计（Object-Oriented Design，OOD）是将 OOA 所创建的分析模型转化为设计模型，其目标是定义系统构造蓝图。OOA 与 OOD 之间不存在鸿沟，采用一致的概念和一致的表示法，OOD 同样应遵循抽象、信息隐蔽、功能独立、模块化等设计准则。

OOD 在复用 OOA 模型的基础上，包含与 OOA 对应如下五个活动：

（1）识别类及对象。

（2）定义属性。

（3）定义服务。

（4）识别关系。

（5）识别包。

OOD 需要考虑实现问题，如根据所用编程语言是否支持多继承或继承，而调整类结构。

3．面向对象程序设计

面向对象程序设计（Object Oriented Programming，OOP）是采用面向对象程序设计语言，采用对象、类及其相关概念所进行的程序设计，将设计模型转化为在特定的环境中系统，即实现系统。通过面向对象的分析与设计所得到的系统模型可以由不同的编程语言实现。一般采用如 Java、C++、Smalltalk 等面向对象语言，也可以用非面向对象语言实现，如 C 语言中的结构。

4．面向对象方法中的五大原则

（1）单一责任原则（Single Responsibility Principle，SRP）。当需要修改某个类的时候原因有且只有一个，让一个类只做一种类型责任。

（2）开关原则（Open & Close Principle，OCP）。软件实体应该是可扩展，即开放的；

而不可修改的，即封闭的。

（3）里氏替换原则（Liskov Substitution Principle，LSP）。在任何父类可以出现的地方，都可以用子类的实例来赋值给父类型的引用。当一个子类的实例应该能够替换任何其超类的实例时，它们之间才具有是一个（is-a）关系。

（4）依赖倒置原则（Interface Segregation Principle，ISP）。高层模块不应该依赖于低层模块，二者都应该依赖于抽象；抽象不应该依赖于细节，细节应该依赖于抽象。

（5）接口分离原则（Dependence Inversion Principle，DIP）。依赖于抽象，不要依赖于具体，同时在抽象级别不应该有对于细节的依赖。这样做的好处就在于可以最大限度地应对可能的变化，即：使用多个专门的接口比使用单一的总接口总要好。

7.5.2　UML 构造块

UML 由于其简单、统一，又能够表达软件设计中的动态和静态信息，目前已经成为可视化建模语言事实上的工业标准。UML 由三个要素构成：UML 的基本构造块、支配这些构造块如何放置在一起的规则和运用于整个语言的一些公共机制。UML 的词汇表包含三种构造块：事物、关系和图。事物是对模型中最具有代表性的成分的抽象；关系把事物结合在一起；图聚集了相关的事物。

1. 事物

UML 中有 4 种事物：结构事物、行为事物、分组事物和注释事物。

（1）结构事物（structural thing）。结构事物是 UML 模型中的名词。它们通常是模型的静态部分，描述概念或物理元素。结构事物包括类（class）、接口（interface）、协作（collaboration）、用例（use case）、主动类（active class）、构件（component）、制品（artifact）和结点（node）。

各种结构事物的图形化表示如图 7-21 所示。

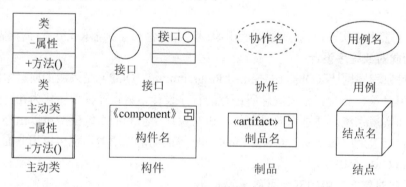

图 7-21　结构事物的图形表示

（2）行为事物（behavior thing）。行为事物是 UML 模型的动态部分。它们是模型中的动词，描述了跨越时间和空间的行为。行为事物包括交互（interaction）、状态机（state machine）和活动（activity）。各种行为事物的图形化表示如图 7-22 所示。

图 7-22　行为事物的图形表示

交互由在特定语境中共同完成一定任务的一组对象之间交换的消息组成。一个对象群体的行为或单个操作的行为可以用一个交互来描述。交互涉及一些其他元素，包括消息、动作序列（由一个消息所引起的行为）和链（对象间的连接）。在图形上，把一个消息表示为一条有向直线，通常在表示消息的线段上总有操作名。

状态机描述了一个对象或一个交互在生命期内响应事件所经历的状态序列。单个类或一组类之间协作的行为可以用状态机来描述。一个状态机涉及到一些其他元素，包括状态、转换（从一个状态到另一个状态的流）、事件（触发转换的事物）和活动（对一个转换的响应）。在图形上，把状态表示为一个圆角矩形，通常在圆角矩形中含有状态的名称及其子状态。

活动是描述计算机过程执行的步骤序列，注重步骤之间的流而不关心哪个对象执行那个步骤。活动的一个步骤称为一个动作。在图形上，把动作画成一个圆角矩形，在其中含有指明其用途的名字。状态和动作靠不同的语境得以区别。

交互、状态机和活动是可以包含在 UML 模型中的基本行为事物。在语义上，这些元素通常与各种结构元素（主要是类、协作和对象）相关。

（3）分组事物（grouping thing）。分组事物是 UML 模型的组织部分，是一些由模型分解成的"盒子"。在所有的分组事物中，最主要的分组事物是包（package）。包是把元素组织成组的机制，这种机制具有多种用途。结构事物、行为事物甚至其他分组事物都可以放进包内。包与构件（仅在运行时存在）不同，它纯粹是概念上的（即它仅在开发时存在）。包的图形化表示如图 7-23 所示。

（4）注释事物（annotational thing）。注释事物是 UML 模型的解释部分。这些注释事物用来描述、说明和标注模型的任何元素。注解（note）是一种主要的注释事物。注解是一个依附于一个元素或者一组元素之上，对它进行约束或解释的简单符号。注解的图形化表示如图 7-24 所示。

图 7-23　包　　　　　　　　图 7-24　注解

2. 关系

UML 中有 4 种关系：依赖、关联、泛化和实现。

（1）依赖（dependency）。依赖是两个事物间的语义关系，其中一个事物（独立事物）发生变化会影响另一个事物（依赖事物）的语义。在图形上，把一个依赖画成一条可能有方向的虚线，如图 7-25 所示。

（2）关联（association）。关联是一种结构关系，它描述了一组链，链是对象之间的连接。聚集（aggregation）是一种特殊类型的关联，它描述了整体和部分间的结构关系。关联和聚集的图形化表示如图 7-26 和图 7-27 所示。

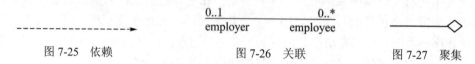

图 7-25　依赖　　　　　　　　图 7-26　关联　　　　　　　图 7-27　聚集

在关联上可以标注重复度（multiplicity）和角色（role）。

（3）泛化（generalization）。泛化是一种特殊/一般关系，特殊元素（子元素）的对象可替代一般元素（父元素）的对象。用这种方法，子元素共享了父元素的结构和行为。在图形上，把一个泛化关系画成一条带有空心箭头的实线，它指向父元素，如图 7-28 所示。

（4）实现（realization）。实现是类元之间的语义关系，其中一个类元指定了由另一个类元保证执行的契约。在两种情况下会使用实现关系：一种是在接口和实现它们的类或构件之间；另一种是在用例和实现它们的协作之间。在图形上，把一个实现关系画成一条带有空心箭头的虚线，如图 7-29 所示。

图 7-28　泛化　　　　　　　　　图 7-29　实现

这 4 种关系是 UML 模型中可以包含的基本关系事物。它们也有变体，例如，依赖的变体有精化、跟踪、包含和延伸。

3．UML 图

图（diagram）是一组元素的图形表示，大多数情况下把图画成顶点（代表事物）和弧（代表关系）的连通图。为了对系统进行可视化，可以从不同的角度画图，这样图是对系统的投影。

UML 2.0 提供了 13 种图，分别是类图、对象图、用例图、序列图、通信图、状态图、活动图、组件图、部署图、组合结构图、包图、交互概览图和定时图。序列图、通信图、交互概览图和计时图均被称为交互图。

（1）类图（class diagram）。展现了一组对象、接口、协作和它们之间的关系，如图 7-30 所示。在面向对象系统的建模中，最常见的图就是类图。类图给出了系统的静态设计视图，包含主动类的类图给出了系统的静态进程视图。类图中通常包含类、接口、协作，以及依赖、泛化和关联关系，也可以包含注解和约束。类图通常用于对系统的词汇建模；对简单的协作建模；对逻辑数据库模式建模。

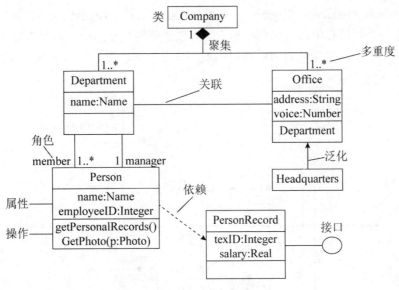

图 7-30　UML 类图

（2）对象图（object diagram）。展现了一组对象以及它们之间的关系，描述了在类图中所建立的事物实例的静态快照。对象图一般包括对象和链。与类图相同，对象些图给出系统的静态设计视图或静态进程视图，但它们是从真实的或原型案例的角度建立的。

（3）用例图（use case diagram）。展现了一组用例、参与者（actor）以及它们之间的关系，描述了谁将使用系统以及用户期望以什么方式与系统交互，如图 7-31 所示。用例图中包含用例、参与者，以及用例之间的扩展关系（<<extend>>）和包含关系（<<include>>），参与者和用例之间的关联关系，用例与用例以及参与者与参与者之间的泛化关系。用例图给出系统的用例视图，可用于对系统的语境建模；对系统的需求建模。

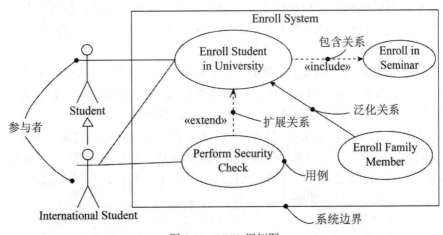

图 7-31　UML 用例图

（4）序列图（sequence diagram）。是场景（scenario）的图形化表示，描述了在一个用例或操作的执行过程中以时间顺序组织的对象之间的交互活动，如图 7-32 所示。图中对象发送和接收的消息沿垂直方向按时间顺序从上到下放置。序列图中有对象生命线和控制焦点。

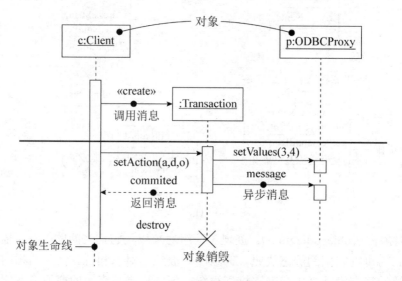

图 7-32　UML 序列图

（5）通信图（communication diagram）。强调收发消息的对象之间的结构组织。通信图有路径和顺序号。序列图和通信图都是交互图（interaction diagram）。交互图展现了一种交互，它由一组对象和它们之间的关系组成，包括它们之间可能发送的消息。交互图关注系统的动态视图。序列图和通信图是同构的，它们之间可以相互转换。

（6）交互概览图（interaction overview diagram）。组合了序列图和活动图的特征，显示了每个用例的活动中对象如何交互。它使用活动图的表示法，描述业务过程中的控制流概览，软件过程中的详细逻辑概览，以及将多个图进行连接，抽象掉了消息和生命线。

（7）定时图（timing diagram）。是另一种交互图，关注一个对象或一组对象在改变状态时的时间约束条件，描述对象状态随着时间改变的情况，很像示波器，适合分析周期和非周期性任务。当为设备设计嵌入式软件时，定时图特别有用。

（8）状态图（state diagram）。展现了一个状态机，它由状态、转换、事件和活动组成，用于建模时间如何改变对象的状态以及引起对象从一个状态向另一个状态转换的事件，如图 7-33 所示。状态图关注系统的动态视图，它对于接口、类和协作的行为建模尤为重要，强调对象行为的事件顺序。

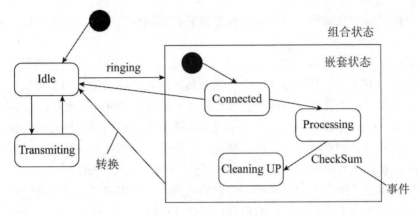

图 7-33　UML 状态图

（9）活动图（activity diagram）。是一种特殊的状态图，展现了在系统内从一个活动到另一个活动的流程。活动图专注于系统的动态视图。它对于系统的功能建模特别重要，并强调对象间的控制流程。活动图可用于对工作流建模，操作建模。

（10）组合结构图（composite structure diagram）。用于描述一个分类器（类、组件或用例）的内部结构，分类器与系统中其他组成部分之间的交互端口，展示一组相互协作的实例如何完成特定的任务，描述设计、架构模式或策略。

（11）组件图（component diagram）。展现了一组构件之间的组织和依赖。组件图专注于系统的静态实现视图。它与类图相关，通常把构件映射为一个或多个类、接口或协作。

（12）部署图（deployment diagram）。展现了运行时处理结点以及其中构件（制品）的配置。部署图给出了体系结构的静态实施视图。它与构件图相关，通常一个结点包含一个或多个构件。部署图是 UML 图中唯一用来对面向对象系统的物理方面建模的一种图。

（13）包图（package）。用于把模型本身组织成层次结构的通用机制，描述类或其他UML 构件如何组织成包，以及这些包之间的依赖关系。包可以拥有其他元素，可以是类、接口、构件、结点、协作、用例和图，甚至是嵌套的其他包。拥有是一种组成关系。

7.5.3　设计模式

"每一个模式描述了一个在我们周围不断重复发生的问题，以及该问题的解决方案的核心。这样，你就能一次又一次地使用该方案而不必做重复劳动"。设计模式的核心在于提供了相关问题的解决方案。

设计模式一般有如下 4 个要素。

（1）模式名称（pattern name）。模式名称应具有实际的含义，能反映模式的适用性和意图。

（2）问题（problem）。描述了应该在何时使用模式，解释了设计问题和问题存在的前因后果。可能描述了特定的设计问题，如怎样用对象表示算法等；也可能描述了导致不灵活设计的类或对象结构。有时候，问题部分会包括使用模式必须满足的一系列先决条件。

（3）解决方案（solution）。描述了设计的组成成分，它们之间的相互关系及各自的职责和协作方式。解决方案并不描述一个特定的具体的设计或实现，而是提供设计问题的抽象描述和怎样用一个具有一般意义的元素组合（类或对象组合）来解决这个问题。

（4）效果（consequences）。描述了模式应用的效果及使用模式应权衡的问题。因为复用是面向对象设计的要素之一，所以模式效果包括它对系统的灵活性、扩充性或可移植性的影响，显式地列出这些效果对理解和评价这些模式很有帮助。

设计模式确定了所包含的类和实例，它们的角色、协作方式以及职责分配。每一个设计模式都集中于一个特定的面向对象设计问题或设计要点，描述了什么时候使用它，在另一些设计约束条件下是否还能使用，以及使用的效果和如何取舍。按照设计模式的目的可以分为创建型、结构型和行为型三大类，如表 7-2 所示。

表 7-2　设计模式分类

	创　建　型	结　构　型	行　为　型
类	Factory Method	Adapter（类）	Interpreter Template Method
对象	Abstract Factory Builder Prototype Singleton	Adapter（对象） Bridge Composite Decorator Facade Flyweight Proxy	Chain of Responsibility Command Iterator Mediator Memento Observer State Strategy Visitor

1. 创建型设计模式

创建型模式与对象的创建有关，抽象了实例化过程，它们帮助一个系统独立于如何创建、组合和表示它的那些对象。一个类创建型模式使用继承改变被实例化的类，而一个对象创建型模式将实例化委托给另一个对象。

创建型模式包括面向类和面向对象两种。Factory Method（工厂方法）定义一个用于创建对象的接口，让子类决定实例化哪一个类。Abstract Factory（抽象工厂）提供一个创建一系列相关或相互依赖对象的接口，而无须指定它们具体的类。Builder（生成器）将一个复杂对象的构建与它的表示分离，使得同样的构建过程可以创建不同的表示。Factory Method 使一个类的实例化延迟到其子类。Prototype（原型）用原型实例指定创建对象的种类，并且通过复制这些原型创建新的对象。Singleton（单例）模式保证一个类仅有一个实例，并提供一个访问它的全局访问点。

下面以抽象工厂模式和单例模式为例进行说明。

1）Abstract Factory（抽象工厂）

（1）意图。提供一个创建一系列相关或相互依赖对象的接口，而无须指定它们具体的类。

（2）结构。抽象工厂模式的结构如图 7-34 所示。

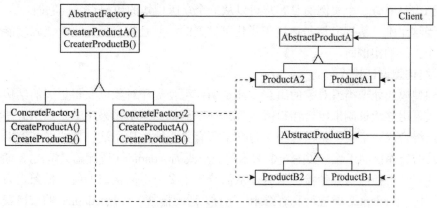

图 7-34　抽象工厂模式结构图

其中：

- AbstractFactory 声明一个创建抽象产品对象的操作接口。
- ConcreteFactory 实现创建具体产品对象的操作。
- AbstractProduct 为一类产品对象声明一个接口。
- ConcreteProduct 定义一个将被相应的具体工厂创建的产品对象，实现 AbstractProduct 接口。
- Client 仅使用由 AbstractFactory 和 AbstractProduct 类声明的接口。

（3）适用性。Abstract Factory 模式适用于：

- 一个系统要独立于它的产品的创建、组合和表示时。
- 一个系统要由多个产品系列中的一个来配置时。
- 当要强调一系列相关的产品对象的设计以便进行联合使用时。
- 当提供一个产品类库，只想显示它们的接口而不是实现时。

2）Singleton（单例）

（1）意图。保证一个类仅有一个实例，并提供一个访问它的全局访问点。

（2）结构。单例模式的结构如图 7-35 所示。

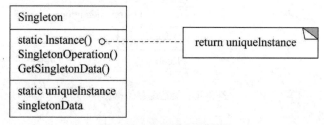

图 7-35　单例模式结构图

其中：Singleton 指定一个 Instance 操作，允许客户访问它的唯一实例，Instance 是一个类操作；可能负责创建它自己的唯一实例。

（3）适用性。Singleton 模式适用于：

- 当类只能有一个实例而且客户可以从一个众所周知的访问点访问它时。
- 当这个唯一实例应该是通过子类化可扩展的，并且客户无须更改代码就能使用一个扩展的实例时。

2．结构型设计模式

结构型模式处理类或对象的组合，涉及如何组合类和对象以获得更大的结构。结构型类模式采用继承机制来组合接口或实现。一个简单的例子是采用多重继承方法将两个以上的类组合成一个类，结果这个类包含了所有父类的性质。这一模式尤其有助于多个独立开发的类库协同工作。其中一个例子是类形式的 Adapter（适配器）模式。一般来说，适配器使得一个接口与其他接口兼容，从而给出了多个不同接口的统一抽象。为此，类 Adapter 对一个 adaptee 类进行私有继承。这样，适配器就可以用 adaptee 的接口表示它的接口。对象 Adapter 依赖于对象组合。

下面以适配器模式和代理模式为例进行说明。

1）Adapter（适配器）模式

（1）意图。将一个类的接口转换成客户希望的另外一个接口。Adapter 模式使得原本由于接口不兼容而不能一起工作的那些类可以一起工作。

（2）结构。类适配器使用多重继承对一个接口与另一个接口进行匹配，其结构如图 7-36 所示。对象适配器依赖于对象组合，其结构如图 7-37 所示。

其中：

- Target 定义 Client 使用的与特定领域相关的接口。
- Client 与符合 Target 接口的对象协同。
- Adaptee 定义一个已经存在的接口，这个接口需要适配。
- Adapter 对 Adaptee 的接口与 Target 接口进行适配。

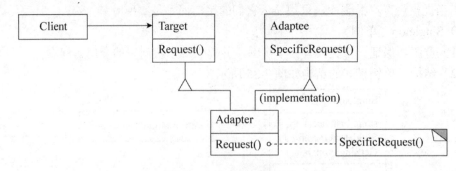

图 7-36　类适配器结构图

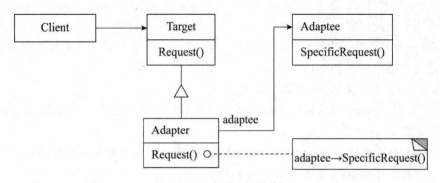

图 7-37　对象适配器结构图

（3）适用性。Adapter 模式适用于：

- 想使用一个已经存在的类，而它的接口不符合要求。
- 想创建一个可以复用的类，该类可以与其他不相关的类或不可预见的类（即那些接口可能不一定兼容的类）协同工作。
- （仅适用于对象 Adapter）想使用一个已经存在的子类，但是不可能对每一个都进行子类化以匹配它们的接口。对象适配器可以适配它的父类接口。

2）Proxy（代理）模式

（1）意图。为其他对象提供一种代理以控制对这个对象的访问。

（2）结构。代理模式的结构如图 7-38 所示。

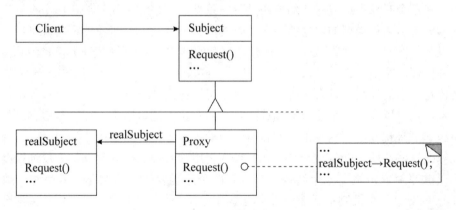

图 7-38　代理模式结构图

其中：

- Proxy 保存一个引用使得代理可以访问实体；提供一个与 Subject 的接口相同的接口，使代理可以用来代替实体；控制对实体的存取，并可能负责创建和删除它；其他功能依赖于代理的类型：Remote Proxy 负责对请求及其参数进行编码，并向不同地址空间中的实体发送已编码的请求；Virtual Proxy 可以缓存实体的附加信息，以便延迟对它的访问；Protection Proxy 检查调用者是否具有实现一个请求所必需的访问权限。

- Subject 定义 RealSubject 和 Proxy 的共用接口，这样就在任何使用 RealSubject 的地方都可以使用 Proxy。
- RealSubject 定义 Proxy 所代表的实体。

（3）适用性。Proxy 模式适用于在需要比较通用和复杂的对象指针代替简单的指针的时候，常见情况有：

- 远程代理（Remote Proxy）为一个对象在不同地址空间提供局部代表。
- 虚代理（Virtual Proxy）根据需要创建开销很大的对象。
- 保护代理（Protection Proxy）控制对原始对象的访问，用于对象应该有不同的访问权限的时候。
- 智能引用（Smart Reference）取代了简单的指针，它在访问对象时执行一些附加操作。典型用途包括：对指向实际对象的引用计数，这样当该对象没有引用时，可以被自动释放；当第一次引用一个持久对象时，将它装入内存；在访问一个实际对象前，检查是否已经锁定了它，以确保其他对象不能改变它。

结构型对象模式不是对接口和实现进行组合，而是描述了如何对一些对象进行组合，从而实现新功能的一些方法。因为可以在运行时刻改变对象组合关系，所以对象组合方式具有更大的灵活性，而这种机制用静态类组合是不可能实现的。

Composite（组合）模式将对象组合成树型结构以表示"部分—整体"的层次结构，使得用户对单个对象和组合对象的使用具有一致性。它描述了如何构造一个类层次式结构，这一结构由两种类型的对象所对应的类构成。其中的组合对象使得用户可以组合基元对象以及其他的组合对象，从而形成任意复杂的结构。proxy（代理）模式为其他对象提供一种代理以控制对这个对象的访问，其中，proxy 对象作为其他对象的一个方便的替代或占位符。它的使用可以有多种形式，例如可以在局部空间中代表一个远程地址空间中的对象，也可以表示一个要求被加载的较大的对象，还可以用来保护对敏感对象的访问。proxy 模式还提供了对对象的一些特有性质的一定程度上的间接访问，从而可以限制、增强或修改这些性质。Flyweight（享元）模式运用共享技术有效地支持大量细粒度的对象，为了共享对象定义了一个结构。至少有两个原因要求对象共享：效率和一致性。Flyweight 的对象共享机制主要强调对象的空间效率。使用很多对象的应用必须考虑每一个对象的开销。使用对象共享而不是进行对象复制，可以节省大量的空间资源。但是，仅当这些对象没有定义与上下文相关的状态时，它们才可以被共享。Flyweight 的对象没有这样的状态。任何执行任务时需要的其他一些信息仅当需要时才传递过去。由于不存在与上下文相关的状态，因此 Flyweight 对象可以被自由地共享。

Facade（外观）模式为子系统中的一组接口提供一个一致的界面，定义了一个高层接口，这个接口使得这一子系统更加容易使用。该模式描述了如何用单个对象表示整个子系统。模式中的 facade 用来表示一组对象，facade 的职责是将消息转发给它所表示的对象。Bridge（桥接）模式将对象的抽象和其实现分离，从而可以独立地改变它们。

Decorator（装饰）模式描述了如何动态地为对象添加一些额外的职责。该模式采用递归方式组合对象，从而允许添加任意多的对象职责。例如，一个包含用户界面组件的 Decorator 对象可以将边框或阴影这样的装饰添加到该组件中，或者它可以将窗口滚动和缩放这样的功能添加到组件中。可以将一个 Decorator 对象嵌套在另外一个对象中，就可以很简单地增加两个装饰，添加其他的装饰也是如此。因此，每个 Decorator 对象必须与其组件的接口兼容并且保证将消息传递给它。Decorator 模式在转发一条信息之前或之后都可以完成它的工作（例如绘制组件的边框）。许多结构型模式在某种程度上具有相关性。

3. 行为型设计模式

行为模式对类或对象怎样交互和怎样分配职责进行描述，涉及算法和对象间职责的分配。行为模式不仅描述对象或类的模式，还描述它们之间的通信模式。这些模式刻画了在运行时难以跟踪的复杂的控制流。它们将用户的注意力从控制流转移到对象间的联系方式上来。

行为类模式使用继承机制在类间分派行为。本章包括两个这样的模式，其中 Template Method（模板方法）较为简单和常用。Template Method 是一个算法的抽象定义，它逐步地定义该算法，每一步调用一个抽象操作或一个原语操作，子类定义抽象操作以具体实现该算法。另一种行为类模式是 Interpreter（解释器）模式，它将一个文法表示为一个类层次，并实现一个解释器作为这些类的实例上的一个操作。

行为对象模式使用对象复合而不是继承。一些行为对象模式描述了一组对等的对象怎样相互协作以完成其中任一个对象都无法单独完成的任务。这里一个重要的问题是对等的对象。

如何互相了解对方。对等对象可以保持显式的对对方的引用，但那会增加它们的耦合度。在极端情况下，每一个对象都要了解所有其他的对象。Mediator（中介者）模式用一个中介对象来封装一系列的对象交互，在对等对象间引入一个 mediator 对象以避免这种情况的出现。mediator 提供了松耦合所需的间接性。

Chain of Responsibility（责任链）使多个对象都有机会处理请求，从而避免请求的发送者和接收者之间的耦合关系，将这些对象连成一条链，并沿着这条链传递该请求，直到有一个对象处理它为止。Chain of Responsibility 模式提供更松的耦合，让用户通过一条候选对象链隐式地向一个对象发送请求。根据运行时刻情况任一候选者都可以响应相应的请求。候选者的数目是任意的，可以在运行时刻决定哪些候选者参与到链中。

Observer（观察者）模式定义对象间的一种一对多的依赖关系，当一个对象的状态发生改变时，所有依赖于它的对象都得到通知并被自动更新。典型的 Observer 的例子是 Smalltalk 中的模型/视图/控制器，其中一旦模型的状态发生变化，模型的所有视图都会得到通知。

其他的行为对象模式常将行为封装在一个对象中并将请求指派给它。Strategy（策略）

模式将算法封装在对象中,这样可以方便地指定和改变一个对象所使用的算法。Command（命令）模式将一个请求封装为一个对象,从而使得可以用不同的请求对客户进行参数化;对请求排队或记录请求日志,以及支持可撤销的操作。Memento（备忘录）模式在不破坏封装性的前提下,捕获一个对象的内部状态,并在该对象之外保存这个状态,以便在以后可将该对象恢复到原先保存的状态。State（状态）模式封装一个对象的状态,使得对象在其内部状态改变时可改变它的行为,对象看起来似乎修改了它的类。Visitor（访问者）模式表示一个作用于某对象结构中的各元素的操作,使得在不改变各元素的类的前提下定义作用于这些元素的新操作。Visitor 模式封装分布于多个类之间的行为。Iterator（迭代器）模式提供一种方法顺序访问一个聚合对象中的各个元素,且不需要暴露该对象的内部表示。Iterator 模式抽象了访问和遍历一个集合中的对象的方式。

下面以中介者模式和观察者模式为例进行说明。

1）Mediator（中介者）

（1）意图。用一个中介对象来封装一系列的对象交互。中介者使各对象不需要显式地相互引用,从而使其耦合松散,而且可以独立地改变它们之间的交互。

（2）结构。中介者模式的结构图如图 7-39 所示。

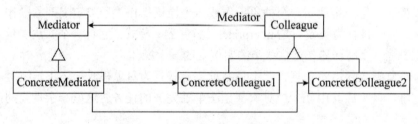

图 7-39　中介者模式结构图

其中:

- Mediator（中介者）定义一个接口用于各同事（Colleague）对象通信。
- ConcreteMediator（具体中介者）通过协调各同事对象实现协作行为;了解并维护它的各个同事。
- Colleague class（同事类）知道它的中介者对象;每一个同事类对象在需要与其他同事通信的时候与它的中介者通信。

（3）适用性。Mediator 模式适用于:

- 一组对象以定义良好但是复杂的方式进行通信,产生的相互依赖关系结构混乱且难以理解。
- 一个对象引用其他很多对象并且直接与这些对象通信,导致难以复用该对象。
- 想定制一个分布在多个类中的行为,而又不想生成太多的子类。

2）Observer（观察者）

（1）意图。定义对象间的一种一对多的依赖关系,当一个对象的状态发生改变时,所有依赖于它的对象都得到通知并被自动更新。

（2）结构。观察者模式的结构图如图 7-40 所示。

其中：

- Subject（目标）知道它的观察者，可以有任意多个观察者观察同一个目标；提供注册和删除观察者对象的接口。
- Observer（观察者）为那些在目标发生改变时需获得通知的对象定义一个更新接口。
- ConcreteSubject（具体目标）将有关状态存入各 ConcreteObserver 对象；当它的状态发生改变时，向它的各个观察者发出通知。
- ConcreteObserver（具体观察者）维护一个指向 ConcreteSubject 对象的引用；存储有关状态，这些状态应与目标的状态保持一致；实现 Observer 的更新接口，以使自身状态与目标的状态保持一致。

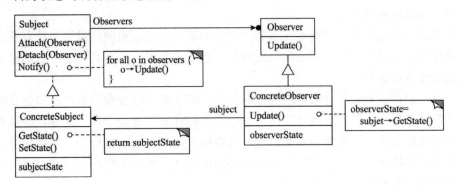

图 7-40　观察者模式结构图

（3）适用性。Observer 模式适用于：

- 当一个抽象模型有两个方面，其中一个方面依赖于另一个方面，将这两者封装在独立的对象中以使它们可以各自独立地改变和复用。
- 当对一个对象的改变需要同时改变其他对象，而不知道具体有多少对象有待改变时。
- 当一个对象必须通知其他对象，而它又不能假定其他对象是谁，即不希望这些对象是紧耦合的。

7.6　系统实施知识

系统开发工作沿着系统的生命周期逐渐推进，经过详细设计阶段后，便进入系统实施阶段。系统实施是新系统开发工作的最后一个阶段。所谓实施指的是将系统设计阶段的结果再加以实现，将原来纸面上的、类似于设计图式的新系统方案转换成可执行的系统。系统实施阶段的主要任务如下。

（1）按总体设计方案购置和安装网络系统。硬件准备包括计算机主机、输入/输出设备、存储设备、辅助设备（稳压电源、空调设备等）、通信设备等。购置、安装和调试这些设备要花费大量的人力、物力，并且持续相当长的时间。

（2）软件准备。软件准备包括系统软件、数据库管理系统以及一些应用程序。这些软件有些需要购买，有些需要组织人力编写。编写程序是系统实施阶段的重要任务之一。

（3）数据准备。数据的收集、整理、录入是一项既繁重、劳动量又大的工作。而没有一定基础数据的准备，系统调试就不可能很好地进行。一般来说，确定数据库模型之后，就应进行数据的收集、整理和录入。这样既分散了工作量，又可以为系统调试提供真实的数据。

（4）培训。主要指用户的培训，包括主管人员和业务人员。这些人多数来自现行系统，精通业务，但往往缺乏计算机知识。为了保证系统调试和运行顺利进行，应根据他们的基础，提前进行培训，使他们适应、逐步熟悉新的操作方法。

（5）系统转换和试运行。

在系统实施过程中，还有若干非技术因素的影响。信息系统的最终受益人是企业的最高领导层，信息系统建设涉及到企业机构、权限的重组，只有具备进行变革权利的人才能真正地推进企业信息化。

企业在推行管理信息化时，总经理首先要了解企业 些公众的心理，如企业的各级员工的习惯心理，对信息系统使用持不信任态度的怀疑性排斥心理；此外，信息系统的使用将传统的金字塔管理变为扁平管理，使以前无法暴露的灰色行为，将被一览无遗；素质较低或年龄较大的员工对操作电脑系统具有畏惧心理。如果没有妥善的培训或疏导，这些都将成为系统应用的极大障碍。

7.6.1　软硬件平台搭建

各种开发工具进行安装与设置，产品硬件开发与软件开发需要使用不同的工具以及相关的设置。嵌入式硬件开发主要是针对放置各种元件的平台，即 PCB 板，开发人员需要使用 CAD 工具完成 PCB 开发，并使用 CAM 工具完成 PCB 制造。嵌入式软件开发则需要使用嵌入式软件开发工具。

7.6.2　系统测试

1. 测试目的

系统测试是为了发现错误而执行程序的过程，成功的测试是发现了至今尚未发现的错误的测试。

测试的目的就是希望能以最少的人力和时间发现潜在的各种错误和缺陷。应根据开发各阶段的需求、设计等文档或程序的内部结构精心设计测试实例，并利用这些实例来运行程序，以便发现错误的过程。

2．测试原则

系统测试是保证系统质量和可靠性的关键步骤，是对系统开发过程中的系统分析、系统设计和实施的最后复查。根据测试的概念和目的，在进行信息系统测试时应遵循以下基本原则。

（1）应尽早并不断地进行测试。测试不是在应用系统开发完之后才进行的。由于原始问题的复杂性、开发各阶段的多样性以及参加人员之间的协调等因素，使得在开发的各个阶段都有可能出现错误。因此，测试应贯穿在开发的各个阶段，应尽早纠正错误，消除隐患。

（2）测试工作应该避免由原开发软件的人或小组承担，一方面，开发人员往往不愿否认自己的工作，总认为自己开发的软件没有错误；另一方面，开发人员的错误很难由本人测试出来，很容易根据自己编程的思路来制定测试思路，具有局限性。测试工作应由专门人员来进行，这样会更客观、更有效。

（3）在设计测试方案时，不仅要确定输入数据，而且要根据系统功能确定预期输出结果。将实际输出结果与预期结果相比较就能发现测试对象是否正确。

（4）在设计测试用例时，不仅要设计有效、合理的输入条件，也要包含不合理、失效的输入条件。在测试的时候，人们往往习惯按照合理的、正常的情况进行测试，而忽略了对异常、不合理、意想不到的情况进行测试，而这可能就是隐患。

（5）在测试程序时，不仅要检验程序是否做了该做的事，还要检验程序是否做了不该做的事。多余的工作会带来副作用，影响程序的效率，有时会带来潜在的危害或错误。

（6）严格按照测试计划来进行，避免测试的随意性。测试计划应包括测试内容、进度安排、人员安排、测试环境、测试工具和测试资料等。严格地按照测试计划可以保证进度，使各方面都得以协调进行。

（7）妥善保存测试计划、测试用例，作为软件文档的组成部分，为维护提供方便。

（8）测试例子都是精心设计出来的，可以为重新测试或追加测试提供方便。当纠正错误、系统功能扩充后，都需要重新开始测试，而这些工作的重复性很高，可以利用以前的测试用例，或在其基础上修改，然后进行测试。

3．测试过程

测试是开发过程中一个独立且非常重要的阶段，测试过程基本上与开发过程平行进行。

一个规范化的测试过程通常包括以下基本的测试活动。

（1）拟定测试计划。在制定测试计划时，要充分考虑整个项目的开发时间和开发进度，以及一些人为因素和客观条件等，使得测试计划是可行的。测试计划的内容主要包括测试的内容、进度安排、测试所需的环境和条件、测试培训安排等。

（2）编制测试大纲。测试大纲是测试的依据，它明确详尽地规定了在测试中针对系统的每一项功能或特性所必须完成的基本测试项目和测试完成的标准。

（3）根据测试大纲设计和生成测试用例。

（4）实施测试。测试的实施阶段是由一系列的测试周期组成的。在每个测试周期中，测试人员和开发人员将依据预先编制好的测试大纲和准备好的测试用例，对被测软件或设备进行完整的测试。

（5）生成测试报告。测试完成后，要形成相应的测试报告，主要对测试进行概要说明，列出测试的结论，指出缺陷和错误。另外，给出一些建议，如可采用的修改方法，各项修改预计的工作量及修改工作的负责人员。

测试管理是影响测试团队效率与整体水平的重要因素之一，对于提高整体水平也具有重要意义。测试管理就是对软件测试输入项（如测试大纲、测试计划、测试用例、测试脚本、方案策略和测试工具等）和输出项（测试记录：测试结果、缺陷报告、测试工作日志等，测试总结：测试分析数据、测试评估数据、项目经验与教训等）进行管理，并在完成一定数量的软件测试之后提升下一软件测试工作水平，复用测试项。

4．测试工具

测试是软件过程中一个费钱又费力的阶段，而有许多测试工具有助于测试代码构建。这些工具能覆盖很大一部分功能需求，使用这些工具可以极大地降低测试过程的成本。这些测试工具通常包括如下部分。

（1）测试管理者。管理程序测试的运行，其主要任务是掌握测试数据、所测试的程序和测试结果等信息。

（2）启示器。产生对期待的测试结果的预测。

（3）文件比较器。将持续测试的结果和先前的测试结果进行比较，报告出它们之间的不同。比较器在回归测试中非常重要，所谓回归测试，就是测试程序的新版本和旧版本，从不同的执行结果中发现新程序中的问题。

（4）报告生成器。为测试结果提供报告定义和生成功能。

（5）动态分析器。向程序中添加代码，对程序中语句执行次数进行计数。测试运行完成时，运行记录能够显示每个程序语句被执行的频繁程度。

（6）模拟器。可以提供多种类型的模拟器。目标模拟器模拟程序将要执行的机器环境；用户界面模拟器是一个脚本驱动的程序，它能模拟多个用户之间的并发交互行为；输入/输出模拟器可以对交易处理序列的时序进行重复。

7.6.3　系统调试

调试的任务就是根据测试时所发现的错误，找出原因和具体的位置，进行改正。调试工作主要由程序开发人员来进行，谁开发的程序就由谁来进行调试。

目前常用的调试方法有如下几种。

（1）试探法。调试人员分析错误的症状，猜测问题的所在位置，利用在程序中设置输出语句，分析寄存器、存储的内容等手段来获得错误的线索，一步步地试探和分析出错误所在。这种方法效率很低，适合于结构比较简单的程序。

（2）回溯法。调试人员从发现错误症状的位置开始，人工沿着程序的控制流程往回跟踪代码，直到找出错误根源为止。这种方法适合于小型程序，对于大规模程序，由于其需要回溯的路径太多而变得不可操作。

（3）对分查找法。这种方法主要用来缩小错误的范围，如果已经知道程序中的变量在若干位置的正确取值，可以在这些位置上给这些变量以正确值，观察程序运行输出结果，如果没有发现问题，则说明从赋予变量一个正确值到输出结果之间的程序没有错误，问题可能在除此之外的程序中。否则，错误就在所考察的这部分程序中，对含有错误的程序段再使用这种方法，直到把故障范围缩小到比较容易诊断为止。

（4）归纳法。归纳法就是从测试所暴露的问题出发，收集所有正确或不正确的数据，分析它们之间的关系，提出假想的错误原因，用这些数据来证明或反驳，从而查出错误所在。

（5）演绎法。根据测试结果，列出所有可能的错误原因。分析已有的数据，排除不可能和彼此矛盾的原因。对其余的原因，选择可能性最大的，利用已有的数据完善该假设，使假设更具体。用假设来解释所有的原始测试结果，如果能解释这一切，则假设得以证实，也就找出错误；否则，要么是假设不完备或不成立，要么有多个错误同时存在，需要重新分析，提出新的假设，直到发现错误为止。

7.7　系统运行与维护

7.7.1　系统运行管理

当系统开发完成并交付到实际生产环境中使用时，就进入运行。系统运行管理是确保系统安装目标运行并充分发挥其效益的一切必要条件、运行机制和保障措施，通常有系统运行的组织机构、基础数据管理、运行制度管理和系统运行结果分析等。

系统运行管理内容包括系统的日常操作、维护等。

（1）系统运行情况记录。对系统日常运行情况的记录是对系统软硬件及数据等的运行情况做记录。应事先制定登记格式和登记要点。人工记录的系统运行情况和系统自动记录的运行信息，都应该作为基本的系统文档按照规定的期限保管。这些信息对系统问题的分析与解决有重要参考价值。

（2）审计追踪。审计追踪是指系统中设置了自动记录功能，能通过自动记录的信息发现或判明系统的问题和原因。一般要每日进行，并对主要技术要有对应的审查机制。在审计追踪系统中，建立审计日志。系统管理员可以通过日志了解到有哪些用户在什么时间、以什么样的身份登录到系统，对特定文件和数据进行的操作。

大多数的操作系统和数据库都提供了追踪和自动记录功能，一些数据库系统中还提供审计追踪数据字典，使用者可以用预先定义的审计追踪数据字典视图来观察审计追踪数据，也可以由程序根据事先定义的规则对审计内容进行自动审计。审计内容可以从语句、特权和对象等方面进行设定。

（3）审查应急措施的落实。针对意外事件可能对系统引起的损害，首先要制定应付突发性事件的应急计划，每日审查应急措施的落实情况，仔细审查相应器材和设备是否良好，资源是否做好了备份等。

资源备份包括数据备份和设备备份。数据备份是必须要做的，在关键的领域，还必须进行设备备份。应将备份文件复制到远离主机或文件中新的其他主机或者存储库中，保证备份文件存放在同一突然性事件意想不到的地方。

（4）系统资源管理。在维护系统正常运行的过程中，还应对所使用的相关资源进行管理，对不能充分满足用户需求的资源，一般可采用收费的方法来控制。

（5）系统软件及文档管理。系统软件的管理除日常维护外，还包括版本的更新和升级等。

7.7.2　系统维护概述

系统维护主要是指在系统已经交付使用之后，为了改正错误或根据需求变化或硬件环境的变化对已交付并投入运行的系统进行部分或全部的修改，即系统在交付使用后对所做的一切改动。

1．可维护性概念

系统的可维护性可以定性的定义为：维护人员理解、改正、改动和改进这个软件的难易程度。提高可维护性是开发软件系统所有步骤的关键目的，系统是否能被很好地维护，可用系统的可维护性这一指标来衡量。提高可维护性的方法包括建立明确的软件质量目标、利用先进的软件开发技术和工具、建立明确的质量保证工作、选择可维护的程序设计语言、改进程序文档。

1）系统的可维护性的评价指标

（1）可理解性。指别人能理解系统的结构、界面、功能和内部过程的难易程度。模块化、详细设计文档、结构化设计和良好的高级程序设计语言等，都有助于提高可理解性。

（2）可测试性。诊断和测试的容易程度取决于易理解的程度。好的文档资料有利于诊断和测试，同时，程序的结构、高性能的测试工具以及周密计划的测试工序也是至关重要的。为此，开发人员在系统设计和编程阶段就应尽力把程序设计成易诊断和测试的。此外，在系统维护时，应该充分利用在系统测试阶段保存下来的测试用例。

（3）可修改性。诊断和测试的容易程度与系统设计所制定的设计原则有直接关系。模块的耦合、内聚、作用范围与控制范围的关系等，都对可修改性有影响。

2）维护与软件文档

文档是软件可维护性的决定因素。由于长期使用的大型软件系统在使用过程中必然会经受多次修改，所以文档显得非常重要。

软件系统的文档可以分为用户文档和系统文档两类。用户文档主要描述系统功能和使用方法，并不关心这些功能是怎样实现的；系统文档描述系统设计、实现和测试等各方面的内容。

可维护性是所有软件都应具有的基本特点，必须在开发阶段保证软件具有可维护的特点。在软件工程的每一个阶段都应考虑并提高软件的可维护性，在每个阶段结束前的技术审查和管理复查中，应该着重对可维护性进行复审。

在系统分析阶段的复审过程中，应该对将来要改进的部分和可能会修改的部分加以注解并指明，并且指出软件的可移植性问题以及可能影响软件维护的系统界面；在系统设计阶段的复审期间，应该从容易修改、模块化和功能独立的目的出发，评价软件的结构和过程；在系统实施阶段的复审期间，代码复审应该强调编码风格和内部说明文档这两个影响可维护性的因素。在完成了每项维护工作之后，都应该对软件维护本身进行认真的复审。

3）软件文档的修改

维护应该针对整个软件配置，不应该只修改源程序代码。如果对源程序代码的修改没有反映在设计文档或用户手册中，可能会产生严重的后果。每当对数据、软件结构、模块过程或任何其他有关的软件特点作了改动时，必须立即修改相应的技术文档。不能准确反映软件当前状态的设计文档可能比完全没有文档更坏。在以后的维护工作中很可能因文档不完全符合实际而不能正确理解软件，从而在维护中引入过多的错误。

2．系统维护的内容及类型

系统维护主要包括硬件设备的维护、应用软件的维护和数据的维护。

1）硬件维护

硬件的维护应由专职的硬件维护人员来负责，主要有两种类型的维护活动，一种是定期的设备保养性维护，保养周期可以是一周或一个月不等，维护的主要内容是进行例行的设备检查与保养，易耗品的更换与安装等；另一种是突发性的故障维护，即当设备出现突发性故障时，由专职的维修人员或请厂方的技术人员来排除故障，这种维修活动所花时间不能过长，以免影响系统的正常运行。

2）软件维护

软件维护主要是指根据需求变化或硬件环境的变化对应用程序进行部分或全部的修改。修改时应充分利用源程序，修改后要填写程序修改登记表，并在程序变更通知书上写明新老程序的不同之处。

根据维护目的的不同，维护一般分为以下 4 大类。

（1）正确性维护。是指改正在系统开发阶段已发生而系统测试阶段尚未发现的错误。这方面的维护工作量要占整个维护工作量的 17%～21%。所发现的错误有的不太重要，不影响系统的正常运行，其维护工作可随时进行；而有的错误非常重要，甚至影响整个系统的正常运行，其维护工作必须制订计划，进行修改，并且要进行复查和控制。

（2）适应性维护。是指使应用软件适应信息技术变化和管理需求变化而进行的修改。这方面的维护工作量占整个维护工作量的 18%～25%。由于目前计算机硬件价格不断下降，各类系统软件层出不穷，人们常常为改善系统硬件环境和运行环境而产生系统更新换代的需求；企业的外部市场环境和管理需求的不断变化也使得各级管理人员不断提出新的信息需求。这些因素都将导致适应性维护工作的产生。进行这方面的维护工作也要像系统开发一样，有计划、有步骤地进行。

（3）完善性维护。这是为扩充功能和改善性能而进行的修改，主要是指对已有的软件系统增加一些在系统分析和设计阶段中没有规定的功能与性能特征。这些功能对完善系统功能是非常必要的。另外，还包括对处理效率和编写程序的改进，这方面的维护占整个维护工作的 50%～60%，比重较大，也是关系到系统开发质量的重要方面。这方面的维护除了要有计划、有步骤地完成外，还要注意将相关的文档资料加入到前面产生的相应文档中去。

（4）预防性维护。为了改进应用软件的可靠性和可维护性，为了适应未来的软硬件环境的变化，应主动增加预防性的新功能，以使应用系统适应各类变化而不被淘汰。这方面的维护工作量占整个维护工作量的 4%左右。

根据维护具体内容的不同，可将维护分成以下 4 类。

（1）程序维护。为了改正错误或改进效率而改写 部分或全部程序，通常充分利用源程序。

（2）数据维护。对文件或数据中的记录进行增加、修改和删除等操作，通常采用专用的程序模块。

（3）代码维护。为了适应用户环境的变化，对代码进行变更，包括修订、新设计、添加和删除等内容。

（4）硬件设备维护。为了保证系统正常运行，应保持计算机及外部设备的良好运行状态。如建立相应的规章制度、定期检查设备、保养和杀病毒。

3．系统维护的管理和步骤

要强调的是，系统的修改往往会"牵一发而动全身"。程序、文件、代码的局部修改都可能影响系统的其他部分。因此，系统的维护工作应有计划有步骤的统筹安排，按照维护任务的工作范围、严重程度等诸多因素确定优先顺序，制定出合理的维护计划，然后通过一定的批准手续实施对系统的修改和维护。

通常对系统的维护应执行以下步骤：

（1）提出维护或修改要求。操作人员或业务领导用书面形式向系统维护工作的主管人员提出对某项工作的修改要求。这种修改要求一般不能直接向程序员提出。

（2）领导审查并做出答复，如同意修改则列入维护计划。系统主管人员进行一定的调查后，根据系统的情况和工组人员的情况，考虑这种修改是否必要、是否可行，做出是否修改、何时修改的答复。如果需要修改，则根据优先程度的不同列入系统维护计划。

计划的内容应包括维护工作的范围、所需资源、确认的需求、维护费用、维护进度安排以及验收标准等。

（3）领导分配任务，维护人员执行修改。系统主管人员按照计划向有关的维护人员下达任务，说明修改的内容、要求、期限。维护人员在仔细了解原系统的设计和开发思路的情况下对系统进行修改。

（4）验收维护成果并登记修改信息。系统主管人员组织技术人员对修改部分进行测试和验收。验收通过后，将修改的部分嵌入系统，取代旧的部分。维护人员登记所做的修改，更新相关的文档，并将新系统作为新的版本通报用户和操作人员，指明新的功能和修改的地方。

维护的目的是为了延长系统的寿命并让其创造更多的价值。但每修改一次，潜伏的错误就可能增加一次。这种因修改而造成的错误或其他不希望出现的情况称为维护的副作用。维护的副作用有编码副作用、数据副作用和文档副作用。

（1）编码副作用。在使用程序设计语言修改源代码时可能引入错误。例如，删除或修改一个子程序；修改文件的打开或关闭；把设计上的改变翻译成代码上的改变等。为了避免这类错误，要在修改工作完成后进行测试，直至确认和复查无错为止。

（2）数据副作用。数据副作用是修改软件信息结构导致的结果。例如，重新定义局部或全局的常量；增加或减少一个数组；重新初始化控制标志或指针等。为了避免这类错误，一是要有严格的数据描述文件，即数据字典系统；二是要严格记录这些修改并进行修改后的测试工作。

（3）文档副作用。对数据流、软件结构、模块逻辑或任何其他有关特性进行修改时，必须对相关的技术文档进行相应修改。如果对可执行软件的修改没有反映在文档中，就会产生文档副作用。例如，修改交互输入的顺序或格式没有正确地记入文档中；过时的文档内容、索引和文本可能造成冲突等。为了避免这类错误，要在系统交付之前对整个系统配置进行评审。

总之，系统维护工作是信息系统运行阶段的重要工作内容，必须予以充分的重视。维护工作做得越好，信息系统的作用才能够得以充分发挥，信息系统的寿命也就越长。

4. 系统维护技术

系统维护的技术可以分为两大类：面向维护的技术和维护支援的技术。面向维护的技术是在软件开发阶段用来减少错误、提高软件可维护性的技术，它涉及软件开发的所有阶段。维护支援的技术是在软件维护阶段用来提高维护的效率和质量的技术。

7.7.3 系统评价

1. 系统评价概述

系统评价是对新开发或改建的系统，根据系统目标，用系统分析的方法，从技术、经济、社会、生态等方面对系统进行评审。一般分为广义和狭义两种。广义的系统评价是指从系统开发的一开始到结束的每一阶段都需要进行评价。狭义的系统评价则是指在系统建成并投入运行之后所进行的全面、综合的评价。

按评价的时间与系统所处的阶段的关系，又可从总体上把广义的系统评价分成立项评价、中期评价和结项评价。

（1）立项评价。指系统方案在系统开发前的预评价，即系统规划阶段中的可行性研究。评价的目的是决定是否立项进行开发，评价的内容是分析当前开发新系统的条件是否具备，明确新系统目标实现的重要性和可能性，主要包括技术上的可行性、经济上的可行性、管理上的可行性和开发环境的可行性等方面。由于事前评价所用的参数大都是不确定的，所以评价的结论具有一定的风险性。

（2）中期评价。项目中期评价包含两种含义，一是指项目方案在实施过程中，因外部环境出现重大变化，例如市场需求变化、竞争性技术或更完美的替代系统的出现，或者发现原先设计有重大失误等，需要对项目的方案进行重新评估，以决定是继续执行还是终止该方案；另一种含义也可称为阶段评估，是指在系统开发正常情况下，对系统分析、系统设计、系统实施阶段的阶段性成果进行评估，由于一般都将阶段性成果的提交视为系统建设的里程碑，所以，阶段评估又可叫里程碑式评价。

（3）结项评价。系统的建设是一个项目，是项目就需要有终结时间。结项评价是指项目准备结束时对系统的评价，一般是指在系统投入正式运行以后，为了了解系统是否达到预期的目的和要求而对系统运行的实际效果进行的综合评价。所以，结项评价又是狭义的系统评价。系统项目的鉴定是结项评价的一种正规的形式。结项评价的主要内容包括系统性能评价、系统的经济效益评价以及企业管理效率提高、管理水平改善、管理人员劳动强度减轻等间接效果。通过结项评价，用户可以了解系统的质量和效果，检查系统是否符合预期的目的和要求；开发人员可以总结开发工作的经验、教训，这对今后的工作十分有益。

2．系统评价的指标

可以从以下几方面综合考虑，建立起一套指标体系理论框架：

（1）从系统的组成部分出发，系统是一个由人机共同组成的系统，所以可以按照运行效果和用户需求（人）、系统质量和技术条件（机）这两条线索构造指标。

（2）从系统的评价对象出发，对于开发方来说，他们所关心的是系统质量和技术水平；对于用户方而言，关心的是用户需求和运行质量；系统外部环境则主要通过社会效益指标来反映。

（3）从经济学角度出发，分别按系统成本、系统效益和财务指标等3条线索建立指标。

第8章 嵌入式系统软件测试

随着嵌入式系统的复杂性和集成度越来越高，其软件部分所承担的处理任务也逐渐增多，软件功能也越来越复杂，并且嵌入式软件具有嵌入式、实时性、高可靠性、高安全性等特点，为保证嵌入式软件的安全性和可靠性等特点，需要对其进行严格的测试、确认和验证，本章简要介绍嵌入式软件测试的相关内容。

8.1 软件测试概述

8.1.1 软件测试的定义

软件测试的定义，伴随软件工程化的发展，在不同时期有所不同。

1973 年，Bill Hetzel 博士首次提出了软件测试的定义："软件测试就是建立一种信心，确信程序能够按期望的设想进行（Establish confidence that a program does what it is supposed to do）"。该定义的核心是：测试的目的是确信程序能够工作，软件测试就是按照预先的设计，针对系统的所有功能，逐个验证其正确性。该定义存在其缺陷，因为不可能完全证明软件的正确性，"即便在完成系统设计、开发和测试之后，仍不可能估计软件中存在错误的种类和数目"。

1979 年，Grenford J. Myers 在其经典著作《软件测试之艺术》（*The Art of Software Testing*）中，给出了测试的另外一个定义："软件测试是为了发现错误而执行软件的过程"。Myers 还给出了与测试相关的三个重要观点：第一，测试是为了证明程序有错，而不是证明程序无错；第二，一个好的测试用例是在于它能发现至今未发现的错误；第三，一个成功的测试是发现了至今未发现的错误的测试。该观点指出软件测试以查找错误为中心，以发现错误为唯一目的，查找不出错误的测试就是没有价值的测试。

对软件测试的认识也在逐步转变：首先，无错软件的功能未必正确；其次，测试并不仅仅是为了找出错误，通过分析错误产生的原因和错误的发生趋势，可以帮助项目管理者发现当前软件开发过程中的缺陷，以便及时改进；再者，分析错误也能帮助测试人员设计出有针对性的测试方法，提高测试效率、改善测试有效性；最后，没有发现错误的测试也是有价值的，完整的测试是评定软件质量的一种方法。

在上述软件测试定义中，测试活动都只包含了运行软件系统所进行的测试，即执行软件的过程。但软件工作产品不仅仅指程序代码，还包括和软件相关的文档和数据。因此，软件测试对象不仅仅是程序代码，还应该包括软件设计开发各个阶段的工作产品，如需求文档、设计文档、用户手册等等。从这个意义上讲，以上对软件测试的定义是一个狭义的概念。实际上这只是测试的一部分，而不是测试的所有活动。

随着对软件工程化的重视以及软件规模的日益扩大，软件需求、设计的作用越来越突出。有资料表明，60%以上的软件错误不是程序错误，而是需求和设计错误。若把软件需求、设计上的问题遗留到后期，可能造成设计、编程的部分甚至全部返工，从而增加软件开发成本、延长开发周期等后果。同时，需求和设计阶段所产生的缺陷具有级联放大效应，将更严重地影响软件质量。因此，为了更早地发现并解决问题，降低修改错误和缺陷的代价，有必要将测试延伸到需求分析和设计阶段中去，使软件测试贯穿于整个软件生命周期。提倡软件全生命周期测试的理念，即软件测试是对软件形成过程中的所有工作产品（包括程序以及相关文档）进行的测试，而不仅仅是对程序的运行进行测试。

在此基础上，软件测试的内涵得到拓展，提出了软件验证（Verification）和确认（Validation）。验证是通过检查和提供客观证据来证实指定的需求是否满足，通过输入与输出之间的比较，检验软件是否已正确地实现了产品规格书所定义的系统功能和特性，验证过程提供证据表明软件相关产品与所有生命周期活动的要求（如正确性、完整性、一致性、准确性等）相一致；确认是通过检查和提供客观证据，证实特定目的的功能或应用是否已经实现，在确认时，一切从客户需求出发，通过理解客户的需求，发现需求定义和产品设计中的问题，主要通过各种软件评审活动来实现。

1990 年的 IEEE/ANSI 标准将软件测试进行了如下定义：软件测试是在规定条件下运行系统或构件的过程，观察和记录结果，并对系统或构件的某些方面给出评价；软件测试是分析软件项目的过程，检测现有状况和所需状况之间的不同，并评估软件项目的特性。

1992 年 12 月，美国航空无线电委员会（RTCA）在其出版的《机载系统及软件合格审定中的软件考虑》（DO-178B）中对软件测试的定义为："软件测试是执行系统或系统部件以验证其满足需求并检测错误的过程。"同时指出，软件验证贯穿于软件生命周期全过程，软件测试是软件验证的一个组成部分。

这些定义，已充分体现出验证、确认相结合的思想，是目前软件测试的主流方向。

8.1.2　软件测试的发展

软件测试的发展大致可分为如下五个阶段：

第一阶段为软件调试时期。早期程序设计的观点是设计、编写好一个程序并随之检查它，这是早期对软件测试的全部认识。这一时期，对程序的检查、调试和测试几乎没有差别，认为"调试"是"找出程序中的错误"，"测试"是调试工作的一部分，从本质上否认软件测试的独立存在。

第二阶段为论证时期。1957 年，C. Baker 区分了"调试（Debugging）"和"测试（Testing）"

的概念，认为"调试"的中心任务是去除程序中的错误（bug），使程序能正常运行；而"测试"的任务是证明程序符合其技术要求。在此基础上，1973 年 Bill Hetzel 正式提出软件测试的第一个定义。论证时期软件测试的目的是证明软件不存在错误，经常面临的情况是软件已通过所有的测试，但在实际中仍有错误。随着计算机软件规模和复杂性的不断增长，证明软件的正确性越来越困难。于是，"软件无错误"的假设被逐步抛弃了。

第三阶段为破坏性测试时期。1979 年 Myers 针对"软件测试是证明程序中不存在错误的过程"的观点指出，一次失败的测试就能表明软件的不正确，而无数次成功的测试也不能证明该软件的正确，除非进行所谓"完全"的测试，但这对较复杂的程序实际上是不可能的。因此他将软件测试定义为"为了发现错误而执行程序的过程"。这种认识虽然不够全面，但具有实际的工程价值。Myers 的观点还包括对测试"成功"和"失败"这两个词用法的重新认识。查出了错误的测试才是有价值的测试，是成功的测试。因此要将这两个词的用法在过去的基础上颠倒过来。Myers 把测试看成是从程序中查出错误（假如有错误存在）的破坏性过程。

第四阶段为生命周期评估时期。随着软件工程和测试技术的发展，提出了"生命周期测试"（Life Cycle Testing）的概念，即测试不仅是对程序的测试，而且还应包括对软件需求和设计的测试，软件测试应在软件项目开始时与软件开发工作同步进行。这个时期对软件测试的认识从定性上升到定量的认识。在一种特定方法和过程指导下，可以建立测试和最终质量因素之间的定量关系。软件可靠性测试和可靠性增长模型是这个时期典型的实践。

第五阶段为预防测试时期。近年来，随着人们对软件测试认识的深入，出现了"生存周期预防测试"，预防测试包括：测试策划和分析（制定测试目标和测试技术要求，确定测试策略，选择测试技术和方法，选取测试环境，划分测试项），测试设计与实现（确定测试用例、测试数据、测试过程和选择测试支持工具），测试执行（记录测试结果），测试总结（分析测试结果），维护（保存和修正测试资料以备其他软件使用）。预防测试的观点认为，测试策划、分析和设计可显著改进软件需求和设计。其理由是：第一，测试人员以一种与开发人员完全不同的观点来使用软件需求和设计，可尽早发现软件需求和设计中的错误；第二，开发与测试并行进行，节省软件项目的成本。在这个时期，软件的可测试性是一个重要目标。因为易于测试的软件比难于测试的软件错误要少，另外易于测试的软件可以减少测试工作量，而这两个因素综合在一起对效率产生的影响是倍增的。为了解决这个问题，出现了各种软件开发方法，例如面向对象的开发方法，Use Case 的需求描述方法，结构化激励与响应（SSR）的需求描述方法。与此相应，基于需求的软件测试技术、基于需求的形式化验证等在实际项目中得到了广泛应用。

嵌入式软件的测试也经历了五个阶段。即经历了开发人员简单地进行程序调试、开发人员自己测试、开发人员相互测试、非开发人员的测试、第三方专业测评机构按照测试流程对软件进行测试五个阶段。大致与软件测试发展的五个阶段对应。

8.1.3 软件测试与软件开发的关系

软件开发是生产制造软件，软件测试是验证所开发软件的质量。类比传统加工制造企业，软件开发人员就是生产加工的工人，软件测试人员就是质检人员。

软件开发与软件测试的关系为：

- 没有软件开发就没有测试，软件开发提供软件测试的对象。
- 软件开发和软件测试都是软件生命周期中的重要组成部分。
- 软件开发和软件测试都是软件过程中的重要活动。
- 软件测试是保证软件开发产品质量的重要手段。

软件测试通过定义的软件生命周期模型参与进软件开发过程之中。典型的开发、测试对应关系如图 8-1 所示。

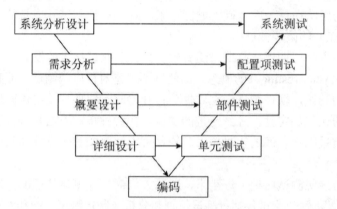

图 8-1　软件开发阶段与测试的对应关系

8.2　嵌入式软件测试技术

嵌入式软件一般具有嵌入式、实时性、高可靠性、高安全性等特点，这些特点决定了对嵌入式软件进行测试除了采用一般软件测试的共性技术外，还应该根据嵌入式软件的具体情况，采用一些特殊的测试技术。

软件测试过程中，往往需要遵守一系列重要的原则，这些原则看上去大多都是显而易见的，但常常被测试人员忽视。10 条重要的原则如表 8-1。

表 8-1　软件测试的重要原则

序号	原　　则
1	测试用例中一个必需部分是对预期输出或结果进行定义
2	程序员应当避免测试自己编写的程序
3	编写软件的组织不应当测试自己编写的软件

（续表）

序号	原　　则
4	应当彻底检查每个测试的执行结果
5	测试用例的编写不仅应当根据有效和预期输入情况，而且也应当根据无效和未预料到的输入情况
6	检查程序是否"未做其应该做的"仅是测试的一半，测试的另一半是检查程序是否"做了不应该做的"
7	应避免测试用例用后即弃，除非软件本身就是一个一次性软件
8	策划测试工作时不应默许假定不会发现错误
9	程序某部分存在更多错误的可能性，与该部分已发现错误的数量成正比
10	软件测试是一项极富创造性、极具智力挑战性的工作

8.2.1　测试过程

软件测试过程一般包括：测试需求分析、测试策划、测试设计和实现、测试执行、测试总结（包括评价过程和总结），如图 8-2 所示。

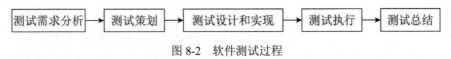

图 8-2　软件测试过程

1. 测试需求分析

根据被测软件的需求规格说明或设计文档，进行测试需求分析，包括：

（1）确定需要的测试类型及其测试要求并进行标识（编号），标识应清晰、便于识别。测试类型包括功能测试、性能测试等类型；测试要求包括状态、接口、数据结构、设计约束等要求。确定的测试类型和测试要求均应与要求的测试级别（单元测试、部件测试、配置项测试、系统测试）、测试类型相匹配。

（2）确定每个测试项的优先级。

（3）确定每个测试项的测试充分性要求。

（4）根据被测软件的重要性、测试目标和约束条件，确定每个测试项应覆盖的范围及范围所要求的覆盖程度。

（5）确定每个测试项测试终止的要求，包括测试过程正常终止的条件（如测试充分性是否达到要求）和导致测试过程异常终止的可能情况。

（6）确定测试项与软件需求规格说明或设计文档的追踪关系。

将测试需求分析结果按所确定的文档要求，形成测试需求规格说明或写入测试计划。

应对测试需求规格说明或测试需求分析结果进行评审，评审内容如下：

（1）测试级别和测试对象所确定的测试类型及其测试要求是否恰当。

（2）每个测试项是否进行了标识，并逐条覆盖了测试需求和潜在需求。

（3）测试类型和测试项是否充分。

（4）测试项是否包括了终止要求。

（5）文档是否符合规定的要求。

2．测试策划

根据软件需求规格说明或设计文档等进行测试策划，策划一般包括：

（1）确定测试策略，如部件或配置项测试策略。

（2）确定测试需要的技术或方法，如测试数据生成与验证技术、测试数据输入技术、测试结果获取技术。

（3）确定要受控制的测试工作产品，列出清单。

（4）确定用于测试的资源要求，包括软硬件设备、环境条件、人员数量和技能等要求。

（5）进行测试风险分析，如技术风险、人员风险、资源风险和进度风险等。

（6）确定测试任务的结束条件。

（7）确定被测软件的评价准则和方法。

（8）确定测试活动的进度。应根据测试资源和测试项，确定进度。

应将测试策划结果，按所确定的文档要求形成测试计划。

3．测试设计和实现

应根据测试需求规格说明和测试计划进行测试设计和实现，应完成如下工作：

（1）按需要分解测试项。将需要测试的测试项进行层次化的分解并进行标识，若有接口测试，还应有高层次的接口图说明所有接口和要测试的接口。

（2）说明最终分解后的测试项。说明测试用例设计方法的具体应用、测试数据的选择依据等。

（3）设计测试用例。

（4）确定测试用例的执行顺序。

（5）准备和验证所有的测试用数据。针对测试输入要求，设计测试用的数据，如数据类型、输入方法等。

（6）准备并获取测试资源，如测试环境所必须的软、硬件资源等。

（7）必要时，编写测试执行需要的程序，如开发部件测试的驱动模块和桩模块以及测试支持软件等。

（8）建立和校核测试环境，记录校核结果，说明测试环境的偏差。

应将测试设计与实现的工作结果，按照所确定的文档要求编写测试说明，测试说明一般应包括：

（1）测试名称和项目标识。

（2）测试用例的追踪。说明测试所依据的内容来源，并跟踪到相应的测试项的标识（编号）。

（3）测试用例说明。简要描述测试的对象、目的和所采用的测试方法。

（4）测试用例的初始化要求，包括硬件配置、软件配置（包括测试的初始条件）、测试配置（如用于测试的模拟系统和测试工具）、参数设置（如测试开始前对断点、指针、控制参数和初始化数据的设置）等的初始化要求。

（5）测试用例的输入。每个测试用例输入的描述中应包括的内容：

① 每个测试输入的名称、用途和具体内容（如确定的数值、状态或信号等）及其性质（如有效值、无效值、边界值等）。

② 测试输入的来源（如测试程序产生、磁盘文件、通过网络接收、人工键盘输入等），以及选择输入所使用的方法（如等价类划分、边界值分析、猜错法、因果图以及功能图等）。

③ 测试输入是真实的还是模拟的。

④ 测试输入的时间顺序或事件顺序。

（6）测试用例的期望测试结果。期望测试结果应有具体内容（如确定的数值、状态或信号等），不应是不确切的概念或笼统的描述。必要时，应提供中间的期望结果。

（7）测试用例的测试结果评估准则。评估准则用以判断测试用例执行中产生的中间或最后结果是否正确。评估准则应根据不同情况提供相关信息，如：

① 实际测试结果所需的精确度。

② 允许的实际测试结果与期望结果之间差异的上、下限。

③ 时间的最大或最小间隔。

④ 事件数目的最大或最小值。

⑤ 实际测试结果不确定时，重新测试的条件。

⑥ 与产生测试结果有关的出错处理。

⑦ 其他有关准则。

（8）实施测试用例的执行步骤。编写按照执行顺序排列的一系列相对独立的步骤，执行步骤应包括：

① 每一步所需的测试操作动作、测试程序输入或设备操作等。

② 每一步期望的测试结果。

③ 每一步的评估准则。

④ 导致被测程序执行终止伴随的动作或指示信息。

⑤ 需要时，获取和分析中间结果的方法。

（9）测试用例的前提和约束。在测试用例中还应说明实施测试用例的前提条件和约束条件，如特别限制、参数偏差或异常处理等，并要说明它们对测试用例的影响。

（10）测试终止条件。说明测试用例的测试正常终止和异常终止的条件。

（11）确定测试说明与测试计划或测试需求规格说明的追踪关系，给出清晰、明确的追踪表。

（12）测试说明应经过评审，得到相关人员的认同，测试说明评审内容如下：

① 测试说明是否完整、正确和规范。

② 测试设计是否完整和合理。

③ 测试用例是否可行和充分。

4．测试执行

应按照测试计划和测试说明的内容和要求执行测试，主要完成下列工作：

如实填写测试记录，当结果有量值要求时，应准确记录实际的量值。

（1）测试记录应受到严格管理，并规范格式，至少包括测试用例标识、测试结果和发现的缺陷。

（2）应根据每个测试用例的期望测试结果、实际测试结果和评估准则，判定测试用例是否通过。

（3）当测试用例不通过时，应根据不同的缺陷类型，采取相应的措施：

① 对测试工作中的缺陷，如测试说明的缺陷、测试数据的缺陷、执行测试步骤时的缺陷、测试环境中的缺陷等，记录到相应的表格中，并实施相应的变更。

② 对被测软件的缺陷应记录到软件问题报告中。

③ 软件问题报告的格式应规范。

（4）当所有的测试用例都执行完毕后，实验室应根据测试的充分性要求和有关记录，分析测试工作是否充分，是否需要进行补充测试：

① 当测试过程正常终止时，如果发现测试工作不足，或测试未达到预期要求时，应进行补充测试。

② 当测试过程异常终止时，应记录导致终止的条件、未完成的测试或未被修正的错误。

5．测试总结

应根据被测软件文档、测试需求规格说明、测试计划、测试说明、测试记录、测试问题及变更报告和软件问题报告等，对测试工作和被测软件进行分析和评价，主要完成下列工作：

（1）对测试工作进行分析和评价，分析和评价内容应包括：

① 总结测试需求规格说明、测试计划和测试说明的变化情况及其原因。

② 在测试异常终止时，说明未能被测试活动充分覆盖的范围及其理由。

③ 确定无法解决的软件测试事件并说明不能解决的理由。

（2）对被测软件进行分析和评价，分析和评价内容应包括：

① 总结测试中所反映的被测软件与软件需求（或软件设计）之间的差异。

② 可能时，根据差异评价被测软件的设计与实现，提出改进的建议。

③ 当进行配置项测试或系统测试时，当需要时，测试总结中应对配置项或系统的性能做出评估，指明偏差、缺陷和约束条件等对于配置项或系统运行的影响。

（3）分析测评项目中的数据和文档，以供以后的测试使用。数据如：缺陷数据（包括缺陷描述、类型、严重性等）、用例数据、管理数据（如生产率、工作量、进度等）；文档如：好的用例设计、好的需求规格说明等。

（4）应根据被测软件文档、测试需求规格说明、测试计划、测试说明、测试记录和软件问题报告等有关文档，对测试结果和问题进行分类和总结，按所确定的文档要求编写测试报告。测试报告除了应包括对测试结果的分析，还应包括对被测软件的评价和建议。

测试总结评审应在测试报告编制工作完成后进行，以确定是否达到测试目的，给出评审结论。评审的具体内容和要求包括：

（1）审查测试文档与记录内容的完整性、正确性和规范性。

（2）审查测试活动的独立性和有效性。

（3）审查测试环境是否符合测试要求。

（4）审查软件测试报告与软件测试原始记录和问题报告的一致性。

（5）审查实际测试过程与测试计划和测试说明的一致性。

（6）审查测试说明评审的有效性，如是否评审了测试项选择的完整性和合理性、测试用例的可行性和充分性。

（7）审查测试结果的真实性和正确性。

8.2.2 测试方法

根据是否执行软件，将软件测试方法分为静态测试和动态测试。动态测试是建立在程序的执行过程中，根据是否要求了解被测对象的内部，分为黑盒测试和白盒测试。

1. 静态测试和动态测试

1）静态测试

静态测试方法包括检查单和静态分析方法，对软件文档的静态测试方法主要是以检查单的形式进行文档审查，而对软件代码的静态测试方法一般采用代码审查、代码走查和静态分析的形式进行。

静态分析是一种对代码的机械性和程序化的特性分析方法。一般包括控制流分析、数据流分析、接口分析和表达式分析。

代码审查是检查代码和设计的一致性、代码执行标准的情况、代码逻辑表达的正确性、代码结构的合理性以及代码的可读性。代码审查应根据所使用的语言和编码规范确定审查所用的检查单，检查单的设计或采用应经过评审。

代码走查是由测试人员组成小组，准备一批有代表性的测试用例，集体扮演计算机的角色，按照程序的逻辑，逐步运行测试用例，查找被测软件缺陷。代码走查应由测试人员集体阅读讨论程序，是用"人脑"执行测试用例并检查程序。

对于规模较小、安全性要求很高的代码也可进行形式化证明。静态分析常需要使用软件工具进行。

静态测试的特点有：不必设计在计算机上执行的测试用例；可充分发挥人的逻辑思

维优势；不需特别条件，容易开展；发现错误的同时也就定位了错误，不需作额外的错误定位工作。

2）动态测试

动态测试是建立在程序的执行过程中，根据是否对被测对象内部的了解，分为黑盒测试和白盒测试。

黑盒测试是一种按照软件功能说明设计测试数据的技术，不考虑程序内部结构和编码结构，也不需考虑程序的语句及路径，只需了解输入/输出之间的关系，依靠这一关系和软件功能说明确定测试数据，判定测试结果的正确性。黑盒测试又称功能测试、数据驱动测试或基于需求的测试。

白盒测试是一种按照程序内部逻辑结构和编码结构设计测试数据的技术，可以看到程序内部结构，并根据内部结构设计测试数据，使程序中的每个语句、每个条件分支、每个控制路径的覆盖情况都在测试中受到检验。白盒测试又称结构测试、逻辑测试或基于程序的测试。

动态测试的特点有：实际运行被测程序；必须设计测试用例来运行；测试结果分析工作量大，测试工作费时、费力；投入人员多、设备多，处理数据多，要求有较好的管理和工作规程。

在软件动态测试过程中，应采用适当的测试方法，实现测试要求。配置项测试和系统测试一般采用黑盒测试方法；部件测试一般主要采用黑盒测试方法，辅助以白盒测试方法；单元测试一般采用白盒测试方法，辅助以黑盒测试方法。

2．黑盒测试

黑盒测试方法一般采用功能分解、等价类划分、边界值分析、判定表、因果图、随机测试、猜错法和正交试验法等。

1）功能分解

功能分解是将需求规格说明中每一个功能加以分解，确保各个功能被全面地测试。功能分解是一种较常用的方法。

步骤如下：

（1）使用程序设计中的功能抽象方法把程序分解为功能单元。

（2）使用数据抽象方法产生测试每个功能单元的数据。

功能抽象中程序被看成一种抽象的功能层次，每个层次可标识被测试的功能，层次结构中的某一功能有由其下一层功能定义。按照功能层次进行分解，可以得到众多的最低层次的子功能，以这些子功能为对象，进行测试用例设计。

数据抽象中，数据结构可以由抽象数据类型的层次图来描述，每个抽象数据类型有其取值集。程序的每一个输入和输出量的取值集合用数据抽象来描述。

2）等价类划分

等价类划分是在分析需求规格说明的基础上，把程序的输入域划分成若干部分，然后在每部分中选取代表性数据形成测试用例。

步骤如下：

（1）划分有效等价类：对规格说明是有意义、合理的输入数据所构成的集合。

（2）划分无效等价类：对规格说明是无意义、不合理的输入数据所构成的集合。

（3）为每一个等价类定义一个唯一的编号。

（4）为每一个等价类设计一组测试用例，确保覆盖相应的等价类。

3）边界值分析

边界值分析是针对边界值进行测试的。使用等于、小于或大于边界值的数据对程序进行测试的方法就是边界值分析方法。

步骤如下：

（1）通过分析需求规格说明，找出所有可能的边界条件。

（2）对每一个边界条件，给出满足和不满足边界值的输入数据。

（3）设计相应的测试用例。

对满足边界值的输入可以发现计算错误，对不满足的输入可以发现域错误。该方法会为其他测试方法补充一些测试用例，绝大多数测试都会用到本方法。

4）判定表

判定表由四部分组成：条件桩、条件条目、动作桩、动作条目。任何一个条件组合的取值及其相应要执行的操作构成规则，条目中的每一列是一条规则。

条件引用输入的等价类，动作引用被测软件的主要功能处理部分，规则就是测试用例。

建立并优化判定表，把判定表中每一列表示的情况写成测试用例。

该方法的使用有以下要求：

（1）需求规格说明以判定表形式给出，或是很容易转换成判定表。

（2）条件的排列顺序不会影响执行哪些操作。

（3）规则的排列顺序不会影响执行哪些操作。

（4）每当某一规则的条件已经满足，并确定要执行的操作后，不必检验别的规则。

（5）如果某一规则的条件的满足，将执行多个操作，这些操作的执行与顺序无关。

5）因果图

因果图方法是通过画因果图，把用自然语言描述的功能说明转换为判定表，然后为判定表的每一列设计一个测试用例。

步骤如下：

（1）分析需求规格说明，引出原因（输入条件）和结果（输出结果），并给每个原因和结果赋予一个标识符。

（2）分析需求规格说明中语义的内容，并将其表示成连接各个原因和各个结果的"因果图"。

（3）在因果图上标明约束条件。

（4）通过跟踪因果图中的状态条件，把因果图转换成有限项的判定表。

（5）把判定表中每一列表示的情况生成测试用例。

如果需求规格说明中含有输入条件的组合，宜采用本方法。有些软件的因果图可能非常庞大，根据因果图得到的测试用例数目非常多，此时不宜使用本方法。

6）随机测试

随机测试指测试输入数据是在所有可能输入值中随机选取的。测试人员只需规定输入变量的取值区间，在需要时提供必要的变换机制，使产生的随机数服从预期的概率分布。该方法获得预期输出比较困难，多用于可靠性测试和系统强度测试。

7）猜错法

猜错法是有经验的测试人员，通过列出可能有的错误和易错情况表，写出测试用例的方法。

8）正交实验法

正交实验法是从大量的实验点挑出适量的、有代表性的点，应用正交表，合理地安排实验的一种实验设计方法。

利用正交实验法来设计测试用例时，首先要根据被测软件的需求规格说明找出影响功能实现的操作对象和外部因素，把它们当作因子，而把各个因子的取值当作状态，生成二无的因素分析表。然后，利用正交表进行各因子的状态的组合，构造有效的测试输入数据集，并由此建立因果图。这样得出的测试用例的数目将大大减少。

3．白盒测试

白盒测试方法一般包括控制流测试（语句覆盖测试、分支覆盖测试、条件覆盖测试、修订的条件/判定覆盖 MC/DC、条件组合覆盖测试、路径覆盖测试）、数据流测试、程序变异、程序插桩、域测试和符号求值等。

1）控制流测试

控制流测试依据控制流程图产生测试用例，通过对不同控制结构成分的测试验证程序的控制结构。所谓验证某种控制结构即指使这种控制结构在程序运行中得到执行，也称这一过程为覆盖。以下介绍几种覆盖：

（1）语句覆盖。语句覆盖要求设计适当数量的测试用例，运行被测程序，使得程序中每一条语句至少被遍历，语句覆盖在测试中主要发现错误语句。

（2）分支覆盖。分支覆盖要求设计适当数量的测试用例，运行被测程序，使得程序中每个真值分支和假值分支至少执行一次，分支覆盖也称判定覆盖。

（3）条件覆盖。条件覆盖要求设计适当数量的测试用例，运行被测程序，使得每个判断中的每个条件的可能取值至少满足一次。

（4）修订的条件/判定覆盖（MC/DC——Modified Condition/Decision Coverage）。修订的条件/判定覆盖要求设计适当数量的测试用例，运行被测程序，使得每个判定中的每个条件都曾独立的影响判定的结果至少一次（独立影响意思是在其他的条件不变的情况下，只改变一个条件，就可影响整个判定的值）。

对安全性要求比较高的软件，一般采用此覆盖要求。此覆盖要求在测试用例的效率和数量之间较为平衡。

（5）条件组合覆盖。条件组合覆盖要求设计适当数量的测试用例，运行被测程序，使得每个判断中条件的各种组合至少出现一次，这种方法包含了"分支覆盖"和"条件覆盖"的各种要求。

（6）路径覆盖。路径覆盖要求设计适当数量的测试用例，运行被测程序，使得程序沿所有可能的路径执行，较大程序的路径可能很多，所以在设计测试用例时，要简化循环次数。

以上各种覆盖的控制流测试步骤如下：

（1）将程序流程图转换成控制流图。

（2）经过语法分析求得路径表达式。

（3）生成路径树。

（4）进行路径编码。

（5）经过译码得到执行的路径。

（6）通过路径枚举产生特定路径的测试用例。

控制流图是描述程序控制流的一种图示方式，它由结点和定向边构成。控制流图的结点代表一个基本块，定向边代表控制流的方向。其中要特别注意的是，如果判断中的条件表达式是复合条件，即条件表达式是由一个或多个逻辑运算符连接的逻辑表达式，则需要改变复合条件的判断为一系列单个条件的嵌套的判断。控制流图的基本结构如图 8-3 所示。

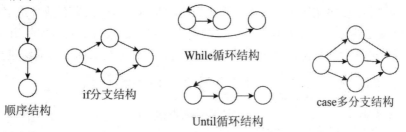

图 8-3　控制流图基本结构

【例 8-1】下面是一个简单的 C 程序，该程序的控制流图如图 8-4 所示。

```
int count(int x, int z)
{
    int y = 0;
    while(x > 0){            //1
        if (x == 1) {        //2
            y = 7;           //3
        }
        else {               //4
```

```
        y = x + z + 4;
        if(y == 7 || y == 21)          //5,6
            x = 1;                     //7
    }
    x--;                               //8
    }
    return y;                          //9
}
```

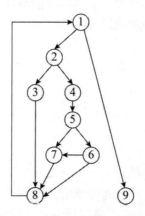

图 8-4　例 8-1 程序的控制流图

在对嵌入式软件进行白盒测试的过程中，通常以语句覆盖率、条件覆盖率和 MC/DC 覆盖率作为度量指标。下面以一段简单的程序段（算法）为例，说明各种常用覆盖的定义。

【例 8-2】某程序在实现"首先判断数据类型是否有效，如果有效且是室内环境数据，则经串口发送到网关；如果有效且是控制指令，则向控制结点发送控制指令；如果无效或有效但前面两者均不是，则不处理；"功能时，设计人员采用下面算法进行处理：

```
if  （（数据有效==TRUE）&& （数据类型==室内环境数据））
    { 数据经串口发送到网关; }
if  （（数据有效==TRUE）&& （数据类型==控制指令））
    { 向控制结点发送控制指令; }
```

此段程序的各种覆盖率情况如下：

（1）语句覆盖：按照语句覆盖要求，应使上述代码中的所有语句（即两个语句块）执行一次。由于数据有效时，数据类型不可能既是室内环境数据又是控制指令，二者只能为其一，因此至少需要两个测试用例来满足语句覆盖。

（2）条件覆盖：要求设计适当数量的测试用例，运行被测程序，使得程序中每个判断中的每个条件的"真值"分支和"假值"分支至少执行一次，但未必能覆盖全部分支。按照上述条件覆盖要求，要使得程序中每个判断中的每个条件的"真值"分支和"假值"

分支至少执行一次。上面程序中有两个判断语句，每个判断语句有两个判断条件，因此需要覆盖两个判断语句中的四个条件。取第一个判断语句的 TT（TRUE 和 TRUE）和第二个判断语句的 FT（FALSE 和 TRUE）即可满足。因为这两个判断中的第一个条件相同，并且第二个条件互斥（即一个为真时，另一个一定为假）。所以当取第一个判断语句的 TT 时，同时满足了第二个判断语句的 TF；当取第二个判断语句的 FT 时，同时满足了第一个判断语句的 FF 条件。这样两个判断语句中的条件的所有值都被覆盖到，因此，最少需要两个测试用例来满足条件覆盖要求。但是这两个条件覆盖并未满足分支覆盖。

（3）修正判定条件覆盖（MC/DC）：要求设计适当数量的测试用例，保证在一个程序中每一种输入/输出至少得出现一次，在程序中的每一个条件必须产生所有可能的输出结果至少一次，并且每个判断中的每个条件必须能够独立影响一个判断的输出，即在其他条件不变的前提下，仅改变这个条件的值，而使判断结果改变。按照上述 MC/DC 覆盖要求，即每个判断中的每个条件必须能够独立影响一个判断的输出。对上面语句中的两个判断进行分析，每个判断有两个条件，两个条件共有四种组合，即 TT（TRUE 和 TRUE）、TF（TRUE 和 FALSE）、FT（FALSE 和 TRUE）和 FF（FALSE 和 FALSE）。但是由于这两个判断均为逻辑与条件，当前一个条件为 FALSE 时，其整个判断值为 FALSE，后一个条件的"真"或"假"均不能独立影响整个判断的输出，所以对每个判断，只需要 TT、TF 和 FX（X 表示后一个条件为 TRUE 或 FALSE 都可）三种情况就可以。同时由于这两个判断中的第一个条件相同，并且第二个条件互斥（即一个为真时，另一个一定为假）。所以第一个判断的 FX 与第二个判断的 FX 相同，可共用一个测试用例覆盖，故对两个判断的 FX 仅需要 1 个用例即可；同时当执行第一个判断的 TT 用例时，也一定执行了第二个判断的 TF 用例，但是当执行第一个判断的 TF 用例时，未必能执行第二个判断的 TT。所以为了满足 MC/DC 覆盖，最少需要执行第一个判断的 TT、TF 和 FT，以及第二个判断的 TT，故总共需要 4 个测试用例。

2）数据流测试

数据流测试是用控制流程图对变量的定义和引用进行分析，查找出未定义的变量或定义了而未使用的变量，这些变量可能是拼错的变量、变量混淆或丢失了语句。数据流测试一般使用工具进行。

数据流测试通过一定的覆盖准则，检查程序中每个数据对象的每次定义、使用和消除的情况。

数据流测试步骤：

（1）将程序流程图转换成控制流图。

（2）在每个链路上标注对有关变量的数据操作的操作符号或符号序列。

（3）选定数据流测试策略。

（4）根据测试策略得到测试路径。

（5）根据路径可以获得测试输入数据和测试用例。

动态数据流异常检查在程序运行时执行，获得的是对数据对象的真实操作序列，克服了静态分析检查的局限，但动态方式检查是沿与测试输入有关的一部分路径进行的，检查的全面性和程序结构覆盖有关。

3）程序变异

程序变异是一种错误驱动测试，是为了查出被测软件在做过其他测试后还剩余一些的小错误。本方法应用于测试工具。

4）程序插装

程序插装是向被测程序中插入操作以实现测试目的方法。程序插装不应该影响被测程序的运行过程和功能。

有很多的工具有程序插装功能。由于数据记录量大，手工进行将是一件很烦琐的事。

5）域测试

域测试是要判别程序对输入空间的划分是否正确。该方法限制太多，使用不方便，供有特殊要求的测试使用。

6）符号求值

符号求值是允许数值变量取"符号值"以及数值。符号求值可以检查公式的执行结果是否达到程序预期的目的；也可以通过程序的符号执行，产生出程序的路径，用于产生测试数据。符号求值最好使用工具，在公式分支较少时手工推导也是可行的。

8.2.3　测试类型

按照测试内容划分，测试类型一般有逻辑测试、功能测试、性能测试、接口测试、人机交互界面测试、强度测试、余量测试、安全性测试、恢复性测试、边界测试、数据处理测试、安装性测试、容量测试等。

（1）逻辑测试。逻辑测试是测试程序逻辑结构的合理性、实现的正确性。逻辑测试由测试人员利用程序内部的逻辑结构及有关信息，设计或选择测试用例，对程序所有逻辑路径进行测试。通过在不同点检查程序的状态，确定实际的状态是否与预期的状态一致。逻辑测试根据不同的软件级别一般需进行语句覆盖、分支覆盖、条件覆盖、条件组合覆盖、路径覆盖、MC/DC 覆盖等。

（2）功能测试。功能测试是对软件需求规格说明或设计文档中的功能需求逐项进行的测试，以验证其功能是否满足要求。功能测试一般需进行：用正常值的等价类输入数据值测试；用非正常值的等价类输入数据值测试；进行每个功能的合法边界值和非法边界值输入的测试；用一系列真实的数据类型和数据值运行，测试超负荷、饱和及其他"最坏情况"的结果；在配置项测试时对配置项控制流程的正确性、合理性等进行验证。

（3）性能测试。性能测试是对软件需求规格说明或设计文档中的性能需求逐项进行的测试，以验证其性能是否满足要求。性能测试一般需进行：测试在获得定量结果时程序计算的精确性（处理精度）；测试其时间特性和实际完成功能的时间（响应时间）；测试为完成功能所处理的数据量；测试程序运行所占用的空间；测试其负荷潜力；测试配置项各部分的协调性；在系统测试时测试软件性能和硬件性能的集成；在系统测试时测试系统对并发事物和并发用户访问的处理能力。

（4）接口测试。接口测试是对软件需求规格说明或设计文档中的接口需求逐项进行的测试。接口测试一般需进行：测试所有外部接口，检查接口信息的格式及内容；对每一个外部输入/输出接口必须做正常和异常情况的测试；测试硬件提供的接口是否便于使用；测试系统特性（如数据特性、错误特性、速度特性）对软件功能、性能特性的影响；对所有的内部接口的功能、性能进行测试。

（5）人机交互界面测试。人机交互界面测试是对所有人机交互界面提供的操作和显示界面进行的测试，以检验是否满足用户的要求。人机交互界面测试一般需进行：测试操作和显示界面及界面风格与软件需求规格说明中要求的一致性和符合性；以非常规操作、误操作、快速操作来检验人机界面的健壮性；测试对错误命令或非法数据输入的检测能力与提示情况；测试对错误操作流程的检测与提示；对照用户手册或操作手册逐条进行操作和观察。

（6）强度测试。强度测试是强制软件运行在不正常到发生故障的情况下（设计的极限状态到超出极限），检验软件可以运行到何种程度的测试。强度测试一般需：提供最大处理的信息量；提供数据能力的饱和实验指标；提供最大存储范围（如常驻内存、缓冲、表格区、临时信息区）；在能力降级时进行测试；在人为错误（如寄存器数据跳变、错误的接口）状态下进行软件反应的测试；通过启动软件过载安全装置（如临界点警报、过载溢出功能、停止输入、取消低速设备等）生成必要条件，进行计算过载的饱和测试；需进行持续一段规定的时间，而且连续不能中断的测试。

（7）余量测试。余量测试是对软件是否达到需求规格说明中要求的余量的测试。若无明确要求时，一般至少留有 20%的余量。根据测试要求，余量测试一般需提供：全部存储量的余量；输入/输出及通道的吞吐能力余量；功能处理时间的余量。

（8）安全性测试。安全性测试是检验软件中已存在的安全性、安全保密性措施是否有效的测试。测试应尽可能在符合实际使用的条件下进行。安全性测试一般需进行：对安全性关键的软件部件，必须单独测试安全性需求；在测试中全面检验防止危险状态措施的有效性和每个危险状态下的反应；对设计中用于提高安全性的结构、算法、容错、冗余及中断处理等方案，必须进行针对性测试；对软件处于标准配置下其处理和保护能力的测试；应进行对异常条件下系统/软件的处理和保护能力的测试（以表明不会因为可能的单个或多个输入错误而导致不安全状态）；对输入故障模式的测试；必须包含边界、界外及边界结合部的测试；对"0"、穿越"0"以及从两个方向趋近"0"的输入值的测试；必须包括在最坏情况配置下的最小输入和最大输入数据率的测试；对安全性关键的操作错误的测试；对具有防止非法进入软件并保护软件的数据完整性能力的测试；对双工切换、多机替换的正确性和连续性的测试；对重要数据的抗非法访问能力的测试。

（9）恢复性测试。恢复性测试是对有恢复或重置功能的软件的每一类导致恢复或重置的情况逐一进行的测试，以验证其恢复或重置功能。恢复性测试是要证实在克服硬件故障后，系统能否正常地继续进行工作，且不对系统造成任何损害。恢复性测试一般需进行：探测错误功能的测试；能否切换或自动启动备用硬件的测试；在故障发生时能否保护正在运行的作业和系统状态的测试；在系统恢复后，能否从最后记录下来的无错误状态开始继续执行作业的测试。

（10）边界测试。边界测试是对软件处在边界或端点情况下运行状态的测试。边界测试一般需进行：软件的输入域或输出域的边界或端点的测试；状态转换的边界或端点的测试；功能界限的边界或端点的测试；性能界限的边界或端点的测试；容量界限的边界或端点的测试。

（11）数据处理测试。数据处理测试是对完成专门数据处理功能所进行的测试。数据处理测试一般需进行：数据采集功能的测试；数据融合功能的测试；数据转换功能的测试；剔除坏数据功能的测试；数据解释功能的测试。

（12）安装性测试。安装性测试是对安装过程是否符合安装规程的测试，以发现安装过程中的错误。安装性测试一般需进行：不同配置下的安装和卸载测试；安装规程的正确性测试。

（13）容量测试。容量测试是检验软件的能力最高能达到什么程度的测试。容量测试一般应测试到在正常情况下软件所具备的最高能力，如：响应时间或并发处理个数等能力。

根据软件开发阶段和测试对象，一般可分为单元测试、部件测试（也称为集成测试或组装测试）、配置项测试和系统测试。

1．单元测试

单元测试的对象是软件单元。软件单元测试的目的是检查每个软件单元能否正确地实现设计说明中的功能、性能、接口和其他设计约束等要求，发现单元内可能存在的各种错误。一般由软件的供方组织并实施软件单元测试，也可委托第三方进行软件单元测试。软件单元测试可根据软件单元的重要性、安全性关键等级等对如下技术要求内容进行剪裁，但必须说明理由。单元测试一般应符合以下的技术要求：

（1）在对软件单元进行动态测试之前，应对软件单元的源代码进行静态测试。

（2）应建立测试软件单元的环境，如桩模块和驱动模块，其测试环境应通过评审。

（3）对软件设计文档规定的软件单元的功能、性能、接口等应逐项进行测试。

（4）软件单元的每个特性应至少被一个正常测试用例和一个被认可的异常测试用例覆盖。

（5）测试用例的输入应至少包括有效等价类值、无效等价类值和边界数据值。

（6）语句覆盖率要达到100%。

（7）分支覆盖率要达到100%。

（8）对输出数据及其格式进行测试。

软件单元测试一般应采用静态测试方法和动态测试方法。通常静态测试先于动态测试。软件单元测试完成后形成的文档有：软件单元测试计划；软件单元测试说明；软件单元测试报告；软件单元测试记录；软件单元测试问题报告。

2．部件测试

部件测试的对象包括软件部件的组装过程和组装得到的软件部件，软件部件由软件单元组成。软件部件测试的目的是检验软件单元和软件部件之间的接口关系，并验证软件部件是否符合设计要求。软件部件测试一般由软件供方组织并实施，测试人员与开发人员应相对独立；也可委托第三方进行软件部件测试。软件部件测试可根据软件部件的重要性、安全性关键等级等对如下技术要求内容进行剪裁，但必须说明理由。部件测试一般应符合以下技术要求：

（1）应对构成软件部件的每个软件单元的单元测试情况进行检查。

（2）若对软件部件进行必要的静态测试，应先于动态测试。

（3）组装过程是动态进行的，因此应标明组装策略。

（4）应建立部件测试环境，如桩模块和驱动模块，其测试环境应通过评审。

（5）应逐项测试软件设计文档规定的软件部件的功能、性能等特性。

（6）软件部件的每个特性应至少被一个正常测试用例和一个被认可的异常测试用例覆盖。

（7）测试用例的输入应至少包括有效等价类值、无效等价类值和边界数据值。

（8）应测试软件单元和软件部件之间的所有调用，达到要求的测试覆盖率。

（9）应测试软件部件的输出数据及其格式。

（10）应测试软件部件之间、软件部件和硬件之间的所有接口。

（11）应测试运行条件（如数据结构、输入/输出通道容量、内存空间、调用频度等）在边界状态下，进而在人为设定的状态下，软件部件的功能和性能。

（12）应按设计文档要求，对软件部件的功能、性能进行强度测试。

（13）对安全性关键的软件部件，应对其进行安全性分析，明确每一个危险状态和导致危险的可能原因，并对此进行针对性的测试。

（14）发现是否有多余的软件单元。

软件部件测试一般应采用静态测试方法和动态测试方法。静态测试方法常采用静态分析、代码审查等方法，动态测试方法常采用白盒测试方法和黑盒测试方法。通常，静态测试先于动态测试。

在由软件单元和软件部件组装成新的软件部件时，应根据软件单元和软件部件的特点选择便于测试的组装策略。按测试过程中，组合软件单元的方式，有两种不同的组装策略，即一次性组装策略和增值式组装策略。

一次性组装策略是一种非增值集成方式，首先完成全部软件单元测试，然后再把所有的软件单元集成在一起进行测试，最终得到要求的软件系统。一次性组装策略的优点是工作量相对较小，缺点是定位错误比较困难。

增值式组装策略也称为递增集成法，即依次将软件单元增加到已测试完成的软件部件中，将已测试的软件部件组装为更大的软件部件，在组装的过程中边增加边测试，以便发现组装过程中的问题。最后增值逐步组装为要求的软件系统。根据组装的过程又可分为自顶向下组装、自底向上组装、"三明治"组装、定向冒险组装、功能定向组装等策略。

软件部件测试完成后形成的文档包括：软件部件测试计划；软件部件测试说明；软件部件测试报告；软件部件测试记录；软件部件测试问题报告。

3．配置项测试

配置项测试的对象是计算机软件配置项（CSCI，以下简称配置项），软件配置项是为独立的配置管理而设计的并且能满足最终用户功能的一组软件。软件配置项测试的目的是检验软件配置项与软件需求规格说明的致一性。配置项测试可根据软件配置项的重要性、安全性关键等级等对如下技术要求内容进行剪裁，但必须说明理由。配置项测试一般应符合以下技术要求：

（1）必要时，在高层控制流图中作结构覆盖测试。

（2）应逐项测试软件需求规格说明规定的配置项的功能、性能等特性。

（3）配置项的每个特性应至少被一个正常测试用例和一个被认可的异常测试用例所覆盖。

（4）测试用例的输入应至少包括有效等价类值、无效等价值和边界数据值。

（5）应测试配置项的输出及其格式。

（6）应测试人机交互界面提供的操作和显示界面，包括用非常规操作、误操作、快速操作测试界面的可靠性。

（7）应测试运行条件在边界状态和异常状态下，或在人为设定的状态下，配置项的功能和性能。

（8）应按软件需求规格说明的要求，测试配置项的安全性和数据的安全保密性。

（9）应测试配置项的所有外部输入、输出接口（包括和硬件之间的接口）。

（10）应测试配置项的全部存储量、输入/输出通道的吞吐能力和处理时间的余量。

（11）应按软件需求规格说明的要求，对配置项的功能、性能进行强度测试。

（12）应测试设计中用于提高配置项的安全性和可靠性的方案，如结构、算法、容错、冗余、中断处理等。

（13）对安全性关键的配置项，应对其进行安全性分析，明确每一个危险状态和导致危险的可能原因，并对此进行针对性的测试。

（14）对有恢复或重置功能需求的配置项，应测试其恢复或重置功能和平均恢复时间，并且对每一类导致恢复或重置的情况进行测试。

（15）对不同的实际问题应外加相应的专门测试。

应保证软件配置项测试工作的独立性。软件配置项测试一般由软件的供方组织，由独立于软件开发的组织实施。软件配置项测试一般应采用黑盒测试方法。

软件配置项测试完成后形成的文档有：软件配置项测试计划；软件配置项测试说明；软件配置项测试报告；软件配置项测试记录；软件配置项测试问题报告。

4．系统测试

系统测试的对象是完整的、集成的计算机系统（CS），重点是新开发的配置项的集合。系统测试的目的是在真实系统工作环境下检验完整的软件配置项能否和系统正确连接，并满足系统/子系统设计文档和软件开发任务书规定的要求。可根据软件系统的重要性、安全性关键等级等对如下技术要求内容进行剪裁，但必须说明理由。系统测试一般应符合以下技术要求：

（1）应按系统/子系统设计说明的规定，逐项测试系统的功能、性能等特性。

（2）系统的每个特性应至少被一个正常测试用例和一个被认可的异常测试用例所覆盖。

（3）测试用例的输入应至少包括有效等价类值、无效等价类值和边界数据值。

（4）应测试系统的输出及其格式。

（5）应测试配置项之间及配置项与硬件之间的所有接口。

（6）应在边界状态、异常状态或在人为设定的状态的运行条件下，测试系统的功能和性能。

（7）应测试系统的安全性和数据访问的安全保密性。

（8）应测试系统的全部存储量、输入/输出通道的吞吐能力和处理时间的余量。

（9）应按系统或子系统设计文档的要求，对系统的功能、性能进行强度测试。

（10）应测试人机交互界面提供的操作和显示界面，包括用非常规操作、误操作、快速操作测试界面的可靠性。

（11）应测试设计中用于提高系统安全性和可靠性的方案，如结构、算法、容错、冗余、中断处理等。

（12）对安全性关键的系统，应对其进行安全性分析，明确每一个危险状态和导致危险的可能原因，并对此进行针对性的测试。

（13）对有恢复或重置功能需求的系统，应测试其恢复或重置功能和平均恢复时间，并且对每一类导致恢复或重置的情况进行测试。

（14）对软件系统的安装性进行测试。

（15）对不同的实际问题应外加相应的专项测试。

系统测试一般由软件的需方组织，由独立于软件开发的组织实施。系统测试一般应采用黑盒测试方法。

系统测试完成后形成的文档包括：系统测试计划；系统测试说明；系统测试报告；系统测试记录；系统测试问题报告。

可根据需要对上述文档及文档的内容进行裁剪。

8.2.4　测试工具

软件测试工具可分为静态测试工具、动态测试工具和测试支持工具，每类测试工具在功能和其他特征方面具有相似之处，支持一个或多个测试活动，如表 8-2。应根据测试要求选择合适的工具。

表 8-2　软件测试工具分类表

工具类型	功能和特征说明	示　例	备　注
静态测试工具	对软件需求、结构设计、详细设计和代码进行评审、走查和审查的工具	复杂度分析、数据流分析、控制流分析、接口分析、句法和语义分析等工具	针对软件需求、结构设计、详细设计的静态分析工具很少
动态测试工具	支持执行测试用例和评估测试结果的工具，包括支持选择测试用例、设置环境、运行所选择测试、记录执行活动、代码覆盖率分析、故障分析和测试工作有效性评估等	覆盖分析、捕获和回放、存储器测试、变异测试、仿真器及性能分析等工具	测试捕获和回放及数据生成器可用于测试设计
测试支持工具	支持测试计划、测试设计和整个测试过程的工具	测试计划生成、测试进度和人员安排评估、基于需求的测试设计、测试数据生成、测试用例管理、问题管理和测试配置管理等工具	

软件测试应尽量采用测试工具，避免或减少手工工作。为让工具在测试工作中发挥应有的作用，应确定工具的详细需求，并制定统一的工具评估、采购（开发）、培训、实施和维护计划。

选择软件测试工具应考虑如下因素：

（1）软件测试工具的需求及确认。应明确对测试工具的功能、性能、安全性等需求，并据此进行验证或确认。可通过在实际运行环境下的演示来确认工具是否满足需求，演示应依据工具的功能和技术特征、用户使用信息（安装和使用手册等）以及工具的操作环境描述等进行。

（2）成本和收益分析。估计工具的总成本时，除了最基本的产品价格，总成本还包括附加成本，如工具的挑选、安装、运行、培训、维护和支持等成本，以及为使用工具而改变测试过程或流程的成本等。分析工具的总体收益，如工具的首次使用范围和长期使用前景、工具应用效果、与其他工具协同工作所提高的生产力程度等。

（3）测试工具的整体质量因素。包括易用性、互操作性、稳定性、经济实用性和可维护性等。

8.2.5　测试环境

由于嵌入式软件的特点，决定了嵌入式软件测试比通用软件困难，根本原因在于一般测试技术和测试工具的实施缺乏基本条件。由于嵌入式软件运行环境的特定性及专用外部设备的连接，使嵌入式软件在相应的嵌入式计算机系统未开发完成前不能真正运行，动态测试技术不能应用；嵌入式计算机系统的有限资源和专用接口使运行监测和观察输出变得很困难，嵌入式软件的输入/输出涉及计算机系统专用的端口、外部设备，以及各种不同的信号量形式，如数字量、电压量、电流量、脉冲量、开关量等，各种输入/输出量电气特性也不一样，加上实时性要求输入/输出的时序特性，使嵌入式软件的测试输入和结果获得都很困难。

面临以上嵌入式软件测试的难点，使得嵌入式软件的测试环境相对与一般的应用软件比较特殊。

1. 宿主机模拟环境

宿主机模拟环境就是采用模拟技术在宿主机上建立嵌入式软件的运行环境，从而使嵌入式软件的运行脱离目标机便于进行测试。目前，宿主机模拟测试环境按其实现的方法可分为两类，一类是基于目标机芯片的模拟测试环境；一类是采用交叉编译的方法将被测软件编译为在宿主机上执行代码的方法。

基于目标机芯片的模拟测试环境通过对处理器（CPU）、存储器、外围可编程芯片以及各器件连接的模拟，构造目标机硬件环境。基于目标机芯片的模拟测试环境如图 8-5 所示。

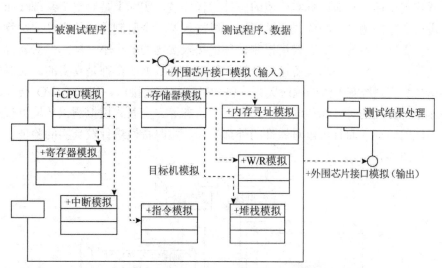

图 8-5　基于目标机芯片的模拟测试环境

处理器模拟包括对处理器指令集、寄存器、中断处理机制的模拟；内存模拟包括内存寻址、读、写模拟；外围可编程芯片模拟包括对工作模式、命令字的响应、输入/输出特性、功能特性的模拟；器件间连接模拟包括为这些芯片的数据端口、控制端口设置 I/O 地址，并决定其间的输入/输出关系。

基于交叉编译的模拟测试环境不用构造嵌入式软件的运行环境，其模拟的重点是模拟被测试程序的输入/输出。首先对被测试程序进行硬件依赖性分析，然后将输入/输出命令用 API 函数替换，最后采用使用交叉编译的方法将被测软件编译为在宿主机上可运行的执行代码。基于交叉编译的模拟测试环境如图 8-6 所示。

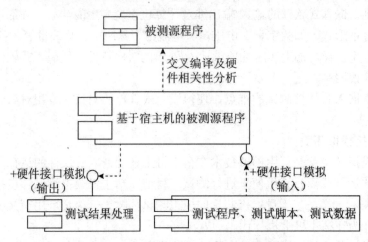

图 8-6   基于交叉编译的模拟测试环境

2．交联式测试环境

交联式测试环境是逼近真实环境的一种运行环境，实际上是对整个系统（而非仅对软件）进行考察的测试。交联式测试环境可以接入若干个研制完成的产品（实物）或设备模拟器。不同的系统，交联式模拟测试环境接入实物的多少不一样，但对软件来说，目标机硬件环境、相应外围设备接口、输入的指令、数据等全都是真实的。交联式模拟测试环境与真实系统有一致的映射关系。例如具有相同的接口，相同的 I/O 传输格式、方式和速率，相同的时序和相同的工作方式、状态等。交联式模拟测试环境不仅适用于对软件功能的验证，而且可以对软件的外部接口、实时特性进行较真实的验证。交联式测试环境如图 8-7 所示。

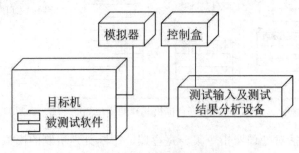

图 8-7   交联式模拟测试环境

交联式模拟测试环境一般包括目标机、模拟器、控制盒和测试输入及测试输出分析设备四个部分。被测试程序在目标机中运行，宿主机运行测试程序及处理测试结果，控制盒连接控制宿主机与目标机之间的总线，模拟器主要模拟一些特殊的信号。

由于嵌入式系统的特殊性，在进行配置项和系统测试时，要求或者在真实目标机中运行，或者在仿真环境下运行时必须说明仿真环境与真实环境的差异，并进行影响分析。而交联式模拟测试环境由于搭建较为方便，运行环境与真实环境一致，是目前嵌入式软件测试环境中使用最多的环境。所以在软件配置项和系统测试阶段，其实也是软件与硬件的集成测试阶段，虽然在进行软件测试，但是软件与硬件的协调性、一致性也进行了验证。

3．全实物测试环境

即将嵌入式软件完全置于真实的实物环境中进行测试，是系统测试阶段常用的测试环境。

8.3　软件测试实践

随着嵌入式软件功能越来越复杂，规模越来越大，传统的开发方法由于开发效率较低、软件质量问题较多，已不能满足快速抢占市场或用户要求的产品周期，嵌入式软件开发引入了一些新的开发方法，例如面向对象的开发方法、基于模型的软件开发方法等。伴随新的开发方法的使用，相应的新的测试方法也被使用，下面对这些测试方法进行介绍。

8.3.1　面向对象的软件测试

面向对象技术在软件工程中的推广应用，使得传统的测试技术和方法受到了极大的冲击，对面向对象技术引入的新特点，传统的测试技术已经无法有效地进行测试。面向对象技术所独有的多态、继承、封装等新特点，使得面向对象程序设计比传统语言程序设计产生错误的可能性增大，使得传统软件测试中的重点不再显得那么突出，也使原来测试经验和实践证明的次要方面成为了主要问题。

面向对象依据面向对象开发模型（面向对象分析、面向对象设计、面向对象编程），将测试分为：

（1）面向对象分析的测试（OOA Test）、面向对象设计的测试（OOD Test）：是对分析结果和设计结果的测试，主要对分析设计产生的文本进行的，是软件开发前期的关键性测试。

（2）面向对象编程的测试（OOP Test）：对编程风格和程序代码实现进行测试，主要的测试内容在 OO Unit Test 和 OO Integrate Test 中体现。

（3）面向对象单元测试（OO Unit Test）：对程序内部具体单一的功能模块的测试，

主要对类成员函数的测试，是 OO Integrate Test 的基础。可以将一些传统的单元测试方法在面向对象软件的单元测试中使用，如等价类划分、因果图、边界值分析法、逻辑覆盖法、路径分析法、程序插桩法。

（4）面向对象集成测试（OO Integrate Test）：对系统内部的相互服务进行测试，如成员函数间的相互作用，类间的消息传递。不仅要基于单元测试，还要参考面向对象设计及测试结果。传统的自顶向下或自底向上的集成测试策略在面向对象软件的集成测试中无意义，OO 软件的集成测试需要在整个程序编译完成后进行，面向对象程序具有动态特性，程序的控制流无法确定，只能对编译完成的程序做基于黑盒子的集成测试。面向对象软件的集成测试两种策略：基于线程的测试和基于使用的测试。

（5）面向对象系统测试（OO System Test）：是最后阶段的测试，尽量搭建与用户实际使用环境相同的测试平台，应保证被测系统的完整性，对于临时没有的系统设备部件，需提供相应的模拟手段。以用户需求为测试标准，借鉴系统分析的测试结果，对应描述的对象、属性和各种服务，检测软件是否能够完全再现问题空间。系统测试不仅检测软件的整体行为表现，也是对软件开发设计的再确认。面向对象软件的确认和系统测试具体的测试内容与传统的系统测试基本相同，包括功能测试、强度测试、性能测试、安全测试、易用性测试、恢复测试、安装/卸载测试等。

8.3.2　基于模型的软件测试

基于模型的测试（Model-based Testing）需要实现一个模型，然后制定行为和行为之间的关系以及行为和系统的关系（有限状态机），然后测试系统，根据被测系统的状态、之前设置的限制条件和策略来生成很多用例（每执行一次生成的用例会不同），测试结果受一系列操作的影响，可以产生不确定性，更有可能发现一些想不到的很深路径下的软件缺陷。

基于模型的测试主要包含下面的内容：

（1）模型程序：在这里定义被测系统可以被执行的一些操作，例如创建一个虚机、删除一个虚机等，还有这些操作能被执行的条件和系统在各个操作下的状态。

（2）Test Harness/Steper/Adapter：访问被测系统，具体实现模型中定义的操作。

（3）策略：在测试运行过程中，完成一个操作后，下一个应该执行哪个操作，是由这个策略决定的，最简单的策略可以用随机选择的方式，还可以自己实现一些更复杂的选择策略算法，例如 Zstack 的公平调度算法和基于历史测试路径的调度算法。

（4）测试执行器：执行测试、检查。

基于模型的测试应首先充分了解被测系统需求，将需求抽象成机器可读的模型（FSM：有限状态机），然后编码实现所建立的模型，执行测试。这种测试的难点在于提取测试模型，以及编写测试模型验证代码，而非基于模型的测试框架本身和模型算法。

8.3.3　基于模型开发软件的测试

随着嵌入式软件规模越来越大，可靠性要求越来越高，采用基于模型的开发方法已成为发展趋势。特别是一些基于模型的开发工具自带的代码生成器已经通过鉴定，其生成的代码已经不需要进行白盒测试。所以对基于模型开发的软件测试来说，模型的验证方法就尤为关键，因为模型的正确性决定了代码的正确性。

目前对模型采取的验证方法包括评审、分析和仿真。评审和分析都是静态的验证方法，而动态验证方法为仿真。通过动态仿真模型，可以发现模型动态运行过程中的一些问题。同时动态仿真完成后，可以根据动态仿真结果分析模型的覆盖率，而静态验证方法评审和分析的结果就不能作为模型覆盖率分析的基础。

模型的覆盖率类型主要包括条件覆盖、分支（或判定）覆盖、MC/DC 覆盖、插值表覆盖、信号范围覆盖、组合逻辑块覆盖等。目前的工程实践中，经常使用的覆盖率类型包括条件覆盖、分支（或判定）覆盖和 MC/DC 覆盖。

8.3.4　分布式软件测试

分布式测试是指通过局域网和互联网，把分布于不同地点、独立完成特定功能的测试计算机连接起来，以达到测试资源共享、分散操作、集中管理、协同工作、负载均衡、测试过程监控等目的的计算机网络测试。

分布式测试系统是传统网络化测试系统的进一步发展，具有以下主要特点：

（1）网络化。网络化的目的是实现多个测试结点间基本的互连、互通功能，实现资源共享，是分布式测试系统的底层支撑结构。

（2）分布性。分布式测试系统不仅在地域上分布，而且在计算上也应是分布的。这对测试系统提出了一些更高的要求，如测试子系统间协同工作、整体视图、负载均衡、具有可扩展性和高可用性等。同时，分布式测试系统对用户具有位置透明性，测试信息"唾手可得"。

（3）开放性。开放性包含四个方面的特征，即可移植性、可互操作性、可伸缩性、易获得性。分布式测试系统能够采用各种商业上现成的产品和技术（commercial-Off-The-Shelf，COTS）软/硬件模块，给系统的构造带来诸多便利。

（4）实时性。分布式测试系统本质上是一个实时系统，任务间协同工作处理各种测试信息都必须是实时的，对过程之间的同步、操作的时限有着严格要求。

（5）动态性。测试系统可以动态地运行操作，支持测试过程中的所有的管理和测试活动，能灵活地根据测试实施方案，进行测试过程对象和活动的映射。

（6）处理不确定性。分布式测试环境的初始状态是确定的、已知的，但随着系统的运行，各种动态实体在环境中变化，同时对环境产生影响，使得环境也发生某些变化，这种动态变化带来了不确定性，分布式测试系统必须具有处理这种不确定性的能力。

（7）容错能力强，可靠性高、安全性好。

分布式测试系统关键技术包括以下方面：

（1）分布式环境。对分布式测试而言，测试过程是一种对流程控制要求很高的活动，因此系统需要适时地获取全局状态以正确地指导流程；其次，在测试过程中，系统要能够方便地监视和操纵测试过程。因此，分布式测试系统适合采用集中式的分布式策略，即，由一台中心计算机控制若干台受控计算机的执行，整个测试过程和资源管理由中心来完成，它掌握整个分布式测试环境的状态，从而发出控制命令。

（2）分布式环境下的结点通信。分布式测试环境中的活动均带有很强的流程性，某一步操作的失败会导致整个测试流程的中断和异常，因此需要一个稳定的通信环境。同时，通信主要是在中心结点和执行结点之间进行，两种结点的主要工作都集中在测试活动并且在逻辑上中心结点和执行结点相互并发，具有一定的独立性。因此，分布式测试系统相对于提供服务的分布式系统而言，适合用基于消息通信的方式来实现。

（3）测试任务调度。分布式测试的优点是测试人员可以事先定制任务执行的时间表，如在指定时间、指定设备上执行指定的测试任务。但同时也面临一个问题，在硬件和软件资源有限的情况下，如何以最有效的方式完成测试任务?其中关键的问题就是测试调度。分布式测试调度是指把组成测试任务的一组测试用例，分配到分布式测试系统的不同执行结点上，并按照一定的测试时序调度执行，以满足事先制定的测试需求。分布式测试调度方法可分为静态调度、动态调度和混合调度三类。

8.3.5　测试实例

在软件测试过程中，测试人员不仅需要熟悉一些基本的测试概念和测试方法，而且需要通过对软件设计和算法的理解，运用测试概念和方法进行基于需求的测试用例设计，不仅需要选择恰当的测试方法，而且需要保证测试用例的充分性。

实例1　某汽车刹车控制器软件测试实例

某嵌入式刹车控制软件应用于汽车刹车控制器，该软件需求如下：

（1）模式选择：采集模式控制离散量信号 In_D1 并通过模式识别信号灯显示软件当前工作模式。在信号 In_D1 为低电平时进入正常工作模式（模式识别信号灯为绿色），为高电平时进入维护模式（模式识别信号灯为红色）。软件在正常工作模式下仅进行刹车控制和记录刹车次数，在维护模式下仅进行中央控制器指令响应。

（2）刹车控制：采用定时中断机制，以 5ms 为周期，采集来自驻车器发出的模拟量信号 In_A1 以及来自刹车踏板发出的模拟量信号 In_A2，并向刹车执行组件发送模拟量信号 Out_A1 进行刹车控制。

（3）记录刹车次数：在 Out_A1 大于 4V 时，读出非易失存储器 NVRAM 中保存的刹车次数记录进行加 1 操作，然后保存至非易失存储器 NVRAM 中。

（4）响应中央控制器指令：接收来自中央控制器的串行口指令字 In_S1，回送串行口响应字 Out_S1。当接收的指令字错误时，软件直接丢弃该命令字，不进行任何响应。

指令字及响应字说明如表 8-3 所示。

表 8-3　指令字和响应字

序号	指令	指令字 In_S1 格式				响应字 Out_S1 格式				
1	读取刹车次数指令	帧头	指令码	帧长	帧尾	帧头	响应码	帧长	数据	帧尾
		0x5A	0x01	0x04	0xA5	0x5A	0x01	0x06	刹车次数（2 字节）	0xA5
2	清除刹车次数指令	帧头	指令码	帧长	帧尾	帧头	响应码	帧长	数据	帧尾
		0x5A	0x02	0x04	0xA5	0x5A	0x02	0x06	0x0000	0xA5

【问题】

1. 请简述本软件串行输入接口测试的测试策略及测试内容。针对表 8-3 中"读取刹车次数指令"进行鲁棒性测试时应考虑哪些情况？

2. 某测试人员设计了表 8-4 所示的操作步骤对模式选择功能进行测试（表中 END 表示用例到此结束）。

表 8-4　测试操作步骤

前提条件	上电前置 In_D1 为低电平，给测试环境上电后，模式识别信号灯为绿色
序号	In_D1 输入	模式识别信号灯预期输出
1	高电平	红色
2	低电平	绿色
3	高电平	红色
4	END	
5		

为进一步提高刹车控制软件的安全性，在需求中增加了设计约束：软件在单次运行过程中，若进入正常工作模式，则不得再进入维护模式。请参照表 8-4 的测试用例完成表 8-5，用于测试该设计约束。

表 8-5　测试用例

前提条件	
序号	In_D1 输入	模式识别信号灯预期输出
1		
2		
3		
4		
5		

3. 本项目在开发过程中通过测试发现了 17 个错误，后期独立测试发现了 31 个软件错误，在实际使用中用户反馈了两个错误。请计算缺陷探测率（DDP）。

【问题分析及解答】

1. 对所有的测试而言，都必须进行正常测试和异常测试，在本问题中对测试对象实例化为串行输入接口。串行输入接口在本题的需求描述中，根据表 8-3 内容，负责接收读取刹车次数和清除刹车次数两种指令，故测试内容为此两种指令。对"读取刹车次数指令"进行鲁棒性测试时应考虑的情况，其实也是接口鲁棒性测试概念的一个实例化，对接口的数据包而言，至少应该包括帧头错误、数据长度错误、数据错误、校验和错误、校验码错误以、帧尾错误以及其他防止指令错误手段的错误等。对本题的实例化而言，具体包括帧头错误、指令码错误、帧长错误、帧尾错误以及整个指令长度超过 4 字节的情况。

本问题解答如下：

测试策略包括测试正常和异常指令的响应。

测试内容包括读取刹车次数和清除刹车次数两种指令。

对"读取刹车次数指令"鲁棒性测试时应考虑输入接口帧头错误、指令码错误、帧长错误、帧尾错误以及整个指令长度超过 4 字节的情况。

2. 如果不考虑约束，软件工作状态从组合的角度来说，表 8-4 的测试顺序完全符合要求。但是许多软件在实际使用中，由于真实情况的限制，不能从理论的情况进行组合，对一些条件必须要进行约束。例如本题中，在单次进入正常工作模式后，就不能进入维护模式，因为维护模式是一种检修模式，不能再正常工作中，进行检修，所以必须保证在正常工作模式下，对维护模式命令不响应。所以此题的前提条件应该为"上电前置 In_D1 为高电平，给测试环境上电，模式识别信号灯为红色"，即在上电后首先让工作模式为维护模式；然后再发送进入正常工作模式命令，灯变绿，进入工作模式；最后在正常工作模式下，发送进入维护模式命令，此时软件应该不响应，灯继续为绿色，表示在工作模式，完成带约束条件的状态转换测试。如果此题继续表 8-4 的测试前提条件，不管发送什么命令，灯一直不会变化，就无法判断是软件问题还是测试设备问题，无法完成测试。完善后的表 8-6 如下。

表 8-6　测试用例

前提条件	上电前置 In_D1 为高电平，给测试环境上电，模式识别信号灯为红色	
顺序号	In_D1 输入	模式识别信号灯预期输出
1	低电平	绿色
2	高电平	绿色
3	END	
4		
5		

3. 缺陷探测率（DDP）定义为测试发现的软件问题与软件中总共发现的问题之比。对于本问题，缺陷探测率（DDP）=(17+31)/(17+31+2)= 96%

实例 2 某嵌入式双余度数据采集软件测试实例

某嵌入式系统中，存在 16 路数据采集通道，为了提高数据采集的可靠性，对 16 路采集通道均采用双余度设计，为了监控采集通道是否发生故障，对各路双余度通道采集值进行比较，只有当该通道两个余度设备采集值均不小于 45 时，才表示该路通道正常。设计人员设计函数 num_of_passer 用于统计无故障通道数目，在该函数的设计中考虑了如下因素：

（1）采用如下数据结构存储通道号及采集值：

```
struct value
        {   unsigned int     No;            //通道号，1 到 16
            unsigned short   Value1;        //余度 1 采集值
            unsigned short   Value2;        //余度 2 采集值
        }
```

（2）当输入参数异常时，函数返回-1。

（3）若正确统计了无故障通道数目，则返回该数目。

（4）该函数需要两个输入参数，第一个参数是用于存储通道号及余度采集值的数组，第二个参数为通道总数目。

开发人员根据上述要求使用 ANSI C 对代码实现如下（代码中第一个数字代表行号）：

```
1:  unsigned int num_of_passer(struct value array[], unsigned int num)
    {
2:      unsigned int n = 0;                   //循环变量
3:      unsigned int counter;                 //无故障通道数目
4:      if((array == NULL)||(num == 0) || (num > 16))
5:          return -1;                        //当输入参数异常时，函数返回-1
6:      for(n = 0;  n <= num;  n++)
        {
7:          if((array[n].Value1 > 45) && ((array[n].Value2 > 45)))
8:              counter = counter + 1;
        }
9:      return counter;
    }
```

【问题】

1. 嵌入式软件中通常使用圈复杂度来衡量程序的可维护性（一般要求圈复杂度不大于 10），请计算函数 num_of_passer 的圈复杂度。

2. 作为测试人员，请参照表 8-7 序号 1 的方式使用代码审查的方法找出该程序中所包含的至少三处错误。

表 8-7　代码审查问题单

序号	问题位置	问题描述
1	第 1 行	函数返回值类型错误，应为 int 型
2	（1）	（2）
3	（3）	（4）
4	（5）	（6）

3. 覆盖率是度量测试完整性的一个手段，也是度量测试有效性的一个手段。在嵌入式软件白盒测试过程中，通常以语句覆盖率、分支覆盖率和 MC/DC 覆盖率作为度量指标，请指出对函数 num_of_passer 达到 100%语句覆盖、100%分支（DC）覆盖和 100%MC/DC 覆盖所需的最少测试用例数目。

【问题分析及解答】

1. 控制流程图分析是一个静态的分析过程，它提供静态的度量标准技术，一般主要运用在白盒测试的方法中，控制流图是 McCabe 复杂度计算的基础，McCabe 度量标准是将软件的流程图转化为有向图，然后以图论的知识和计算方法来衡量软件的质量。McCabe 复杂度包括圈复杂度（Cyclomatic complexity）、基本复杂度、模块涉及复杂度、设计复杂度和集成复杂度等。

嵌入式软件中通常使用圈复杂度来衡量程序的可维护性，一般要求圈复杂度不大于 10。函数 num_of_passer 的处理流程如图 8-8 所示。

在软件测试的概念里，圈复杂度"用来衡量一个模块判定结构的复杂程度，数量上表现为独立线性路径条数，即合理的预防错误所需测试的最少路径条数，圈复杂度大说明程序代码可能质量低且难于测试和维护，根据经验，程序的可能错误和高的圈复杂度有着很大关系"。圈复杂度大说明程序代码的判断逻辑复杂，可能质量

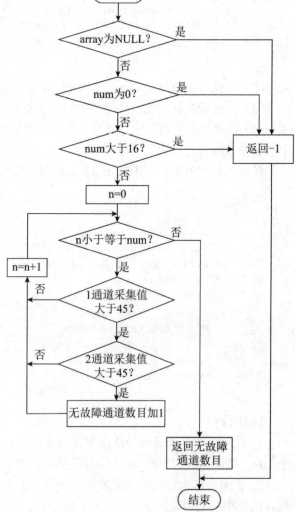

图 8-8　函数 num_of_passer 处理流程图

低且难于测试和维护。程序的可能错误和高的圈复杂度有着很大关系。

有以下三种方法计算圈复杂度：

① 没有流程图的算法：

基数为 1,碰到以下项加 1：
分支数（如 if、for、while 和 do while）；
switch 中的 case 语句数；
如果条件是 2 个复合条件的话,不是加 1,是加 2。

② 给定流程图 G 的圈复杂度 V(G)，定义为 V(G)=E-N+2，E 是流图中边的数量，N 是流图中结点的数量。

③ 给定流程图 G 的圈复杂度 V(G)，定义为 V(G)=P+1，P 是流图 G 中判定结点的数量。

按第 1 种没有流程图的算法，函数 num_of_passer 中一个 for，两个 if，但是一个 if 是三个复合条件应该加 3，另一个 if 是两个组合条件，应该加 2，所以圈复杂度为基数 (1)+for(1)+if(3)+if(2)= 7，圈复杂度为 7。

按第 2 种圈复杂度 V(G)，定义为 V(G)=E-N+2 算法，函数 num_of_passer 流程图中 E 为 16，N 为 11，所以 V(G) = 16-11+2 = 7。

按第 3 种圈复杂度 V(G)，定义为 V(G)=P+1，函数 num_of_passer 流程图中 P 为 6，所以 V(G) = P+1 = 6+1 = 7。

上述三种算法中的任意方法，函数 num_of_passer 的圈复杂度都计算为 7。

2. 代码审查是不执行软件代码，而通过阅读软件代码发现代码可能存在的错误的过程。代码审查的测试内容包括检查代码和设计的一致性；检查代码执行标准的情况；检查代码逻辑表达的正确性；检查代码结构的合理性；检查代码的可读性。通过对说明的阅读，按照说明中描述的要求进行函数 num_of_passer 的代码审查。

阅读第 1 行，函数返回值定义为 unsigned int；而在说明的第（2）条描述了当输入参数异常时，函数返回-1；这样发现说明和代码不一致，显然代码定义的 unsigned int 不能返回-1，此为第 1 处错误。修改函数返回值的定义为 int 类型即可。为了让大家理解题意，将本处错误作为回答问题的举例列了出来。

阅读第 3 行，定义了无故障通道数目 counter，在定义时未进行初始化，并且在第 8 行使用前依然未初始化。这就导致 counter 的初值为非确定值，可能出错，此为第 2 处错误。在第 3 行定义 counter 时初始化为 0 或者在使用前进行初始化为 0 均可。

阅读第 4 行，对模块输入参数进行合法性检查，num 合法值为 1 至 16；然后查找使用 num 之处，在第 6 行对 num 进行了使用，但第 6 行使用时却从 0 开始，而且是小于等于 num，这就意味着如果第 4 行 num 值为最大值 16，在第 6 行就需要循环判断 17 次（0 到 16），而本题的说明中描述很清楚，最多就 16 路通道，此为第 3 处错误。但此问题的更改有两种方案，方案 1 可以更改第 4 行 num>16 为 num>=16，缩小此参数的合法范围；

方案 2 可以更改第 6 行 n <= num 为 n <num 减少循环次数。两种方案任意更改一种都是正确的。

阅读第 7 行，对每个通道采集的双余度值进行有效性判断。按照说明，当余度设备采集值均不小于 45 时，才表示该路通道正常；但代码中使用当余度设备采集值均大于 45 时，表示该路通道正常，在对边界点 45 的处理上与说明不一致，此为第 4 处错误。将第 7 行代码中的两个>符号修改为>=即可与说明一致。完善后的表 8-8 如下。

表 8-8 代码审查问题单

序号	问题位置	问题描述	
1	第 1 行	函数返回值类型错误，应为 int 型	
2	（1）第 3 行	（2）变量 counter 未初始化导致函数返回结果可能出错，应初始化为 0	
3	（3）第 4 行	（4）使用 ">" 导致数组越界，改为 ">="	只能修改第 4 行或第 6 行中一处
	（3）第 6 行	（4）使用 "<=" 导致数组越界，应改为 "<"	
4	（5）第 7 行	（6）判断条件错误，应将两处 ">" 都更改为 ">="	

3. 覆盖率是度量测试完整性的一个手段，也是度量测试有效性的一个手段。在嵌入式软件白盒测试过程中，通常以语句覆盖率、分支覆盖率和 MC/DC 覆盖率作为度量指标。

语句覆盖率指程序中每条可执行语句至少被执行一次。

分支覆盖指程序中每个判定取所有可能值至少一次。

MC/DC 覆盖率指在一个程序中每一种输入/输出至少应出现一次，在程序中的每一个条件必须产生所有可能的输出结果至少一次，并且每个判定中的每个条件必须能够独立影响一个判定的输出，即在其他条件不变的前提下仅改变这个条件的值，而使判定结果改变。

对于函数 num_of_passer 来说，为了使其中所有的语句至少执行一次，程序中的两种返回值必须各覆盖一次，所以以达到 100%语句覆盖率，至少需要两个测试用例，即参数异常的测试用例和参数正常测试用例。

函数 num_of_passer 在第 4 行和第 7 行有两处条件判断，为了使程序中每个判定取所有可能值至少一次，第 4 行需要取 TRUE 和 FALSE，第 7 行需要取 TRUE 和 FALSE。由于第 4 行取 FALSE 时，就能覆盖到第 7 行判定，同时又由于第 7 行的判定在一个大于一次的循环中，一个测试用例就可以覆盖到第 7 行的 TRUE 和 FALSE，所以函数 num_of_passer 100%的分支覆盖也最少两个测试用例就可以满足，即一个第 4 行取 TRUE 的测试用例和一个第 4 行取 FALSE、第 7 行取 TRUE 和 FALSE 的测试用例即可，由于第 7 行的条件判断在多次循环中，取 TRUE 和 FALSE 的测试用例也比较好构造。

函数 num_of_passer 的组合条件也出现在第 4 行和第 7 行。对第 4 行的组合条件需要 4 个测试用例来满足 MC/DC 覆盖，分别为①参数 array 为 NULL，②array 不为 NULL 且 num 为 0，③array 不为 NULL 且 num 为大于 16 的值，④array 不为 NULL 且 num 为 1

到 16 之间的值。

对第 7 行的组合条件需要 3 个测试用例来满足 MC/DC 覆盖，分别为①Value1 > 45 且 Value12> 45，②Value1 > 45 且 Value2 <= 45，③Value1 <= 45 且 Value2 为任意值。由于取第 4 行 array 不为 NULL 且 num 为 1 到 16 之间值的测试用例时，程序将执行到第 7 行，这时由于第 7 行在一个多次循环中，第 7 行需要的 3 个测试用例都可以在此用例中进行覆盖，所以最少需要 4 个测试用例就可以使函数 num_of_passer 满足 100%的 MC/DC 覆盖。

实例 3　某飞行器供油阀控制软件测试实例

某飞行器供油阀控制软件通过控制左右两边的油箱 B_L、B_R 向左右发动机 E_L、E_R 供油，既要保证飞行器的正常飞行，又要保证飞行器的平衡，该软件主要完成的功能如下：

（1）无故障情况下，控制左油箱 B_L 向左发动机 E_L 供油，右油箱 B_R 向右发动机 E_R 供油，不上报故障；

（2）当左油箱 B_L 故障时，控制右油箱 B_R 分别向左、右发动机 E_L 和 E_R 供油，并上报二级故障——左油箱故障；

（3）当右油箱 B_R 故障时，控制左油箱 B_L 分别向左、右发动机 E_L 和 E_R 供油，并上报二级故障——右油箱故障；

（4）当左发动机 E_L 故障时，根据左右油箱的剩油量决定（如果左右油箱剩油量之差大于等于 50L，则使用剩油量多的油箱供油，否则同侧优先供油）左油箱 B_L 还是右油箱 B_R 向右发动机 E_R 供油，并上报一级故障——左发动机故障；

（5）当右发动机 E_R 故障时，根据左右油箱的剩油量决定（如果左右油箱剩油量之差大于等于 50L，则使用剩油量多的油箱供油，否则同侧优先供油）左油箱 B_L 还是右油箱 B_R 向左发动机 E_L 供油，并上报一级故障——右发动机故障；

（6）当一个油箱和一个发动机同时故障时，则无故障的油箱为无故障发动机供油，并上报一级故障——故障油箱和发动机所处位置；

（7）当两个油箱或两个发动机同时故障或存在更多故障时，则应进行双发断油控制，并上报特级故障——两侧油箱或两侧发动机故障；

（8）故障级别从低到高依次为二级故障、一级故障和特级故障，如果低级故障和高级故障同时发生，则只上报最高级别故障。

【问题】

1. 在嵌入式软件测试中，一般采用的测试方法有白盒测试、黑盒测试和灰盒测试方法，白盒测试方法中，需要基于　(1)　进行测试；根据本题给定的条件，最恰当的测试方法应选择　(2)　。

2. 覆盖率是度量测试完整性的一个手段，也是度量测试有效性的一个手段。在嵌入式软件白盒测试过程中，通常以语句覆盖率、分支覆盖率和 MC/DC 覆盖率作为度量指标。

在实现第 6 条功能时，设计人员对部分功能采用了下列算法：

```
if ((BL==故障) && (EL==故障))
{ BR 供油 ER；BL 断油；EL 断油；}
```

请指出对上述算法达到 100%语句覆盖、100%分支（DC）覆盖和 100%MC/DC 覆盖所需的最少测试用例数目。请完成表 8-9 中的（1）～（3）填空，并将答案填写在答题纸的对应栏中。

表 8-9　测试覆盖用例统计表

覆盖率类型	所需的最少用例数
100%语句覆盖	（1）
100%分支（DC）覆盖	（2）
100%MC/DC 覆盖	（3）

3. 为了测试此软件功能，测试人员设计了表 8-10 所示的测试用例，请填写该表中的空（1）～（9），并将答案填写在答题纸的对应栏中。

表 8-10　测试用例

序号	前置条件（剩油量）		输　　入				输出（预期结果）		
	B_L	B_R	B_L	B_R	E_L	E_R	E_L	E_R	上报故障
1	200	200	无故障	无故障	无故障	无故障	B_L	B_R	无
2	200	200	故障	无故障	无故障	无故障	（1）	B_R	二级故障
3	200	200	无故障	故障	无故障	无故障	B_L	（2）	二级故障
4	130	120	无故障	无故障	故障	无故障	断油	（3）	一级故障
5	150	90	无故障	无故障	故障	无故障	断油	（4）	一级故障
6	200	200	无故障	故障	无故障	故障	（5）	断油	一级故障
7	200	200	无故障	故障	故障	无故障	断油	（6）	一级故障
8	200	200	故障	无故障	无故障	故障	（7）	断油	一级故障
9	200	200	故障	故障	无故障	无故障	断油	断油	特级故障
10	200	200	无故障	无故障	故障	（8）	断油	断油	特级故障
11	200	200	故障	无故障	故障	故障	断油	断油	（9）

【问题分析及解答】

1. 在嵌入式软件测试过程中，一般采用的测试方法有白盒测试、黑盒测试和灰盒测试方法。

白盒测试也称为结构测试、逻辑测试或基于程序源代码的测试，这种测试应了解程序的内部构造，并且根据内部构造设计测试用例。

黑盒测试又称功能测试、数据驱动测试或基于规格说明的测试，这种测试不必了解被测对象的内容情况，而依靠需求规格说明中的功能来设计测试用例。

　　灰盒测试是介于白盒测试与黑盒测试之间的一种测试方法，既关注输出对于输入的正确性，同时也关注代码的内部结构，但这种关注不像白盒那样详细、完整，只是通过一些表征性的现象、事件、标志来判断内部的运行状态，有时候输出是正确的，但内部其实已经错误了，这种情况非常多，如果每次都通过白盒测试来操作，效率会很低，因此需要采取这样的一种灰盒测试方法。

　　根据本题的条件，给定的说明为功能说明，故应该采用黑盒测试方法。

　　因此，问题中的空（1）应填入"软件源代码"，空（2）应填入"黑盒"。

　　2. 此问题主要考查对语句覆盖、条件覆盖和 MC/DC 覆盖概念的掌握以及应用。

　　语句覆盖要求设计适当数量的测试用例，运行被测程序，使得程序中每一条语句至少被运行一遍，语句覆盖在测试中主要发现错误语句。

　　分支覆盖要求设计适当数量的测试用例，运行被测程序，使得程序中每个真值分支和假值分支至少执行一次，分支覆盖也称判定覆盖。

　　修正判定条件覆盖（MC/DC）要求设计适当数量的测试用例，保证在一个程序中每一种输入/输出至少得出现一次，在程序中的每一个条件必须产生所有可能的输出结果至少一次，并且每个判断中的每个条件必须能够独立影响一个判断的输出，即在其他条件不变的前提下仅改变这个条件的值，而使判断结果改变。

　　按照上述语句覆盖要求，语句覆盖就要使得问题 2 中的所有语句执行一次，问题 2 中只有一个语句块，故为了使问题 2 中的一个语句块执行一次，仅仅需要 1 个测试用例来覆盖。

　　按照上述分支覆盖要求，分支覆盖要使得程序中每个真值分支和假值分支至少执行一次。对问题 2 中的判断条件进行分析，只有一个判断条件，取真值分支和假值分支即可满足，故最少需要 2 个测试用例来满足分支覆盖要求。

　　按照上述 MC/DC 覆盖要求，即每个判断中的每个条件必须能够独立影响一个判断的输出。对问题 2 中的一个判断进行分析，此判断有两个条件，两个条件共有四种组合，即 TT（TRUE 和 TRUE）、TF（TRUE 和 FALSE）、FT（FALSE 和 TRUE）和 FF（FALSE 和 FALSE）。但是由于此判断为逻辑与条件，当前一个条件为 FALSE 时，其整个判断值为 FALSE，后一个条件的真或假均不能独立影响整个判断的输出，所以只需要 TT、TF 和 FX（X 表示后一个条件为 TRUE 或 FALSE 都可以）三种情况就可以，故此判断最少需要 3 个测试用例即可满足 MC/DC 覆盖要求。

　　因此，表 8-9 中的空（1）应填入 1，空（2）应填入 2，空（3）应填入 3。

　　3. 为了测试某飞行器供油阀控制软件的功能，就要依据题目说明中对某飞行器供油阀控制软件的具体功能描述，进行测试用例的设计。此题考察测试用例的设计，不仅包括输入数据的设计，还包括前置条件（例如剩油量）及预期输出的设计（例如给发动机供油的邮箱和上报故障情况），条件较多，需要综合考虑。

　　序号 1，前置条件中两个油箱 B_L、B_R 剩余油量均为 200L，左、右油箱 B_L、B_R 与左、

右发动机 E_L、E_R 均无故障，依据第 1 条设计说明，输出控制左油箱 B_L 向左发动机 E_L 供油，右油箱 B_R 向右发动机 E_R 供油，不上报故障。

序号 2，前置条件中两个油箱 B_L、B_R 剩余油量均为 200L，左油箱 B_L 故障，右油箱 B_R 与左、右发动机 E_L、E_R 均无故障，依据第 2 条设计说明，输出控制右油箱 B_R 分别向左、右发动机 E_L 和 E_R 供油，并上报二级故障——左油箱故障。

序号 3，前置条件中两个油箱 B_L、B_R 剩余油量均为 200L，右油箱 B_R 故障，左油箱 B_L 与左、右发动机 E_L、E_R 均无故障，依据第 3 条设计说明，输出控制左油箱 B_L 分别向左、右发动机 E_L 和 E_R 供油，并上报二级故障——右油箱故障。

序号 4，前置条件中左油箱 B_L 剩余油量为 130L，B_R 剩余油量为 120L，左右油箱剩油量之差为 10L，左发动机 E_L 故障，左、右油箱 B_L、B_R 与右发动机 E_R 均无故障，依据第 4 条设计说明，输出控制左发动机 E_L 断油，油箱 B_R 向右发动机 E_R 供油，并上报一级故障——左发动机故障。

序号 5，前置条件中左油箱 B_L 剩余油量为 150L，B_R 剩余油量为 90L，左右油箱剩油量之差为 60L，左发动机 E_L 故障，左、右油箱 B_L、B_R 与右发动机 E_R 均无故障，依据第 4 条设计说明，如果左右油箱剩油量之差大于等于 50L，则使用剩油量多的油箱供油，则应输出控制左发动机 E_L 断油，油箱 B_L 向右发动机 E_R 供油，并上报一级故障——左发动机故障。

序号 6，前置条件中两个油箱 B_L、B_R 剩余油量均为 200L，左右油箱剩油量之差等于 0L，右油箱 B_R 与右发动机 E_R 均故障，左油箱 B_L 与左发动机 E_L 均无故障，依据第 6 条设计说明，输出控制故障发动机（右发动机 E_R）断油，无故障的油箱（左油箱 B_L）为无故障发动机（左发动机 E_L）供油，并上报一级故障——右发动机 E_R 故障。

序号 7，前置条件中两个油箱 B_L、B_R 剩余油量均为 200L，左右油箱剩油量之差等于 0L，右油箱 B_R 与左发动机 E_L 均故障，左油箱 B_L 与右发动机 E_R 均无故障，依据第 6 条设计说明，输出控制故障发动机（左发动机 E_L）断油，无故障的油箱（左油箱 B_L）为无故障发动机（右发动机 E_R）供油，并上报一级故障——左发动机 E_L 故障。

序号 8，前置条件中两个油箱 B_L、B_R 剩余油量均为 200L，左右油箱剩油量之差等于 0L，左油箱 B_L 与右发动机 E_R 均故障，右油箱 B_R 与左发动机 E_L 均无故障，依据第 6 条设计说明，输出控制故障发动机（右发动机 E_R）断油，无故障的油箱（右油箱 B_R）为无故障发动机（左发动机 E_L）供油，并上报一级故障——右发动机 E_R 故障。

序号 9，前置条件中两个油箱 B_L、B_R 剩余油量均为 200L，左右油箱剩油量之差等于 0L，左、右油箱 B_L、B_R 均故障，左、右发动机 E_L、E_R 均无故障，依据第 7 条设计说明，输出控制左、右发动机 E_L、E_R 均断油，并上报特级故障——两侧油箱均故障。

序号 10，前置条件中两个油箱 B_L、B_R 剩余油量均为 200L，左右油箱剩油量之差等于 0L，左、右油箱 B_L、B_R 均无故障，左发动机 E_L 故障，右发动机 E_R 未知，但是输出控制左、右发动机 E_L、E_R 均断油，并上报特级故障，依据第 7 条设计说明，只有当两个油箱或两个发动机同时故障或存在更多故障时，才会得到如此的控制，故断定右发动机 E_R 一定故障。

序号 11，前置条件中两个油箱 B_L、B_R 剩余油量均为 200L，左右油箱剩油量之差等于 0L，左油箱 B_L 故障，左、右发动机 E_L、E_R 均故障，只有右油箱 B_R 无故障，依据第 7 条和第 8 条设计说明，输出控制左、右发动机 E_L、E_R 均断油，并上报特级故障——两侧发动机均故障。左油箱故障的二级故障和两侧发动机均故障的特级故障同时发生，只上报特级故障。

因此，表 8-10 中的空（1）～（9）的填写内容如下。

（1）B_R　　　　（2）B_L　　　　（3）B_R　　　　（4）B_L　　　　（5）B_L

（6）B_L　　　　（7）B_R　　　　（8）故障　　　　（9）特级故障

第 9 章　嵌入式系统安全性基础知识

嵌入式系统已在各个领域中发挥着巨大的作用，在某些关键领域，用户对系统的高可信性和安全性要求也越来越高，本章简要介绍安全性基础知识，包括计算机信息系统安全概述、信息安全基础、安全威胁防范、嵌入式系统安全方案等内容。

9.1　计算机信息系统安全概述

9.1.1　信息系统安全

计算机信息系统安全涉及计算机资产安全，即计算机信息系统资源和信息资源不受自然和人为有害因素的威胁和危害。

信息安全强调信息（数据）本身的安全属性，主要包含：

（1）信息的秘密性：信息不被未授权者知晓的属性。

（2）信息的完整性：信息是正确的、真实的、未被篡改的、完整无缺的属性。

（3）信息的可用性：信息可以随时正确使用的属性。

信息是内涵，系统是载体，信息不能脱离载体而存在，因此应当从信息系统安全的视角来审视和处理信息安全问题。由此，信息系统安全可以划分以下四个层次：设备安全、数据安全、内容安全和行为安全。其中数据安全即传统的信息安全。

1. 设备安全

信息系统设备的安全是信息系统安全的首要问题，是信息系统安全的物质基础，包括三个方面：

（1）设备的稳定性，指设备在一定时间内不出故障的概率。

（2）设备的可靠性，指设备在一定时间内正常执行任务的概率。

（3）设备的可用性，之设备可以正常使用的概率。

2. 数据安全

数据信息可能泄露，可能被篡改，数据安全采取措施确保数据免受未授权的泄露、篡改和毁坏，包括以下三个方面：

（1）数据的秘密性：指数据不受未授权者知晓的属性。

（2）数据的完整性：指数据是正确的、真实的、未被篡改的、完整无缺的属性。

（3）数据的可用性：指数据可以随时正常使用的属性。

3．内容安全

内容安全是信息安全在政治、法律、道德层次上的要求，包括以下三个方面：

（1）信息内容在政治上是健康的。

（2）信息内容符合国家的法律法规。

（3）信息内容符合中华民族优良的道德规范。

4．行为安全

信息系统的服务功能，最终通过行为提供给用户，确保信息系统的行为安全，才能最终确保系统的信息安全。行为安全的特性如下：

（1）行为的秘密性：指行为的过程和结果不能危害数据的秘密性。

（2）行为的完整性：指行为的过程和结果不能危害数据的完整性，行为的过程和结果是预期的。

（3）行为的可控性：指当行为的过程出现偏离预期时，能够发现、控制和纠正。

9.1.2　网络安全

网络安全话题分散而复杂。互联网连接着成千上万的区域网络和商业服务供应商的网络，网络规模越大，通信链路越长，则网络的脆弱性和安全问题也随之增加。

互联网在设计之初是以提供广泛的互连、互操作、信息资源共享为目的的，因此其侧重点并不在安全上，因此其安全缺陷有其先天不足的内在特性。

1．安全漏洞

对于网络安全漏洞，并没有一个全面、准确和统一的定义，一般可以理解为在硬件、软件和协议等的具体实现或系统安全策略上存在的缺陷，从而可以使攻击者能够在未授权的情况下访问或破坏系统。通俗描述性定义是存在于计算机网络系统中的、可能对系统中的组成和数据等造成损害的一切因素。

通常，入侵者寻找网络存在的安全弱点，从缺口处无声无息地进入网络，因而开发黑客反击武器的思想是找出现行网络中的安全弱点，演示、测试这些安全漏洞，然后指出应如何堵住安全漏洞。

当前，信息系统的安全性非常弱，主要体现在操作系统、计算机网络和数据库管理系统都存在安全隐患，这些安全隐患表现在以下方面：

（1）物理安全性。凡是能够让非授权机器物理接入的地方都会存在潜在的安全问题，也就是能让接入用户做本不允许做的事情。

（2）软件安全漏洞。"特权"软件中带有恶意的程序代码，从而可以导致其获得额外的权限。

（3）不兼容使用安全漏洞。当系统管理员把软件和硬件捆绑在一起时，从安全的角度来看，可以认为系统将有可能产生严重安全隐患。所谓的不兼容性问题，即把两个毫无关系但有用的事物连接在一起，从而导致了安全漏洞。一旦系统建立和运行，这种问题很难被发现。

（4）选择合适的安全策略。这是一种对安全概念的理解和直觉。完美的软件、受保护的硬件和兼容部件并不能保证正常而有效地工作，除非用户选择了适当的安全策略和打开了能增加其系统安全的部件。

2．网络安全威胁

网络威胁是对网络安全缺陷的潜在利用，这些缺陷可能导致非授权访问、信息泄露、资源耗尽、资源被盗或者被破坏等。网络安全所面临的威胁可以来自很多方面，并且随着时间的变化而变化。网络安全威胁有以下几类：

（1）窃听。在广播式网络系统中，每个结点都可以读取网上传输的数据，例如搭线窃听、安装通信监视器和读取网上的信息等。网络体系结构允许监视器接收网上传输的所有数据帧而不考虑帧的传输目标地址，这种特性使得偷听网上的数据或非授权访问很容易而且不易发现。

（2）假冒。当一个实体假扮成另一个实体进行网络活动时就发生了假冒。

（3）重放。重复一份报文或报文的一部分，以便产生一个被授权效果。

（4）流量分析。通过对网上信息流的观察和分析推断出网上传输的有用信息，例如有无传输，传输的数量、方向和频率等。由于报头信息不能加密，所以即使对数据进行了加密处理，也可以进行有效的流量分析。

（5）数据完整性破坏。有意或无意地修改或破坏信息系统，或者在非授权和不能监测的方式下对数据进行修改。

（6）拒绝服务。当一个授权实体不能获得应有的对网络资源的访问或紧急操作被延迟时，就发生了拒绝服务。

（7）资源的非授权使用。即与所定义的安全策略不一致的使用。

（8）陷门和特洛伊木马。通过替换系统合法程序，或者在合法程序里插入恶意代码，以实现非授权进程，从而达到某种特定的目的。

（9）病毒。随着人们对计算机系统和网络依赖程度的增加，计算机病毒已经构成了对计算机系统和网络的严重威胁。

（10）诽谤。利用计算机信息系统的广泛互连性和匿名性散布错误的消息，以达到诋毁某个对象的形象和知名度的目的。

3．网络攻击

攻击是指任何的非授权行为。攻击的范围从简单的使服务器无法提供正常的服务到完全破坏、控制服务器。在网络上成功实施的攻击级别依赖于用户采取的安全措施。

攻击的法律定义是"攻击仅仅发生在入侵行为完全完成而且入侵者已经在目标网络内"。专家的观点则是"可能使一个网络受到破坏的所有行为都被认定为攻击"。

网络攻击可以分为以下几类：

（1）被动攻击。攻击者通过监视所有信息流以获得某些秘密。这种攻击可以是基于网络（跟踪通信链路）或基于系统（用秘密抓取数据的特洛伊木马代替系统部件）的。被动攻击是最难被检测到的，故对付这种攻击的重点是预防，主要手段有数据加密等。

（2）主动攻击。攻击者试图突破网络的安全防线。这种攻击涉及数据流的修改或创建错误流，主要攻击形式有假冒、重放、欺骗、消息篡改和拒绝服务等。这种攻击无法预防但却易于检测，故对付的重点是测而不是防，主要手段有防火墙、入侵检测技术等。

（3）物理临近攻击。在物理临近攻击中未授权者可物理上接近网络、系统或设备，目的是修改、收集或拒绝访问信息。

（4）内部人员攻击。内部人员攻击由这些人实施，他们要么被授权在信息安全处理系统的物理范围内，要么对信息安全处理系统具有直接访问权。有恶意的和非恶意的（不小心或无知的用户）两种内部人员攻击。

（5）分发攻击。分发攻击是指在软件和硬件开发出来之后和安装之前这段时间，或当它从一个地方传到另一个地方时，攻击者恶意修改软/硬件。

4．安全措施的目标

安全措施的目标如下：

（1）访问控制。确保会话对方（人或计算机）有权做它所声称的事情。

（2）认证。确保会话对方的资源（人或计算机）与它声称的相一致。

（3）完整性。确保接收到的信息与发送的一致。

（4）审计。确保任何发生的交易在事后可以被证实，发信者和收信者都认为交换发生过，即所谓的不可抵赖性。

（5）保密。确保敏感信息不被窃听。

9.1.3 风险管理

风险管理主要包括脆弱性识别、风险计算与分析和风险处置三个方面。

1．脆弱性识别

脆弱性是资产自身存在的，如没有被威胁利用，脆弱性本身不会对资产造成损害。如信息系统足够健壮，威胁难以导致安全事件的发生。因此，组织一般通过尽可能消减资产的脆弱性，来阻止或消减威胁造成的影响，所以脆弱性识别是风险评估中最重要的一个环节。

脆弱性可从技术和管理两个方面进行识别。技术方面，可从物理环境、网络、主机系统、应用系统、数据等方面识别资产的脆弱性；管理方面，可从技术管理脆弱性和组织管理脆弱性两方面识别资产的脆弱性，技术管理脆弱性与具体技术活动相关，组织管理脆弱性与管理环境相关。

2．风险计算与分析

组织或信息系统安全风险需要通过具体的计算方法实现风险值的计算。风险计算方法一般分为定性计算方法和定量计算方法两大类。

通过风险计算，应对风险情况进行综合分析与评价。风险分析是基于计算出的风险值确定风险等级。风险评价则是对组织或信息系统总体信息安全风险的评价，首先对风险计算值进行等级化处理。风险等级化处理目的是，对风险的识别直观化，便于对风险进行评价。等级化处理的方法是按照风险值的高低进行等级划分，风险值越高，风险等级越高。风险等级一般可划分为五级：很高、高、中等、低、很低，也可根据项目实际情况确定风险的等级数，如划分为高、中、低三级。

3．风险处置

依据风险评估结果，针对风险分析阶段输出的风险评估报告进行风险处置。风险处置方式一般包括接受、消减、转移、规避等。安全整改是风险处置中常用的风险消减方法。风险评估需提出安全整改建议。

安全整改建议需根据安全风险的严重程度、加固措施实施的难易程度、降低风险的时间紧迫程度、所投入的人员力量及资金成本等因素综合考虑。

（1）对于非常严重、需立即降低且加固措施易于实施的安全风险，建议被评估组织立即采取安全整改措施。

（2）对于非常严重、需立即降低，但加固措施不便于实施的安全风险，建议被评估组织立即制定安全整改实施方案，尽快实施安全整改；整改前应对相关安全隐患进行严密监控，并作好应急预案。

（3）对于比较严重、需降低且加固措施不易于实施的安全风险，建议被评估组织制定限期实施的整改方案；整改前应对相关安全隐患进行监控。

在风险整改建议提出之后，紧接着组织召开的评审会是评估活动结束的重要标志。评审会应由被评估组织组织，评估机构协助。评审会参与人员一般包括：被评估组织、评估机构及专家等。

被评估组织包括：单位信息安全主管领导、相关业务部门主管人员、信息技术部门主管人员、参与评估活动的主要人员等；

最后，需在评审会中有专门记录人员负责对各位专家发表意见进行记录。评审会成果是会议评审意见。评审意见包括：针对评估项目的实施流程、风险分析的模型与计算方法、评估的结论及评估活动产生的各类文档等内容提出意见。评审意见对于被评估组织是否接受评估结果，具有重要的参考意义。

依据评审意见，评估机构应对相关报告进行完善、补充和修改，并将最终修订材料一并提交被评估组织，作为评估项目结束的移交文档。

9.2　信息安全基础

9.2.1　数据加密原理

　　数据加密是防止未经授权的用户访问敏感信息的手段，这就是人们通常理解的安全措施，也是其他安全方法的基础。研究数据加密的科学叫做密码学（Cryptography），它又分为设计密码体制的密码编码学和破译密码的密码分析学。

　　一般的保密通信模型如图 9-1 所示。在发送端，把明文 P 用加密算法 E 和密钥 K 加密，变换成密文 C，即

$$C=E(K, P)$$

在接收端利用解密算法 D 和密钥 K 对 C 解密得到明文 P，即

$$P=D(K, C)$$

　　这里加/解密函数 E 和 D 是公开的，而密钥 K（加解密函数的参数）是秘密的。在传送过程中，偷听者得到的是无法理解的密文，而且他得不到密钥，这就达到了对第三者保密的目的。

图 9-1　保密通信模型

　　不论偷听者获取了多少密文，如果密文中没有足够的信息可以确定出对应的明文，则这种密码体制是无条件安全的，或称为是理论上不可破解的。在无任何限制的条件下，目前几乎所有的密码体制都不是理论上不可破解的。能否破解给定的密码，取决于使用的计算资源。所以密码专家们研究的核心问题就是要设计出在给定计算费用的条件下，计算上（而不是理论上）安全的密码体制。下面分析简要介绍曾经使用过的和目前正在使用的加密方法。

9.2.2　数据加密算法

　　常用的加密算法有 DES、IDEA、AES、流加密算法和 RC4、RSA 算法等。

1．DES（Data Encryption Standard）

　　1977 年 1 月，美国 NSA（National Security Agency）根据 IBM 的专利技术 Lucifer 制定了 DES。明文被分成 64 位的块，对每个块进行19 次变换（替代和换位），其中 16

次变换由 56 位密钥的不同排列形式控制（IBM 使用的是 128 位的密钥），最后产生 64 位的密文块，如图 9-2 所示。

明文 ⟶ 初始交换 ⟶ 16次替换和换位 ⟶ 反向交换 ⟶ 密文

图 9-2　DES 加密算法

由于 NSA 减少了密钥，而且对 DES 的制订过程保密，甚至为此取消了 IEEE 计划的一次密码学会议。人们怀疑 NSA 的目的是保护自己的解密技术，因而对 DES 从一开始就充满了怀疑和争论。

1977 年，Diffie 和 Hellman 设计了 DES 解密机。只要知道一小段明文和对应的密文，该机器就可以在一天之内穷试 2^{56} 种不同的密钥（这叫做野蛮攻击）。

三重 DES（Triple-DES）是 DES 的改进算法，它使用两个密钥对报文做三次 DES 加密，效果相当于将 DES 密钥的长度加倍，克服了 DES 密钥长度较短的缺点。本来，应该使用 3 个不同的密钥进行 3 次加密，这样就可以把密钥的长度加长到 3×56＝168 位。但许多密码设计者认为 168 位的密钥已经超过了实际需要，所以便在第一层和第三层中使用相同的密钥，产生一个有效长度为 112 位的密钥。之所以没有直接采用两重 DES，是因为第二层 DES 不是十分安全，它对一种称为"中间可遇"的密码分析攻击极为脆弱，所以最终还是采用了利用两个密钥进行三重 DES 加密操作。

假设两个密钥分别是 $K1$ 和 $K2$，其算法的步骤如下：

（1）用密钥 $K1$ 进行 DES 加密。

（2）用 $K2$ 对步骤（1）的结果进行 DES 解密。

（3）对步骤（2）的结果使用密钥 $K1$ 进行 DES 加密。

这种方法的缺点是要花费原来三倍的时间，但从另一方面来看，三重 DES 的 112 位密钥长度是很"强壮"的加密方式。

2．IDEA（International Data Encryption Algorithm，国际数据加密算法）

1990 年，瑞士联邦技术学院的来学嘉和 Massey 建议了一种新的加密算法。这种算法使用 128 位的密钥，把明文分成 64 位的块，进行 8 轮迭代加密。IDEA 可以用硬件或软件实现，并且比 DES 快。在苏黎世技术学院用 25MHz 的 VLSI 芯片，加密速率是 177MB/s。

IDEA 经历了大量的详细审查，对密码分析具有很强的抵抗能力，在多种商业产品中得到应用，已经成为全球通用的加密标准。

3．AES（Advanced Encryption Standard，高级加密标准）

1997 年 1 月，美国国家标准与技术局（NIST）为高级加密标准征集新算法。最初从许多响应者中挑选了 15 个候选算法，经过世界密码共同体的分析，选出了其中的 5 个。经过用 ANSI C 和 Java 语言对 5 个算法的加/解密速度、密钥和算法的安装时间，以及对各种攻击的拦截程度等进行了广泛的测试后，2000 年 10 月，NIST 宣布 Rijndael 算法为

AES 的最佳候选算法，并于 2002 年 5 月 26 日发布为正式的 AES 加密标准。

AES 支持 128、192 和 256 位 3 种密钥长度，能够在世界范围内免版税使用，提供的安全级别足以保护未来 20～30 年内的数据，可以通过软件或硬件实现。

4．流加密算法和 RC4

所谓流加密，就是将数据流与密钥生成二进制比特流进行异或运算的加密过程。这种算法采用以下两个步骤：

（1）利用密钥 K 生成一个密钥流 KS（伪随机序列）。

（2）用密钥流 KS 与明文 P 进行"异或"运算，产生密文 C。

$$C = P \oplus KS(K)$$

解密过程则是用密钥流与密文 C 进行"异或"运算，产生明文 P。

$$P = C \oplus KS(K)$$

为了安全，对不同的明文必须使用不同的密钥流，否则容易被破解。

Ronald L. Rivest 是 MIT 的教授，用他的名字命名的流加密算法有 RC2～RC6 系列算法，其中 RC4 是最常用的。

RC 代表 Rivest Cipher 或 Ron's Cipher，RC4 是 Rivest 在 1987 年设计的，其密钥长度可选择 64 位或 128 位。

RC4 是 RSA 公司私有的商业机密，1994 年 9 月被人匿名发布在因特网上，从此得以公开。这个算法非常简单，就是 256 内的加法、置换和异或运算。由于简单，所以速度极快，加密的速度可达到 DES 的 10 倍。

5．RSA（Rivest Shamir and Adleman）算法

这是一种公钥加密算法，方法是按照下面的要求选择公钥和密钥：

（1）选择两个大素数 p 和 q（大于 10^{100}）。

（2）令 n=p*q、z=(p–1)*(q–1)。

（3）选择 d 与 z 互质。

（4）选择 e，使 e*d=1(mod z)。

明文 P 被分成 k 位的块，k 是满足 $2^k<n$ 的最大整数，于是有 $0 \leqslant P<n$。加密时计算

$$C=P^e(\bmod n)$$

这样公钥为 (e,n)。解密时计算

$$P=C^d(\bmod n)$$

即私钥为 (d,n)。

用例子说明这个算法，设 p=3，q=11，n=33，z=20，d=7，e=3，$C=P^3(\bmod 33)$，$P=C^7(\bmod 33)$。则有

$$C=2^3(\bmod 33)=8(\bmod 33)=8$$

$$P=8^7(\text{mod } 33)=2097152(\text{mod } 33)=2$$

RSA 算法的安全性基于大素数分解的困难性。如果攻击者可以分解已知的 n，得到 p 和 q，然后可得到 z，最后用 Euclid 算法，由 e 和 z 得到 d。然而要分解 200 位的数，需要 40 亿年；分解 500 位的数，则需要 10^{25} 年。

9.2.3 认证算法

1．报文摘要算法

使用最广的报文摘要算法是 MD5，这是 Ronald L. Rivest 设计的一系列 Hash 函数中的第 5 个。其基本思想就是用足够复杂的方法把报文位充分"弄乱"，使得每一个输出位都受到每一个输入位的影响。具体的操作分成下列几个步骤：

（1）分组和填充。把明文报文按 512 位分组，最后要填充一定长度的＂1000....＂，使得

$$报文长度=448(\text{mod } 512)$$

（2）附加。最后加上 64 位的报文长度字段，整个明文恰好为 512 的整数倍。

（3）初始化。置 4 个 32 位长的缓冲区 ABCD 分别为：

A=01234567   B=89ABCDEF   C=FEDCBA98   D=76543210

（4）处理。用 4 个不同的基本逻辑函数（F，G，H，I）进行 4 轮处理，每一轮以 ABCD 和当前 512 位的块为输入，处理后送入 ABCD（128 位），产生 128 位的报文摘要，如图 9-3 所示。

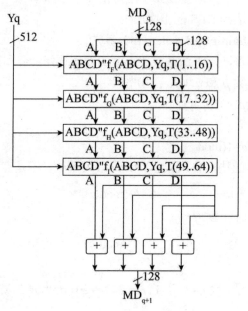

图 9-3　MD5 的处理过程

关于 MD5 的安全性可以解释如下：由于算法的单向性，因此要找出具有相同 Hash 值的两个不同报文是不可计算的。如果采用野蛮攻击，寻找具有给定 Hash 值的报文的计算复杂性为 2^{128}，若每秒试验 10 亿个报文，需要 1.07×10^{22} 年。采用生日攻击法，寻找有相同 Hash 值的两个报文的计算复杂性为 2^{64}，用同样的计算机需要 585 年。从实用性考虑，MD5 用 32 位软件可高速实现，所以有广泛应用。

2．安全散列算法

安全散列算法（The Secure Hash Algorithm，SHA）由美国国家标准和技术协会于 1993 年提出，并被定义为安全散列标准（Secure Hash Standard，SHS）。SHA-1 是 1994 年修订的版本，纠正了 SHA 一个未公布的缺陷。这种算法接收的输入报文小于 2^{64} 位，产生 160 位的报文摘要。该算法设计的目标是使得找出一个能够匹配给定的散列值的文本实际是不可能计算的。也就是说，如果对文档 A 已经计算出了散列值 $H(A)$，那么很难找到一个文档 B，使其散列值 $H(B) = H(A)$，尤其困难的是无法找到满足上述条件的，而且又是指定内容的文档 B。SHA 算法的缺点是速度比 MD5 慢，但是 SHA 的报文摘更长，更有利于对抗野蛮攻击。

3．散列式报文认证码

散列式报文认证码（Hashed Message Authentication Code，HMAC）是利用对称密钥生成报文认证码的散列算法，可以提供数据完整性数据源身份认证。为了说明 HMAC 的原理，假设 H 是一种散列函数（例如 MD5 或 SHA-1），H 把任意长度的文本作为输入，产生长度为 L 位的输出（对于 MD5，$L=128$；对于 SHA-1，$L=160$），并且假设 K 是由发送方和接收方共享的报文认证密钥，长度不大于 64 字节，如果小于 64 字节，后面加 0，补够 64 字节。假定有下面两个 64 字节的串 ipad（输入串）和 opad（输出串）。处理过程如下：

ipad=0×36，重复 64 次；

opad=0×5C，重复 64 次。

函数 HMAC 把 K 和 Text 作为输入，产生 $HMAC_K(Text) = H(K \oplus opad, H(K \oplus ipad, Text))$ 作为输出，即：

（1）在 K 后附加 0，生成 64 字节的串。

（2）将第（1）步产生的串与 ipad 按位异或。

（3）把 Text 附加在第（2）步产生的结果后面。

（4）对第（3）步产生的结果应用函数 H。

（5）将第（1）步产生的串与 opad 按位异或。

（6）把第（4）步产生的结果附加在第（5）步结果的后面。

（7）对第（6）步产生的结果引用函数 H，并输出计算结果。

HMAC 的密钥长度至少为 L 位，更长的密钥并不能增强函数的安全性。HMAC 允许把最后的输出截短到 80 位，这样更简单有效，且不损失安全强度。认证一个数据流（Text）

的总费用接近于对该数据流进行散列的费用，对很长的数据流更是如此。

HMAC 使用现有的散列函数 H 而不用修改 H 的代码，这样可以使用已有的 H 代码库，而且可以随时用一个散列函数代替另一个散列函数。HMAC-MD5 已经被 IETF 指定为 Internet 安全协议 IPsec 的验证机制，提供数据源认证和数据完整性保护。

HMAC 的一个典型应用是用在"提问/响应（Challenge/Response）"式身份认证中，认证流程如下：

（1）先由客户端向服务器发出一个认证请求。

（2）服务器接到此请求后生成一个随机数并通过网络传输给客户端（此为提问）。

（3）客户端将收到的随机数提供给 ePass（数字证书的存储介质），由 ePass 使用该随机数与存储的密钥进行 HMAC-MD5 运算，并得到一个结果作为证据传给服务器（此为响应）。

（4）与此同时，服务器也使用该随机数与存储在服务器数据库中的该客户密钥进行 HMAC-MD5 运算，如果服务器的运算结果与客户端传回的响应结果相同，则认为客户端是一个合法用户。

9.3 安全威胁防范

任何形式的网络服务都会导致安全方面的风险，问题是如何将风险降低到最低程度，目前的网络安全措施有数据加密、数字签名、身份认证、防火墙和内容检查等。

（1）数据加密。数据加密是通过对信息的重新组合，使得只有收发双方才能解码并还原信息的一种手段。随着相关技术的发展，加密正逐步被集成到系统和网络中。在硬件方面，已经在研制用于 PC 和服务器主板的加密协处理器。

（2）数字签名。数字签名可以用来证明消息确实是由发送者签发的，而且，当数字签名用于存储的数据或程序时，可以用来验证数据或程序的完整性。

（3）身份认证。有多种方法来认证一个用户的合法性，例如密码技术、利用人体生理特征（如指纹）进行识别、智能 IC 卡和 USB 盘等。

（4）防火墙。防火墙是位于两个网络之间的屏障，一边是内部网络（可信赖的网络），另一边是外部网络（不可信赖的网络）。按照系统管理员预先定义好的规则控制数据包的进出。

（5）内容检查。即使有了防火墙、身份认证和加密，人们仍担心遭到病毒的攻击，还需进行内容检查。

9.3.1 防治计算机病毒

典型的反病毒技术有特征值查毒法、校验和技术、启发式扫描技术、虚拟机技术、行为监控技术、主动防御技术等。

1．特征值查毒法

特征值扫描是目前国际上反病毒公司普遍采用的查毒技术，其核心是从病毒体中提取病毒特征值构成病毒特征库，杀毒软件将用户计算机中的文件或程序等目标，与病毒特征库中的特征值逐一比对，判断该目标是否被病毒感染。

目前绝大多数反病毒软件都采用了特征值查毒技术。这类反病毒软件不可缺少的两个部分是反病毒引擎和病毒特征库。反病毒引擎用来对疑似病毒样本文件进行扫描，其需要根据病毒特征库的特征条目来确定该疑似病毒样本文件是否包含了特定的计算机病毒。

目前，特征值检测技术已被公认是检测已知病毒最简单有效的方法。传统的特征串检测技术实现步骤如下：

（1）采集已知的病毒样本。即使是同一种病毒，当它感染不同的宿主时，就要采集多种样本。即如果病毒既感染 COM 文件，又感染 EXE 文件以及引导区，那就要提取三个样本。

（2）在病毒样本中，抽取特征串。抽取的特征串应比较特殊，不要与普通正常程序代码 w 吻合，当抽取的特征串达到一定长度时，就能保证这种特殊性。抽取的特征串要有适当长度，这保证了特征串的唯一性，同时查毒时又不需太大的空间和时间开销。

（3）将特征串纳入病毒特征数据库。

在实际应用中，反病毒软件使用反病毒引擎打开被检测文件，在文件中搜索，检查文件中是否含有病毒特征数据库中的病毒特征串。由于特征串与计算机病毒一一对应，如果发现病毒特征串，便可以判断被查文件中染有何种病毒。

特征值检测方法的优点是：检测准确、可识别病毒的名称、误报警率低，并且依据检测结果可做解毒处理。其缺点是：

（1）开销大、查杀速度慢。搜集已知病毒特征串的费用开销大。随着病毒种类的增多，获得分析样本的时间变长。另外，样本数急剧增加，目前各大反病毒公司的样本库记录都在几十万条以上，虽然样本数量和查杀速度不是线性关系，但进行病毒扫描的时间开销无疑将会逐渐增大。

（2）不能检查未知病毒和多态性病毒。特征值检测方法是不可能检测多态性病毒的，因为其代码不唯一。虽然目前有些反病毒厂商在提取特征码时提出了一些可以提取多态性病毒共同特征码的方法，但效果有限。

2．校验和技术

计算正常文件的内容和正常的系统扇区的校验和，将该校验和写入数据库中保存。在文件使用/系统启动过程中，检查文件现在内容的校验和与原来保存的校验和是否一致，因而可以发现文件/引导区是否感染，这种方法称为校验和检测技术。

校验和检测技术的优点是：方法简单、能发现未知病毒、被查文件的细微变化也能发现。其缺点是：必须预先记录正常文件的校验和、会误报警、不能识别病毒名称、不能对付隐蔽型病毒和效率低。

3．启发式扫描技术

启发性扫描主要是分析文件中的指令序列，根据统计知识，判断该文件可能感染或者可能没有感染，从而有可能找到未知的病毒。因此，启发性扫描技术是一种概率方法，遵循概率理论的规律。

启发式扫描技术仍然是一种正在发展和不断完善的技术，但已经在大量优秀的反病毒软件中得到迅速的推广和应用。按照最保守的估计，一个精心设计的启发式扫描软件，在不依赖任何对病毒预先的学习和辅助信息，如特征值、校验和等的情况下，可以检查出许多未知的新病毒。当然，可能会出现一些虚报/谎报的情况。

4．虚拟机技术

多态性病毒每次感染都改变其病毒密钥，对付这种病毒，普通特征值检测方法失效。因为多态性病毒对其代码实施加密变换，而且每次传染使用不同密钥。把染毒文件小的病毒代码相互比较，也不易找出相同的可作为病毒特征的稳定特征值。虽然行为监测技术可以检测多态性病毒，但是在检测出病毒后，无法做病毒清除处理，因为不知该病毒的具体特性。

一般而言，多态性病毒采用以下几种操作来不断交换自己：采用等价代码对原有代码进行替换；改变与执行次序无关的指令的次序；增加许多垃圾指令；对原有病毒代码进行压缩或加密。但是，无论病毒如何变化、每一个多态病毒在其自身执行时都要对自身进行还原。为了检测多态性病毒，反病毒专家研制了一种新的检测方法——"虚拟机技术"。该技术也称为软件模拟法，它是一种软件分析器，用软件方法来模拟和分析程序的运行，而且程序的运行不会对系统起实际的作用（仅是"模拟"），因而不会对系统造成危害。其实质都是让病毒在虚拟的环境执行，从而让其原形毕露、无处遁形。

目前大多数反病毒软件都采用了虚拟机技术，反病毒软件开始运行时，使用特征值检测方法检测病毒。如果发现隐蔽式病毒或多态性病毒，启动软件模拟模块，监视病毒的运行，待病毒自身的加密代码解码后，再运用特征值检测方法来识别病毒的种类。

5．行为监控技术

病毒不论伪装得如何巧妙，它总是存在着一些和正常程序不同的行为。例如病毒总要不断复制自己，否则它无法传染。再如，病毒总是要想方设法地掩盖自己的复制过程，如不改变自己所在文件的修改时间等。病毒的这些伪装行为做得越多，特征值检测技术越难以发现它们，由此反病毒专家提出了病毒行为监测技术，专门监测病毒行为。行为监控是指通过审查应用程序的操作来判断是否有恶意（病毒）倾向并向用户发出警告。这种技术能够有效防止病毒的传播，但也很容易将正常的升级程序、补丁程序误报为病毒。病毒程序的伪装行为越多，它们露出的马脚就越多，就越容易被监测到。

人们通过对病毒多年的观察、研究，发现病毒有一些共同行为。在正常应用程序中，这些行为比较罕见。这就是病毒的行为特性。

6．主动防御技术

主动防御技术是指以"程序行为自主分析判定法"为理论基础，其关键是从反病毒领域普遍遵循的计算机病毒的定义出发，采用动态仿真技术，依据专家分析程序行为、判定程序性质的逻辑，模拟专家判定病毒的机理，实现对新病毒提前防御。

主动防御是一种阻止恶意程序执行的技术。它比较好的弥补了传统杀毒软件采用"特征码查杀"和"监控"相对滞后的技术弱点，可以在病毒发作时进行主动而有效的全面防范，从技术层面上有效应对未知病毒的肆虐。

主动防御技术并不是一项全新的技术，从某种程度上说，其集成了启发式扫描技术和行为监控及行为阻断等技术。

9.3.2　认证

认证又分为实体认证和消息认证两种。实体认证是识别通信对方的身份，防止假冒，可以使用数字签名的方法。消息认证是验证消息在传送或存储过程中有没有被篡改，通常使用报文摘要的方法。

1．基于共享密钥的认证

如果通信双方有一个共享的密钥，则可以确认对方的真实身份。这种算法依赖于一个双方都信赖的密钥分发中心（Key Distribution Center，KDC），如图 9-4 所示，其中的 A 和 B 分别代表发送者和接收者，K_A、K_B 分别表示 A、B 与 KDC 之间的共享密钥。

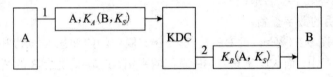

图 9-4　基于共享密钥的认证协议

认证过程如下：A 向 KDC 发出消息{A, K_A(B, K_S)}，说明自己要与 B 通信，并指定了与 B 会话的密钥 K_S。注意，这个消息中的一部分(B, K_S)是用 K_A 加密的，所以第三者不能了解消息的内容。KDC 知道了 A 的意图后就构造了一个消息{K_B(A, K_S)}发给 B。B 用 K_B 解密后就得到了 A 和 K_S，然后就可以与 A 用 K_S 会话了。

然而，主动攻击者对这种认证方式可能进行重放攻击。例如 A 代表雇主，B 代表银行。第三者 C 为 A 工作，通过银行转账取得报酬。如果 C 为 A 工作了一次，得到了一次报酬，并偷听和复制了 A 和 B 之间就转账问题交换的报文，那么贪婪的 C 就可以按照原来的次序向银行重发报文 2，冒充 A 与 B 之间的会话，以便得到第二次、第三次……报酬。在重放攻击中攻击者不需要知道会话密钥 K_S，只要能猜测密文的内容对自己有利或是无利就可以达到攻击的目的。

2．基于公钥的认证

这种认证协议如图 9-5 所示。A 向 B 发出 E_B(A, R_A)，该报文用 B 的公钥加密。B 返

回 $E_A(R_A, R_B, K_S)$，用 A 的公钥加密。这两个报文中分别有 A 和 B 指定的随机数 R_A 和 R_B，因此能排除重放的可能性。通信双方都用对方的公钥加密，用各自的私钥解密，所以应答比较简单。其中的 K_S 是 B 指定的会话键。这个协议的缺陷是假定双方都知道对方的公钥。

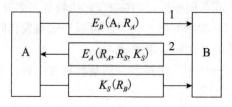

图 9-5   基于公钥的认证协议

9.3.3   数字签名

与人们手写签名的作用一样，数字签名系统向通信双方提供服务，使得 A 向 B 发送签名的消息 P，以便达到以下几点：

（1）B 可以验证消息 P 确实来源于 A。

（2）A 以后不能否认发送过 P。

（3）B 不能编造或改变消息 P。

下面介绍两种数字签名系统。

1．基于密钥的数字签名

这种系统如图 9-6 所示。设 BB 是 A 与 B 共同信赖的仲裁人。K_A 和 K_B 分别是 A 和 B 与 BB 之间的密钥，而 K_{BB} 是只有 BB 掌握的密钥，P 是 A 发给 B 的消息，t 是时间戳。BB 解读了 A 的报文 {A, K_A (B, R_A, t, P)} 以后产生了一个签名的消息 K_{BB}(A, t, P)，并装配成发给 B 的报文 {K_B (A, R_A, t, P, K_{BB} (A, t, P))}。B 可以解密该报文，阅读消息 P，并保留证据 K_{BB}(A, t, P)。由于 A 和 B 之间的通信是通过中间人 BB 的，所以不必怀疑对方的身份。又由于证据 K_{BB} (A, t, P) 的存在，A 不能否认发送过消息 P，B 也不能改变得到的消息 P，因为 BB 仲裁时可能会当场解密 K_{BB}(A, t, P)，从而得到发送人、发送时间和原来的消息 P。

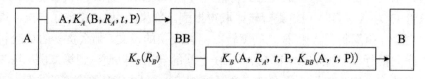

图 9-6   基于密钥的数字签名

2．基于公钥的数字签名

利用公钥加密算法的数字签名系统如图 9-7 所示。如果 A 方否认了，B 可以拿出

$D_A(P)$，并用 A 的公钥 E_A 解密得到 P，从而证明 P 是 A 发送的。如果 B 把消息 P 篡改了，当 A 要求 B 出示原来的 $D_A(P)$ 时，B 拿不出来。

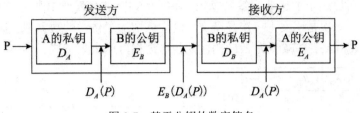

图 9-7　基于公钥的数字签名

9.3.4　报文摘要

用于差错控制的报文检验是根据冗余位检查报文是否受到信道干扰的影响，与之类似的报文摘要方案是计算密码校验和，即固定长度的认证码，附加在消息后面发送，根据认证码检查报文是否被篡改。设 M 是可变长的报文，K 是发送者和接收者共享的密钥，令 MD=$C_K(M)$，这就是算出的报文摘要（Message Digest），如图 9-8 所示。由于报文摘要是原报文唯一的压缩表示，代表了原来报文的特征，所以也叫做数字指纹（Digital Fingerprint）。

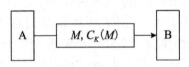

图 9-8　报文摘要方案

散列（Hash）算法将任意长度的二进制串映射为固定长度的二进制串，这个长度较小的二进制串称为散列值。散列值是一段数据唯一的、紧凑的表示形式。如果对一段明文只更改其中的一个字母，随后的散列变换都将产生不同的散列值。因为要找到散列值相同的两个不同的输入在计算上是很困难的，所以数据的散列值可以检验数据的完整性。

通常的实现方案是对任意长的明文 M 进行单向散列变换，计算固定长度的位串作为报文摘要。对 Hash 函数 $h=H(M)$ 的要求如下：

（1）可用于任意大小的数据块。

（2）能产生固定大小的输出。

（3）软/硬件容易实现。

（4）对于任意 m，找出 x，满足 $H(x)=m$，是不可计算的。

（5）对于任意 x，找出 $y\neq x$，使得 $H(x)=H(y)$，是不可计算的。

（6）找出 (x, y)，使得 $H(x)=H(y)$，是不可计算的。

前 3 项要求显而易见是实际应用和实现的需要。第 4 项要求就是所谓的单向性，这个条件使得攻击者不能由偷听到的 m 得到原来的 x。第 5 项要求是为了防止伪造攻击，使得攻击者不能用自己制造的假消息 y 冒充原来的消息 x。第 6 项要求是为了对付生日攻击的。

报文摘要可以用于加速数字签名算法，在图 9-8 中，BB 发给 B 的报文中报文 P 实际上出现了两次，一次是明文，一次是密文，这显然增加了传送的数据量。如果改成图 9-9 所示的报文，$K_{BB}(A, t, P)$ 减少为 $MD(P)$，则传送过程可以大大加快。

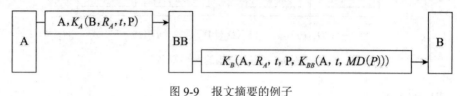

图 9-9　报文摘要的例子

9.3.5　数字证书

数字证书是各类终端实体和最终用户在网上进行信息交流及商务活动的身份证明，在电子交易的各个环节，交易的各方都需验证对方数字证书的有效性，从而解决相互间的信任问题。

数字证书采用公钥体制，即利用一对互相匹配的密钥进行加密和解密。每个用户自己设定一个特定的仅为本人所知的私有密钥（私钥），用它进行解密和签名，同时设定一个公共密钥（公钥），并由本人公开，为一组用户所共享，用于加密和验证。公开密钥技术解决了密钥发布的管理问题。一般情况下，证书中还包括密钥的有效时间、发证机构（证书授权中心）的名称及该证书的序列号等信息。数字证书的格式遵循 ITUT X.509 国际标准。

用户的数字证书由某个可信的证书发放机构（Certification Authority，CA）建立，并由 CA 或用户将其放入公共目录中，以供其他用户访问。目录服务器本身并不负责为用户创建数字证书，其作用仅仅是为用户访问数字证书提供方便。

在 X.509 标准中，数字证书的一般格式包含的数据域如下。

（1）版本号：用于区分 X.509 的不同版本。

（2）序列号：由同一发行者（CA）发放的每个证书的序列号是唯一的。

（3）签名算法：签署证书所用的算法及参数。

（4）发行者：指建立和签署证书的 CA 的 X.509 名字。

（5）有效期：包括证书有效期的起始时间和终止时间。

（6）主体名：指证书持有者的名称及有关信息。

（7）公钥：有效的公钥以及其使用方法。

（8）发行者 ID：任选的名字唯一地标识证书的发行者。

（9）主体 ID：任选的名字唯一地标识证书的持有者。

（10）扩展域：添加的扩充信息。

（11）认证机构的签名：用 CA 私钥对证书的签名。

1．证书的获取

CA 为用户产生的证书应具有以下特性：

（1）只要得到 CA 的公钥，就能由此得到 CA 为用户签署的公钥。

（2）除 CA 外，其他任何人员都不能以不被察觉的方式修改证书的内容。

因为证书是不可伪造的，因此无须对存放证书的目录施加特别的保护。

如果所有用户都由同一 CA 签署证书，则这一 CA 必须取得所有用户的信任。用户证书除了能放在公共目录中供他人访问外，还可以由用户直接把证书转发给其他用户。用户 B 得到 A 的证书后，可相信用 A 的公钥加密的消息不会被他人获悉，还可信任用 A 的私钥签署的消息不是伪造的。

如果用户数量很多，仅一个 CA 负责为所有用户签署证书可能不现实。通常应有多个 CA，每个 CA 为一部分用户发行和签署证书。

设用户 A 已从证书发放机构 X_1 处获取了证书，用户 B 已从 X_2 处获取了证书。如果 A 不知 X_2 的公钥，他虽然能读取 B 的证书，但却无法验证用户 B 证书中 X_2 的签名，因此 B 的证书对 A 来说是没有用处的。然而，如果两个证书发放机构 X_1 和 X_2 彼此间已经安全地交换了公开密钥，则 A 可通过以下过程获取 B 的公开密钥：

（1）A 从目录中获取由 X_1 签署的 X_2 的证书 X_1《X_2》，因为 A 知道 X_1 的公开密钥，所以能验证 X_2 的证书，并从中得到 X_2 的公开密钥。

（2）A 再从目录中获取由 X_2 签署的 B 的证书 X_2《B》，并由 X_2 的公开密钥对此加以验证，然后从中得到 B 的公开密钥。

在以上过程中，A 是通过一个证书链来获取 B 的公开密钥的，证书链可表示为

$$X_1《X_2》X_2《B》$$

类似地，B 能通过相反的证书链获取 A 的公开密钥，表示为

$$X_2《X_1》X_1《A》$$

以上证书链中只涉及两个证书。同样，有 N 个证书的证书链可表示为

$$X_1《X_2》X_2《X_3》\cdots X_N《B》$$

此时，任意两个相邻的 CAX_i 和 CAX_{i+1} 已彼此间为对方建立了证书，对每一个 CA 来说，由其他 CA 为这一 CA 建立的所有证书都应存放于目录中，并使得用户知道所有证书相互之间的连接关系，从而可获取另一用户的公钥证书。X.509 建议将所有的 CA 以层次结构组织起来，用户 A 可从目录中得到相应的证书以建立到 B 的以下证书链：

$$X《W》W《V》V《U》U《Y》Y《Z》Z《B》$$

并通过该证书链获取 B 的公开密钥。

类似地，B 可建立以下证书链以获取 A 的公开密钥：

$$X《W》W《V》V《U》U《Y》Y《Z》Z《A》$$

2．证书的吊销

从证书的格式上可以看到，每个证书都有一个有效期，然而有些证书还未到截止日期就会被发放该证书的 CA 吊销，这可能是由于用户的私钥已被泄漏，或者该用户不再由该 CA 来认证，或者 CA 为该用户签署证书的私钥已经泄漏。为此，每个 CA 还必须维护一个证书吊销列表（Certificate Revocation List，CRL），其中存放所有未到期而被提前吊销的证书，包括该 CA 发放给用户和发放给其他 CA 的证书。CRL 还必须由该 CA 签字，然后存放于目录中以供他人查询。

CRL 中的数据域包括发行者 CA 的名称、建立 CRL 的日期、计划公布下一 CRL 的日期以及每个被吊销的证书数据域。被吊销的证书数据域包括该证书的序列号和被吊销的日期。对一个 CA 来说，它发放的每个证书的序列号是唯一的，所以可用序列号来识别每个证书。

因此，每个用户收到他人消息中的证书时都必须通过目录检查这一证书是否已经被吊销，为避免搜索目录引起的延迟以及因此而增加的费用，用户自己也可维护一个有效证书和被吊销证书的局部缓存区。

9.4　嵌入式系统安全方案

嵌入式系统具有应用针对性、实时性要求高等特点，嵌入式系统设备主要包括智能卡、USB-key、智能手机和行业工控系统等。

9.4.1　智能卡安全技术

智能卡（Smartcard 或 IC Card）内部有集成电路可以安全地存储数据。常见的针对智能卡攻击手段如下：

（1）物理篡改：想办法使卡中的集成电路暴露出来，用微探针附在芯片表面，直接读出存储器中的内容。

（2）时钟抖动：让时钟工作在正常的频率范围，但是在某一精确计算的时间间隔内突然注入高频率的脉冲，导致处理器丢失一两条指令。

（3）超范围电压探测：与超范围时钟频率探测类似，通过调整电压，使处理器出错。

针对以上的攻击手段，智能卡厂商都采取了一系列防范措施：如总线分层、使芯片平坦化、平衡能耗、随机指令冗余等。这些安全措施中，都采用了强度极高的各种安全算法、数据加密等措施。在应用当中采用了包括生物识别在内的用户身份识别、用户 PIN 码认证、智能卡与智能卡读写机间的交互认证等各种安全措施。

9.4.2　USB–Key 技术

USB Key 是一种 USB 接口的硬件设备。它内置单片机或智能卡芯片，有存储空间来存储用户的私钥以及数字证书，利用 USB Key 内置的公钥算法实现对用户身份的认证。由于用户私钥保存在密码锁中，理论上使用任何方式都无法读取，因此保证了用户认证的安全性。

每个 USB Key 硬件都具有用户 PIN 码，以实现双因子认证功能。USB Key 内置单向散列算法（MD5），预先在 USB Key 和服务器中存储一个证明用户身份的密钥，当需要在网络上验证用户身份时先由客户端向服务器发出一个验证请求。服务器接到此请求后生成一个随机数并通过网络传输给客户端（此为冲击）。客户端将收到的随机数提供给插在客户端上的 USB Key，由 USB Key 使用该随机数与存储在 USB Key 中的密钥进行带密钥的单向散列运算（HMACMD5）并得到一个结果作为认证证据传送给服务器（此为响应）。与此同时，服务器使用该随机数与存储在服务器数据库中的该客户密钥进行 HMAC-MD5 运算，如果服务器的运算结果与客户端传回的响应结果相同，则认为客户端是一个合法用户。

9.4.3　智能终端的安全技术

作为一个应用性很强的设备，可信智能手机应该具有无线保密通信、GPS 等典型的功能应用。其具体方法如下：

1．可信智能终端系统的体系结构

智能手机系统常采用哈弗结构的 CPU，并且 CPU 内集成多个外部设备，在不改变 CPU 结构的前提下，利用 TPM 加强对内存的管理，阻断对系统的恶意入侵和误操作对系统的损失，包括对于智能手机设备数据存储的加解密等新技术的配合。

2．可信智能终端的操作系统安全增强

智能手机系统的软件体系结构和传统的 PC 略有不同，其独特的 BOOTLOADER 代替 BIOS 全面管理嵌入式系统的硬件，根据上述可信智能手机系统的硬件体系结构的特点，有必要从 BOOTLOADER 内容开始，包括智能手机的操作系统，进行安全增强的改写，以配合 TPM 和信任链的结构完成整个可信平台的软件系统的保障。

3．可信智能终端的信任链结构

信任链的传递是体现可信的重要手段，它是可信智能手机平台的核心机制。但应该看到目前的信任链机制是建立在传统 PC 的体系架构之上的，并不完全符合智能手机系统的实际情况，因此，需要新的实现方式来体现这种信任的传递，对于信任的度量、存储、报告的实现机制进行研究。目前，包括在通用 PC 上，完整的信任链结构以及信任的度量、存储、报告机制还没有完全实现。可信智能手机应该实现这些功能。

4．可信智能终端的保密通信与可信网络连接

可信智能手机的体系结构的完成仅仅是第一步，更重要的是支持传统智能手机的固有应用功能。无线通信是智能手机的一个重要的应用功能，为了保证传递数据安全性，必须首先保证通信双方的身份可信，并对通信的信息或数据进行加密，目前已经有 TNC

（可信网络连接）等技术对此进行研究和支撑。

9.4.4　行业工控系统安全

1．加强制度建设和人员管理

为适应形势发展需要，行业应及时建立并不断完善各种安全保障的法规、制度，坚持依法管理工控安全。法律规范应建立在安全技术标准和实际应用的基础之上，具有宏观性、科学性、严密性和稳定性。必须明确主体、用户和其他有关实体的权利和职责，安全监管部门的权利和职责，对奖励与处罚、违法与犯罪的惩治等都应有明确的规定。同时加强人员管理教育。信息安全保密问题核心是人员的管理和教育。工控系统中存在的大量重要数据是生产单位的核心资产，为此，在考虑信息安全的综合治理时，行业首先要重点抓住人员管理这个核心。因而必须在思想品质、职业道德、监督管理、规章制度和教育培训等方面下功夫，加强对人员的思想教育和技术培训，防止人为主观入侵事件的发生，并有效阻止外来非法访问、非法入侵。

2．加强技术防范

（1）采用访问控制策略。行业系统的数据保护的主要任务是保证系统资源不被非法使用和非法访问。访问控制策略包括入网访问控制策略、操作权限控制策略、目录安全控制策略、属性安全控制策略、系统监测和锁定控制策略，以及终端结点安全控制策略等方面的内容，一般采用基于资源的集中式控制、基于目的地址的过滤管理以及网络签证等技术来实现。

（2）采用加密技术。加密的目的是保护行业的数据、文件、口令和控制信息，防止信息的非授权泄漏。通过加密技术不仅可以有效地对抗截获、非法访问、破坏信息的完整性等威胁，还可以较好地解决伪造、抵赖、冒充和篡改等安全问题。

（3）采用反病毒技术。反病毒技术包括预防、检测和消除病毒等技术。反病毒程序常驻内存，优先控制系统，监视和判断系统中是否有病毒存在，进而阻止病毒进入系统和对系统进行破坏。针对病毒的严重性，应提高防范意识，做到所有软件必须经过严格审查，经过相应的控制程序后才能使用。

3．加强整体防护

（1）把好系统设计安全关。系统设计是行业工控系统与信息工程建设的第一个环节，要遵循业务需求与安全需求同步设计的原则，消除系统结构性漏洞，打牢系统安全防护基础。

（2）把好产品研发与设备采购关。把好产品研发和设备采购关，能有效防止存有漏洞或后门的产品进入行业系统，是保证系统安全的重要环节。产品研发包括研发过程要规范，安全性能要达标，安全测试要同步。

（3）把好系统安全管理关。大量事实证明，管理漏洞是许多行业工控系统、信息系统出现故障的主要原因，确保系统安全，管理是关键，围绕系统安全管理，要重点抓好健全领导机制，完善管理制度和人员管理 3 项基本工作。要加强工程实施和竣工验收管理，同步跟踪工控与信息系统建设的全过程，高度重视竣工验收，随时发现和消除各种安全隐患和漏洞。

（4）把好系统风险评估关。定期开展安全检测和风险评估，及时发现行业工控系统存在的脆弱性和漏洞，评估可能面临的安全风险，并对发现的安全问题进行技术加固。

（5）把好系统威胁监测和应急响应关。为及时发现各种网络入侵攻击行为，应对重要的行业工控系统网络端结点和关键数据进行威胁监测，以掌握主机系统、邮件系统、网络和网站的运行状况和安全态势。应急响应是应对信息安全事件，防止事态扩大，堵塞漏洞，减少损失必不可少的一项重要工作。建立应急响应技术团队，制定应急响应预案，定期开展应急演练、现场取证和攻击源定位、系统和数据恢复，以及安全加固等工作。

第 10 章 标准化、信息化与知识产权基础知识

嵌入式系统开发过程中涉及众多标准以及软件著作权、商业秘密权、专利权和商标权等。本章简要介绍标准化、信息化和知识产权基础知识。

10.1 标准化基础知识

标准（Standard）是对重复性事物和概念所做的统一规定。规范（Specification）、规程（Code）都是标准的一种形式。标准化（Standardization）是在经济、技术、科学及管理等社会实践中，以改进产品、过程和服务的适用性，防止贸易壁垒，促进技术合作，促进最大社会效益为目的，对重复性事物和概念通过制定、发布和实施标准达到统一，获最佳秩序和社会效益的过程。

10.1.1 概述

标准是标准化活动的产物，其目的和作用都是通过制定和贯彻具体的标准来体现的。标准化不是一个孤立的事物，而是一个活动过程。标准化活动过程一般包括标准产生（调查、研究、形成草案、批准发布）子过程、标准实施（宣传、普及、监督、咨询）子过程和标准更新（复审、废止或修订）子过程等。

1. 标准的分类

标准化工作是一项复杂的系统工程，标准为适应不同的要求从而构成一个庞大而复杂的系统。为便于研究和应用的目的，可以从不同的角度和属性将标准进行分类。

1）根据适用范围分类

根据标准制定的机构和标准适用的范围，可分为国际标准、国家标准、行业标准、企业（机构）标准及项目（课题）标准。

（1）国际标准（International Standard）。国际标准是指国际标准化组织（ISO）、国际电工委员会（IEC）所制定的标准，以及 ISO 出版的《国际标准题内关键词索引（KWIC Index）》中收录的其他国际组织制定的标准。国际标准在世界范围内统一使用，各国可以自愿采用，不强制使用。

（2）国家标准（National Standard）。国家标准是由政府或国家级的机构制定或批准的、适用于全国范围的标准，是一个国家标准体系的主体和基础，国内各级标准必须服从且不得与之相抵触。常见的国家标准如表 10-1 所示。

表 10-1　常见的国家标准

标准代号	说　明
GB	中华人民共和国国家技术监督局所公布实施的标准，简称为"国标"
ANSI	美国国家标准协会（American National Standards Institute，ANSI）制定的标准
BS	英国标准学会（British Standard）制定的标准
JIS	日本工业标准调查会（Japanese Industrial Standard）制定的标准

（3）区域标准（Regional Standard）。区域标准（也称地区标准）泛指世界上按地理、经济或政治划分的某一区域标准化团体所通过的标准。它是为了某一区域的利益建立的标准。通常，地区标准主要是指太平洋地区标准会议（PASC）、欧洲标准化委员会（CEN）、亚洲标准咨询委员会（ASAC）、非洲地区标准化组织（ARSO）等地区组织所制定和使用的标准。

（4）行业标准（Specialized Standard）。行业标准是由行业机构、学术团体或国防机构制定，并适用于某个业务领域的标准，行业标准示例参见表 10-2。

表 10-2　行业标准代号及示例

标准代号	说　明
GJB	GJB 是由我国国防科学技术工业委员会批准，适用于国防部门和军队使用的标准。例如，2004 年发布实施的 GJB 5236—2004《军用软件质量度量》规定了军用软件产品的质量模型和基本的度量
IEEE	IEEE 通过的标准常常要报请 ANSI 审批，使其具有国家标准的性质。因此，IEEE 公布的标准常冠有 ANSI 字头。例如，ANSI/IEEE Str 828-1983《软件配置管理计划标准》
DOD-STD	DOD-STD 是美国国防部标准（Department of Defense-Standards），适用于美国国防部门。美国军用标准 MIL-S（Military-Standards）适用于美军内部。例如，DOD-STD-1679A-1983《电气和电子零件、组件 与设备的静电放电防护控制大纲》，1988 年修订为 MIL-STD-1686。该标准涉及对易遭损害的电气电子零件在设计、试验、检查、维修、制造、加工、装配、安装、包装、储存等各个环节在制定和实施静电控制的要求，及对执行这些要求的情况进行检查和评审的要求

（5）企业标准（Company Standard）。企业标准是由企业或公司批准、发布的标准，某些产品标准由其上级主管机构批准、发布。例如，美国 IBM 公司通用产品部（General Products Division）1984 年制定的《程序设计开发指南》，仅供该公司内部使用。

（6）项目规范（Project Specification）。由某一科研生产项目组织制定，且为该项任务专用的软件工程规范。例如，计算机集成制造系统（CIMS）的软件工程规范。

根据《中华人民共和国标准化法》的规定，我国标准分为国家标准、行业标准、地方标准和企业标准 4 类。这 4 类标准主要是适用的范围不同，不是标准技术水平高低的分级。

（1）国家标准。由国务院标准化行政主管部门制定的需要全国范围内统一的技术要求。

（2）行业标准。没有国家标准而又需在全国某个行业范围内统一的技术标准，由国务院有关行政主管部门制定并报国务院标准化行政主管部门备案的标准。

（3）地方标准。没有国家标准和行业标准而又需在省、自治区、直辖市范围内统一的工业产品的安全、卫生要求，由省、自治区、直辖市标准化行政主管部门制定并报国务院标准化行政主管部门和国务院有关行业行政主管部门备案的标准。

（4）企业标准。企业生产的产品没有国家标准、行业标准和地方标准，由企业自行组织制定、作为组织生产依据的相应标准，或者在企业内制定适用的，比国家标准、行业标准或地方标准更严格的企业（内控）标准，并按省、自治区、直辖市人民政府的规定备案的标准（不含内控标准）。

2）根据标准的性质分类

根据标准的性质可分为技术标准、管理标准和工作标准。

（1）技术标准（Technique Standard）。技术标准是针对重复性的技术事项而制定的标准，是从事生产、建设及商品流通时需要共同遵守的一种技术依据。

（2）管理标准（Administrative Standard）。管理标准是管理机构为行使其管理职能而制定的具有特定管理功能的标准，主要用于规定人们在生产活动和社会实践中的组织结构、职责权限、过程方法、程序文件、资源分配以及方针、目标、措施、影响管理的因素等事宜，它是合理组织国民经济，正确处理各种生产关系，正确实现合理分配，提高生产效率和效益的依据。在实际工作中通常按照标准所起的作用不同，将管理标准分为技术管理标准、生产组织标准、经济管理标准、行政管理标准、业务管理标准和工作标准等。

（3）工作标准（Work Standard）。为协调整个工作过程，提高工作质量和效率，针对具体岗位的工作制定的标准。对工作的内容、方法、程序和质量要求所制定的标准，称为工作标准。工作标准的内容包括各岗位的职责和任务、每项任务的数量、质量要求及完成期限，完成各项任务的程序和方法，与相关岗位的协调、信息传递方式，工作人员的考核与奖罚方法等。对生产和业务处理的先后顺序、内容和要达到的要求所作的规定称为工作程序标准。以管理工作为对象所制定的标准，称为管理工作标准。管理工作标准的内容主要包括工作范围、内容和要求；与相关工作的关系；工作条件；工作人员的职权与必备条件；工作人员的考核、评价及奖惩办法等。

3）根据标准的对象和作用分类

根据标准的对象和作用，标准可分为基础标准、产品标准、方法标准、安全标准、卫生标准、环境保护标准和服务标准等。

4）根据法律的约束性分类

根据标准的法律约束性，可分为强制性标准和推荐性标准。

（1）强制性标准。根据《中华人民共和国标准化法》的规定，企业和有关部门对涉及其经营、生产、服务、管理有关的强制性标准都必须严格执行，任何单位和个人不得擅自更改或降低标准。对违反强制性标准而造成不良后果以至重大事故者，由法律、行政法规规定的行政主管部门依法根据情节轻重给予行政处罚，直至由司法机关追究刑事责任。

强制性标准是国家技术法规的重要组成。它符合《世界贸易组织贸易技术壁垒协定》关于"技术法规"定义，即"强制执行的规定产品特性或相应加工方法的包括可适用的行政管理规定在内的文件。技术法规也可包括或专门规定用于产品、加工或生产方法的术语、符号、包装标志或标签要求"，为使我国强制性标准与 WTO/TBT 规定衔接，其范围限制在国家安全、防止欺诈行为、保护人身健康与安全、保护动物植物的生命和健康以及保护环境等方面。

（2）推荐性标准。在生产、交换、使用等方面，通过经济手段或市场调节而自愿采用的一类标准称为推荐性标准。这类标准不具有强制性，任何单位均有权决定是否采用，违反这类标准，不构成经济或法律方面的责任。应当指出的是，推荐性标准一经接受并采用，或由各方商定后同意纳入经济合同中，就成为各方必须共同遵守的技术依据，具有法律上的约束性。

2．标准的代号和编号

1）国际标准 ISO 的代号和编号

国际标准 ISO 的代号和编号的格式为 ISO+标准号+[杠+分标准号]+冒号+发布年号（方括号中的内容可有可无），例如，ISO 8402：1987 和 ISO 9000-1：1994 是 ISO 标准的代号和编号。

2）国家标准的代号和编号

我国国家标准的代号由大写汉语拼音字母构成，强制性国家标准代号为GB，推荐性国家标准的代号为 GB/T。

国家标准的编号由国家标准的代号、标准发布顺序号和标准发布年代号（4位数）组成。

（1）强制性国家标准：GB ×××××—××××。

（2）推荐性国家标准：GB/T ×××××—××××。

3）行业标准的代号和编号

（1）行业标准代号。行业标准代号由汉语拼音大写字母组成，由国务院各有关行政主管部门提出其所管理的行业标准范围的申请报告，国务院标准化行政主管部门审查确定并正式公布该行业标准代号。已正式公布的行业代号有 QJ（航天）、SJ（电子）、JB（机械）和 JR（金融系统）等。

（2）行业标准的编号。行业标准的编号由行业标准代号、标准发布顺序及标准发布年代号（4位数）组成，表示方法如下。

- 强制性行业标准编号：×× ××××—××××。
- 推荐性行业标准编号：××/T ××××—××××。

4）地方标准的代号和编号

（1）地方标准的代号。由大写汉语拼音 DB 加上省、自治区、直辖市行政区划代码的前两位数字（如北京市 11、天津市 12、上海市 31 等），再加上斜线 T 组成推荐性地方标准；不加斜线 T 为强制性地方标准，表示方法如下。

- 强制性地方标准：DB××。
- 推荐性地方标准：DB××/T。

（2）地方标准的编号。地方标准的编号由地方标准代号、地方标准发布顺序号和标准发布年代号（4 位数）3 部分组成，表示方法如下。

- 强制性地方标准：DB×× ×××—××××。
- 推荐性地方标准：DB××/T ×××—××××。

5）企业标准的代号和编号

（1）企业标准的代号。企业标准的代号由汉语大写拼音字母 Q 加斜线再加企业代号组成，企业代号可用大写拼音字母、阿拉伯数字或两者兼用组成。企业代号按中央所属企业和地方企业分别由国务院有关行政主管部门或省、自治区、直辖市政府标准化行政主管部门会同同级有关行政主管部门加以规定。例如，Q/×××。企业标准一经制定颁布，即对整个企业具有约束性，是企业法规性文件，没有强制性企业标准和推荐性企业标准之分。

（2）企业标准的编号。企业标准的编号由企业标准代号、标准发布顺序号和标准发布年代号（4 位数）组成，表示方法：Q/××× ××××—××××。

3．国际标准和国外先进标准

国际标准和国外先进标准集中了一些先进工业国家的技术经验，世界各国都积极采用国际标准或先进的标准。

1）国际标准

国际标准是指国际标准化组织、国际电工委员会所制定的标准，以及 ISO 出版的《国际标准题内关键词索引（KWIC Index）》中收录的其他国际组织制定的标准。1983 年 3 月出版的 KWIC 索引（第 1 版）中共收录了 24 个国际组织制定的 7600 个标准，其中 ISO 标准占 68%，IEC 标准占 18.5%，其他 22 个国际组织的标准共 968 个，占 13.5%。1989 年出版的 KWIC 索引（第 2 版）共收录了 ISO 与 IEC 制定的 800 个标准，以及其他 27 个国际组织的 1200 多条标准。ISO 推荐列入 KWIC 索引的有 27 个国际组织，一些未列入 KWIC Index 的国际组织所制定的某些标准也被国际公认。这 27 个国际组织制定的标准化文献主要有国际标准、国际建议、国际公约、国际公约的技术附录和国际代码，也有经各国政府认可的强制性要求。对国际贸易业务服务和信息交流具有重要影响。

2）国外先进标准

国外先进标准是指国际上有权威的区域性标准；世界上经济发达国家的国家标准和通行的团体标准；包括知名企业标准在内的其他国际上公认的先进标准，主要有以下几种标准。

（1）国际上有权威的区域性标准。如欧洲标准化委员会（CEN）、欧洲电工标准化委员会（CENELEC）、欧洲广播联盟（EBU）、亚洲大洋洲开放系统互连研讨会（AOW）、亚洲电子数据交换理事会（ASEB）等制定的标准。

（2）世界经济技术发达国家的国家标准。如美国国家标准、德国国家标准（DIN）、英国国家标准、日本国工业标准、瑞典国家标准（SIS）、法国国家标准（NF）、瑞士国家标准（SNV）、意大利国家标准（UNI）和俄罗斯国家标准（TOCTP）等。

（3）国际公认的行业性团体标准。如美国材料与实验协会标准（ASTM）、美国石油学会标准（API）、美国军用标准（MIL）、美国电气制造商协会标准（NEMA）、美国电影电视工程师协会标准（SMPTE）、美国机械工程师协会标准（ASME）和英国石油学会标准（IP）等。

（4）国际公认的先进企业标准。如美国 IBM 公司、美国 HP 公司、芬兰诺基亚公司和瑞士钟表公司等企业标准。

3）采用国际标准和国外先进标准的原则

（1）根据我国国民经济发展的需要，确定一定时期采用国际标准和国外先进标准的方向、任务。当国民经济处于建立社会主义经济体系初期，采用国际标准和国外先进标准就是要从战略上、从国家长远利益上考虑突出国际标准中的重大基础标准、通用方法标准的采用问题。当国民经济发展到一定阶段，如产品质量要赶超世界先进水平时，对国际标准和国外先进标准中的先进产品标准和质量标准就成为采用的重要对象。

（2）很多国际标准是国际上取得多年实际经验后被公认的，一般来说不必都去进行实践验证。为加快采用国际标准和国外先进标准的速度，一般都简化制定手续，基本上采取"先拿来用，然后实践验证，再补充修改"的模式。

（3）促进产品质量水平的提高是当前采用国际标准和国外先进标准的一项重要原则。产品质量问题首先有标准问题，只有采用了先进的国际标准或先进的国外标准，才能提高我国的标准水平。只有提高了标准水平，才能有力地促进产品质量的提高。如果要赶超世界先进水平，就要采用国际标准和国外先进标准。

（4）要紧密结合我国实际情况、自然资源和自然条件，需符合国家的有关法令、法规和政策，做到技术先进、经济合理、安全可靠、方便使用、促进生产力发展。

（5）对于国际标准中的基础标准、方法标准、原材料标准和通用零部件标准，需要先行采用。通过的基础标准、方法标准以及有关安全、卫生和环境保护等方面的标准，一般应与国际标准协调一致。

（6）在技术引进和设备进口中采用国际标准，应符合《技术引进和设备进口标准化审查管理办法（试行）》中的规定。例如，原则上不引进和进口英制设备等。

（7）当国际标准不能满足要求或尚无国际标准时，应参照上述原则积极采用国外先进标准。

4）采用程度

采用国际标准或国外先进标准的程度，分为等同采用、等效采用和非等效采用。

（1）等同采用。指国家标准等同于国际标准，仅有或没有编辑性修改。编辑性修改是指不改变标准技术的内容的修改。如纠正排版或印刷错误；标点符号的改变；增加不改变技术内容的说明、提示等。因此，可以认为等同采用就是指国家标准与国际标准相同，不做或稍做编辑性修改，编写方法完全相对应。

（2）等效采用。指国家标准等效于国际标准，技术内容上只有很小差异。编辑上不完全相同，编写方法不完全相对应。如奥地利标准 ONORMS 5022 内河船舶噪声测量标准中，包括一份试验报告的推荐格式，而相应的国际标准 ISO 2922 中没有此内容。

（3）非等效采用。指国家标准不等效于国际标准，在技术上有重大技术差异。即国家标准中有国际标准不能接受的条款，或者在国际标准中有国家标准不能接受的条款。在技术上有重大差异的情况下，虽然国家标准制定时是以国际标准为基础，并在很大程度上与国际标准相适应，但不能使用"等效"这个术语。通常包括以下 3 种情况。

① 国家标准包含的内容比国际标准少。国家标准较国际要求低或选国际标准中部分内容。国家标准与国际标准之间没有互相接受条款的"逆定理"情况。

② 国家标准包含的内容比国际标准多。国家标准增加了内容或类型，且具有较高要求等，也没有"逆定理"情况。

③ 国家标准与国际标准有重叠。部分内容是完全相同或技术上相同，但在其他内容上却互不包括对方的内容。

采用国际标准或国外先进标准，按国家标准 GB 161 的规定编写。采用程度符号用缩写字母表示，等同采用 idt 或 IDT 表示，等效采用 eqv 或 EQV 表示，非等效采用 neq 或 NEQ 表示。

- 等同采用：GB ××××—×××× （idt ISO ××××—××××）。
- 等效采用：GB ××××—×××× （eqv ISO ××××—××××）。
- 非等效采用：GB ××××—×××× （neq ISO××××—××××）。

10.1.2 信息技术标准化

信息技术标准化是围绕信息技术开发、信息产品的研制和信息系统建设、运行与管理而开展的一系列标准化工作。其中主要包括信息技术术语、信息表示、汉字信息处理技术、媒体、软件工程、数据库、网络通信、电子数据交换、电子卡、管理信息系统和计算机辅助技术等方面的标准化。

1. 信息编码标准化

编码是一种信息表现形式和信息交换的技术手段。对信息进行编码实际上是对文字、音频、图形和图像等信息进行处理，使之量化，从而便于利用各种通信设备进行信息传递和利用计算机进行信息处理。作为一种信息交换的技术手段，必须保证信息交换的一致性。为了统一编码系统，人们借助了标准化这个工具，制定了各种标准代码，如国际上比较通用的 ASCII 码（美国信息交换标准代码）。

2. 汉字编码标准化

汉字编码是对每一个汉字按一定的规律用若干字母、数字、符号表示出来。汉字编码的方法很多，主要有数字编码，如电报码、四角号码；拼音编码，即用汉字的拼音字母对汉字进行编码；字形编码，即用汉字的偏旁部首和笔画结构与各个英文字母相对应，再用英文字母的组合代表相应的汉字。对于每一种汉字编码，计算机内部都有一种相应的二进制内部码，不同的汉字编码在使用上不能替换。

我国在汉字编码标准化方面取得的突出成就就是信息交换用汉字编码字符集国家标准的制定。该字符集共有 6 集。其中，GB 2312—80 信息交换用汉字编码字符集是基本集，收入常用基本汉字和字符 7445 个。GB 7589—87 和 GB 7590—87 分别是第二辅助集和第四辅助集，各收入现代规范汉字 7426 个。GB/T 12345—90 是辅助集，它与第三辅助集和第五辅助集分别是与基本集、第二辅助集和第四辅助集相对应的繁体字的汉字字符集。

汉字信息处理标准化的内容还包括汉字键盘输入的标准化；汉字文字识别输入和语音识别输入的标准化；汉字输出字体和质量的标准化；汉字属性和汉语词语的标准化等。

3. 软件工程标准化

软件工程的目的是改善软件开发的组织，降低开发成本，缩短开发时间，提高工作效率，提高软件质量。它在内容上包括软件开发的软件概念形成、需求分析、计划组织、系统分析与设计、结构程序设计、软件调试、软件测试和验收、安装和检验、软件运行和维护，以及软件运行的终止。同时还有许多技术管理工作，如过程管理、产品管理、资源管理，以及确认与验证工作，如评审与审计、产品分析等。软件工程最显著的特点就是把个别的、自发的、分散的、手工的软件开发变成一种社会化的软件生产方式。软件生产的社会化必然要求软件工程实行标准化。

软件工程标准化的主要内容包括过程标准（如方法、技术和度量等）、产品标准（如需求、设计、部件、描述、计划和报告等）、专业标准（如道德准则、认证等）、记法标准（如术语、表示法和语言等）、开发规范（准则、方法和规程等）、文件规范（文件范围、文件编制、文件内容要求、编写提示）、维护规范（软件维护、组织与实施等）以及质量规范（软件质量保证、软件配置管理、软件测试和软件验收）等。

我国 1983 年 5 月成立"计算机与信息处理标准化技术委员会"，下设 13 个分技术委员会，其中程序设计语言分技术委员会和软件工程技术委员会与软件相关。我国推行软件工程标准化工作的总原则是向国际标准靠拢，对于能够在我国适用的标准全部按等同采用的方法，以促进国际交流。现已得到国家批准的软件工程国家标准如表 10-3 所示。

表 10-3　软件工程国家标准

分　类	标　准	说　明
基础标准	GB/T 13502—92	信息处理—程序构造及其表示法的约定
	GB/T 14085—93	信息处理系统—计算机系统配置图符号及其约定
	GB/T 11457—89	软件工程术语标准
	GB/T 15538—95	软件工程标准分类法
开发标准	GB 8566—88	软件开发规范
	GB/T 15532—95	计算机软件单元测试
	GB/T 14079—93	软件维护指南
文档标准	GB 8567—88	计算机软件产品开发文件编制指南
	GB/T 9385—88	计算机软件需求说明编制指南
	GB/T 9386—88	计算机软件测试文件编制指南
管理标准	GB/T 12505—90	计算机软件配置管理计划规范
	GB/T 12504—90	计算机软件质量保证计划规范
	GB/T 14394—93	计算机软件可靠性和可维护性管理
	GB/T 16260—96	信息技术、软件产品评价、质量特性及其使用指南

10.1.3　标准化组织

ISO 和 IEC 是世界上两个最大、最具有权威的国际标准化组织。目前，由 ISO 确认并公布的国际标准化组织还有国际计量局（BIPM）、联合国教科文组织（UNESCO）、世界卫生组织（WHO）、世界知识产权组织（WIPO）、国际信息与文献联合会（FID）、国际法制计量组织（OIML）等 27 个国际组织。

（1）国际标准化组织（International Organization for Standardization，ISO）成立于 1947年 2 月，是世界上最大的非政府性的并由各国标准化团体（ISO 成员团体）组成的世界性联合专门机构。其宗旨是世界范围内促进标准化工作的发展，以利于国际资源的交流和合理配置，扩大各国在知识、科学、技术和经济领域的合作。其主要活动是制定国际标准，协调世界范围内的标准化工作，组织各成员国和技术委员会进行交流，以及与其他国际性组织进行合作，共同研究有关标准问题，出版 ISO 国际标准。ISO 的工作语言是英文、法文、俄文，会址设在日内瓦。

（2）国际电工委员会（International Electrotechnical Commission，IEC）成立于 1906 年，是世界上最早的非政府性国际电工标准化机构，是联合国经济社会理事会（ECOSOC）的甲级咨询组织。自 1947 年 ISO 成立后，IEC 曾作为一个电工部并入 ISO，但在技术上和财务上仍保持独立。1976 年，双方又达成新协议，IEC 从 ISO 中分离出来，两组织各自独立，自愿合作，互为补充，共同建立国际标准化体系，IEC 负责有关电气工程及电子领域国际标准化工作，其他领域则由 ISO 负责。

（3）区域标准化组织。区域是指世界上按地理、经济或民族利益划分的区域。参加组织的机构有的是政府性的，有的是非政府性的，是为发展同一地区或毗邻国家间的经济及贸易，维护该地区国家的利益，协调本地区各国标准和技术规范而建立的标准化机构。其主要职能是制定、发布和协调该地区的标准。常见的区域标准化组织见表 10-4。

表 10-4　区域标准化组织

组织代号	说　明
CEN	欧洲标准化委员会（CEN）成立于 1961 年，是由欧洲经济共同体（EEC）、欧洲自由联盟（EFTA）所属国家的标准化机构所组成，主要任务是协调各成员国的标准，制定必要的欧洲标准（EN），实行区域认证制度
CEN EL EC	欧洲电工标准化委员会（CEN EL EC）成立于 1972 年，是由欧洲电工标准协调委员会（CEN EL）和欧洲电工协调委员会共同市场小组（CEN EL COM）合并组成的，主要是协调各成员国电器和电子领域的标准，以及电子元器件质量认证，制定部分欧洲标准
ASAC	亚洲标准咨询委员会（ASAC）成立于 1967 年，由联合国亚洲与太平洋经济社会委员会协商建立，主要是在 ISO、IEC 标准的基础上，协调各成员国标准化活动，制定区域性标准
ITU	国际电信联盟（ITU）于 1865 年 5 月在巴黎成立，1947 年成为联合国的专门机构，是世界各国政府的电信主管部门之间协调电信事务的一个国际组织,研究制定有关电信业务的规章制度，通过决议提出推荐标准，收集有关情报

（4）行业标准化组织。行业标准化组织是指制定和公布适应于某个业务领域标准的专业标准化团体，以及在其业务领域开展标准化工作的行业机构、学术团体或国防机构。常见的行业标准化组织见表 10-5。

表 10-5　行业标准化组织

组织代号	说　明
IEEE	美国电气电子工程师学会（IEEE）是由美国电气工程师学会（AIEE）和美国无线电工程师学会（IRE）于 1963 年合并而成，是美国规模最大的专业学会。IEEE 主要制定的标准内容有电气与电子设备、试验方法、元器件、符号、定义以及测试方法等
DOD	美国国防部批准、颁布适用于美国军队内部使用的标准，代号为 DOD（采用公制计量单位的以 DOD 表示）和 MIL
GJB	中国国防科学技术工业委员会批准、颁布适合于国防部门和军队使用的标准，代号为 GJB。例如，1988 年发布实施的 GJB 473—88《军用软件开发规范》

（5）国家标准化组织。国家标准化组织是指在国家范围内建立的标准化机构，以及政府确认（或承认）的标准化团体，或者接受政府标准化管理机构指导并具有权威性的民间标准化团体。这些组织主要如表 10-6 所示。

表 10-6　国家标准化组织

组织代号	说　　明
ANSI	美国国家标准学会（American National Standards Institute，ANSI）是非营利性质的民间标准化团体。ANSI 本身很少制定标准，主要是将其他专业标准化机构的标准经协商后冠以 ANSI 代号，成为美国国家标准
BSI	英国标准学会（British Standards Institution，BSI）是世界上最早的全国性标准化机构，它是政府认可的、独立的、非营利性民间标准化团体，主要任务是制定和修订英国标准，并促进其贯彻执行；对外代表英国参加国际或区域标准化活动
DIN	德国标准化学会（Deutsches Institution fur Normung，DIN）是一个经注册的公益性民间标准化团体
AFNOR	法国标准化协会（Association Francaise de Normalisation，AFNOR）是一个公益性的民间团体，也是一个被政府承认，为国家服务的组织。AFNOR 负责标准的制定、修订工作，宣传、出版、发行标准，实施产品质量认证

10.1.4　ISO 9000 标准简介

ISO 9000 标准是一系列标准的统称。ISO 9000 系列标准由 ISO/TC 176 制定。TC 176 是 ISO 的第 176 个技术委员会（质量管理和质量保证技术委员会），专门负责制定质量管理和质量保证技术的标准。经过 TC 176 多年的协调以及有关国家质量管理专家近 10 年的不懈努力，总结了美国、英国和加拿大等工业发达国家的质量保证技术实践的经验，于 1986 年 6 月 15 日正式发布了 ISO 8402《质量-术语》标准，又于 1987 年 3 月正式公布了 ISO 9000～ISO 9004 的 5 项标准，这 5 项标准与 ISO 8402：1986 一起统称为 ISO 9000：1987 系列标准。2000 年 12 月 15 日，ISO 9000：2000 系列标准正式发布实施。

从 ISO 9000 系列标准的演变过程可见，ISO 9001：1987 系列标准从自我保证的角度出发，更多关注的是企业内部的质量管理和质量保证；ISO 9001：1994 系列标准则通过 20 个质量管理体系要素，把用户要求、法规要求及质量保证的要求纳入标准的范围中；ISO 9001：2000 系列标准在标准构思和标准目的等方面体现了具有时代气息的变化，过程方法的概念，顾客需求的考虑，以及将持续改进的思想贯穿于整个标准，把组织的质量管理体系满足顾客要求的能力和程度体现在标准的要求之中。

1．ISO 9000：2000 系列标准文件结构

ISO 9000：2000 族标准现有 14 项标准，由 4 个核心标准、一个支持标准、6 个技术报告、3 个小册子构成，如表 10-7 所示。

表 10-7　ISO 9000：2000 系列标准文件结构

分类	标准名称
核心标准	ISO 9000：2000《质量管理体系 基础和术语》
	ISO 9001：2000《质量管理体系 要求》
	ISO 9004：2000《质量管理体系 业绩改进指南》
	ISO 19011：2000《质量和环境管理体系审核指南》
支持标准	ISO 10012《测量设备的质量保证要求》

（续表）

分类	标准名称
技术报告	ISO 10006《项目管理指南》
	ISO 10007《技术状态管理指南》
	ISO 10013《质量管理体系文件指南》
	ISO 10014《质量经济性指南》
	ISO 10015《教育和培训指南》
	ISO 10017《统计技术在 ISO 9001 中的应用指南》
小册子	质量管理原理
	选择和使用指南
	小型企业的应用指南

2．ISO 9000：2000 核心标准简介

（1）ISO 9000：2000《质量管理体系　基础和术语》。该标准描述了质量管理体系的基础，并规定了质量管理体系的术语和基本原理。术语标准是讨论问题的前提，统一术语是为了明确概念，建立共同的语言。标准提出的 10 个部分，87 个术语，在语言上强调采用非技术性语言，使所有潜在用户易于理解。为便于使用，在标准附录中，推荐了以"概念图"方式来描述相关术语的关系。

（2）ISO 9001：2000《质量管理体系　要求》。该标准提供了质量管理体系的要求，供组织证实其提供满足顾客和适用法规要求产品的能力时使用。该标准是用于第三方认证的唯一质量管理体系要求标准，通常用于企业建立质量管理体系以及申请认证。它主要通过对申请认证组织的质量管理体系提出各项要求来规范组织的质量管理体系，分为质量管理体系、管理职责、资源管理、产品实现、测量分析和改进共 5 大模块的要求，构成一种过程方法模式的结构，符合 PDCA 循环规则，且通过持续改进的环节使质量管理体系的水平达到螺旋式上升的效应。

（3）ISO 9004：2000《质量管理体系　业绩改进指南》。该标准给出了改进质量管理体系业绩的指南，描述了质量管理体系应包括持续改进的过程，强调通过改进过程，提高组织的业绩，使组织的顾客和其他相关方满意。该标准是和 ISO 9001：2000 协调一致并可一起使用的质量管理体系标准，两个标准采用相同的原则，但应注意其适用范围不同，而且 ISO 9004 标准不拟作为 ISO 9001 标准的实施指南。通常情况下，当组织的管理者希望超越 ISO 9001 标准的最低要求，追求增长的业绩改进时，一般以 ISO 9004 标准作为指南。

（4）ISO 19011：2001《质量管理体系和环境管理体系审核指南》。该标准提供了质量管理体系和环境管理体系审核的基本原则、审核方案的管理、环境和质量管理体系的实施以及对环境和质量管理体系评审员资格要求提供了指南。该标准是 ISO/TC 176 与 ISO/TC 207（环境管理技术委员会）联合制定的，按照"不同管理体系，可以共同管理和审核"的原则，在术语和内容方面兼容了质量管理体系和环境管理体系两方面特点。

3．ISO 9000：2000 系列标准确认的 8 项原则

ISO 9000 族质量管理体系在 ISO 9000：2000 和 ISO 9004：2000 标准中提及的 8 项

质量管理原则是以顾客为中心、领导作用、全员参与、过程方法、管理的系统方法、持续改进、基于事实的决策方法、互利的供方关系。

10.1.5　ISO/IEC 15504 过程评估标准简介

ISO/IEC15504 由 ISO/IEC JTC1/SC7/WG10 与其项目组软件过程改进和能力确定（Software Process Improvement and Capability dEtermination，SPICE）和国际项目管理机构共同完成，并收集整理了来自 20 多个国家的工业、政府以及大学专家的意见和建议，同时得到世界各地软件工程师的帮助，包括与美国的 SEI、加拿大的贝尔合作。

ISO/IEC 15504 提供了一个软件过程评估的框架，它可以被任何软件企业用于软件的设计、管理、监督、控制以及提高获得、供应、开发、操作、升级和支持的能力。ISO/IEC 15504 提供了一种有组织的、结构化的软件过程评估方法，以便实施软件过程的评估。在 ISO/IEC 15504 中定义的过程评估办法旨在为描述工程评估结果的通用方法提供一个基本原则，同时也对建立在不同但兼容的模型和方法上的评估进行比较。

在 ISO/IEC 15504 文件中涉及了过程评估的各个方面，其文档主要包括以下几部分。

1．概念和绪论指南

该部分给出了关于软件过程改进和过程评估概念及其在过程能力确定方面的总体信息。它描述了 ISO/IEC 15504 文档的各部分是如何组织在一起的，并为选择和使用各部分提供指南。此外，本部分还解释了 ISO/IEC 15504 中所包含的要求对执行评估的适用性；支持工具的建立与选择以及在附加过程的建立和发展方面所起的作用。

2．过程和过程能力参考模型

该部分从内容上说是在比较高的层次上详细定义了一个用于过程评估的二维参考模型。此模型中描述了过程和过程能力。通过将过程中的特点与不同的能力等级相比较，可以用此模型中定义的一系列过程和框架对过程能力加以评估。

3．实施评估

为了确保等级评定的一致性和可重复性（即标准化），ISO/IEC 15504 为软件过程评估提供了一个框架并为进行评审提出了最低要求。这些要求有助于确保评估输出内在的一致性，并为评级和验证与要求的一致性提供了依据。该部分以及与该部分有关的内容详细定义了实施评估时的需要，这样得到的评估结果才有可重复性、可信性以及可持续性。

4．评估实施指南

通过这部分内容，可以指导使用者如何进行软件过程评估。这个具有普通意义的指导可适用于所有企业，同时也适用于采用不同的方法、技术以及支持工具的过程评估。它包括如何选择并使用兼容的评估，如何选择用于支持评估的方法，如何选择适合于评估的工具与手段。该部分内容对过程评估作了概述，并且以指南形式对用于评估的兼容模型、文件化的评估过程和工具的使用与选择等方面的需求作了解释。

5．评估模型和标志指南

这部分内容为支持过程评估提出了一个评估模型的范例，此评估模型与第二部分所描述的参考模型相兼容，具体表述了任何兼容评估模型都期望具有的核心特征。该指南是以此评估模型中所包含的指示标志的形式给出的，这些指示标志可在过程改进程序中加以使用，还有助于评价和选择评估模型、方法或工具。采用这种方式并结合可靠的方法，有可能对过程能力做出一致的且可重复的评估。

6．评估师能力指南

这部分提供了关于评估师进行软件过程评估的资格和准备的指南。它详细说明了一些可用于验证评估师胜任能力和相应的教育、培训和经验，还包括可能用于验证胜任能力和证实受教育程度、培训情况和经验的一些机制。

7．过程改进应用指南

该部分提供了关于使用软件过程评估作为首要方法去理解一个企业软件过程的当前状态，以及使用评估结果去形成并优化改进方案方面的指南。一个企业可以根据它的具体情况和需要从参考模型中选择所有的或一部分软件过程用于评估或改进。

8．确定供方能力应用指南

该部分内容为过程能力确定目的而进行的过程评审提供应用指南。它讲述了为对过程能力加以判断，应如何定义输入和如何运用评估结果。该部分中关于过程能力的判断方法不仅适合于任何希望确定其自身软件过程的过程能力的企业，也同样适应于对供应商的能力进行判断。

9．词汇

本部分定义了 ISO/IEC TR 15504 整个技术报告中使用的术语。术语首先按字母排列顺序以便于参考，然后再按逻辑类进行分类以便于理解（将相互相关的术语安排在一类）。

10.1.6　嵌入式系统相关标准简介

随着计算机、互联网和通信技术高速发展，嵌入式系统开发技术突飞猛进，其应用领域及范围也迅速扩大。为了规范嵌入式系统开发，国家也相继推出现了各种标准。常见的嵌入式系统相关标准如表 10-8 所示。

表 10-8　常见的嵌入式系统相关标准

标　　准	说　　明
GB/T 28169—2011	嵌入式软件 C 语言编码规范。本标准规定了使用 C 语言在嵌入式软件编程中的规范要求，本标准也给出在嵌入式系统开发中应该注意的与编码相关的事项
GB/T 28171—2011	嵌入式软件可靠性测试方法
GB/T 28172—2011	嵌入式软件项目开发的质量保证过程及通用要求。本标准适用于嵌入式软件开发周期全过程，可用于嵌入式软件的项目管理、开发、测试和质量保证等
GB/T28173—2011	嵌入式系统系统工程过程应用和管理。本标准为系统工程过程在嵌入式系统生存周期的应用和管理建立了一个实施框架。本标准适用于嵌入式系统的研发、生产、验证及管理
GB/T30961—2014	嵌入式软件质量度量。本标准规定了嵌入式软件内部质量模型、外部质量模型和使用质量模型，并对模型中的各个特性、子特性和策略单元进行了具体说明
GB/T 22033—2017	信息技术、嵌入式系统术语

针对嵌入式系统的不同的应用领域有各种相关标准，如：GBZ 33013—2016 道路车辆车用嵌入式软件开发指南，GB/T 30413—2013 嵌入是 LED 灯具性能要求等，在此不再赘述。

10.2 信息化基础知识

10.2.1 概述

1. 信息

信息以物质介质为载体，传递和反映世界各种事物存在方式和运动状态的表征。通常，信息的发生者称为信源；信息的接收者称为信宿；传播信息的媒介称为载体。信源、信宿与载体构成了信息运动的三个要素。信源和信宿是相对的，把信宿作为主体，信源作为客体，主体接收来自客体的信息，进行处理（分析、评价、决策），根据处理后的信息付诸行动（实施）。信息主要有如下所述的 9 个特征。

（1）可识别性：信息是可以识别的，不同的信息源有不同的识别方法。识别分为直接识别和间接识别，直接识别是指通过感官的识别，间接识别是指通过各种测试手段的识别。

（2）可存储性：信息是可以通过各种方法存储的。例如文字、摄影、录音、录像以及计算机存储器等都可以进行信息存储。

（3）可度量性：信息可采用某种度量单位进行度量，并进行信息编码。如现代计算机使用的二进制。

（4）可共享性：指接收者在获得全部的信息的同时而不会减少信息的信息量（指记忆信源，如文献等），是信息的不同于物质和能量的一个本质特征。例如，数个接收者可以获得同一信源发出的同样的信息。

（5）可压缩性：人们对信息进行加工、整理、概括、归纳就可使之精练，从而浓缩。人们可以用不同信息量来描述同一事物，用尽可能少的信息量描述一件事物的主要特征。

（6）可传递性：信息的可传递性是信息的本质特征。信息的传递是与物质和能量的传递同时进行的。例如，语言、表情、动作、报刊、书籍、广播、电视、电话等是人类常用的信息传递方式。

（7）可转换性：信息是可以由一种形态转换成另一种形态，即信息经过处理后，可以以其他形式再生。如自然信息经过处理后可转换为语言、文字和图像等形态，也可转换为电磁波信号和计算机代码。输入计算机中的各种数据、文字等信息可通过显示、打印、绘图等方式再生成信息。

（8）时效性：信息在特定的范围内是有效的，否则是无效的。信息有许多特性，这是信息区别于物质和能量的特性。例如，交通信号"红灯停，绿灯行"在控制行人车辆通行是有时效性的。

（9）可扩充性：信息随着时间的变化，将不断扩充。例如，以声、光、色、形、热等构成的自然信息，各种以符号表达的社会信息，都可以随时间产生、扩散、湮灭、放大或缩小，也可以畸变及失真，从而演化出千变万化、绚丽多姿的物质世界，以及神秘莫测、威力无穷的精神世界。

2．信息化

信息化是指在经济和社会活动中采用信息技术和电子信息设备，更有效地开发和利用信息资源，推动经济发展和社会进步。信息化是以信息产业在国民经济中的比重、信息技术在传统产业中的应用程度，以及信息基础设施建设水平为主要标志。信息化可分为三大方面：信息生产、信息应用和信息保障。

（1）信息生产指信息产业化，要求发展一系列信息技术及产业，涉及信息和数据的采集、处理、存储技术，包括通信设备、计算机、软件和消费类电子产品制造等领域。

（2）信息应用指产业和社会领域的信息化，主要表现在利用信息技术改造和提升农业、制造业、服务业等传统产业，大大提高各种物质和能量资源的利用效率，促使产业结构的调整、转换和升级，促进人类生活方式、社会体系和社会文化发生深刻变革。

（3）信息保障指保障信息传输的基础设施和安全机制，使人类能够可持续地提升获取信息的能力，包括基础设施建设、信息安全保障机制、信息科技创新体系、信息传播途径和信息能力教育等。

3．信息产业

信息产业是社会经济生活中专门从事信息技术开发、设备、产品的研制生产以及提供信息服务的产业部门的总称，是一个包括信息采集、生产、检测、转换、存储、传递、处理、分配和应用等门类众多的产业群。

信息产业主要包括信息工业、信息服务业和信息开发业。其中，信息工业主要指计算机设备制造业、通信与网络设备以及其他信息设备制造业；信息服务业主要指系统集成、增值网络服务、数据库服务、咨询服务、维修培训、展览等方面的业务；信息开发业主要指软件产业、数据库开发产业、电子出版业、其他内容服务业。

总之，对信息产业的定义和划分从不同的分析角度、标准和统计的口径有许多不同的观点，故不再赘述。

10.2.2　信息化发展趋势

1．全球信息化发展

随着全球信息化建设再次进入高潮，各发达国家和发展中国家纷纷把信息作为一种战略资源加以对待，把信息化作为国家持续发展的重要途径。主要原因有如下几个方面：

（1）信息基础设施是 21 世纪的关键基础设施，信息资源开发利用的程度决定了国家的发展水平和竞争力，经济发展将日益以知识为基础。

（2）信息技术的广泛应用和信息资源的有效开发利用，改变了经济增长方式，加快了经济全球化、市场化进程，国际竞争更加激烈。

（3）信息产业成为经济发展的引擎，工业发达国家信息化水平居领先地位。

（4）电子商务对人类生活的影响越来越大。例如：企业竞争、流通领域以及消费者的生活方式等等，电子商务会使人类的生活发生巨大的变革，并带动经济的快速增长。

全球信息化发展的趋势主要包括四个方面：第一，大数据被多个国家上升为国家战略；第二，全球进入移动互联网爆发时期；第三，全球信息化发展向智慧化发展阶段迈进；第四，全球制造业互联网进程加速。

2．我国信息化发展

国家信息化就是在国家统一规划和组织下，在农业、工业、科学技术、国防和社会生活各个方面应用现代信息技术，深入开发、广泛利用信息资源，发展信息产业，加速实现国家现代化的进程。这个定义包含四层含义：一是实现四个现代化离不开信息化，信息化要服务于现代化；二是国家要统一规划、统一组织；三是各个领域要广泛应用现代信息技术，开发利用信息资源；四是信息化是一个不断发展的过程。

国家信息化体系包括六个要素，即信息资源，国家信息网络，信息技术应用，信息技术和产业，信息化人才，信息化政策、法规和标准。这个体系是根据中国国情确定的，与国外提出的国家信息基础有所不同。

我国信息化发展的主要内容：

（1）云计算平台建设与大数据分析。这是信息化在信息服务、信息资源虚拟配置和动态优化领域以及大数据分析领域的主要战线。面向公有云、局有云和私有云的云数据平台建设以及面向海量富媒体数据的深度信息分析技术，将使企业和区域拥有更多可获资源和数据服务，并提升其信息利用和决策能力。

（2）物联网和智慧城市建设。这是信息化在公共基础设施和服务系统领域的主要战线。基于传感技术的物物互联和基于互联网的人人互联以及他们的集成应用，将使社区、交通、医疗、教育、消费、物流等服务平台和城市现代化具有更高水平。

（3）企业信息化的新拓展。这涉及深度和广度两个维度。在深度上，将沿着事务处理、分析处理和商务智能的轨迹提升。在广度上，首先要拓宽企业内部业务信息化领域并进行必要的集成，其次应向企业外延展信息化的触角，以支撑与客户和供应商的业务活动。

（4）绿色信息化路径。探索绿色信息化路径是科学发展的内在要求。信息化作为现代社会发展的动力，在替代落后的生产方式、支持企业转型升级、促进技术创新的同时，也在消耗能源、产生代谢。在信息化过程中，除了相关设备和技术的采纳、制造和应用应该注意绿色环保之外，在信息化项目规划时还应该注意进行综合环境和能耗评估。

3．企业信息资源管理

1）信息资源管理与目标

信息资源管理（Information Resources Management，IRM）指的是为了确保信息资源

的有效利用，以现代信息技术为手段，对信息资源实施计划、预算、组织、指挥、控制、协调的人类管理活动。信息资源管理的思想、方法和实践，对信息时代的企业管理具有重要意义：为提高企业管理绩效提供了新的思路；确立了信息资源在企业中的战略地位；支持企业参与市场竞争；成为知识经济时代企业文化建设的重要组成部分。

信息资源管理的目标是通过人们的计划、组织、协调等活动，实现对信息资源的科学的开发、合理的配置和有效的利用，以促进社会经济的发展。对于一个组织，特别是企业组织来说，信息资源管理的目标是为实现组织的整体目标服务的。当前，企业面临的环境复杂多变，市场竞争十分激烈，经济活动全球化、市场国际化的趋势加速，信息资源的开发、配置与利用，要为提高企业的应变能力和竞争能力服务。

2）信息资源管理内容

一个现代社会组织的信息资源主要有：计算机和通信设备；计算机系统软件与应用软件；数据及其存储介质；非计算机信息处理存储装置；技术、规章、制度、法律；从事信息活动的人等。实际上，一个信息系统就是为实现某类目标对信息资源进行有序组合，因此信息系统的建设与管理就成为组织内信息资源配置与运用的主要手段。对于面向组织，特别是企业组织的信息资源管理的主要内容有：

- 信息系统的管理（包括信息系统开发项目的管理、信息系统运行与维护的管理、信息系统的评价等）。
- 信息资源开发、利用的标准、规范、法律制度的制订与实施。
- 信息产品与服务的管理。
- 信息资源的安全管理。
- 信息资源管理中的人力资源管理。

3）信息资源管理组织

由于信息资源是企业的战略资源，信息资源管理已成为企业管理的重要支柱。一般的大中型企业均设有专门的组织机构和专职人员从事信息资源管理工作。这些专门组织机构如：信息中心（或计算中心）、图书资料馆（室）、企业档案馆（室），企业中还有一些组织机构也兼有重要的信息资源管理任务如：计划、统计部门、产品与技术的研究与开发部门、市场研究与销售部门、生产与物资部门、标准化与质量管理部门、人力资源管理部门、宣传与教育部门、政策研究与法律咨询部门等。

在有关信息资源管理的各类组织中，企业信息中心是基于现代信息技术的信息资源管理机构，其管理手段与管理对象多与现代计算机技术、通信与网络技术有关。现代信息技术本身是信息资源的重要组成部分。利用现代信息技术开发、利用信息资源是现代信息资源管理的主要内容。

4）信息资源管理人员

企业资源管理人员主要分为三大类：信息主管（Chief Information Officer，CIO）、中基层管理人员、专业人员。人员及职责如表 10-9 所示。

表 10-9　企业信息资源管理人员

岗　　位	人员及职责
CIO	由于信息资源管理在组织中的重要作用和战略地位，企业主要高层管理人员必须从企业的全局和整体需要出发，直接领导与主持全企业的信息资源管理工作。担负这一职责的企业高层领导人就是企业的信息主管
中基层管理人员	企业信息资源管理的中基层管理人员包括信息中心（或计算中心）、图书资料馆（室）、企业档案馆（室）等组织机构的负责人，这些机构的分支机构的负责人，企业中兼有重要的信息资源管理任务组织机构如：计划、统计、产品与技术的研究与开发、市场研究与销售、生产与物资管理、标准化与质量管理、人力资源管理、宣传与教育、政策研究与法律咨询等部门分管信息资源（含信息系统与信息技术）的负责人
专业人员	系统分析员、系统设计人员、程序员、系统文档管理人员、数据采集人员、数据录入人员、计算机硬件操作与维护人员、数据库管理人员、网络管理人员、通信技术人员、结构化布线与系统安装技术人员、承担培训任务的教师及教学辅助人员、图书资料与档案管理人员、网站的编辑与美工人员、从事标准化管理、质量管理、安全管理、技术管理、计划、统计等人员

注意：各类人员的具体职责应根据各个企业的具体情况而制定。

10.2.3　信息化应用

1．电子商务

电子商务（Electronic Commerce）是以信息网络技术为手段，以商品交易为中心的商务活动（Business Activity），是传统商业活动各个环节的电子化、网络化、信息化。电子商务通常指全球各地广泛的贸易活动中，在因特网开放的环境下，基于客户端/服务端的应用方式，实现买卖双方不谋面进行的各种活动。各国政府、学者、企业界人士根据自己所处的地位和对电子商务的参与程度，给出了许多表述不同的定义，在此不再赘述。

电子商务涉及到买家、卖家、银行或金融机构、政府机构、认证机构、配送中心机构。网上银行、在线电子支付等条件和数据加密、电子签名等技术在电子商务中发挥着重要的不可或缺的作用。它覆盖的业务范围主要有：信息传递与交换、售前与售后服务、网上交易、网上支付或电子支付、运输、组建虚拟企业。组建虚拟企业是指组建一个物理上不存在的企业，集中一批独立的中小公司的权限，提供比各个单独中小公司多得多的产品和服务，实现企业间资源共享等。

根据电子商务发生的对象，可以将电子商务分为四种类型：

（1）B2B（商业机构对商业机构的电子商务）：企业与企业之间使用 Internet 或各种商务网络进行的向供应商定货、接收票证和付款等商务活动。

（2）B2C（商业机构对消费者的电子商务）：企业与消费者之间进行的电子商务活动。这类电子商务主要是借助于国际互联网所开展的在线式销售活动。

（3）C2A（消费者对行政机构的电子商务）：政府对个人的电子商务活动。这类电子商务活动目前还没有真正形成。

（4）B2A（商业机构对行政机构的电子商务）：企业与政府机构之间进行的电子商务活动。

基于移动性、虚拟性、个性化、社会性、复杂数据等新特征的电子商务应用，将在产品营销和推荐、客户行为与体验、商务安全、平台建设和服务品质、物流配送等方面会产生一系列创新，特别是在移动商务和社会化商务方面有很大的发展空间。

2. 电子政务

电子政务（e-Government）即政务信息化，是指国家机关在政务活动中，全面应用现代信息技术进行办公和管理，为社会公众提供服务。电子政务是政府机关提高行政办公效率、降低行政办公成本、形成一个"行为规范、运转有效、公正透明、廉洁高效"的行政管理体制的有效途径。电子政务的内容主要包括：信息发布；网上交互式办公；内部办公自动化；部门间协同工作。其应用模式包括：不同政府机构对不同政府机构（Government to Government，G2G）、政府机构对商家或企业（Government to Business，G2B）、政府机构对公民（Government to Citizen，G2C）。不论哪种应用模式，其应用接口都是通过政府门户网站来实现的。实施电子政务，最重要的是其前台业务流程设置与后台不同政府机构之间的业务协同处理，以及正确处理政府门户网站与各政府机构内部网之间的关系。另外还需要重点考虑的是政务内部网和政务外部网之间的关系，如何进行数据共享、如果架构信息安全策略等问题。

3. 现代远程教育

远程教育是学生与教师、学生与教育组织之间采取多种媒体方式进行系统教学和通信联系的教育形式，是将课程传送到校园外的教育。现代远程教育是随着现代信息技术的发展而产生的一种新型教育形式，是构筑知识经济时代人们终身学习体系的主要手段。相对于传统的面授教育，远程教育特点和优势如下所述。

远程教育特点：教师与学生的教学分离；采用特定的传输系统和传播媒体进行教学；信息传输方式多样化；学习场所和形式灵活多变。

远程教育优势：突破时空限制；提供更多的学习机会；受教育对象扩展到全社会；优质教学资源共享；降低教学成本。

10.3　知识产权基础知识

知识产权（也称为智慧财产权）是现代社会发展中不可缺少的一种法律制度。知识产权是指人们基于自己的智力活动创造的成果和经营管理活动中的经验、知识而依法享有的权利。《中华人民共和国民法通则》规定，知识产权是指民事权利主体（公民、法人）基于创造性的智力成果。

10.3.1 概述

根据有关国际公约规定（世界知识产权组织公约第二条），知识产权的保护对象包括下列各项有关权利。

（1）文学、艺术和科学作品。

（2）表演艺术家的表演以及唱片和广播节目。

（3）人类一切活动领域的发明。

（4）科学发现。

（5）工业品外观设计。

（6）商标、服务标记以及商业名称和标志。

（7）制止不正当竞争。

（8）在工业、科学、文学艺术领域内由于智力创造活动而产生的一切其他权利。

在世界贸易组织协议的知识产权协议中，第一部分第一条所规定的知识产权范围，还包括"未披露过的信息专有权"，这主要是指工商业经营者所拥有的经营秘密和技术秘密等商业秘密。知识产权保护制度是随着科学技术的进步而不断发展和完善的。随着科学技术的迅速发展，知识产权保护对象的范围不断扩大，不断涌现新型的智力成果，如计算机软件、生物工程技术、遗传基因技术和植物新品种等，这些都是当今世界各国所公认的知识产权的保护对象。知识产权可分为工业产权和著作权两类。

（1）工业产权。根据保护工业产权巴黎公约第一条的规定，工业产权包括专利、实用新型、工业品外观设计、商标、服务标记、厂商名称、产地标记或原产地名称、制止不正当竞争等项内容。此外，商业秘密、微生物技术和遗传基因技术等也属于工业产权保护的对象。近年来，在一些国家可以通过申请专利对计算机软件进行专利保护。对于工业产权保护的对象，可以分为"创造性成果权利"和"识别性标记权利"。发明、实用新型和工业品外观设计等属于创造性成果权利，它们都表现出比较明显的智力创造性。其中，发明和实用新型是利用自然规律做出的解决特定问题的新的技术方案，工业品外观设计是确定工业品外表的美学创作，完成人需要付出创造性劳动。商标、服务标记、厂商名称、产地标记或原产地名称以及我国反不正当竞争法第五条中规定的知名商品所特有的名称、包装、装潢等为识别性标记权利。

（2）著作权。著作权（也称为版权）是指作者对其创作的作品享有的人身权和财产权。人身权包括发表权、署名权、修改权和保护作品完整权等；财产权包括作品的使用权和获得报酬权，即以复制、表演、播放、展览、发行、摄制电影、电视、录像或者改编、翻译、注释、编辑等方式使用作品的权利，以及许可他人以上述方式使用作品并由此获得报酬的权利。关于著作权保护的对象，按照《保护文学艺术作品伯尔尼公约》第二条规定，包括文学、科学和艺术领域内的一切作品，不论其表现形式或方式如何，诸如书籍、小册子和其他著作；讲课、演讲和其他同类性质作品；戏剧或音乐作品；舞蹈艺术作品和哑剧作品；配词或未配词的乐曲；电影作品以及与使用电影摄影艺术类似的方法表现的作品；图画、油画、建筑、雕塑、雕刻和版画；摄影作品以及使用与摄影艺术类似的方法表现的作品；与地理、地形建筑或科学技术有关的示意图、地图、设计图、草图和立体作品等。

有些智力成果可以同时成为这两类知识产权保护的客体，例如，计算机软件和实用艺术品受著作权保护的同时，权利人还可以通过申请发明专利和外观设计专利获得专利权，成为工业产权保护的对象。在美国和欧洲的一些国家，如果计算机软件自身包含技术构成，软件又能实现某方面的技术效果，如工业自动化控制等，则不应排除专利保护。按照世界知识产权组织公约，科学发现也被列为知识产权。我国民法通则第九十七条规定了科学发现权的法律地位，但很难将其归属工业产权或著作权。可见，新产生的一些知识产权不一定就归为这两个类别。

1. 知识产权的特点

知识产权的特点主要包括 6 点：无形性、双重性、确认性、独占性、地域性和时间性。

（1）无形性。知识产权是一种无形财产权。知识产权的客体指的是智力创作性成果（也称为知识产品），是一种没有形体的精神财富。它是一种可以脱离其所有者而存在的无形信息，可以同时为多个主体所使用，在一定条件下不会因多个主体的使用而使该项知识财产自身遭受损耗或者灭失。

（2）双重性。某些知识产权具有财产权和人身权双重性，例如著作权，其财产权属性主要体现在所有人享有的独占权以及许可他人使用而获得报酬的权利，所有人可以通过独自实施获得收益，也可以通过有偿许可他人实施获得收益，还可以像有形财产那样进行买卖或抵押；其人身权属性主要是指署名权等。有的知识产权具有单一的属性，例如，发现权只具有名誉权属性，而没有财产权属性；商业秘密只具有财产权属性，而没有人身权属性；专利权、商标权主要体现为财产权。

（3）确认性。无形的智力创作性成果不像有形财产那样直观可见，因此，智力创作性成果的财产权需要依法审查确认，以得到法律保护。例如，我国的发明人所完成的发明，其实用新型或者外观设计，已经具有价值和使用价值。但是，其完成人尚不能自动获得专利权，完成人必须依照专利法的有关规定，向国家专利局提出专利申请，专利局依照法定程序进行审查。申请符合专利法规定条件的，由专利局做出授予专利权的决定，颁发专利证书，只有当专利局发布授权公告后，其完成人才享有该项知识产权。又如，商标权的获得，大多数国家（包括中国）都实行注册制，只有向国家商标局提出注册申请，经审查核准注册后，才能获得商标权。文学艺术作品以及计算机软件的著作权虽然是自作品完成其权利即自动产生，但有些国家也要实行登记或标注版权标记后才能得到保护。

（4）独占性。由于智力成果具有可以同时被多个主体所使用的特点，因此，法律授予知识产权一种专有权，具有独占性。未经权利人许可，任何单位或个人不得使用，否则就构成侵权，应承担相应的法律责任。法律对各种知识产权都规定了一定的限制，但这些限制不影响其独占性特征。少数知识产权不具有独占性特征，例如技术秘密的所有人不能禁止第三人使用其独立开发完成的或者合法取得的相同技术秘密，可以说，商业秘密不具备完全的财产权属性。

（5）地域性。知识产权具有严格的地域性特点，即各国主管机关依照本国法律授予的知识产权，只能在其本国领域内受法律保护，例如中国专利局授予的专利权或中国商标局核准的商标专用权，只能在中国领域内受保护，其他国家则不给予保护，外国人在我国领域外使用中国专利局授权的发明专利，不侵犯我国专利权。所以，我国公民、法人完成的发明创造要想在外国受保护，必须在外国申请专利。著作权虽然自动产生，但它受地域限制，我国法律对外国人的作品并不都给予保护，只保护共同参加国际条约国家的公民作品。同样，公约的其他成员国也按照公约规定，对我国公民和法人的作品给予保护。还有按照两国的双边协定，相互给予对方国民的作品保护。

（6）时间性。知识产权具有法定的保护期限，一旦保护期限届满，权利将自行终止，成为社会公众可以自由使用的知识。至于期限的长短，依各国的法律确定。例如，我国发明专利的保护期为 20 年，实用新型专利权和外观设计专利权的期限为 10 年，均自专利申请日起计算。我国公民的作品发表权的保护期为作者终生及其死亡后 50 年。我国商标权的保护期限自核准注册之日起 10 年内有效，但可以根据其所有人的需要无限地延长权利期限，在期限届满前 6 个月内申请续展注册，每次续展注册的有效期为 10 年，续展注册的次数不限。如果商标权人逾期不办理续展注册，其商标权也将终止。商业秘密受法律保护的期限是不确定的，该秘密一旦被公众所知悉，即成为公众可以自由使用的知识。

2. 中国知识产权法规

目前，我国已形成了比较完备的知识产权保护的法律体系，保护知识产权的法律主要有《中华人民共和国著作权法》《中华人民共和国专利法》《中华人民共和国继承法》《中华人民共和国公司法》《中华人民共和国合同法》《中华人民共和国商标法》《中华人民共和国产品质量法》《中华人民共和国反不正当竞争法》《中华人民共和国刑法》《中华人民共和国计算机信息系统安全保护条例》《中华人民共和国计算机软件保护条例》和《中华人民共和国著作权法实施条例》等。

10.3.2　计算机软件著作权

1. 计算机软件著作权的主体与客体

1）计算机软件著作权的主体

计算机软件著作权的主体是指享有著作权的人。根据著作权法和《计算机软件保护条例》的规定，计算机软件著作权的主体包括公民、法人和其他组织。著作权法和《计算机软件保护条例》未规定对主体的行为能力限制，同时对外国人、无国籍人的主体资格，奉行"有条件"的国民待遇原则。

（1）公民。公民（即指自然人）通过以下途径取得软件著作权主体资格。

① 公民自行独立开发软件（软件开发者）。

② 订立委托合同，委托他人开发软件，并约定软件著作权归自己享有。

③ 通过转让途径取得软件著作财产权主体资格（软件权利的受让者）。

④ 公民之间或与其他主体之间，对计算机软件进行合作开发而产生的公民群体或者公民与其他主体成为计算机软件作品的著作权人。

⑤ 根据《中华人民共和国继承法》的规定，通过继承取得软件著作财产权主体资格。

（2）法人。法人是具有民事权利能力和民事行为能力，依法独立享有民事权利和承担义务的组织。计算机软件的开发往往需要较大投资和较多的人员，法人则具有资金来源丰富和科技人才众多的优势，因而法人是计算机软件著作权的重要主体。法人取得计算机软件著作权主体资格一般通过以下途径。

① 由法人组织并提供创作物质条件所实施的开发，并由法人承担社会责任。

② 通过接受委托、转让等各种有效合同关系而取得著作权主体资格。

③ 因计算机软件著作权主体（法人）发生变更而依法成为著作权主体。

（3）其他组织。其他组织是指除去法人以外的能够取得计算机软件著作权的其他民事主体，包括非法人单位、合作伙伴等。

2）计算机软件著作权的客体

计算机软件著作权的客体是指著作权法保护的计算机软件著作权的范围（受保护的对象）。根据《中华人民共和国著作权法》第三条和《计算机软件保护条例》第二条的规定，著作权法保护的计算机软件是指计算机程序及其有关文档。著作权法对计算机软件的保护是指计算机软件的著作权人或者其受让者依法享有著作权的各项权利。

（1）计算机程序。《根据计算机软件保护条例》第三条第一款的规定，计算机程序是指为了得到某种结果而可以由计算机等具有信息处理能力的装置执行的代码化指令序列，或者可被自动转换成代码化指令序列的符号化语句序列。计算机程序包括源程序和目标程序，同一程序的源程序文本和目标程序文本视为同一软件作品。

（2）计算机软件的文档。根据《计算机软件保护条例》第三条第二款的规定，计算机程序的文档是指用自然语言或者形式化语言所编写的文字资料和图表，用来描述程序的内容、组成、设计、功能规格、开发情况、测试结果及使用方法等。文档一般以程序设计说明书、流程图和用户手册等表现。

2. 计算机软件受著作权法保护的条件

《计算机软件保护条例》规定，依法受到保护的计算机软件作品必须符合下列条件。

（1）独立创作。受保护的软件必须由开发者独立开发创作，任何复制或抄袭他人开发的软件不能获得著作权。当然，软件的独创性不同于专利的创造性。程序的功能设计往往被认为是程序的思想概念，根据著作权法不保护思想概念的原则，任何人都可以设计具有类似功能的另一件软件作品。但是，如果用了他人软件作品的逻辑步骤的组合方式，则对他人软件构成侵权。

（2）可被感知。受著作权法保护的作品应当是作者创作思想在固定载体上的一种实际表达。如果作者的创作思想未表达出来不可以被感知，就不能得到著作权法的保护。因此，《计算机软件保护条例》规定，受保护的软件必须固定在某种有形物体上，例如固定在存储器、磁盘和磁带等设备上，也可以是其他的有形物，如纸张等。

（3）逻辑合理。逻辑判断功能是计算机系统的基本功能。因此，受著作权法保护的计算机软件作品必须具备合理的逻辑思想，并以正确的逻辑步骤表现出来，才能达到软件的设计功能。

根据《计算机软件保护条例》第六条的规定，除计算机软件的程序和文档外，著作权法不保护计算机软件开发所用的思想、概念、发现、原理、算法、处理过程和运算方法。也就是说，利用已有的上述内容开发软件，并不构成侵权。因为开发软件时所采用的思想、概念等均属计算机软件基本理论的范围，是设计开发软件不可或缺的理论依据，属于社会公有领域，不能被个人专有。

3．计算机软件著作权的权利

1）计算机软件的著作人身权

《中华人民共和国著作权法》规定，软件作品享有两类权利，一类是软件著作权的人身权（精神权利）；另一类是软件著作权的财产权（经济权利）。《计算机软件保护条例》规定，软件著作权人享有发表权和开发者身份权，这两项权利与软件著作权人的人身权是不可分离的。

（1）发表权。发表权是指决定软件作品是否公之于众的权利，即指软件作品完成后，以复制、展示、发行或者翻译等方式使软件作品在一定数量不特定人的范围内公开。发表权具体内容包括软件作品发表的时间、发表的形式以及发表的地点等。

（2）开发者身份权（也称为署名权）。开发者身份权是指作者为表明身份在软件作品中署自己名字的权利。署名可有多种形式，既可以署作者的姓名，也可以署作者的笔名，或者作者自愿不署名。对于一部作品来说，通过署名即可对作者的身份给予确认。我国著作权法规定，如无相反证明，在作品上署名的公民、法人或非法人单位为作者。因此，作品的署名对确认著作权的主体具有重要意义。开发者的身份权不随软件开发者的消亡而丧失，且无时间限制。

2）计算机软件的著作财产权

著作权中的财产权是指能够给著作权人带来经济利益的权利。财产权通常是指由软件著作权人控制和支配，并能够为权利人带来一定经济效益的权利。《计算机软件保护条例》规定，软件著作权人享有下述软件财产权。

（1）使用权。即在不损害社会公共利益的前提下，以复制、修改、发行、翻译和注释等方式合作软件的权利。

（2）复制权。即将软件作品制作一份或多份的行为。复制权就是版权所有人决定实施或不实施上述复制行为或者禁止他人复制其受保护作品的权利。

（3）修改权。即对软件进行增补、删节，或者改变指令、语句顺序等以提高、完善原软件作品的作法。修改权即指作者享有的修改或者授权他人修改软件作品的权利。

（4）发行权。发行是指为满足公众的合理需求，通过出售、出租等方式向公众提供一定数量的作品复制件。发行权即以出售或赠与方式向公众提供软件的原件或者复制件的权利。

（5）翻译权。翻译是指以不同于原软件作品的一种程序语言转换该作品原使用的程序语言，而重现软件作品内容的创作。简单地说，也就是指将原软件从一种程序语言转换成另一种程序语言的权利。

（6）注释权。软件作品的注释是指对软件作品中的程序语句进行解释，以便更好地理解软件作品。注释权是指著作权人对自己的作品享有进行注释的权利。

（7）信息网络传播权。以有线或者无线信息网络方式向公众提供软件作品，使公众可在其个人选定的时间和地点获得软件作品的权利。

（8）出租权。即有偿许可他人临时使用计算机软件的复制件的权利，但是软件不是出租的主要标的的除外。

（9）使用许可权和获得报酬权。即许可他人以上述方式使用软件作品的权利（许可他人行使软件著作权中的财产权）和依照约定或者有关法律规定获得报酬的权利。

（10）转让权。即向他人转让软件的使用权和使用许可权的权利。软件著作权人可以全部或者部分转让软件著作权中的财产权。

3）软件合法持有人的权利

根据《计算机软件保护条例》的规定，软件的合法复制品所有人享有下述权利。

（1）根据使用的需要把软件装入计算机等能存储信息的装置内。

（2）根据需要进行必要的复制。

（3）为了防止复制品损坏而制作备份复制品。这些复制品不得通过任何方式提供给他人使用，并在所有人丧失该合法复制品所有权时，负责将备份复制品销毁。

（4）为了把该软件用于实际的计算机应用环境或者改进其功能性能而进行必要的修改。但是，除合同约定外，未经该软件著作权人许可，不得向任何第三方提供修改后的软件。

4．计算机软件著作权的行使

1）软件经济权利的许可使用

软件经济权利的许可使用是指软件著作权人或权利合法受让者，通过合同方式许可他人使用其软件，并获得报酬的一种软件贸易形式。许可使用的方式可分为以下几种。

（1）独占许可使用。权利人通过书面合同授权，被授权方可以根据合同规定的方式、条件和时间确定独占性，权利人不得将软件使用权授予第三方，权利人自己不能使用该软件。

（2）独家许可使用。权利人通过书面合同授权，被授权方可以根据合同规定的方式、条件和时间确定独占性，权利人不得将软件使用权授予第三方，权利人自己可以使用该软件。

（3）普通许可使用。权利人通过书面合同授权，被授权方可以根据合同规定的方式、条件和时间确定独占性，权利人可以将软件使用权授予第三方，权利人自己可以使用该软件。

（4）法定许可使用和强制许可使用。在法律特定的条款下，不经软件著作权人许可，使用其软件。

2）软件经济权利的转让使用

软件经济权利的转让使用是指软件著作权人将其享有的软件著作权中的经济权利全部转移给他人。软件经济权利的转让将改变软件权利的归属，原始著作权人的主体地位随着转让活动的发生而丧失，软件著作权受让者成为新的著作权主体。《计算机软件保护条例》规定，软件著作权转让必须签订书面合同。同时，软件转让活动不能改变软件的保护期。转让方式包括出买、赠与、抵押和赔偿等，可以定期转让或者永久转让。

5．计算机软件著作权的保护期

根据《中华人民共和国著作权法》和《计算机软件保护条例》的规定，计算机软件著作权的权利自软件开发完成之日起产生，保护期为 50 年。保护期满，除开发者身份权以外，其他权利终止。一旦计算机软件著作权超出保护期，软件就进入公有领域。计算机软件著作权人的单位终止和计算机软件著作权人的公民死亡均无合法继承人时，除开发者身份权以外，该软件的其他权利进入公有领域。软件进入公有领域后成为社会公共财富，公众可无偿使用。

6．计算机软件著作权的归属

我国著作权法对著作权的归属采取了"创作主义"原则，明确规定著作权属于作者，除非另有规定。《计算机软件保护条例》第九条规定"软件著作权属于软件开发者，本条例另有规定的情况除外"。这是我国计算机软件著作权归属的基本原则。

计算机软件开发者是计算机软件著作权的原始主体，也是享有权利最完整的主体。软件作品是开发者从事智力创作活动所取得的智力成果，是脑力劳动的结晶。其开发创作行为使开发者直接取得该计算机软件的著作权。因此，《计算机软件保护条例》第九条明确规定"软件著作权属于软件开发者"，即以软件开发的事实来确定著作权的归属，谁完成了计算机软件的开发工作，软件的著作权就归谁享有。

1）职务开发软件著作权的归属

职务软件作品是指公民在单位任职期间为执行本单位工作任务所开发的计算机软件作品。《计算机软件保护条例》第十三条做出了明确的规定，即公民在单位任职期间所开发的软件，如果是执行本职工作的结果，即针对本职工作中明确指定的开发目标所开发的，或者是从事本职工作活动所预见的结果或自然的结果；则该软件的著作权属于该单位。根据《计算机软件保护条例》规定，可以得出这样的结论：当公民作为某单位的雇员时，如其开发的软件属于执行本职工作的结果，该软件著作权应当归单位享有。若开发的软件不是执行本职工作的结果，其著作权就不属单位享有。如果该雇员主要使用了单位的设备，按照《计算机软件保护条例》第十三条第三款的规定，不能属于该雇员个人享有。

对于公民在非职务期间创作的计算机程序，其著作权属于某项软件作品的开发单位，还是从事直接创作开发软件作品的个人，可按照《计算机软件保护条例》第十三条规定的三条标准确定。

（1）所开发的软件作品不是执行其本职工作的结果。任何受雇于一个单位的人员，都会被安排在一定的工作岗位和分派相应的工作任务，完成分派的工作任务就是他的本职工作。本职工作的直接成果也就是其工作任务的不断完成。当然，具体工作成果又会产生许多效益、产生范围更广的结果。但是，该条标准指的是雇员本职工作最直接的成果。若雇员开发创作的软件不是执行本职工作的结果，则构成非职务计算机软件著作权的条件之一。

（2）开发的软件作品与开发者在单位中从事的工作内容无直接联系。如果该雇员在单位担任软件开发工作，引起争议的软件作品不能与其本职工作中明确指定的开发目标有关，软件作品的内容也不能与其本职工作所开发的软件的功能、逻辑思维和重要数据有关。雇员所开发的软件作品与其本职工作没有直接的关系，则构成非职务计算机软件著作权的第二个条件。

（3）开发的软件作品未使用单位的物质技术条件。开发创作软件作品所使用的物质技术条件，即开发软件作品所必须的设备、数据、资金和其他软件开发环境，不属于雇员所在的单位所有。没有使用受雇单位的任何物质技术条件构成非职务软件著作权的第三个条件。

雇员进行本职工作以外的软件开发创作，必须同时符合上述 3 个条件，才能算是非职务软件作品，雇员个人才享有软件著作权。常有软件开发符合前两个条件，但使用了单位的技术情报资料、计算机设备等物质技术条件的情况。处理此种情况较好的方法是对该软件著作权的归属应当由单位和雇员双方协商确定，如对于公民在非职务期间利用单位物质条件创作的与单位业务范围无关的计算机程序，其著作权属于创作程序的作者，但作者许可第三人使用软件时，应当支付单位合理的物质条件使用费，如计算机机时费等。若通过协商不能解决，按上述三条标准做出界定。

2）合作开发软件著作权的归属

合作开发软件是指两个或两个以上公民、法人或其他组织订立协议，共同参加某项计算机软件的开发并分享软件著作权的形式。《计算机软件保护条例》第十条规定："由两个以上的自然人、法人或者其他组织合作开发的软件，其著作权的归属由合作开发者签订书面合同约定。无书面合同或者合同未作明确约定，合作开发的软件可以分割使用的，开发者对各自开发的部分可以单独享有著作权；但是，行使著作权时，不得扩展到合作开发的软件整体的著作权。合作开发的软件不能分割使用的，其著作权由合作开发者共同享有，通过协商一致行使；如不能协商一致，又无正当理由，任何一方不得阻止他方行使除转让权以外的其他权利，但是所得收益应合理分配给所有合作开发者"。根据此规定，对合作开发软件著作权的归属应掌握以下 4 点。

（1）由两个以上的单位、公民共同开发完成的软件属于合作开发的软件。对于合作开发的软件，其著作权的归属一般是由各合作开发者共同享有；但如果有软件著作权的协议，则按照协议确定软件著作权的归属。

（2）由于合作开发软件著作权是由两个以上单位或者个人共同享有，因而为了避免在软件著作权的行使中产生纠纷，规定"合作开发的软件，其著作权的归属由合作开发者签订书面合同约定"。

（3）对于合作开发的软件著作权按以下规定执行："无书面合同或者合同未作明确约定，合作开发的软件可以分割使用的，开发者对各自开发的部分可以单独享有著作权；但是，行使著作权时，不得扩展到合作开发的软件整体的著作权。合作开发的软件不能分割使用的，其著作权由合作开发者共同享有，通过协商一致行使；如不能协商一致，又无正当理由，任何一方不得阻止他方行使除转让权以外的其他权利，但是所得收益应合理分配给所有合作开发者"。

（4）合作开发者对于软件著作权中的转让权不得单独行使。因为转让权的行使将涉及软件著作权权利主体的改变，所以软件的合作开发者在行使转让权时，必须与各合作开发者协商，在征得同意的情况下方能行使该项专有权利。

3）委托开发的软件著作权归属

委托开发的软件作品属于著作权法规定的委托软件作品。委托开发软件作品著作权关系的建立，一般由委托方与受委托方订立合同而成立。委托开发软件作品关系中，委托方的责任主要是提供资金、设备等物质条件，并不直接参与开发软件作品的创作开发活动。受托方的主要责任是根据委托合同规定的目标开发出符合条件的软件。关于委托开发软件著作权的归属，《计算机软件保护条例》第十一条规定："接受他人委托开发的软件，其著作权的归属由委托者与受委托者签订书面合同约定；无书面合同或者合同未作明确约定的，其著作权由受托人享有"。根据该条的规定，委托开发的软件著作权的归属按以下标准确定。

（1）委托开发软件作品需根据委托方的要求，由委托方与受托方以合同确定的权利和义务的关系而进行开发的软件。因此，软件作品著作权归属应当作为合同的重要条款予以明确约定。对于当事人已经在合同中约定软件著作权归属关系的，如事后发生纠纷，软件著作权的归属仍应当根据委托开发软件的合同来确定。

（2）若在委托开发软件活动中，委托者与受委托者没有签订书面协议，或者在协议中未对软件著作权归属作出明确的约定，则软件著作权属于受委托者，即属于实际完成软件的开发者。

4）接受任务开发的软件著作权归属

根据社会经济发展的需要，对于一些涉及国家基础项目或者重点设施的计算机软件，往往采取由政府有关部门或上级单位下达任务方式，完成软件的开发工作。《计算机软件保护条例》第十二条作出了明确的规定："由国家机关下达任务开发的软件，著作权的归属与行使由项目任务书或者合同规定；项目任务书或者合同中未作明确规定，软件著作权由接受任务的法人或者其他组织享有"。

5）计算机软件著作权主体变更后软件著作权的归属

计算机软件著作权的主体，因一定的法律事实而发生变更，如作为软件著作权人的公民的死亡，单位的变更，软件著作权的转让以及人民法院对软件著作权的归属作出裁判等。软件著作权主体的变更必然引起软件著作权归属的变化。对此，《计算机软件保护条例》也作了一些规定。因计算机软件主体变更引起的权属变化有以下几种。

（1）公民继承的软件权利归属。《计算机软件保护条例》第十五条规定："在软件著作权的保护期内，软件著作权的继承者可根据《中华人民共和国继承法》的有关规定，继承本条例第八条项规定的除署名权以外的其他权利"。按照该条的规定，软件著作权的合法继承人依法享有继承被继承人享有的软件著作权的使用权、使用许可权和获得报酬权等权利。继承权的取得、继承顺序等均按照继承法的规定进行。

（2）单位变更后软件权利归属。《计算机软件保护条例》第十五条规定："软件著作权属于法人或其他组织的，法人或其他组织变更、终止后，其著作权在本条例规定的保护期内由承受其权利义务的法人或其他组织享有"。按照该条的规定，作为软件著作权人的单位发生变更（如单位的合并、破产等），而其享有的软件著作权仍处在法定的保护期限内，可以由合法的权利承受单位享有原始著作权人所享有的各项权利。依法承受软件著作权的单位，成为该软件的后续著作权人，可在法定的条件下行使所承受的各项专有权利。一般认为，"各项权利"包括署名权等著作人身权在内的全部权利。

（3）权利转让后软件著作权归属。《计算机软件保护条例》第二十条规定："转让软件著作权的，当事人应当订立书面合同"。计算机软件著作财产权按照该条的规定发生转让后，必然引起著作权主体的变化，产生新的软件著作权归属关系。软件权利的转让应当根据我国有关法规以签订、执行书面合同的方式进行。软件权利的受让者可依法行使其享有的权利。

（4）司法判决、裁定引起的软件著作权归属问题。计算机软件著作权是公民、法人和其他组织享有的一项重要的民事权利。因而在民事权利行使、流转的过程中，难免发生涉及计算机软件著作权作为标的物的民事、经济关系，也难免发生争议和纠纷。争议和纠纷发生后由人民法院的民事判决、裁定而产生软件著作权主体的变更，引起软件著作权归属问题。因司法裁判引起软件著作权的归属问题主要有 4 类：一类是由人民法院对著作权归属纠纷中权利的最终归属作出司法裁判，从而变更了计算机软件著作权原有归属；第二类是计算机软件的著作权人为民事法律关系中的债务人（债务形成的原因可能多种多样，如合同关系或者损害赔偿关系等），人民法院将其软件著作财产权判归债权人享有抵债；第三类是人民法院作出民事判决判令软件著作权人履行民事给付义务，在判决生效后执行程序中，其无其他财产可供执行，将软件著作财产权执行给对方折抵债务；第四类是根据破产法的规定，软件著作权人被破产还债，软件著作财产权作为法律规定的破产财产构成的"其他财产权利"，作为破产财产由人民法院判决分配。

（5）保护期限届满权利丧失。软件著作权的法定保护期限可以确定计算机软件的主体能否依法变更。如果软件著作权已过保护期，该软件进入公有领域，便丧失了专有权，也就没有必要改变权利主体了。根据软件保护条例的规定，计算机软件著作权主体变更必须在该软件著作权的保护期限内进行，转让活动的发生不改变该软件著作权的保护期。这也就是说，转让活动也不能延长该软件著作权的保护期限。

7. 计算机软件著作权侵权的鉴别

侵犯计算机软件著作权的违法行为的鉴别，主要依靠保护知识产权的相关法律来判断。违反著作权、计算机软件保护条例等法律禁止的行为，便是侵犯计算机著作权的违法行为，这是鉴别违法行为的本质原则。对于法律规定不禁止，也不违反相关法律基本原则的行为，不认为是违法行为。在法律无明文具体条款规定的情况下，违背著作权法和计算机软件保护条例等法律的基本原则，以及社会主义公共生活准则和社会善良风俗的行为，也应该视为违法行为。在一般情况下，损害他人著作财产权或人身权的行为，总是违法行为。

1）计算机软件著作权侵权行为

根据《计算机软件保护条例》第二十三条的规定，凡是行为人主观上具有故意或者过失对著作权法和计算机软件保护条例保护的计算机软件人身权和财产权实施侵害行为的，都构成计算机软件的侵权行为。该条规定的侵犯计算机软件著作权的情况，是认定软件著作权侵权行为的法律依据。计算机软件侵权行为主要有以下几种。

（1）未经软件著作权人的同意而发表或者登记其软件作品。软件著作人享有对软件作品公开发表权，未经允许著作权人以外的任何其他人都无权擅自发表特定的软件作品。如果实施这种行为，就构成侵犯著作权人的发表权。

（2）将他人开发的软件当作自己的作品发表或者登记。此种行为主要侵犯了软件著作权的开发者身份权和署名权。侵权行为人欺世盗名，剽窃软件开发者的劳动成果，将他人开发的软件作品假冒为自己的作品而署名发表。只要行为人实施了这种行为，不管其发表该作品是否经过软件著作人的同意，都构成侵权。

（3）未经合作者的同意将与他人合作开发的软件当作自己独立完成的作品发表或者登记。此种侵权行为发生在软件作品的合作开发者之间。作为合作开发的软件，软件作品的开发者身份为全体开发者，软件作品的发表权也应由全体开发者共同行使。如果未经其他开发者同意，又将合作开发的软件当作自己的独创作品发表，即构成本条规定的侵权行为。

（4）在他人开发的软件上署名或者更改他人开发的软件上的署名。这种行为是指在他人开发的软件作品上添加自己的署名，或者替代软件开发者署名，以及将软件作品上开发者的署名进行更改的行为。这种行为侵犯了软件著作人的开发者身份权及署名权。此种行为与第（2）条规定行为的区别主要是对已发表的软件作品实施的行为。

（5）未经软件著作权人或者其合法受让者的许可，修改、翻译其软件作品。此种行为是侵犯了著作权人或其合法受让者的使用权中的修改权、翻译权。对不同版本计算机软件，新版本往往是旧版本的提高和改善。这种提高和改善实质上是对原软件作品的修改、演绎。此种行为应征得软件作品原版本著作权人的同意，否则构成侵权。如果征得软件作品著作人的同意，修改和改善新增加的部分，创作者应享有著作权。

（6）未经软件著作权人或其合法受让者的许可，复制或部分复制其软件作品。此种行为侵犯了著作权人或其合法受让者的使用权中的复制权。计算机软件的复制权是计算机软件最重要的著作财产权，也是通常计算机软件侵权行为的对象。这是由于软件载体价格相对低廉，复制软件简单易行，效率极高，而销售非法复制的软件即可获得高额利润。因此，复制是常见的侵权行为，是防止和打击的主要对象。当软件著作权经当事人的约定合法转让给转让者以后，软件开发者未经允许不得复制该软件，否则也构成本条规定的侵权行为。

（7）未经软件著作权人及其合法受让者同意，向公众发行、出租其软件的复制品。此种行为侵犯了著作权人或其合法受让者的发行权与出租权。

（8）未经软件著作权人或其合法受让者同意，向任何第三方办理软件权利许可或转让事宜，这种行为侵犯了软件著作权人或其合法受让者的使用许可权和转让权。

（9）未经软件著作权人及其合法受让者同意，通过信息网络传播著作权人的软件。这种行为侵犯了软件著作权人或其合法受让者的信息网络传播权。

（10）侵犯计算机软件著作权存在着共同侵权行为。两人以上共同实施《计算机软件保护条例》第二十三条和第二十四条规定的侵权行为，构成共同侵权行为。对行为人并没有实施《计算机软件保护条例》第二十三条和第二十四条规定的行为，但实施了向侵权行为人进行侵权活动提供设备、场所或解密软件，或者为侵权复制品提供仓储、运输条件等行为，构成共同侵权应当在行为人之间具有共同故意或过失行为。其构成的要件有两个，一是行为人的过错是共同的，而不论行为人的行为在整个侵权行为过程中所起的作用如何；二是行为人主观上要有故意或过失的过错。如果这两个要件具备，各个行为人实施的侵权行为虽然各不相同，也同样构成共同侵权。两个要件如果缺乏一个，不构成共同的侵权，或者是不构成任何侵权。

2）不构成计算机软件侵权的合理使用行为

我国《计算机软件保护条例》第八条第四项和第十六条规定，获得使用权或使用许可权（视合同条款）后，可以对软件进行复制而无须通知著作权人，也不构成侵权。对于合法持有软件复制品的单位、公民在不经著作权人同意的情况下，也享有复制与修改权。合法持有软件复制品的单位、公民，在不经软件著作权人同意的情况下，可以根据自己使用的需要将软件装入计算机，为了存档也可以制作复制品，为了把软件用于实际的计算机环境或者改进其功能时也可以进行必要的修改，但是复制品和修改后的文本不能以任何方式提供给他人。超过以上权利，即视为侵权行为。区分合理使用与非合理使用的判别标准一般有以下几个。

（1）软件作品是否合法取得。这是合理使用的基础。

（2）使用目的是非商业营业性。如果使用的目的是为商业性营利，就不属合理使用的范围。

（3）合理使用一般为少量的使用。所谓少量的界限，根据其使用的目的以行业惯例和人们一般常识所综合确定。超过通常被认为的少量界限，即可被认为不属合理使用。

我国《计算机软件保护条例》第十七条规定："为了学习和研究软件内含的设计思想和原理，通过安装、显示、传输或者存储软件的方式使用软件的，可以不经软件著作权人许可，不向其支付报酬"。

3）计算机著作权软件侵权的识别

计算机软件明显区别于其他著作权法保护的客体，它具有以下特点。

（1）技术性。计算机软件的技术性是指其创作开发的高技术性。具有一定规模的软件的创作开发，一般开发难度大、周期长、投资高，需要良好组织，严密管理且各方面人员配合协作，借助现代化高技术和高科技工具生产创作。

（2）依赖性。计算机程序的依赖性是指人们对其的感知依赖于计算机的特性。著作权保护的其他作品一般都可以依赖人的感觉器官所直接感知。但计算机程序则不能被人们所直接感知，它的内容只能依赖计算机等专用设备才能被充分表现出来，才能被人们所感知。

（3）多样性。计算机程序的多样性是指计算机程序表达的多样性。计算机程序的表达较著作权法保护的其他对象特殊，其既能以源代码表达，还可以以目标代码和伪码等表达，表达形式多样。计算机程序表达的存储媒体也多种多样，同一种程序分别可以被存储在纸张、磁盘、磁带、光盘和集成电路上等。计算机程序的载体大多数精巧灵便。此外，计算机程序的内容与表达难以严格区别界定。

（4）运行性。计算机程序的运行性是指计算机程序功能的运行性。计算机程序不同于一般的文字作品，它主要的功能在于使用。也就是说，计算机程序的功能只能通过对程序的使用、运行才能充分体现出来。计算机程序采用数字化形式存储、转换，复制品与原作品一般无明显区别。

根据计算机软件的特点，对计算机软件侵权行为的识别可以通过将发生争议的某一计算机程序与比照物（权利明确的正版计算机程序）进行对比和鉴别，从两个软件的相似性或是否完全相同来判断，做出侵权认定。软件作品常常表现为计算机程序的不唯一性，两个运行结果相同的计算机程序，或者两个计算机软件的源代码程序不相似或不完全相似，前者不一定构成侵权，而后者不一定不构成侵权。

8．软件著作权侵权的法律责任

当侵权人侵害他人的著作权、财产权或著作人身权，造成权利人财产上的或非财产的损失，侵权人不履行赔偿义务，法律即强制侵权人承担赔偿损失的民事责任。

1）民事责任

侵犯计算机著作权以及有关权益的民事责任是指公民、法人或其他组织因侵犯著作权发生的后果依法应承担的法律责任。我国《计算机软件保护条例》第二十三条规定了侵犯计算机著作权的民事责任，即侵犯著作权或者与著作权有关的权利的，侵权人应当按照权利人的实际损失给予赔偿；实际损失难以计算的，可以按照侵权人的违法所得给予赔偿。赔偿数额还应当包括权利人为制止侵权行为所支付的合理开支。权利人的实际损失或者侵权人的违法所得不能确定的，由人民法院根据侵权行为的情节，判决给予五十万元以下的赔偿。有下列侵权行为的，应当根据情况承担停止侵害、消除影响、公开赔礼道歉或赔偿损失等民事责任。

（1）未经软件著作权人许可发表或者登记其软件的。

（2）将他人软件当作自己的软件发表或者登记的。

（3）未经合作者许可，将与他人合作开发的软件当作自己单独完成的作品发表或者登记的。

（4）在他人软件上署名或者涂改他人软件上的署名的。

（5）未经软件著作权人许可，修改、翻译其软件的。

（6）其他侵犯软件著作权的行为。

2）行政责任

我国《计算机软件保护条例》第二十四条规定了相应的行政责任，即对侵犯软件著作权行为，著作权行政管理部门应当责令停止违法行为，没收非法所得，没收、销毁侵权复制品，并可处以每件一百元或者货值金额二至五倍的罚款。有下列侵权行为的，应当根据情况承担停止侵害、消除影响、公开赔礼道歉或赔偿损失等行政责任。

（1）复制或者部分复制著作权人软件的。

（2）向公众发行、出租、通过信息网络传播著作权人软件的。

（3）故意避开或者破坏著作权人为保护其软件而采取的技术措施的。

（4）故意删除或者改变软件权利管理电子信息的。

（5）许可他人行使或者转让著作权人的软件著作权的。

3）刑事责任

侵权行为触犯刑律的，侵权者应当承担刑事责任。《中华人民共和国刑法》第二百一十七条、第二百一十八条和第二百二十条规定，构成侵犯著作权罪、销售侵权复制品罪的，由司法机关追究刑事责任。

10.3.3　计算机软件的商业秘密权

关于商业秘密的法律保护，各国采取不同的法律，有的制定单行法，有的规定在反不正当竞争法中，有的适用一般侵权行为法。我国反不正当竞争法规定了商业秘密的保护问题。

1．商业秘密

1）商业秘密的定义

《中华人民共和国反不正当竞争法》中商业秘密定义为"指不为公众所知悉的、能为权利人带来经济利益、具有实用性并经权利人采取保密措施的技术信息和经营信息"。经营秘密和技术秘密是商业秘密的基本内容。经营秘密，即未公开的经营信息，是指与生产经营销售活动有关的经营方法、管理方法、产销策略、货源情报、客户名单、标底和标书内容等专有知识。技术秘密，即未公开的技术信息，是指与产品生产和制造有关的技术诀窍、生产方案、工艺流程、设计图纸、化学配方和技术情报等专有知识。

2）商业秘密的构成条件

商业秘密的构成条件是：商业秘密必须具有未公开性，即不为公众所知悉；商业秘密必须具有实用性，即能为权利人带来经济效益；商业秘密必须具有保密性，即采取了保密措施。

3）商业秘密权

商业秘密是一种无形的信息财产。与有形财产相区别，商业秘密不占据空间，不易被权利人所控制，不发生有形损耗，其权利是一种无形财产权。商业秘密的权利人与有形财产所有权人一样，依法享有占有、使用和收益的权利，即有权对商业秘密进行控制与管理，防止他人采取不正当手段获取与使用；有权依法使用自己的商业秘密，而不受他人干涉；有权通过自己使用或者许可他人使用以至转让所有权，从而取得相应的经济利益；有权处理自己的商业秘密，包括放弃占有、无偿公开、赠与或转让等。

4）商业秘密的丧失

一项商业秘密受到法律保护的依据是必须具备上述构成商业秘密的3个条件，当缺少上述3个条件之一时就会造成商业秘密丧失保护。

2．计算机软件与商业秘密

《中华人民共和国反不正当竞争法》保护计算机软件，是以计算机软件中是否包含着"商业秘密"为必要条件的。而计算机软件是人类知识、智慧、经验和创造性劳动的成果，本身就具有商业秘密的特征，即包含着技术秘密和经营秘密。即使是软件尚未开发完成，在软件开发中所形成的知识内容也可构成商业秘密。

1）计算机软件商业秘密的侵权

侵犯商业秘密，是指行为人（负有约定的保密义务的合同当事人；实施侵权行为的第三人；侵犯本单位商业秘密的行为人）未经权利人（商业秘密的合法控制人）的许可，以非法手段（包括直接从权利人那里窃取商业秘密并加以公开或使用；通过第三人窃取权利人的商业秘密并加以公开或使用）获取计算机软件商业秘密并加以公开或使用的行为。根据《中华人民共和国反不正当竞争法》第十条的规定，侵犯计算机软件商业秘密的具体表现形式主要如下。

（1）以盗窃、利诱、胁迫或其他不正当手段获取权利人的计算机软件商业秘密。盗窃商业秘密，包括单位内部人员盗窃、外部人员盗窃、内外勾结盗窃等手段；以利诱手段获取商业秘密，通常指行为人向掌握商业秘密的人员提供财物或其他优惠条件，诱使其向行为人提供商业秘密；以胁迫手段获取商业秘密，是指行为人采取威胁、强迫手段，使他人在受强制的情况下提供商业秘密；以其他不正当手段获取商业秘密。

（2）披露、使用或允许他人使用以不正当手段获取的计算机软件商业秘密。披露是指将权利人的商业秘密向第三人透露或向不特定的其他人公开，使其失去秘密价值；使用或允许他人使用是指非法使用他人商业秘密的具体情形。以非法手段获取商业秘密的行为人，如果将该秘密再行披露或使用，即构成双重的侵权；倘若第三人从侵权人那里获悉了商业秘密而将秘密披露或使用，同样构成侵权。

（3）违反约定或违反权利人有关保守商业秘密的要求，披露、使用或允许他人使用其所掌握的计算机软件商业秘密。合法掌握计算机软件商业秘密的人，可能是与权利人有合同关系的对方当事人，也可能是权利人的单位工作人员或其他知情人，他们违反合同约定或单位规定的保密义务，将其所掌握的商业秘密擅自公开，或自己使用，或许可他人使用，即构成侵犯商业秘密。

（4）第三人在明知或应知前述违法行为的情况下，仍然从侵权人那里获取、使用或披露他人的计算机软件商业秘密。这是一种间接的侵权行为。

2）计算机软件商业秘密侵权的法律责任

根据我国《中华人民共和国反不正当竞争法》和《中华人民共和国刑法》的规定，计算机软件商业秘密的侵权者将承担行政责任、民事责任以及刑事责任。

（1）侵权者的行政责任。《中华人民共和国反不正当竞争法》第二十五条规定了相应的行政责任，即对侵犯商业秘密的行为，监督检查部门应当责令停止违法行为，而后可以根据侵权的情节依法处以 1 万元以上 20 万元以下的罚款。

（2）侵权者的民事责任。计算机软件商业秘密的侵权者的侵权行为对权利人的经营造成经济上的损失时，侵权者应当承担经济损害赔偿的民事责任。《中华人民共和国反不正当竞争法》第二十条规定了侵犯商业秘密的民事责任，即经营者违反该法规定，给被侵害的经营者造成损害的，应当承担损害赔偿责任。被侵害的经营者的合法权益受到损害的，可以向人民法院提起诉讼。

（3）侵权者的刑事责任。侵权者以盗窃、利诱、胁迫或其他不正当手段获取权利人的计算机软件商业秘密；披露、使用或允许他人使用以不正当手段获取的计算机软件商业秘密；违反约定或违反权利人有关保守商业秘密的要求，披露、使用或允许他人使用其所掌握的计算机软件商业秘密，其侵权行为对权利人造成重大损害的，侵权者应当承担刑事责任。《中华人民共和国刑法》第二百一十九条规定了侵犯商业秘密罪，即实施侵犯商业秘密行为，给商业秘密的权利人造成重大损失的，处 3 年以下有期徒刑或者拘役，并处或者单处罚金；造成特别严重后果的，处 3 年以上 7 年以下有期徒刑，并处罚金。

10.3.4　专利权概述

1. 专利权的保护对象与特征

发明创造是产生专利权的基础。发明创造是指发明、实用新型和外观设计，是我国专利法主要保护的对象。我国《专利法实施细则》第二条第一款规定："专利法所称的发明，是指对产品、方法或者其改进所提出的技术方案"。实用新型（也称小发明）则因国而异，我国《专利法实施细则》第二条第二款规定："实用新型是指对产品的形状、构造或者其组合所提出的新的技术方案"。外观设计是指对产品的形状、图案、色彩或者它们的结合所做出的富有美感的并适于工业应用的新设计。

专利的发明创造是无形的智力创造性成果，不像有形财产那样直观可见，必须经专利主管机关依照法定程序审查确定，在未经审批以前，任何一项发明创造都不得成为专利。

下列各项属于专利法不适用的对象，因此不授予专利权。

（1）违反国家法律、社会公德或者妨害公共利益的发明创造。

（2）科学发现，即人们通过自己的智力劳动对客观世界已经存在的但未揭示出来的规律、性质和现象等的认识。

（3）智力活动的规则和方法，即人们进行推理、分析、判断、运算、处理、记忆等思维活动的规则和方法。

（4）病的诊断和治疗方法。即以活的人或者动物为实施对象，并以防病治病为目的，是医护人员的经验体现，而且因被诊断和治疗的对象不同而有区别，不能在工业上应用，不具有实用性。

（5）动物和植物品种，但是动物植物品种的生产方法，可以依照专利法规定授予专利权。

（6）用原子核变换方法获得的物质，即用核裂变或核聚变方法获得的单质或化合物。

2. 授予专利权的条件

授予专利权的条件是指一项发明创造获得专利权应当具备的实质性条件。一项发明或者实用新型获得专利权的实质条件为新颖性、创造性和实用性。

（1）新颖性。新颖性是指在申请日以前没有同样的发明或实用新型在国内外出版物公开发表过，在国内公开使用过或以其他方式为公众所知，也没有同样的发明或实用新型由他人向专利局提出过申请并且记载在申请日以后公布的专利申请文件中。在某些特殊情况下，尽管申请专利的发明或者实用新型在申请日或者优先权日前公开，但在一定的期限内提出专利申请的，仍然具有新颖性。我国专利法规定，申请专利的发明创造在申请日以前 6 个月内，有下列情况之一的，不丧失新颖性。

　　① 在中国政府主办或者承认的国际展览会上首次展出的。

　　② 在规定的学术会议或者技术会议上首次发表的。

　　③ 他人未经申请人同意而泄露其内容的。

　　（2）创造性。创造性是指同申请日以前已有的技术相比，该发明有突出的实质性特点和显著的进步，该实用新型有实质性特点和进步。例如，申请专利的发明解决了人们渴望解决但一直没有解决的技术难题；申请专利的发明克服了技术偏见；申请专利的发明取得了意想不到的技术效果；申请专利的发明在商业上获得成功。一项发明专利是否具有创造性，前提是该项发明具备新颖性。

　　（3）实用性。实用性是指该发明或者实用新型能够制造或者使用，并且能够产生积极的效果，即不造成环境污染、能源或者资源的严重浪费，损害人体健康。如果申请专利的发明或者实用新型缺乏技术手段；申请专利的技术方案违背自然规律；利用独一无二自然条件所完成的技术方案，则不具有实用性。

　　我国专利法规定，外观设计获得专利权的实质条件为新颖性和美观性。新颖性是指申请专利的外观设计与其申请日以前已经在国内外出版物上公开发表的外观设计不相同或者不相近似；与其申请日前已在国内公开使用过的外观设计不相同或者不相近似。美观性是指外观设计被使用在产品上时能使人产生一种美感，增加产品对消费者的吸引力。

3．专利的申请

1）专利申请权

　　公民、法人或者其他组织依据法律规定或者合同约定享有的就发明创造向专利局提出专利申请的权利（专利申请权）。一项发明创造产生的专利申请权归谁所有，主要有由法律直接规定的情况和依合同约定的情况。专利申请权可以转让，不论专利申请权在哪一个时间段转让，原专利申请人便因此丧失专利申请权，由受让人获得相应的专利申请权。专利申请权可以被继承或赠与。专利申请人死亡后，其依法享有的专利申请权可以作为遗产，由其合法继承人继承。

2）专利申请人

　　专利申请人是指对某项发明创造依法律规定或者合同约定享有专利申请权的公民、法人或者其他组织。专利申请人包括职务发明创造的单位；非职务发明创造的专利申请人为完成发明创造的发明人或者设计人；共同发明创造的专利申请人是共同发明人或者设计人，或者其所属单位；委托发明创造的专利申请人为合同约定的人；受让人。

3）专利申请的原则

　　专利申请人及其代理人在办理各种手续时都应当采用书面形式。一份专利申请文件只能就一项发明创造提出专利申请，即"一份申请一项发明"原则。两个或者两个以上的人分别就同样的发明创造申请专利的，专利权授给最先申请人。

4）专利申请文件

发明或者实用新型申请文件包括请求书、说明书、说明书摘要和权利要求书。外观设计专利申请文件包括请求书、图片或照片。

5）专利申请日

专利申请日（也称关键日）是专利局或者专利局指定的专利申请受理代办处收到完整专利申请文件的日期。如果申请文件是邮寄的，以寄出的邮戳日为申请日。

6）专利申请的审批

专利局收到发明专利申请后，一个必要程序是初步审查，经初步审查认为符合本法要求的，自申请日起满 18 个月，即行公布（公布申请），专利局可根据申请人的请求，早日公布其申请。自申请日起三年内，专利局可以根据申请人随时提出的请求，对其申请进行实质审查。实质审查是专利局对申请专利的发明的新颖性、创造性和实用性等依法进行审查的法定程序。

我国专利法规定："实用新型和外观设计专利申请经初步审查没有发现驳回理由的，专利局应当做出授予实用新型专利权或者外观设计专利权的决定，发给相应的专利证书，并予以登记和公布"。由此规定可知，对实用新型和外观设计专利申请只进行初步审查，不进行实质审查。

7）申请权的丧失与恢复

专利法及其实施细则有许多条款规定，如果申请人在法定期间或者专利局所指定的期限内未办理相应的手续或者没有提交有关文件，其申请就被视为撤回或者丧失提出某项请求的权利，或者导致有关权利终止后果。因耽误期限而丧失权利之后，可以在自障碍消除后两个月内，最迟自法定期限或者指定期限届满后两年内或者自收到专利局通知之日起两个月内，请求恢复其权利。

4．专利权行使

1）专利权的归属

根据《中华人民共和国专利法》的规定，执行本单位的任务或者主要是利用本单位的物质条件所完成的职务发明创造，申请专利的权利属于该单位。申请被批准后，专利权归该单位持有（单位为专利权人）。执行本单位的任务所完成的职务发明创造是指：

（1）在本职工作中做出的发明创造。

（2）履行本单位交付的本职工作之外的任务所做出的发明创造。

（3）工作变动（退职、退休或者调离）后短期内做出的，与其在原单位承担的本职工作或者原单位分配的任务有关的发明创造。

本单位的物质技术条件包括本单位的资金、设备、零部件、原材料或者不对外公开的技术资料等。

非职务发明创造，申请专利的权利属于发明人或者设计人；在中国境内的外资企业和中外合资经营企业的工作人员完成的职务发明创造，申请专利的权利属于该企业，申请被批准后，专利权归申请的企业或者个人所有；两个以上单位协作或者一个单位接受其他单位委托的研究、设计任务所完成的发明创造，除另有协议的以外，申请专利的权利属于完成或者共同完成的单位，申请被批准后，专利权归申请的单位所有或者持有。

2）专利权人的权利

专利权是一种具有财产权属性的独占权以及由其衍生出来和相应处理权。专利权人的权利包括独占实施权、转让权、实施许可权、放弃权和标记权等。专利权人有缴纳专利年费（也称专利维持费）和实际实施已获专利的发明创造两项基本义务。

专利权人通过专利实施许可合同将其依法取得的对某项发明创造的实施权转移给非专利权人行使。任何单位或者个人实施他人专利的，除《中华人民共和国专利法》第十四条规定的以外，都必须与专利权人订立书面实施许可合同，向专利权人支付专利使用费。被许可人无权允许合同规定以外的任何单位或者个人实施该专利。专利实施许可的种类包括独占许可、独家许可、普通许可和部分许可。

5．专利权的限制

根据《中华人民共和国专利法》的规定，发明专利权的保护期限为自申请日起 20 年；实用新型专利权和外观设计专利权的保护期限为自申请日起 10 年。发明创造专利权的法律效力所及的范围如下。

（1）发明或者实用新型专利权的保护范围以其权利要求的内容为准，说明书及附图可以用于解释权利要求。

（2）外观设计专利权的保护范围以表示在图片或者照片中的该外观设计专利产品为准。

公告授予专利权后，任何单位或个人认为该专利权的授予不符合专利法规定条件的，可以向专利复查委员会提出宣告该专利权无效的请求。专利复审委员会对这种请求进行审查，做出宣告专利权无效或维持专利权的决定。我国专利法规定，提出无效宣告请求的时间（启动无效宣告程序的时间）始于"自专利局公告授予专利权之日起"。

专利权因某种法律事实的发生而导致其效力消灭的情形称为专利权终止。导致专利权终止的法律事实如下。

（1）保护期限届满。

（2）在专利权保护期限届满前，专利权人以书面形式向专利局声明放弃专利权。

（3）在专利权的保护期限内，专利权人没有按照法律的规定交年费。专利权终止日应为上一年度期满日。

专利法允许第三人在某些特殊情况下，可以不经专利权人许可而实施其专利，且其实施行为并不构成侵权的一种法律制度。专利权限制的种类包括强制许可、不视为侵犯专利权的行为和国家计划许可。

6．专利侵权行为

专利侵权行为是指在专利权的有效期限内，任何单位或者个人在未经专利权人许可，也没有其他法定事由的情况下，擅自以营利为目的实施专利的行为。专利侵权行为主要包括以下方面。

（1）为生产经营目的制造、使用、销售其专利产品，或者使用其专利方法以及使用、销售依照该专利方法直接获得的产品。

（2）为生产经营目的制造、销售其外观设计专利产品。

（3）进口依照其专利方法直接获得的产品。

（4）产品的包装上标明专利标记和专利号。

（5）用非专利产品冒充专利产品的或者用非专利方法冒充专利方法等。

对未经专利权人许可，实施其专利的侵权行为，专利权人或者利害关系人可以请求专利管理机关处理。在专利侵权纠纷发生后，专利权人或者利害关系人既可以请求专利管理机关处理，又可以请求人民法院审理。侵犯专利权的诉讼时效为两年，自专利权人或者利害关系人知道或者应当知道侵权行为之日起计算。如果诉讼时效期限届满，专利权人或者利害关系人不能再请求人民法院保护，同时也不能再向专利管理机关请求保护。

10.3.5　企业知识产权的保护

高新技术企业大多是以知识创新开发产品，当知识产品进入市场后，则完全依赖于对其知识产权的保护。知识产权是一种无形的产权，是企业的重要财富，应当把保护软件知识产权作为现代企业制度的一项基本内容。

1．知识产权的保护和利用

目前，计算机技术和软件技术的知识产权法律保护已形成以著作权法保护为主，著作权法（包括计算机软件保护条例）专利法、商标法、反不正当竞争法和合同法实施交叉和重叠保护为辅的趋势。例如，源程序及设计文档作为软件的表现形式用著作权法保护，同时作为技术秘密又受反不正当竞争法的保护。由于软件具有技术含量高的特点，使得对软件法律保护成为一种综合性的保护，对于企业来说，仅依靠某项法律或法规不能解决软件的所有知识产权问题。应在保护企业计算机软件成果知识产权方面实施综合性的保护，例如，在新技术的开发中重视技术秘密的管理，也应重视专利权的取得，而在命名新产品名称时，也应重视商标权的取得，以保护企业的知识产权。企业软件保护成果知识产权的一般途径如下。

（1）明确软件知识产权归属。明确知识产权是归企业还是制作、设计、开发人员所有，避免企业内部产生权属纠纷。

（2）及时对软件技术秘密采取保密措施。对企业的软件产品或成果中的技术秘密，应当及时采取保密措施，以便把握市场优势。一旦发生企业"技术秘密"被泄露的情况，则便于认定为技术秘密，依法追究泄密行为人的法律责任，保护企业的权益。

（3）依靠专利保护新技术和新产品。我国采用的是先申请原则，如果有相同技术内容的专利申请，只有最先提出专利申请的企业或者个人才能获得专利权。企业的软件技术或者产品构成专利法律要件的，应当尽早办理申请专利权登记事宜，不能因企业自身的延误，造成企业软件成果新颖性的丧失，从而失去申请专利的时机。

（4）软件产品进入市场之前的商标权和商业秘密保护。企业的软件产品已经冠以商品专用标识或者服务标识，要尽快完成商标或者服务标识的登记注册，保护软件产品的商标专用权。

（5）软件产品进入市场之前进行申请软件著作权登记。申请软件著作权登记以起到公示的作用。软件著作权登记只要求软件的独创性，并不以软件的技术水平作为著作权是否有效的条件，不能等到软件达到某种技术水平后再进行登记，若其他企业或者个人抢先登记，则不利于企业权益的保护。

2．建立经济约束机制，规范调整各种关系

软件企业需要按照经济合同规范各种经济活动，明确权利与义务的关系。建立企业内部以及企业与外部的各种经济约束机制。从目前存在的比较突出的问题来看，软件企业应建立以下各项合同规范。

（1）劳动关系合同。软件企业与企业职工、外聘人员之间应建立合法的劳动关系，以及应该就企业的商业秘密（技术秘密和经营秘密）的保密事宜进行约定，建立劳动利益关系合同以及保守企业商业秘密的协议。一些目前不宜马上实行劳动合同的单位，也通过建立或者健全本单位的有关规章制度的方式进行过渡，以鼓励企业员工的创造性劳动，明确企业开发过程中产生的软件技术成果归属关系，以预防企业技术人员流动时造成的技术流失和技术泄密等问题。

（2）软件开发合同。软件企业与外单位合作开发、委托外单位开发软件时，应建立软件权利归属关系等事宜的协议，可按照有关规定签订软件开发合同，约定软件开发各方面尚未开发的软件享有的权利与义务的关系，以及软件技术成果开发完成后的权利归属关系和经济利益关系等。如果软件开发方在合作中发现了合同的缺陷，应及早对合同进行补充和完善。

（3）软件许可使用（或者转让）合同。软件企业在经营本企业的软件产品时，应当建立"许可证"（或是转让合同）制度，用软件许可合同（授权书）或者转让合同的方式来明确规定软件使用权的许可（转让）方式、条件、范围和时间等事宜，避免因合同条款的约定不清楚、不明确而导致当事人之间发生扯皮等不愉快的事情，或者因合同条款无法界定而引发的软件侵权纠纷。

第11章　嵌入式系统设计案例分析

本章主要通过案例分析介绍嵌入式系统的整体设计方法和典型嵌入式硬件设计中所涉及的软硬件协同设计、程序设计等内容。

11.1　嵌入式系统总体设计

嵌入式系统的设计与开发与通用系统的开发有很大区别。嵌入式系统的开发主要分为系统总体设计、嵌入式硬件开发和嵌入式软件开发3大部分，其总体流程图如图11-1所示。

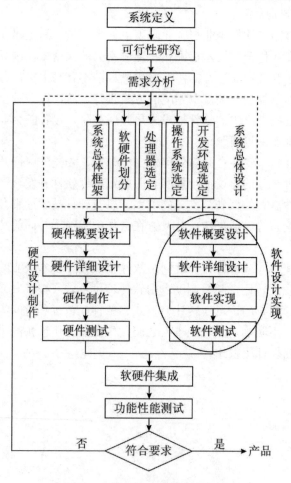

图 11-1　嵌入式系统开发流程图

在系统总体设计中，由于嵌入式系统与硬件依赖非常紧密，某些需求只能通过特定的硬件才能实现，因此需要进行处理器选型，以更好地满足产品的需求。另外，对于有些硬件和软件都可以实现的功能，就需要在成本和性能上做出抉择。通过硬件实现会增加产品的成品，但能大大提高产品的性能和可靠性。再者，开发环境的选择对于嵌入式系统的开发也有很大的影响。这里的开发环境包括嵌入式操作系统的选择以及开发工具的选择等。例如，某些嵌入式操作系统适用于对开发成本和进度限制较多的产品，而有些嵌入式操作系统则适用于对实时性要求非常高的产品。

11.1.1 嵌入式系统设计概述

在将系统分解为各个组件的过程中，需要采取不同的策略，而每个策略则关注不同的设计概念。根据分解过程中所采用的不同策略，可分为基于功能分解的设计方法，基于信息隐藏的设计方法和基于模型驱动开发的设计方法。

1. 结构化设计方法

结构化设计方法是目前嵌入式软件最成熟、使用最广泛的设计方法，它又分成两大类：单任务的结构化设计方法和多任务的结构化设计方法。

1）单任务的结构化设计方法

采用功能分解方式，将系统分解为多个函数，并且以数据流或控制流的形式定义函数之间的接口。

嵌入式软件在逻辑上可以抽象成一个不断处理外部事件的过程，单任务的结构化设计方法的主要思想就是按照结构化的设计原则分别设计好各个事件的处理模块，然后在一个主循环中依次循环调用这些模块（如下面的程序段所示）。

单任务的结构化嵌入式软件体系框架如下：

```
while(继续运行)
{
    调用事件处理模块 1;
    调用事件处理模块 2;
    …
}
```

单任务的结构化设计方法具有软件结构简单、占用资源少以及不需要操作系统支持等优点，但也有如下缺点：

（1）各事件处理之间顺序性执行，无紧急程度的区分，彼此之间不可抢占。当紧急事件到达，如果处理该事件的模块刚被调用，则必须要等到下一次循环才能被调用处理；

（2）事件处理模块之间的互斥和同步原语操作需要用户自己来编程实现。这设计方法适合于硬件资源紧张、事件处理单一的简单系统，如单片机控制系统、数字信号处理系统等。

2）并发多任务的结构化设计方法

并发多任务的结构化设计方法主要是将实时系统分解为多个并发任务，并定义这些任务之间的接口。相对于单任务的结构化设计方法，该方法考虑到实时系统通常是由多个并发任务组成的特征，先是划分模块，然后将模块分配到多个任务中，在多任务运行时环境（RTOS）协调下运行。

作为并发任务结构设计方法的典型代表，DARTS 在设计过程中对任务进行划分，通过对事件处理模块的相互关系的分析，依据这些模块的紧急程度、时间要求、是否需要并行操作以及彼此耦合强度等特性，将模块分配到任务。同时，利用 RTOS（Real-Time, Operating System）的任务通信和任务同步来实现通信、互斥与同步。

（1）DARTS 表示法。使用 DARTS 进行结构化设计时，采用数据流/控制流图、状态转换图、任务架构图进行表示。其中，数据流/控制流图包括了事件流和控制转换，事件流代表了那些不携带数据的离散信号，控制转换控制数据转换的执行；状态转换图是有限状态机的图形表示，结点代表状态，弧线代表状态转换；任务架构图来显示系统分解为并发任务的过程，以及采用消息、事件和信息隐藏模块形式的任务间接口。

（2）使用方法的步骤。DARTS 设计方法使用的四个步骤如下：

① 使用实时结构化分析方法开发系统规范，完成开发系统环境图和状态转换图。其中，系统环境图可以分解为层次结构的数据流/控制流图，还需要建立状态转换图与控制转换和数据转换之间的关系。

② 将系统划分为多个并发任务，将任务结构化标准应用于数据流/控制流层面集合的叶结点上。初步任务构架图可以显示使用任务结构化标准确定的任务。与外部设备之间存在接口的 I/O 数据转换要映射为异步 I/O 任务、周期 I/O 任务或资源监视任务。内部转换映射为控制、周期或异步任务，并且可以根据顺序、时间或功能内聚标准与其他转换相结合。

③ 定义任务接口，通过分析任务间的数据流和控制流进行确定。数据流映射为松散耦合或紧耦合的消息接口。事件流映射为信号。本阶段可以通过显示分析从外部事件输入到系统响应的任务执行顺序，为每个任务分配事件进行预算。

④ 设计每个任务，每个任务代表一个顺序程序的执行。每个任务可以划分为多个模块，本阶段需要定义每个模块功能以及模块之间的接口，并设计各个模块的内部结构。

相对于单任务的结构化设计方法，并发多任务的结构化设计方法有如下优点：

（1）构建的各个任务可按照优先级进行抢占，紧急程度高的模块分配在高优先级任务中，保证紧急事件得到优先处理；

（2）事件处理模块之间的通信、互斥和同步，直接通过采用 RTOS 提供的任务通信模块和任务同步模块来实现，减轻了应用程序开发人员的负担，使应用开发人员专注于与应用本身相关的设计。

当然，该方法对系统的硬件资源要求相对要高，也需要 RTOS 的支持，在一些硬件资源紧张的系统中无法进行使用。

2．面向对象设计方法

结构化的软件设计方法由于将数据和基于数据的操作分离开，使得封装性和信息隐藏性不好，造成了扩展性和维护性方面不尽人意。面向对象的设计将数据和数据上的操作封装在对象实体中，外界对象不能直接对对象内部进行访问和操作，只能通过消息方式访问，并且提供了继承、多态、重载等方式提高软件的重用性。另外，在 OO 设计方法中可以采用面向对象的应用程序框架的方式来捕捉大规模应用的设计模式，提高了软件体系结构的重用性。因此，OO 设计方法能够使软件开发人员理解和管理更大更复杂的软件，提高软件的扩展性、维护性和重用性。

面向对象的建模就是把系统看作是相互协作的对象，这些对象是结构和行为的封装，都属于某个类，那些类具有某种层次化的结构。系统的所有功能通过对象之间相互发送消息来获得。面向对象的建模可以视为是一个包含以下元素的概念框架：抽象、封装、模块化、层次、分类、并行、稳定、可重用和可扩展性。

3．基于模型设计方法

基于模型设计方法通过借助有效的 MDD（Model Driven Development，MDD）工具，构建和维护复杂系统的设计模型，直接产生高质量的代码，将开发的重心从编码转移到设计。

实时嵌入式应用具有多样性，由于涉及到不同的问题域，因此采用的设计方法和设计手段不尽相同。但从设计角度来说，无外乎功能、结构和时间。为了在设计上清楚、无歧义地表示它们，也为了使设计文档化，甚至设计过程自动化，必须采用各种方法表示这些设计，即设计表示和模型。

目前，常用的设计表示或模型有：数据流/控制流图、任务结构图、MASCOT、结构图、结构图表、实体结构图、JSD 结构图、对象图、类结构图、状态转移图、状态图、Petri 网、离散事件模型、面向对象模型和功能模型等。对于这些设计表示或模型，除了考虑它们的各自特点、应用范围和自身局限性外，还要考虑其可用性及混合使用情况。另外，还可根据具体的应用情况，有针对性地选择（如数字信号处理 DSP 应用采用数据流模型、控制加强器应用采用有限状态机模型、HW 模拟采用模拟模型、事件驱动应用采用响应模型等）和设计有关的模型。大多数的模型是用图来表示的（一般采用结点、边构造其图），并且有相应的语法、语义，也可进行层次表示，甚至还提供模型设计语言。而应用模型进行软件的关键是：①对各种模型要有很深入的了解并能灵活地应用；②要有基于模型的设计工具（甚至要支持可视化设计）；③要提供设计所需要的辅助工具；④要能够对设计过程进行管理。总之，应用模型设计技术，要有配套工具支持。

在航空领域，我国航空装备能力快速提升，带来了软件复杂性的日益增加，给航电系统软件开发人员带来挑战。同时，由于传统产品的运行行为往往是在开发结束之后进行，导致故障通常在测试和应用阶段暴露，导致了开发成本剧增。传统的设计技术已不再满足大规模复杂软件的开发需要，基于模型驱动开发的设计方法已被逐渐采用和推广。

例如，航空领域部分主机厂所采用了 I-Logix 公司开发的 Rhapsody 等工具，实现了从需求捕获到分析、设计、实现和测试的一套完整的模型驱动开发环境 Rhapsody。该环境是一种可视化的编辑环境，用户可以进行软件的分析、设计、实现和测试，并从设计模型中直接生成高质量的代码，使得开发人员将开发的重心转移到设计。其主要的功能描述如下：

（1）支持用户使用各类 UML 图对系统进行建模。

（2）能够进行模型仿真和模型验证。

（3）支持静态检查，确保设计的一致性。

（4）支持生成 C、C++、Java 和 Ada 应用源代码。

（5）支持多种嵌入式实时操作系统，允许用户创建自己的适配器，支持新型操作系统。

（6）与需求管理工具（如 DOORS）或基于文本的工具（如微软的 Word）集成，支持需求的建模和跟踪。

（7）在建模环境中支持通过逆向工程从已经存在的 C、C++、Java 和 Ada 代码集成和创建模型。

（8）支持与 Eclipse、Wind River Workbench、Green Hills Multi 和中航工业计算所 LambdaAE 等开发平台进行集成。

（9）支持动态的模型与代码关联，既可以使用代码，也可使用图形设计，并确保两者同步。

（10）支持与 IBM 的 Synergy、ClearCase 联合使用，提供完全的配置管理接口，支持图形差异比较和合并。

4．嵌入式软件开发

在嵌入式系统开发过程中有宿主机和目标机的角色之分。宿主机是执行编译、链接、定址过程的计算机，目标机是运行嵌入式软件的硬件平台。机载软件的开发是典型的嵌入式软件开发，即采用"宿主机/目标机"的开发方式。首先，宿主机上驻留丰富的软件工具资源，包括配套的嵌入式开发环境和仿真软件，支持针对目标机平台代码的编译和调试。然后通过串口或网络设备，将在宿主机上交叉编译生成的目标代码传输并装载到指定的目标机上，利用开发环境中集成的交叉调试器，在目标机驻留的监控程序或操作系统的支持下，进行目标机端软件的实时分析和调试。最后，将调试通过的软件部署到目标机存储设备上，在特定的环境中运行。

嵌入式软件开发与通用计算机软件开发一样，应经过需求分析、软件概要设计、软件详细设计、软件实现和软件测试等阶段。其中嵌入式软件需求分析与硬件的需求分析合二为一。嵌入式系统的软件开发与通常软件开发的区别主要在于软件实现部分，其中又可以分为编译和调试两部分。

1）交叉编译

嵌入式软件开发所采用的编译为交叉编译。所谓交叉编译就是在一个平台上生成可以在另一个平台上执行的代码。编译的最主要工作就在将程序转换成运行该程序的 CPU 所能识别的机器代码，由于不同体系结构有不同的指令系统。因此，不同的 CPU 需要有相应的编译器，而交叉编译就如同翻译一样，把相同的程序代码翻译成不同 CPU 的对应可执行二进制文件。要注意的是，编译器本身也是程序，也要在与之对应的某一个 CPU 平台上运行。

一般将进行交叉编译的主机称为宿主机，也就是普通的通用 PC，而将程序实际的运行环境称为目标机，也就是嵌入式系统环境。一般通用计算机拥有非常丰富的系统资源、使用方便的集成开发环境和调试工具等，而嵌入式系统的系统资源非常紧缺，无法在其上运行相关的编译工具，因此，嵌入式系统的开发需要借助宿主机（通用计算机）来编译出目标机的可执行代码。由于编译的过程包括编译、链接等几个阶段，因此，嵌入式的交叉编译也包括交叉编译、交叉链接等过程，通常 ARM 的交叉编译器为 arm-elf-gcc、arm-linux-gcc 等，交叉链接器为 arm-elf-ld、arm-linux-ld 等，交叉编译过程如图 11-2 所示。

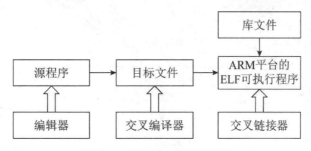

图 11-2　嵌入式交叉编译过程

2）交叉调试

嵌入式软件经过编译和链接后即进入调试阶段，调试是软件开发过程中必不可少的一个环节，嵌入式软件开发过程中的交叉调试与通用软件开发过程中的调试方式有很大的差别。在常见软件开发中，调试器与被调试的程序往往运行在同一台计算机上，调试器是一个单独运行着的进程，它通过操作系统提供的调试接口来控制被调试的进程。而在嵌入式软件开发中，调试时采用的是在宿主机和目标机之间进行的交叉调试，调试器仍然运行在宿主机的通用操作系统之上，但被调试的进程却是运行在基于特定硬件平台的嵌入式操作系统中，调试器和被调试进程通过串口或者网络进行通信，调试器可以控制、访问被调试进程，读取被调试进程的当前状态，并能够改变被调试进程的运行状态。

嵌入式系统的交叉调试有多种方法，主要可分为软件方式和硬件方式两种。它们一般都具有如下一些典型特点。调试器和被调试进程运行在不同的机器上，调试器运行在 PC 机（宿主机），而被调试的进程则运行在各种专业调试板上（目标板）。调试器通过某种通信方式（串口、并口、网络、JTAG 等）控制被调试进程。在目标机上一般会具备某种形式的调试代理，它负责与调试器共同配合完成对目标机上运行着的进程的调试。这种调试代理可能是某些支持调试功能的硬件设备，也可能是某些专门的调试软件（如 gdbserver）。目标机可能是某种形式的系统仿真器，通过在宿主机上运行目标机的仿真软件，整个调试过程可以在一台计算机上运行。此时物理上虽然只有一台计算机，但逻辑上仍然存在着宿主机和目标机的区别。

11.1.2   案例分析

案例 1   某智能家居系统

智能家居系统以消费者的使用习惯为依据，利用信息系统和自动化控制系统实现人与家用设备之间的信息交换，对家庭环境中的各个子系统（家电、水电、窗帘、视频监控、服务机器人等）进行互通控制。某智能家居系统示意图如图 11-3 所示。

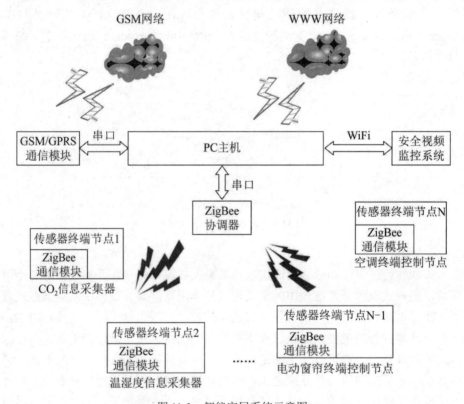

图 11-3   智能家居系统示意图

在图 11-3 中，以 ZigBee、WiFi 及 GSM 为基础构建智能控制和安全监控系统，包括家庭内部以 ZigBee 为基础的无线系统、用来进行视频传输的 WiFi 网络和用来外部交互的外部交互网络。

安全视频监控系统利用 WiFi 网络同家庭 PC 主机连接，用户可以通过外网或者内部 WiFi 连接，实时监控家庭状态，或者当家庭内部出现紧急事件后，可以通过 GSM 网络向家庭用户发送短信或彩信。

王工计划为某小区设计一套智能家居系统，利用 ZigBee 技术的低功耗、自组织、可扩展等特点，组建家庭内部无线传感器网络，网络结点包括室内温湿度采集结点、火灾环境监测结点、模拟空调控制结点、模拟雨水窗户监控结点。王工在开发智能家居系统时采用 V 开发模型，V 开发模型强调软件开发的协作和速度，将软件实现和验证有机结合起来，在保证较高的软件质量情况下缩短开发周期，图 11-4 为 V 模型示意图。

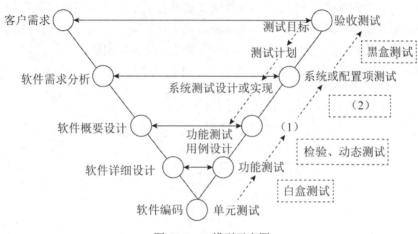

图 11-4　V 模型示意图

在 V 模型中，每个开发活动都有对应的验证活动，在进行客户需求分析时，测试人员可以了解产品设计特性、用户真正的需求，确定测试目标，可以准备用例并策划测试活动；在软件需求分析阶段，测试人员可以了解实现的过程、评审需求，设计测试方案和计划，并准备测试环境，设计系统或配置项测试用例；在软件概要设计阶段，测试人员可以评审概要设计，设计软件集成方案和用例；在详细设计阶段，测试人员可以评审详细设计，设计单元测试用例；在编码阶段，测试人员可以评审代码，并执行单元测试。

【问题 1】

在如图 11-4 所示的 V 模型中，与开发阶段中概要设计对应的测试阶段称为___(1)___。在系统或配置项测试阶段应采用___(2)___方法。

【问题 2】

完成下面对图 11-4 所示 V 模型的叙述。

① 客户需求分析对应验收测试。在进行需求分析、功能设计的同时，测试人员就可以阅读、审查分析结果，了解产品设计特性、用户真正的需求，从而确定___(1)___。

② 进行软件需求分析时，测试人员可了解实现的过程、评审需求，可设计___(2)___和___(3)___。

③ 设计人员做详细设计时，测试人员可参与设计，对设计进行___(4)___，同时___(5)___，并基于用例开发测试脚本。

【问题3】

ZigBee 协调器是整个 ZigBee 家庭内网的核心，负责管理各个 ZigBee 结点设备与 PC 网关的信息和控制指令的传输。温湿度采集终端将传感器的数据以点播的形式发送给协调器，其他采集/控制结点以广播的形式与 ZigBee 协调器进行数据的交换，协调器和 PC 采用串口通信协议。协调器上电后，首先进行系统初始化，信道扫描、创建信道并组建网络。如果组建网络成功，则进行各层事件扫描；如果失败，则继续创建，如果检测到应用层有事件，则对事件进行处理；否则反复扫描各层事件。当应用层有事件，则检查数据类型，如果是室内环境数据，则经过串口发送到网关；如果不是室内环境数据，则进一步判断是否为控制指令，如果是，则向控制结点发送控制指令。

ZigBee 协调器软件流程图如图 11-5 所示，补充其中的空（1）～（4）。

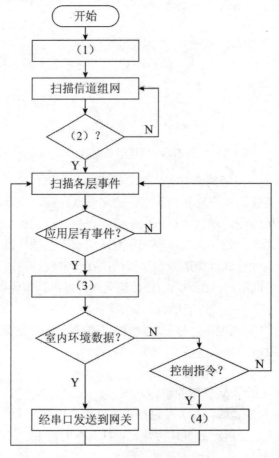

图 11-5　ZigBee 协调器软件流程图

案例 1 问题分析与解答

智能家居系统是一个典型的嵌入式分布式系统和网络系统,考查对嵌入式系统分析、设计、测试等以及软件开发的综合能力。

【问题 1】

V 模型是在快速应用开发模型基础上演变而来的,由于将开发过程构造成一个 V 字形而得名,V 模型强调软件开发的协作和速度,将软件实现和验证有机结合起来,在保证较高的软件质量情况下缩短开发周期。

空(1)处对应概要设计,以概要设计为测试依据的测试级别应为集成测试或部件测试。所以(1)处的正确答案应为部件测试或组件测试或集成测试。

空(2)处的测试方法应为系统或配置项测试的测试方法。系统或配置项测试时,应该主要使用黑盒测试方法,但对一些特殊功能的测试还要对照代码使用白盒测试方法进行验证,所以应为灰盒测试方法。所以(2)处的正确答案为灰盒测试。

【问题 2】

从图 11-4 所示的 V 模型中可以看出,左边是设计和分析,是软件设计实现的过程,同时伴随着质量保证活动即审核的过程,也就是静态的测试过程;右边是对左边结果的验证,是动态测试的过程,即对设计和分析的结果进行测试,以确认是否满足用户的需求。

在进行客户需求分析时,测试人员就可以阅读、审查需求分析的结果,从而了解产品的设计特性、用户的真正需求,确定测试目标,可以准备用例(Use Case)并策划测试活动。

在软件需求分析阶段,测试人员可以了解实现的过程、评审需求,设计测试方案和计划,并准备测试环境,设计系统或配置项测试用例;

当系统设计人员在做系统设计时,测试人员可以了解系统是如何实现的,基于什么样的平台,这样可以设计系统的测试方案和测试计划,并事先准备系统的测试环境,包括硬件和第三方软件的采购。实际上这些准备工作也要花费很多时间。

当设计人员在做详细设计时,测试人员可以参与设计,对设计进行评审,找出设计的缺陷,同时设计单元测试用例,完善测试计划,并基于这些测试用例开发测试脚本。

在编程的同时,测试人员可以评审代码,并执行单元测试。单元测试是一种很有效的办法,可以尽快找出程序中的错误,充分的单元测试可以大幅度提高程序质量、减少成本。

由此可见,V 模型使人们能清楚地看到质量保证活动和项目同时展开,软件测试工作可以随着项目启动同步展开。

因此,图 11-4 的空缺处应填入(1)测试目标;(2)测试方案和计划;(3)系统或配置项测试用例;(4)评审;(5)设计单元测试用例。

【问题 3】

该问题涉及嵌入式系统详细设计。ZigBee 协调器是整个 ZigBee 家庭内网的核心,负责管理各个 ZigBee 结点设备与 PC 网关的信息和控制指令的传输。温湿度采集终端将传感器的数据以点播的形式发送给协调器，其他采集/控制结点以广播的形式与 ZigBee 协调器进行数据的交换，协调器和 PC 采用串口通信协议。

依据题意，ZigBee 协调器软件首先进行系统初始化，所以空（1）填写"系统初始化"；接下来 ZigBee 协调器软件信道扫描、创建信道并组建网络。如果组建网络成功，则进行各层事件扫描；如果失败，则继续创建，如果检测到应用层有事件，则对事件进行处理；否则反复扫描各层事件。所以，空（2）判断"组网成功？"。

当应用层有事件，则检查数据类型，如果是室内环境数据，则经过串口发送到网关；如果不是室内环境数据，则进一步判断是否为控制指令，如果是，则向控制结点发送控制指令。所以空（3）填写"检查数据类型"，空（4）填写"向控制结点发送控制指令"。

案例 2 某舰载综合处理系统

某舰载综合处理系统由若干数据处理模块、IO 处理模块、信号处理模块、图形处理模块、大容量处理模块和电源模块组成，各处理模块通过 CAN 总线连接，如图 11-6 所示。

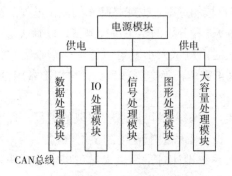

图 11-6 舰载综合处理系统结构图

为了提高综合处理系统的处理速度，主要处理模块都设计为多个处理器。其中，数据处理模块有 4 片 PowerPC8640 处理器，通过 RapidIO 内部网络连接，如图 11-7 所示。

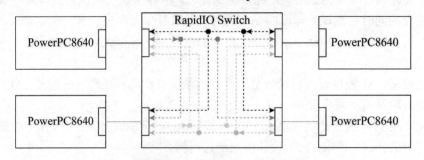

图 11-7 数据处理模块的处理器与 RapidIO 连接示意图

串行 RapidIO 协议即 SRIO 通信协议，构建了 3 层的协议体系。如图 11-8 所示，分别是物理层、传输层、逻辑层。

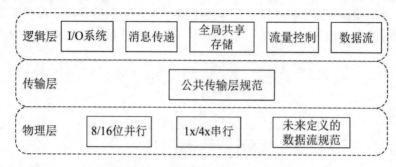

图 11-8　RapidIO 通信协议结构模型

物理层定义了硬件接口的电器特性，并包括链路控制、初级流量控制和低级错误管理等功能；传输层负责进行寻址和路由信息管理；逻辑层定义了服务类型和包交换的格式。

逻辑层定义了数据包的格式，同时支持两种操作方式，分别是直接 IO/DMA 方式和消息传递方式。

直接 IO/DMA 是一种常用的数据传输方式，发送端需要知道被访问设备的存储空间地址映射，被访问端的操作基本由硬件实现。直接 IO/DMA 下，发起一次传输操作，需要有效数据、目标器件 ID、数据长度、数据在被访问设备存储空间的地址以及包优先级等；同时，所有构成的包的长度为 32b 的整数倍；若包长度不能满足要求，则添加附加位进行弥补。

消息传递方式不要求发送结点知道目的结点的地址空间映射，当数据到达目的结点时，会根据邮箱号确定消息存储位置。在消息传递模式下进行数据传输时，除了有效载荷外还需要提供目的结点的 ID、数据长度、包优先级和邮箱号等。

【问题 1】

RapidIO 逻辑层中直接 IO/DMA 和消息传递这两种传输方式的主要差异如表 11-1 所示。请补充表 11-1 中空缺的内容。

表 11-1　RapidIO 逻辑层中两种传输方式的比较

主要特征	直接 IO/DMA 方式	消息传递方式
发送端设备是否能直接访问目的端设备存储地址	（1）	不可以
发送端设备是否需要知道目的端设备存储空间的地址映射	需要	（2）
支持的数据寻址方式	直接寻址	（3）
支持的数据访问方式	（4）	只能写
被访问端设备是否存在软件开销	（5）	有

【问题2】

在 IO 处理模块等多个模块上，都采用中断方式处理输入/输出。在中断处过程包括关中断、保存断点、识别中断源等一系列步骤，如图 11-9 所示，请填补其中的空缺。

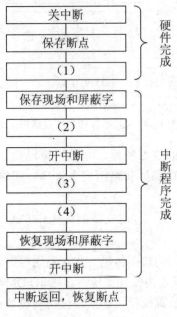

图 11-9 中断处理流程图

案例 2 问题分析与解答

【问题1】

RapidIO 规范在 2009 年发布了 2.1 版本，向后兼容 RapidIO1.3。在 2.1 版本中采用了新的高性能物理层，除此之外还增强了数据平面的性能。针对并行传输方式提出了 8/16 并行 LVDS 协议，对串行方式提出了 1x/4x 两种模式。RapidIO 协议的 I/O 操作是基于请求的，在结束时会有响应事务。

上述串行模式下的 RapidIO 协议即 SRIO 通信协议，它构建了 3 层的协议体系，分别是物理层、传输层、逻辑层。物理层定义了硬件接口的电器特性，并包括链路控制、初级流量控制和低级错误管理等功能；位于中间的传输层，负责进行寻址和路由信息管理；顶层的逻辑层定义了服务类型和包交换的格式。

逻辑层定义了数据包的格式，同时支持两种操作方式，分别是直接 IO/DMA（Direct IO/Direct Memory Access）方式和消息传递（Message Passing）方式。

1）直接 IO/DMA 传输方式

直接 IO/DMA 是一种常用的数据传输方式，但是发送端需要知道被访问设备的存储空间地址映射。在直接 IO/DMA 模式下，被访问端的操作基本由硬件实现。直接 IO/DMA 下，发起一次传输操作，需要有效数据、目标器件 ID、数据长度、数据在被访问设备存储空间的地址以及包优先级等。同时，所有构成的包的长度为 32b 的整数倍；若包长度不能满足要求，则添加附加位进行弥补。在直接 IO/DMA 传输方式下包含以下几种传输类型：

（1）NWRITE：可以直接向被访问器件的存储空间写数据。单次操作最多写入 256 字节数据，且不要求目标器件响应。

（2）NWRITE_R：与 NWRITE 基本相同，不同的是 NWRITE_R 操作要求目标器件响应。NWRITE 和 NWRITE_R 这两种传输类型均属于 Rapid 协议中定义的第 5 类事务。

（3）SWRITE：流写操作。在进行流写操作时数据大小要满足 8 字节的整数倍，且发送后不要求目的器件进行响应。同时 SWRITE 操作也是 SRIO 传输方式中效率最高的。其属于第 6 类事务，包的开销大大减小，提高了数据传输的效率。

（4）NREAD：直接从目的器件相应的存储空间读取内容，一次操作可读取数据长度为 1～256B。NREAD 属于 SRIO 协议中第 2 类事务。

（5）Atomic：即原子操作，它不包含任何有效载荷。

（6）Maintenance：即维护包，它的主要作用是器件发现、路由信息维护和交换器件初始化配置等。

2）消息传递方式

消息传递方式不要求发送结点知道目的结点的地址空间映射，当数据到达目的结点时，会根据邮箱号确定消息存储位置。在消息传递模式下进行数据传输时，除了有效载荷外，还需要提供目的结点的 ID、数据长度、包优先级和邮箱号等。除了用户自定义的传输类型外，消息传输方式定义了两种传输类型：

（1）DOORBELL：门铃消息要求信息传输长度小于等于 16b，适合于处理器间的中断通知。门铃消息属于第 10 类事务。

（2）MESSAGE：多事务消息的有效载荷最高可达 4096 字节，最多可包含 16 个事务，每个事务最大有效载荷为 256 字节，且要求有效载荷大小必须为双字的整数倍。MESSAGE 是第 11 类事务。

3）以上两种传输方式的差异

SRIO 逻辑层中直接 IO/DMA 模式和消息传递模式这两种传输方式的主要差异如表 11-2 所示。

表 11-2　RapidIO 逻辑层中两种传输方式的比较结果

主要特征	直接 IO/DMA 方式	消息传递方式
发送端设备是否能直接访问目的端设备存储地址	可以	不可以
发送端设备是否需要知道目的端设备存储空间的地址映射	需要	不需要
支持的数据寻址方式	直接寻址	通过邮箱号间接寻址
支持的数据访问方式	读/写	只能写
被访问端设备是否存在软件开销	无	有

【问题 2】

中断是指计算机系统运行时，出现来自处理机以外的任何现行程序不知道的事件，CPU 暂停现行程序，转去处理这些事件，待处理完毕，再返回原来的程序继续执行，这个过程称为中断，这种控制方式称为中断控制方式。

请求 CPU 中断的设备或事件称为中断源，根据中断源的不同类别，可以把中断分为内中断和外中断两种。中断的处理过程一般按如下步骤进行：

（1）关中断：进入不可再次响应中断的状态，由硬件自动实现。

（2）保存断点：为了在中断处理结束后能正确地返回到中断点，在响应中断时，必须把当前的程序计数器（PC）中的内容（即断点）保存起来。

（3）识别中断源，转向中断服务程序：在多个中断源同时请求中断的情况下，本次实际响应的只能是优先权最高的那个中断源，所以，需要进一步判断中断源，并转入响应的中断服务程序入口。

（4）保存现场和屏蔽字：进入中断服务程序后，首先要保存现场，现场信息一般指的是程序状态字，中断屏蔽寄存器和 CPU 中某些寄存器的内容。保存旧的屏蔽字是为了中断返回前恢复屏蔽字，设置新的屏蔽字是为了实现屏蔽字改变中断优先级或控制中断的产生。

（5）开中断：因为接下去就要执行中断服务程序，开中断将允许更高级中断请求得到响应，实现中断嵌套。

（6）执行中断服务程序主体：不同中断源的中断服务程序是不同的，实际有效的中断处理工作是在此程序段中实现的。

（7）关中断：是为了在恢复现场和屏蔽字时不被中断打断。

（8）恢复现场和屏蔽字：将现场和屏蔽字恢复到进入中断前的状态。

（9）中断返回：中断返回是用一条 IRET 指令实现的，它完成恢复断点的功能，从而返回到原程序执行。

进入中断时执行的关中断、保存断点操作和识别中断源是由硬件实现的，它类似于一条指令，但它与一般的指令不同，不能被编写在程序中。

因此，图 11-9 的空缺处应填入：（1）识别中断源；（2）设置新的屏蔽字；（3）执行中断服务程序主体；（4）关中断。

案例 3　某智能空气净化器

某综合化智能空气净化器设计以微处理器为核心，包含各种传感器和控制器，具有检测环境空气参数（包含温湿度、可燃气体、细颗粒物等），空气净化、加湿、除湿、加热和杀菌等功能，并能通过移动客户端对其进行远程控制。

图 11-10 为该系统电气部分连接图，除微处理器外，还包括了片上 32KB FLASH，以及 SRAM 和 EEPROM。

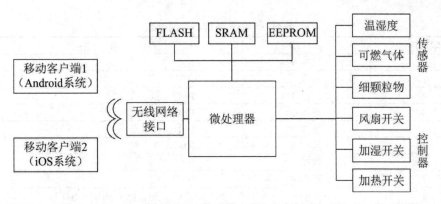

图 11-10　智能空气净化器系统电气部分连接图

【问题 1】

该系统的 SRAM 的地址线宽度为 11，数据线宽度为 8，其容量为多少字节?

【问题 2】

该系统分别设计了 iOS 和 Android 两种不同操作系统下的客户端程序，二者在开发上都使用 MVC（模型（M）－视图（V）－控制器（C））设计模式。在典型的程序设计中，用户可以直接和视图进行交互，通过对事件的操作，可以触发视图的各种事件，再通过控制器，以达到更新模型或数据的目的。请完善图 11-11 所示的流程模型。

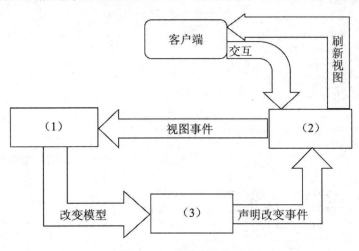

图 11-11　程模型示意图

【问题 3】

该系统采用数字式激光传感器检测 PM2.5、PM10，并通过异步串行接口将数据上报给处理器，通信波特率为 9600b/s，上报周期为 1.5s，数据帧内容包括：报文头、指令号、数据（6 字节）、校验和及报文尾，具体字段描述如表 11-3 所示。

表 11-3　报文通信协议说明表

字节序	名　称	备　注
0	报文头	AA
1	指令号	C0
2	数据 1	PM2.5 低字节
3	数据 2	PM2.5 高字节
4	数据 3	PM10 低字节
5	数据 4	PM10 高字节
6	数据 5	ID 字节 1
7	数据 6	ID 字节 2
8	校验和	数据 1 到数据 6 的字节加和
9	报文尾	AB

　　王工根据数据报文通信协议，用 C 语言编写了对应的数据接收和校验程序，请根据注释要求补全程序。

　　程序段如下：

```c
#define uint16_t unsigned short
#define uint8_t unsigned char
uint16_t  Pm25;
uint16_t  Pm10;
void ProcessSerialData()
{
    uint8_t mData = 0;
    uint8_t i = 0;
    uint8_t mPkt[10] = {0};
    uint8_t mCheck = 0;
    while (Serial.available() > 0)
    {
        mData = Serial.read();
        delay(2);                            //延迟 2ms
        if(mData ==   (1)  )                 //等待直到有效数据包接收到
        {
            mPkt[0] =  mData;
            mData = Serial.read();
            if(mData ==   (2)  )
            {
                mPkt[1] = mData;
                mCheck = 0;
                for(i=0;i < 6;i++)           //接收数据并进行校验计算
                {
                    mPkt[i+2] = Serial.read();
                    delay(2);
                    mCheck +=   (3)  ;
                }
                mPkt[8] = Serial.read();
```

```
        delay(1);
        mPkt[9] = Serial.read();
        if(mCheck ==  __(4)__ )          //校验判断
        {
            Serial.flush();
                    //请使用位操作方式计算 Pm25 和 Pm10 的值
            Pm25 =  __(5)__ ;
            Pm10 =  __(6)__ ;
        }
        }
    }
    return;
}
```

注释:

Serial.available(): 判断串口接收缓冲器的状态函数。读取串口接收缓冲器的值（128字节寄存器），以判断数据送达到串口。返回串口已经准备好的字节数据。

Serial.read(): 读取串口函数。返回串口的数据第一个字节，如果没有返回-1。

Serial.flush(): 清除串口缓冲器内容函数。无返回值。

案例 3 问题分析与解答

【问题 1】

有 8 根数据线表示访问数据一次可以访问 8 bit(一个字节)。即一个单元放一个字节，8 个二进制位。有 11 根地址线，表示编址范围是 $0\sim2^{11}-1$。

因此存储的容量为: 8×2^{11}bit=2048B=2KB。

【问题 2】

客户端软件开发使用框架形式，采用模型（M）—视图（V）—控制器（C）设计模式。MVC 是一个设计模式，它强制性的使应用程序的输入、处理和输出分开。使用 MVC 应用程序被分成三个核心部件: 模型（M）、视图（V）、控制器（C），它们各自处理自己的任务。

（1）视图: 视图是用户看到并与之交互的界面。对老式的 Web 应用程序来说，视图就是由 HTML 元素组成的界面，在新式的 Web 应用程序中，HTML 依旧在视图中扮演着重要的角色，但一些新的技术已层出不穷，它们包括 Adobe Flash 和像 XHTML、XML/XSL、WML 等一些标识语言以及 Web Services。如何处理应用程序的界面变得越来越有挑战性。MVC 一个大的好处是它能为你的应用程序处理很多不同的视图。在视图中其实没有真正的处理发生，不管这些数据是联机存储的还是一个雇员列表，作为视图来讲，它只是作为一种输出数据并允许用户操纵的方式。

（2）模型: 模型表示企业数据和业务规则。在 MVC 的三个部件中，模型拥有最多的处理任务。例如它可能用像 EJBs 和 ColdFusion Components 这样的构件对象来处理数据库。被模型返回的数据是中立的，就是说模型与数据格式无关，这样一个模型能为多个视图提供数据。由于应用于模型的代码只需写一次就可以被多个视图重用，所以减少了代码的重复性。

（3）控制器：控制器接收用户的输入并调用模型和视图去完成用户的需求。所以当单击 Web 页面中的超链接和发送 HTML 表单时，控制器本身不输出任何东西和做任何处理。它只是接收请求并决定调用哪个模型构件去处理请求，然后确定用哪个视图来显示模型处理返回的数据。

因此，图 11-11 中的空缺应填入：（1）控制器；（2）视图；（3）模型。

【问题 3】

结合题目给出的代码，分析如下：

（1）定义数据类型，为了在不同平台之间更方便的移植，嵌入式系统代码编写时经常对数据类型进行重新定义。题目代码中明确说明了此类定义后，考生在答题时应尽量使用定义后的数据类型声明。

```
#define uint16_t unsigned short
#define uint8_t unsigned char
```

（2）实现数据接收和校验的程序代码 ProcessSerialData()处理要点如下：

"Serial.available() > 0"表示串口已经准备好了数据；

"mData = Serial.read()"通过 Serial.read 读取串口函数接口读一个字节串口数据，存到 mData 变量中；

"delay(2)"延迟 2ms，确保数据包已被接收；

"if(mData == 0xAA)"判断是否为数据帧头，如果为帧头，说明一帧数据开始；

"mPkt[0] = mData"将帧头存放到接收缓冲区内；

"mData = Serial.read()"使用 Serial.read 接口继续读取一个字节帧数据存入变量 mData，完整的代码此时也应延时 1～2ms；

"if(mData == 0xc0)"判断是否为指令号 0xC0，即数据帧中第二个字节内容；

"mPkt[1] = mData"将指令号 0xC0 存到接收缓冲区内；

"mCheck = 0"将校验和变量 mCheck 清零；

"for(i=0;i < 6;i++) {}"使用 Serial.read 接口循环接收 6 个字节的数据，依次存入接收缓冲区 mPkt 中，每次调用 Serial.read 接口读数据后，延迟 2ms；

"mCheck += mPkt[i+2]"计算校验和并存到变量 mCheck；

"mPkt[8] = Serial1.read()"用 Serial1.read 接口读取校验和数据，存入接收缓冲区；

"mPkt[9] = Serial1.read()"使用 Serial1.read 接口读取帧尾数据；

"if(mCheck == mPkt[8])"判断校验和是否相符，校验和相符，表示已完成一帧数据接收，调用 Serial1.flush 接口清除串口数据；

"Pm25 = (uint16_t)mPkt[2] | (uint16_t)(mPkt[3]<<8)"用位操作方式计算 PM2.5 的数

值，题目给出数据 1 表示 PM2.5 的低字节，数据 2 表示 PM2.5 的高字节，因此将字节序为 3 的数据 mPkt[3]左移 8 位，与字节序为 2 的数据 mPkt[2]进行或操作得出，注意使用强制类型转换，位操作的方式计算量相对小，计算速度快，因此在计算资源紧张的嵌入式环境中大量使用；用同样方法计算 PM10。

通过以上叙述，结合题干描述，可知代码中的空缺（1）～（6）应填入：

（1）0xAA　　　　　　　（2）0xC0　　　　　（3）mPkt[i+2]　　　　　（4）mPkt[8]

（5）(uint16_t)mPkt[2] | (uint16_t)(mPkt[3]<<8)
　　　或 (uint16_t)((mPkt[3]<<8) | mPkt[2])

（6）(uint16_t)mPkt[4] | (uint16_t)(mPkt[5]<<8)
　　　或(uint16_t)((mPkt[5]<<8) | mPkt[4])

案例 4　某 ATM 自动取款机系统

某 ATM 自动取款机系统是一个由终端机、ATM 系统、数据库组成的应用系统，具有提取现金、查询账户余额、修改密码及转账等功能。ATM 自动取款机系统用例图如图 11-12 所示。

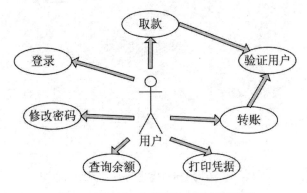

图 11-12　ATM 自动取款机系统用例图

ATM 自动取款机系统功能组成如图 11-13 所示。

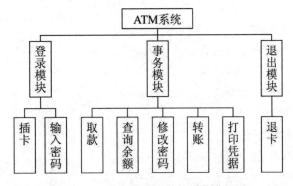

图 11-13　ATM 自动取款机系统功能图

【问题1】

根据 ATM 自动取款机系统功能和系统用例图，完成如图 11-14 所示的 ATM 自动取款机系统的系统状态图。

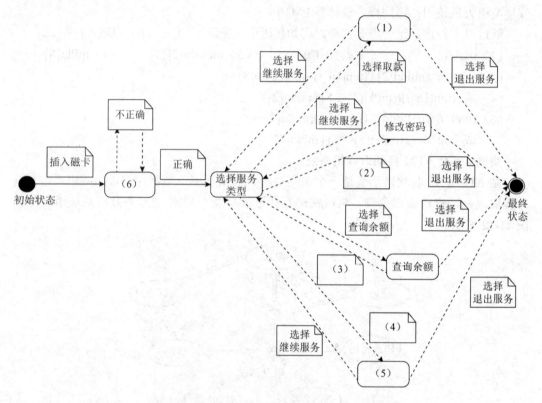

图 11-14　ATM 自动取款机系统的系统状态图

【问题2】

ATM 自动取款机系统取款用例描述用户取款的过程，其事件流程如下。

（1）基本流：

① 用户输入取款金额。

② 系统验证输入金额是否符合输入要求。

③ 系统验证用户账户余额。

④ 系统显示用户账户余额。

⑤ 用户确认取款金额。

⑥ 系统要求点钞机出钞。

⑦ 系统更新并保存账户信息。

（2）备选流：

① 如果输入金额不符合输入数字格式要求，给出提示，退出。

② 如果输入金额超出最大取款金额，给出提示，退出。

③ 如果用户没有确认，给出提示，退出。

根据上述 ATM 自动取款机系统取款用例描述，请完成取款功能的流程图。

【问题 3】

ATM 自动取款机系统是与银行服务器联网的网络系统，由于系统涉及个人和企事业单位的财产安全，要求网络通信安全可靠，因此通信过程要采取消息加解密、身份认证、消息鉴别和访问控制等信息安全措施。

（1）请简要解释下列术语的基本概念。

　　　　对称密钥　　　公开密钥　　　访问控制　　　消息鉴别

（2）以下几种常见的加密算法哪些属于对称加密算法？哪些属于非对称加密算法？

　　　　DES　RSA　　　　AES　　　IDEA　PGP　　　DSA　　　椭圆曲线 DSA

案例 4 问题分析与解答

【问题 1】

由 ATM 自动取款机系统用例图和 ATM 自动取款机系统功能图可知，ATM 自动取款机系统的工作过程如下：

将银行卡插入 ATM 机后，ATM 机会要求输入密码，如果输入的密码不正确，则要求重新输入；如果输入正确，则进入主菜单，选择不同的服务类型。服务类型有取款、修改密码、查询余额、转账等功能。

因此，图 11-14 中的空缺处应填入的内容如下：

（1）取款；（2）选择修改密码；（3）选择继续服务；（4）选择转账；（5）转账；（6）输入密码。

【问题 2】

该问题的描述部分已经给出了 ATM 自动取款机系统的取款过程的事件，流程图只需要根据实际取款的工作次序排序即可，正确的流程如下。

（1）用户输入取款金额。

（2）系统验证输入金额是否符合输入要求。

（3）判断格式要求，如果满足要求，则继续；否则，转结束。

（4）系统验证用户账户余额。

（5）系统显示用户账户余额。

（6）判断实际取款金额是否超出最大取款金额，若不大于，则继续；否则，给出超出最大金额提示后，转结束。

（7）用户确认取款金额。

（8）如果用户没有确认，时间超时，则给出超时提示，转结束。

（9）系统要求点钞机出钞。

（10）系统更新并保存账户信息。

（11）结束。

实现取款功能的流程图如图 11-15 所示。

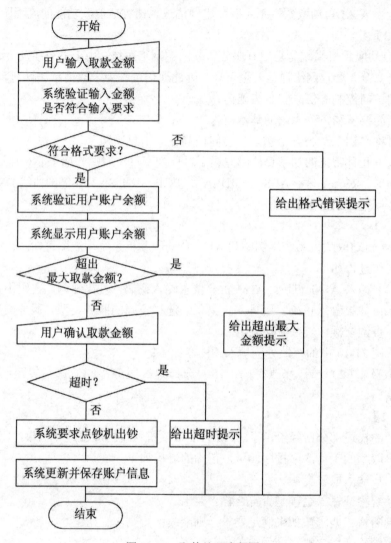

图 11-15　取款处理流程图

【问题 3】

在信息安全领域，密码技术是解决信息系统安全问题的主要手段，包括加密技术、解密技术、密钥、认证等。按照密钥或者加密算法的不同，密码分为两大类，即对称密钥或对称加密算法，非对称密钥或非对称加密算法。

对称密钥（或称单密钥）或对称加密算法是指编码和解码时使用同一密钥，主要用于通信和存储数据的加密。消息的发送者和接收者事先需要通过某种方法约定密钥，不让别人知道。对称密钥的优点是加密和解密速度快，容易实现，缺点是随着网络规模的扩大，密钥的管理困难，无法解决消息确认问题，缺乏自动检测密钥泄漏的能力。

非对称密钥（或称双钥）或非对称加密算法是指加密和解密的密钥不同，公开密钥的加密算法，把密钥分为私钥和公钥，两者成对使用，加密用公钥，解密用私钥。非对称密钥管理简单，还具有数字签名功能，但算法比较复杂，加/解密速度慢。

DES 算法是对称加密算法。

RSA 是非对称加密算法，由 Rivest、Shamir、Adleman 于 1977 年提出的，RSA 是第一个使用公开密钥的加密算法，也是第一个既能用于数据加密，也能用于数字签名的算法。RSA 现在广泛用于电子商务。

AES 是先进加密标准（Advanced Encryption Standard，AES）的简称，1997 年 NIST 公开征集新的数据加密标准，以取代 DES，2002 年 5 月 26 日正式生效，AES 已成为应用广泛的对称加密算法。

IDEA 是国际数据加密算法（International Data Encryption Algorithm，IDEA）的简称，是由我国科学家来学嘉和其同事 James Massey 设计的，于 1991 年发表，目的是取代 DES。

PGP（Pretty Good Privacy）密码算法用于签名、电子邮件加密和解密，是 MIT 的 Philip Zimmermann 于 1991 年提出的。PGP 使用公开密钥加密，包括一个把公钥和用户名或电子邮箱地址捆绑起来的系统，他在第二版中使用 IDEA 加密算法。

DSA 数字签名算法（Digital Signature Algorithm，DSA）是美国 NIST 在 1991 年 8 月提出的，作为数字签名标准（Digital Signature Standard，DSS）。1993 年 DSA 被 FIPS 所采用。DSA 属于非对称加密算法，其安全性与 RSA 相似。

椭圆曲线 DSA（Elliptic Curve DSA，ECDSA）是 DSA 的变种，由 Scott Vanstone 于 1992 年提出的，是公开密钥加密的一种方法，基于有限域的椭圆曲线的代数结构。椭圆曲线 DSA 于 1998 年被 ISO 接受为标准（ISO 14888-3），1999 年被 NIST 接受为标准（ANSI X9.62），2000 年被 IEEE 和 FIPS 接受为标准（IEEE 1363-2000 和 FIPS 186-2）。

因此，称加密算法有 DES、AES、IDEA。非对称加密算法有 RSA、PGP、DSA、椭圆曲线 DSA。

案例 5　某电梯模拟控制系统

王工在实验室负责自动电梯模拟控制系统的设计，自动电梯模拟控制系统需要完成电梯运行控制算法、输入界面和输出界面三项主要任务。系统结构图如图 11-16 所示。

根据电梯运行的流程，把电梯划分为停止状态、运行状态、开门状态和关门状态 4 种控制状态。停止状态是指电梯在没有任何请求的情况下的静止状态，而不是指电梯在运行过程中开门前的停顿状况，本题忽略停顿状况，把

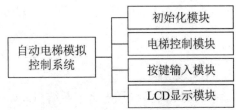

图 11-16　自动电梯模拟控制系统结构图

电梯从运行状态直接迁移为开门状态。电梯根据控制状态的迁移规则进行状态迁移，系统初始时，电梯处于停止状态。

【问题 1】

电梯根据控制状态的迁移规则进行迁移，其状态迁移图如图 11-17 所示，请根据下面状态转移的条件，完成状态迁移图。

可供选择的状态转移条件如下：

（1）其他楼层有呼叫请求。

（2）无呼叫请求。

（3）乘客进入电梯或等待一段时间后。

（4）到达请求楼层。

（5）电梯所在楼层有呼叫请求。

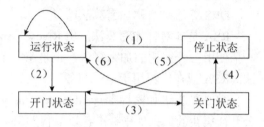

图 11-17　电梯控制状态迁移图

【问题 2】

电梯运行处理程序的流程图如图 11-18 所示，请完成该流程图。

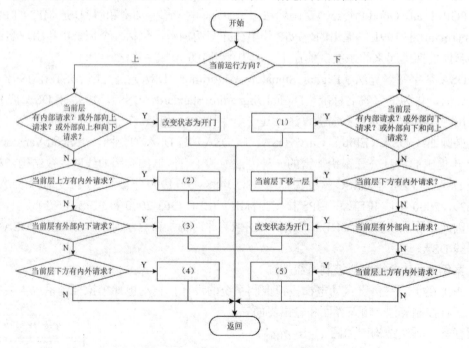

图 11-18　电梯运行处理程序流程图

【问题 3】

系统采用多级优先级中断结构，如图 11-19 所示，它要求 CPU 在执行完当前指令时转而对中断请求进行服务。设备 A 连接于最高优先级，设备 B 次之，设备 C 又次之。IRQx 为中断请求信号，INTx 为 CPU 发出的中断响应信号。

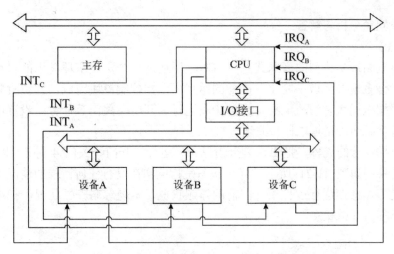

图 11-19　自动电梯模拟控制系统多级优先中断结构图

现假设：T_{DC} 为硬件中断周期时间；T_M 为一个指令执行周期时间；T_A、T_B、T_C 分别为 A、B、C 的中断服务程序执行时间；T_S、T_R 为保护现场和恢复现场所需的时间，图 11-20 是中断处理过程示意图。

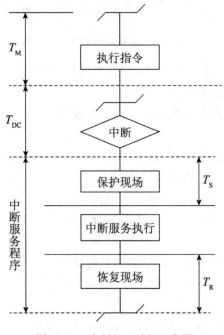

图 11-20　中断处理过程示意图

当三个设备同时发出中断请求时，依次处理设备 A、B、C 的时间是多少？这种结构下中断饱和时间是多少？

案例 5 问题分析与解答

【问题 1】

电梯控制系统是典型的嵌入式系统，本题所述是一个实验室环境下的自动电梯模拟控制系统，许多地方都做了简化。电梯的运行由电梯控制模块完成，它负责修改电梯当前状态，根据电梯状态派遣电梯执行停止、运行、开门、关门等任务，设置电梯处于各种状态的运行时间，指挥电梯按照运行规则运行。

根据电梯运行的流程，把电梯划分为停止、运行、开门、关门 4 种控制状态，电梯控制状态转移图如图 11-21 所示。停止状态是指电梯在没有任何请求的情况下的静止状态，而不是指电梯在运行过程中开门前的停顿状况，本题忽略停顿状况，把电梯从运行状态直接迁移为开门状态。

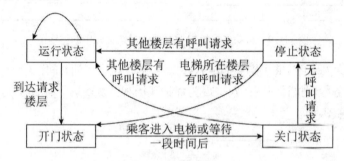

图 11-21   电梯控制状态迁移完整图

从图 11-21 可以看到，电梯根据控制状态的迁移规则进行状态迁移，具体如下：

（1）系统初始时，电梯处于停止状态；

（2）电梯处于停止状态时，根据发出请求的楼层不同可以分别迁移到运行或者开门两种不同的状态；

（3）电梯处于运行状态时，如果没有到达请求楼层时发生自迁移，即保持运行状态不变；当到达请求楼层时，迁移到开门状态；

（4）电梯处于开门状态时，等乘客进入电梯后或一段时间后必然会迁移到关门状态；

（5）电梯处于关门状态时，可以根据是否有请求迁移到运行状态或者迁移到停止状态。

【问题 2】

根据电梯状态，调用相应的控制状态的处理程序来控制电梯的运行。当进入电梯运行状态后，首先判断当前电梯的运行方向。处理逻辑如下：

1）当电梯向上运行时

（1）若当前层有内部请求，或外部有向上请求，或外部有向上和向下请求，则改变状态为开门，返回；否则转（2）；

（2）若当前层上方有内外请求，则当前层上移一层，返回；否则转（3）；

（3）若当前层有外部向下请求，则改变状态为开门状态，返回；否则转（4）；

（4）若当前层下方有内外请求，则改变状态为向下，返回。

2）当电梯向下运行时

（1）若当前层有内部请求，或外部有向下请求，或外部有向上和向下请求，则改变状态为开门，返回；否则转（2）；

（2）若当前层下方有内外请求，则当前层下移一层，返回；否则转（3）；

（3）若当前层有外部向上请求，则改变状态为开门状态，返回；否则转（4）；

（4）若当前层上方有内外请求，则改变状态为向上，返回。

因此，图 11-18 的空缺处应填入：（1）改变状态为开门；（2）当前层上移一层；（3）改变状态为开门；（4）改变状态为向下；（5）改变状态为向上。

【问题 3】

该问题涉及关于多级中断处理。题中现假设 T_{DC} 为硬件中断周期时间，T_M 为一个指令执行周期时间，T_A、T_B、T_C 分别为 A、B、C 的中断服务程序执行时间，T_S、T_R 为保护现场和恢复现场所需的时间。

当三个设备同时发出中断请求时，依次处理设备 A、B、C 的时间分别为：

$t_A = T_M + T_{DC} + T_S + T_A + T_R$;

$t_B = T_{DC} + T_S + T_B + T_R$;

$t_C = T_{DC} + T_S + T_C + T_R$;

注意，T_M 只执行 1 次。

这种结构下中断饱和时间为：$T = t_A + t_B + t_C = T_M + 3T_{DC} + 3T_S + T_A + T_B + T_C + 3T_R$。

案例 6　某车载导航系统

某车载导航系统的结构如图 11-22 所示，由导航处理系统和显示系统两部分组成。导航处理系统安装在某型车的设备区，显示系统安装在某型车的前方，便于驾驶员观看和操作。

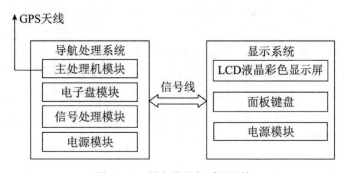

图 11-22　某车载导航系统结构

导航处理系统由主处理机模块、电子盘模块、信号处理模块和电源模块组成，主处理机模块执行电子地图功能、导航控制功能等，生成的导航显示画面通过信号线在 LCD液晶彩色显示屏显示给驾驶员；信号处理模块处理外部采集数据，将处理后的数据通过内部总线传输给主处理机模块；电子盘模块存储电子地图数据及导航数据。

显示系统由 LCD 液晶彩色显示屏、面板键盘（自定义键盘）和电源模块组成，主要是显示导航画面，也可通过面板键盘进行导航控制。

【问题 1】

GPS 天线接收卫星信号，将定位信息以帧的形式，通过 RS232 串行接口传输给主处理机模块。通常 RS232 的管脚规格如表 11-4 所示。

表 11-4　RS232 的管脚规格定义

号　码	管 脚 名 称	说　明
1	DCD	Data Carrier Detect
2	RXD	Receive Data
3	TXD	Transmit Data
4	DTR	Data Terminal Ready
5	GND	Ground
6	DSR	Data Set Ready
7	RTS	Request To Send
8	CTS	Clear To Send
9	RI	Ring Indicator

采用 RS232 通信，如果发送的数据量超过接收方缓冲区时，可能在接收方缓冲区因处理时间延迟等导致接收数据丢失。因此，需要进行流量控制。

请回答下面三个问题。

（1）如果通过软件进行流量控制，也就是将流量控制信息以特殊的数据进行发送，使用上表中的哪两个管脚进行状态信息发送？（回答管脚名称）

（2）如果通过硬件方式进行流量控制，使用上表中的哪两个管脚进行状态信息发送？（回答管脚名称）

（3）若 RS232 适配器的 FIFO 深度为 4 字节，通信波特率为 9600b/s，数据位为 8 位，无校验，停止位为 1，无数据流控。在应用设计中每次以 4 字节为单位进行数据发送，每两次发送之间严格控制时间间隔为 10ms，连续发送 100 次，在此过程中，忽略所有由于调度等因素引起的发送延迟。那么，从第 1 次发送开始，到第 100 次数据发送出去，消耗的时间为多少毫秒？

【问题 2】

主处理机模块与信号处理模块间通过双端口存储器进行数据交换。李工设计时，将双端口存储器空间划分为两个缓冲区，两个缓冲区分别交替地接收信号处理机传输来的最新数据，然后按数据块方式提供给用户程序使用。

假设每个缓冲区的大小为 512KB，将 512KB 数据写入当前空闲缓冲区接口服务为

Write_Buffer，将当前有效的 512KB 数据读出缓冲区的接口服务为 Read_Buffer，假设双端口存储器中不提供硬件信号量，两个缓冲区间的互斥操作由软件标记实现，软件对双端口存储器的单次操作（读写一个字的操作）为原子操作。

下面是用 C 语言设计的一组对双缓冲区的管理程序代码，请填补该程序代码中的空缺。

```
int  *BufferFlag[2];      /*  0 表示无有效数据，0xff 表示有新数据   */
int  *Mutex[2] ;          /*  软件锁，0 表示未锁定，0xff 表示锁定   */
int  Read_Buffer(int id, char *data);  /* 从缓冲区读数据，用于数据处理模块，
                                        id 表示缓冲的序列号，0 表示缓冲区 1，
                                        1 表示缓冲区 2，data 为存放读取数据的
                                        缓冲，返回值表示读取到有效数据的长
                                        度 */
void Write_Buffer(int id, char *data); /* 向缓冲区写数据，用于信号处理模块，
                                        id 表示缓冲的序列号，0 表示缓冲区 1，
                                        1 表示缓冲区 2，data 为待写入数据的缓
                                        冲 */

int INIT_PPC( ) {    /* 数据处理模块端的初始化，缓冲区起始地址为 0xffffc000。*/
   BufferFlag = ( int * ) 0xffffc000;
   Mutex =  ( int * ) 0xffffc010;
   *BufferFlag[0]=0 ;
   *BufferFlag[1]=0 ;
     *Mutex[0]=0;
     *Mutex[1]=0;
     return (0);
}

int PPC_Read_Data(char *Data){                /*   数据处理模块读数据程序段   */
     int  len = 0;
     if ((!(*BufferFlag[0]))&&(!(*BufferFlag[1]))) {
            return (0) ;              /* 无新数据 */
     }
     if (*BufferFlag[0]) {
           if (____(1)____) {
                   *Mutex[0] = 0xff;
                    len = Read_Buffer(0, Data) ;
                   *BufferFlag[0] = 0x00;
                   ____(2)____;
           }
     }
     else {
         if (*BufferFlag[1]) {
               if (!(*Mutex[1])) {
                      *Mutex[1] = 0xff;
                      ____(3)____;
```

```
                                *BufferFlag[1] = 0x00;
                                 *Mutex[1] = 0x00;
                        }
                }
        }
        return (len);
}
int  DSP_Write_Data() {
```

/* 信号处理模块写数据程序段，初始化与数据处理模块端类似，同样以 BufferFlag 表示与数据处理模块端的对应的标志，即两端操作的是相同的地址空间； 同样 Mutex 也表示与数据处理模块端的对应的软件锁，即两端操作的是相同的地址空间。这里就略去双口在 DSP 上的起始地址说明和初始化部分。*/

```
        char Data[1024*512] ;

    while(1) {
            // 等待信号处理模块产生新的数据并存入数据缓冲 Data 中；
            if (!(*Mutex[0])) {
                    *Mutex[0] = 0xff;
                    Write_Buffer(0, Data);
                     *BufferFlag[0] = 0xff;
                     *Mutex[0] = 0x00;
            }
            else if (!(*Mutex[1])) {
                     *Mutex[1] = 0xff;
                     Write_Buffer(1, Data);
                     *BufferFlag[1] = 0xff;
                     *Mutex[1] = 0x00;
            }
    }
     return (0);
}
```

【问题 3】

在进行面板键盘处理设计时，通常在扫描键盘过程中，按键会产生机械抖动。针对抖动问题，王工认为只有通过硬件设计才能消除抖动，而李工认为用软件方法就可以解决该问题。针对抖动问题，你认为可以采用哪类方式消除？

案例 6 问题分析与解答

【问题 1】

在 RS 232 标准中，字符是以一个串行的比特串来一个接一个地传输，优点是传输线少，配线简单，传送距离可以较远。最常用的编码格式是异步起停（asynchronous start-stop）格式，它使用一个起始比特后面紧跟 7 或 8 个数据比特（bit），然后是可选的奇偶校验比特，最后是一或两个停止比特，所以发送一个字符至少需要 10 比特。

RS 232 的设备可以分为数据终端设备（Data Terminal Equipment，DTE）和数据通信设备（Data Communication Equipment，DCE）两类，这种分类定义了不同的线路用来发送和接收信号。一般来说，计算机和终端设备有 DTE 连接器，调制解调器和打印机有 DCE 连接器。但是这么说并不是总是严格正确，用配线分接器测试连接，或者用试误法来判断电缆是否工作，常常需要参考相关的文件说明。

　　RS 232 指定了 20 个不同的信号连接，由 25 个 D-sub（微型 D 类）管脚构成 DB-25 连接器。很多设备只是用了其中的小部分管脚，出于节省资金和空间的考虑，不少机器采用较小的连接器，特别是 9 管脚的 D-sub 或者是 DB-9 型连接器被广泛使用在绝大多数自 IBM 的 AT 机之后的 PC 和其他许多设备上。DB-25 和 DB-9 型的连接器在大部分设备上是雏型，但不是所有的都是这样。

　　在使用 RS 232 进行数据传输时，RXD 和 TXD 管脚被用来进行数据的接收和发送，RS 232 的流控方式包括无流控、软件流控和硬件流控三种。无流控是指没有流控功能。软件流控也称为 XON/XOFF 流控，使用控制字符 XON、XOFF 来实现。在 RS 232 数据通信过程中，如果发送方收到 XOFF 字符则停止发送数据，反之如果收到 XON 字符则重新开始发送数据。XON 一般定义为十六进制 0x11，XOFF 为十六进制 0x13。硬件流控又分为 DSR/DTR 流控和 CTS/RTS 流控。硬件流控是通过硬件的高低电平来通知发送方，接收方的缓冲区是否快满了。CTS/RTS 流控时，RS 232（DB9）的 8 引脚为 RTS，7 引脚为 CTS。DSR/DTR 流控时，RS 232（DB9）的 6 引脚为 DSR，4 引脚为 DTR。

　　在使用 RS 232 进行数据传送时，需要注意其配置方式，包括流控位宽，起始位宽等。在该题目中，数据位宽为 8b，停止位为 1b，无别的流控位，因此，每个字节传输需要的位宽为 9b，按照 9600b/s 的速率进行传输时，每个字节需要的时间为 9/9600=0.9375ms，因此传输 4 字节需要的时间为 4×0.9375ms=3.75ms。在进行 100 次的传输中，每隔 10ms 传输一次，又由于同时忽略了其他调度时间，由于 3.75 小于 10，可知，在每 10ms 传输一次的过程中肯定是可以将对应的 4 字节数据传输完毕。因此，在 100 次的传输中，前 99 次传输需要的时间是 99×10ms=990ms，最后一次也就是第 100 次传输消耗的时间为 3.75ms。

　　因此，总共需要的时间为 990ms+3.75ms=993.75ms。

【问题 2】

　　本题考查嵌入式 C 程序设计的技能。在本题中主处理机模块与信号处理模块间通过双端口存储器进行数据交换。由信号处理模块发送数据，主处理机模块接收数据。

　　在本题中给出了很多假设条件，如将双端口存储器空间划分为两个缓冲区，两个缓冲区分别交替地接收信号处理机传输来的最新数据；在如假设双端口存储器中不提供硬件信号量，两个缓冲区间的互斥操作由软件标记实现，软件对双端口存储器的单次操作（读写一个字的操作）为原子操作。同时也本题也给出了软件程序的架构，BufferFlag 为缓冲区有无新数据的标志，Mutex 为软件锁。

　　在数据处理模块端的初始化程序 INIT_PPC()中，BufferFlag 和 Mutex 被分配在缓冲区的前端，并被初始化为无数据和未锁定。

信号处理模块写数据程序 DSP_Write_Data()中，初始化与数据处理模块端类似，同样以 BufferFlag 表示与数据处理模块端的对应的标志，即两端操作的是相同的地址空间；同样 Mutex 也表示与数据处理模块端的对应的软件锁，即两端操作的是相同的地址空间。信号处理模块写数据程序 DSP_Write_Data()是一个无限循环程序，在等待信号处理模块产生新的数据，后就将数据写入双缓冲 Data 中，具体过程如下。

（1）循环等待新数据。

（2）如果缓冲区 0 未被锁定，则：

　　① 缓冲区 0 加锁。

　　② 写数据到缓冲区 0。

　　③ 标记缓冲区 0 未有数据。

　　④ 缓冲区 0 解锁。

（3）如果缓冲区 0 已被锁定，则对缓冲区 1 重复上述步骤。

在数据处理模块端读数据程序 PPC_Read_Data()首先判断双缓冲有无数据，如果缓冲区 0 有数据，再判断缓冲区 0 是否加锁，如果未加锁，则先加锁，再读数据，再解锁。对缓冲区 1 同样。

本题正确使用软件锁，PPC_Read_Data()中的空缺处应填入：

（1）!(*Mutex[0]) 或者 *Mutex[0] == 0x00 或者*Mutex[0] == 0

（2）*Mutex[0] = 0x00 或者*Mutex[0] = 0

（3）len = Read_Buffer(1, Data)

【问题 3】

在一般的按键设计中，通常的按键所用开关为机械弹性开关。由于机械触电的弹性作用，按键在闭合及断开的瞬间均伴随有一连串的抖动。键抖动会引起一次按键被误读多次。为了确保 CPU 对键的一次闭合仅作一次处理，必须去除抖动。消除抖动的方法有硬件和软件两种方法。硬件方法常用专用的去抖芯片或者自己组装一个双稳态消抖电路，就是两个与非门构成的 RS 触发器。

软件方法是当检测出键闭合后执行一个 10～20ms 的延时程序，再一次检测键的状态，如仍保持闭合状态，则确认真正有键按下。

因此，本题答案为硬件方法和软件方法都可以。

案例 7　某机载嵌入式系统

某公司承接了开发周期为 6 个月的某机载嵌入式系统软件的研制任务。该机载嵌入式系统硬件由数据处理模块、大容量模块、信号处理模块、FC 网络交换模块和电源模块组成，如图 11-23 所示。数据处理模块和大容量模块的处理器为 PowerPC7447，数据处理模块主要对机载数据进行处理，完成数据融合；大容量模块主要存储系统数据，同时也有数据处理的能力；信号处理模块的处理器为专用的数字信号处理器 DSP，完成雷达数据处理，并将处理后的数据发送给数据处理模块；FC 网络交换模块为已开发的模块，本次不需要开发软件，主要负责系统的数据交换；电源模块主要负责给其他模块供电，电源模块上没有软件。

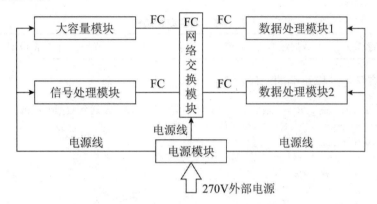

图 11-23 某机载嵌入式系统的组成

PowerPC7447 和 DSP 是 32 位处理器，内存按字节编址。PowerPC7447 以大端方式（big_endian）存储数据，DSP 以小端方式（little_endian）存储数据。

【问题 1】

在数据处理模块 1 中，需要使用 A/D 转换器对外部电源模块的电压进行检测。当前数据处理模块中的 A/D 转换器为 10 位，当 A/D 转换器的输入模拟电压最大为 5.115V 时，A/D 输出为 3FFH。

通过配置 A/D 转换器的中断寄存器及比较寄存器（比较寄存器的值是用来和 A/D 转换结果进行比较），可以将 A/D 转换器配置为输入电压大于一定值时产生中断，也可以配置为输入电压小于一定值时产生中断，通过此种方式向系统报警。

请回答以下三个问题。

（1）此 A/D 转换器的量化间隔为多少毫伏？（量化间隔为 A/D 转换器最低有效位 1 位所代表的模拟电压值）。

（2）如果规定下限阈值为 4.092V，要使用中断检测这个电压，此时 A/D 转换器的比较寄存器应配置为多少？

（3）如果采用查询方式实现电源电压超限报警功能，程序如何判断 A/D 转换器完成了单次数据转换？

【问题 2】

李工负责该系统软件的研发。在软件策划过程中，为了加快软件的开发，确保进度，李工将软件分解为若干软件配置项，每个软件配置项指定一人开发。每个配置项的开发过程包括：软件需求分析、软件概要设计、软件详细设计、软件编码、软件单元测试和部件级测试六个阶段。李工的做法符合软件工程的要求吗？为什么？

【问题 3】

田工负责编写信号处理模块与数据处理模块的通信程序，约定好的数据组织方式如表 11-5 所示。

表 11-5　网络数据结构

数据域 A（1 字节）	数据域 B（4 字节）	数据域 C（2 字节）	数据域 D（16 字节）

以下是信号处理模块端的一段程序：

```
unsigned int msgid = 0x01;  //表示从信号处理模块发送到数据处理模块 2 的消息 ID
typedef  struct  FCSND_Data_struct {
  unsigned char A;
  unsigned int B;
  unsigned short C;
  unsigned char D[16];
} FCSND_DATA;
FCSND_DATA sendData;
…
…
FillfcData(&sendData);         //将待发送数据赋值到 sendData 数据结构中
sendfc((msgid, &sendData, sizcof(FCSND_DATA));      //发送数据
```

以下是数据处理模块 2 端的一段程序：

```
    unsigned int msgid = 0x00;       //接收到的消息 ID
typedef  struct  FCRCV_Data_struct {
  unsigned char A;
  unsigned int B;
  unsigned short C;
  unsigned char D[16];
} FCRCV_DATA;
FCRCV_DATA  recvData;
…
…
recvfc((msgid, &recvData, sizeof(FCRCV_DATA));      //接收数据
```

请问以上程序是否存在问题？如果存在问题，请分析原因。

案例 7 分析与解答

【问题 1】

A/D 转换器的量化间隔为 A/D 转换器最低有效位 1 位所代表的模拟电压值，当前 A/D 转换器的模拟电压最大为 5.115V，表示 A/D 输出的最大值为 3FFH，因此，A/D 转换器的量化间隔为 5.115V/3FFH=5mV。

根据 A/D 转换器的量化间隔，可以根据需要控制的模拟电压来计算出对应的数字值。按照题意，如果当前的阈值为 4.092V，则可以计算出要产生中断时候配置的 A/D 转换器

的比较寄存器的值为 4.092V/5mV，即 818 或者 0x332。

一般嵌入式系统设计中，对于外部 A/D 报警事件的处理，可以采用查询方式，也可以采用中断方式。当采用查询方式来检查电源电压是否超过一定阈值或者低于一定阈值的事件时，需要首先设置 A/D 变换的比较寄存器的阈值，然后开启对应的控制字，最后应用程序通过不断查询状态寄存器中对应的标志位来判断是否有对应的事件发生。

【问题 2】

按软件工程的要求，开发过程分为软件策划、软件需求分析、软件概要设计、软件详细设计、软件编码、软件单元测试、部件级测试、系统级测试、验收交付等阶段。一般情况下，软件可以分解为若干软件配置项，由不同的人员完成，但对于同一软件配置项，软件开发和软件测试必须由不能为同一个人，即不允许自己测试自己开发的软件；对于重要的软件，每个软件配置项的软件需求分析、软件设计与编码、软件测试的人员需要分开，不能由一人全部完成，以确保软件的质量。

因此，李工的安排不合理，必须在软件策划中，将各阶段的人员分开，否则，软件开发计划和软件配置管理计划在评审时将不能通过。

【问题 3】

程序中存在以下问题：

（1）数据结构定义有边界对齐问题；

（2）接收和发送端的处理程序没有对大小端转换进行处理。

本题中，田工在发送和接收消息时采用的数据类型 FCSND_DATA 和 FCRCV_DATA，数据类型中有字符型、整型、短整型、字符数组；而发送端为信号处理模块，其处理器为专用的数字信号处理器 DSP。接收端为数据处理模块，其处理器为 PowerPC7447。在嵌入式系统中，C 语言的编译器在专用的信号处理器 DSP 和 PowerPC7447 很可能不同，不同的编译器对数据有边界对齐会有不同的处理方式，不一定按照表 11.5 规定的组织方式。会表现为：

（1）两者都不是表 11-5 规定的内存组织方式。

（2）信号处理模块数据可能与数据处理模块的内存组织方式不同。

解决办法为在数据结构设计中只用字符型和字符数组，不同其他类型数据。

另外，PowerPC7447 和 DSP 是 32 位处理器，内存按字节编址。PowerPC7447 以大端方式（big_endian）存储数据，DSP 以小端方式（little_endian）存储数据。因此，需要对大小端转换进行处理，在发送端或接收端都可以，而本题明显没用进行大小端转换处理。

案例 8　某个人数字助理 PDA

个人数字助理（Personal Digital Assistant，PDA）是典型的嵌入式系统，具有计算、电话、网络和个人信息管理等多项功能。某单位欲开发一款 PDA 产品，选择 S3C2410 作为 CPU，存储器采用 SRAM、DRAM 和 NAND Flash 三种内置存储器，显示器采用 LCD，图 11-24 为 PDA 的硬件示意图。软件采用嵌入式 Linux 操作系统。

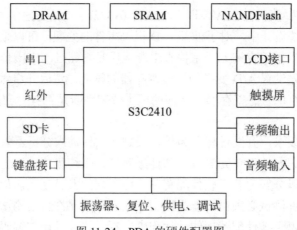

图 11-24　PDA 的硬件配置图

【问题 1】

不同类型的存储器，其特性也不同，请完成表 11-6 中的空白处内容，在"易失性"栏中填写"是"或"否"，在"相对读写速度"栏中填写"快""中"或"慢"。

表 11-6　存储器的设备特征

存储器种类	易失性	相对读写速度
SRAM		
DRAM		
NAND Flash		

【问题 2】

该 PDA 产品的软件如下所示：

（1）记事本　　　　　　　　（6）游戏软件

（2）电源管理　　　　　　　（7）GUI 软件

（3）TCP/IP 协议栈　　　　　（8）GPS 导航定位软件

（4）文件系统　　　　　　　（9）处理触摸屏的软件

（5）LCD 驱动程序　　　　　（10）Word 文字处理软件

图 11-25 是 PDA 软件的层次关系示意图，共分为 4 类软件。

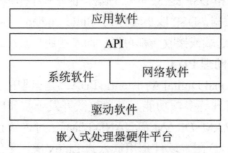

图 11-25　PDA 软件层次关系示意图

请说明上述 10 个软件所属的软件类别。

【问题3】

该 PDA 产品的操作系统采用嵌入式 Linux，网络协议采用 TCP/IP，图 11-26 是未完成的面向连接的 Socket 通信流程图。请从下列子程序（参数和返回值略）中选择恰当者填入图 11-26 的空缺处。

A. Accept()　　B. Bind()　　C. Connect()　　D. Listen()　　E. Read()　　F. Write()

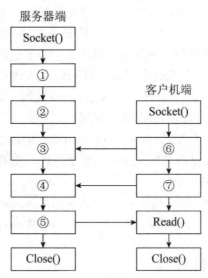

图 11-26　面向连接的 socket 通信流程图

案例 8 问题分析与解答

【问题1】

存储器是构成嵌入式系统硬件的重要组成部分。易失性和读写速度是存储器重要的性能指标。嵌入式系统中使用的存储器主要包括：随机存储器、只读存储器、混合型存储器等。它们还可再进行细分，如：SRAM、DRAM、掩模 ROM、PROM、EPROM、EEPROM、Flash、NVRAM 等。

从易失性上讲，SRAM 和 DRAM 是易失的；从相对读写速度上讲，静态 RAM 即 SRAM 最快，下来是 DRAM，NAND Flash 最慢。

【问题2】

PDA 的软件按其软件结构图所示依次划分为应用层的应用软件，操作系统层的系统软件和网络部分软件，硬件隔离层的驱动软件。

记事本、游戏软件、GPS 导航定位软件、Word 文字处理软件在应用层，应属于应用软件；电源管理、文件系统和 GUI 软件属于操作系统层的系统软件；TCP/IP 协议栈属于网络部分软件；LCD 驱动程序、处理触摸屏的软件属于硬件隔离层的驱动软件。

【问题 3】

Socket（套接字）是进程间的通信机制，即适用于同一台计算机上的进程间通信，也使用于网络环境的进程间通信。网络通信有两种主要模式，一种为面向连接的通信，另一种为无连接通信。

在面向连接的 Socket 通信模式中，通信双方要先通过一定的步骤在互相之间建立起一种虚拟的连接，或者说虚拟的线路，然后再通过虚拟的连接线路进行通信。在通信的过程中，所有报文传递都保持着原来的次序，报文在网络中传输是可靠的。

面向连接的 Socket 通信流程图是一个客户机/服务器模型，服务器端程序的功能是监听其端口，如果发现有客户机的请求到来，就产生一个子进程于客户机进行通信。服务器端首先调用 Socket()创建一个 Socket，然后调用 Bind()与本地地址/端口号绑定，成功之后就通过调用在相应的 Socket 上监听。当 Accept()捕捉到一个连接服务请求时，就生成新的 Socket，并通过这个新的 Socket 与客户机通信，然后关闭该 Socket。

客户端程序首先创建一个 Socket，通过调用 Connect()函数与服务器建立连接，连接成功后，与服务器通信，接收服务器发过来的数据，最后关闭 Socket，结束程序。

图 11-26 中空缺处的解答如下：

① B 或 Bind()   ② D 或 Listen()   ③ A 或 Accept()   ④ E 或 Read()
⑤ F 或 Write()   ⑥ C 或 Connect()   ⑦ F 或 Write()

11.2   嵌入式系统硬件设计

11.2.1   嵌入式系统硬件设计概述

一个嵌入式系统的硬件层中包含嵌入式微处理器、存储器（SDRAM、ROM、FLASH 等）、通用设备接口和 I/O 接口（A/D、D/A、I/O 等）。在一片嵌入式处理器基础上添加电源电路、时钟电路和存储器电路，就构成了一个嵌入式核心控制模块。其中操作系统和应用程序都可以固化在 ROM 中。

嵌入式微处理器有各种不同的体系，即使在同一体系中也可能具有不同的时钟频率和数据总线宽度，或集成了不同的外设和接口。据不完全统计，全世界嵌入式微处理器已经超过 1000 多种，体系结构有 30 多个系列，其中主流的体系有 ARM、MIPS、PowerPC、X86 和 SH 等。但与全球 PC 市场不同的是，没有一种嵌入式微处理器可以主导市场，仅以 32 位的产品而言，就有 100 种以上的嵌入式微处理器。嵌入式微处理器的选择是根据具体的应用而决定的。

嵌入式系统和外界交互需要一定形式的通用设备接口，如 A/D、D/A、I/O 等，外设通过和片外其他设备的或传感器的连接来实现微处理器的输入/输出功能。每个外设通常都只有单一的功能，它可以在芯片外也可以内置芯片中。外设的种类很多，可从一个简单的串行通信设备到非常复杂的 802.11 无线设备。

嵌入式系统中常用的通用设备接口有 A/D（模/数转换接口）、D/A（数/模转换接口），I/O 接口有 RS-232 接口（串行通信接口）、Ethernet（以太网接口）、USB（通用串行总线接口）、音频接口、VGA 视频输出接口、I^{2}C（现场总线）、SPI（串行外围设备接口）和 IrDA（红外线接口）等。

在实际的嵌入式系统的硬件方案设计中，需要根据具体的应用要求从嵌入式系统的处理器、存储、外部接口进行综合设计，同时还需要考虑软件的设计要求等。

11.2.2　嵌入式系统软硬件协同设计

在嵌入式系统设计中，无论是硬件方案还是软件方案，都需要协同进行整体设计。嵌入式系统硬件层与软件层之间为中间层，也称为硬件抽象层（Hardware Abstract Layer，HAL）或板级支持包（Board Support Package，BSP），它将系统上层软件与底层硬件分离开来，使系统的底层驱动程序与硬件无关，上层软件开发人员无需关心底层硬件的具体情况，根据 BSP 层提供的接口即可进行开发。该层一般包含相关底层硬件的初始化、数据的输入/输出操作和硬件设备的配置功能。

BSP 具有以下两个特点。

- 硬件相关性：因为嵌入式实时系统的硬件环境具有应用相关性，而作为上层软件与硬件平台之间的接口，BSP 需要为操作系统提供操作和控制具体硬件的方法。
- 操作系统相关性：不同的操作系统具有各自的软件层次结构，因此，不同的操作系统具有特定的硬件接口形式。

实际上，BSP 是一个介于操作系统和底层硬件之间的软件层次，包括了系统中大部分与硬件联系紧密的软件模块。

设计一个完整的 BSP 需要完成两部分工作：嵌入式系统的硬件初始化以及 BSP 功能，设计硬件相关的设备驱动。

在一般的嵌入式软硬件协同设计中，选用不同的嵌入式处理器则软硬协同设计的方案也会有所不同，在某些特殊应用中需要结合多种不同嵌入式处理器进行方案设计，如嵌入式微处理器、嵌入式数字信号处理器、嵌入式片上系统等，在不同的组合设计中会涉及到有操作系统、无操作系统、高级编程语言、汇编语言、逻辑设计语言等不同的软硬件组合设计。

11.2.3　案例分析

案例 1　某打印机控制

图 11-27 为使用某嵌入式处理器和 8255 对打印机进行控制的电路图，其中 8255 的中断请求 PC3 接到处理器的中断请求输入端 $\overline{\text{INT0}}$ 上，打印机的数据口接在 8255 的 PA0～PA7 上，打印机的输出电平 $\overline{\text{ACK}}$ 接在 8255 的 PC6 上。

为了使用嵌入式处理器对打印机进行控制，在程序设计时，需要将 8255 的 PA 口设置为工作方式 1；PB 口设置在工作方式 0，配置为输入；PC 口的 PC0、PC1、PC2、PC3 和 PC4 定义为输出。

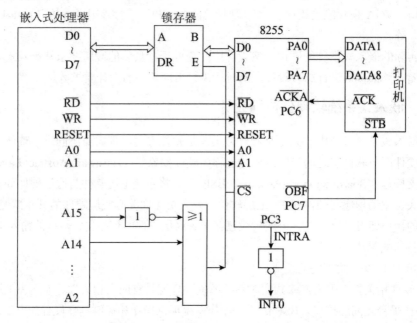

图 11-27　嵌入式处理器和 8255 对打印机进行控制的电路图

为了在打印机输出为低电平时通过 8255 的 PC3 产生有效的中断请求信号 INTRA，必须使得 A 口的中断请求使能 INTE=1，实际上就是通过 C 口的按位复位操作将 PC6 置 1，整个程序分为四部分：依次是 8255 的初始化，嵌入式处理器的中断初始化，嵌入式处理器的主程序和打印字符的中断处理程序。其中 8255 的端口配置功能如表 11-7 所示。嵌入式处理器的中断使能控制字含义如表 11-8 所示，该处理器的典型汇编指令如表 11-9 所示。

表 11-7　8255 的端口配置功能

CS	A1	A0	寻　　　　址
0	0	0	A 口
0	0	1	B 口
0	1	0	C 口
0	1	1	控制及状态字

表 11-8　嵌入式处理器的中断使能控制字含义

EA	XX	XX	ES	ET1	EX1	ET0	EX0

EA：全部中断，0=关中断，1=开中断
ES：串口中断，0=关中断，1=开中断
ET1：定时器 1 中断，0=关中断，1=开中断
EX1：外部 INT1 中断，0=关中断，1=开中断
ET0：定时器 0 中断，0=关中断，1=开中断
EX0：外部 INT0 中断，0=关中断，1=开中断

表 11-9　嵌入式处理器的汇编指令

指 令 分 类	指 令 举 例	含 义
传送指令	Mov A, R0	寄存器寻址
	Mov B, @R0	寄存器间接寻址
	Mov R0, direct	直接寻址
	Mov @R0, #data	立即数寻址
算术运算指令	ADD A, R0	一般加法指令
	ADDC A, R0	带进位加法指令
逻辑及移位指令	CLR A	单操作数指令，清 0
	ANL A, #data	立即数逻辑与指令
	ANL A, R0	寄存器逻辑与指令
	ANL A, @R0	寄存器间接寻址逻辑与指令
控制指令	LJMP addr16 AJMP addr11 SJMP rel JMP @A+DPTR	无条件转移指令
	CJNE A, #data, rel CJNE A, direct, rel	条件转移指令

【问题 1】

如图 11-27 所示，通过嵌入式处理器访问 8255 的 PA 口、PB 口和 PC 口对应的地址分别是什么？（用十六进制描述）。

【问题 2】

在嵌入式处理器的汇编语言中，最简单的指令寻址方式为立即寻址和直接寻址，请回答下面两个汇编语言语句所描述的含义。

```
MOV  A, #3AH: (1)
MOV  R4, 3AH: (2)
```

【问题 3】

以下汇编程序用于打印机输出控制，请将下面汇编程序的空（1）～（5）补充完整。

8255 的 A 口工作在方式 1 输出，初始化程序：

```
INTI55:MOV   DPTR,#8003H
       MOV   A,  10100010B
       MOVX  @DPTR,A              ;配置 A 口在工作方式 1、B 口在工作方式 0
       MOV   A,  00001101B
       MOVX  @DPTR,A              ;将 PC6 口置位
```

嵌入式处理器的中断初始化程序：

```
INT031:
    MOV   IE,    (1)    ;开总中断及所有五个中断源用十六进制表示
    ANL   TCON,#0FEH    ;规定 INT0 下降沿低电平产生中断请求
```

嵌入式处理器主程序：

（打印存储单元 20H 开始向后的内容，中断处理程序中每次从 20H 中取到需要打印的存储单元地址，直到遇到存储单元里面内容不是 0AH 为止）

```
ORG
0100H
MOV   R0, #20H              ;取打印缓冲区地址
MOV   DPTR,#8000H
MOV   A, (2)               ;取打印字符
INC   R0
MOV   20H,R0
MOVX  @DPTR,A              ;输出打印
```

当字符打印结束会产生一次中断，中断服务程序如下：

```
        ORG 1300H
PRINTER:   PUSH    PSW            ;压栈操作
           PUSH    Acc
           PUSH    R0
           PUSH    DPH
           PUSH    DPL
           MOV     R0, (3)        ;用十六进制表示
           MOV     DPTR,#8000H
           MOVX    A,@R0          ;取打印字符
           MOVX    @DPTR,A        ;输出打印
           INC     R0
           MOV     20H, R0        ;将需要取打印内容的地址放置到20H单元
           CJNE    A,#0AH, NEXT
           ANL     IE, (4)        ;关 INT0 中断，用十六进制表示
    NEXT:  POP     DPL
           POP     DPH
           POP     (5)
           POP     Acc
           POP     PSW
           RETI
```

案例 1 问题分析与解答

【问题 1】

从电路图 11-27 中可以看出，8255 控制芯片的 CS 信号的有效电平为低电平。其对应的 CS 由嵌入式处理器的地址线中的 A15～A2 通过或门后进行控制，从这里可以看出，要使得 8255 的片选信号 CS 有效，必须使得 A15 为 1，其他 A14～A2 都为 0。

由题中表 11-7 提供的端口访问控制表及电路图可以知道，如果要想访问 8255 的 PA 口，必须使得 A1、A0 都为 0，PB 口访问时 A1 为 1、A0 为 0，PC 口访问时 A1 为，A0 为 1。

因此，结合 8255 的片选信号 CS 控制，以及 A1、A0 对于端口访问的控制，即可得到使

用嵌入式处理器进行 8255 的 PA、PB、PC 口访问时的地址，分别为 8000H、8001H、8002H。

【问题 2】

立即数的传送指令和直接寻址指令是两种最基本的汇编指令。其中立即数的表示是在进制数前加#号。指令"MOV A, #3AH"表示将立即数 3AH 传送到 A 中；指令"MOV R4, 3AH"表示将存储单元 3AH 中的内容传送到 R4 中。

【问题 3】

由表 11-8 可知，对于中断使能控制的访问也就是设置该寄存器的对应位为 1 或者 0，为 1 表示开启对应的中断控制，为 0 表示关闭对应的中断控制，按照对应的各个位来进行立即数配置即可进行各个中断的控制。

空（1）所在指令负责开总中断及所有五个中断源，完整指令为"MOV IE, #09FH"。

空（2）处表示使用寄存器寻址方式获取数据，完整指令为"MOVA，@R0"。

空（3）处于中断程序的服务程序中，需要重复从 20H 中获取待打印的内容，使用直接寻址方式，完整指令为"MOV R0, 20H"。

空（4）是指使用"与操作"指令关闭对应的中断位，完整指令为"ANL IE, #09EH"。

空（5）是与入栈相对应的出栈操作，对应到保护现场时的压栈操作，完整指令为"POP R0"。

案例 2　某存储器扩展控制

在某嵌入式系统设计中，使用 8 片 RAM 进行 64K RAM 的外部存储器扩展，如图 11-28 所示。该 CPU 共有 16 根地址线，8 根数据线，在设计中，利用 CPU 的 $\overline{MREQ}$ 作为访问控制信号，该访问控制信号低电平有效。另外，R/$\overline{W}$ 作为读写命令信号（高电平为读，低电平为写）。8 片 8K×8bit 的 RAM 芯片与 CPU 相连，RAM 芯片的片选内部为上拉电阻到电源，各个 RAM 芯片的片选信号和 74138 译码器的输出相连，译码器的地址选择端连接到 CPU 的 A13、A14、A15 地址线上。

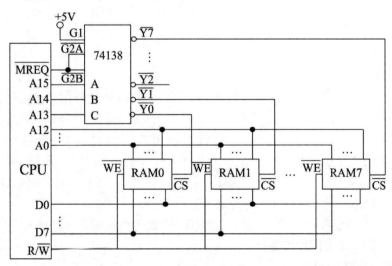

图 11-28　嵌入式系统设计示意图

【问题 1】

根据图 11-28 所示，写出 RAM0、RAM1 和 RAM7 的地址范围（用 16 进制进行表示）。

RAM0：___(1)___

RAM1：___(2)___

RAM7：___(3)___

若 CPU 操作的地址总线为 A800H，结合图 11-28 所示的示意图，CPU 访问的是哪个 RAM 存储器___(4)___。

【问题 2】

如果运行时发现不论往哪片 RAM 写入数据后，以 C000H 为起始地址的存储芯片都有与其相同的数据，假设芯片与译码器可靠工作，则说明：

（1）RAM0～RAM7 中___(1)___的片选输入端总是处于低电平。

（2）如果有问题的存储芯片的片选输入端总是处于低电平，以下可能原因中描述不正确的是___(2)___。

A. 该存储芯片的 CS 端与存储芯片的 $\overline{\text{WE}}$ 端错连或短路

B. 该存储芯片的 CS 端与 CPU 的 $\overline{\text{MREQ}}$ 端错连或短路

C. 该存储芯片的 CS 端与地线错连或短路

D. 该存储芯片的 CS 端悬空

【问题 3】

根据连接图，若出现地址线 A15 与 CPU 断线，并搭接到高电平上，下面描述中正确的是_____。（可多选）

A. 此时存储器只能寻址 A15=1 的地址空间

B. 此时存储器只能寻址总共 64KB 空间的高 32K 字节地址空间

C. 此时访问 64KB 空间的高 32KB 地址空间时会错误地访问到低 32K 字节地址空间

D. 此时访问 64KB 空间的低 32KB 地址空间时会错误地访问到高 32K 字节地址空间

案例 2 问题分析与解答

【问题 1】

在该嵌入式系统设计中，使用 8 片 RAM 进行 64KRAM 的外部存储器扩展。该 CPU 共有 16 根地址线，8 根数据线，在设计中，各个 RAM 的片选信号依次连接在 74LS138 的 8 位输出信号上，74LS138 的地址选择线连接在 CPU 的地址线 A15，A14，A13 上。因此，对 8 个 RAM 的选择依赖于 CPU 的地址线 A15，A14 和 A13 的电平。根据 74LS138 可知，对于 RAM0～RAM7 的 8 个 RAM 而言，依次对应的 A15，A14，A13 的值为 000,001,010,011,100,101,110,111。

同时，由于每个 RAM 的空间大小为 8KB，占据的地址线为 A0～A12 因此，可以知道各个 RAM 的地址范围依次是：

RAM0：0000H-1FFFH

RAM1：　2000H-3FFFH

RAM2：　4000H-5FFFH

RAM3：　6000H-7FFFH

RAM4：　8000H-9FFFH

RAM5：　A000H-BFFFH

RAM6：　C000H-DFFFH

RAM7：　E000H-FFFFH

显然地址 A800H 对应的单元属于 RAM5。

【问题 2】

由上述分析可知，对应 C000H 地址的片选为 RAM6，也就是说 RAM6 一直处于被选通状态。

从原理图连接可以看出，CS 片选只有一直是低电平状态下才可以有效，而且在该图中 WE 以及 MREQ 信号都是低电平有效。同时由题目中可知，该管脚为片内上拉到电源，因此如果该 CS 一直有效，潜在的可能原因包括与 WE 信号或者 MREQ 信号接错，或者是直接和地短接。

【问题 3】

如果出现 A15 与 CPU 断开，并且接到高电平，则说明 A15 一直为高，则 A15,A14,A13 的值为可能的范围为 100,101,110,111。也就是说，此时存储器的寻址范围只能是 A15=1 的存储地址空间。与之前的 8 片 RAMB 相比，现在只能寻址到 4 片 RAM，因此前面的 64KB 空间中只能寻址到高 32KB 的地址空间。同时，由于高位 A15 一直为 1，因此，如果按照用户期望访问总共 64KB 空间的低 32KB 空间时，会错误地访问到高 32K 地址空间。

案例 3　某信号采集与处理

在某嵌入式系统设计中，需要使用嵌入式主处理器对外围模拟视频信号进行采集、编码、存储和网络传输。图 11-29 为李工设计的该嵌入式系统的原理框图：采用两片 TVP5146 芯片进行两路模拟视频数据采集，在该处理器外围采用 MAX3232 芯片进行串口扩展，以方便系统调试，同时在该原理图中还设计了相应的 Flash 存储器接口、DDR 存储器、网络及电源等电路。

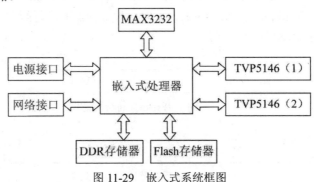

图 11-29　嵌入式系统框图

在该电路设计中，视频采集芯片 TVP5146 需要主处理器通过 I^2C（Inter－Integrated Circuit，简称 I^2C，或 IIC，I2C）接口进行采集模式、亮度、对比度、增益等参数的调节，但是主处理器只有一个 I^2C 接口，因此需要将两个 TVP5146 挂载的同一个 I^2C 总线上，如图 11-30 所示。TVP5146 的 I^2C 芯片地址选择如表 11-10 所示，当进行 I^2C 读时，I^2C 地址的最低位是 1，当进行写操作时，I^2C 地址最低位是 0，A0 由外围电路的高低电平决定，高电平为 1，低电平为 0。

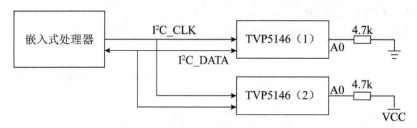

图 11-30   嵌入式处理器核 I2C 设备连接示意图

表 11-10   TVP5146 芯片 I^2C 地址

A6	A5	A4	A3	A2	A1	A0	R/W（读写位）
1	0	1	1	1	0	A0	1/0

【问题 1】

根据图 11-29 及表 11-10 所示，对图 11-30 中的 TVP5146(1)和 TVP5146(2)两个芯片分别进行 I^2C 读写操作时，其对应的地址依次是：

TVP5146(1) 读操作时的 I^2C 地址：___(1)___

TVP5146(1) 写操作时的 I^2C 地址：___(2)___

TVP5146(2) 读操作时的 I^2C 地址：___(3)___

TVP5146(2) 写操作时的 I^2C 地址：___(4)___

【问题 2】

在图 11-30 原理图设计中，主处理器的串口控制器的时钟为 27MHz，在进行串口调试时，李工需要将串口配置为 9600b/s 的波特率，需要对串口控制器的 DLL（Divisor Latches Low 寄存器）和 DLH（Divisor Latches High 寄存器）进行配置，DLL 和 DLH 的寄存器分别如图 11-31 和图 11-32 所示。

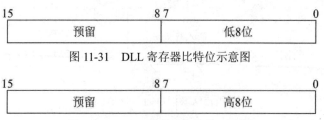

图 11-31   DLL 寄存器比特位示意图

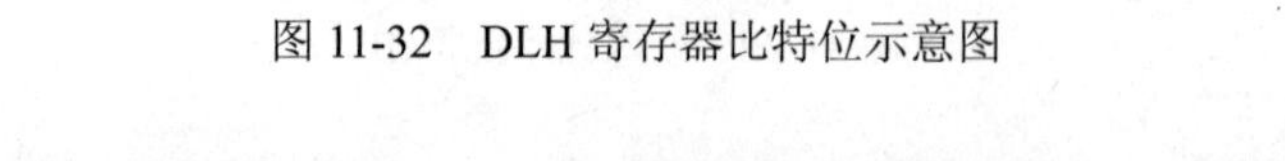

图 11-32   DLH 寄存器比特位示意图

根据以上信息，给出 DLL 和 DLH 寄存器应该分别被配置的值。

【问题 3】

在李工对 TVP5146 进行配置时候，需要编写 I^2C 的读写函数，在进行 I^2C 的读写操作时，需要对 I^2C 的控制寄存器、数据寄存器以及状态寄存器进行配置和查询。具体的写操作流程为：先配置控制寄存器为写模式，再检查状态寄存器，如果准备就绪，则向数据寄存器写数据，写完之后进行状态寄存器查询状态，根据状态退出写操作。具体的读操作流程为：先配置控制寄存器为读模式，再检查状态寄存器，如果准备就绪，则从数据寄存器中读出，然后退出。李工所选用的处理器对应的 I^2C 控制寄存器、数据寄存器、状态寄存器各自的定义如表 11-11、表 11-12、表 11-13 所示。

表 11-11　I^2C 控制寄存器各比特位的含义

位	含　义
0	使能 I^2C 位，1：表示使能；0：表示不使能
1	开启 I^2C 位，1：表示开启；0：表示不开启
2	预留，必须设置为 0
3	预留，必须设置为 0
4～12	预留，必须设置为 0
13	预留，必须设置为 0
14	读写模式配置位，1：表示读模式；0：表示写模式
15	主从模式配置位，1：表示主模式；0：表示从模式

表 11-12　I^2C 数据寄存器各比特位的含义

位	含　义
0～7	数据寄存器 可以读，也可以写
8～15	预留位

表 11-13　I^2C 状态寄存器各比特位的含义

位	含　义
0～6	预留位
7	状态位： 为 1 时表示上一个操作完毕，为 0 时表示上一个操作未完毕
8～15	预留位

李工所编写的 I^2C 读写函数（不完整）如下所示，请将空（1）～（4）处空缺的代码补充完整。

```
#define I2C_CON  *( volatile unsigned int* )( 0x48028080 + 0x20 )
                                      //控制寄存器定义
#define I2C_STAT *( volatile unsigned int * )( 0x48028080 + 0x24 )
```

```
                                                   //状态寄存器定义
    #define I2C_DATA  *( volatile unsigned int * )( 0x48028080 + 0x28 )
                                                   //数据寄存器定义
    int  I2C_READ(unsigned char *pdata)
    {
        int delaycnt = 0;
        I2C_CON = 0xC003;           //配置为主模式、读模式、使能 I²C，并开启 I²C
        for ( delay_cnt = 0; delay_cnt< 1000; delay_cnt++ )
        {
            if ( I2C_STAT & 0x80 )
            {
             (1) //从 I2C_DATA 寄存器读数据放置在 pdata 指针里面，并退出
            return 0;
            }
        }
        return -1;
    }


    int  I2C_WRITE(unsigned char wdata)
    {
        int delaycnt = 0;
        I2C_CON =  (2) ;             //配置为主模式、写模式、使能并开启 I²C
            (3)        ;             //向 I2C_DATA 寄存器写 wdata
        for ( delay_cnt = 0; delay_cnt< 1000; delay_cnt++ )
        {
            if (     (4)      ) //判断是否写完成，如果完成，则正确退出
            {
                return 0;
            }
        }
        return -1;
    }
```

案例 3 问题分析与解答

【问题 1】

本题主要考查嵌入式系统软硬件协同设计中外设控制器 TVP5146（I²C 设备）的操作访问以及串口配置的基本软硬件应用知识。

I²C 总线是一种由飞利浦公司开发的两线式串行总线，用于连接微控制器及其外围设备。I²C 总线产生于在上世纪 80 年代，最初为音频和视频设备开发，如今主要在服务器管理中使用，其中包括单个组件状态的通信。例如管理员可对各个组件进行查询，以管理系统的配置或掌握组件的功能状态，如电源和系统风扇。可随时监控内存、硬盘、网络、系统温度等多个参数，增加了系统的安全性，方便了管理。I²C 总线最主要的优点是其简单性和有效性。由于接口直接在组件之上，因此 I²C 总线占用的空间非

常小，减少了电路板的空间和芯片管脚的数量，降低了互联成本。总线的长度可高达 25 英尺，并且能够以 10kb/s 的最大传输速率支持 40 个组件。I^2C 总线的另一个优点是，它支持多主控（multimastering），其中任何能够进行发送和接收的设备都可以成为主总线。一个主控能够控制信号的传输和时钟频率。当然，在任何时间点上只能有一个主控。

I^2C 总线是由数据线 SDA 和时钟 SCL 构成的串行总线，可发送和接收数据。在 CPU 与被控 IC 之间、IC 与 IC 之间进行双向传送，最高传送速率 100kb/s。各种被控制电路均并联在这条总线上，但就像电话机一样只有拨通各自的号码才能工作，所以每个电路和模块都有唯一的地址，在信息的传输过程中，I^2C 总线上并接的每一模块电路既是主控器（或被控器），又是发送器（或接收器），这取决于它所要完成的功能。CPU 发出的控制信号分为地址码和控制量两部分，地址码用来选址，即接通需要控制的电路，确定控制的种类；控制量决定该调整的类别（如对比度、亮度等）及需要调整的量。这样，各控制电路虽然挂在同一条总线上，却彼此独立，互不相关。I^2C 总线在传送数据过程中共有三种类型信号，它们分别是：开始信号、结束信号和应答信号。

开始信号：SCL 为高电平时，SDA 由高电平向低电平跳变，开始传送数据。

结束信号：SCL 为低电平时，SDA 由低电平向高电平跳变，结束传送数据。

应答信号：接收数据的 IC 在接收到 8bit 数据后，向发送数据的 IC 发出特定的低电平脉冲，表示已收到数据。CPU 向受控单元发出一个信号后，等待受控单元发出一个应答信号，CPU 接收到应答信号后，根据实际情况作出是否继续传递信号的判断。若未收到应答信号，由判断为受控单元出现故障。

I^2C 规程运用主/从双向通信。器件发送数据到总线上，则定义为发送器，器件接收数据则定义为接收器。主器件和从器件都可以工作于接收和发送状态。 总线必须由主器件（通常为微控制器）控制，主器件产生串行时钟（SCL）控制总线的传输方向，并产生起始和停止条件。SDA 线上的数据状态仅在 SCL 为低电平的期间才能改变，SCL 为高电平的期间，SDA 状态的改变被用来表示起始和停止条件。在起始条件之后，必须是器件的控制字节，其中高四位为器件类型识别符（不同的芯片类型有不同的定义，EEPROM 一般应为 1010），接着三位为片选，最后一位为读写位，当为 1 时为读操作，为 0 时为写操作。写操作分为字节写和页面写两种操作，对于页面写根据芯片的一次装载的字节不同有所不同。读操作有三种基本操作：当前地址读、随机读和顺序读。

目前很多的处理器都集成了 I^2C 接口，同时外围的控制设备也具有 I^2C 从接口。对于从设备的访问需要依赖于 I^2C 地址，同时挂载在同一个总线上面的从设备的 I^2C 地址必须互不相同。通常一个嵌入式系统设计中可能包含多个 I^2C 从设备，需要对每个设备配置相应的地址。不同的从设备其对应的 I^2C 地址会有多种不同配置方法，有些是出厂固定，有些是可以通过外部地址线来配置。

该题目中的地址线即通过外部的 A0 地址来进行配置。按照其给出的电路连接方式，即可确定不同 I²C 设备的地址。

　　TVP5146(1) 读操作时的 I²C 地址：0xB9

　　TVP5146(1) 写操作时的 I²C 地址：0xB8

　　TVP5146(2) 读操作时的 I²C 地址：0xBB

　　TVP5146(2) 写操作时的 I²C 地址：0xBA

【问题 2】

　　本题考查嵌入式系统中的硬件驱动配置，要求能够正确配置串口的波特率。

　　在图 11-30 原理图设计中，主处理器的串口控制器的时钟为 27MHz，在进行串口调试时，需要将串口配置为 9600b/s 的波特率，需要对串口控制器的 DLL（Divisor Latches Low 寄存器）和 DLH（Divisor Latches High 寄存器）进行配置，同时该题目给出了 DLL 和 DLH 的寄存器定义。由定义可以看出来，其 DLH 和 DLL 分别为 16 位寄存器，但是只有低 8 位是有效的。

　　在该题目中给出了对应的串口控制器的时钟，其波特率配置寄存器 DLL 和 DLH 的配置实际就是依据时钟和要配置的波特率数值进行计算，这也是在嵌入式系统的驱动程序设计所采用的方法。其计算方法为：

　　（1）9600b/s 的波特率则意味着每个比特位数传输所需要的时间为 1/9600s。

　　（2）而串口控制器的时钟为 27MHz，则说明其对应的时钟周期时间为 $1/(27×1000×1000)$s。

　　（3）因此，传输每个比特位所需要的时钟周期数目的计算方法为：$(1/9600)/(1/(27×1000×1000)) = 2812.5$。

　　2815.2 换算为十六进制为：AFCH 或者是 AFDH，因此对应的 DLH 设置为高 8 位，0x0A，对应的 DLL 设置为低 8 位，为 0xFC 或者 0xFD。

【问题 3】

　　对 I²C 的操作过程实际上就是对外部设备的操作过程。这里的 I²C 读写函数只是给出了原子性的读写实现方法，至于操作哪类 I²C 设备，即读、写哪个 I²C 设备的哪些地址，还需要在外部逻辑实现中考虑。

　　在 I²C 的读操作中，其逻辑过程为从 I2C_DATA 寄存器中获取准备好的 I²C 数据，其核心在于等待 I²C 控制寄存器准备好数据，实现方法为查询对应状态寄存器的某个比特位。同时，在读操作中，需要首先将 I²C 控制寄存器修改为读控制状态。

　　在 I²C 的写操作中，逻辑过程为：先将 I²C 控制寄存器配置为写控制状态，将要写出的数据写到 I²C_DATA 寄存器中，然后等待写完毕，等待的方法为查询寄存器状态，待状态表明写完毕后，此次写操作才算完成。

　　代码空缺处应填入的内容如下：

　　（1）*pdata = I²C_DATA　　　　（2）0x8003

　　（3）I²C_DATA=wdata　　　　（4）I²C_STAT & 0x80

案例 4　某单板机系统

在嵌入式系统设计中，李工使用某嵌入式处理器和对应的以太网芯进行带有网络功能的单板实现，该电路中还包含 DDR、Flash 等存储芯片和相应的外围控制芯片。图 11-33 为所选用嵌入式处理器的存储模块存储地址总线变换示意图，图 11-34 为以太网芯片外围设计的相关原理示意图，图 11-35 为用户在该嵌入式单板系统上实现内部嵌入式 WEB 服务器的流程示意图。

在该嵌入式处理器的存储系统设计中，嵌入式处理器内部包含 SA[25:0]（从高到低）共 26 根系统地址总线，外部使用 22 根数据线和外部存储设备进行连接。

嵌入式处理器和以太网芯片之间的交互接口为 MII（Media Independent Interface）接口，包含数据线和控制线。数据线分为收发两个方向：其中 RXD[3:0]为并行数据接收线，RXCLK 为对应的时钟线；TXD[3:0]为并行数据发送线，TXCLK 为对应的时钟线。MDIO 和 MDC 为控制线，通过其进行以太网芯片的配置。以太网芯片的最大通信频率由其外围的晶振频率和收发数据线的并行数目决定。

在嵌入式系统设计中，嵌入式处理器和以太网芯片之间可以设计为一对多的方式，每个以太网控制器都有一个 PHYID，该 PHYID 依赖于以太网芯片周边的电路设计。在图 11-34 的设计中，该以太网芯片的 PHYID 由图中的 PHYID[4:0]五个管脚来定。对于该以太网芯片而言，PHYID[4:0]在启动时是作为 PHYID 选择控制使用，在启动后是作为其他指示功能使用。PHYID 的最大值是 31（五位），最小是 0，由 PHYID[4:0]从高位到低位决定，对应管脚为高电平时对应的值为 1，低电平时对应的值为 0。

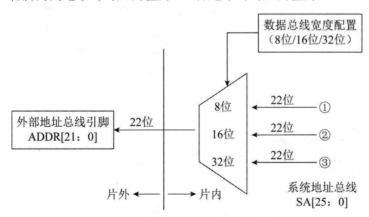

图 11-33　存储地址总线变换示意图

【问题 1】

如图 11-33 所示，用户可以通过寄存器将存储总线变换方式配置为字节模式（8 位模式），半字模式（16 位模式）或者字模式（32 位模式）中的任何一种，不同模式下，所使用到的地址线不同。

在图 11-33 中的①、②、③分别对应的地址线连接应该依次是　(1)　。

A. SA2-SA23, SA1-SA22 ,SA0-SA21

B. SA0-SA21, SA2-SA23 ,SA1-SA22

C. SA1-SA22, SA2-SA23 ,SA0-SA21

D. SA0-SA21, SA1-SA22, SA2-SA23

根据图 11-34 的网络部分相关电路设计，可以知道该嵌入式处理器的网络通信中，最大通信频率是　(2)　Mb/s。

A. 10000 　　　　 B. 1000 　　　　 C. 100 　　　　 D. 10

如果该网络芯片工作在 100Mb/s，那么在图 11-34 的设计中，RXCLK 的工作频率应该是　(3)　Mb/s。

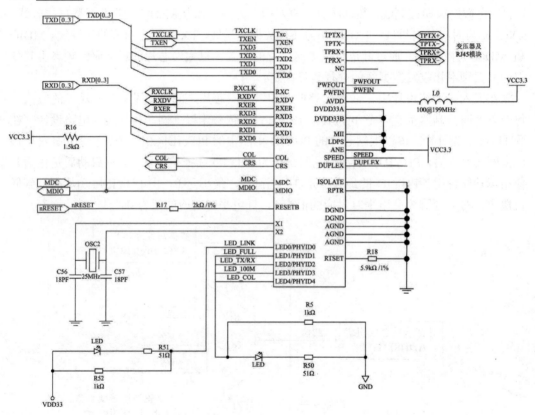

图 11-34　以太网芯片外设设计原理示意图

根据图 11-34 的电路和题目说明,在该电路中,以太网芯片的 PHYID 应该是　(4)　。

【问题 2】

为了实现嵌入式 Web 服务器和对应的请求流程，李工设计了如图 11-35 所示的流程示意图，根据网络通信的过程，从下面选项中选择合适的处理过程，填充图 11-35 中的空（1）～（4）。

空（1）～（4）备选答案：

A. 创建 TCP Socket 套接字

B. 关闭 Socket 套接字

C. accept 尝试建立 TCP 连接

D. HTTP 服务

E. 数据发送处理

F. 数据接收处理

G. bind 绑定套接字

H. 本地其他服务处理

I. listen 侦听客户套接字

J. 创建 UDP Socket 套接字

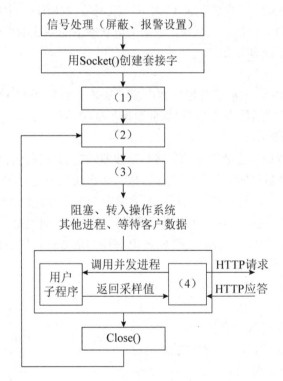

图 11-35　嵌入式 Web 服务器流程示意图

案例 4 问题分析与解答

【问题 1】

在该嵌入式处理器的存储系统设计中，嵌入式处理器内部包含 SA[25:0]（从高到低）共 26 根系统地址总线，外部使用 22 根数据线和外部存储设备进行连接。由原理图中可以看出，该存储器设计可以实现 8 位，16 位，32 位的不同控制，在不同控制方式下，连线的方式也会不同。在 8 位模式下，最低位使用的肯定是 SA0，在 16 位模式下，也就是无论最低位是 0，是 1 都不影响地址选择，即此时最低位应该是 SA1，在 32 位模式下，即最低位是 0，1，2，3 时候都不影响寻址，即此时最低位应该是 SA2。由此即可知，在不同模式选择下所连接的地址位是不同的。在图 11-33 中的①、②、③分别对应的地址线连接应该依次是 SA0-SA21、SA1-SA22、SA2-SA23（即选项 D）。

目前典型的嵌入式处理器支持 10M、100M、1000M 的不同速率设计，在不同模式下，网络芯片和外部接口有所不同，尤其表现在 RJ45 连线的差分线的数目上，以及表现在 PHY 芯片和 CPU 之间的 MDIO 数据线和 PHY 芯片的时钟上。由原理图可以看出，该 PHY 芯片的时钟为 25MHz，同时 MDIO 中收发数据线各是 4 根，因此其最大速率应该是 100Mb/s（即选项 C）。

当网络工作在 100Mb/s 情况下，PHY 和 CPU 之间的收发都是依靠四根并行线来实现的，因此 100M/4=25MHz，也就是说 CLK 应该工作在 25MHz。由原理图及题目中所给出 PHYID 的计算方法，由高位到低位，依据上电状态下的高低电平可以非常容易计算出 PHYID 的数值，为 1 或者 0x01。

【问题 2】

在网络设计过程中，一般服务器与客户端可以采用 TCP 或 UDP 进行通信。

TCP 是面向连接的通信方式，可以保证数据的准确性和一致性，UDP 是不保证连接，但是其速度快，负荷较小。

在 TCP 连接过程中，需要服务器、客户端按照固定的流程进行软件实现。服务器首先绑定端口和 IP，然后侦听，等待客户端连接。客户端在创建对应的套接字后即可按照 IP 和端口来连接服务器，待连接成功后，服务器客户端即可开始通信。

在 UDP 的通信实现中，客户端不用连接服务器，只是向固定的 IP 和端口进行数据报文的发送，服务器端只是不断地接收对应 IP 和端口的数据，然后依据数据内容进行有效性判断，进而进行数据处理。

因此，图 11-35 中空缺处应填写的内容如下：

（1）G 或 bind 绑定套接字。

（2）I 或 listen 侦听客户套接字。

（3）C 或 accept 尝试建立 TCP 连接。

（4）D 或 HTTP 服务。

案例 5　某嵌入式四轴飞行器

在某四轴飞行器系统设计中，利用惯性测量单元（IMU）、PID 电机控制、2.4GHz 无线遥控通信和高速空心直流电机驱动等技术来实现一个简易的嵌入式四轴飞行器方案。整个系统的设计包括飞控板和遥控板两部分，两者之间采用 2.4GHz 无线模块进行数据传输。飞控板采用高速单片机 STM32 作为处理器，采用含有三轴陀螺仪、三轴加速度计运动传感器 MPU6050 作为惯性测量单元，通过 2.4GHz 无线模块和遥控板进行通信，最终根据 PID 控制算法以 PWM 方式驱动空心电机来控制目标。

　　图 11-36 为李工设计的系统总体框图。飞控板和遥控板的核心处理器都采用 STM32F103。飞控系统的惯性测量单元采用 MPU6050 测量传感器，MPU6050 使用 I^2C 接口，时钟引脚 SCL、数据引脚 SDA 和数据中断引脚分别接到 STM32 的对应管脚，图 11-37 为该部分原理图。遥控板采用 STM32 单片机进行设计，使用 AD 对摇杆模拟数据进行采集，采用 NRF2401 无线模块进行通信，图 11-38 为该部分原理图。

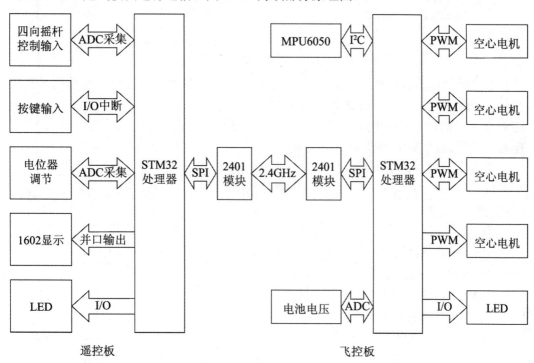

图 11-36　系统总体设计框图

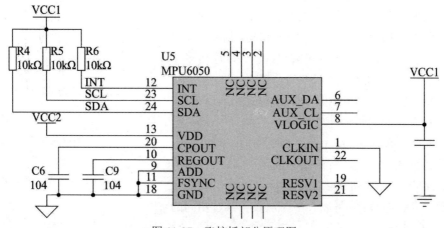

图 11-37　飞控板部分原理图

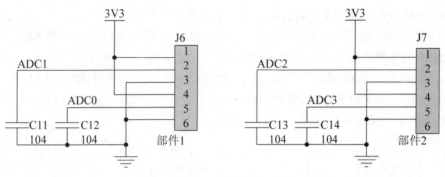

图 11-38　遥控板部分原理图

李工所设计的系统软件同样包含飞控板和遥控板两部分，飞控板软件的设计主要包括无线数据的接收、自身姿态的实时计算、电机 PID 增量的计算和 PWM 的电机驱动。遥控板主控制器软件通过 ADC 外设对摇杆数据进行采集，把采集到的数据通过 2.4GHz 无线通信模块发送至飞控板。图 11-39 为飞控系统的软件流程示意图（不完整）。

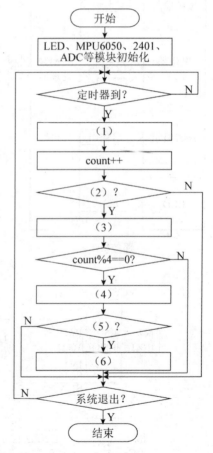

图 11-39　飞控系统的软件流程示意图

【问题 1】

由图 11-36 系统总体框图设计可知，飞控板和遥控板之间是用 2.4GHz 无线通信进行数据传输，各自主处理器和无线通信模块之间是 SPI 接口。同时，在飞控板上，处理器和惯性测量单元是通过 I^2C 进行数据交互。以下关于 SPI 接口和 I^2C 接口的描述中，正确的是：___(1)___、___(2)___、___(3)___、___(4)___。

A.　SPI 和 I^2C 都是主从式通信方式

B.　SPI 的数据收发线是各自独立的，I^2C 也是同样

C.　SPI 和 I^2C 的传输都不需要片选控制

D.　I^2C 总线是一个多主机的总线，可以连接多于一个能控制总线的器件到总线

E.　I^2C 总线包括标准模式,快速模式和高速模式,相互之间的传输速度差异并不大

F.　在原理设计中，到底采用 SPI 和 I^2C 哪种方式，需要依据外设芯片的接口而定

G.　SPI 是一种环形总线结构

H.　在 I^2C 总线上,可以有多个从设备具有相同的 I^2C 地址

【问题 2】

（1）图 11-37 飞控板部分原理图中，R4 的作用是什么？

（2）图 11-38 遥控板部分原理图中，C11、C12、C13、C14 的作用是什么？

【问题 3】

在 STM32 处理器的 PWM 使用过程中，最为关键的就是 PWM 的频率和占空比。PWM 的频率依赖于 PWM 模块的参考时钟频率，自动装载寄存器 ARR 的值加 1 之后再乘以参考时钟频率即可得到 PWM 的频率。PWM 的占空比是用捕获比较寄存器 CCR 和自动装载寄存器 ARR 获得的，PWM 占空比= CCR/(ARR+1)。

假设当前主控板的 STM32 处理器 PWM 模块的参考时钟频率为 1kHz，要将 PWM 模块的频率设置为 100kHz，则 ARR 寄存器的值应设置为多少？如果此时占空比希望设置为 20%，那么 CCR 寄存器的值应该设置为多少？

【问题 4】

飞控系统每 0.5ms 进行一次定时器的触发，每次中断都会检查一次无线模块数据的接收，以确保飞控系统控制信息的实时性。每 2 次中断（即 1ms）读取一次 MPU6050 单元的数据，并进行算法处理。每 4 次中断（即 2ms）通过计算当前飞控板系统的姿态，结合遥控端的目标姿态，根据两者的差值通过 PID 控制算法对各个电机进行调速控制。每 200 次中断（即 100ms）采集一次电池电压，然后通过无线模块把电池电压发送给遥控板，以告知操作人员当前电压的大小。

根据以上描述，请补充图 11-39 飞控系统软件简要流程图中空（1）～（6）处的内容。

案例 5 问题分析与解答

【问题 1】

由图 11-36 系统总体框图设计可知，飞控板和遥控板之间是用 2.4GHz 无线通信进行数据传输，各自主处理器和无线通信模块之间是 SPI 接口。同时，在飞控板上，处理器和惯性测量单元是通过 IIC 进行数据交互。

I^2C 和 SPI（Serial Peripheral Interface）这两种通信协议非常适合近距离低速芯片间通信。Philips（for I^2C）和 Motorola（for SPI）出于不同背景和市场需求制定了这两种标准通信协议。I^2C 开发于 1982 年，SPI 总线首次推出是在 1979 年。

SPI 包含四根信号线，分别是：SCLK: Serial Clock（output from master）、MOSI; SIMO: Master Output, Slave Input（output from master）、MISO; SOMI: Master Input, Slave Output（output from slave）、SS: Slave Select（active low, outputfrom master）。

SPI 是单主设备（single-master）通信协议，这意味着总线中的只有一支中心设备能发起通信。当 SPI 主设备想读/写从设备时，它首先拉低从设备对应的 SS 线（SS 是低电平有效），接着开始发送工作脉冲到时钟线上，在相应的脉冲时间上，主设备把信号发到 MOSI 实现"写"，同时可对 MISO 采样而实现"读"。SPI 有四种操作模式——模式 0、模式 1、模式 2 和模式 3，它们的区别是定义了在时钟脉冲的哪条边沿转换（toggles）输出信号，哪条边沿采样输入信号，还有时钟脉冲的稳定电平值（就是时钟信号无效时是高还是低）。

与 SPI 的单主设备不同，I²C 是多主设备的总线，I²C 没有物理的芯片选择信号线，没有仲裁逻辑电路，只使用两条信号线——'serial data'(SDA) 和 'serial clock'(SCL)。IIC 数据传输速率有标准模式（100 kb/s）、快速模式（400 kb/s）和高速模式（3.4 Mb/s），另外一些变种实现了低速模式（10 kb/s）和快速+模式（1 Mb/s）。

物理实现上，I²C 总线由两根信号线和一根地线组成。I²C 通信过程大概如下。首先，主设备发一个 START 信号，这个信号就像对所有其他设备喊：请大家注意！然后其他设备开始监听总线以准备接收数据。接着，主设备发送一个 7 位设备地址加一位的读写操作的数据帧。当所设备接收数据后，比对地址自己是否目标设备。如果比对不符，设备进入等待状态，等待 STOP 信号的来临；如果比对相符，设备会发送一个应答信号——ACKNOWLEDGE 作回应。当主设备收到应答后便开始传送或接收数据。数据帧大小为 8 位，尾随一位的应答信号。主设备发送数据，从设备应答；相反主设备接数据，主设备应答。当数据传送完毕，主设备发送一个 STOP 信号，向其他设备宣告释放总线，其他设备回到初始状态。在物理实现上，SCL 线和 SDA 线都是漏极开路（open-drain），通过上拉电阻外加一个电压源。当把线路接地时，线路为逻辑 0，当释放线路，线路空闲时，线路为逻辑 1。基于这些特性，I²C 设备对总线的操作仅有"把线路接地"——输出逻辑 0。

问题中关于 SPI 接口和 IIC 接口的描述中，正确的选项是 A、D、F、G。

【问题 2】

在一般的硬件原理设计中，尤其是 I²C 的电路设计中，对于 SDA 和 SCL 两线，由于其内部是漏极开路（open-drain），通过上拉电阻外加一个 3.3V 电源，用于增强系统的驱动能力。

同时在电源设计中，为了去除干扰噪声，需要对电源进线滤波处理，通常采用电容进线滤波处理，以保护系统电源信号的稳定性。

【问题 3】

在 STM32 处理器的 PWM 使用过程中，最为关键的就是 PWM 的频率和占空比。PWM 的频率依赖于 PWM 模块的参考时钟频率，自动装载寄存器 ARR 的值加 1 之后再乘以参考时钟频率即可得到 PWM 的频率。PWM 的占空比是用捕获比较寄存器 CCR 和自动装载寄存器 ARR 获得的，PWM 占空比= CCR/(ARR+1)。

在进行 ARR 寄存器的值计算过程中符合的公式为：

$$ARR \text{ 寄存器} = \text{要设置的频率/时钟频率} - 1 = 99$$

根据占空比则指导 CCR 的设置符合的公式为：

$$CCR \text{ 寄存器} = (\text{占空比}) \times (ARR+1) = 20$$

【问题 4】

飞控系统每 0.5ms 进行一次定时器的触发，每次中断都会检查一次无线模块数据的接收，以确保飞控系统控制信息的实时性。每 2 次中断（即 1ms）读取一次 MPU6050 单元的数据，并进行算法处理。每 4 次中断（即 2ms）通过计算当前飞控板系统的姿态，结合遥控端的目标姿态，根据两者的差值通过 PID 控制算法对各个电机进行调速控制。每 200 次中断（即 100ms）采集一次电池电压，然后通过无线模块把电池电压发送给遥控板，以告知操作人员当前电压的大小。

根据以上说明，可以知道其实现流程应该为：

系统启动，如果定时器到，需要检查一次无线模块数据的接收，并进行计数增加。对计数进行判断,如果是对 2 去余为 0 则说明是 2 次中断的倍数到达,需要进行 MPU6050 单元的数据读取和处理，如果中断时 4 的倍数，那么即就说明需要计算飞控板系统的姿态，并对电机进行调速控制。如果是 200 次的倍数，则需要采集电池电压，并通过无线模块把电池电压发送给遥控板。

图 11-39 流程图中空缺处应填入的内容如下：

（1）检查一次无线模块数据的接收。

（2）count % 2==0。

（3）读取 MPU6050 单元的数据，并进行算法处理。

（4）计算当前飞控板系统的姿态，对各个电机进行调速控制。

（5）count %200== 0。

（6）采集电池电压，通过无线模块把电池电压发送给遥控板。

案例 6　某 A/D 采集硬件

王工采用某 16 位嵌入式 CPU 进行 A/D 采集硬件电路设计，利用 8255 控制器 C 口中的 PC0 输出控制信号,利用 PC7 读入 AD574 的状态信号,利用 A 口和 B 口读入 AD574 转换好的 12 位数据。图 11-40 为该 A/D 采集硬件系统设计的部分连接示意图。

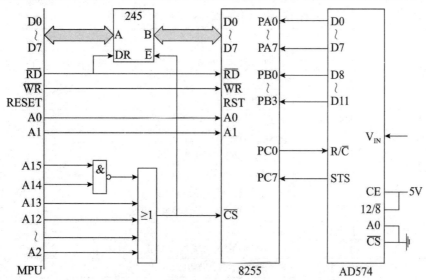

图 11-40　A/D 采集硬件系统设计部分连接示意图

其中，AD574 各个管脚功能定义如表 11-14 所示。

表 11-14　AD574 各个管脚功能定义表

序号	管脚名称	含　义
1	D0～D11	12 位数字输出，高字节为 D8～D11，低字节为 D0～D7
2	STS	"忙"信号输出，高电平表示"忙"，低电平表示转换完成
3	$12/\overline{8}$	A/D 变换输出位数控制信号：高电平时 A/D 输出为 12 位；低电平时 A/D 输出为 8 位
4	$\overline{CS}$	片选信号，低电平有效
5	A0	字节地址控制输入信号，A0=0 时按照完整的 12 位数据进行输出，A0=1 时按照 8 位数据进行输出
6	$R/\overline{C}$	数据读输出和转换控制输入，先低电平，再高电平即可启动一次 AD 转换
7	CE	工作允许信号，高电平有效
8	V_{IN}	A/D 转换的输入模拟信号电平

AD574 的控制功能状态表如表 11-15 所示。

表 11-15　AD574 部分控制功能状态表

CE	$\overline{CS}$	$R/\overline{C}$	$12/\overline{8}$	A0	功　能　说　明
1	0	0	X	0	12 位转换
1	0	0	X	1	8 位转换
1	0	1	5V	X	12 位输出

8255 控制器各个管脚及地址控制描述如表 11-16 所示。

表 11-16　8255 控制器各个管脚功能定义表

序　号	管脚名称	含　义
1	D0～D7	双向数据线，用来传送命令、数据或者状态
2	$\overline{RD}$	读控制信号线
3	$\overline{WR}$	写控制信号线
4	$\overline{CS}$	片选信号
5	A1，A0	8255 的地址选择信号线： A1 A0 = 00 时，寻址 A 口 A1 A0 = 01 时，寻址 B 口 A1 A0 = 10 时，寻址 C 口 A1 A0 = 11 时，寻址控制寄存器
6	RST	复位输入信号
7	PA0 - PA7	A 口的 8 条输入/输出信号线
8	PB0 - PB7	B 口的 8 条输入/输出信号线
9	PC0 - PC7	C 口的 8 条输入/输出信号线

【问题 1】

在该嵌入式系统设计中，AD574 是工作在 12 位转换模式还是 8 位转换模式？

【问题 2】

图 11-40 中 245 为双向缓冲器，在该硬件设计中配置 8255 控制字时，CPU 需要向 245 进行数据输出（245 的 A 口传输给 B 口）；在获取 AD 采集数据时 CPU 需要接收 245 所传输过来的数据（245 的 B 口传输给 A 口）。根据硬件设计，描述 DR 分别为高、低电平时，245 双向缓冲器在 A、B 口之间进行数据传输的方向。

【问题 3】

在该 A/D 变换中，如果用 1/2 LSB（最低有效位）来表示量化误差，当该 A/D 控制器的量程范围为 5V 时，其量化误差是多大？

【问题 4】

王工根据上述硬件设计，编写对应的数据采集程序，首先需要对 8255 进行初始化，然后进行数据采集，请根据注释要求补全如下 X86 汇编程序。

初始化 8255 程序如下：

```
INIT8255:   MOV     DPTR,   __(1)__      ；进行 8255 的工作模式配置
            MOV     A,      10011010B
            MOVX    @DPRT,  A
            MOV     A,      00000001B
            MOVX    @DPRT,  A
```

数据采集程序如下：

```
            ORG 0200H

ACQU        NOP
            MOV     DPTR,   __(2)__      ；通过 8255 的 C 口进行 AD574 的
            MOV     A,      __(3)__      ；转换控制
            MOVX    @DPRT,  A
            MOV     A,      __(4)__
            MOVX    @DPRT,  A

WAIT:       MOVX    A,      @DPTR
            ANL     A,      __(5)__      ；通过与操作判断 AD 转换是否完毕
            JNZ     WAIT
            MOV     DPTR,   __(6)__      ；读取 8255 A 口的 AD 转换数据
            MOVX    A,      @DPTR
            MOV     R2, A                ；有效数据存放在 R2 寄存器中
            MOV     DPTR,   __(7)__      ；读取 8255 B 口的 AD 转换数据
            MOVX    A,      @DPTR
            ANL     A,      __(8)__      ；提取 A 寄存器中有效的低 4 位数据
            MOV     R3, A                ；4 位有效数据存放在 R3 寄存器中
            RET
```

案例 6 问题分析与解答

【问题 1】

在该嵌入式系统设计中，AD574 是工作在 12 位转换模式还是 8 位转换模式依赖于 AD574 周边的管脚电路设计。从题目中已经给出的器件功能描述并结合原理图进行推断。

在题目给出的器件描述中可以看出，由 AD574 的 A0 管脚来决定该器件是 12 位还是 8 位，从原理图可以看出，A0 接地，即低电平。结合 AD574 的功能描述，可以知道该系统设计中 AD574 是工作在 12 位模式。

【问题 2】

图 11-40 中 245 为双向缓冲器，在该硬件设计中配置 8255 控制字时，CPU 需要向 245 进行数据输出（245 的 A 口传输给 B 口）；在获取 AD 采集数据时 CPU 需要接收 245 所传输过来的数据（245 的 B 口传输给 A 口）。

根据硬件设计图可以看出，当 DR 为高电平时，RD 信号是无效的，也就是读信号无效，即此时为写信号有效。在写信号有效情况下，数据传输方向是从处理器向 8255 方向进行数据传输，即从 A 口传输给 B 口。反之，如果 RD 为低电平时，此时 RD 信号有效，也就是读信号有效，即需要从外部将数据读入到 CPU 处理器中，从 8255 进行数据读取，放到处理器中，所以方向应该是从 B 口传输到 A 口。

【问题 3】

在该 A/D 变换中，如果用 1/2 LSB（最低有效位）来表示量化误差，当该 A/D 控制器的量程范围为 5V 时，其量化误差是多大？

由于工作在 12 位，其范围为 4096 个刻度。另外考虑到采用 1/2LSB 作为量化误差，所以误差大小即为：$5V/(4096 \times 2) = 0.61mV$。

【问题 4】

在进行数据采集程序时候，首先需要对 8255 进行初始化，然后进行数据采集。

在该程序中，需要先进行 8255 的工作模式配置，由原理图和 8255 的工作模式可知，在该配置情况下，必须使得 8255 的 A1 A0 = 11，即工作在寻址控制器模式下，同时保证 8255 的片选有效，即必须使得 A15=A14=1，A13=A12=A11=⋯= A2 = 0 才可以，因此，此时需要给 DPTR 寄存器的地址为#C003H，因此空（1）应填写"#C003H"。

在进行数据采集过程中，需要先通过 8255 的 C 口进行 AD574 的转换控制，要对 C 口操作即需要 A1 A0 = 10，再考虑到片选的有效性，需要给 DPTR 的地址是#C002H，因此空（2）应填写"#C002H"。

在进行一次数据转换时需要在 PC0 产生一个上升沿，所以要给 C 口输出配置为#00H 和#01H，因此空（3）和空（4）应分别填写"#00H"和"#01H"。

当从 C 口取出状态字后，需要借助 C 口的最高位 STS 进行转换完毕的状态判断，因此取出数据存在 A 寄存器后，需要和#80H 进行相与来判断最高位的完成状态，因此空（5）应填写"#80H"。

当判断有有效数据时候，需要分别从 8255 的 A 口和 B 口进行数据的获取，因此需要分别配置 A 口和 B 口的地址，依次为#C000H 和#C001H，因此空（6）和（7）应分别填写"#C000H"和"#C001H"。

在进行 12 位数据合并时，只需要通过与操作取出低 4 位数据，取法为与上#0FH 即可得到，因此空（8）应填写"#0FH"。

案例 7　某温湿度监测仪

某智能农业基地需要实时监控各个蔬菜大棚的温湿度，李工开发了一款温湿度监测仪，硬件系统设计部分如图 11-41 所示。

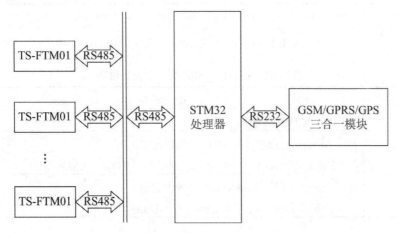

图 11-41　温湿度监控仪硬件系统设计部分连接示意图

李工采用 STM32 作为主控处理器，利用 TS-FTM01 传感器进行温度和湿度采集，采用 GSM/GPRS/GPS 三合一模块来实现温湿度采集数据的上报。TF-FTM01 传感器和主处理器之间采用 RS485 总线进行通信。在系统设计中，使用 STM32 处理器实现对多个TF-FTM01 传感器的数据读取。GSM/GPRS/GPS 三合一模块可以实现自我定位，并把采集到的温湿度数据进行上报，该模块和 STM32 处理器之间采用 RS232 进行数据通信。

TS-FTM01 传感器使用 RS485 通信机制，每个传感器的 RS485 通信地址可以通过如图 11-42 所示的拨码开关进行配置。拨码开关一共有 6 位，实现对 TS-FTM01 传感器地址的编码。

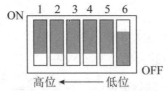

注：拨码开关在ON为1，在OFF为0

图 11-42　TS-FTM01 传感器地址设置示意图

　　STM32 处理器具有通用同步异步收发器（USART），USART 利用分数波特率发生器提供宽范围的波特率选择。STM32 处理器的波特比率寄存器 USART_BRR 的定义如图 11-43 和表 11-17 所示。

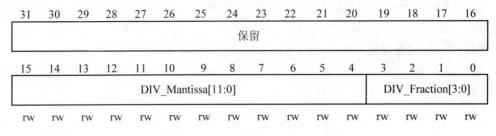

图 11-43　USART_BRR 定义示意图

表 11-17　USART_BRR 各个位含义说明

比 特 位	功 能 说 明
位 31～16	保留位，硬件强制为 0
位 15～4	DIV_Mantissa[11:0]：USARTDIV 的整数部分 这 12 位定义了 USART 分频器除法因子(USARTDIV)的整数部分
位 3～0	DIV_Fraction[3:0]：USARTDIV 的小数部分 这 4 位定义了 USART 分频器除法因子(USARTDIV)的小数部分

【问题 1】

　　RS232 和 RS485 都属于串行通信总线，以下关于串行通信、RS232、RS485 的叙述中，正确的是__(1)__、__(2)__、__(3)__、__(4)__。

A. RS232 支持全双工通信，只允许一对一通信

B. RS232 采用差分传输方式进行数据信号的传输

C. RS232 传输距离远，传输距离最远可达上千米

D. RS485 一般采用两线制进行半双工通信，允许一对多通信

E. RS485 采用差分传输方式，抗干扰能力强，传输距离远

F. 在进行嵌入式开发时，常采用 RS485 作为调试串口使用

G. RS232 典型的连接器包括 DB9 和 DB25，仅使用三线也可进行基本通信

【问题 2】

　　STM32 处理器具有通用同步异步收发器（USART），USART 利用分数波特率发生器提供宽范围的波特率选择。波特率的计算公式为：

$$波特率 = \frac{f_{ck}}{(16 \times USARTDIV)}$$

其中，f_{CK} 为给外设的时钟，USARTDIV 是一个无符号数，其值设置在 USART_BRR

寄存器中。假设给外设提供的时钟频率 f_{CK}=72MHz，GSM/GPRS/GPS 三合一模块所需的波特率为 115200，则 USARTDIV 的值应为＿＿(1)＿＿，USART_BRR 寄存器的十六进制值应为＿＿(2)＿＿。

【问题 3】

RS485 总线使用特制的 RS485 芯片，最大支持结点数可达 128 个以上。该系统的 RS485 总线上最多可以支持＿＿(1)＿＿个 TS-FTM01 传感器？

【问题 4】

基于图 11-41 所示的硬件设计，需要实现某地点的温湿度数据的定时上报功能。该功能要求以 T 为周期读取 RS485 总线上 16 个 TS-FTM01 传感器（地址编码为 0～15）的温湿度数据，通过 GPS 获取当前的位置信息，然后通过 GSM 网络把温湿度数据和定位信息发送到固定的手机号码上。需要特别指出的是，这里给出的硬件设计中未使用专用的 RS485 芯片，STM32 端的 RS485 总线是通过 GPIO45 和 GPIO46 两根 GPIO 口线模拟出的，即通过两根 GPIO 口线的高低电平变化来模拟 RS485 数据传输协议。

基于上述硬件和软件设计，请从以下选项中选择正确的操作，将如图 11-44 所示的软件流程补充完整。

    A. 设置 GPIO45 为输入模式，设置 GPIO46 为输出模式

    B. 设置 GPIO45 和 GPIO46 为输入模式

    C. 设置 GPIO45 为输出模式，设置 GPIO46 为输入模式

    D. 设置 GPIO45 和 GPIO46 为输出模式

    E. addr > 16

    F. addr>=16

本方案利用低速串行总线遍历读取 16 个传感器的温湿度数据及 GPS 的定位信息，并通过 GSM 实现数据上报。该执行过程需要消耗一定的时间，导致现有

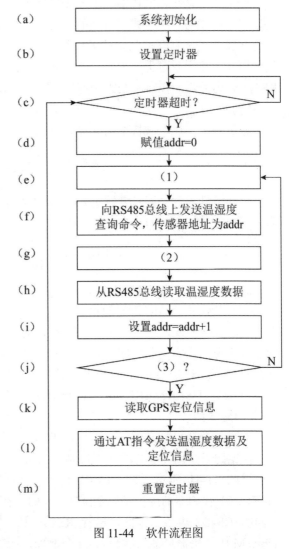

(a) 系统初始化
(b) 设置定时器
(c) 定时器超时？ N
    Y
(d) 赋值addr=0
(e) （1）
(f) 向RS485总线上发送温湿度查询命令，传感器地址为addr
(g) （2）
(h) 从RS485总线读取温湿度数据
(i) 设置addr=addr+1
(j) （3）？ N
    Y
(k) 读取GPS定位信息
(l) 通过AT指令发送温湿度数据及定位信息
(m) 重置定时器

图 11-44 软件流程图

的算法流程并不能精确实现以 T 为周期进行温湿度数据的采集和上报。为了修正该问题，需要把图 11-44 所示流程中的步骤　(4)　调整到步骤　(5)　后执行。

案例 7 问题分析与解答

【问题 1】

RS232 是现在主流的串行通信接口之一，支持全双工通信，但只允许一对一通信。RS232 典型的连接器包括 DB9 和 DB25，仅使用三线也可进行基本通信。简单三线制连接即只连接发送数据线、接收数据线和信号地。在进行嵌入式开发时，常采用 RS232 作为调试串口使用。在波特率不高于 9600b/s 的情况下进行串口通信时，RS232 通信线路的长度通常要小于 15m，否则可能出现数据丢失现象。

RS485 允许在相同传输线上连接多个接收结点，支持一点对多点的双向通信。RS485 可以采用二线与四线方式，常用的二线制可实现真正的一对多半双工通信。RS485 采用差分传输方式，具有抑制共模干扰的能力，抗干扰能力强，传输距离可达千米以上。在通信距离为几十米至上千米时，通常采用 RS485 收发器。在进行嵌入式开发时，常采用 RS485 作为外设的控制总线来使用。

【问题 2】

根据题干描述，波特率的计算公式为：

$$波特率 = \frac{f_{ck}}{(16 \times \text{USARTDIV})}$$

已知给外设提供的时钟频率 f_{CK}=72MHz，GSM/GPRS/GPS 三合一模块所需的波特率为 115200，则 USARTDIV 的值应为

$$\text{USARTDIV} = \frac{72' \times 10^6}{16' \times 115200} = 39.0625$$

根据图 11-43 和表 11-15 对寄存器 USART_BRR 的功能描述，寄存器 USART_BRR 的 4～15 位对应 USARTDIV 的整数部分，寄存器 USART_BRR 的 0～3 位对应 USARTDIV 的小数部分。因此，在本题中，USARTDIV 的整数部分为 39，则寄存器 USART_BRR 的 4～15 位的十六进制值应为 0x27；USARTDIV 的小数部分为 0.0625（即 1/16），则寄存器 USART_BRR 的 0～3 位的十六进制值应为 0x1。综合上述分析，USARTDIV 的值应为 39.0625，USART_BRR 寄存器的十六进制值应为 0x271。

【问题 3】

本题考查 RS485 总线一对多通信机制的设计。

根据题干，RS485 总线使用特制的 RS485 芯片，最大支持结点数可达 128 个以上。但根据图 11-41 所示，TS-FTM01 传感器地址采用 6 位拨码开关进行编码，这意味着 TS-FTM01 传感器的地址编码范围为 0～63。在 RS485 通信机制中采用地址编码来区分不同的 RS485 设备。因此，尽管 RS485 总线上最大支持结点数可达 128 个以上，但 TS-FTM01 传感器最多只能编码 64 个地址，最终该系统的 RS485 总线上最多可以支持的

TS-FTM01 传感器的数目为 64。

【问题 4】

本题考查对 RS485 总线机制的理解以及对硬件定时器的使用。

RS485 采用二线制进行半双工通信。本题要求用两根 GPIO 口线来模拟二线制的 RS485 总线，通过两根 GPIO 口线上的信号的高低来模拟 RS485 的差分信号，以便实现 RS485 信号的传输。本题在用两根 GPIO 口线模拟 RS485 总线方面并未全面考查 RS485 时序，只对 RS485 半双工通信概念进行考查。因此，在利用模拟的 RS485 总线进行数据发送时，总线处于写状态，因此要把这两根 GPIO 口线配置为输出模式；当处理器通过模拟的 RS485 总线实现了数据发送后，要立即把 RS485 总线的状态从写状态切换到读状态，以便接收传感器的应答信息，实现半双工通信。因此，此时应把这两根 GPIO 口线配置为输入模式。对应如图 11-18 所示的软件流程中，在空（1）处应把 GPIO45 和 GPIO46 配置为输出模式，在空（2）处应把 GPIO45 和 GPIO46 配置为输入模式。

根据题干要求，需实现 16 个 TS-FTM01 传感器（地址编码为 0～15）的温湿度数据读取。在图 11-44 所示的软件流程中采用循环方式依次对每个传感器进行数据读取。根据软件流程，addr 地址从 0 开始处理，因此循环束的条件应为 addr>=16，即软件流程图空（3）处的答案应为 addr>=16。

根据题干要求，需要周期性地进行温湿度数据的采集和上报，周期 T 由硬件定时器来实现。为了实现精确定时，需要在一次定时时刻到后立即触发下一个周期的定时开始。但图 11-18 所示的软件流程中是一次定时时刻到后，先进行 16 个传感器的数据读取，然后再触发下一个周期的定时开始，导致实际的采集间隔为预设的周期 T 加上读取 16 个传感器温湿度数据所需的时间。为了修正这个问题，需要在定时时间到后立即触发下一个定时周期，然后在进行温湿度数据的读取和上报。因此需要把步骤（m）中的重置定时器操作提到步骤（c）定时超时后立即执行。因此本题空（4）和（5）的解答应为（m）和（c）。

案例 8　某监控系统硬件

在智能家居系统设计中，李工被分配进行 ZigBee 协调器、信息采集器结点、终端控制结点和安全视频监控系统的部分硬件电路原理设计。

李工在基于微处理器的 ZigBee 协调器设计中，使用四个 LED 灯（D1、D2、D3、D4）表示状态，四个 LED 灯分别接到处理器的 P2_0，P2_1，P2_2 和 P2_3 管脚，部分相关的硬件设计如图 11-45 所示。

李工在 CO_2 的信息采集器结点设计中，采用红外传感器 T6004 进行 CO_2 信息收集，T6004 利用 CO_2 可以吸收特定波段红外辐射的原理，同时内置温度补偿，与控制器 CC2530 进行连接，部分相关的硬件设计如图 11-46 所示。T6004 传感器的工作电压为 5V，CC2530 控制器的工作电压为 2.0V～3.6V。

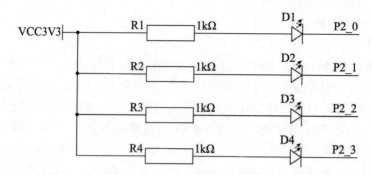

图 11-45　ZigBee 协调器硬件设计示意图

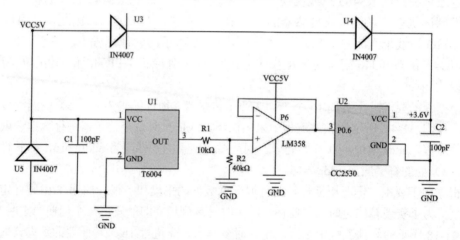

图 11-46　CO_2 信息采集器硬件设计示意图

李工在空调终端控制结点设计中，采用红外遥控电路中的红外发光二极管将调制好的红外光波发送给空调的红外接收电路，部分相关的硬件设计如图 11-47 所示，处理器通过 P1_4 管脚进行红外光波的发送。

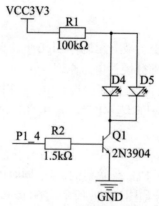

图 11-47　红外遥控硬件设计示意图

李工设计的安全视频监控系统原理示意图如图 11-48 所示。主处理器采用 TI 的 DM6446，该处理器包括 ARM 子系统，DSP 子系统，视频处理子系统等，前端模拟视频通过 TVP5146 进行（可接 2 路模拟视频输入，分别是 V1 和 V2）采集，TVP5146 将模拟视频数据转换为 10bit 的 YCbCr4:2:2 数字格式，然后送到主处理器。主处理器通过 I^2C 总线可以对 TVP5146 进行配置（TVP5146 接口电压为 3.3V），TVP5146 和主处理器之间接口包括：10b 数字视频信号、时钟信号、行场同步信号。DM6446 主处理器的视频信号接口、I^2C 接口工作电压为 1.8V。

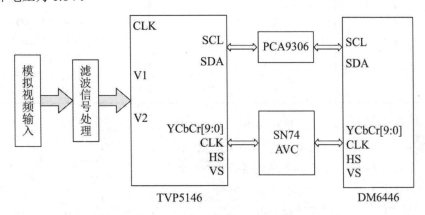

图 11-48　安全视频监控系统原理示意图

【问题 1】

在 ZigBee 协调器设计中，按照需求李工定义了四个 LED 灯的状态含义，分别是：D1"亮"表示协调器已启动，"灭"表示协调器未启动；D2"亮"表示有外围信息采集器结点已加入到 ZigBee 网络，"灭"表示目前无结点加入网络；D3"亮"表示有终端控制结点已加入到 ZigBee 网络，"灭"表示目前无结点加入网络；D4"亮"表示协调器正在通过串口和 PC 主机进行数据通信，"灭"时表示目前没有数据通信。

如果当前 ZigBee 协调器处于启动状态、且只有 CO_2 外围信息采集器连入 ZigBee 网络，没有任何终端控制结点连接，协调器正在通过串口向 PC 主机发送 CO_2 的采集信息，在这种情况下，P2_0、P2_1、P2_2 和 P2_3 应该分别输出什么电平（回答高电平或低电平）？

【问题 2】

（1）在图 11-46 的 CO_2 信息采集器设计中，两个 IN4007（U3 和 U4）的作用是什么？

（2）为了使得红外发光二极管发射，图 47 中的 P1_4 应该输出高电平还是低电平？

（3）在图 11-48 中，连接主处理器 DM6446 和 TVP5146 之间 SN74AVC 芯片的作用是什么？

【问题 3】

在使用 I^2C 接口对 TVP5146 进行配置时，DM6446 为主，TVP5146 为从。在每次写寄存器配置操作中，需要主先发送设备从地址、再发送待操作的寄存器地址、最后发送待写入的数据，并且每次主向从发送消息，都需要接收到从的应答后，才能进入下一步操作。

在调试过程中，李工希望通过 I²C 来配置 TVP5146 的视频标准模式，对应的寄存器
地址和各个 Bit 位的含义如表 11-18 所示。

表 11-18　TVP5146 视频模式配置寄存器含义说明

寄存器地址	Bit7	Bit6	Bit5	Bit4	Bit3	Bit2	Bit1	Bit0
02h	Reserved	Reserved	Reserved	Reserved	Reserved	000：自动模式 001：NTSC525 010：PAL625 011：PAL 保留 100：PAL 保留 101：NTSC 保留 其他：未定义		

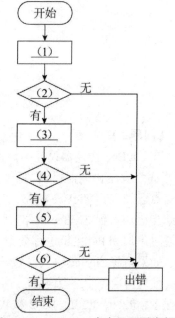

图 11-49　TVP5146 寄存器配置流程图

假设当前 TVP5146 的 I²C 地址为 0x64（设备从
地址），李工希望将该 TVP5146 配置为 NTSC525 视
频标准，请从以下 A～I 中选择合适的操作，补充到
图 11-49 中的空（1）～（6）处。

　A. 通过 I²C 发送寄存器地址 00h

　B. 通过 I²C 发送寄存器地址 02h

　C. 通过 I²C 发送数据 01h

　D. 通过 I²C 发送数据 03h

　E. 通过 I²C 发送设备从地址 64h

　F. 通过 I²C 发送设备从地址 60h

　G. 等待 TVP5146 应答

　H. 向 TVP5146 发送回应

　I. 是否有中断发生

案例 8 问题分析与解答

【问题 1】

根据该问题给出的题干，在 ZigBee 协调器设计
中，李工定义了四个 LED 灯的状态含义，分别是：
D1"亮"表示协调器已启动，"灭"表示协调器未启动；D2"亮"表示有外围信息采集
器结点已加入到 ZigBee 网络，"灭"表示目前无结点加入网络；D3"亮"表示有终端控
制结点已加入到 ZigBee 网络，"灭"表示目前无结点加入网络；D4"亮"表示协调器正
在通过串口和 PC 主机进行数据通信，"灭"时表示目前没有数据通信。

如果当前 ZigBee 协调器处于启动状态且只有 CO_2 外围信息采集器连入 ZigBee 网络，
没有任何终端控制结点连接，协调器正在通过串口向 PC 主机发送 CO_2 的采集信息，在

这种情况下，协调器已经启动（D1 亮）、有外围的信息采集器连接到网络（D2 亮）、没有控制结点连接到网络（D3 灭）、正在进行通信（D4 亮）。根据该内容判断，结合电路中要使得灯亮时候的电平控制，可以很容易知道 P2_0 为低电平（D1 灯亮），P2_1 为低电平（D2 灯亮），P2_2 为高电平（D3 灯灭），P2_3 为低电平（D4 灯亮）。

【问题 2】

在该题干中已经说明：T6004 传感器的工作电压为 5V，CC2530 控制器的工作电压为 2.0V～3.6V。在图 11-46 的 CO_2 信息采集器设计中，两个 IN4007（U3 和 U4）的最左端输入电压为 5V，所以可知其作用为降压功能，目的是为了进行电压匹配。

为了使得红外发光二极管发射，图 47 中的 P1_4 应该输出高电平才可以使得三极管导通，进而才可以使得灯亮。

在图 11-48 中，DM6446 的 IO 口工作电压是 1.8V，而 TVP5146 芯片的接口工作电压是 3.3V，因此连接二者的 SN74AVC 芯片可以起到电平转换的作用，实现 TVP5146 和 SN74AVC 二者在进行数据通信中的电压匹配。

【问题 3】

根据题干可知，在使用 I^2C 接口对 TVP5146 进行配置时，DM6446 为主，TVP5146 为从。在每次写寄存器配置操作中，需要主先发送设备从地址（通过 I^2C 发送设备从地址 64h）并等待 TVP5146 应答，在回应通过后再发送待操作的寄存器地址（通过 I^2C 发送寄存器地址 02h，该寄存器地址由表 11-18 可知）并等待从设备的回应、在等待到正确的回应后最后发送待写入的数据（通过 I^2C 发送数据 01h，数据寄存器的内容由配置的模式来决定，题目中给定的模式对应的寄存器值为 01h），待接收到正确的回应后配置寄存器的过程才算完成。

因此，在图 11-49 的空缺处应填写的内容如下：

（1）E　（2）G　（3）B　（4）G　（5）C　（6）G

11.3　嵌入式系统应用设计案例

目前各种电子设备都依赖于嵌入式系统或嵌入式计算机，在汽车、医疗设备、飞机内部使用的嵌入式系统对可靠性、安全性有着很高的要求。

案例 1　某汽车的 ECU 系统设计

随着汽车工业的飞速发展，越来越多的车上的原有机械控制装置正在被电子控制装置所取代，这是典型的实时控制系统，例如用于控制发动机、自动变速箱、防抱死系统、电子稳定控制系统、牵引力控制系统、刹车辅助系统的 ECU 和用于座位调整、车窗玻璃升降、车顶移动的电子产品，这在很大程度上提高和完善了汽车的性能和技术水平。但是，汽车上电控系统的多样化和系统结构的复杂化，也直接导致相应的汽车电子软件开发难度越来越高。

某汽车的电子控制单元（Electronic Control Unit，ECU）系统，采用某高性能的多核处理器，软件架构采用符合汽车开放系统架构（AUTOmotive Open System Architecture，AUTOSAR）标准的多核操作系统，将多个控制应用集成在一个处理器上运行，降低了系统设计的成本、体积、功耗。

【问题 1】

AUTOSAR 中定义了应用任务有四种不同的状态，其状态之间的切换如图 11-50 所示，请从以下状态选项中为空（1）～（5）选择正确的状态编号。

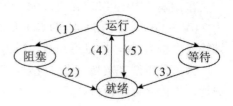

图 11-50　任务状态切换图

A. 触发　　　B. 启动　　　C. 挂起

D. 被抢占　　E. 创建　　　F. 激活

G. 删除　　　H. 时间片用完

【问题 2】

（1）该系统中任务的优先级是静态分配的，在某些特定的情况下，多任务抢占资源会发生死锁，解决的策略一般是采用优先级天花板方式。请简述优先级天花板的原理。

（2）该系统采用了多核处理器，多核处理器一般有 SMP 和 AMP 两种不同的工作方式。请简述 SMP 和 AMP 的差异。

【问题 3】

该 ECU 系统在上电、复位或唤醒后，首先进入 Boot 模式，进行开或者关，对 FLASH 和 RAM 进行初始化，然后进入用户程序，用户程序是从 cstart 函数开始执行的，在多核嵌入式系统中通常是先进行主核的 cstart，主核自身进行部分初始化后将从核从 HALT 状态激活，然后主核和从核在完成各自必要的设置后分别进入各自的 main 函数。图 11-51 是该系统多核处理器的启动流程，请补充其中空（1）～（3）处的内容。

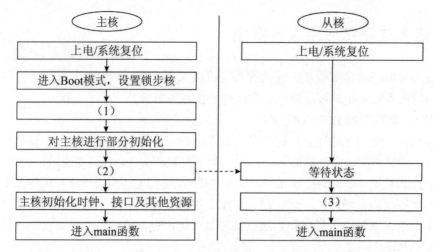

图 11-51　多核处理器启动流程图

案例 1 问题分析与解答

【问题 1】

汽车开放系统架构（AUTomotive Open System Architectur，AUTOSAR）是由全球汽车制造商、部件供应商及其他电子、半导体和软件系统公司联合建立，各成员保持开发合作伙伴关系。自 2003 年起，各伙伴公司携手合作，致力于为汽车工业开发一个开放的、标准化的软件架构。AUTOSAR 这个架构有利于车辆电子系统软件的交换与更新，并为高效管理愈来愈复杂的车辆电子、软件系统提供了一个基础。此外，AUTOSAR 在确保产品及服务质量的同时，提高了成本效率。

AUTOSAR 中定义的任务分为基础任务和拓展任务两个类别。

（1）基础任务：只有运行、阻塞、就绪三个状态。基础任务在三种情况下释放处理器资源：任务结束；操作系统切换到高优先级任务；中断发生导致处理器切换到一个中断服务程序 ISR。

（2）拓展任务：较之基础任务，多了一个等待状态。拓展任务被允许调用系统服务 WaitEvent。

每个任务的可能状态有运行、就绪、阻塞、等待。

（1）运行状态，在任何时间点只有一个任务能处于运行状态，CPU 将会被分配到该任务，该任务的指令将被执行。

（2）就绪状态，所有的任务要转换为运行状态都必须先处于就绪状态，处于就绪状态的任务只需等待分配处理器就能转换为运行状态。调度器决定哪一个就绪状态的任务将是下一个执行的任务。

（3）阻塞状态，处于阻塞状态的任务是被动的，可以被激活。

（4）等待状态，处于等待状态的任务将不能继续执行，它将等待至少一个事件发生。

任务状态的转换原则如下：

- 触发：一个新的任务被设置成就绪状态通过一个系统服务。AUTOSAR 操作系统将确保任务从第一条指令开始执行。
- 启动：一个就绪状态的任务被调度器选择去执行。
- 被强占：调度器决定去执行另一个任务，使得运行状态任务进入就绪状态。
- 挂起：运行状态任务通过调用系统服务导致它的状态转换为阻塞状态。
- 等待：通过一个系统服务引起状态转换到等待状态，等待任务等待一个事件，以能够继续操作。
- 激活：至少一个任务等待的事件发生。

综上所述，图 11-50 中空缺的内容填写如下：（1）C；（2）F；（3）A；（4）B；（5）D。

【问题 2】

（1）当一个高优先级任务通过信号量机制访问共享资源时，该信号量已被一低优先级任务占有时会出现优先级翻转的情况，造成高优先级任务被许多具有较低优先级任务阻塞，实时性难以得到保证。

例如，有优先级为 A、B 和 C 三个任务，优先级 A>B>C，任务 A 和 B 处于挂起状态，等待某一事件发生，任务 C 正在运行，此时任务 C 开始使用某一共享资源 S。在使用中，若任务 A 等待的事件到来，则任务 A 转为就绪态，因为它比任务 C 优先级高，所以立即执行。当任务 A 要使用共享资源 S 时，由于其正在被任务 C 使用，因此任务 A 被挂起，任务 C 开始运行。如果此时任务 B 等待的事件到来，则任务 B 转为就绪态。由于任务 B 优先级比任务 C 高，因此任务 B 开始运行，直到其运行完毕，任务 C 才开始运行。直到任务 C 释放共享资源 S 后，任务 A 才得以执行。在这种情况下，优先级发生了翻转，任务 B 先于任务 A 运行。

解决优先级翻转问题常采用优先级天花板（priority ceiling）和优先级继承（priority inheritance）两种办法。

优先级天花板是指当任务申请某资源时，把该任务的优先级提升到可访问这个资源的所有任务中的最高优先级，这个优先级称为该资源的优先级天花板。这种方法简单易行，不必进行复杂的判断，不管任务是否阻塞了高优先级任务的运行，只要任务访问共享资源都会提升任务的优先级。

优先级继承是指当任务 A 申请共享资源 S 时，如果 S 正在被任务 C 使用，就对任务 C 与 A 的优先级进行比较，若发现任务 C 的优先级小于 A 的优先级，则将任务 C 的优先级提升到 A 的优先级，任务 C 释放资源 S 后，再恢复任务 C 的原优先级。这种方法只在占有资源的低优先级任务阻塞了高优先级任务时，才动态地改变任务的优先级，如果过程较复杂，则需要进行判断。

（2）目前支持多核处理器平台的实时操作系统体系结构有对称多处理 SMP（Symmetric Multi-Processing）构架和非对称多处理 AMP（Asymmetric Multi-Processing）构架两种。这两种操作系统的结构、代码和数据区的分配方面差别很大。SMP 构架的系统中，所有 CPU 共享系统内存和外设资源由一个操作系统负责处理器间的协作，并保持数据结构的一致性。而在 AMP 构架的系统中，用户需要对每个 CPU 内核上运行的操作系统所使用的硬件资源进行划分，CPU 间的合作仅限于使用共享存储器的情况。由于 CPU 间的合作程度不同，AMP 则称为松散耦合多 CPU 系统，SMP 系统称为紧耦合多 CPU 系统。

【问题3】

根据题目中的叙述，可以确定如图 11-51 所示多核处理器的启动流程中，空（1）～（3）处的内容如下：（1）对 FLASH 和 RAM 进行初始化；（2）主核把从核由 HALT 状态激活；（3）从核执行相关初始化设置。

案例 2　某直升机的显示控制设计

某直升机的显示控制计算机是其座舱显控系统的核心部件，将来自飞行员的参数和控制命令与载机的飞行参数信息进行融合处理后，在显示器上显示。该显示控制计算机由一个显示控制单元和一个输入/输出单元组成，它们之间通过双口 RAM 进行数据交换，如图 11-52 所示。

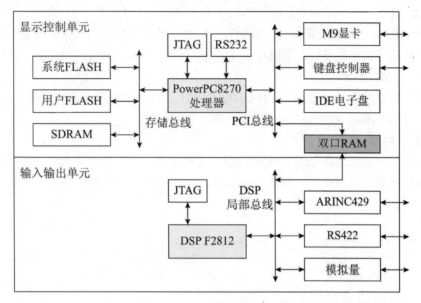

图 11-52 显示控制计算机原理框图

显示控制单元采用 Freescale 公司的 PowerPC8270 高性能、低功耗 32 位处理器，并设计有系统 FLASH 存储器、用户 FLASH 存储器、SDRAM 存储器。CPU 内部集成存储器控制器，提供地址译码、数据处理周期访问时序、SDRAM 时钟等功能。

输入/输出单元采用 Ti 公司的 DSP F2812 高性能、低功耗 16 位处理器，采用 ARINC429 总线用于接收导航计算机、大气数据计算机等外部设备的数据。ARINC429 解算程序严格遵循 ARINC429 规范，其通用字格式如表 11-19 所示，字长 32b，不用的数据位填 "0"。当接收到 ARINC429 数据后，首先判断状态位，只有在状态和标号正确的情况下，才进一步根据分辨率等进行解算数据的含义。

表 11-19 ARINC429 通用字格式

D32	D31-D30	D29	D28-D9	D8-D1
奇偶位	状态位	符号位	20 位数据	8 位标号

【问题 1】

系统 FLASH 存储器的存储容量是 8MB，用于存储 CPU 模块引导程序、BIT 测试程序，FLASH 在板编程程序，网口操作系统，用户程序。系统 FLASH 地址分配在存储空间的高端，地址空间为 (1) ～0xFFFFFFFF。

用户 FLASH 存储器的存储容量是为 (2) ，用于记录数据的存储。FLASH 地址分配在存储空间的高端，地址空间为 0x78000000～0x7BFFFFFF。

SDRAM 的存储容量是 256MB，用于运行操作系统和应用软件，地址空间位于存储器的低端 0x00000000～__(3)__。

【问题2】

根据 ARINC429 数据的标号（D8-D1）可知该数据为高度表数据。根据系统定义，高度表数据的分辨率为 0.1m，即 D9 为 1 表示 0.1 m，D10 为 1 表示 0.2 m，D11 为 1 表示 0.4 m，以此类推。

若接收数据帧中 D28-D9 位是 0000.0000.0111.1101.0000，则当前的高度是__(1)__米。

若当前的高度是 100 米，则数据帧中 D28-D9 位应为__(2)__。

【问题3】

显示控制单元和输入/输出单元通过双口交换信息，两个处理器上的软件采用相同定义的结构体来定义双口单元，方便交换信息。以下是双口结构体定义：

```
typedef struct
{
        char ctrlWord;         /* 通道工作方式控制字 */
        char head;             /* FIFO 控制头指针 */
        char tail;             /* FIFO 控制尾指针 */
        short fifo[32];        /* FIFO 缓冲区 */
}SPM_CHAN_RX429;               /* ARINC429 接收通道定义 */
```

为了避免由于不同的编译环境对上述数据结构产生不同的编译结果，建议对上述数据结构通过设置紧缩属性（packed 属性），强迫编译器采用字节对齐方式，在该模式下，SPM_CHAN_RX429 结构体占用__(1)__字节的存储空间。

ARINC429 接收通道设计为由一个首尾相连的 FIFO 数组形成的环形队列。输入/输出单元根据头指针向环形队列写入数据，头指针始终指向下一个要写入的位置，并且限制写入数据最多为 31 个，即队尾与队首之间至少保留一个元素的空间。

显示控制单元根据尾指针从环形队列读取数据，尾指针始终指向下一个要读取的位置。初始化环形队列的 C 语句为：

```
SPM_CHAN_RX429 *pBuf;
pBuf = (SPM_CHAN_RX429 *)ADDR_DRAM_PPC; /* 双口地址的宏定义 */
pBuf->ctrlWord = 0;
pBuf->head = 0;
pBuf->tail = 0;
```

判断队列为空的 C 语句为__(2)__。

判断队列为满的 C 语句为__(3)__。

案例 2 问题分析与解答

【问题1】

存储容量是指计算机存储器所能存储的二进制信息的总量，它反映了计算机处理信息时容纳数据量的能力。计算机的内存存储容量的计量单位是字节。

系统 FLASH 存储器的存储容量是 8MB，二进制表示为 0x800000，地址分配在存储空间的高端，地址空间为 0xFF800000～0xFFFFFFFF。

用户 FLASH 存储器的地址空间为 0x78000000～0x7BFFFFFF，存储容量是为 0x4000000，即 64MB。

SDRAM 的存储容量是 256MB，二进制表示为 0x10000000，地址分配在存储空间的低端，地址空间为 0x00000000～0x0FFFFFFF。

【问题 2】

ARINC429 总线协议是美国航空电子工程委员会（Airlines Electronic Engineering Committee，AEEC）于 1977 年 7 月提出的，并于同年同月发表并获得批准使用，其全称是数字式信息传输系统 DITS。协议标准规定了航空电子设备及有关系统间的数字信息传输要求。ARINC429 广泛应用在先进的民航客机中，如 B-737、B-757、B-767，它采用异步双极性归零码进行数据的编码，并通过双绞线传输，具有很强的抗干扰性能。

ARINC429 数据总线协议规定一个数据字由 32 位组成，一个 32 位的数据字由五部分组成：

（1）标志位（LABEL），用于标识传输数据的信息类型。

（2）源/目的标识码（S/D），用于判断在一个多系统中的源系统。

（3）数据区（DATA）。

（4）符号/状态位（SSM），用于标识数据字的特征或数据发生器的状态。

（5）奇偶校验位（PARITY），ARINC429 数字信息传输使用奇校验。

本题中接收数据帧的 D28-D9 位是数据区，二进制为 0000.0000.0111.1101.0000，即 2000。根据系统定义，高度表数据的分辨率为 0.1m，即 D9 为 1 表示 0.1m，则当前的高度是 2000×0.1m=200m。

反之，若当前的高度是 100m，则数据帧中数据区的值应为 100/0.1=1000，则 D28-D9 位应为 0000.0000.0011.1110.1000。

【问题 3】

在 C 语言中，结构体（struct）是一种聚合数据类型（aggregate data type）。根据不同编译器以及编译选项的属性，系统为它分配的存储空间会有所不同，在存储该结构体时会按照不同的内存对齐规则进行相关处理。本题中为了避免由于不同的编译环境对数据结构产生不同的编译结果，采用了紧缩属性强迫编译器按照字节对齐方式，在该模式下，SPM_CHAN_RX429 结构体占用的存储空间为 1+1+1+32×2=67B。

环形队列（循环队列）是在工程应用中使用极为广泛的数据结构，它是一个首尾相连 FIFO 的数据结构，具有较多优点：数据组织简单，能很快知道队列是否满或空；能以很快速度的来存取数据。因为有简单高效的原因，甚至在硬件都实现了环形队列。内存上没有环形的结构，因此环形队列实际上是用数组的线性空间来实现。将数组元素 fifo[0]

与 fifo[MAXN-1]连接，形成一个存放队列元素的环形空间。为了方便读写，还要用数组下标来指明队列的读写位置，定义 Head/tail 两个变量，分别指向可以读的位置和可以写的位置。

环形队列的关键是判断队列为空，还是为满。本题中限制写入数据最多为 31 个，即队尾与队首之间至少保留一个元素的空间，即当读写指针相同时，表示队列为空，当写指针+1 等于读指针时，表示队列为满。

实际使用中，还要考虑当数据到了尾部如何处理，它将转回到 0 位置，通过数组下标索引取模操作（Index% MAXN）来实现。判断队列为空的 C 语句为 pBuf->head == pBuf->tail，判断队列为满的 C 语句为 pBuf->tail == (pBuf->head + 1) %32。

案例 3 　某数据处理模块设计

某公司承接了一个数据处理模块的项目，由沈工负责模块的方案设计，沈工的设计方案如图 11-53 所示。该数据处理模块以 PowerPC 处理器为核心，设计了存储器、以太网、温度传感器、调试接口等功能电路。

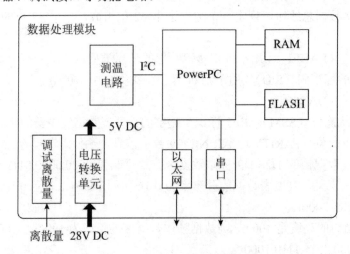

图 11-53　数据处理模块结构图

处理器外接 FLASH 存储器用于存储上电初始化程序和应用程序。处理器通过 I²C 接口连接测温电路，监控模块的工作温度。以太网、串口、调试离散量等用于软件调试和状态显示。

测温电路选用 ADT7461AR 芯片，用于测试模块温度。ADT7461AR 是一个双通道数字温度计，工作电压 3～5V，具有低/超温报警功能，采用 I²C 接口实现主机对远程/本地温度数据的采集，采集数据存储在高/低两个数据寄存器中，每个寄存器为 16 位，高寄存器表示整数值，低寄存器表示小数值。

存储模块采用某公司的 FLASH 存储芯片。支持编程、擦除、复位等操作命令。该FLASH 芯片的常用命令序列如表 11-20 所示。表中的地址和数据皆为十六进制数。

表 11-20 FLASH 芯片常用命令序列

命令	序列数	命令序列											
		命令 1		命令 2		命令 3		命令 4		命令 5		命令 6	
		地址	数据	地址	数据	地址	数据	地址	数据	地址	数据	地址	数据
读数据	1	RA	RD										
复位	1	XXX	F0										
写数据	4	555	AA	2AA	5	555	A0	PA	PD				
芯片擦除	6	555	AA	2AA	5	555	80	555	AA	2AA	55	555	10
扇区擦除	6	555	AA	2AA	5	555	80	555	AA	2AA	55	SA	30

注: RA 读地址, RD 读数据, PA 写地址, PD 写数据, SA 扇区地址

【问题 1】

ADT7461AR 芯片支持两种测温模式,其中第一种模式为二进制模式,用 0 表示 0 度,测温范围为 0℃～+127℃;第二种模式为偏移二进制模式,用 64 表示 0℃,测温范围为-55℃～+150℃,温度数据转换关系如表 11-21 所示,请补充其中空(1)～(4)处的内容,即对应温度的二进制数。

表 11-21 ADT7461AR 温度/数据转换关系

温度	对应转换结果	
	二进制模式	偏移二进制模式
−55℃	0000 0000 0000 0000	0000 1001 0000 0000
−10℃	0000 0000 0000 0000	(1)
0℃	0000 0000 0000 0000	0100 0000 0000 0000
+0.25℃	(2)	0100 0000 0100 0000
+0.5℃	0000 0000 1000 0000	0100 0000 1000 0000
+1℃	0000 0001 0000 0000	(3)
+25℃	0001 1001 0000 0000	0101 1001 0000 0000
+50℃	(4)	0111 0010 0000 0000
+75℃	0100 1011 0000 0000	1000 1011 0000 0000
+127℃	0111 1111 0000 0000	1011 1111 0000 0000
+150℃	0111 1111 0000 0000	1101 0110 0000 0000

【问题 2】

沈工用 C 语言实现对 FLASH 的操作,需按照表 11-20 中定义的命令序列顺序执行即可。仔细阅读下列代码,请在(1)～(4)处将对应的 C 语言代码补全。

```
/*定义宏 FLASH_BASE_ADDRESS 为 FLASH 芯片的基地址*/;
#define FLASH_BASE_ADDRESS  xxxxxxxx  （此处代码略）
/*定义向 FLASH 空间写一个命令的宏*/
# define FLASH_WRITE_BYTE (addr,data)  xxxxxxxx  （此处代码略）

/*Reset Flash*/
void ResetFlash (void)
{
        FLASH_WRITE_BYTE (FLASH_BASE_ADDRESS,0xF0);
        return;
}
```

/* 对 FLASH 的擦除是按扇区进行的，SectorErase 函数每次可擦除一个扇区。假设某扇区的偏移地址为 offset_addr，下面 SectorErase 函数体为擦除该扇区的命令序列 */

```
    void SectorErase(int offset_addr)
    {
        FLASH_WRITE_BYTE (FLASH_BASE_ADDRESS+0x555, 0xAA);
        FLASH_WRITE_BYTE (FLASH_BASE_ADDRESS+_(1)_, 0x55);
        FLASH_WRITE_BYTE (FLASH_BASE_ADDRESS+0x555, _(2)_);
        FLASH_WRITE_BYTE (FLASH_BASE_ADDRESS+0x555, 0xAA);
        FLASH_WRITE_BYTE (FLASH_BASE_ADDRESS+0x2AA, 0x55);
        FLASH_WRITE_BYTE (FLASH_BASE_ADDRESS+_(3)_, _(4)_);
        return;
    }
```

【问题 3】

该嵌入式系统对处理的性能要求较高，沈工在完成软件设计后，需要对每一个函数的执行性能进行测试，检测其是否满足系统设计的要求。沈工通过 PowerPC 处理器内部的高精度时钟寄存器（TimeBase）进行计时，该寄存器由高低两个 32 位的寄存器组成，根据总线频率自动递增，当低 32 位寄存器递增到 0xFFFFFFFF 时，向高 32 位寄存器进位。计数值可以换算成时间值，精确到微秒级。

在功能函数 function1() 的执行体前后进行时间统计，最后计算出该函数的执行时间值，请在（1）～（2）处将对应的 C 代码补全。

```
struct timeBase
{
    unsigned int upper;
    unsigned int lower;
};

void function1(void)
{
    struct timeBase  tb0,tb1,tb2;
    long  value;
    /* 获取 TimeBase 寄存器中的计数值 */
    TimeBaseGet(&tb0.upper, &tb0.lower); /
```

```
    /*
    函数执行体……
    */
    /* 再次获取 TimeBase 寄存器中的计数值 */
    TimeBaseGet(&tb1.upper,&tb1.lower);
    tb2.upper = tb1.upper - tb0.upper;
    /* 当低 32 位计数值未反转，则直接进行计算，否则需借用高位进行计算 */
    if (tb1.lower  >=  tb0.lower)
    {
        tb2.lower = _(1)_ ;
    }
    else
    {
        tb2.upper  -=  1;
        tb2.lower = _(2)_ ;
    }
    /* 根据总线频率，将时钟节拍转换为时间值 */
    value = CountToUs (tb2);
    printf("%s cost time %dus.\n",__function__,value);
}
```

案例 3 问题分析与解答

【问题 1】

计算机模拟量是指变量在一定范围连续变化的量，也就是在一定范围（定义域）内可以取任意值（在值域内）。模拟量输入是指输入为连续变化的物理量。与之相对的是数字量，数字量是分立量，而不是连续变化量，只能取几个分立值，如二进制数字变量只能取两个值。

本题中采用 ADT7461AR 芯片，在工作时的电压信号就属于模拟信号，因为在任何情况下被测温度都不可能发生突跳，所以测得的电压信号无论在时间上还是在数量上都是连续的。而且，这个电压信号在连续变化过程中的任何一个取值都是具体的物理意义，即表示一个相应的温度。芯片采集模拟量输入信号，然后用二进制表示出来，由设备驱动程序通过读取芯片的寄存器，获取温度值。温度值的精度，取决于芯片寄存器的位数，精度越高，位数越多，把这个模拟量表示的越细，结果也就越精准。

由题干得知，该芯片的采集数据存储在高/低两个数据寄存器中，高寄存器表示整数值，低寄存器表示小数值。

当芯片工作在第一种模式，即二进制模式时，由于测温范围为 0℃～+127℃，则高 8 位寄存器从 0 到 127，表示 0℃～+127℃，而低 8 位寄存器表示小数值，每一位分别表示 2^{-1}℃、2^{-2}℃、2^{-3}℃、2^{-4}℃、2^{-5}℃、2^{-6}℃、2^{-7}℃、2^{-8}℃，表示精度为 2^{-8}℃。所以+0.25℃高位为 0，低位为 0100 0000，因此空（2）应填写 "0000 0000 0100 0000"。+50℃高位为 0011 0010，低位为 0，因此空（4）应填写 "0011 0010 0000 0000"。

当芯片工作在第二种模式，即偏移二进制模式时，用 64 表示 0 度。由于测温范围为 -55℃～+150℃，则高 8 位寄存器从 9（64-55）到 214（64+150），表示-55℃～+150℃，而低 8 位寄存器表示小数值，表示含义和精度同第一种模式。所以-10℃高位为 0011 0110，低位为 0，因此空（1）应填写"0011 0110 0000 0000"。+1℃高位为 0100 0001，低位为 0，因此空（3）应填写"0100 0001 0000 0000"。

【问题 2】

NOR FLASH 是很常见的一种存储芯片，数据掉电不会丢失。NOR FLASH 支持 Execute On Chip，即程序可以直接在 FLASH 片内执行（这意味着存储在 NOR FLASH 上的程序不需要复制到 RAM 就可以直接运行）。因此，在嵌入式系统中，NOR FLASH 很适合作为启动程序的存储介质。NOR FLASH 的读取与 RAM 很类似（只要能够提供数据的地址，数据总线就能够正确的给出数据），但不可以直接进行写操作。对 NOR FLASH 的写操作需要遵循特定的命令序列，最终由芯片内部的控制单元完成写操作。

FLASH 一般都分为很多个 SECTOR，每个 SECTOR 包括一定数量的存储单元，对有些大容量的 FLASH，还分为不同的 BANK，每个 BANK 包括一定数目的 SECTOR。FLASH 的擦除操作一般都是以 SECTOR、BANK 或是整片 FLASH 为单位的。

在对 FLASH 进行写操作的时候，每个 BIT 可以通过编程由 1 变为 0，但不可以有 0 修改为 1。为了保证写操作的正确性，在执行写操作前，都要执行擦除操作，擦除操作会把 FLASH 的一个 SECTOR、一个 BANK 或是整片 FLASH 的值全修改为 0xFF，这样写操作就可以正确完成了。

FLASH 芯片一般都支持编程、擦除、复位等操作命令，命令序列可参考芯片厂家提供的用户手册。本项目中根据芯片手册提供的常用命令序列表，可知 SECTOR 擦除操作共需要 6 个周期的总线写操作完成，命令序列如下：

（1）将 0xAA 写到 FLASH 芯片地址 0x555；

（2）将 0x55 写到 FLASH 芯片地址 0x2AA；

（3）将 0x80 写到 FLASH 芯片地址 0x555；

（4）将 0xAA 写到 FLASH 芯片地址 0x555；

（5）将 0x55 写到 FLASH 芯片地址 0x2AA；

（6）将 0x30 写到要擦除的 SECTOR 对应的地址。

函数 SectorErase 中空缺（1）～（4）应填写的内容如下：

（1）0x2AA　　（2）0x80　　（3）offset_addr　　（4）0x30

【问题 3】

Power Architecture 的处理器提供了一个名为 Time Base（TB）的计数寄存器，它用来记录系统时间。TB 寄存器会以一种依赖于实现的总线频率周期性地增加，这个频率可能不是恒定的。操作系统（OS）要负责确定更新频率是否发生了变化，以及对内部结构进行必要的调整，从而将计数值换算为绝对时间值。一般 TB 寄存器的计时精度可以达到微妙级。

本项目中用一个包含高低两个 32 位整形数的结构体来存储 TB 寄存器的值。当低 32 位寄存器发生溢出时，处理器会自动向高 32 寄存器加 1。在通过插桩的方式，测量函数的执行时间时，需要在功能函数 function1() 的执行体前后，分别两次获取 TB 寄存器的值，最后计算两次的差值，即为该函数的执行时间值。本题中 tb0 为函数进入时的 TB 值，tb1 为函数退出前的 TB 值，tb2 为 tb1 和 tb0 的差值，即函数的执行时间。

当 tb1 的低 32 位大于等于 tb0 的低 32 位时，tb2 的高位等于 tb1 的高位与 tb0 的高位的差值，tb2 的低位等于 tb1 的低位与 tb0 的低位的差值。

当 tb1 的低 32 位小于 tb0 的低 32 位时，则需借用高位进行计算。tb2 的高位等于 tb1 高位与 tb0 高位的差值再减 1，tb2 的低位等于 0xFFFFFFFF - tb0 的低位 + tb1 的低位再加 1。

综上，函数 function1 中的空缺处应填写的内容如下：

（1）tb1.lower - tb0.lower

（2）0xFFFFFFFF - tb0.lower + tb1.lower + 1

案例 4　某数据采集与处理系统设计

某公司承接了一个数据采集与处理系统的项目，由刘工负责系统的方案设计，刘工的设计方案如图 11-54 所示。该方案是基于 PCI 总线的多功能处理系统，PCI 设备 1 是以太网，PCI 设备 2 用于数据采集，PCI 设备 3、PCI 设备 4 用于和该系统中的其他处理模块进行互联，LAGACY 设备 1、LAGACY 设备 2 用于处理系统中一些慢速设备。

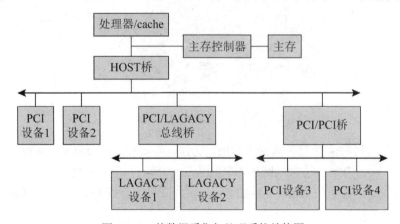

图 11-54　某数据采集与处理系统结构图

【问题 1】

PCI 设备 2 和主 CPU 之间采用双口 RAM 方式交换数据，双口 RAM 是常见的共享式多端口存储器，其最大的特点是存储数据共享。它允许两个独立的 CPU 或控制器同时异步访问存储单元。既然数据共享，就必须存在访问仲裁控制，否则就会出现错误或冲突。内部仲裁逻辑控制提供以下功能：对同一地址单元访问的时序控制；存储单元数据块的访问权限分配；信令交换逻辑（例如中断信号）等。

两个端口对同一内存操作有 4 种情况：

（1）两个端口同时对同一地址单元读出数据。

（2）两个端口同时对同一地址单元写入数据。

（3）两个端口不同时对同一地址单元存取数据。

（4）两个端口同时对同一地址单元，一个写入数据，另一个读出数据。

在上述情况下，两个端口的存取不会出现错误的是__(1)__和_(2)_，会出现写入错误的是_(3)_，会出现读出错误的是_(4)_。

【问题 2】

PCI 设备 2 和主 CPU 之间通过双端口存储器进行数据交换。刘工设计了环形队列的实现方式。设备 2 向环形队列写入数据，主 CPU 从环形队列读取数据。环形队列是一个首尾相连的 FIFO 数据结构，采用数组存储，到达尾部时将转回到 0 位置，该转回是通过取模操作来实现的。因此环形队列逻辑上是将数组元素 q[0]与 q[MAX-1]连接，形成一个存放队列的环形空间。为了方便读写，还要用数组下标来指明队列的读写位置，其中 head 指向可以读的位置，tail 指向可以写的位置，环形队列如图 11-55 所示。

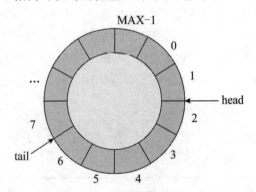

图 11-55　环形队列示意图

使用环形队列时需要判断队列为空还是为满。当 tail 追上 head 时，队列为满，当 head 追上 tail 时，队列为空。通常判断环形队列为空/为满有两种判断方法。

（1）附加一个标志位 tag，当 head 赶上 tail，队列空，则令 tag=0，当 tail 赶上 head，队列满，则令 tag=1。

（2）限制 tail 赶上 head，即队尾结点与队首结点之间至少留有一个元素的空间。队列空：head==tai，队列满： (tail+1)% MAXN ==head。

（1）采用第一种方法（即附加标志实现算法），环形队列的结构定义如下：

```
typedef struct ringq
{
    int head;                    /* 头部，出队列方向*/
```

```
    int tail;                    /* 尾部，入队列方向*/
    int tag;
    int size;                    /* 队列总尺寸 */
    int space[RINGQ_MAX];        /* 队列空间 */
}RINGQ;

RINGQ p, *q;
q = &p;
```

初始化环形队列的 C 语言代码为：

```
q->head = q->tail = q->tag = 0;
q->size = RINGQ_MAX;
```

判断队列为空的 C 语言代码为__(1)__。

判断队列为满的 C 语言代码为__(2)__。

入队操作时，如果队列不满，则入队后更新尾指针的 C 语言代码为 q->tail = __(3)__。

出队操作时，如果队列不空，则出队后更新头指针的 C 语言代码为 q->head = __(4)__。

（2）采用第二种方法，使用上述数据结构，初始化环形队列的 C 语言代码为：

```
q->head = q->tail = 0;
q->size = RINGQ_MAX;
```

判断队列为空的 C 语言代码为__(5)__。

判断队列为满的 C 语言代码为__(6)__。

入队操作时，如果队列不满，则入队后更新尾指针的 C 语言代码为 q->tail = __(7)__。

出队操作时，如果队列不空，则出队后更新头指针的 C 语言代码为 q->head = __(8)__。

案例 4 问题分析与解答

【问题 1】

双口 RAM 是在一个存储器上具有两套完全独立的数据线、地址线和读写控制线，并允许两个独立的系统同时对该存储器进行随机性的访问。每个读写口都有一套自己的地址寄存器和译码电路，可以并行地独立工作。两个读写口可以按各自接收的地址同时读出或写入，或一个写入而另一个读出。与两个独立的存储器不同，两个读写口的访存空间相同，可以访问同一个存储单元。通常使双端口存储器的一个读写口面向 CPU，另一个读写口则面向外设或输入/输出处理机，如图 11-56 所示。

双口 RAM 最大的特点是存储数据共享。一个存储器配备两套独立的地址、数据和控制线，允许两个

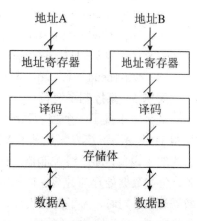

图 11-56　双口 RAM 示意图

独立的 CPU 或控制器同时异步地访问存储单元。因为数据共享，就必须存在访问仲裁控制。当两个端口对同一内存操作时，当两个端口同时对同一地址单元读出数据，或者两个端口不同时对同一地址单元存取数据的情况下，两个端口的存取不会出现错误；当两个端口同时对同一地址单元写入数据的情况下，会出现写入错误；当两个端口同时对同一地址单元，一个写入数据，另一个读出数据的情况下，会出现读出错误。即空（1）～（4）应填入的选项为（1）A、（2）C、（3）B、（4）D。

【问题 2】

环形队列是在实际编程极为有用的数据结构，逻辑上将数组元素 q[0]与 q[MAXN-1]连接，就形成一个环形队列结构。为了方便读写，还要用数组下标来指明队列的读写位置。定义 Head/tail 两个变量，其中 head 指向可以读的位置，tail 指向可以写的位置。

环形队列的关键是判断队列为空或满。当 tail 追上 head 时，队列为满时，当 head 追上 tail 时，队列为空。但如何知道谁追上谁。还需要一些辅助的手段来判断。

判断环形队列为空、为满有两种判断方法。一是附加一个标志位 tag，当 head 赶上 tail，队列空，则令 tag=0，当 tail 赶上 head，队列满，则令 tag=1；二是限制 tail 赶上 head，即队尾结点与队首结点之间至少留有一个元素的空间。队列空时 head==tail，队列满时 (tail+1)% MAXN ==head。

入队操作时，如队列不满，则写入 q->tail = (q->tail + 1) % q->size ；出队操作时，如果队列不空，则从 head 处读出。下一个可读的位置在 q->head = (q->head + 1) % q->size。

综上，空（1）～（8）应填写的内容如下：

（1）(q->head == q->tail) && (q->tag == 0)

（2）((q->head == q->tail) && (q->tag == 1))

（3）(q->tail + 1) % q->size

（4）(q->head + 1) % q->size

（5）(q->head == q->tail)

（6）(q->head == (q->tail + 1) % q->size)）

（7）(q->tail + 1) % q->size

（8）(q->head + 1) % q->size

案例 5　某控制系统设计

某公司承接了一个控制系统的项目，由王工负责系统的方案设计。王工的设计方案如图 11-57 所示。该方案是基于 VME 总线的多机并行处理系统，由主控制模块作为 VME 总线的主设备，即总线控制器，负责整个系统的控制与管理；3 个数据处理模块作为从设备，负责数据处理与计算；1 个 I/O 模块也作为从设备，负责系统与外部接口之间的高速数据通信。同时，为了简化设计，该系统 5 个模块均采用同一款 VME 协议芯片，实现内总线和 VME 总线的连接。

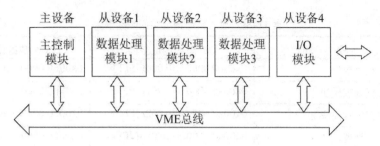

图 11-57　某嵌入式系统结构图

该系统中每个模块的相关信息见表 11-22 所示。

表 11-22　模块信息表

序号	模　　块	处　理　器	工　作　模　式	厂　　商
1	主控制模块	PowerPC7447	大端	Freescale
2	数据处理模块 1	PowerPC750	大端	Freescale
3	数据处理模块 2	PowerPC750	大端	Freescale
4	数据处理模块 3	PowerPC750	大端	Freescale
5	I/O 模块	DM648	小端	TI

【问题 1】

王工设计采用共享存储器方式，进行多机之间的通信。VME 共享存储器的地址空间映射，分为输出窗口和输入窗口两部分。输出窗口实现处理器本地地址空间到 VME 总线地址空间的映射，输入窗口实现 VME 总线地址空间到处理器本地地址空间的映射。

输出窗口空间设置说明：为了每个模块能访问到其他 4 个模块，在每个模块的处理器本地地址空间中开辟 5MB 空间，映射到 VME 总线上的 5MB 地址空间，映射关系见表 11-23。

表 11-23　输出窗口地址空间映射表

序号	模　　块	处理器本地总线地址空间	VME 总线地址空间
1	主控制模块	0xD000'0000～0xD04F'FFFF	0x0000'0000～0x004F'FFFF
2	数据处理模块 1	0xD000'0000～0xD04F'FFFF	0x0000'0000～0x004F'FFFF
3	数据处理模块 2	0xD000'0000～0xD04F'FFFF	0x0000'0000～0x004F'FFFF
4	数据处理模块 3	0xD000'0000～0xD04F'FFFF	0x0000'0000～0x004F'FFFF
5	I/O 模块	0xD000'0000～0xD04F'FFFF	0x0000'0000～0x004F'FFFF

输入窗口空间设置说明：每个模块分配 1MB 的 VME 地址空间，并将这 1MB 空间映射到处理器本地 RAM 区域中，专门用于 VME 通信数据缓冲区。映射关系见表 11-24。

表 11-24　输入窗口地址空间映射表

序号	模　　块	VME 总线地址空间	RAM 数据缓冲区
1	主控制模块	0x0000 0000～0x000F'FFFF	0x00F0 0000～0x00FF FFFF
2	数据处理模块 1	0x0010 0000～0x001F'FFFF	0x00F0 0000～0x00FF FFFF
3	数据处理模块 2	0x0020 0000～0x002F'FFFF	0x00F0 0000～0x00FF FFFF
4	数据处理模块 3	0x0030 0000～~0x003F'FFFF	0x00F0 0000～0x00FF FFFF
5	I/O 模块	0x0040 0000～0x004F'FFFF	0x00F0 0000～0x00FF FFFF

　　VME 总线驱动中，按照上述方式对寄存器进行设置，实现了 VME 总线共享存储器工作方式，将对其他模块的操作转化为对处理器本地地址空间访问操作相似的读写操作，并且都采用总线远程写，总线本地读的方式。

　　数据处理模块 1 发送消息到数据处理模块 2，它们之间采用 1MB 数据缓冲区的第一个 32 位作为握手标志。则数据处理模块 1 访问标志区的总线地址为＿＿（1）＿＿，数据处理模块 2 访问标志区的总线地址为＿＿（2）＿＿。

　　I/O 模块向主控制模块发送控制命令，它们之间采用 1MB 数据缓冲区偏移 0x100 处作为命令缓冲区。则 I/O 模块访问命令区的总线地址为＿＿（3）＿＿，主控制模块访问命令区的总线地址为＿＿（4）＿＿。

【问题 2】

　　如表 11-22 所示，该系统中采用的处理器有大端和小端两种工作模式。王工设计 VME 总线上传输的数据全部采用小端方式，那么当处理器通过 VME 总线发送数据时，需要根据自己的工作模式，对数据进行必要的转换，以符合协议要求。

　　当 I/O 模块向主控制模块发送控制命令 0xAABBCCDD，那么它写入 VME 总线的实际数据是＿＿（1）＿＿，当主控制模块向数据处理模块 3 和 I/O 模块发送控制命令 0x12345678，那么它写入 VME 总线的实际数据是＿＿（2）＿＿和＿＿（3）＿＿。

【问题 3】

　　为了提高数据通信的性能，在进行大数据量通信时，王工设计采用 DMA 的方式。DMA 通信方式能够满足高速 VME 设备的需求，也有利于发挥 CPU 效率。图 11-58 是 DMA 直接方式的流程图，请补全流程图。

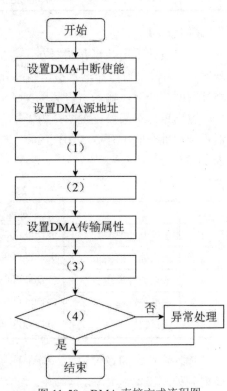

图 11-58　DMA 直接方式流程图

　　该 VME 协议芯片有两种 DMA 工作方式，一种是直接方式（Direct mode），一种是链方式（Linked_list mode）。在直接方式下，在每次数据传输前，需要驱动程序对 DMA 控制寄存器进行设置，然后进行 DMA 传输，并等待传输完成，或者异常错误。直接方式是一种软件和硬件同步工作方式。在链方式下，驱动程序只需要设置命令包，在通信过程中，硬件根据命令包的内容，完成传输，并根据链中的下一个命令包，继续传输，直到所有命令包完成或者异常错误。链方式是一种软件和硬件异步工作的方式。

案例 5 问题分析与解答

【问题 1】

　　该系统是基于 VME 总线的多机并行处理系统，采用共享存储器方式进行多机之间的通信，定义了 5MB 的 VME 空间，用于主控制模块等 5 个模块之间的 VME 通信。

　　VME 总线的共享存储器方式，通过地址空间映射来实现，分为输出窗口和输入窗口两部分。输出窗口实现处理器本地地址空间到 VME 总线地址空间的映射，本系统中每个模块配置了相同的 5MB 的处理器输出窗口地址空间（0xD0000000~0xD04FFFFF），用于映射到 VME 总线上的 5MB 地址空间（0x00000000~0x004FFFFF）。输入窗口实现 VME 总线地址空间到处理器本地地址空间的映射。本系统中按照模块顺序，每个模块将 1M 的 VME 地址空间，映射到处理器本地 RAM 区域中（0x00F00000~0x00FFFFFF），专门用于 VME 通信数据缓冲区。整个系统的映射关系图 11-59 所示。

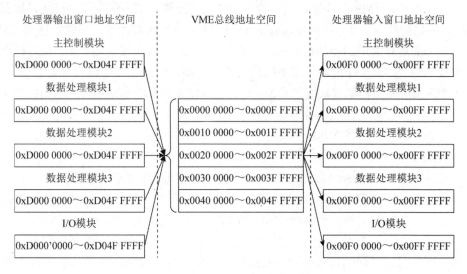

图 11-59　VME 总线地址映射关系

　　由于所有驱动都采用总线远程写方式，数据处理模块 1 要访问数据处理模块 2 的通信缓冲区，访问的基地址就是数据处理模块 2 内存缓存区对应的 VME 总线地址，即 VME 总线 0x00200000，该地址对应数据处理模块 1 的本地地址，则为 0xD0200000。由于所有驱动都采用总线本地读的方式，所以数据处理模块 2 访问的基地址为本地存储器地址，即 0x00F00000。具体的地址空间再由基地址加上指定的偏移即可。

同理，I/O 模块要访问主控制模块的通信缓存区，访问的基地址就是主控制模块内存缓存区对应的 VME 总线地址，即 VME 总线 0x0000 0000，该地址对应 I/O 模块的本地地址，则为 0xD0000000。主控制模块访问的基地址为本地存储器地址，即 0x00F00000。具体的地址空间再由基地址加上指定的偏移即可。

【问题 2】

在计算机中进行数据表示时，有大端和小端两种格式。大端模式是指数据的高位保存在内存的低地址中，而数据的低位保存在内存的高地址中；小端模式是指数据的高位保存在内存的高地址中，而数据的低位保存在内存的低地址中。

例如，0x12345678 在内存中的表示形式为：

（1）大端模式：低地址→高地址 0x12 ｜ 0x34 ｜ 0x56 ｜ 0x78。

（2）小端模式：低地址→高地址 0x78 ｜ 0x56 ｜ 0x34 ｜ 0x12。

从软件的角度，进行数据传递时必须考虑端模式的不同。进行网络数据传递时要考虑端模式的转换，互联网使用的网络字节顺序采用大端模式进行编址，而主机字节顺序根据处理器的不同而不同，如 PowerPC 处理器使用大端模式，而 Pentuim 处理器使用小端模式。大端模式处理器的字节序到网络字节序不需要转换；而小端模式处理器的字节序到网络字节必须要进行转换。

在该系统中，VME 总线上传输的数据全部采用小端方式，但主控制模块、数据处理模块 1、数据处理模块 2、数据处理模块 3 均采用大端方式处理器，因此发送到 VME 总线上的数据要进行大端到小端模式的转换，而从 VME 总线上接收的数据，要进行小端到大端模式的转换，但 I/O 模块采用小端模式的处理器，因此不需要进行转换。

当 I/O 模块向主控制模块发送控制命令 0xAABBCCDD，那么它写入 VME 总线的实际数据是 0xAABBCCDD，当主控制模块向数据处理模块 3 和 I/O 模块发送控制命令 0x12345678，那么它写入 VME 总线的实际数据是 0x78563412 和 0x78563412。

【问题 3】

直接内存存取（Direct Memory Access，DMA）是所有计算机的重要特色，它允许不同速度的硬件装置来传输数据，而不需要依赖于 CPU 的大量负载。DMA 传输将数据从一个地址空间复制到另外一个地址空间。当 CPU 初始化这个传输动作，传输动作本身是由 DMA 控制器来实行和完成。典型的例子就是移动一个外部内存的区块到芯片内部更快的内存区。像是这样的操作并没有让处理器工作拖延，反而可以被重新排程去处理其他的工作。DMA 传输对于高效能嵌入式系统是很重要的。

在实现 DMA 传输时，是由 DMA 控制器直接掌管总线，因此，存在着一个总线控制权转移问题。即 DMA 传输前，CPU 要把总线控制权交给 DMA 控制器，而在结束 DMA 传输后，DMA 控制器应立即把总线控制权再交回给 CPU。一个完整的 DMA 传输过程必须经过 DMA 请求、DMA 响应、DMA 传输、DMA 结束 4 个步骤。

（1）DMA 请求。CPU 对 DMA 控制器初始化，并提供要传送的数据的起始位置、目的地址和数据长度。并向 I/O 设备发出启动操作命令，I/O 设备提出 DMA 请求。

（2）DMA 响应。DMA 控制器对 DMA 请求判别优先级及屏蔽，向总线裁决逻辑提出总线请求。当 CPU 执行完当前总线周期即可释放总线控制权。此时，总线裁决逻辑输出总线应答，表示 DMA 已经响应，通过 DMA 控制器通知 I/O 设备开始 DMA 传输。

（3）DMA 传输。DMA 控制器获得总线控制权后，CPU 即刻挂起或只执行内部操作，由 DMA 控制器输出读写命令，直接控制 RAM 与 I/O 设备进行 DMA 传输。

在 DMA 控制器的控制下，在存储器和外部设备之间直接进行数据传送，在传送过程中不需要中央处理器的参与。

（4）DMA 结束。当完成规定的成批数据传送后，DMA 控制器即释放总线控制权，并向 I/O 设备发出结束信号。当 I/O 设备收到结束信号后，一方面停止 I/O 设备的工作，另一方面向 CPU 提出中断请求，使 CPU 从不介入的状态解脱，并执行一段检查本次 DMA 传输操作正确性的代码。最后，带着本次操作结果及状态继续执行原来的程序。

由此可见，DMA 传输方式无需 CPU 直接控制传输，也没有中断处理方式那样保留现场和恢复现场的过程，通过硬件为 RAM 与 I/O 设备开辟一条直接传送数据的通路，使 CPU 的效率大为提高。

因此，图 11-58 空缺的内容如下（其中（1）（2）可互换）：

（1）设置 DMA 目的地址。

（2）设置传输长度。

（3）设置 DMA 传输启动位。

（4）DMA 是否正常终止。

案例 6　某嵌入式计算机系统设计

某公司负责研制一个嵌入式计算机系统，如图 11-60 所示。该系统以 PowerPC 处理器为核心，通过 AD 进行实时数据采集，并将采集来的数据进行预处理后，通过 RS422 总线发送给后端计算中心。

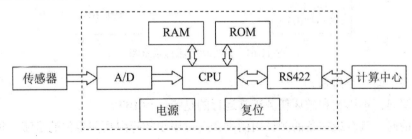

图 11-60　某嵌入式系统示意图

同时为了提高产品的安全性和可靠性，设计实现了机内自测试（Built_In_Test，BIT）。BIT 依靠自身电路和程序完成对计算机平台硬件的功能检查、故障诊断与隔离。

【问题 1】

王工负责对该系统进行故障模式分析，识别出了该系统可能出现的故障模式，如表 11-25 所示，请说明各属于 CPU 和 RAM 故障中的哪一类。

表 11-25　某嵌入式系统的故障列表

序　　号	故　障　列　表
1	存储单元无法访问
2	指令译码故障
3	发送寄存器有固定位错误
4	浮点处理单元故障
5	不可编程与阵列故障
6	存储单元一直为 0 或 1
7	逻辑物理地址转换错
8	输入电压超出精度范围
9	数据校验错

【问题 2】

王工设计了三种 BIT 测试程序，分别是上电 BIT、周期 BIT、维护 BIT，运行流程如图 11-61 所示。

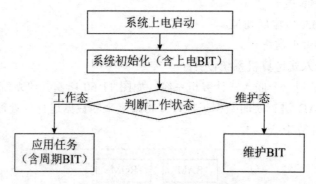

图 11-61　软件运行流程示意图

请回答下面三个问题。

（1）请问：不影响和破坏任务正常运行的是哪一种 BIT？

（2）请问：具有最完备的测试用例集合，可用于故障隔离和定位的是哪一种 BIT？

（3）请问：确保设备单元在使用前都被测试的是哪一种 BIT？

【问题 3】

李工负责设计 CPU 单元的 BIT 测试算法，通过对每组指令分别设计一组测试用例，定义不同的操作数、操作码和预期值，在指令运行后比较结果与预期值。由于该系统选用的处理器集成了多级 Cache（高速缓存），并且指令缓存和数据缓存是分开的，执行指令功能测试前需要刷新指令 Cache，以保证与内存中的测试代码一致。每个测试项的测试结果正确为 0，故障为 1。

以 32 位字比较指令 cmpw 测试为例，cmpw 将寄存器 rA 和 rB 内数据比较的结果（大于、小于、等于）放入条件寄存器 crx，其操作码为 0x7C000000，测试用例数据如表 11-26 所示。

表 11-26　字比较指令 cmpw 测试用例数据

cmpw	用例输入			预期输出
	操作码	操作数 Ra	操作数 rB	
用例 1	0x7C000000	123	123	0x02
用例 2	0x7C000000	123	133	0x08
用例 3	0x7C000000	123	113	0x04

cmpw 指令功能测试的算法流程示意如图 11-62 所示，请补充其中空缺的操作。

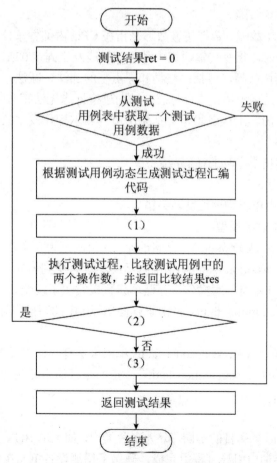

图 11-62　比较指令测试流程示意图

案例 6 问题分析与解答

【问题 1】

产品的可测试性与安全性和可靠性具有密切的关系，在制定故障诊断方案、分配测试性需求时，都以故障模式及影响分析（FMEA）的结果为基础。故障是指产品已处于一种不合格的状态，是对产品正确状态的任何一种可识别的偏离，而这种偏离对特定使用者要求来说是不合格的，已经不能完成其规定的功能。

对于一个电路系统来说，它的元器件由于一些物理或化学上的因素，使得其违反技术规定，无法正常工作时，称元器件存在着缺陷，如元器件的损坏、虚焊、短路、开路、漏电、老化等。有缺陷的元器件、信号线断路、信号线对电源线或地线短路、信号线之间短路或延迟时间太长以及外界电磁干扰等因素都会造成电路故障，并且违背设计原则也能引起电路故障。

1．常见的 CPU 故障类型

（1）寄存器译码功能故障。

（2）数据存储模块故障。

（3）数据传输模块故障，数据传输故障是指在 CPU 内部各条传输信号线上发生的故障，在执行传输指令时，指令传输通道中某条信号线发生固定'0'或固定'1'故障。

（4）数据处理模块故障，包括：整型和浮点型的加法、减法、乘法、除法操作发生故障，造成算术运算结果出错；进位标志、辅助进位标志无法正常复位和置位；或、与、非等逻辑操作发生故障，造成逻辑运算结果出错；布尔操作发生故障，造成"位"操作结果出错。

（5）指令译码和指令序列的译码故障。

（6）CACHE 故障。

（7）MMU 单元中逻辑物理地址转换错。

2．常见的 RAM 故障类型

（1）固定故障（stuck-at faults），存储单元 i 的值固定为'0'或'1'。

（2）跳变故障（transition faults），存储单元 i 在没有受到另外一个单元的组合故障的影响或者是存储单元 i 本身的写操作，存储单元直接发生了跳变。

（3）组合故障（coupling faults），由于存储单元 i 中的写操作导致存储单元 j 中的值的变化。

（4）地址译码故障（Address decoder faults），用来选择存储单元的译码器发生了故障。

（5）数据保持故障（dataretention faults），指的是存储单元在一定的时间内不能保持其逻辑值不变。

【问题 2】

BIT 根据运行的时机和目的不同，分为多种类型，如上电 BIT、周期 BIT、维护 BIT。上电 BIT 在系统加电引导过程中完成，确保了待测设备单元在使用前都被测试。

周期 BIT 负责检测和隔离系统运行中的故障和异常，并记录了故障的发生与持续时间。它要求在任务期间执行但不影响和破坏任务的正常运行。

维护 BIT 在任务停止的时候被执行，具有最完备的测试用例集合，可用于某些疑难故障的检测和隔离。

【问题 3】

根据 cmpw 指令功能测试的算法流程示意图，结合题干中的描述信息，可以得出该测试算法的流程如下：

（1）初始化测试结果为正确，即设置 ret = 0；

（2）从测试用例表中获取一个测试用例数据；

（3）根据测试用例动态生成测试过程汇编代码；

（4）由于该系统选用的处理器集成了多级 Cache（高速缓存），并且指令缓存和数据缓存是分开的，执行指令功能测试前需要刷新指令 Cache，以保证与内存中的测试代码一致；

（5）执行测试过程，比较测试用例中的两个操作数，并返回比较结果；

（6）将测试用例执行的结果 res 与测试用例表中的预期结果进行比较，判断是否相等；

（7）如果相等，继续从测试用例表中获取下一个测试用例数据，进行执行，直至全部执行完所有测试用例；

（8）如果不相等，则置测试结果为故障，设置 ret = 1；

（9）返回测试结果。

案例 7　某嵌入式系统设计

看门狗（Watchdog）技术是嵌入式系统设计中保证系统可靠的常用技术。嵌入式控制系统运行时由于受到外部干扰或者内部系统错误，程序有时会出现"跑飞"现象，导致整个系统瘫痪。为了防止这一现象的发生，对系统可靠性要求较高的场合往往要加入看门狗电路。当系统"跑飞"时，看门狗电路能自动恢复系统的运行。

【问题 1】

设某嵌入式系统程序完整运行所需的周期时间是 tp，看门狗的定时周期为 tw，要求 tw＿＿（1）＿＿tp，在程序运行过程中需要定时＿＿＿（2）＿＿＿（俗称"喂狗"），只要程序正常运行，定时器就不会溢出。若由于干扰等原因使系统不能在 tp 时刻修改定时器的计数值，定时器将在 tw 时刻＿＿＿（3）＿＿＿，引发＿＿＿＿（4）＿＿＿＿，使系统得以重新运行。

【问题 2】

张工在某嵌入式系统中设计实现了看门狗电路，采用的芯片寄存器如表 11-27、表 11-28、表 11-29、表 11-30 所示。

表 11-27　看门狗定时器控制寄存器（WTCON）

寄存器	地　址	读/写	描　述	初　始　值
WTCON	0x53000000	读/写	看门狗定时控制寄存器	0x8001

表 11-28   看门狗定时器数据寄存器（WTDAT）

寄存器	地　址	读/写	描　述	初　始　值
WTDAT	0x53000004	读/写	看门狗数据寄存器	0x8000

表 11-29   看门狗计数寄存器（WTCNT）

寄存器	地　址	读/写	描　述	初　始　值
WTCNT	0x53000008	读/写	看门狗计数器当前值	0x8000

表 11-30   WTCON 的标识位

WTCON	Bit	描　述	初始值
Prescaler Value	[15:8]	预装比例值，有效范围值为 0～255	0x80
Reserved	[7:6]	保留	00
Watchdog Timer	[5]	使能和禁止看门狗定时器 0＝禁止看门狗定时器 1＝使能看门狗定时器	0
Clock Select	[4:3]	这两位决定时钟分频因素 00:1/16　　　　01:1/32 10:1/64　　　　11:1/128	00
Interrupt Generation	[2]	中断的禁止和使能 0=禁止中断产生 1=使能中断产生	0
Reserved	[1]	保留	0
Reset Enable/Disable	[0]	禁止和使能看门狗复位信号的输出 1=看门狗复位信号使能 0=看门狗复位信号禁止	1

王工编写了以下程序代码，实现看门狗电路的初始化。请仔细阅读每行代码，然后回答问题。

```
#define PCLK          10000000                              //第1行
#define rWTCON  (*(volatile unsigned int*)0x53000000)       //第2行
#define rWTDAT  (*(volatile unsigned int*)0x53000004)       //第3行
#define rWTCNT  (*(volatile unsigned int*)0x53000008)       //第4行
void watchdog_test(void)                                    //第5行
{                                                           //第6行
    rWTCON  =  ((PCLK/1000000-1)<<8)|(3<<3)|(1<<2);         //第7行
    rWTDAT  =  7812;                                        //第8行
    rWTCNT  =  7812;                                        //第9行
    rWTCON  |=  (1<<5);                                     //第10行
}
```

请回答以下问题。

（1）在程序的第 2、3、4 行，分别使用了 volatile 关键字，请说明该关键字的作用。

（2）在程序的第 7 行，实现了对看门狗的三个功能设置，除了设置预装比例值外，其他两个功能分别是什么？

（3）在程序的第 10 行，实现了对看门狗的哪个功能设置？

（4）该系统结构采用的编址方式是什么？

（5）该系统的位序是大端方式还是小端方式？

案例 7 问题分析与解答

【问题 1】

看门狗电路是一个独立的定时器，有一个定时器控制寄存器，可以设定时间，当系统工作正常时，应用程序在到达时间之前要置位（喂狗），表明程序正常运行，如果没有置位的话，就认为是程序跑飞，看门狗电路发出 RESET 指令，迫使系统自动复位而重新运行程序。主要作用是防止程序跑飞或死锁。

所以，当程序完整运行的周期是 tp，看门狗的定时周期为 tw 时，要求 tw 大于 tp，在程序运行过程中需要定时修改定时器的计数值（即定时周期，俗称"喂狗"），只要程序正常运行，定时器就不会溢出。若由于干扰等原因使系统不能在 tp 时刻修改定时器的计数值，定时器将在 tw 时刻溢出（或超时），引发系统复位中断，使系统得以重新运行。

【问题 2】

（1）在驱动程序中对寄存器操作时，经常使用 volatile 关键字，作用是确保本条指令不会因编译器的优化而省略，且要求每次直接读值。

（2）在程序第 7 行，对看门狗定时器控制寄存器（WTCON）设置了 3 个属性值，通过查表 11-30 中 WTCON 的相应标识位，可以得知对预装比例值[15:8]、时钟分频因素[4:3]、中断使能[2]进行了设置。

（3）在程序第 10 行，也对看门狗定时器控制寄存器（WTCON）进行了设置，通过查表 11-30 中 WTCON 的相应标识位，可以得知使能看门狗定时器[5]。

（4）从程序的第 2、3、4 行可以看出，对寄存器的操作，采用存储器指令进行，所以，该系统结构采用的是内存和外设统一编址的方式。

（5）从程序第 7 行、第 10 行对看门狗定时器控制寄存器的操作，结合表 11-30 中对应寄存器的位定义可以看出，该系统的位序是小端方式。